浙江文叢

# 潘季馴集

〔上册〕

〔明〕潘季馴 撰　付慶芬 點校

浙江出版聯合集團
浙江古籍出版社

**圖書在版編目(CIP)數據**

潘季馴集 / (明) 潘季馴撰; 付慶芬點校. —杭州:
浙江古籍出版社, 2018.11
(浙江文叢)
ISBN 978-7-5540-1395-3

Ⅰ. ①潘… Ⅱ. ①潘…②付… Ⅲ. ①水利史—中國
Ⅳ. ①TU-092

中國版本圖書館 CIP 數據核字(2018)第 227208 號

## 潘季馴集

(全兩册)

(明)潘季馴 撰　付慶芬 點校

出版發行　浙江古籍出版社
(杭州市體育場路 347 號　郵編:310006)
網　　址　www.zjguji.com
zjgjcbs.tmall.com(天貓旗艦店)
責任編輯　况正兵
封面設計　劉　欣
責任校對　余　宏
責任印務　樓浩凱
照　　排　浙江時代出版服務有限公司
印　　刷　浙江新華數碼印務有限公司
開　　本　710mm×1000mm　1/16
印　　張　41
字　　數　420 千
版　　次　2018 年 11 月第 1 版
印　　次　2018 年 11 月第 1 次印刷
書　　號　ISBN 978-7-5540-1395-3
定　　價　220.00 圓(精裝)

# 整理前言

《潘季馴集》收録了《河防一覽》和《兩河經略》兩種著作。《河防一覽》十四卷，《兩河經略》四卷，明人潘季馴撰。潘季馴（一五二一—一五九五）字時良，號印川，浙江烏程（今湖州）人，是我國古代最有名的治河專家之一。二書即爲其有關治河著作，而《河防一覽》則是流傳後世、影響最著的治河著作。

潘季馴一生先後四次治河。嘉靖四十四年朝廷進其爲右僉都御史，前去總理河道。但四十五年即丁憂離職。此即爲其第一次治河。隆慶四年（一五七〇）他復官，主持黄河堵口工程完工。但因運糧船在新運道出事較多，六年即被彈劾罷職。第二次治河反落了個功成遭黜的結局。萬曆六年夏，他第三次受任治河，採用『蓄清刷渾』策略，大修高家堰，增築黄河大堤『束水攻沙』。次年冬，大工告成。八年因河功告成，朝廷加封他太子太保，進工部尚書。後因保護張居正家屬遭劾，罷官爲民。十六年，再起爲右都御史、總督河道。次年河決，潘季馴主持堵復。十九年冬，又加太子太保、工部尚書兼右僉都御史。二十年，因病致仕。三年後卒。

潘季馴四任總理河道，歷時二十七年，爲治河殫精竭慮。他治河不僅僅以堵塞決口爲已功，而是從長遠考慮，對治河工程進行總結，提出了修守的全部指導思想。當第四次主持治河時，他已是七十歲高齡的衰病老人了。他自感已於世不多，爲後世治河考慮，他決心把自己近三十年的治河經驗和思想徹底整理出來。

雖然早在萬曆八年第三次河工告成之時，他的僚屬已把他此次治河的河工奏疏和别人對潘季馴的贈言匯編成集，取名《宸斷大工録》，共十卷。但他認爲，『其事止於江北，諸省直無所發明。事體未備，檢閲未詳。故兹畚鍤之暇，復加增削，類輯成編，名曰《河防一覽》』（潘季馴《刻〈河防一覽〉引》）。在《河防一覽》成書之前，除《宸斷大工録》，潘季馴的治河著作還有《兩河管見》和《兩河經略》（見下）。《兩河管見》三卷，據《四庫提要》：乃其巡撫廣東時，值兩河大水決，再以副都御史總理河道之所建白也。其大旨與《河防一覽》相同。可見，《河防一覽》之前潘季馴所編治河三書，或不是潘季馴親自編纂，或編纂時間過早、篇幅過小，都不能很好地表達潘季馴的治河思想。因此，他不顧自身衰病之軀，在晚年編成了《河防一覽》這部治河名著。

萬曆十八年，《河防一覽》編成，十九年，潘季馴即刻印成書。是爲《河防一覽》最早的刻本。潘季馴之子潘大復爲突出本書主旨，對其加以删削編排。主要是删去部覆，汰其雷同，存其精要。最後成《河防一覽権》十二卷，明萬曆四十七年（一六一九）刻印成書。

至清，《河防一覽》的重要性得到清人重視，清治河署屢有刊印，清朝初年、乾隆五年（一七四〇）、十三年（一七四八）等各有刻印本，以供治河人員參攷，甚至河屬人員『人授一帙』。

後又收入《四庫全書》。

在清本中，乾隆十三年本爲較好者。一九三六年中國水利工程學會將其收入《中國水利珍本叢書》第一輯出版，所據即爲乾隆十三年本，並以明本補校。一九六五年臺灣學生書局又收入《中國史學叢書》，以臺北『中央圖書館』藏萬曆十九年自刻本影印出版。但臺灣學生書局所影印者並非潘季馴明萬曆原刻本，實爲清初就原書版片修補殘損欄位，或以原書葉上版覆刻，替補個别殘缺版片，改動避諱字，重新刷印而成。因爲是就原版修補刷印而成，與明本差異極小，很容易以假亂真，被誤認爲潘季馴原刻本。

清代避諱較多，清人所刊《河防一覽》多有改字之處。故此次整理以《中國史學叢書》所收，臺灣學生書局影印臺北『中央圖書館』藏萬曆十九年自刻，清初修補本（簡稱『史學本』）爲底本，而以清初遞修本（簡稱『清初本』）、乾隆十三年刻本（簡稱『乾隆本』）、康熙《河防一覽榷》（簡稱『《榷》本』）和《中國水利珍本叢書》本（簡稱『水利本』）爲參校本。他校本較多，則不一一列舉。

《兩河經略》亦是第三次河工告成時，潘季馴僚屬或友人匯輯其第三次治河相度南北兩河奏疏而成。其内容與《河防一覽》卷七卷八有重複，但亦有很大不同，有些則是《河防一覽》所無者，因此一併整理。該書無刻本留世。本次整理以影印文淵閣《四庫全書》爲底本，以《中國史學叢書》本（簡稱『史學本』）爲對校本。

本書的附録分三個部分，第一部分是歷次刊刻《河防一覽》的序跋，第二部分爲潘季馴的傳記，第三部分爲潘季馴與當時朝中的重要人物張居正和申時行往來談論治河要策的書信。這些内容是讀者瞭解潘季馴生平和治河思想的重要資料，故彙集起來，以省讀者翻檢之勞。

由於學術水平所限，本書定有諸多錯訛之處，敬希方家指正。

付慶芬

二〇一八年七月

# 目録

**河防一覽**

**河防一覽卷之十三**……（五〇五）



**河防一覽卷之十四**……（五五二）

# 兩河經略

# 卷一

## 奉明旨陳愚見議治兩河經略以圖永利疏

爲奉明旨，陳愚見，議治兩河經略，以圖永利事。據管理河道工部郎中佘毅中、施天麟、張譽，管河兵備等道參政龔大器，副使林紹、張純、章時鸞，僉事朱東光，水利道僉事楊化各曹呈，蒙臣并漕運巡撫侍郎江一麟劄付，備仰職等躬歷各該地方，逐一查閱。要見徐、沛、豐、碭縷水及太黄長隄衝決者，作何築塞？茶城正河變遷，由小浮橋出，果否成河？崔鎮等決，黄水泛溢，正漕淤阻，作何堵築？徐、邳一帶長堤應否加幫？宿、桃以南應否接築？老黄河故道應否開復？高家堰應否修築？新城外一帶老隄是否低薄，或原基短促，相應接築？草灣既開復淤，作何濬治？或應棄置，仍復雲梯關故道？黄浦口見今水從東決，一望瀰漫，以致高、寶、揚州一帶淺阻，因何不行築塞？高、寶一帶隄岸有無足恃？逐一詳議，虚心講求。或應修復舊河，或應别求利涉，勿拘成案，勿避煩勞，上裨國計，下奠民生，以圖久安長治之策，畫圖貼説，具由通詳，等因。蒙此，隨該職等前往徐、沛、淮等處，督同淮安府知府宋伯華、揚州府知府虞德煜，管河同知王琰、蔡玠、劉順之，并各州縣掌印管河等官，逐一細加查勘，從長計議。

看得水性就下，以海爲壑，向因海壅河高，以致決隄肆溢，運道、民生胥受其病。故今談河患者，皆咎海口，而以濬海爲上策，則誠然矣。第海有潮汐，茫無著足，不得已而議他闢。豈知海口視昔雖壅，然自雲梯關肆套以下濶柒捌里至十餘里，深皆叁肆丈不等。縱使欲另開鑿，必須深濶相類，方便注放，則工力艱鉅，必不能成。矧未至海口，乾地猶可施工，及將入海之處，則潮汐往來，亦與舊口等耳。且海之舊口皆係積沙，人力雖不可濬，水力自能衝刷。乃若新闢之地，則土壤堅實，不特人力難措，而水力亦不能衝。故職等竊謂海無可濬之理，惟當導河以歸之海，則以水治水，即濬海之策也。然河又非可以人力導也。欲順其性，先懼其溢。惟當繕治隄防，俾無旁決，則水由地中，沙隨水去，即導河之策也。顧頻年以來，無日不以繕隄爲事，亦無日不以決隄爲患。何哉？卑薄而不能支，迫近而不能容，雜以浮沙而不能久，隄之制未備耳。是以黄決崔鎮等口而水多北潰，爲無隄也；淮決高家堰、黄浦等口而水多東潰，隄弗固也。乃議者不咎制之未備，而咎築隄爲下策，豈得爲通論哉！又有所未盡者：上流既潰，地以旁決矣。至於下流復或岐而分之，其趨於雲梯關正海口者，譬猶强弩之末耳。蓋徒知分流以殺其怒，而不知水勢益分則其力益弱。水力既弱，又安望其能導積沙以注于海乎？職等故謂今日濬海之急務，必先塞決以導河，尤當固隄以杜決。而欲隄之不決者，必真土而勿雜浮沙，高厚而勿惜鉅費，讓遠而勿與争地，斯隄於是乎可固也。如徐、邳、桃、清沿河各堤固矣，崔鎮等口塞矣，則黄不旁決，而衝漕力專，高家堰築矣，朱家口塞矣，則淮不旁決，而會黄力專。淮黄既合，自有控海之勢，又懼其分之則力弱也，則必暫塞清江浦河而嚴司啟閉，以防其內奔，姑置草灣河，而專復雲梯以還其故道，仍接築淮安新城長堤以防其末流，盡令黃淮全河之力，涓滴悉趨於海，則力强且專，下流之積沙自去。下流既順，上流之淤墊自通，海不濬而闢，河不挑而深矣。此職等所謂固隄即所以導河，導河即所以濬海也。猶慮伏秋水發，暴漲傷堤，職等查得呂梁上洪之磨臍溝、桃源之陵城、清河之安娘城等處，土性堅實，可築滚水石壩叁座。若水高於壩，任其走泄，則水勢可殺而兩隄無虞矣。至若寶應石隄之當復，與夫下流支河之當疏，揚州運河之當濬，皆今時之切務，所宜次第併舉而不可緩者也。但前項工程，自豐、沛、徐、淮以至海口，共長千有餘里，自清江浦以至儀真，共長叁百餘里，地勢遥遠，工程浩大，一時錢糧未措，人夫難集。除前請發銀貳拾萬兩，并截留漕粮捌萬石，一面先將豐沛縷隄、太黄遥隄及徐、邳一帶縷隄，酌量幇築，桃清南隄併接淮安新城長隄，乘時創築，高家堰兩頭水勢稍緩，先行築塞，寶應湖先用樁笆修築土隄外，其餘各項工程相應大加修舉者，一面請發錢粮，調集官夫，買辦物料，次第興舉，務保無虞。等因。并將應做工程，列欵呈詳到臣。據此該臣查得接管河道卷內先准工部咨，爲竭愚忠，陳末見，以裨安攘事。該御史柴祥題，踏勘彭城、淮、邳等處，某處河身淤塞，作何疏濬，某處隄岸窄狹，作何展築，某處下流可開支河，則滌爲數河以分水勢，某處海口果有束隘，則多方開通以達於海，等因。又准工部咨，爲敷陳末議，懇乞聖明亟賜舉行，以裨將來粮運大計事。該御史陳世寳題，開三義鎮引入清河縣北，或出大河口，或出清河縣西，另開壹河，何者爲便，從長定議。又准工部咨，爲河患頻仍，運道艱阻，懇乞聖明亟賜議處，以裨國計，以奠民生事。該南河郎中施天麟題，要停運斷流，大挑河身。該部覆題，動支官銀，製造平底方舟，長柄鐵爬，躬親試驗。如果挑濬有效，先於淤墊最高處逐段濬去，或大興工役，應否停運，仍將高家堰并朱家等口築塞。至於高郵、寶應隄間多建減水大閘，隄下多開支河，俱聽從宜處置。其黄浦口可塞則塞，如另爲入海壹路可疏下流，亦宜建減水大閘。水漲則任其外流，水消則儘閘而止，等因。又准工部咨，爲河患愈深，經治鮮效，懇乞聖明特彰宸斷、審機宜，以圖匡濟事。該工科都給事中劉鉉題，疏海口，洩下流，或濬草灣之口使之開廣，或疏雲梯關之淤使之復舊。應開海口去處，如鹽城、安東、五港、金城一帶，孰爲利便，并查小浮橋新衝之口可否濟運。如有淺阻，亦要設法開濬，等因。又准工部咨，爲披竭愚衷，敷陳治河事宜，以備採擇，以安國計事。該户科給事中李淶題，要見安東、金城、雲梯關等處，某處地方堅實，可以另開壹河，以洩河淮下流；興化、鹽城沿海廟道口、新興場、牛團鋪等處，某處可以多濬拾餘口，以導射陽諸水入海，相度計議的確，陸續修舉。其徐、吕而下河身淤高之當疏，老黄河故道之當復，高家堰潰決之當築，高寶湖、平水閘、分水河之當修，俱聽詳估，等因。又准工部咨，爲摘陳急治河淮事宜，乞發錢糧，以濟興工，以保運道，以安民生事。該工部題覆，前任總理河漕尚書吴桂芳揭帖，内議南京户、兵二部將庫貯粮剩、馬價等項銀兩各支壹拾萬兩，差官解至淮安府庫收貯。及咨户部，速將見年尾幫漕粮奏請准留捌萬石，咨行漕運衙門分貯沿河各倉，聽候支用。其徐、沛以上，宿遷以上，小河口以下，及高家堰淮口各項工程，趂今水尚未發，上緊修築，不可因而廢工，等因。又該臣欽奉勑諭，内開：備查草灣口何爲既開復淤，及今作何開通；全淮水何爲南徙不復，及今作何疏導；徐、邳河身高並州城，何以疏之使平；黄浦、崔鎮等口久塞無功，何以築之使固；及查諸臣歷年建議有行奏疏，逐一勘議，要見老黄河故道應否開復；清、桃正河應否挑濬；高家堰、寶應堤應否修築；小浮橋新衝口可否濟運，應否加挑；又徐、邳以上地形南昂北下，恐隄防壹潰，勢必奔流北徙，將爲閘河之梗，亦要審其孰爲正河，孰爲支河，孰爲合河。或正而當厚其防，或支而當殺其勢，或合而當分其流，一併勘議詳妥，奏聞區處。欽此。又准工部咨，爲新開海口復淤，河患不測，乞勑當事臣工多方計處，以圖永濟事。該工科都給事中王道成題，行臣親詣雲梯關踏勘，果否原係黄河入海之口；從前何以通流，今日何以一線。詳相其勢，明求其故。仍自海口而上，逐處講求。及備查草灣何時復淤，作何開濬，或另擇堅實之地多開數口以爲通海之路；金城以下，何以久不疏通；崔鎮決口，何以築之使固；桃源長隄應否修築；高家堰應否修理；老黄河應否開復。大端委官之言，決不足憑，務必躬親，庶有真見。合用錢粮，應於何處動支，原題請各官何以處之，使得効力，一一籌畫妥妥，等因。准此。案照前事已經會案劄行，各該司道逐一勘議，誠恐轉委屬官，不足憑信。該臣會同漕運巡撫右侍郎江一麟躬親督率，沿河荒度，南遡維揚。看得儀真東關歷石人頭、揚子橋、三議河直抵高廟止，一帶運河淤淺，寶應一帶湖堤圮壞，黄浦決口渰及數邑，高家堰水射淮揚，清江浦長隄卑薄，柳浦灣至高嶺無隄障禦。西窮鳳、泗，看得全淮不下清口，日益南徙；北抵清、桃，看得崔鎮諸決水從旁洩，一望瀰漫，正河淤淺，徐沛以上崔家口新河淺阻，北陳一帶水行陸地，僅盈尺餘；東抵海口，看得新挑草灣尋復淤塞。今自清口至西橋一帶河流復通，但不及故河拾分之壹，自安東以下河身漸廣，雖有淤淺，未復全河，然河水東下，亦無阻礙。隨處患害，一一查閱明白。又經催行司道議呈去後。今據前因，除徐州迤北新衝崔家口之議另行具題外，該臣會同漕運巡撫右侍郎江一麟議，照事師古者罔愆，智不鑿者乃大。孟子論智一章，首以禹之治水爲喻，而論爲政則曰：『爲政不因先王之道，可謂智乎？』是大智者，事必師古，而不師古則鑿矣。故治河者必先求河水自然之性，而後可施其疏築之功；必先求古人已試之效，而後可倣其平成之業。黄水來自崑崙，入徐濟運，歷邳、宿、桃、清，至清口會淮而東入于海；淮水自洛及鳳，歷盱、泗至清口會河而東入于海。此兩河之故道，即河水自然之性也。元季歲漕江南之粟，由揚州直北出廟灣入海。至永樂年間，平江伯陳瑄始隄管家諸湖通淮河爲運道。然慮淮水漲溢，東侵淮郡也，故築高家堰堤以捍之。起武家墩，經小大澗至阜寧湖，而淮水無東侵之患矣。又慮黄河漲溢，南侵淮郡也，故隄新城之北以捍之。起清江浦，沿鉢池山、柳浦灣迤東，而黄水無南侵之患矣。尤慮河水自閘衝入，不免泥淤，故嚴啓閉之禁，止許漕艘、鮮船由閘出入，匙鑰掌之都漕，五日發籌壹放；而官民船隻悉由五壩車盤。是以淮郡晏然，漕渠永賴。而陳平江之功至今未斬也。後因剥食既久，隄岸漸傾，水從高家堰決入，壹郡遂爲魚鼈。而當事者未考其故，乃謂海口壅塞，遂穿支渠以洩之。蓋欲亟拯淮民之溺，多方規畫以爲疏導之計，其意甚善而其心亦良苦矣。詎知旁支暫開，水勢陡趨，西橋以上正河遂致淤阻。而新開支河濶僅貳拾餘丈，深僅丈餘，較之故道，不及叁拾分之壹耳，豈能容受全河之水？下流既壅，上流自潰，此崔鎮諸口所由決也。今新開尋復淤塞，故河漸已通流，雖深濶未及原河拾分之壹，而兩河全下，沙隨水刷，欲其全復河身不難也。河身既復，面濶柒捌里，狹者亦不下叁肆百丈，滔滔東下，何水不容！若猶以爲不足而欲另尋他所，别開壹渠，恐人力不至於此也。以臣等度之，非惟不必另鑿壹口，即草灣亦須置之勿濬矣。故爲今之計，惟有修復平江伯之故業，高築南北兩隄，以斷兩河之内灌，而淮揚昏墊之苦可免。至於塞黄浦口，築寶應隄，濬東關等淺，修五閘、復五壩之工，次第舉之，則淮以南之運道無虞矣。堅塞桃源以下崔鎮口諸決，而全河之水可歸故道。至於兩岸遥隄，或葺舊工，或剏新址，或因高崗，或填窪下，次第舉之，則淮以北之運道無虞矣。淮、黄二河既無旁決，並驅入海，則沙隨水刷，海口自復，而桃、清淺阻又不足言矣。此以水治水之法也，若夫扒撈挑濬之説，僅可施之於閘河耳。黄河河身廣濶，撈濬何期？悍激湍流，器具難下，前人屢試無功，徒費工料。但恐伏秋水發，淫潦相仍，不免暴漲，致傷兩堤，故欲於磨臍溝、陵城、安娘城等處再築滚水壩叁道。萬一水高於壩，任其宣洩，則兩隄可保而正河亦無淤塞之患矣。徐州以南之工如此而已。或有難臣者曰：『臣等欲順水性，今淮水欲東，而乃挽之使北，黄水欲北，而乃挽之使東，無乃水性之未適乎？』臣曰：

『水以海爲性也。決水乃過顙在山之水也，非其性也。』或者又曰：『昔禹治河，播九河同爲逆河，入于海。今臣等乃欲塞諸決併二瀆，而不使之少殺耶？縱有滚水壩，僅去浮面之水百壹耳，亦烏能殺其勢也？』臣應之曰：『九河非禹所鑿，特疏之耳。蓋九河乃黄河必經之地，勢不能避。而禹仍合之同入於海，其意蓋可想也。況黄河經行之地，惟河南之地最鬆。禹導河入海，止經郟縣、孟津、鞏縣三處，皆隸今之河南一府，其水未必如今之濁。今自河南府之閿鄉縣起至歸德之虞城縣止，凡五府，河已全經其地，而去禹導河之時，復三千餘年，流日久，土日鬆，土愈鬆，水愈濁。故平時之水以斗計之，沙居其陸，壹入伏秋，則居其捌矣。以貳升之水載捌升之沙，非極湍急即至停滯，故水分則流緩，流緩則沙停，勢所必至者。臣等不暇遠引他證，即以近事觀之：草灣一開而西橋故道遂淤，崔鎮壹決而桃、清以下遂澀，去歲水從崔家口出，則秦溝遂爲平陸。此眼前事也，又何疑哉！』所據司道諸臣欵議前來，臣等復加參酌，似應允從。伏望敕下該部，再加查議。如果臣等所言不謬，俯賜俞允，行臣等遵照，及時興舉。除工程夫役、錢粮數目另本具陳，其緊關工程，如高家堰、淮城、北隄、馬厰坡、濬揚州諸淺，并塞小缺口拾肆處，工所必舉。而伏前尚可舉事者，一面分投興工外。緣係奉明旨，陳愚見，議治兩河經略，以圖永利事理，謹題請旨。

計開：

一、議塞決以挽正河之水。竊惟河水旁決則正流自微，水勢既微則沙淤自積。民生昏墊，運道梗阻，皆由此也。臣等查得淮以東則有高家堰、朱家口、黄浦口叁決，此淮水旁決處也。桃源上下則有崔鎮口等大小貳拾玖決，此黄水旁決處也。俱當築塞。但伏秋之水相繼而至，非惟地爲水占，無處取土，抑且波濤洶湧，爲工不堅。除將決口稍窄者見在分投興築外，其決至數拾丈以上者，一面鳩集工料，相時興舉。伏候聖裁。

一、議築隄防以杜潰決之虞。照得隄以防決，隄弗築則決不已。故隄欲堅，堅則可守而水不能攻，隄欲遠，遠則有容而水不能溢。累年事隄防者既無真土，類多卑薄，已非制矣。且夾河束水窄狹尤甚，是速之使決耳。合無力監前弊，凡隄必尋老土，凡基必從高厚。又必繹賈讓不與争地之旨，倣河南遠隄之制，除豐沛太黄隄原址遥遠，仍舊加幇外，徐邳一帶舊隄查有迫近去處，量行展築月隄，仍於兩崖相度地形最窪、易以奪河者，另築遥隄。桃清一帶南崖多附高岡，但上自歸仁集以至朱連家墩，古堤已壞，相應修復，下抵馬厰坡，地形頗窪，相應接築，以成其勢。北崖自古城至清河亦應創築遥隄壹道，不必再議縷隄，徒糜財力。及查清江浦外河一帶至柳浦灣止，爲淮城北堤。除掃灣單薄，量行加幇外，但原基短促，防護未周，仍自柳浦灣至高嶺，創行接築肆拾餘里，以遏兩河之水，盡趨於海，自清江浦運河至淮安西門一帶舊隄，相應再行幇厚，勿致裏河之水走洩妨運。如此則諸隄悉固，全河可恃矣。伏候聖裁。

一、議復閘壩以防外河之衝。查得先該平江伯陳瑄創開裏河，仍恐外水内侵，特建五閘，設法甚嚴，鎖鑰掌於漕巡，啟閉屬之分司，運畢即行封塞，一應官民并回空船隻，悉令車盤。此在嘉靖初年尚爾循行故事，制非弗善也。奈何法久漸弛，五閘已廢其壹，僅存肆閘，亦且坍塌殆盡，漫無啟閉。是以黄淮二水悉由此倒灌，致傷運道。合無議復舊制，將見存肆閘俱加修理，嚴司啟閉。俟貳月先後粮運過完，即行封閉，惟遇解貢船隻方許啟放。仍行查復五壩，以便官民船隻照舊車盤。毋致曲徇使客，致壞良規。伏候聖裁。

一、議剏建滚水壩以固隄岸。照得黄河水濁，固不可分。然伏秋之間淫潦相仍，勢必暴漲。兩崖爲隄所固，水不能洩，則奔潰之患有所不免。今查得吕梁上洪之磨臍溝、桃源之陵城、清河之安娘城，土性堅實，合無各建滚水石壩壹座，比隄稍卑貳叁尺，濶叁拾餘丈。萬壹水與平，任其從壩滚出，則歸漕者常盈而無淤塞之患，出漕者得洩而無他潰之虞，全河不分而隄自固矣。伏候聖裁。

一、議止濬海工程以免糜費，照得海口爲兩河歸宿之地，委應深濶。但查海口原身自清口至安東縣面濶貳叁里，自安東歷雲梯關至海口面濶柒捌里至拾餘里，深各叁肆丈不等。止因去年旁決之後，自桃清至西橋一帶淤塞，尋復通流。今雖未及原身拾分之壹，而兩河之水全歸故道，並流洗刷，深廣必可復舊。至云相傳海口横沙并東西二尖，據土民季真等吐稱，並未望見。潮上之時，海舟通行無滯，潮退，沙面之水尚深貳尺。況横沙并東西二尖各去海口叁拾餘里，豈能阻礙河流？故臣等以爲不必治，亦不能治。惟有塞決挽河，沙隨水去，治河即所以治海也。別鑿壹渠與復濬草灣，徒費錢粮，無濟於事。伏候聖裁。

一、暫寢老黄河之議以仍利涉。照得黄强淮弱，每每逼淮東注。故議者欲復老黄河故道，冀使黄水稍避高堰，民墊可瘳，斯亦得策。但勘得原河柒拾餘里，中間故道久棄。無論有水無水之地，詢之居民，俱失其真，無從下手，一不便也。且已棄故道欲行開復，必須深廣與正河等，乃可奪流。今見存大河口窄狹不及桃清叁分之壹，而三議鎮入口之處背灣徑直，猶恐水未必趨，二不便也。又其中流如魚溝、鐵線溝、葉家口、陰陽口等處，地勢卑窪，諸決之水漫流至此，一望瀰茫，築隄費鉅，且恐難保，叁不便也。況今桃清遥隄議築，則黄水自有容受；崔鎮等決議塞，則正河自日深廣；高家堰議築，則淮水自能會黄；清江浦等閘議啟閉，新城北隄議行接築，則淮、安、高、寶、興、鹽等處自無水患。此河雖不必復可也。伏候聖裁。奉聖旨：工部看了來説。

## 條列河工事宜乞恩俯賜俞允以便經理疏

爲條列河工事宜，乞恩俯賜俞允，以便經理事。該臣會同漕運巡撫右侍郎江一麟，議得工役繁興，料理宜預；官夫蝟集，調度須周。若不先爲申明，未免臨事舛錯。除兩河疏築之議另行具陳外，所有一二事宜不得不上煩聖聽者，敬列條欵，擬議上請。伏望敕下該部，再加查議。如果臣言不謬，俯賜施行。臣等不勝感幸。計開：

一、議支放。照得鳩工聚材，出納甚瑣，收掌銷筭，頭緒頗多，稽覈不嚴，必滋冒破。臣與撫臣百責攸萃，兼以閲視不常，無暇躬親經理，合無比照昔年邳工事例，將請發銀兩俱解淮安府貯庫。各工應給工食，應買物料，府佐等官數，赴各該分督司道官覈實給票，赴兩淮巡鹽衙門覆覈掛號，方許關支。每季終該府將票類送巡鹽衙門比對，號印數目相同，發回附卷，通候工完類覈造册奏繳。如有奸弊，按法追究，庶臣等得以專心河工，而錢粮亦易於清楚矣。伏乞聖裁。

一、議分督。照得河工浩繁，道里遥遠，若非多官分理，不免顧此失彼。分工之後，錢粮出入，工程次第，皆其首尾。遇有陞調等項，若聽其離任，則本官所分之工又須另委補替。文移往來，便至逾月，及到工所，茫然無措，何以望其竣事而底績也？合無俯念河工重大，如遇前項相應離任官員，容臣等暫留完工，稽其勤惰，别其功罪，請旨處分，方得離任。庶人心專定，覬覦不萌而事易責成矣。伏乞聖裁。

一、議責成。照得州縣正官職專親民，故民易驅而事易集也。奈何相沿之弊，視河患如秦越，視管河官如贅疣。即以分司部屬臨之，蔑如也。妨工僨事，實由於此。目今大工肇興，諸務叢脞。若非責成各掌印官，鮮克有濟。合無興工之後，一應派撥夫役，買辦物料，俱以責之各掌印正官躬親料理，仍選委賢能佐二，管押夫役赴工，不許將陰醫等官搪塞。如有仍前玩愒，派辦失宜，以致夫役逃散，物料稽遲，該工司道官即時參呈，以憑奏治。事完之日，仍與管理河工諸臣一體分别題請施行。庶事權歸一，人無推避，而大工自易矣。伏乞聖裁。

一、議激勸。照得各工委官，除府佐縣正外，其州縣佐二、府衛首領及雜職陰醫、義民等官，或管領人夫，或措辦樁埽，或運取甎石，或打造器具，衆務紛紜，如臂使指。但各官出入泥淖，櫛沐風雨，艱辛畢萃，殊可矜憫。有功而薄其賞，誤事獨重其罰，此人心之所以懈弛而事功之所以隳墮也。合無工完之後，容臣等逐一精覈，如有實心任事，勞苦倍常者，俯賜破格超擢。中間間有劣陞王官等項，准與改擢。其陰醫等官原有部劄冠帶者，厚加獎犒；如係義民，准照題給冠帶榮身，仍與陰醫等官一體免其本等差徭。庶人心爭奮而百事易集矣。伏乞聖裁。

一、議優恤。各工夫役，計工者每方給銀肆分，計日者每日給銀叁分，而本籍本户幇貼安家銀兩有無聽從其便，兹亦不爲薄矣。但貧民自食其力，衝寒冒暑，暴風露日，艱苦萬狀。縱使稍從優厚，亦不爲過。合無每夫一名於工食之外，再行量免丁石壹年，容臣等出給印信票帖。審編之時，許令執票赴官告免。州縣官抗違，許其赴臣告治。如此則惠足使民，民忘其勞矣。伏乞聖裁。

一、議蠲免。照得淮揚河患頻仍，民遭昏墊，稱最苦者，如淮安所屬山陽、清河、桃源、宿遷、睢寧、安東、鹽城，鳳陽所屬泗州，揚州所屬興化、寶應，徐州所屬蕭縣。十一州縣者，一望沮洳，寸草不長，凋敝極矣。適今大工興舉，用夫頗多。舍近取遠，鄰封未免有詞。而此中流移貧民亦賴做工得食，少延殘喘。應派夫役既不容已，應輸賦税復加責辦，實爲繁苦。合無軫念災極民窮，姑將前十一州縣本年見徵夏秋起運錢粮特蠲壹半，行臣等揭示通知，俾催科少緩，人樂趨役。伏乞聖裁。

一、議改折。照得大工肇興，費用不貲，帑藏空虚，既難搜括，閭閻窮困，又難加派。臣等反覆思惟，無可爲處。萬不得已，輒有非分之請，而非所敢必也。職等竊聞太倉之粟可備捌玖年之食，積愈久則粟易朽，故官軍之情有不願本色而願折色者。稍加變通，未爲不可。合無暫將今歲漕粮除淮北及河南、山東照舊兑運外，其淮南并浙江等省姑准改折。照例正兑每石連耗米輕齎折銀柒錢，改兑每石連耗米折銀陸錢。即以伍錢給軍，正兑尚餘銀貳錢，改兑餘銀壹錢，兑運停止，官軍應得行月粮留發河工支用，總計可得玖拾餘萬兩。以運軍應得之數而濟國家大工之需，在内帑無支發之煩，在閭閻無徵派之苦，在朝廷爲不費之惠，在河工免缺乏之虞，而在工諸臣亦得悉心疏築，可無顧此失彼之慮。所謂兩利而俱全者也。臣等非不知近該科臣建議奉有明例，但錢粮浩繁，時當詘乏，舍此則惟有請發内帑耳。故敢冒昧陳瀆，伏望敕下該部，再加查議。如可允行，河工幸甚，臣等幸甚！伏乞聖裁。

一、議息浮言。臣等竊惟治河固難，知河不易。故雖身歷其地，猶苦於措注之乖舛，而況於遥度乎？但勞民動衆之事，怨咨易興。而往來絡繹之途，議論易起。至於將迎之間，稍稍簡畧，則以是爲非，變黑爲白者，亦不可謂其盡無也。憂國計者以急於望成之心，而偶聞必不可成之語，何怪乎其形諸章牘也。而不知當局者意氣因而銷沮，官夫遂生觀望，少爲摇奪，隳敗隨之。勉强執持，踈逖難達，其苦有不可言者。伏望皇上俯垂鑒照，容臣等殫力驅馳，悉心料理。寛臣以叁年之期，如有不效，治臣以罪。伏乞聖裁。奉聖旨：工部知道。

# 卷二

## 勘估兩河工程乞賜早請錢糧以便興舉疏

爲勘估兩河工程，乞賜早請錢糧，以便興舉事。據管理河道郎中佘毅中、施天麟、張譽，管河兵備等道參政龔大器，副使林紹、張純、章時鸞，僉事朱東光，水利道僉事楊化，各會呈前事，蒙臣并漕運巡撫右侍郎江一麟劄付，備仰職等親歷各該地方，逐一相度。除河患源委、疏治事宜先行具呈訖，今將職等估計過各項工程合用錢糧，分理官員，派調夫數，逐一會計明白。及稱錢糧無處要得，題請破格觸發，等因，列欵呈詳到職案照。先爲前事已，該臣等會案劄行各該司道勘議過疏治兩河經畧緣由前來，另本具題外，又經催行逐細估筭工程去後。今據前因，該臣會同漕運巡撫右侍郎江一麟議得，北自豐、沛，南抵瓜、儀，蟺蜿壹千餘里，中間應築應塞應建應復工程，不遺尺寸。當此極敝大壞之時，欲爲壹勞永逸之計，若非重費，豈能有成！所據司道估勘銀兩官夫數目，臣等復加筭覈，委不可已。伏望敕下該部，再加查議題請，速賜俞允，行臣等遵照施行。地方幸甚！計開：

一、議錢糧。照得河工募夫，計土論方者，築隄方廣壹丈，厚壹尺爲肆工。每工給銀肆分。

計日者，每日給銀叁分。徭夫日給銀壹分，風雨量犒。此歷年議工之成規也。但土有遠近，力有倍省，工難處所，量須加增，以均苦樂。至于合用料物、樁草、苘麻、柳稍、灰鐵之類，俱須查照時價，難以律論。但當嚴加稽查，勿滋虛冒。除徐沛碭山黄縷貳堤，并徐、邳、睢、靈、宿遷兩岸幫堤，剏築歸仁集堤，桃、清接築新堤，高家堰與淮口支河，先共估銀貳拾貳萬肆千叁百叁拾貳兩叁錢捌分，已經工部題奉欽依，動發南京户、兵貳部銀貳拾萬兩，并留漕粮捌萬石，除前工支用外，約該剩銀壹萬伍千陸百陸拾柒兩陸錢貳分，相應聽作後工支用。今估計得崔鎮決口共長壹百捌拾丈，中段水深壹丈貳尺，兩頭深淺不等，俱應築根濶貳拾丈，頂濶拾丈，計用人工樁草苘麻料該銀壹萬兩。黄浦決口，先就上流斜築，計長陸拾丈，水深壹貳丈不等，應築根濶貳拾丈，頂濶拾丈，計用工料銀陸千兩。填塞原決長壹百陸拾丈，該用工料銀肆千兩。應展月堤，自徐州玄黄貳鋪計，長捌百伍拾丈，根濶伍丈，頂濶壹丈肆尺，高壹丈貳尺。每丈計土叁拾捌方肆分，共叁萬貳千陸百肆拾方。計工壹拾叁萬伍百陸拾工，該銀叁千玖百壹拾陸兩捌錢。應築遥堤，南岸自靈璧縣張字鋪起，至邳州果字鋪止，長玖拾捌里；北岸自吕梁山空連築至邳州直河止，長柒拾伍里；桃源古城起至清河獾墩止，長壹百貳拾里，共長貳百玖拾叁里，計伍萬貳千柒百肆拾丈，應築根濶陸丈，頂濶貳丈，高壹丈貳尺。每丈計土肆拾捌方，共貳百伍拾叁萬壹千伍百貳拾方，計工壹千壹拾貳萬陸千捌拾工，該銀肆拾萬伍千肆拾叁兩貳錢。内查沙墊土難在邳、睢各界約長貳拾里，桃、清各界約長貳拾伍里。貳處計長捌千壹百丈，該土叁拾捌萬捌千捌百方。每方量加貳工，該加銀叁萬壹千壹百肆兩，加椿草等料該銀捌百玖拾兩。呂梁磨臍溝、桃源陵城、清河安娘城叁處各建滚水石壩壹座。每座工料銀叁千兩，共銀玖千兩。淮城北堤自大王廟起，至柳浦灣止，肆拾伍里零，長捌千貳百伍拾貳丈肆尺，加幇根濶貳丈貳尺，頂濶壹丈壹尺，高陸尺。每丈計土玖方玖分，該土捌萬壹千陸百玖拾捌方捌分，計工貳拾肆萬伍千玖拾陸工肆分，該銀柒千叁百伍拾貳兩捌錢玖分陸釐。又自柳浦灣起，至高嶺止，肆拾餘里，實長陸千肆百玖拾陸丈柒尺。刱築根濶肆丈伍尺，頂濶壹丈伍尺，高陸尺。每丈計土拾捌方，該土壹拾壹萬陸千玖百肆拾方陸分，計工肆拾陸萬柒千柒百陸拾貳工肆分，但取土甚遠，遍野虛沙，有尋距伍里挖至丈餘者。若一槩論方給銀，恐難濟事。共估銀叁萬叁千柒百壹拾兩伍錢伍分。清江浦一帶運堤，南岸自王卿家起，至壽州廠止，長貳千貳百貳拾丈，北岸自月河口起，至許嶺家止，長捌百捌拾丈，各加高叁肆尺，濶壹丈肆伍尺不等，共計土貳萬貳千壹拾方，計工陸萬陸千叁拾工，該銀壹千玖百捌拾兩玖錢。內北岸一帶缺口計用椿料該銀肆百捌拾陸兩，修復通濟閘并塞天妃閘該用工料銀壹千兩，修復板閘，清江、福興、新莊等閘各加石陸柒層不等，共該工料銀壹千肆百玖拾兩，肆閘各開月河打壩截流該用銀伍百兩，修復仁、義等壩約用銀伍千兩。沿堤設減水閘陸座。每座工價銀伍百兩，共銀叁千兩。下流應開支河，如興化縣白駒、丁溪貳場，鹽城縣新河廟等處，各應挑深濶丈尺不等，共計夫工該銀貳萬伍千捌百柒拾陸兩。揚州河自高廟至揚子橋計長伍千捌百貳丈，應挑深陸柒尺不等，共計夫工該銀壹萬玖千肆百肆拾陸兩伍錢。儀真縣自東關至石人頭止，計長肆拾伍里，量加疏濬，該銀叁千伍百兩。舊例管工員役各有廩粮。府佐每員日給廩粮銀壹錢貳分，每員各帶書辦壹名，日給口粮銀肆分。州縣佐貳首領等官每員日給廩粮銀陸分，省祭、陰醫、民、老人每名日給口粮銀肆分。約該銀貳千兩。以上總括之數大約如此。至於工程難易，料價低昂，裒多益寡，截長補短，容職等隨時通融計筭。要在節縮，不至虛糜而已。通共該銀陸拾陸萬肆千捌百陸拾陸兩捌錢肆分陸釐。除前支剩銀壹萬伍千陸百陸拾柒兩陸錢貳分，徭夫減省工食銀壹萬伍千兩，揚州挑淺并白駒、丁溪鹽場，新河廟等處支河議動巡鹽衙門銀叁萬伍千捌百柒拾陸兩外，尚該銀伍拾玖萬捌千叁百貳拾叁兩貳錢貳分陸釐。職等查得河道歲額錢粮，山東、南直隸原無餘積。每遇年例修築，東那西補，甚至縮手待斃，以致因循誤事，追悔莫及。止有河南壹省見貯銀壹拾玖萬餘兩。而彼中河工繁鉅，如梁靖口、黄陵崗、孫家渡、趙皮寨、銅瓦廂等處築堤防決，費用不貲。剜肉補瘡，勢難那借。合無俯念大工緊急，破格議處。准照臣等所請改折，將正額解京，餘銀留工支用，庶爲不費之□。如有不可，乞照都給事中劉鉉題請内帑支發，通貯淮安府庫，聽司道官查覈，赴巡鹽御史處覆覈關支。伏候聖裁。

一、議分督。照得工程浩大，道里遥遠，若非多官分理，畫地責成，不免顧此失彼。今議徐州北岸自吕梁洪至邳州直河止一帶遥堤柒拾里，該海防道參政龔大器總管。自桃源縣古城以下遥堤陸拾里，并塞界内缺口及建陵城滚水壩壹座，該淮北分司郎中佘毅中總管。自桃源界至清河獾墩止，遥堤陸拾里，并塞界内決口及建安娘城滚水壩壹座，該添註管河道副使張純總管。自徐州南岸玄黄貳鋪月堤并靈、睢界内遥堤伍拾餘里，及建磨臍溝滚水壩壹座，該徐州道副使林紹總管。自睢寧界内遥堤肆拾餘里并築歸仁集堤叁拾伍里，該潁州道僉事朱東光總管。修復淮安板閘至新莊閘共肆閘，修築裏河兩堤并新城北一帶幇築新舊堤及塞黄浦口，該水利道僉事楊化總管。外興鹽支河先經該道呈，允行各縣掌印官開挑，仍應該道查催。築高家堰中段，塞天妃閘朱家口，開復通濟閘，修築趙家口迤西堤岸，修復仁、義等伍壩，該添註管河郎中張譽總管。修築寶應一帶土石堤并建減水閘及挑濬揚州至儀真一帶河道，該南河分司郎中施天麟總管。以上司道捌員，均分捌大工。每司道壹員，分督府佐貳員，計用府佐壹拾陸員。每府佐壹員，分督州縣佐貳首領陰醫省祭官拾員，共用壹百陸拾員。聽臣等於所屬地方掄才調取。如員數不足，及各官間有經手要務妨占者，容臣等於附近省分有司内查有幹濟素著者，另行具奏調用。分工之後，大小官員俱要悉心經理，總有應理公務，止許工上幹辦，不得擅離工次。工完之日，通將効勞官員分别等第，及怠玩誤事者一并題請處分，以昭勸懲。伏候聖裁。

一、議夫役。照得前項工程一時並舉，約用夫捌萬名。内除量調各處傜夫柒千伍百名外，今議派淮安府所屬募夫貳萬柒千伍百名，揚、廬、鳳三府各募夫壹萬名，徐州所屬募夫壹萬名，滁、和二州共募夫伍千名，内有災傷及衝繁州縣，聽該道官酌議減免，應得工食照常支給，仍行各該掌印官按籍派募。如將無籍之徒應名塞責，以致臨工逃散者，容臣等指名參究。伏乞聖裁。奉聖旨：工部知道。

## 黄河來流艱阻後患可虞乞恩速賜查議以圖治安疏

爲黄河來流艱阻，後患可虞，乞恩速賜查議，以圖治安事。臣等猥以譾材，謬膺重任，晝夜思惟，欲求萬全之策，以報陛下罔極之恩，食不甘味，寢不貼席者叁月矣，而卒未能快於心也。竊惟今之談河患者，莫不曰徐邳河身墊高，水易溢也；崔鎮諸口未塞，桃清淺阻也；高堰、黄浦淮水横流，淮揚之民久爲魚鼈也；淮、黄兩河之水漫無歸宿，海口沙墊也。此徐州迤南之患，耳目之所覩記，運道之所必資，故人人得而言之也。臣等已於前月貳拾捌日會本具題，陛下俯從臣請，兩年之内或可脱淮揚昏墊之苦，免運道梗阻之虞，而臣等亦得藉以少逭愆尤矣。然其大可憂者不在此也，敢敬陳之。臣等初抵淮安，即詢黄河出接運道處所，衆云出徐州小浮橋，則臣等喜以爲此黄河故道之最順者也。又詢水深若干，衆云深肆丈餘，則臣等又喜以爲此河身之本體也。又詢小浮橋迤西則爲胡佃溝，爲梁樓溝，爲北陳，爲鴈門集，爲石城集。而石城集以上拾伍里則爲崔家口，即去歲捌月所決之口也，其間淺深俱不能答。臣等即行淮安府管河同知王琰前往測度。去後隨於肆月貳拾玖日親督淮北分司郎中佘毅中、添註管河郎中張譽、徐州管河兵備副使林紹、添註管河副使張純，沿河踏勘。行至徐州，隨據王琰揭報，前項河水深柒捌尺至貳叁尺不等，而梁樓溝至北陳叁拾里則止深壹尺陸柒寸。散漫湖坡，一望無際，原係民間住址陸地，非比沙淤可刷，故河流逾年而淺阻如故也。臣等不勝驚訝。隨據徐州碭山鄉民段守金、龔泮、王霜等各呈稱，老河故道自新集歷趙家圈、蕭縣薊門，出小浮橋，壹向安流，名曰銅幫鐵底。後因河南水患，另開壹道出小河口，本河漸被沙淺。至嘉靖叁拾柒年，河遂北徙，忽東忽西，靡有定向。行水河底即是陸地，比之故道高出叁丈有餘，停阻泛濫，妨運殃民，懇乞開復老河上下永利等情。臣等當督前司道并山東管河道副使邵元哲、河南管河道副使唐汝迪，由夏鎮歷豐、沛至崔家口，復自崔家口歷河南歸德府之虞城、夏邑、商丘諸縣至新集閱視，間則見黃河大勢已直趨潘家口矣。隨據地方鄉老靳廷道等稟稱，去此拾貳叁里自丁家道口以下貳百貳拾餘里，舊河形迹見在，儘可開復。臣等即自潘家口歷丁家道口、馬牧集、韓家道口、司家道口、牛黃堌、趙家圈至蕭縣一帶地方，委有河形中間淤平者肆分之壹，地勢高亢，南趨便利，用錐鑽探河底，俱係滂沙，見水即可衝刷。又據夏邑、虞城等縣鄉官王極、鄉民歐陽照等柒百餘人連名呈告，俱爲乞疏舊河便民事。切照黃河故道自虞城迤下，蕭縣迤上，夏邑迤北，碭山迤南，嘉靖年間岸濶底深，水勢安流，既於運河無虞，亦於民田無害，商賈通行，貿易大遂，民稱豐庶。自嘉靖叁拾陸年以後，故道漸淤，河隨北徙，黃流泛溢。青野汪洋，居民拾不存壹，運道屢年阻滯，告乞早爲開通，上利下便，是誠萬世盛舉等情。臣等度其言實爲探本之論，但道里遼遠，工費鉅艱，復又沿河荒度，更無省近可從者。而臣等又冀崔家口一帶淺阻去處或可疏濬成河，易爲力也。復督各官駕小舠至梁樓溝、北陳等處躬親測量，委果淺阻，河底原係陸地，委難衝刷。蕭縣地方一望瀰漫，民無粒食，號訴之聲令人酸楚。該縣城外環水爲壑，城中豬水爲池。居民逃徙，官吏嬰城難守，見今題請遷縣。臣等竊思之，壹縣之害，此其小也。夫黄河并合汴、沁諸水，萬里湍流，勢若奔馬，陡然遇淺，形如檻限。其性必怒，奔潰決裂之禍，臣等恐不在徐、邳，而在河南、山東也。止緣徐州以北非運道經行之所，耳目之後，人不見及，止見其出自小浮橋，而不考小浮橋之所自來，遂以爲無虞耳。豈知水從上源決出，運道必傷。往年黄陵岡、孫家渡、趙皮寨之故轍可鑒乎。臣等又查得新集故道河身深廣，自元及我朝嘉靖年間行之甚利。後壹變而爲溜溝，再變而爲濁河，又再變而爲秦溝。止因河身淺澁，隨行隨徙。然皆有丈餘之水，未若今之逾尺也。淺愈甚則變愈速，臣等是以夙夜爲懼也。臣等又查得此河先年亦嘗建議開復，止緣工費浩繁，因而寢閣。臣等竊料先時諸臣雖以工費爲辭，實非本心。蓋誠慮黄河之性叵測，萬一開復之後復有他決，罪將安辭？目前既有壹河可通，姑爲苟安之計耳。而不知臣子任君父之事，惟當論可否，不當論利害；惟當計其功之必成，不當慮其後之難必。且所慮者他決也，隨決隨塞，亦非有甚難者。故河變遷之後，何處不溢，何年不決，寧獨不慮之乎？臣等與司道諸臣計之，故河之復，其利有伍。河從潘家口出小浮橋，則新集迤東一帶河道俱爲平陸，曹、單、豐、沛之民永無昏墊之苦，壹利也。河身深廣，受水必多，每歲可免泛溢之患，虞、夏、豐、沛之民得以安居樂業，貳利也。河從南行，去會通河甚遠，閘渠可保無虞，叁利也。來流既深，建瓴之勢導滌自易，則徐州以下河身亦必因而深刷，肆利也。小浮橋之來流既安，則秦溝可免復衝，而茶城永無淤塞之虞，伍利也。臣等以爲復之便。至於復故道難，仍新衝易；復故道勞，仍新衝逸，則臣等計之熟矣。然舍難就易，趨逸避勞，慮日後未可必之身謀，而不惜將來必致之大患，皆非臣等之所以盡忠於陛下也。臣等勘議之後，即擬具題。但因伏水將發，猶望水勢洶湧，或可衝刷成渠。近又行據同知王琰回稱，勘得北陳等處原深壹尺陸柒寸者，今止深柒捌尺。臣等看得伏秋暴漲之時，水增陸尺有餘，則客水消落之後，不免仍存本體矣。伏望敕下該部查議，如果臣等所言不謬，擬議上請，特差素識水性科臣壹員前來，候秋深水落，與臣等會同山東、河南撫臣及兼理河道巡鹽御史躬親勘議。如果可復，即便估計錢粮，會本題請，早賜施行，地方幸甚！臣等幸甚！

## 恭報河工大舉日期疏

爲恭報河工大舉日期事。據管理河道郎中張譽等、水利等道副使張純等呈稱，抄蒙臣并漕撫侍郎江一麟會案劄行各官遵照題，奉明旨，將各分督河工候水落興舉，壹向鳩聚工料，委調官夫，俱有次第。即今霜降在邇，水勢漸消。擇於玖月初拾日祭告，本月拾伍日起土興工。及將天妃閘塞口斷流，以便修築諸閘，揚州打壩攔水以便挑濬淤淺，仍乞揭示往來船隻暫行停止。等因。到臣。案照，先該臣等題。爲勘估兩河工程，乞賜早請錢粮以便興舉事。欵開：

一、議分督。看得河工浩大，派爲捌工，定委總管司道官捌員督理。該工部覆奉欽依，備咨臣等通行欽遵。間續因南河郎中施天麟奉旨降調，水利僉事楊化拏問，遣下貳工缺官監督。臣等議將施天麟所管寳應堤工改委營田道僉事史邦直，揚州挑淺改委該府知府虞德煜。楊化所管清江浦兩岸築隄改委主事陳瑛，增修新莊等肆閘改委淮安府知府宋伯華。各管理柳浦灣一帶新隄并添寳應捌淺決工改委今補水利道副使張純。黄浦口決工改委今補南河郎中張譽。各兼理訖。止有徐州兵備副使林紹原分壹工，近該臣等題，爲河工大舉水旱頻仍謹循明例陳便宜以計安地方事。議得本官河務欠諳，力求解脱。應合調處，乞將真定副使游季勳加銜陞補，勒限到任督管。此工尚未奉旨，臣等一面督行徐州知州孫養魁、靈璧縣知縣張允孚、睢寧縣知縣徐密查照原分界址興築，仍恭候成命，至日施行。其各工分委府佐及州縣正佐首領等官，臣等遵奉明旨，先已列名咨送吏部訖。臣等向慮大役繁興，料理宜預。屢經嚴督整備相時肇舉去後。今據前因，看得霜降水消，正宜及時工作，相應依擬。除批行遵照外，再照河工囏鉅，經理甚難，國計民生，關係匪細。在工大小諸臣累奉明旨，申飭多方遴選，靡不鼓舞奮勵，期副廟堂責成之盛心矣。興工之後，益宜專心致志，殫忠宣力，務求堅久，共成永利之澤，仰舒我皇上南顧之憂。如有因循墮誤以致半途之廢，苟且塞責僅爲目前之圖，該工官員縱以別故去任，容臣等指名追治，必不敢姑息，自干法紀。今將興工日期及更置申飭緣由，擬合奏報。

## 恭報兩河工程次第疏

爲恭報兩河工程次第事。據原委督工司道等官郎中佘毅中，參政龔大器、游季勳，副使張純，僉事朱東光各呈稱，原蒙本院分定應築黄河兩岸遥隄并淮城北柳浦灣等隄，自本年玖月拾伍等日興工，至今止築過工程中，因取土難易，工夫不齊，總計丈尺大約已完拾分之叁。應建減水壩叁座，見在採辦石料。撈淺已築，西隄并挑濬月河通運，東隄見在攔水興工。又據郎中張譽呈報，高家堰未築中段隄岸共長叁千陸百陸拾丈，内大澗湯恩等大小決口共長壹千陸拾丈，今已築過壹千伍拾丈止，餘拾丈未合。偶阻風雪，見今晝夜督併，不日斷流。另報黄浦口水流已緩，俟高堰斷流之後，自易築塞。及稱方信貳壩工完，見在車放回空粮船。朱家口、趙家口一帶隄決塞築已完。通濟閘石止餘肆層，見在催砌。又據僉事史邦直呈稱，寳應湖隄除填土工程已完拾分之叁，應砌石工隄根無水處所見在甃砌，有水者打壩掣水，一面鑿石下樁等因。又據佘毅中稟稱，今歲節奉牌行職等加嚴修守，自邳州迤北并南岸一帶縷隄幸保無虞，河水入漕，止餘原報桃清上下大小決口。自捌月拾陸日以來，仰仗朝廷福庇，百靈效順，諸決自塞。崔鎮大決口壹處原勘共長壹百捌拾丈，近緣水歸故道，日漸淤平，止餘中段壹溝深坎處，所積水叁肆尺不等。原蒙本院諭令姑待高堰斷流之後，再看水勢何如，方行議築。今本口淺涸，乃在高堰未築之前，縱留無益，莫若一體建築遥隄。及查原議吕梁洪地名磨臍溝應築減水壩壹座，今本處河渠深刷，地形頗高，莫若將此壩移建崔鎮口，以順趨下之勢。又查得清河縣北伍拾餘里羅家口、夏家口、周家口、新河口肆處，向來分流灌口入海。既非運艘經行之路，亦無築隄妨礙，似應姑留等因。又據淮安府知府宋伯華申報，督修福興等閘掣水砌石，工完叁分之壹。又據揚州府知府虞德煜申報，挑濬揚州運河自高廟至楊子橋長伍千捌百貳丈外，又增挑孟家溝長壹千捌百貳拾貳丈伍尺。儀真縣運河自東關至石人頭長肆拾伍里，俱於本年拾壹月初拾日工完，申行水利道覈實開壩放水等因，各報到臣。案照，先該臣等題，爲勘估兩河工程乞賜早請錢粮，以便興舉事。該工部覆奉欽依，備咨臣等已經通行司道府督令大小委官集夫辦料，擇於玖月拾伍日開工，具本題知訖。今據前因，該臣會同侍郎江一麟，竊照治河之工，築隄固難，而塞決尤難。今幸仰仗我皇上一誠默運，上格天心，河伯效靈，諸決自塞。臣等原議欲挽旁決之水以歸正道，今已悉從人願。桃清而下，昔如溝洫，今皆洗刷深廣如故。此雖郎中佘毅中修守之功，不無少效勤勞，然人力不至於此也。及查雲梯關海口大闢，清口通利，兩河順軌，叁月之間，河形頓改。此自古迄今所無之事，而臣等偶幸遭逢如此，何敢貪天功爲己力哉。止餘大澗口壹拾丈未合，淮水尚分壹小支東奔。若天氣晴和，功在旬日，不足慮也。但黄水雖已歸正，而隄不築，則明歲伏秋必復泛溢。故堅築遥隄以固其防，剏築減水壩以殺其勢，其工未可緩也。高堰之工斷流雖已可期，而一線未足爲恃，必俟斷流之後，隄内稑地乾出，廣取其土加培高厚，方可無虞。再查黄浦捌淺貳口，皆因高堰之水漫溢衝決。高堰既塞，則貳口之築自易，湖隄閘座亦當次第告成。崔鎮決水委已歸漕，併趨雲梯關下海。據稱留之無益，應合一體建築遥隄，復將磨臍溝減水壩移建本處，姑留羅家等口以殺黄流，似爲允當。工程次第，此其大都矣。再照，築隄不難而取土爲難，或爲水占，或爲沙掩，遠搜深取，務得膠淤老土方許填築。夯杵並舉，務求堅實。臣等叄令伍申，諸司道朝乾夕惕，惟此而已。臣等猶慮官夫暗用飛沙填藏隄内，無從辨驗，又製鐵探筒數拾具分散各工，令其時時錐探。臣等閲工之時，亦將前器探試，如筒内帶出浮沙捏不成顆，即將本管官究治，挖去改築。真如燕雀壘巢，日計分寸，其工誠有不易者。至於石工採運亦甚艱苦，與其速而不堅，孰若遲而可久。故未可責效於旦夕也。近因風雪大作，地脈凍結，難以興工。日下暫擬陸續散夫，先遠後近。至明年正月貳拾日以前，鳩工再舉。伏望皇上少紓南顧之憂，容臣等悉心料理。務圖永賴之計，必不敢苟且塞責，以負任使。緣係恭報兩河工程次第事理，謹具題知。奉聖旨：工部知道。

## 河患已除流民復業乞恩蠲租以廣招徠疏

爲河患已除，流民復業，乞恩蠲租以廣招徠事。據徐州兵備兼管河道參政游季勳呈，蒙臣批山陽縣被災流民陳漢等告，爲堰成復業，乞憐困，苦蠲豁粮，差存恤事。内稱向因高堰衝決，漢等大義、安樂等鄉田地數萬頃盡沈水底，民廬飄蕩。只得逃竄他方，傭身乞食。今幸堰成地出，遠近歡呼，争來復業。但恐安身未定，遽徵粮差，實難存濟，告乞蠲恤，以便開耕等情。又蒙批桃源縣流民海其等、清河縣流民鄭效等，俱告爲懇救殘命事。內稱隆慶年間，崔鎮等處口決，節遭渰没，寸草不生，民逃外方，趁食延命。今幸建築遥堤，水由地中，其等田土頓露，漸次可耕。即今賣船買牛，覺有生路。但汪濊蓁蕪，一旦舉趾荷鋤，不無多費牛種。仍恐未獲有秋，遽催新賦。殘苦窮民，實難復業，如蒙蠲恤，萬姓得生等情，俱蒙批仰徐州道查議速詳，該本道議照清河、桃源濱臨黄河，山陽壹縣適當淮黄之衝，泗州接壤，而鹽城、寶應、興化居其下流。自隆慶以來河變異常，沙淤淺阻，黄決崔鎮等口，而桃清長年渰没。淮決高堰黄浦，而泗州、山陽、鹽城、寶應、興化俱爲巨澤。小民無田可耕，流移轉徙，各色粮差逋負日積。近蒙本院部堅持築塞，天神默相，崔鎮等處決口盡歸故道，河身深刷，水有所受。再築高家堰下椿廂板，實土堅固，見加高厚，永保無虞。自是淮會於黄，循厓下海，桃清、山陽、泗州田地皆可耕種。高堰既塞，黄浦立成，鹽城、寶應、興化田地旋見涸露。拾數年昏墊之患，幸已消除。黎庶傳聞，歸復日衆。正宜多方安插，以示招徠。若再加以舊欠追呼，新輪徵併，已歸者失望難存，未歸者疑畏不至，田地雖出，亦復荒蕪。合無請乞垂憐久災重地，俯賜會題，將前各州縣舊欠一應起存錢粮，自萬曆陸年以前盡行蠲免，萬曆柒年以後亦暫免徵。俟安集既定，耕種有成，照舊一體徵派。庶災民得業，而子來河漕得民而永賴等因。呈詳到臣。據此案查，先該臣等題，爲恭報兩河工程次第事，已將司道呈報過工程分數具本，於去年拾壹月貳拾壹日題知，天寒凍阻，隨將官夫暫行掣放訖。今於本年正月貳拾等日，調集夫役，照舊赴工。臣因大澗一帶勢甚艱險，添取徐州道參政游季勲、水利道副使張純協同郎中張譽，晝夜督理。節據郎中佘毅中呈稱，崔鎮自去冬淤塞，止餘積水。今已厚築土壩，内地乾涸。僉事朱東光呈稱，歸仁集隄決盡數堵塞，隄南一帶頓復昔日田土之故，流移亦多復業，且津津事犂鋤矣。郎中張譽呈稱，高堰塞決，難在澗口。去冬偶值冰雪，竟難收功。今蒙本院部親督，官夫奮力負薪塞土，頓挽全淮，旋復故堰，遂使數拾年之沮洳立成平陸，數萬頃之膏腴盡還原業。衆夫之畚插有地，三農之耕耨不妨。見今密布栅樁，中實板片，即取乾出之土增高加厚，務保無虞等因，各到臣，通候工完具題。間隨據各縣流民陳漢等擁衆填門，各告前情，已經批行該道議詳去後。今據前因，該臣會同漕撫侍郎江一麟，議照治水之道，固以昏墊爲先，而治民之方，尤以招徠爲要。自隆慶肆年以來，黄水旁決於崔鎮、張四冲等處，淮水旁決於高堰、黄浦等處，而淮揚之民魚鼈久矣。今幸仰仗我皇上鋭意圖治，獨斷廟謨，俾臣等得以勉竭犬馬之力，以效胼胝之勞，而司道諸臣大小各屬無不感奮。自去歲玖月拾伍日興工以來，中間苦爲冰雪所阻，實止用工叁月。各工大約及半，而崔鎮、高堰、歸仁集等處俱已斷流成陸。見今加築高厚，可保無虞。獨黄浦口伍拾餘丈，見在興築。然高堰爲黄浦上流，高堰既塞，黄浦亦可計日。淮、黄貳河悉由故道，並流入海，了無漲溢。中間或由天成，或由人力，要之皆仰仗皇上聖德所感。故天相其成，人盡其力也。臣等何能之有？但地雖復矣，而耕地之人不可無；民雖歸矣，而保民之政不可後。倘佇足未定而催逋之吏已來，開墾未成而增課之令即下，則苛政之驅民，又有甚於兩河旁決之水矣。此災民之所以紛紛赴愬也。職等欲俟大工通完之日方爲題請，但此時正當佈種之候，恩詔未頒，民心未定，其孰肯虚費工力哉！此臣等所以不得不早爲陳乞也。伏望皇上俯念久困之民，特下蠲租之令，即敕該部查議，如果臣等所言不謬，即行臣等轉行各該州縣備查，原被黄淮貳水漂没田産某州某處若干，某縣某處若干，自萬曆陸年以前拖欠錢粮若干，悉行蠲免。其萬曆柒年以後應徵額課，再免貳年或叁年。俟其開墾成熟，方與追徵。其極貧下户無力開墾者，有司量爲設處牛種以給之，則民不改聚而萬姓咸自子來，地不改闢而千里俱成沃壤矣。緣係河患已除，流民復業，乞恩蠲租以廣招徠事理，謹題請旨。

# 卷三

## 遵奉明旨恭報續議工程以便查覈疏

爲遵奉明旨，恭報續議工程，以便查覈事。該總理河漕右都御史潘季馴題前事，據管理河道工部郎中佘毅中、張譽，主事陳瑛，管河兵備水利營田等道參政龔大器、游季勳，副使張純，僉事朱東光、史邦直會呈抄，蒙總理河漕并漕撫衙門憲牌，仰職等即查各工内有與原議不同工程，會同類總開呈，以憑覆覈，奏聞依蒙。隨將各工逐一查勘。除兩河分合及應築應塞工程俱與原議無異，又堤工各高濶丈尺，各相度地形增減不等，候通完之日册報外，所有堤岸閘壩勢當小更，難拘原議者，委應裁酌，用圖經久。以淮北言之，如南岸遥堤原議自靈壁縣張字鋪起，至邳州果字鋪止，共長玖拾捌里。其張字鋪以上原因河岸甚高，故止議將元、黄貳鋪掃灣處所展築月堤，長捌百伍拾丈。今續勘得徐州三山頭起，至靈壁縣張字鋪共伍拾餘里一帶，河岸雖高，然先年遇有異常泛漲，亦往往漫决。若止展築元、黄貳鋪月堤，尚有可虞，相應一併接築遥堤，計長玖千餘丈。庶成全堤，無復遺慮。其元、黄貳鋪止築順水壩以遏水勢，不必另行展築。果字鋪以下原因縷堤頗遠，故未議築遥堤。續勘得果字鋪至李字鋪縷堤約肆里餘，猶覺逼近，仍應增築遥堤。計長柒百伍拾丈。北岸遥堤内邳州谷山并匙頭灣貳處俱有水溝瀦蓄積水，合行疏泄。今議各建函洞壹座，以便泄水。桃源縣古城起至季太口止，計陸拾里，内原議滚水壩叁座，已經建完。今歲伏水漲溢之時，甚賴其減泄之力。但季太口至清河縣計伍拾餘里未議建壩，恐水勢至此尚致漲溢。勘得三義鎮地形原窪，衆水所趨，合增建滚水壩壹座，其長闊丈尺俱照前壩，庶分殺之路既多，則衝漫之患可免。此淮北工程所當續議者也。以淮南言之，原議脩復清江等閘，今勘得通濟閘逼近淮河，直受衝齧，勢甚洶湧，且閘設年久，底樁朽爛，加石太重，不免坍卸。相應改建於甘羅城東堅實之地。仍改濬河口，斜向西南，使水勢紆迴不至直射，庶便啓閉。前閘既已改建，則新莊閘距此不及一里，難容多船。而關鎖太促，水勢湍急，不易啓閉，相應拆卸。福興閘上距通濟閘計貳拾里，下距清江閘止五里，遠近懸絶，且亦因年久圮壞，難以加石。今議改建於壽州廠適中處所。其清江一閘仍照原議修復。至於板閘地窪水平，無庸啓閉，止須照舊，免行增高。又勘得原議脩復伍壩内信字壩逼近淮城，且係黄河掃灣，先年久廢不用。今已將禮、智貳壩脩復，見在車盤船隻，其仁、義貳壩原共壹口出船，亦係黄河掃灣，又與清江閘相隣，恐有意外衝漫之患。見今築堤在上，以禦黄流，不便脩復。查得舊有天妃閘正與清河直對，相應建壩壹座於本閘之裹，則車盤尤便而船隻無阻矣。其興鹽等處入海支河，原因高堰未築，黄浦、八淺等決未塞，水勢浩蕩，故踵襲節年舊議，欲加挑濬以泄積水。近勘得高堰築完，黄浦、八淺俱塞，下流已乾，無水可泄，而海口之水反高於内地。若復挑濬，則海水灌入，既傷民田，復損鹽利。正在勘議間，隨該巡鹽御史姜璧躬親踏勘，題請免濬，復經司道會勘委應停止。夫興鹽等處既以無水可泄免濬支河，若寶應湖堤仍照原議於叁拾里之内添建減水閘六座，又恐分流太多，興鹽難受。况建閘初意，祇因上流水溢，恐致傷堤。今高堰既築通濟閘外，又經題准每年水漲之時築壩斷流，則寶應湖水不甚盈溢，湖堤可保無虞，不必多建減閘。今議脩復舊閘貳座，創建二座，通共四座，庶運道民田俱有攸賴。其開挑興鹽支河工費銀二萬五千八百七十六兩，原議於巡鹽衙門動支運司銀兩，仍聽該衙門作正支銷。此淮南工程所當續議者也。以上事宜皆因地損益，隨時劑量，期於有濟，不敢執泥，俱經會議僉同，陸續呈請舉行訖。今蒙行查，理合類報，轉奏施行等因到臣。案照，先准工部咨，爲奉明旨，陳愚見，議治兩河經畧，以圖永利事。該臣等題議各項工程事宜，本部覆題，奉聖旨：這治河事宜既經河漕諸臣會議停當，依擬都准行。着他們悉心着實興建永利。各該經委分任人員如有玩愒推諉虛費財力者，許不時拿問參治。其未盡事宜及臨時事勢或與原議不合的，也着陸續奏聞，務求有益。應用錢糧，爾部裏便會户部上緊議來。欽此。備咨到臣，俱經通行司道欽遵興舉。間續據郎中佘毅中等議，將各工增損事宜節次第呈前來，又經臣等親閱相同，批允舉行訖。祇緣工程大體俱無更張，止於節目微有不同，事涉煩瑣，未敢屑屑瀆奏。兹當告成伊邇，合行通查類報。今據前因，爲照兩河大工延袤千里，臣等荒度之初，止詳於兩河分合大勢，而隄岸閘壩之遠近多寡，委須臨時再加勘酌。仰荷我皇上坐照萬里，洞燭事機，假臣以便宜之權，開臣以續奏之路。所據司道陸續議報前來。在淮北則有徐州三山頭起至張字舖加築遥堤五十餘里，元、黄貳舖止建順水壩一道，果字舖起至李字舖加築遥堤四里餘，谷山趾頭灣添建函洞二座，三義鎮添建滚水壩一座，此皆原題未載，委應增益。在淮南則有通濟、福興二閘從新改遷。新莊逼近通濟閘，勢難兩存。板閘止宜仍舊。信字壩逼近黄河，不便脩復。仁義壩改建天妃閘以裏。至於興鹽等處入海支河，因高堰、黄浦、八淺隄成，無水可泄，自宜停止。而寶應湖堤減水閘止須脩建四座。此原題備載，委當更易，因時審勢，隨地制宜。臣等固不敢惜勞以貽一簣之虧，亦不敢妄舉以滋無益之費。其應添錢糧，即於原請河工銀内通融裁節濟用，並無求益加派之事。除將各堤工高濶丈尺相度地形增減不等通候查覈外，緣係遵奉明旨，恭報續議工程以便查覈事理，相應奏報，謹具題知。奉聖旨：工部知道。

## 恭報兩河工成仰慰聖衷疏

爲恭報兩河工成，仰慰聖衷事。萬曆七年十月初六日，據管河郎中佘毅中、張譽，主事陳瑛，管河兵備營田等道參政龔大器、游季勳，副使張純，僉事朱東光，史邦直會呈，節奉總理河漕并總督漕撫衙門劄付，俱爲奉明旨，陳愚見，議治兩河經畧以圖永利等事，行職等將派定工程，鳩夫辨料，刻期興舉。該職等遵依督率，分委府州縣等官親詣工所，照式率作。俱自萬曆六年九月十五等日興工，至今陸續通完訖。總計築過土堤長一十萬二千二百六十八丈三尺一寸，砌過石隄長三千三百七十四丈九尺，塞過大小決口共一百三十九處，建過減水石壩四座，每座長三十丈。脩建過新舊閘三座，車壩三座。築過攔河順水等壩十道，建過函洞二座，減水閘四座。濬過運河淤淺長一萬一千五百六十三丈五尺，開過河渠二道，栽過低柳八十三萬二千二百株。其各隄高卑，酌量地形低昂，隨宜增損，自一丈二尺以至七八尺不等，數目煩瑣，聽候勘官至日另册開送覈實外，照得數年以來黃、淮二河胥失故道，至以地方州縣爲壑。蓋由黃河惟恃縷隄，而縷隄逼近河濱，束水太急。每遇伏秋，輒被衝決，横溢肆出，一瀉千里，莫之底極。北岸則決崔鎮、季太等處，南岸則決龍窩、周營等處，共百餘口。而又從小河口、白洋河灌入，挾永堌諸湖之水，越歸仁集直射泗州陵寢，以致正河流緩，泥沙停滯，河身墊高。淮水又因高家堰年久圮壞，潰決東奔，破黃浦，決八淺，而山陽、高、寶、興、鹽悉成沮洳，清口將爲平陸。黃淮分流，淤沙罔滌，雲梯關入海之路坐此淺狹，而運道、民生俱病矣。自去秋興工之後，諸決盡塞，水悉歸漕，衝刷力專，日就深廣。今遥隄告竣，自徐抵淮六百餘里，兩隄相望。基址既遠，且皆真土膠泥，夯杵堅實，絶無往歲雜沙虚鬆之弊。蜿蟺綿亘，殆如長山夾峙。而河流於其中，即使異常泛漲，縷隄不支而溢至遥隄，勢力淺緩，容蓄寬舒，必復歸漕，不能潰出。譬之重門待暴，則暴必難侵，增纊禦寒，則寒必難入。兼以歸仁一隄横截于宿桃南岸要害之區，使黃水不得南決泗洲。至于桃清北岸，又有減水四壩，以節宣盈溢之水，不令傷隄。故在遥隄之内則運渠可無淺阻，在遥堤之外則民田可免渰没。雖不能保河水之不溢，而能保其必不奪河，固不能保縷隄之無虞，而能保其至遥即止。盖嘗考弘治以前，張秋數塞數決，自先任都御史劉大夏將黄陵岡一帶增築太行堤一道，而張秋之患遂息，此其已試之明驗也。今職等所築之遥隄，即太行隄之别名耳。况係真正淤土，較之太行雜沙又有不侔者。故今歲伏初驟漲，桃清一帶水爲遥堤所束，稍落即歸正漕，沙隨水刷，河身愈深，河岸愈峻。前歲桃清之河膠不可檝，今深且不測，而兩岸迴然高矣，上流如吕梁兩崖俱露巉石，波流湍急，漸復舊洪。徐邳一帶年來篙探及底者，今測之皆深七八丈，兩岸居民無復昔年蕩析播遷之苦。此黄水復其故道之效也。高家堰屹然如城，堅固足恃。今淮水涓滴盡趨清口，會黄入海，清口日深，上流日涸，故不特堰内之地可耕而堰外湖坡漸成赤地。盖堰外原係民田，田之外爲湖，湖之外爲淮，向皆混爲一壑，而今始復其本體矣。其高寶一帶因上流俱已築塞，湖水不至漲滿。且寶應石堤新砌堅緻，故雖秋間霖潦浹旬，隄俱如故。黄浦、八淺築塞之後，俱各無虞。柳浦灣一帶新隄環抱淮城，並無虧損。不特高寶田地得以耕藝，而上自虹、泗、盱眙，下及山陽、興、鹽等處，皆成沃壤。此淮水復其故道之效也。見今淮城以西清河以東，二瀆交流，儼若涇渭，誠所謂同爲逆河以入於海矣。海口之深，測之已十餘丈。盖借水攻水，以河治河，黄淮並注，水滌沙行，無復壅滯。非特不相爲扼，而且交相爲用。故當秋漲之日，而其景象如此。昔年沙墊河淺，水溢地上，祇見其多。今則沙刷河深，水由地中，祇見其少。地方士民皆謂二十年來所曠見也。此盖仰仗我皇上聖德格天，神明協相，聖心獨斷，廟筭堅持，是以本院部得行初志，職等得效胼胝。向使少爲異議所揺，則此時不知更作何狀矣。今財力不多費而功徧於兩河，時日不久曠而效收於朞月；數千里魚鱉之民一旦登于衽席，億萬年命脉之路一旦底于翕寧，職等幸獲遭逢，曷勝慶幸！ 除各用過錢糧另行册報外，所據完過工程，擬合開坐呈報施行等因到臣。據此案查萬曆六年五月十五日，該臣欽奉勅諭：都察院右都御史兼工部左侍郎潘季馴，近年河淮泛濫爲害，運道梗塞，民不安居，朕甚憂之。已屢有旨，責之地方官經理，奈無實心任事之臣，動以工費艱鉅爲解。又當事諸臣意見不同，事多掣肘，以致日久無功。今特命爾前去督理河漕事務，將河道都御史暫行裁革，以其事專屬于爾。其南北直隸、山東、河南地方有與河道相干者，就令各該巡撫官照地分管，俱聽爾提督。爾宜親歷河流所經，會同各巡撫官督同各部屬司道等官悉心協慮，講求致害之因，博采平治之策。備查草灣口何爲既開復淤，及今作何開通；全淮水何爲南徙不復，及今作何疏導；徐邳河身高並州城，何以疏之使平；黄浦、崔鎮等口久塞無功，何以築之使固。及查諸臣歷年建議有行奏疏，逐一勘議。要見老黄河故道應否開復，清桃正河應否挑濬，高家堰寶應隄應否脩築，小浮橋新衝口可否濟運，應否加挑。又徐邳以上地形南昂北下，恐隄防一潰，勢必奔流北徙，將爲閘河之梗，亦要審其孰爲正河，孰爲支河，孰爲合河；或正而當厚其防，或支而當殺其勢，或合而當分其流，一併勘議詳妥，奏聞區處。合用錢糧及選任司道等官俱許以便宜奏請，給發委用。功成之日，通將効勞官員一體分別陞賞。如有抗違不服及推諉誤事者，文官五品以下，武官四品以下，徑自提問，應奏請者奏請定奪。其提督軍務事宜，查照河道衙門原管行事，爾候事寧之日奏請回京。朝廷以爾諳習河道，素有才望，特兹重任。爾尚殫忠籌慮，盡力區畫，俾河漕無梗塞之虞，人民免昏墊之苦。必有懋賞以酧爾功，毋或畏難憚勞，隱忠不效，及苟且塞責，有負委任。爾其勉之，慎之！故諭。欽此。臣遵奉綸音，會同撫臣躬率司道等官沿河荒度，周諮分合之勢，博求治平之謀，羣策畢集，衆論僉同。隨題爲奉明旨，陳愚見，議治兩河經畧，以圖永利事。該工部覆，看得都御史潘季馴、侍郎江一麟足遍口訊，僉議詳酌，爲是六説。其所脩置寢格，俱目擊利害，而非道聽之言，庶同則繹，而非弗詢之謀。盖隄防既固，塞決又審，水無旁駛而正流自急，沙随水刷而海口自復。此正以水治水，而不爲穿鑿之論，迂謾之談。頃來治河之説未有逾於二臣之議，等因。題奉聖旨：這治河事宜既經河漕諸臣會議停當，依擬都准行。著他們悉心著實興建永利。各該經委分任人員，如有玩愒推諉虛費財力者，許不時拿問參治。其未盡事宜及臨時事勢或與原議不合的，也著陸續奏聞，務求有益。應用錢糧，爾部裏便會户部上緊議來。欽此。備咨臣等欽遵查照興舉施行准此。又該臣等題爲勘估兩河工程乞賜早請錢糧以便興舉事，欵議分督徐州北岸自吕梁洪至邳州直河止遥隄，該海防道參政龔大器總管；自桃源古城以下遥隄并塞界内決口及建減水壩一座，又先分馬廠坡遥隄，該中河郎中佘毅中總管；自桃源縣界至清河縣北遥堤并塞界内決口及建減水壩一座，該添註管河道副使張純總管；自徐州南岸并靈睢界内遥隄及建減水壩一座，該徐州道副使林紹總管；睢寧界内遥隄并築歸仁集隄，該潁州道僉事朱東光總管；脩復淮安運河各閘，脩築裏河兩隄并新城北一帶幫築新舊隄，及塞黄浦口，催濬興鹽支河，該水利道僉事楊化總管；築高家堰，塞天妃閘，朱家口開復通濟閘，脩築趙家口迤西隄岸，脩復各壩，該添註管河郎中張譽總管；脩築寶應一帶土石隄并建減水閘，及挑濬揚州至儀真一帶河道，該南河郎中施天麟總管，等因。本部覆奉欽依，咨行臣等分工間，郎中施天麟降調，將原分寶應隄工改委營田道僉事史邦直，揚州挑淺改委該府知府虞德煜。僉事楊化罷黜，將原分清江浦兩岸築隄改委主事陳瑛，增脩閘座改委淮安府知府宋伯華各管理，柳浦灣脩築新舊隄并添寶應、八淺決工增委今補水利道副使張純，黄浦口決工增委今補南河郎中張譽各兼理。副使林紹閒住，原分壹工，該今任參政游季勳管理。俱於上年九月十五日起土興工，臣等具本題知訖。又該臣等查得司道續報工程，淮北有徐州三山頭起至張字舖增築遥隄元、黄二舖止建順水壩一道，果字舖起至李字舖增築遥隄，谷山匙頭灣添建函洞二座，三義鎮添建減水壩一座。此皆原題未載，續議增益。淮南有通濟、福興二閘從新改遷，新莊逼近通濟閘，勢難兩存，板閘止宜仍舊。信字壩逼近黄河，不便脩復，仁義壩改建天妃閘裏，興鹽等處支河因高堰黄浦八淺隄成，無水可泄，自宜停止。寶應湖隄減水閘止須脩建四座。此原題備載，續議更易，又經具本題知訖。臣等向在催督各工去後，今據前因，除將報到工程逐一查覈相同外，該臣會同漕運巡撫侍郎江一麟，竊照我朝建都燕冀，轉輸運道，實爲咽喉。自儀真至淮安則資淮河之水，自清河至徐州則資黄河之水。黄河自西而來，淮河自南而來，合流於清河縣之東，經安東達雲梯關而入於海。此自宋及今兩瀆之故道也。數年以來，崔鎮諸口决而黄水遂北，高堰黄浦决而淮水遂東，桃清虹泗山陽高寶興泰田廬墳墓俱成巨浸，而入海故道幾成平陸。臣等受事之初，觸目驚心。所至之處，孑遺之民扳輿號泣，觀者皆爲隕涕。然議論紛起，有謂故道當棄者，有謂諸决當留者，有謂當開支河以殺下流者，有謂海口當另行開濬者。臣等反覆計議，棄故道則必欲乘新衝。新衝皆住址陸地，漫不成渠，淺澀難以浮舟，不可也。留諸决則正河必奪。桃清之間僅存溝水，淮揚兩郡一望成湖，不可也。開支河則黄河必不兩行，自古紀之。淮河泛溢，隨地沮洳，水中鑿渠則不能，别尋他道則不得，况殺者無幾而來者滔滔，昏墊之患何時而止，不可也。惟有開濬海口一節，於理爲順。方在猶豫，而工部遺咨叮嚀臣等親詣踏看。臣等乃乘輕舠出雲梯關，至海濱延袤四望，則見積沙成灘，中間行水之路不及十分之一，然海口故道則廣自二三里以至十餘里。詢之土人，皆云往時深不可測，近因淮黄分流，止餘涓滴，入海水少而緩，故沙停而積，海口淺而隘耳。若兩河之水仍舊全歸故道，則海口仍舊全復原額，不必别尋開鑿，徒費無益也。臣等乃思，欲疏下流，先固上原；欲遏旁支，先防正道，遂决意塞决以挽其趨，築遥隄以防其决，建減水壩以殺其勢而保其隄。一歲之間，兩河歸正，沙刷水深，海口大闢，田廬盡復，流移歸業，禾黍頗登，國計無阻，而民生亦有賴矣。盖築塞似爲阻水，而不知力不專則沙不刷，阻之者乃所以疏之也。合流似爲益水，而不知力不宏則沙不滌，益之者乃所以殺之也。旁溢則水散而淺，返正則水束而深，水行沙面則見其高，水行河底則見其卑。

此既治之後與未治之先，光景大相懸殊也。每歲不失脩治，即此便爲永圖。借水攻沙，以水治水，臣等蒙昧之見如此而已。至於復閘壩，嚴啟閉，疏濬揚河之淺，亦皆尋繹先臣陳瑄故業，原無奇謀秘策，駭人觀聽者。偶幸成功，殊非人力，實皆仰賴我皇上仁孝格天，中和建極，誠敬潛孚而祇靈助順，恩威並運而黎獻傾心。念轉輸乃足國之資，軫昏墊切儆予之慮，宵旰靡皇，綸綍屢飭。其始也併河漕以一事權，假便宜以任展布，故臣等得效芻蕘之言。其既也逮婾墮以警冥頑，折淆言以定國是，故臣等得竟胼胝之力。俯從改折之議，國計與民困咸紓；特頒賞賚之仁，臣工與夫役競勸。致茲無競之功，遂成一歲之内。今兩河烝黎歌帝德而祝聖壽者，且洋溢乎寰宇矣。臣等何敢貪天工以爲己力哉。除用過錢糧聽巡鹽衙門查覈奏繳外，謹將完過工程總數開坐。伏乞敕下該部覆議，差官勘閱，明實施行。緣係恭報兩河工成，仰慰聖衷事理，謹題請旨。計開：

淮北工程

總管官，中河郎中佘毅中，督淮安府同知王琰、兖州府同知唐文華、桃源縣知縣郭顯忠、濟寧衛指揮文棟等築完原分桃源縣北岸遥隄。自古城起至關王廟止，長八千六百八十九丈二尺，俱根闊六丈，頂闊二丈，高一丈至九尺不等。塞完崔鎮大決口一處，及劉真君廟等決口共三十六處，共長四百六十一丈五寸。築完古城堰口隄一道，長三百六十丈。造完崔鎮減水石壩一座，壩身連雁翅共長三十丈。又築完續增徐州南岸三山遥隄，長二千四百二十八丈三尺五寸，俱根闊四丈，頂闊一丈六尺，高八九尺不等。又督淮安府同知蔡玠築完桃源縣迤南馬廠坡遥隄，長七百四十六丈，根闊七丈至五丈不等，頂闊二丈，高一丈至八尺不等，以上各隄共栽過低柳一十六萬一千六百株。

總管官，海防兵備道參政龔大器，督廬州府通判宋守中、邳州知州張延熙、泰州同知王法祖等築完原分邳州北岸遥隄。自吕梁山麓起至直河止，長九千四百六十四丈一尺，俱根闊六丈至五丈不等，頂闊二丈至一丈五六尺不等，高九尺至七八尺不等。造完續增各山并匙頭灣函洞各一座。又築完續增徐州南岸三山遥隄，長一千三百九十一丈八尺，俱根闊四丈，頂闊一丈四五尺不等，高八尺以上。各堤共栽過低柳五萬二千株。總管官徐州兵備道參政游季勳，督淮安府同知蔡玠、徐州知州孫養魁、靈璧縣知縣張允孚、睢寧縣知縣徐密、桃源縣知縣郭顯忠等築完原分靈睢南岸遥隄。自竇老穀堆起至象山止，長一萬一千七百五十七丈二尺，俱根闊六丈，頂闊二丈，高九尺。造完徐昇鎮減水石壩一座，壩身連雁翅共長三十丈。又築完續增徐州三山遥堤二千六百四十七丈一尺六寸，俱根闊四丈，頂闊一丈六尺，高九尺。順水壩一道。又會同南河分司改建通濟閘一座，并閘外攔河壩一道。以上各隄共栽過低柳一十五萬一千六百株。

總管官，水利道副使張純，督兖州府同知樊克宅、清河縣知縣石子璞等築完原分桃源清河縣北岸遥隄。自關王廟起至護城隄止，長九千七百二十一丈，俱根闊六丈，頂闊二丈，高一丈至八九尺不等。塞完張泗沖等決口一十八處，共長二百一十一丈。造完季太鎮減水石壩一座，續增三義鎮減水石壩一座，壩身連雁翅俱長三十丈。又築完續增徐州南岸三山遥隄二千五百四十九丈，俱根闊四丈，頂闊一丈五尺，高八尺。以上各隄共栽過低柳五萬三千株。

總管官，潁州兵備道僉事朱東光，督鳳陽府通判李光前、廬州府通判查志文、歸德府通判祝可立、泗州守備衛鎬、張大德等築完原分睢寧南岸遥隄。自象山起至果字舖止，長六千九百三十六丈七尺，俱根闊九丈至六丈六尺不等，頂闊二丈一尺，高一丈至八尺不等。又築完續增果字舖起至李字舖止遥隄，長八百四十八丈六尺，俱根闊六丈六尺，頂闊二丈一尺，高八九尺不等。又築完原分歸仁集遥隄，長七千六百八十二丈八尺，根闊六丈至四丈五尺不等，頂闊三丈至一丈不等，高一丈二尺至八九尺不等。內填塞決口四十七處，共長三百四十九丈。以上各隄共栽過低柳三十萬株。

淮南工程

總管官，南河郎中張譽，督揚州府同知韓相、淮安府同知鄭國彦、王琰，兩淮運副曹銑、東昌府通判王一鳳、中軍都司俞尚志等脩築高家堰隄六十餘里，計長一萬八百七十八丈，俱根闊十五丈至八丈六丈不等，頂闊六丈至二丈，高一丈二三尺不等。內三千四百丈會同徐水二道俱用樁板廂護堅固。塞完大澗、淥洋、湯恩口等決三十三處，共長一千一百一十八丈，又塞朱家決口一處，先築月壩一道，長八十丈，并築本口直堤長一十四丈。閉塞天妃閘一座，脩築趙家口迤西兩岸堤，共長六百七十四丈，根闊二丈至一丈，頂闊二丈至一丈，高一丈至八尺不等。又修復禮、智壩各一座，添設天妃壩一座。又開出閘河口自甘羅城起至淮河長二百一十三丈，底闊四丈，面闊六丈，深一丈。兩崖築隄共長四百二十六丈，根闊十丈，頂闊二丈，高一丈。又塞完續分黄浦決口一處、先築南北攔河壩二道，共長四十五丈，根闊一十三丈，頂闊十丈，高二丈。填築正口土堤一道，長九十四丈，自水底至頂高三丈八尺，根闊一十三丈。又會同徐州道改建通濟閘一座，并閘外築攔河壩一道。以上各隄共栽過低柳六萬株。

總管官，清江廠主事陳瑛，督留守司經歷屠鑰、把總諸葛堯賓、鎮撫王紹武等築完清江浦南北兩岸河隄，共長三千三百九丈八尺，俱根闊一丈二尺，頂闊八尺五寸，高三尺五寸。塞完鄭家決口一處，長六十七丈加隄一道，自水底至頂高一丈三四尺不等，底濶二丈五尺，頂濶九尺。

總管官，水利道副使張純，督淮安府帶銜同知劉順之、兩淮運副曹鉷、寶應縣知縣李贄修完原分淮安府新城北舊隄。自清江浦起至柳浦灣止，共長九千八百五十一丈，幫濶二丈、一丈五尺以至一丈不等，高四尺至二三尺不等。築完新隄，自柳浦灣至高嶺止，長六千六百四十丈，俱根闊四丈五尺，頂闊一丈五尺，高六尺。築完西橋壩一座，長十二丈，自水底至頂高二丈。築塞八淺決口一處，長八十五丈六尺。内土隄根濶七八丈不等，頂濶二丈，自水底至頂高二丈至一丈四五尺不等外，包砌石隄一道，長八十五丈六尺，高一丈五六尺不等。又石隄兩頭接築舊土堤，共長一百五十丈，俱根濶三丈，頂濶二丈，高一丈三四尺不等。南北攔河壩二道，共長五十九丈。西隄一道，長二百四十一丈，俱根濶五六丈不等，頂濶一丈三四尺不等，自水底至頂高一丈六七尺不等。以上各隄共栽過低柳五萬四千株。

總管官，營田道僉事史邦直，督揚州府通判王開、郭紹等脩築完寶應湖土隄，長四千四百九十二丈，俱根濶五丈，頂濶三丈，高一丈六七尺不等。砌完石隄長三千三百七十四丈九尺，俱根濶五尺，頂濶三尺，高一丈四五尺不等。上加土西面三尺，東面四五尺不等，密下樁笆實土者，計長一千一百一十七丈一尺。修建減水閘共四座。

總管官，揚州府知府虞德煜，督江都縣知縣秦應驄原任儀真縣知縣況于梧等挑完淤淺河道。自高廟起至儀真縣東關止，共長一萬一千五百六十三丈五尺，挑深五尺至二三尺不等，濶十四丈至八丈不等。

總管官，淮安府知府宋伯華，督同同知劉順之，通判況于梧、清河縣知縣石子璞等造完改建福興閘一座，修完清江閘一座，增砌荒細石塊，共長二千二百九十二丈三尺。旁開月河一道，長九十三丈。築完南北攔河壩二道，共長三十五丈。閘下兩岸并月河隄共長一百二十四丈，俱用樁笆廂護。

# 議復營田兼攝州縣以廣招徠以利民生疏

爲議復營田兼攝州縣，以廣招徠，以利民生事。該總理河漕右都御史潘季馴題前事。據淮鳳營田道、僉事史邦直呈，據淮安府鹽城縣申稱，本縣久罹水患，幸得高堰黄浦工成，潦水不入，露出荒田不下數萬頃。節據窮民劉毌等紛紛告討牛種趂時開墾但庫藏空虚無從處措申，乞借發營田官銀一千兩，資民耕種，三年補還，緣由到道允發。間續蒙漕撫部院信牌，看得該道不以該縣非其所屬，慨然以拯民爲任，允借前銀。該縣又以三年償還爲己責，其於地方撫墾，良爲有賴。相應督催處置，期有成效等因。蒙此卷查萬曆四年十月内本道欽奉勑書開載，駐劄淮鳳兩府適中處所，督令有司親行阡陌，招撫開墾。欽遵行事。至萬曆五年正月内，該前任漕撫侍郎吴桂芳因淮安府屬州縣俱被水災，難以施工，具題止留山陽一縣，加以徐沛豐碭蕭五州縣聽本道管轄。其餘鹽城清桃宿邳睢安海州贛沭十州縣開除不入道屬。又將鳳陽所屬潁、壽、亳三州，潁上、太和、霍丘三縣改屬潁州兵備道。共計本道所轄十八州縣，更换新勑頒給外，及查本道原額錢糧題奉欽依，每年兩淮運司帶納引銀二萬七千兩，江北四府三州觧京錢糧扣除水脚銀二千七百餘兩，及冠帶等銀共四年大約十一萬有零，通聽營田支用。今照鳳徐所屬十八州縣十五衛所招撫過軍民三千九百九十一户，男婦計一萬七千六百四十二名口，認墾田土一萬九千一百一十一頃一畝六分，領牛一萬九百四十四隻，種五萬六千三十四石二斗。

總計所費止用銀三萬八百八十七兩五錢。見貯鳳陽府庫銀二萬九百七十四兩八錢，運司未支及各府未鮮尚有六萬七千兩。所據鹽城等州縣原係載在勅書，關防緣一時有水，難以施工，權宜裁退。彼時本道自揣愚陋，固幸減一處省一處之勞，可以偷安簡便。迺今堰成水退，地出民歸，嗷嗷告缺牛種，府縣計窮措處，院部過勞痌瘝。本道官名營田，經理所轄，雖未必家復人足，而銀兩之積貯不用尚多，乃坐視屯膏，致鹽城等州縣來蘇之民沾被無由，心誠未安。況所借止於鹽城一縣，其餘不能遍借者懸望更切。合無乞將淮安水退可耕州縣，不必另處錢糧，不必另委官員。查照本道建設之由，再爲題請，仍責成本道興復。掌印治農官專聽督率招墾，年終册報舉劾。庶朝廷恩澤不難於下究，孑遺窮民不限於秦越。有錢糧不艱于劑量，有專官不難於責成。一方困苦，值久災極敝之後，當河工底績之時，更有所借以爲牛種安業之具，固天時、地利、人事，共啟此方泰運也。如或本道怠緩誤事，空言無補，即甘首斥，以戒虚誑。州縣若此，一體查參，等因具呈到臣。據此，先該臣等題爲河患已除，流民復業，乞恩蠲租以廣招徠事。户部覆稱，淮安府屬山陽清河桃源鹽城等縣，萬曆六年以前舊欠盡免，七年以後撫按委官查勘，具奏酌處。至於處給牛種，加厚貧丁，一切優恤事宜，聽督撫官便宜施行等因，題奉欽依，咨臣通行欽遵外，今據前臣會同漕運巡撫侍郎江一麟、巡按直隸監察御史李時成、姜璧，看得固本莫先於惠民，省耕貴補其不足。鳳陽地廣人稀，淮陰頻年昏墊，上厪廟堂軫念元元，特設憲臣招徠開墾。甫及三年，而中都荒蕪，皆成沃壤，駸駸然民樂農桑之業矣。惟獨鹽城等處，向因地沈水底，無田可營，以故改除不在營田道屬。兹者淮、黄順軌，水患盡除，田土既乾，流民四集，告借牛種，盖不止鹽城一縣爲然也。該道限於所轄，政難越施。有司苦無錢糧，澤難下究。臣等皇皇，方在區處，而僉事史邦直忠誠體國，憂勤爲民，毅然以地方自任，要將淮安所屬鹽城等處仍舊督率，一體撫墾，散彼有羸之財，濟此待哺之衆。民受其賜，良非淺鮮，合無乞勑該部查議，將前鹽城清河桃源安東宿遷睢寧贛榆沭陽并邳州海州十處招撫開墾事務，悉聽營田道督率掌印治農等官着實舉行。仍乞換給勑書，以便責成行事。候年終聽撫按衙門考覈成績，破格敘録。如或不效，一併參懲。庶官無分土而其澤易周，民有餘資而其業易復矣。緣係議復營田兼攝州縣以廣招徠以利民生事理，謹題請旨。

# 卷四

## 恭報水孽既除地方可保永安疏

爲恭報水孽既除，地方可保永安事。該總理河漕右都御史潘季馴題前事。據管理南河郎中張譽呈，蒙職批委官揚州府同知韓相揭稟，前事該職行拘黄浦居民郭松等審稱，舊口南岸委因本年叁月拾捌日雷雨之後，平地穴深丈餘，方廣貳拾捌丈。穴内遺骨數多，俱被商民紛集搬拾去訖。止見本家屋後遺有一物，形如馬頭。隨送韓同知所報相同。行間又據郭三等抱送脛骨并齒角等骨前來。竊照黄浦當高堰之下流，受全淮之傾瀉。其浩淼停注爲蛟龍之宅，非一日矣。故居民陰雨聞有異聲，府官鑄符以圖鎮壓，皆得於覩記之真者。數年以來，築塞之工頻施，而隨脩隨壞。樁埽之力既竭，而愈刷愈深，固人謀之未協，亦斯物之爲祟也。今蒙本院部親督官夫，先築高堰以殺其勢，繼築兩壩以斷其流，積水頓涸，蛟龍無以藏身，蜕骨騰昇，風雷因而助勢，真平成之奇徵，曠世之希覯也。昔漢以穿渠得龍骨，遂以龍首名渠，建伏龍祠，史册可考。今獲龍首，試驗果真，顯跡更異。從此隄防永固，地方永賴，是皆仰仗我皇上中和建極，位育成功，神明協相，淮瀆效靈之所致也。似此靈異，允宜獻諸朝廷，昭太平於有象，登諸簡册，揚休美於無窮。本職祗役斯工，躬覩其盛，不勝慶幸。除將郭三等抱送見在龍骨連人呈觧外，理合具報等因到臣。簿查三月二十五日，先據同知韓相揭帖稟稱，本月十八日黄浦兩壩築成，横流盡涸。一面調撥官夫興築舊口間，忽於本日申酉時分，風雨晦冥，雷電交作，達旦方霽。隨據管工官宿州衛經歷崔文學稟，據地方郭奇報稱，今早起看舊口之南，平地穴深丈餘，方廣約二十八丈。本職莫測其故。延至二十四日，聞傳連日灣泊商船并居民人等俱於穴内搬取龍骨數多，當拘地方審詢問，隨據居民郭松稟稱，本家屋後遺有一物，狀似馬頭，堅實如石。見在其餘多被商民衆雜一時搬拾去訖。職聞神龍無腦，又聞龍骨黏舌，職親加舐試，果符所聞。又據地方鄉約陳轅等俱稱，本浦自衝決以來，向被蛟龍佔據。每遇陰雨，即聞聲如鷄啼。近因壩成水涸，難以藏匿，騰駕雲雨，變化飛昇等情。據此，合將龍首送驗。該臣批行南河分司訪查來歷，明白申報去後，今據前因，并將續獲龍骨連人觧送到臣。臣會同漕撫侍郎江一麟驗得骨質外璞如石，腠理如礬，挈之甚重，舐之黏舌。再詢商民搬取骨殖約有數十擔，似非尋常水獸可比。而衆見其地穴於雷雨之後，骨見於地穴之餘，皆謂龍之蜕骨而去，無怪其然矣。臣聞之荀卿曰：『積水成淵，蛟龍生焉。』又聞之歐陽脩曰：『澤養千年龍蜕骨。』則龍之居於淵，而能自蜕其骨亦理所有者。然以臣愚之見言之，其爲龍與否，新蜕與否，若何而去，俱不敢以臆度之説告之君父之前。而總之水孽既去，水患自除，庶幾自此可慰我皇上南顧之憂矣。伏念黄浦爲高堰下流，高堰既決，黄浦繼之，以全淮之水注入高寶興鹽之間，數邑田廬盡爲蛟龍之窟久矣。臣等受事之初，屬寮士庶俱云堰浦爲水怪所據。或聞其聲，或見其形，沉舟敗艦，無日無之。官民船隻渡此如蹈湯火，似非人力所制。又查據淮安府回稱，萬曆五年六月十七日，張真人過淮，該府留駐紫霄宫。建壇設醮，製鐵符五十面投水鎮之。案卷見存，全無應驗。臣聞其言，不覺悚懼。第思之黄淮不塞，則地方魚鱉之患何時而已耶？遂畢力興築，而未敢以爲必成也。豈期兩壩甫築，徵見果至於此。是豈臣畚鍤之工所致哉？皆仰賴我皇上純德格天，至誠動物，憫念一方昏墊之苦，每廑宵衣旰食之懷，獨斷廟謨，羣言遂定，恩威並濟，衆志允孚。昔劉昆以郡守之政能使猛虎之渡河，韓愈以祭告之虔遂致鱷魚之去海。矧如陛下備聖神文武之資，成位育中和之化，而有不足以孚格昆虫鱗介之類也哉！君父之德，臣不敢蔽。地方之事，臣不敢隱。除將原鮮蜕骨首足共拾塊觧赴工部查驗外，謹用上聞。奉聖旨：龍骨着進内庫交收。工部知道。

## 河工告成遵奉勑旨分别効勞官員乞恩查覈俯賜允行以勵臣工以裨國計疏

爲河工告成，遵奉勑旨，分别効勞官員，乞恩查覈，俯賜允行，以勵臣工，以裨國計事。該總理河漕右都御史潘季馴題前事。據管河司道等官郎中佘毅中等呈，將督完工程并分委官員賢否各開報到臣。除將完過工程另本具題外，案查先該臣節奉勑諭内開選任司道等官俱許以便宜奏請委用，功成之日，通將効勞官員一體分别陞賞，如有抗違不服及推諉誤事者，文官五品以下，武官四品以下，徑自提問。應奏請者奏請定奪。欽此。續准工部咨，該臣等題，爲條列河工事宜，乞恩俯賜俞允，以便經理事。該本部覆議一欵，議分督，内開司道等官自委之後，雖遇陞調，不許擅離。候工完分别勤惰，奏請處分，方許離任。又一欵，議激勸，内開在工州縣佐貳府衛首領雜職義民等官出入泥淖，沐櫛風雨，勞苦萬狀，而不大懸賞格，何以令其畢力而終事耶？候工完日，將供事官員查有効勞實績者，分别等第，題請超擢。中間如有劣陞王官等項，亦准改擢，或從另議優處。其陰醫等官重加賞犒，如係義民，給與冠帶，仍與陰醫一體免其本等差徭等因，題，奉聖旨：河工事宜必須委任責成乃可期效。今後分督司道及承委等官都着潘季馴等開送吏部，暫停陞調。通候河工完日，總論功罪，大行賞罰。欽此。備咨到臣。兹當工完，臣宜欽遵勅旨，甄别具陳。除墮誤官五品以上，臣等已經參治，五品以下徑自問戒外，其有功人員相應列叙。但臣反覆思惟，於心尚有未安者。伏念臣嵚嶔末路，潦倒餘生，偶值乏員，謬蒙特簡。入境之初，目擊兩河分溢，故道俱堙。昔年耕刈之塲，皆爲魚鱉之藪。以臣之才，當此囏鉅，非惟人心未厭，臣亦自知其不堪矣。二三之説，因之沸騰。盖疑其事之難成者十一，而疑其人之不能成者十九也。仰荷我皇上日月並明，乾綱獨奮，俯採蒭蕘之議，嚴懲簧鼓之言，元德格天，川靈效順，至誠動物，水孽旋驅。俾臣等得竭犬馬之勞，以效涓埃之報。厥功告成，絲粟皆我皇上神聖所致，臣等秖切慶幸，何敢上貪天工，仰希天寵哉！復念臣等奉役外服，若非廟堂主持，豈能展布。內閣元輔張居正赤心報主，畢力匡時。當夷夏謐寧之秋，尤惓惓以民生國計爲慮。當議論紛紜之日，惟切切以委任責成爲先。開誠布公，興千百載平成之績，發縱指示，祛數十年昏墊之憂。同事輔臣張四維、申時行，雅抱寅工之志，同廑己溺之懷，恊贊廟謨，審事幾而千里皆如燭照，力扶國是，决大計而羣疑咸自冰銷。臣等奉旨，不敢瀆叙，但元勲偉績，實有不容泯者。工部堂臣挈領提綱，居中應外，淵猷碩畫，受成算於未事之先，廣益集思，定公是於淆言之日。尚書李幼滋始終主張部事，固爲惟允惟明。侍郎何寛、楊成、陸光祖、金立敬，先今左右部事，亦皆同心同德。工科諸臣王道成等敷陳悉殫忠忱，道謀爲之屏息，計慮每圖全勝，河防藉以堅完。先今都水司臣葉逢春、陸檄等，即始見終，籌箸必稽乎長策，察來知往，和衷共濟乎時艱。大工之成，臣等實有賴於內庭之臣者如此也。先今巡按御史崔廷試、李時成，巡鹽御史董光裕、姜璧，巡漕御史陳世寳、茹宗舜，志存拯溺，義切同舟，諮諏咸藉折衷，閱勘殊多鼓舞。或虔其始，或相厥成，均爲有裨。而覈支放以免虛冒之弊，留漕米以活既疲之夫，尤有裨焉。山東巡撫都御史趙賢、巡按御史錢岱，心忘有我，念切周隣，委屬調夫，荅捊應響。工力之借辦於山東者甚殷，二臣之襄助於兹役者甚大。漕運總兵靈璧侯湯世隆，任久而聞見自真，心虛而咨詢獨確。官兵赴役，約束甚嚴，鎮臣宣勞，尤徵忠悃。大工之成，臣等實有賴於地方之臣者如此也。以上諸臣，委於河工裨益，緣係大臣憲職，通候聖裁，臣不敢叙。夫以兩河工程所藉手於內外臣工者如此。在工諸臣，又何敢以言功哉。但主持勔勸之力，不無仰藉於人；而胼手胝足之勞，誠有不容泯者。臣謹遵勅旨，會同漕撫侍郎江一麟逐一稽覈明實，分別等第，敬爲皇上陳之。以總管官言之，如中河郎中佘毅中遇事輒有定力，此中卓有區裁，夷險周知，措注如探囊取物；鉅囏克任，施爲真就熟御輕。固其源而委自塞，已協神工；培其縷而遥亦成，實竭人力。官夫戴若父母，地方賴以生全。南河郎中張譽明秉幾先，故臨岐不至於見惑；智周意外，故投艱每見其不窮。置身於巨浪之中，更歷寒暑而處之自若。樹功於積廢之後，備嘗險阻而成之晏如。浦堰之防既堅，桑田之利已溥。海防兵備兼管河道參政龔大器區畫精明，屬吏有同臂使；撫摩真切，貧夫咸若子來。必躬必親，凡有規爲而大小競勸；其難其慎，一經相度而終始不渝。當河湖交滙之區，成屹然可恃之障。徐州兵備兼管河道參政游季勳視國事如家事，圖久遠于猝辦之餘。以民身爲己身，寓調停于督催之内。當前官隳誤之後，尤急急于分人之勞。居水陸要衝之衢，猶孜孜以竣其役。外無拮据之狀，實多康濟之功。水利道副使張純勶歷久而視河如視掌，分合不爽分毫；識見融而治水如治棼，尺寸皆中肯窾。兩堤相去數舍，往來之督理惟勤。八淺一決有年，外内之護持甚哲。潁州兵備兼管河道僉事朱東光雄才曠識，邁出等夷，偉略忠謀，足當一面。工肩百里，居水激沙堙之塲而凝然不動聲色；身將萬夫，當祁寒伏暑之時而熙然罔有怨咨。營田道僉事史邦直沉毅有爲，仁明能斷。築堤于巨浸之内，甃砌獨當其艱；取石於大江之濱，採運尤多其智。棄孱嬰於繈褓而不顧，違雙親之遠視而不歸，終歲旅棲，尤徵其苦。以上柒員，才識俱優，心力俱瘁，論功爲首，所宜優叙。而朱東光、史邦直資俸已及三年，相應加議。佘毅中、張譽係部司實授五品，且宜久任，相應破格加陞，以成永賴者也。清江廠主事陳瑛通明，每中機宜，純實自能幹濟。運河隄決，分猷茂著賢勞。高堰板樁，協理尤多雅義。揚州府知府虞德煜誠能合才，寬以濟猛。濬數十里之運道，成功曾不逾時；鑿百千丈之屯河，縮費大裒原額。淮安府知府宋伯華廉不近名，公能得衆。處最衝最煩之地，百責攸萃，而應辦自周；當久災久疲之餘，各閘告成，而調停自善。以上三員，心力俱竭，工程少簡，所當併叙。而陳瑛歷俸已逾四年，似應優擢，虞德煜、宋伯華似應加陞服俸，仍管府事者也。原任北河郎中徐儒、見任郎中張德夫、管理泉閘主事張文奇、夏鎮閘主事王煥、山東管河道副使邵元哲，徵調官夫，隨取隨發，俾在工諸臣得以緩急濟用。漕儲道參政陳文燭督理便河，分猷分瘁，俾管河司道得以專力本工，兩淮運使王憑館穀添設寅寮，纖悉皆爲備具，俾黄清、曹鉷得以安心供職。以上七員所當量加賞賚，以勸其後者也。以分管官言之，淮安府管河同知王琰、兖州府管河同知樊克宅、唐文華，揚州同知韓相、兩淮運副曹鉷、廬州府通判今陞無爲州知州查志文、鳳陽府通判李光、前東昌府通判王一鳳、歸德府通判祝可立、徐州知州孫養魁、邳州知州張延熙、清河縣知縣石子璞、桃源縣知縣郭顯忠、中軍以都指揮體統行事指揮僉事俞尚志，以上十四員，忘身狥役，悉意奉公。築堤則覔土之難，如燕壘巢，日計分寸。塞決則捲埽之苦，如蟻封穴，工校錙銖。董萬夫于烈日怒濤之中，而怨聲不作，惟是先勞。濟大事于沙塞水盈之時，而晷刻不爽，更多穎敏。黧其面，癯其形，何有髮膚之愛；力已疲，歲已易，曾無倦勤之私，均應首叙。內王琰、樊克宅、唐文華諳習河務，似應加陞職銜，仍行管河者也。查志文雖經陞任，仍應加銜管理該州者也。淮安府同知鄭國彥、蔡玠，帶銜同知劉順之、揚州府通判王開、廬州府通判宋守中、揚州府推官范世美、廬州府推官胡載道、江都縣知縣秦應聰、靈璧縣知縣張允孚、徐州參將黃孝敢、泗州守備張大德、陞任衛鎬濟寧衛指揮文棟，以上十三員，允懷急公之義，率多任事之勤，分勞畚鍤，不辭雨夜之艱，稽覈錢糧，絕無毫髮之爽。或經畧于初，或接管于後，較之全功雖歉，而心力俱無不周；或坐籌于公所，或催辦于任中，較之野處稍閒，而才識俱有可取：均應併叙。內劉順之相應准贖者也。揚州府通判郭紹、淮安府通判況于梧、山陽縣先後知縣胡希舜、魯錦，寶應縣知縣李贄、安東縣知縣史選，以上陸員，事值鉅艱，常多匡助。若鳩工料，實効勤劬，所當量加賞賚，以勸其後者也。以散委州縣佐貳首領等官言之，六安州同知浦朝柱、泰州同知王法祖、泗州同知易宗、宿州同知李茂元、邳州同知王誠、判官胡傳、徐州判官胡三德、通州判官李應魁、沛縣縣丞呂學申、儀真縣縣丞吴子恕、魚臺縣縣丞黃穆、興化縣縣丞張相、陽谷縣主簿張祖范、揚州府經歷葉逢暘、宿州衛經歷崔文學、海州吏目甘梆、亳州吏目呂堯焕、通州吏目周敏政、單縣典史岑登、巢縣典史王公祚、宿遷縣典史陳良璧、來安縣典史林公松、定遠縣典史何養浩、潁上縣典史朱良臣、海門縣典史李廷瑞、靈璧縣典史李時先、淮營名色把總諸葛堯賓、立功名色把總宋大斌、徐州左衛鎮撫蔣助，以上二十九員，經理有方，承委便能速辦；操持無染，督夫每見爭趨，出入泥淖之中，墮指裂膚而不顧，見者俱爲酸心；棲遲草茇之内，餐風沐雨以爲常，察之全無惰意，忠勤可取。優擢允宜，相應首叙。內名色把總二員，應咨兵部一體准行陞賞者也。亳州同知潘良旦、濱州同知辛自實、海州同知李逢、合肥縣縣丞高幼元、山陽縣縣丞陳國光、蕭縣主簿趙永福、聊城縣主簿陳嘉兆、武城縣主簿喬遇、山陽縣主簿吴一道、汶上縣主簿李廷佐、江都縣主簿鄒東周、靈璧縣主簿喻鵬、沛縣主簿陳存之、留守司經歷屠鑰、廬州府經歷李簡、淮安府照磨雷雨、檢校周藻、廬州衛經歷黄自性、濟寧衛經歷林大原、邳州衛經歷周學孔、徐州左衛經歷林英、揚州衛經歷任重、滁州吏目吴夢麒、壽州吏目沈淮、泗州吏目劉一龍、嶧縣典史辛元禄、揚州府税課大使吴炤、徐州衛鎮撫薛守田、大河衛千户許圜，以上二十九員，率作甚勤，奉法惟謹。或任畚鍤之役，或承奔走之勞，緩急皆爲得濟。部夫無逃亡之虞，支銷無尅減之弊，工程因以堅完。相應併叙，量加服俸。文職仍咨吏部，免其劣陞者也。以部夫、省祭官、義民言之，定遠縣省祭伊儒、壽州省祭曹仁、泗州省祭于子貴、天長縣省祭董梅、來安縣省祭于顯、東阿縣省祭戰伯前、山陽縣省祭張濟、儀真縣省祭郭忠、徐州義民張奎、邳州義民胡巡、楊去甚、陳潛、曹縣義民回守節、濟寧州義民田輅、山陽縣義民胡應華、江都縣義民許國忠。以上十六員，名分雖卑而識見頗出儔衆，力既竭而終始克効勤勞。除臣等自行奬賞外，應照題奉欽依事理，省祭咨行吏部紀録，即命赴選，量爲優處。義民，工部出給劄付，給以冠帶，免其雜泛差役者也。各該大小官員列叙，似覺煩瑣，然于百千稠人之中詳審精擇，方得此數。且臣等目擊其苦，每爲隕涕，誠有不能蔽者。故敢冒昧陳瀆。再照天下之事，每成于同。夫人之情，恒善其異。我皇上洞燭河工債事之由，特頒河漕併一之令，廟謨睿筭，超軼千古。然使任事者不能仰體聖心，少有疑阻，亦烏能有成哉。漕撫侍郎江一麟休休有度，曾無炫能競智之私，蹇蹇匪躬，真得同寅協恭之義。議未定則周諮荒度以求是，固不毁方以狥人；議既同則併力一心以求成，未嘗拂衆以從己。分工計餉，舉皆經濟之才猷；布令張官，悉其方畧之指授。籌兹勞勣，實應首被殊恩者也。伏望皇上推原主持定議之功，爰及協助劻勷之力，憫念羣工勞苦之久，特嘉撫臣心膂之同，勑下該部，請官勘實，覆擬上裁，俯垂陞賞，則人心勵而國計永有賴矣。緣係河工告成，遵奉勑旨，分别効勞官員，乞恩查覈，俯賜允行，以勵臣工，以裨國計事理，謹題請旨。

## 大工告成川靈效順謹循舊例懇乞遣祭大海河淮諸神以答休貺以祈永賴疏

爲大工告成，川靈效順，謹循舊例，懇乞遣祭大海河淮諸神，以答休貺，以祈永賴事。該總理河漕右都御史潘季馴題前事。據管河郎中佘毅中、張譽，主事陳瑛，管河兵備等道參政龔大器、游季勳，副使張純，僉事朱東光、史邦直呈稱，照得頻年以來，黄、淮二瀆潰決横行，不循壑海之性。海口一帶積沙淤墊，頓失茹納之常。下流愈壅，上流愈潰，以致淮北、淮南河幾成陸，民悉爲魚。上厪宵旰之憂，誠二百年希覯之患也。去歲荷蒙聖主特簡本院部建議，題請肇舉大工，塞諸決以挽正河，𠞰遥隄以弘保障，築高堰以捍長淮，復閘壩以嚴啓閉，陂柳浦以防内灌，建減壩以宣盈溢，甃寶應之石隄，濬揚河之淤淺。諸所興建，蓋自徐邳以至淮揚，方千有餘里之遠，向來無一處非患區，今則無一處不整頓矣。而工期堅久，則事難猝成，且在河道當大壞極敝之餘，在地方值災傷孑遺之後，興兹鉅役，實爲艱危。職等祇役各工，兢兢朝夕。雖以治河之正理揆之，固逆知其必成而不敢謂其成之甚速；以河海之常性卜之，固逆知其必治而不敢謂其治之甚速。大小臣工，蒿目嘔心，寢食靡暇。其默禱於明神之佐佑，徼惠於宗社之福祚者，蓋匪徒循行禋祝之彌文已也。今役甫浹歲而工倏告成，工方就緒而河即順軌。往時河身墊高，人皆以爲莫知底止矣，而今則漕深數丈，岸高丈餘。往時淮水南灌，人皆以爲不可挽回矣，而今則悉由清口會黄注海。二瀆既已合流，海口愈益深闢。至如遥隄，苦取土之遠，高堰當巨浪之衝，興工之初，人皆疑畏，以爲必難就緒。而今皆高厚堅實，屹如岡陵，且民不告勞，費有省剩。即今漕渠通利，萬艘懽呼，沮洳成田，流移四復，誠兩河曠見之景，宗社無疆之福也。此豈臣等畚鍤之力所能致哉。蓋由我皇上神聖麗天，明良合德，至誠孚格，下逮百神，故河伯海若交相助順。若此揆諸典禮，允宜祭謝，用答神休，且祈遐貺。查得嘉靖四十五年夏鎮新河告成，蒙世宗皇帝特諭禮部行翰林院撰發告文，太常寺差官齎捧香帛，命總理河漕諸臣不論有無祀典，神祇一體祭謝。又查得隆慶六年，經理徐邳堤工，蒙穆宗皇帝俯俞河漕衙門題請，亦照前例欽發告文，香帛祭告。其在先朝以工成祭謝者，尤未易悉數。況今兹之役，舉全漕要害之流，悉臻翕順，奠兩河昏墊之衆，咸獲敉寧，較之前工，不啻倍蓰。則明神毗國衛民之力，尤當申酬。伏乞照例題請舉行，庶神靈有常格而運道可永保矣。等因到臣。據此，該臣會同漕撫侍郎江一麟，看得國家之舉大事，動大衆也，其謨謀率作，固在人爲，而陰助默相，寔藉神力。故《書》稱望于山川，《詩》稱是類是禡，而漢儒劉向釋記者四瀆視諸侯之義，謂其能蕩滌垢濁而通百川于海也。大禹治水，可謂神矣。然亦恭禱陽盱之野，齋求宛委之山。故平成之功，萬世爲烈。而迄今言致孝鬼神者必歸焉。今兹大役，復十數年横決之河淮，通十數年淤塞之海口，障狂瀾于既倒，拯積患于浸淫，無論臆決坐談之士相與目攝以爲難就，即臣等感激特恩，欽承廟斷，固自矢捐糜，剪此朝食，而内省譾劣，亦惴惴焉竊懼無能爲役也。故自興工至今，每率屬禱神，竭虔求祐。中間徵應之奇，翼相之巧，有未敢一一瀆聞于君父之前者。即如黄浦決塞之餘，水孽乘雷而蜕去；三伏霪潦之後，河身倏滌而反深。或開或堙，動協人意；時暘時燠，大慰輿情。實川靈效順之明徵，非區區人力所能致。此皆仰仗我皇上敬天勤民，任賢圖治，故百神受職，諸福方來。臣等偶藉奏功，誠不敢忘所自也。所據諸臣呈，乞照例題請祭謝，委屬相應。伏望我皇上軫念漕河關係之重，俯鑒明神恊相之功，？勑下該部查照先年事例，議覆上請，欽發告文、香帛，差官齎捧前來，容臣等督率司道等官擇吉祭謝大海河淮之神。仍查濱河凡建有神廟處所，俱一體分行，就近司道督同州縣等官致祭，以示報賽，庶祀典聿脩而人神胥慶，成功可保而河漕永賴矣。緣係大工告成，川靈效順，謹循舊例，懇乞遣祭大海河淮諸神，以答休貺，以祈永賴事理。謹題請旨。

## 隄決白附

伏念季馴潦倒餘生，謬蒙拔擢，感激圖報，不自分量，欲收全河之功，以報殊常之遇。瑣瑣陳瀆，悉荷俞旨。自六月以來，鳩工聚材，事頗有緒。但聞僉謀未協，以致異議紛然。萬一廟堂之上，偶搖于三至之言，道旁之舍，終隳于半途之築，馴百其身，何能贖哉！馴昔治邳河之時，通復故道一百二十里，堅築兩隄共三百里。然因人情不協，竟以塞決論黜。若非邳河無恙，公論復明，馴何辭于今日哉！傷弓之鳥，慮之不得不周；傷虎之人，談之尚令色變。敬用條列于後，奉塵清徹，伏望留神詳閲。如有所否，仰祈指教，容馴虛心改從。如敢固執己見，自敗己事，明神殛之。臨楮不勝懇懇。

一、議決口不可不塞

前件塞決之難，難于升天。昔漢塞瓠子之決，天子躬臨，羣臣負薪投馬沉璧，方克有濟。馴豈好爲艱難之事以自取勞苦哉？但細細籌之，實有不可已者。蓋自崔鎮至清口共九十里。使崔鎮決而此九十里者深廣如故，決可以不塞也；使崔鎮決而決内坡地遂能衝刷成渠，河水有容受之地，汪洋迅駛，一瀉而出灌口，以達於海，決亦可以不塞也。今自崔鎮而下九十里間，由冬以及初夏，水不滿三尺，糧艘過此必用小船起剥殆盡，方可通行。入伏以來，水僅七八尺，而淤沙四壅，舟師尋討中溜，方能無滯。此在故道之水然也。再查決内之水去口一二十丈間，深可丈餘，稍入坡内止深一二尺矣，即入伏以來，亦不過三四尺耳。數百里間散漫無歸，包涵停蓄，滿而後溢。故出灌口者緩而清，此在決口之水然也。再查徐州至宿遷縣河水皆深四丈至三丈四五尺，一過決口便以尺計，何也？蓋水分則勢緩，勢緩則沙停也。馴恐河性最急，滔滔西來，一至崔鎮，由故道既不順，由決口又不順，則崔鎮而上能保其無虞乎？上愈決則下愈壅，恐桃清而下，即二三尺之水亦不能保其常存也。議者又云：『伏秋暴漲，再潰可慮。』此説不爲無見，但馴原陳疏内有請建滚水壩三座，每座長三十丈，高及隄之半。滚水者，減水也，水至隄半即任其滚出隄外也，所減之水亦從灌口出海。此與留決無異。但決口與河身等，故能掣全河之水，減水壩高出于岸，故止減盈溢之水，水落則河身如故也。議者又云：『往因淮、黄並流，勢不相敵，故淮避而東。今諸決既塞，兩河復合，則高家堰清江浦之堤其能保乎？』此説似尤有見。但查兩河合流，自元以前無論已。即平江伯翙築高堰之後，幾二百年合流無恙。至隆慶年間，高堰決，而後淮南爲水困。尋復築之，而淮揚無水患者二年。惜以錢糧缺乏，所費僅六千餘金，以致卑薄易潰，而人遂有避河之説。夫淮避河而東矣，河之決崔鎮也，亦豈避淮而北乎？蓋高堰決而後淮水東，崔鎮決而後河水北，隄決而水分，非水合而隄決也。再查二河入海處所，如安東、雲梯關等處，河面俱濶數里，海沙一望無際。水至沙刷，深廣如故，何有於二河哉！止緣隄決河分，議者遂歸咎于海口之不容，而不知上決而後下壅，非下壅而後上決也。季馴初亦疑之。後奉大司空之教，親往閲視，乃知其故盖益信千聞不愽一見矣。』即今清口以外之水，較之去歲黄淮未合之時，反覺銷減。盖昔日水分勢弱，不能攻沙。故涓滴之流皆浮沙面，祇見其高。今水合勢盛，併力攻沙，故尋丈之水皆出河底，祇見其卑。此其明驗也。續議者又云：『黄河遷徙淤塞，殊不足憂。去年崔鎮決出大河口，大小民船皆由此出，何嘗一日停也。但一時泛漲漫散，田禾民舍不無淹没飄敗，爲不便耳。』此殆不然！夫決水所行之處，皆係民間住址陸地，正河淹塞，漫無所歸，輕舠偶一由之，而樹樁基磉往往觸敗，豈可恃爲運道？若至冬春之間，水僅尺寸，即輕舠亦不能行矣。况運船經過處所，雖裏河亦欲築隄以便牽挽，乃可令之由決乎？至若千里之間，所至田廬飄敗。江撫院閲視之時，曾爲含淚，浹旬之間，食不下咽。而議者僅云不便，無人心矣。議者又云：『爲今之計，當先將崔鎮口疏濬深廣，使黄水盡由北出。』此則自知其決内淺阻，不能疏泄，而姑爲是説矣。夫自崔鎮以至灌口五百餘里，茫無畔岸，何事再廣！獨欲濬之使深，則非人力所能爲者。水中施工，既難措手，而住址陸地扒撈更難。如果可濬，則桃、清以下又何任其沙塞耶？此二説似爲瞽者觀場，聾者論樂，不足辨也。

一、議遥隄不可不築。

前件築隄與塞決之工相因，盖隄不築則水不歸漕，不歸漕則水從他決，決則正道必淤。故築隄所以防決也。若隄不築則決亦不必塞矣。考之《禹貢》云：『九澤既陂，四海會同。』傳曰：九州之澤已有陂障而無潰決，四海之水無不會同而各有所歸。由此觀之，則禹之導川距海，亦必先障上流也。然舍縷水隄而築遥隄者，蓋因縷隄即近河濱，束水太急，怒濤迅溜必至傷隄。遥隄離河頗遠，或一里餘，或二三里。伏秋暴漲之時，難保水不至隄，然出岸之水必淺。既遠且淺，其勢必緩。緩則隄自易保也。議者又云：『遥隄内峙縷隄，外閑中間積潦之水，或縷隄決入黄流，何處宣洩？』職應之曰：『遥縷兩頭原無壩阻，且因高岡，遇湖口處俱有斷頭，非如櫃笥周匝包裹也。縱有積潦決水，皆順隄直下，仍歸大河矣。若縷隄内居民亦有水淹之慮，職已諭其移住遥隄，或六月初旬移居，九月初旬仍歸故址，自可無患。然縱無二隄，每歲水發，能免淹浸乎？恐愈甚耳。』議者又云：『高堰既築，泗州之水不免停蓄。』職問之曰：『泗州之水蓄于高堰未決之前，或在高堰已決之後？』彼云在堰決後。職曰：『是固然矣。高堰決而後清口塞，清口塞而後海口堙，海口堙而後上流蓄。蓋堰東皆係民間田地丘墓，宣泄不順，豈如入海爲建瓴勢也。堰決而水蓄，則堰當築明矣。泗州商販專利堰決，直達淮揚，故爲此説，不足信也。』議者又云：『職以椿板護堰，可能久乎？』職應之曰：『椿板不可久也，隨圮隨修可久也。是以有守隄夫之設也。新築客土非板不免汕刷。一二年後土脉烝結，無板亦可。江湖河海之濱皆土岸也，能盡以板乎？』

# 河防一覽

# 河防一覽叙

『河防一覽』者何？宫保印川潘公志河防之績也。潘公自嘉靖乙丑迄于今日，奉三朝簡命從事于河漕之間，前後二十七祼矣。其功艱而鉅，其畫詳而深。其耳目之所狎，精神之所寄，若與水相忘者。國家萬萬年大計在焉，志之以示後也。兼漕而專言河者何？防河所以治漕也。河者，漕之藉也。然則古之防河也，避其害，今之防河也，資其利乎？曰：唯唯，否否。漕之藉河，《禹貢》以來有之，匪自今也。禹畫九州，冀爲都會。河流碣石以入于海。兖浮濟、漯，青浮汶、濟，徐浮淮、泗，揚浮江、漢，豫浮于洛，梁浮潛、沔，以入于渭，雍浮積石，至于龍門，未有不通于河者也。漢唐皆都關中。漢漕山東粟百萬，更砥柱之險以達于渭。唐漕江淮之粟，由汴入河，由河入洛，以達于渭，亦未嘗不藉于河也，獨今日哉！然則公之防河也奚若？曰：二十七年之中，有大役于河者三，其功皆成于因。始而飛雲之決，則開南陽以往新渠二百里，以避河之險，因而避之也。已而清口之役，則合河淮之流以趣于海，因而合之也。其後銅瓦之決，則隄大名上流以防其潰，因而隄之也。凡公之成功皆因也，而淮河之績爲最，即萬世不能易焉。嗟夫！古之聖人見轉蓬而爲車，覩落葉而造舟，察列星而分四時，視月行而推晦朔，未有無所因者也。况夫四瀆之流〔一〕，呼吸吐納，天地之性關焉者乎？禹能通九道，陂九澤，播九河，疏九川，東注之海，而不能使水西流，因其勢也。故曰三代所寶莫如因。因則無敵，此之謂行所無事也。蓋自河淮議興，而謀夫盈庭。或以爲當濬海口，不思海口之壅，河、淮分也，則以爲當開故河，不知河、淮之分，隄防潰也。是故高堰之隄成，而淮不東，崔鎮之隄成，而河不北。以河予淮，以淮予河，而以河淮予海也，又安用濬海口？而又安用復故河爲？此所謂因也。因者，水之道也。漕渠之要在河淮之交，而公之績亦以此爲最，故特著焉。後之防河者，第因公之成勢而時修備之，則智亦大矣。故曰志之以示後也。

萬曆辛卯季喜下浣之吉，賜進士出身、資政大夫、禮部尚書、兼翰林院學士、前經筵日講、會典副總裁、知起居注官、濟北于慎行頓首拜書。

**校勘記**

〔一〕潰，乾隆本、『榷』本作『瀆』。

# 刻河防一覽引

季馴生而顓蒙，居東海之濵，不知所謂黄與淮者。長而計偕北上，尋奉使南遊，亦貿貿然惟舟子之所之耳。河中沙渚纍纍，操舟者尋隙而進，窃謂河道固然也。嘉靖乙丑，謬承總河之命。時黄决沛縣之飛雲橋，而穀亭、沙河、留城、境山一帶河渠盡塞。馴視之，惶懼無措。道謀滋起，莫知適從。曰：『吾其問諸水濵乎？』乃遡流而西，延袤荒度。故道新衝，炯然在目。所至則進田間老叟與長年三老而問之。乃知河性喜故，决而衝者，過顙在山之水也，非其性也，喟然嘆曰：『河在是矣！』業有成議，力請僅得復留城以下故河六十里。隆慶庚午，河决邳睢，渠成平陸。奉命再治，而故道盡復。萬曆戊寅，三奉璽書，以右都御史總督河漕。時黄决崔鎮而北，淮决高堰而東，清桃塞，海口湮，而淮、揚、高、寶、興、鹽諸郡邑則匯爲巨浸，懷山襄陵矣。爲馴慮者曰：『爾居常欲復故道，今故道安在哉？』馴曰：『是固難。第無他策。』乃以身先之，茇舍爲居，腐心蒿目于畚鍤間者八閲月，塞崔鎮，隄歸仁，而黄水悉歸故道；築高堰黄浦八淺，而淮水復出清口，會黄東入于海，而海口遂闢。復築遥隄十萬餘丈，以爲外護。如此者十年，而人皆忘其爲隄之功，盡棄之爲車馬蹂躪之塲，風雨又從而剥蝕之，而河復四潰矣。歲戊子，馴從草萊中再拜明命而出，治之如故，而河亦如故云。夫議者欲舍其舊而新是圖，何哉？蓋見舊河之易淤，而冀新河之不淤也。馴則以爲無論舊河之深且廣，鑿之未必如舊，即使捐内帑之財，竭四海之力而成之，數年之後，新者不舊乎？假令新復如舊，將復新之何所乎？水行則沙行，舊亦新也；水潰則沙塞，新亦舊也。河無擇于新舊也。借水攻沙，以水治水，但當防之水潰，毋慮沙之塞也。昔漢武塞瓠子之決，而禹道遂復，宋欲力遏北來故道，使之東注，卒無寧日而國大疲。此非萬古明鑑哉！或謂徐邳非黄河之故道也，然獨非泗沂之故道乎？《禹貢》所謂『導淮自桐栢，東會于泗沂』，即此河也。宋神宗十年，河大決于澶州，合南清河而入于淮。南清河者，即泗沂也。行之五百餘年矣，是亦黄河之故道也。且我朝歲漕四百萬石，非藉黄不能浮舟。是天所以默相我國家，而預闢此河以助之也，敢弗守乎？馴殫心力者二十七年。今且歸而死矣，不敢不以一得之愚質諸後之君子。萬曆庚辰河工告成，司道諸君曾以不佞奏議及諸明公贈言，編刻成書，名曰《塞斷大工録》。〔一〕然其事止于江北，而諸省直無所發明，事體未備，檢閲未詳。故茲畚鍤之暇，復加增削，類輯成編，名曰《河防一覽》。首載璽書，重王命也；繼以圖説，明地利也；河議辯惑，闡水道也；河防險要，慎厥守也；修守事宜，定章程也；河源河決考，昭往鑒也；古今稽證，備考覈也；而諸臣章奏，次第纂入，便檢括也。爲卷一十有四，要之皆所以求順治也。試塵丙夜之觀，用備蒭蕘之擇。可因則因之，如其不可，則亟反之。毋以僕誤後人，後人而復誤後人也。敬爲之引。時萬曆庚寅嘉平月吉，霅上七十老人潘季馴謹識。新安後學羅文瑞書。

## 校勘記

〔一〕塞，乾隆本、水利本、《榷》本作『寋』。

# 河防一覽卷之一

## 敕諭

河臣潘季馴奉敕。都察院右僉都御史潘季馴：近年沛縣迤北漕河，屢被黄河衝決。已經差官整理，但恐河勢變遷無常，漕河不時淤塞，有妨糧運。今特命爾前去總理河道，督率管河管洪、管泉、管閘郎中員外郎主事，及各該三司軍衛有司掌印官，守巡並管河副使，臨清、沂州、大名、曹、濮等處兵備等官，時常往來親歷，多方經畫，遇有淤塞去處，務要挑濬深廣。其黄河北岸長隄並各隄岸應修築者，亦要着實用工，修築高厚，以爲先事預防之計。凡所屬地方遇有水患，即便訪究水源，可以開通分殺並可築塞隄防處所，嚴督各該官員，量度事勢緩急，定限工程久近，分投修理。一應合用工價、人夫、桩草等項，查照該部題准事理，行令所在軍衛有司，斟酌調用。敕内該載未盡事理，俱聽爾便宜處置。若事關漕運者，與各該撫按官計議而行；事體重大者，奏請定奪。承委官員果能勤勞幹理，著有成績，爾即薦舉擢用。其不遵約束，乖方誤事，及權豪勢要之家侵占阻截，違例盜決河防，應拿問者徑自拿問，應參奏者參奏治罪。每年終照例將挑濬修築過河隄，並用過夫料數目，造册畫圖，貼説具奏。爾爲憲臣，受兹專委，尤須竭忠盡力，悉心區處，毋或因循怠玩，虛費財力。責有所歸，爾其慎之。故敕。

嘉靖四十四年十一月十一日。

敕都察院右副都御史潘季馴：近年沛縣迤北漕河，屢被黄河衝決。已經差官整理，但恐河勢變遷無常，漕河不時淤塞，有妨糧運。今特命爾前去總理河道，督率管河、管洪、管泉、管閘郎中員外郎主事，及各該三司、軍衛有司掌印官，守巡並管河副使，臨清、沂州、大名、曹、濮等處兵備等官，時常往來親歷，多方經畫，遇有淤塞去處，務要挑濬深廣。其黄河北岸長隄並各隄岸應修築者，亦要着實用工，修築高厚，以爲先事預防之計。凡所屬地方遇有水患，即便訪究水源，可以開通分殺並可築塞隄防處所，嚴督各該官員，量度事勢緩急，定限工程久近，分投修理。一應合用工價、人夫、桩草等項，查照該部題准事理，行令所在軍衛有司，斟酌調用。敕內該載未盡事理，俱聽爾便宜處置。若事關漕運者，與各該撫按官計議而行；事體重大者，奏請定奪。承委官員果能功勞幹理，著有成績，爾即薦舉擢用。其不遵約束，乖方誤事，及權豪勢要之家侵占阻截，違例盜決河防，應拿問者徑自拿問，應參奏者參奏治罪。每年終照例將挑濬修築過河隄，並用過夫料數目，造册畫圖，貼説具奏。近該科臣建議，要將總理河道兼提督軍務，山東濟寧各臨近地方，南直隸淮、揚、穎州、徐州，山東曹、濮、臨清、沂州，河南睢、陳，北直隸大名、天津各該地方，聽其督理，各兵備道悉聽節制。務要防護運道，以保無虞。如遇盜賊生發，即便嚴督該道率領官兵，上緊緝勦，毋致延蔓。如各官若有縱寇貽患者，指名參奏處治。爾爲憲臣，受兹專委，尤須竭忠盡力，悉心區處。如或因循怠玩，虚費財力，責有所歸，爾其慎之。故敕。

隆慶四年　月　日。

皇帝敕諭都察院右都御史兼工部左侍郎潘季馴：近年河淮氾濫爲害，運道梗塞，民不安居，朕甚憂之。已屢有旨責之地方官經理，奈無實心任事之臣，動以工費艱鉅爲解。又當事諸臣意見不同，事多掣肘，以致日久無功，今特命爾前去督理河漕事務。將河道都御史暫行裁革，以其事專屬于爾。其南北直隸、山東、河南地方，有與河道相幹者，就令各該巡撫官照地分管，俱聽爾提督。爾宜親歷河流所經，會同各巡撫官督同各部屬司道等官，悉心協慮，講求致害之因，博采平治之策，備查草灣口何爲既開復淤，及今作何開通？全淮水何爲南徙不復，及今作何疏導？徐邳河身高並州城，何以疏之使平？黄浦、崔鎮等口久塞無功，何以築之使固？及查諸臣歷年建議有行奏疏，逐一勘議。要見老黄河故道應否開復？清、桃正河應否挑濬？高家堰、寶應隄應否修築？小浮橋新衝口可否濟運，應否加挑？又徐邳以上地形南昂北下，恐隄防一潰，勢必奔流北徙，將爲閘河之梗。亦要審其孰爲正河，孰爲支河，孰爲合河？或正而當厚其防，或支而當殺其勢，或合而當分其流，一併勘議詳妥，奏聞區處。合用錢糧及選任司道等官，俱許以便宜奏請，給發委用。功成之日，通將效勞官員一體分別陞賞。如有抗違不服，及推諉誤事者，文官五品以下，武官四品以下，徑自提問，應奏請者奏請定奪。其提督軍務事宜，查照河道衙門原管行事。爾候事寧之日，奏請回京。朝廷以爾諳習河道，素有才望，特兹重任，爾尚殫忠籌慮，盡力區畫，俾河漕無梗塞之虞，人民免昏墊之苦。必有懋賞，以酬爾功。毋或畏難憚勞，隱忠不效，及苟且塞責，有負委任。爾其勉之，慎之！故諭。

萬曆六年三月初十日。

皇帝敕諭總理河漕、兼提督軍務、都察院右都御史、兼工部左侍郎、今加太子少保、陞工部尚書、兼都察院左副都御史潘季馴：邇者河淮泛濫，濬治罔功，運道有梗塞之虞，民生淪墊溺之患。疇咨俾乂，僉曰汝諧。爾乃殫任事之忠誠，而持之以果斷，運亨屯之幹略，而出之以恭勤，躬親胼胝之勞，力主隄防之策，束散漫之流而循故道，借奔衝之勢以滌新淤，使全河復合于淮，而二瀆並趨于海。以水治水，計慮出于萬全；知人任人，率作先乎衆職，庶幾灑澤濬川之智，允惟利民益國之勳。有臣若時，厥惟良顯。兹科臣覈實聞奏，式獲朕心。特加爾太子少保，陞工部尚書，兼都察院左副都御史，暫留河道經理；廕一子入監讀書，賞銀五十兩，紵絲四表裏。仍賜敕奬勵，以示眷酬。於戲！懋功懋賞，朕弗忘優渥之恩；善作善成，爾尚圖永終之績。服予嘉命，勿替初忱。欽哉。故諭。

萬曆八年四月二十八日。

皇帝敕諭都察院右都御史潘季馴：該科臣建議，先年河道原設有總理大臣，近年裁革，分屬各該巡撫官兼管，事權不一。目今河患不常，工程重大，要將原官復設，簡擇熟知河務任事大臣管理。該部議覆相應。兹特命爾前去總理河道，駐劄濟寧州，督率原設管河、管洪、管泉、管閘郎中員外主事，及各該三司軍衛有司掌印，管河兵備守巡等官，將各該地方新舊漕河並淮、揚、蘇、松、常、鎮，浙江等處河道，及河南、山東等處上源，着實用心，往來經理。遇有淤淺衝決隄岸單薄，應該幫築、挑淺去處，務要先事預圖，免致梗塞。並查先年工部題覆事宜，一一着實舉行。合用人夫，照常于河道項下附近有司軍衛衙門調取應用。其各省直歲修河工錢糧，悉聽通融計處動支。所屬大小官員，果能盡心河務，功蹟昭著者，奬薦擢用。敢有不服調度，怠玩誤事，及權豪勢要之家侵占阻截，並違例盜決河防，應拿問者徑自拿問，應參奏者指名參奏。其餘開載未盡及河道緊要事宜，悉聽爾便宜處置。其有干漕運、撫按衙門事體，公同計處，重大者奏請定奪。每年終將修理過河道、人夫、錢糧，照例備細造册，畫圖貼説奏繳。其南直隸淮、揚、潁州、徐州，山東曹、濮、臨清、沂州，河南睢、陳，北直隸大名、天津，各該地方軍務，亦聽爾兼理。其各兵備道悉聽節制。務要防護運道，永保無虞。如遇盜賊生發，即便會同各該巡撫，嚴督該道官兵，上緊緝剿，毋致延蔓。若兵備各官縱寇貽患者，參奏處治。爾爲重臣，受兹委託，須殫心竭慮，輸忠效勞。務俾河道安流，糧運無誤，斯稱委任。如或處置乖方，以致誤事，責有所歸。爾其欽承之。毋忽！故諭。

萬曆十六年五月十一日。

# 祖陵圖說一

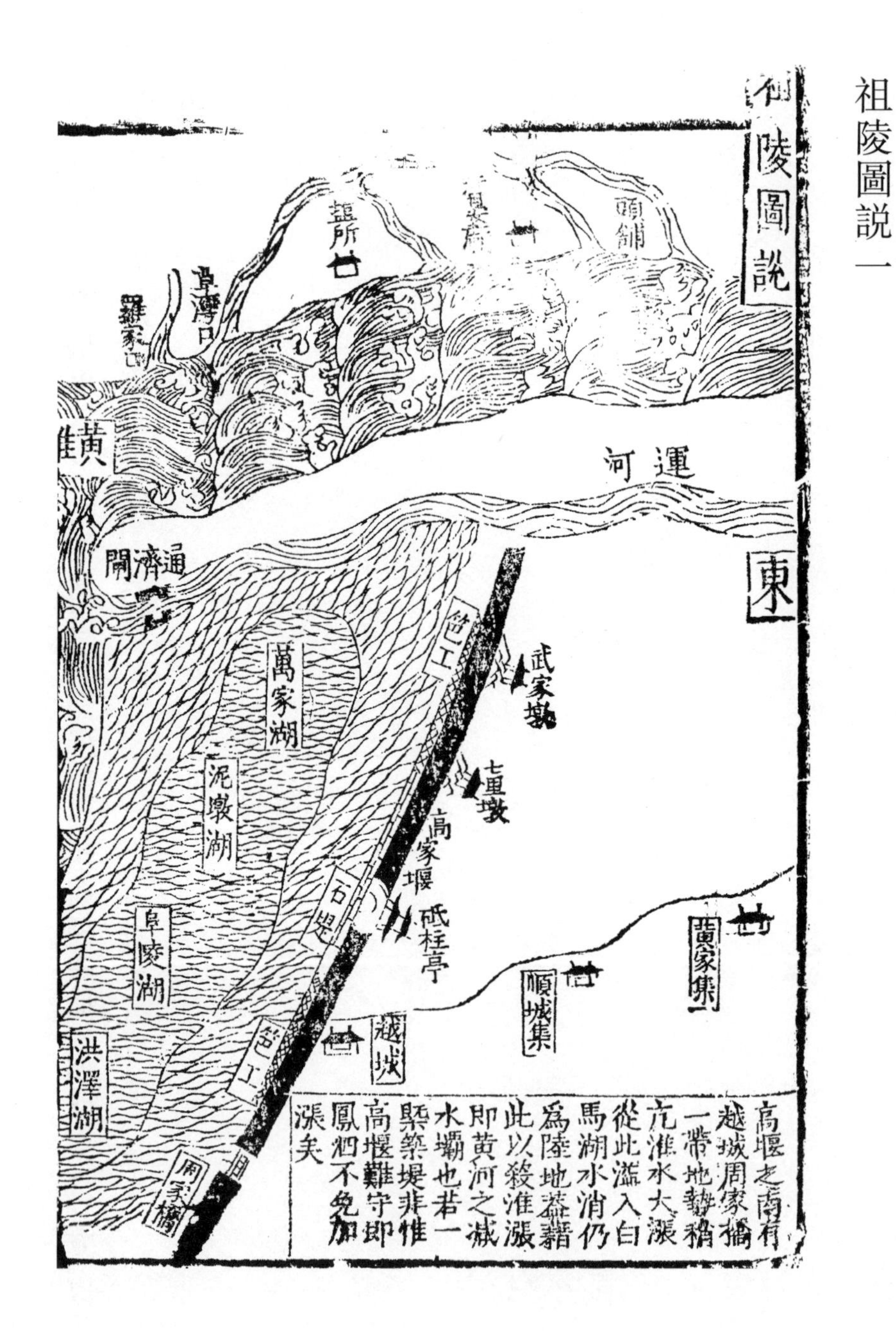
祖陵圖說
運河
東
黄淮
通濟閘
萬家湖
泥墩湖
阜陵湖
洪澤湖
笆工
石堤
笆工
周家橋
武家墩
七里墩
高家堰
砥柱亭
越城
順城集
黄家集
高堰之南有越城周家橋一帶地勢稍亢淮水大漲從此溢入白馬湖水消仍爲陸地蓋藉此以殺淮漲即黄河之減水壩也若一槩築堤非惟高堰難守即鳳泗不免加漲矣

北
清河縣
鳳凰嶺
大黄河
沱溝
高阜
交會處
基運山
祖陵
淮河口
沙湖
新築石堤
老子山
龜山
聖人山
南
龜山横截河中淮湧至此一阻最為有情

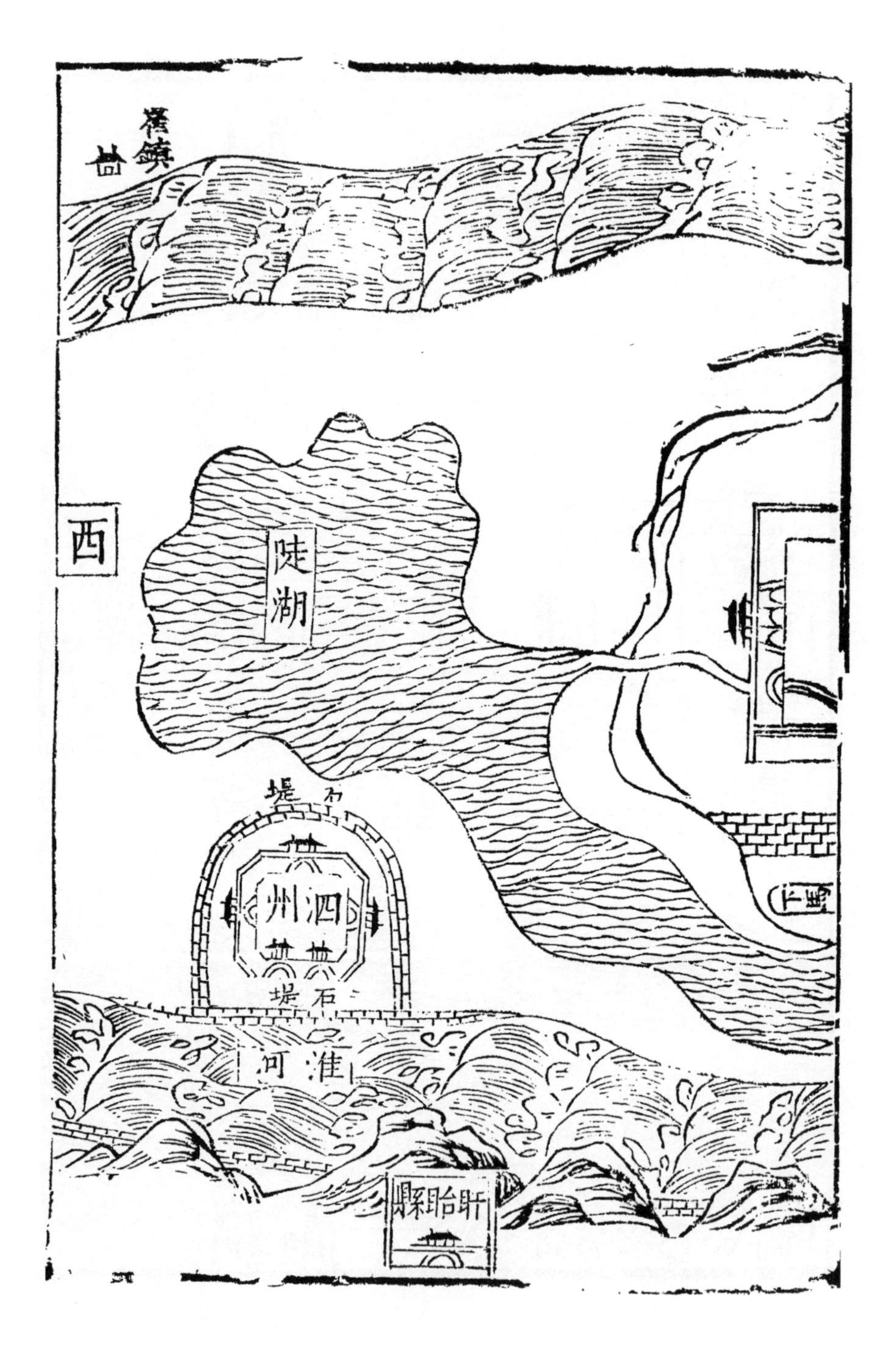

西
陡湖
石堤
泗州
石堤
淮河
盱眙縣

謹按：形家之言，未足深信。然天生一代聖君，使之紹統立極，以開億萬年太平之業，必有鍾靈毓秀之地以爲之基者。成周定鼎郟鄏，卜世卜年，慎重故也。恭閱我三祖之陵，居泗州東北一十餘里。平原中突起高阜，較泗州城址高二丈三尺一寸。沙陡二湖瀦蓄于前，面淮背黄。兩河發源之處，相距萬餘里，蟺蜿而來，合于清河縣之東，並流入海，更無涓滴中泄。而龜山半出河中，約攔去流于後。風氣完固，豈偶然哉！好事者乃欲以私意鑿見，分泄兩河。萬一有誤，得無令人塞心乎？臣季馴頓首頓首。謹識。

陵圖説

西

淮河

淮遠縣
陵七十里

舊渦河

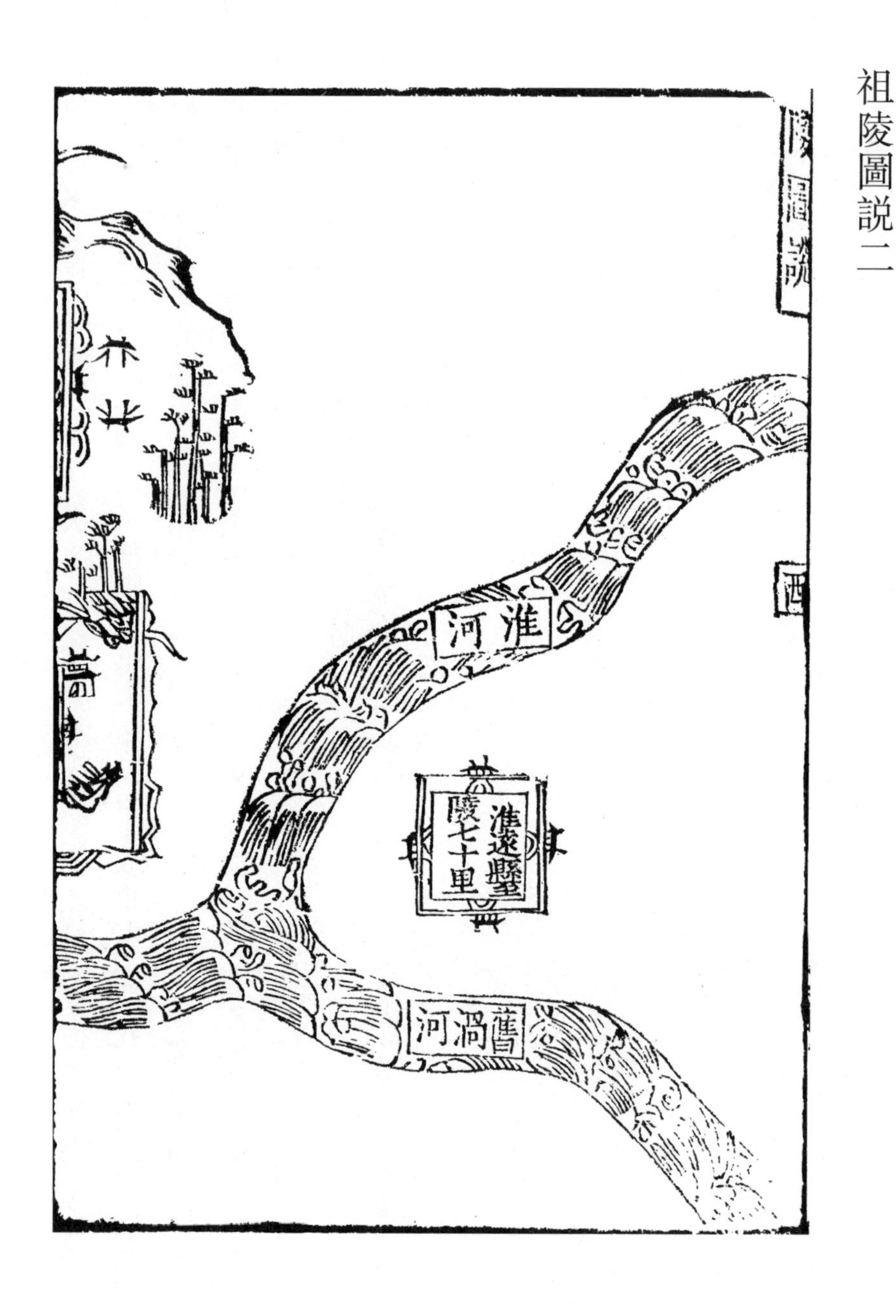

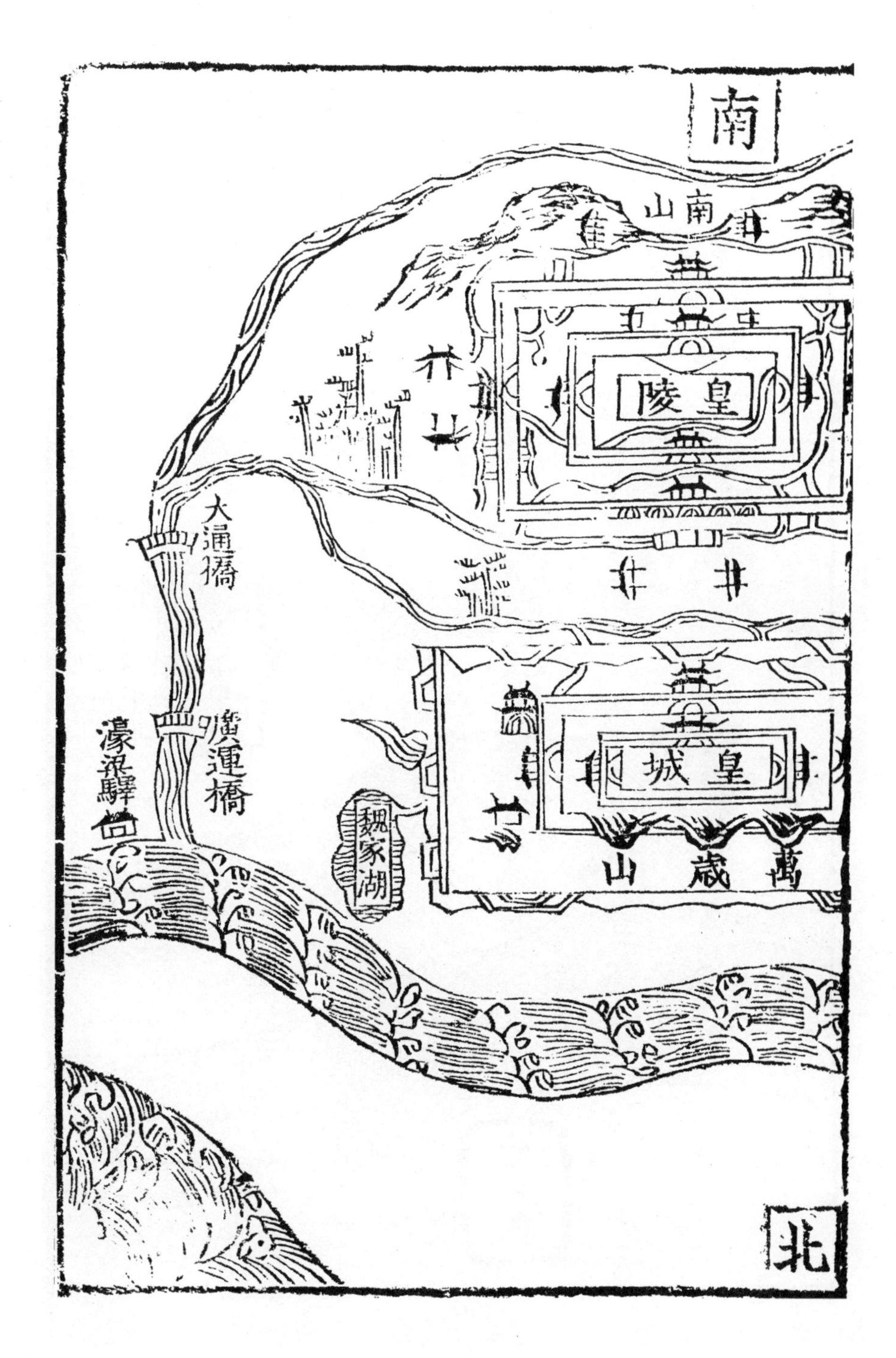
南
南山
皇陵
大通橋
廣運橋
濠梁驛
魏家湖
皇城
萬歲山
北

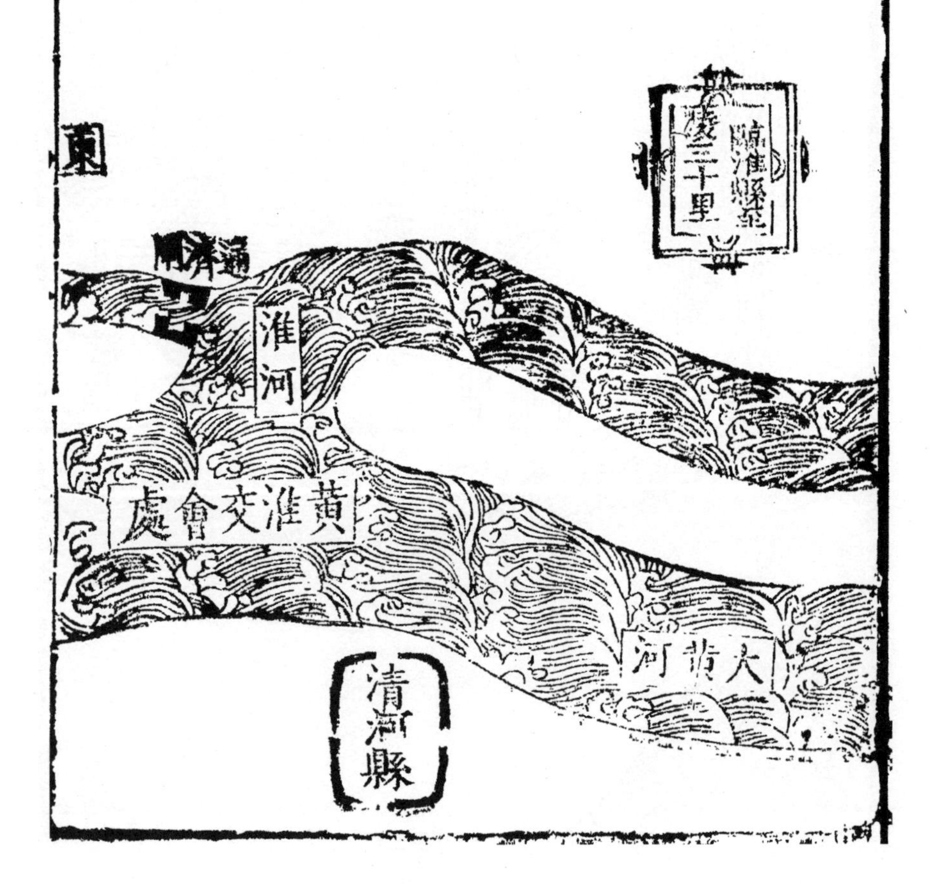
淮縣至
三十里
東
通濟閘
淮河
黄淮交會處
大黄河
清河縣

謹按：鳳陽皇陵居祖陵之西南一百八十餘里，奠南北向，而亦面淮。形勝稍異，而有取于淮黃合襟則同。知祖陵則知皇陵矣。兩河關係二陵，喫緊如此。私意鑿見者，慎勿易易也。

臣季馴頓首頓謹識。

全河圖說

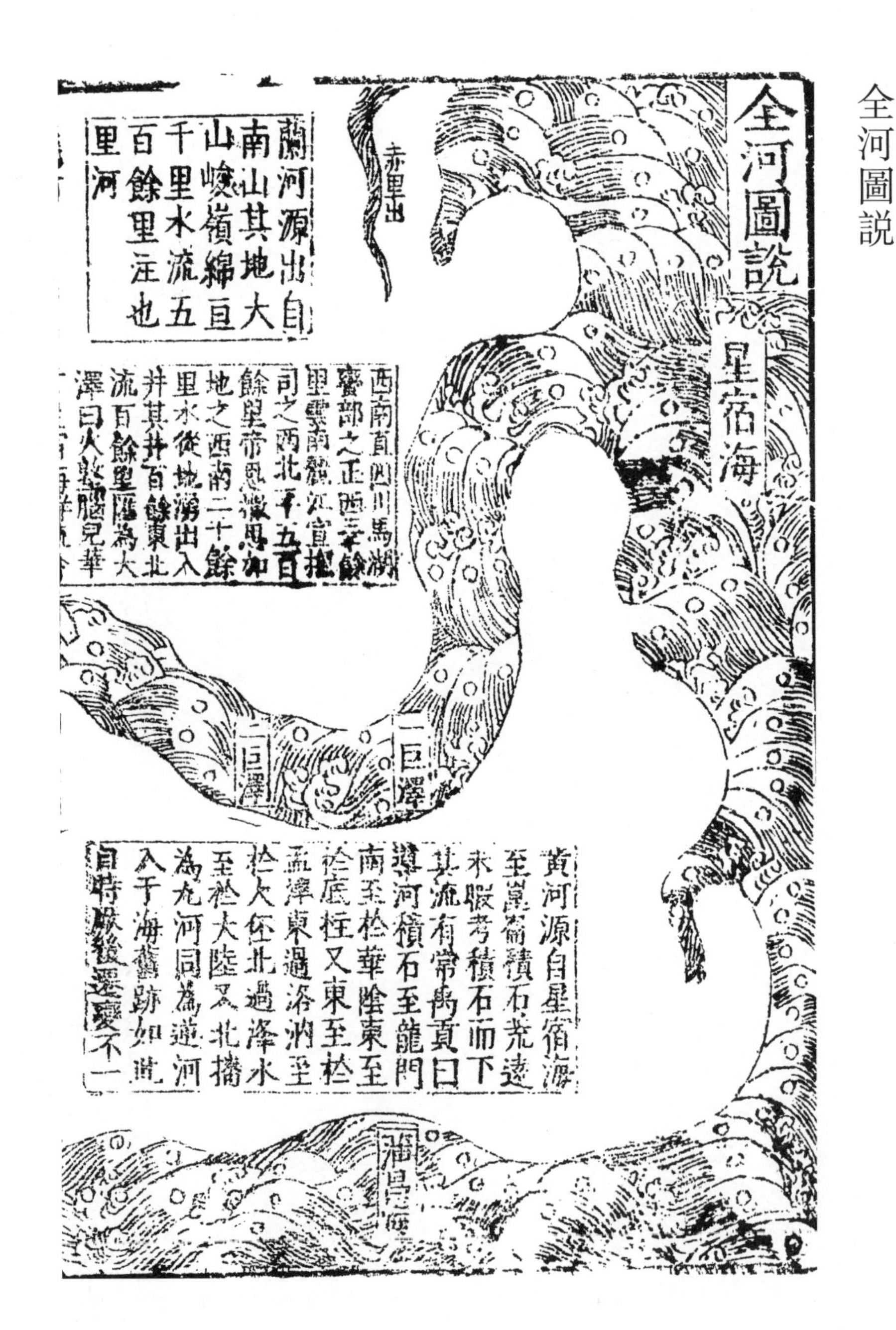
全河圖說
星宿海
赤里出
蘭河源出自
南山其地大
山峻嶺綿亘
千里水流五
百餘里注也
里河
西南直四川馬湖
蠻部之正西三千餘
里雲南麗江宣撫
司之西北一千五百
餘里帝思撒思加
地之西南二千餘
里水從地湧出入
并其井百餘東北
流百餘里匯為大
澤曰火敦腦兒華
二巨澤
一巨澤
黃河源自星宿海
至崑崙積石荒遠
未暇考積石而下
其流有常禹貢曰
導河積石至龍門
南至於華陰東至
於底柱又東至於
孟津東過洛汭至
於大伾北過降水
至於大陸又北播
為九河同為逆河
入于海舊跡如此
自時厥後遷變不一

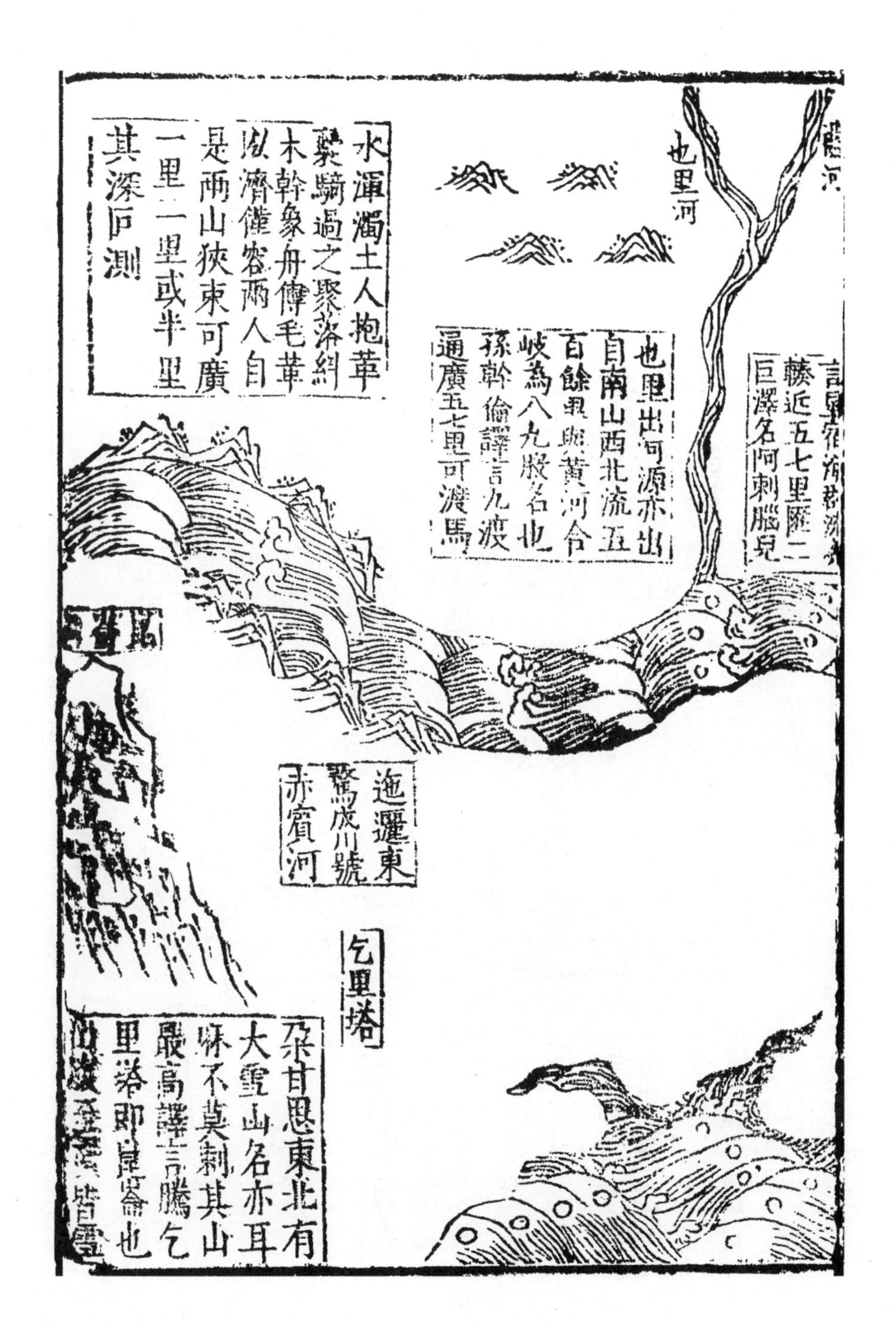
也里河
赭近五七里匯二
巨澤名阿剌腦兒
也里出河源亦出
自南山西北流五
百餘里與黃河合
岐為八九股名也
孫斡倫譯言九渡
通廣五七里可渡馬
水渾濁土人抱革
囊騎過之聚落糾
木幹象舟傅毛革
以濟僅容兩人自
是兩山狹束可廣
一里二里或半里
其深叵測
迤邐東
鶩成川號
赤賓河
乞里塔
朶甘思東北有
大雪山名亦耳
麻不莫剌其山
最高譯言騰乞
里塔即崑崙也

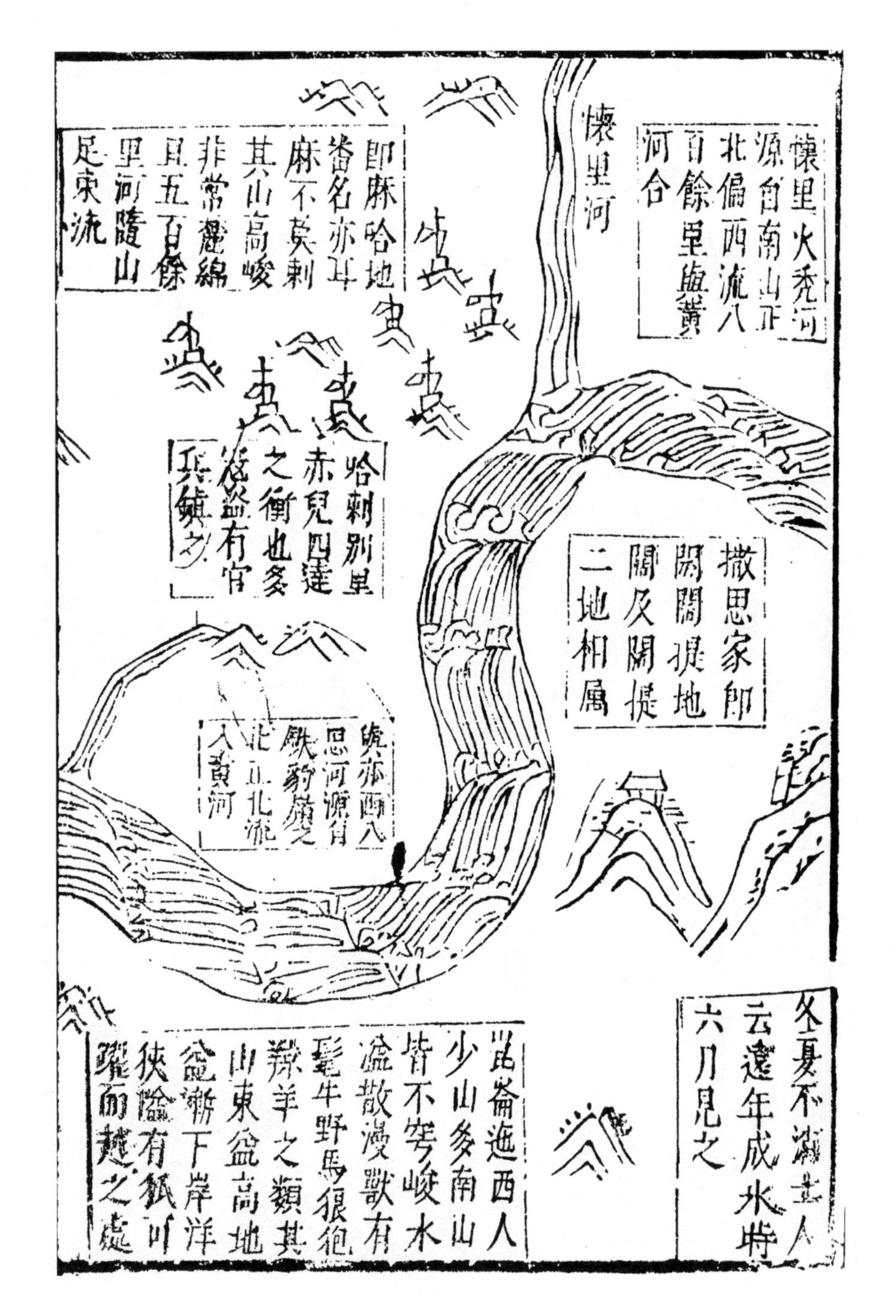
懷里火禿河源自南山下北偏西流八百餘里與黃河合
懷里河
即麻哈地番名亦耳麻不莫剌其山高峻非常邐綿亘五百餘里河隨山足東流
哈剌別里赤兒四達之衝也多寇盜有官兵鎮之
撒思家即闊闊提地闊及闊提二地相屬
亦西八思河源自鐵豹嶺之北正北流入黃河
冬夏不消土人云遠年成冰時六月見之
昆侖迤西人少山多南山皆不穹峻水益散漫獸有犛牛野馬狼狍羱羊之類其山東益高地益漸下岸洋狹隘有狐可躍而越之處

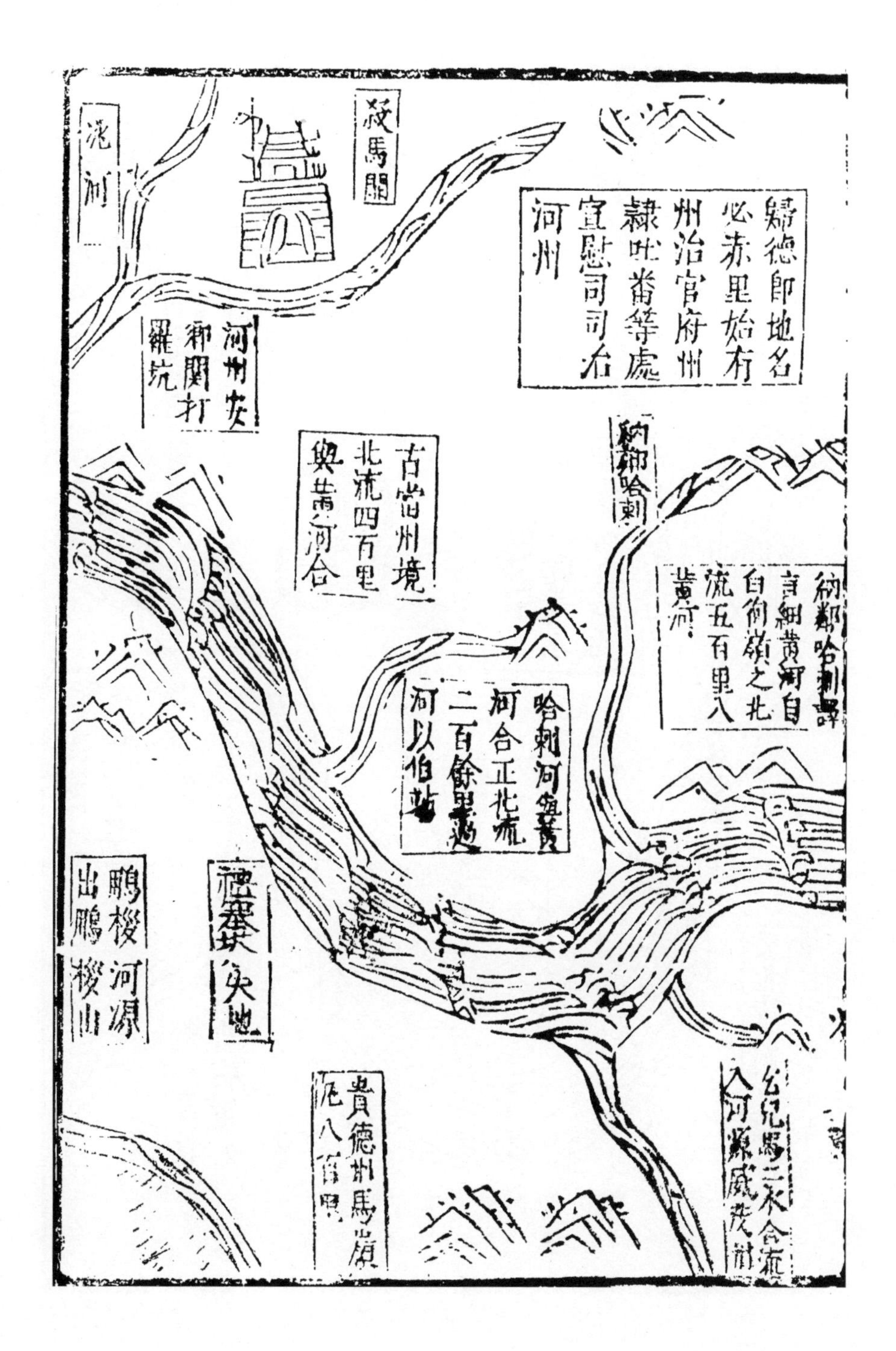

洮州
積馬關
歸德即地名必赤里始有州治官府州隸吐蕃等處宣慰司司治河州
河州安鄉關打羅坑
古當州境北流四百里與黃河合
納鄰哈剌
納鄰哈剌譯言細黃河自白崩嶺之北流五百里入黃河
哈剌河與黃河合正北流二百餘里過河以伯站
鵬棲河源出鵬棲山
貴德州馬嶺凡八百里

洮河源
出羊撒
嶺
積石州即積
禹貢積石
積石州
來羌縣
二百里過踏白城
銀川站與黃水
浩亹河合沿盜
河源出山丹州
正東流五百
餘里過三巴
站與黃河合
西寧州
湟水源自
唐宿軍谷
又北流過土橋站
積石州來羌城廓

臨洮府凡八百餘里與黃河合蘭州過小渡至鳴沙河應吉里州正東
臨洮府
寧夏東北所行即東勝州隷大同路自發源至漢地南北闊溪細流旁貫莫知紀山皆草石至積石方林木暢茂世言河九折彼地有二折蓋乞里
寧夏
鳴沙嶺
正南流保德州又過臨州凡千里餘與吃那河合吃那河源自古當州東南流陝西省綏德州凡七百餘里與黃河合
州搆米站界都城凡五百餘里野龐河河西領山凡五百餘里與黃河合
受降城
黑水西流

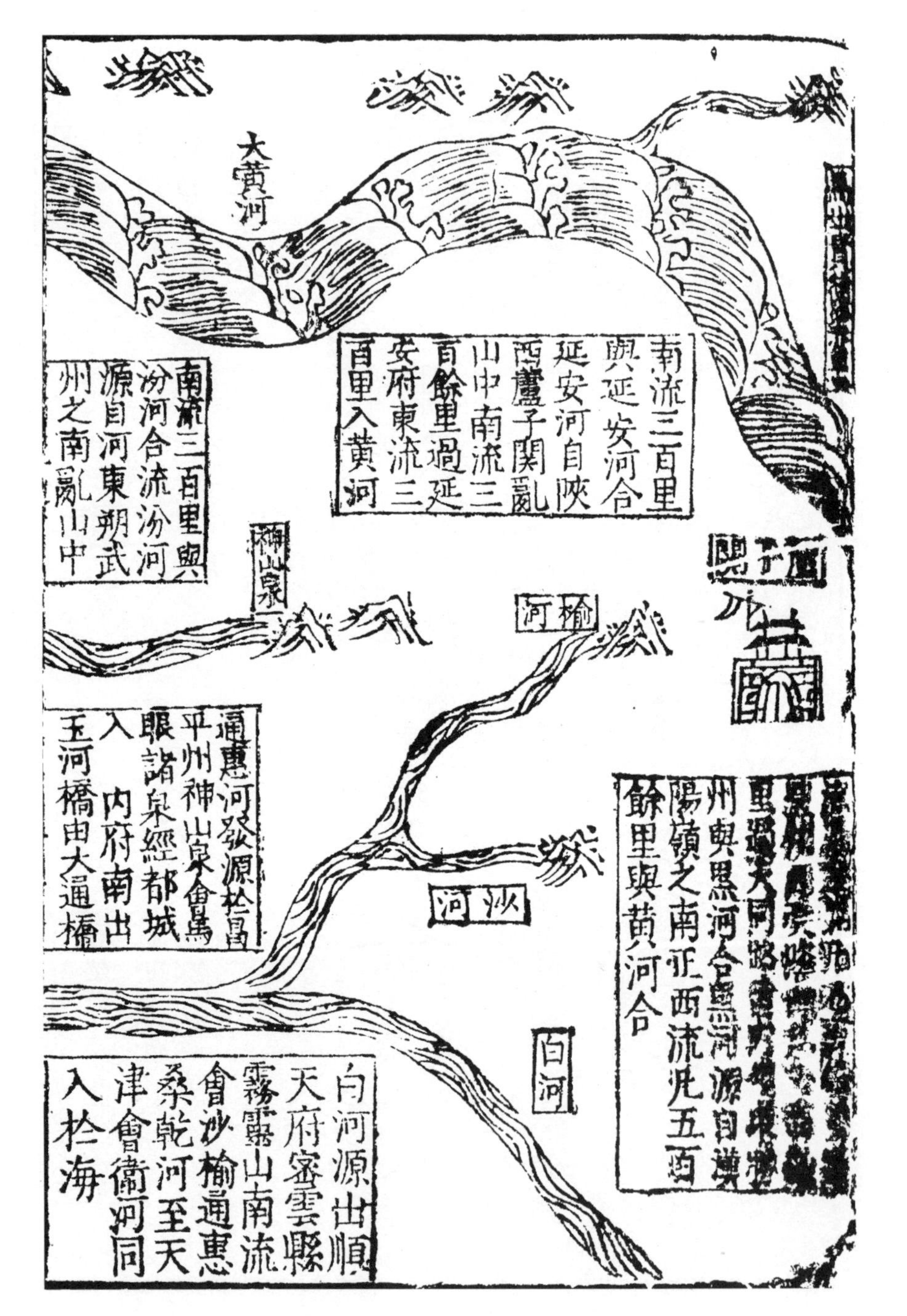
大黄河
南流三百里與延安河合延安河自陝西蘆子関亂山中南流三百餘里過延安府東流三百里入黄河
南流三百里與汾河合流汾河源自河東朔武州之南亂山中
神山泉
榆河
州與黑河合黑河源自漢陽嶺之南近西流凡五百餘里與黄河合
通惠河發源於昌平州神山泉會馬眼諸泉經都城入　内府南出玉河橋由大通橋
沙河
白河
白河源出順天府密雲縣霧靈山南流會沙榆通惠桑乾河至天津會衛河同入於海

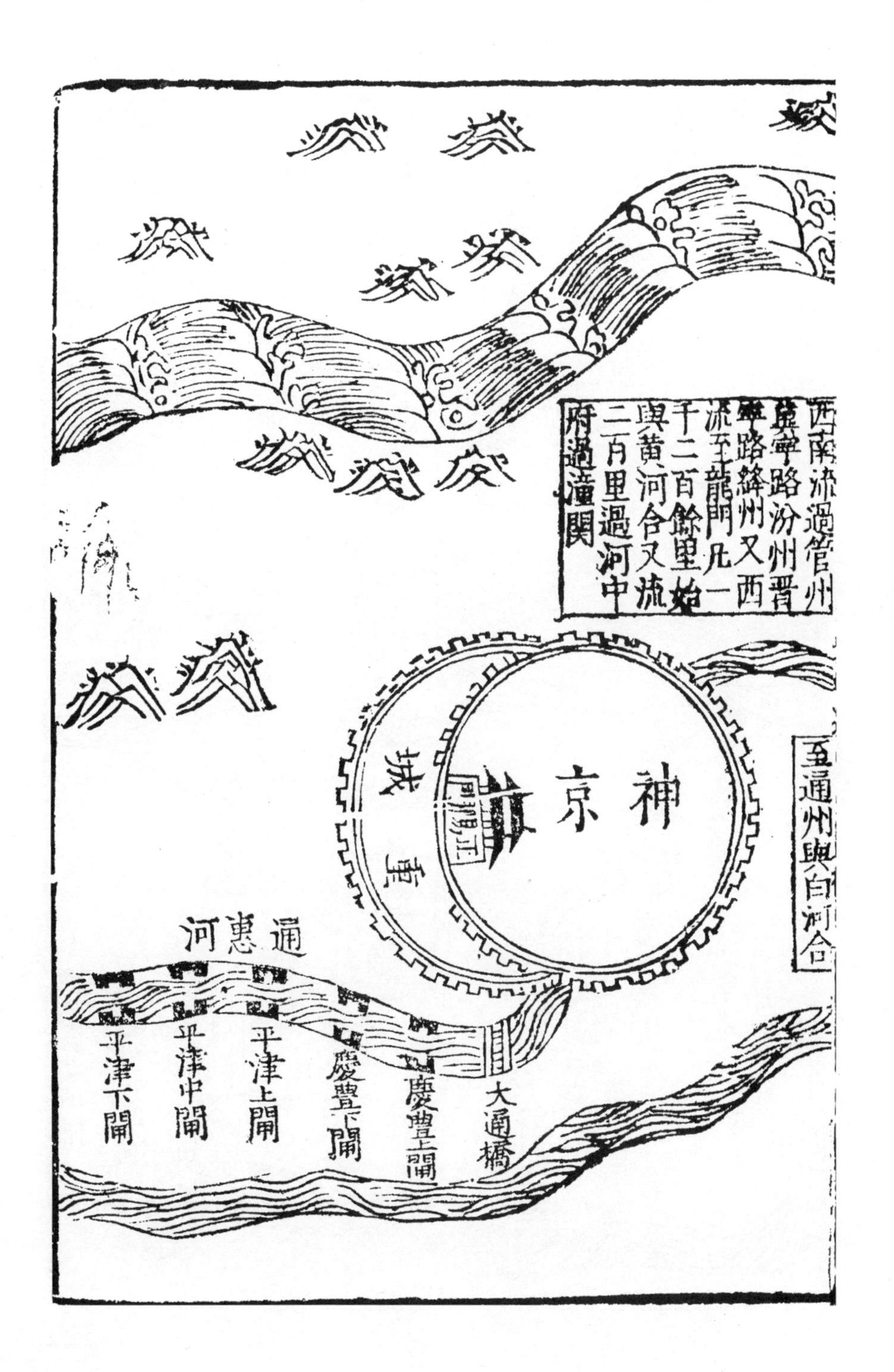
西南流過管州嵐寧路汾州晉寧路絳州又西流至龍門凡一千二百餘里始與黄河合又流二百里過河中府過潼關
神京
重城
至通州與白河合
通惠河
大通橋
慶豐上閘
慶豐下閘
平津上閘
平津中閘
平津下閘

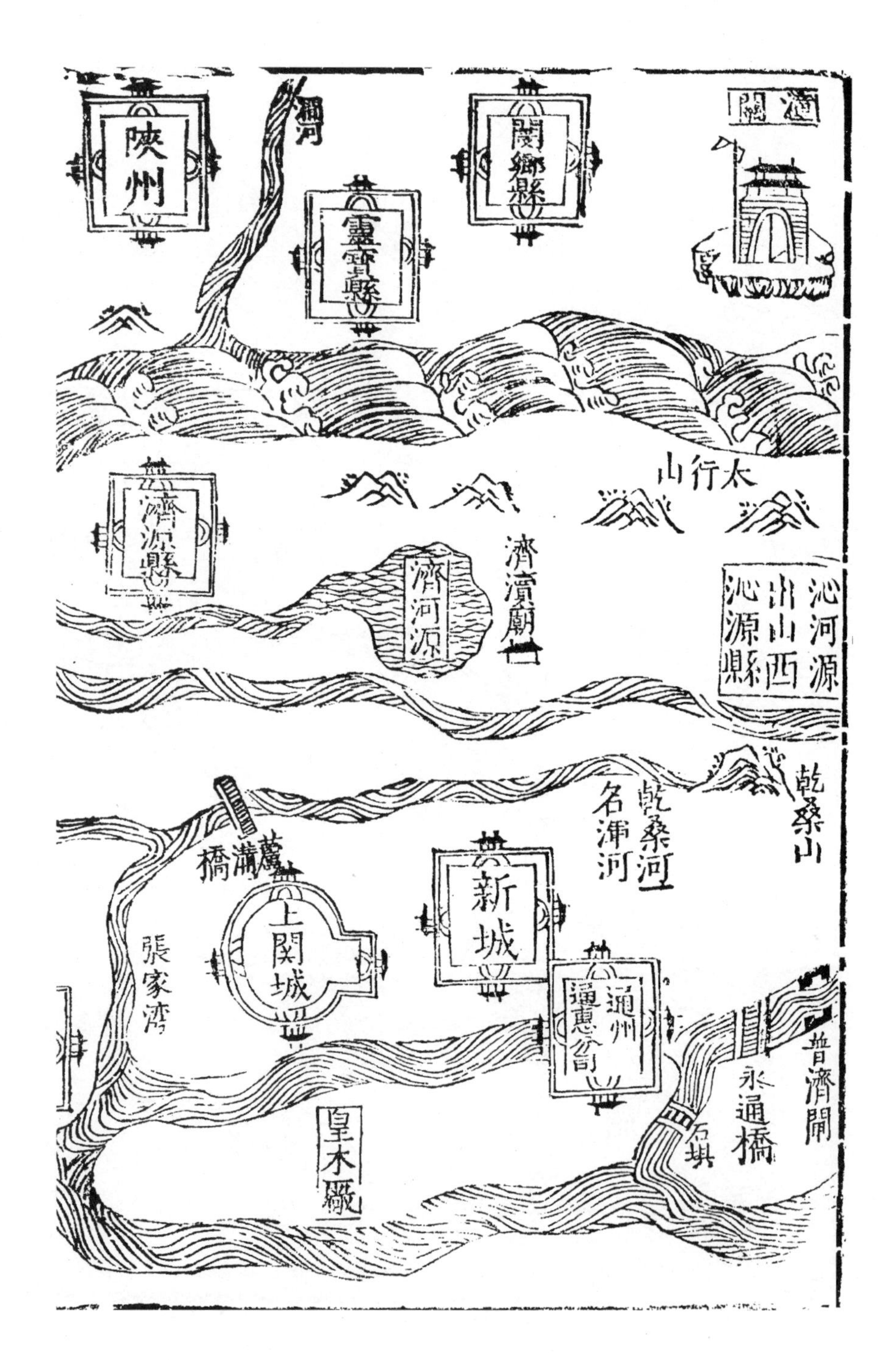
陝州
澗河
靈寶縣
閿鄉縣
潼關
太行山
濟源縣
濟河源
濟瀆廟
沁河源出山西沁源縣
乾桑山
乾桑河
名渾河
蘆溝橋
上閘城
新城
通州通惠分司
張家灣
皇木廠
普濟閘
永通橋
石壩

河南府
新安縣
澠河
澠池縣
峽石驛
峽石關
禹王廟
砥柱
七津
三門
孟縣
濟河
沁河
丹河
白姑山
霸州
琉璃橋河
武清縣
漷縣
楊村河
閘府管
河官住劄
西河務
丁字沽
直沽海口
香河縣

偃師縣
懷慶府
河內縣
高村
滹沱河
青縣
滹沱河源大鉄山自代郡鹵城縣東流經獻縣城南十二里單家橋至青縣東岔河
靜海縣
天津衛兵備道
北海

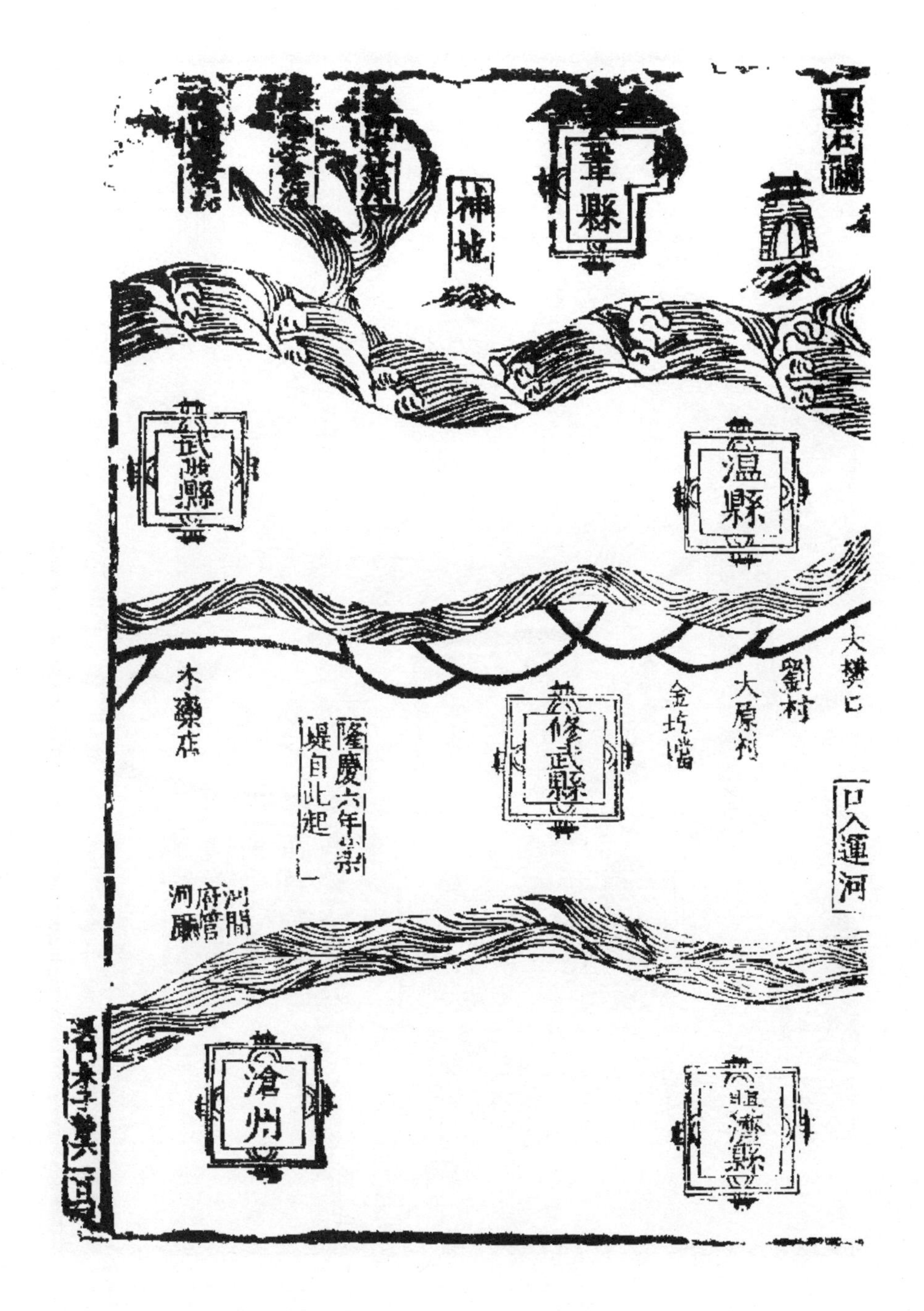
鞏縣
神堤
武陟縣
溫縣
大樊口
劉村
大原村
修武縣
木欒店
隆慶六年築
堤自此起
口入運河
滄州

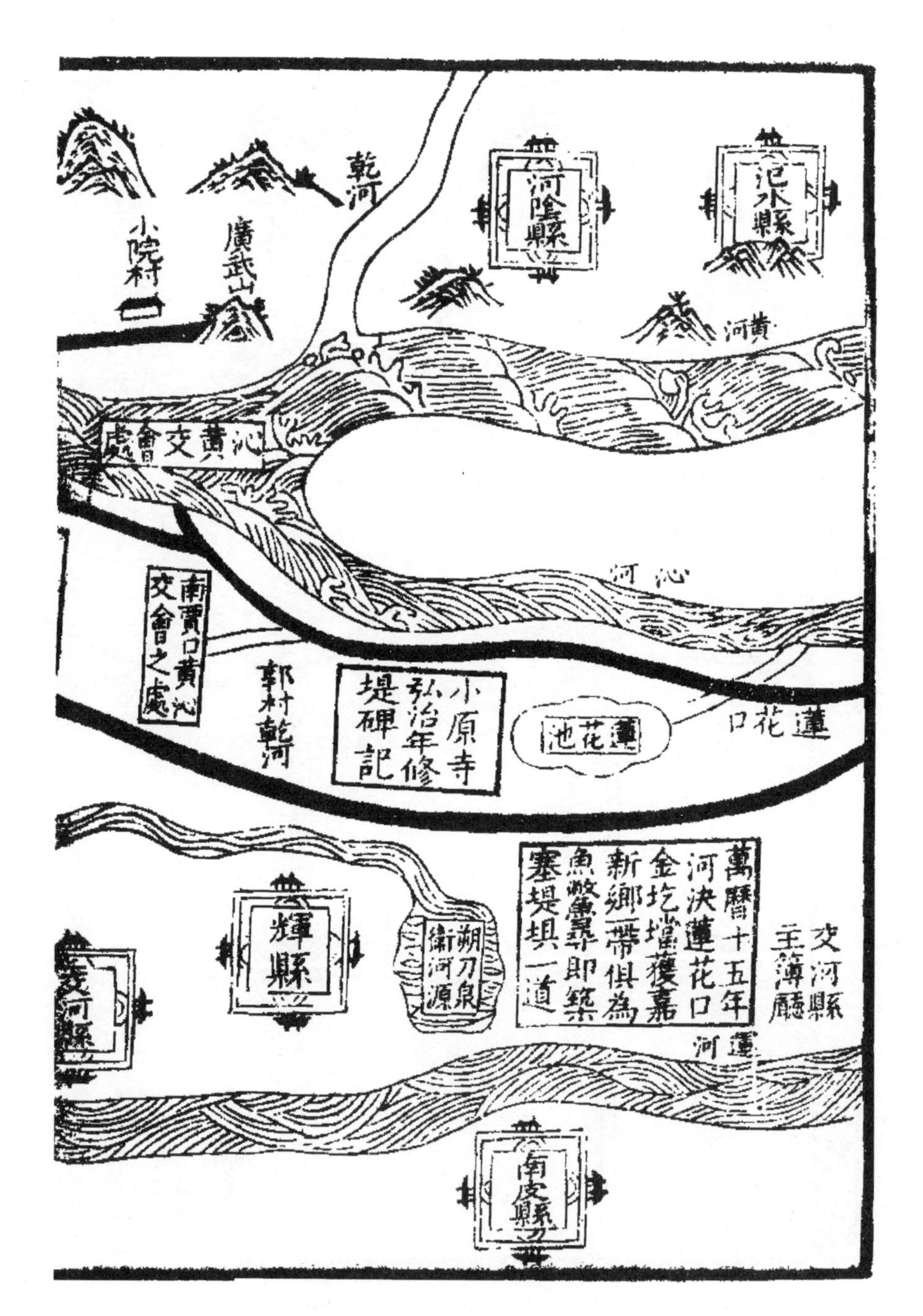
乾河
河陰縣
汜水縣
小院村
廣武山
黄河
沁黄交會處
沁河
南賈口黄沁交會之處
郭村乾河
小原寺弘治年修堤碑記
蓮花池
蓮花口
萬曆十五年河決蓮花口金圪壋獲嘉新鄉一帶俱為魚鱉彙界即築塞堤垻一道
交河縣主簿廳
輝縣
湖刀泉衛河源
運河
南皮縣

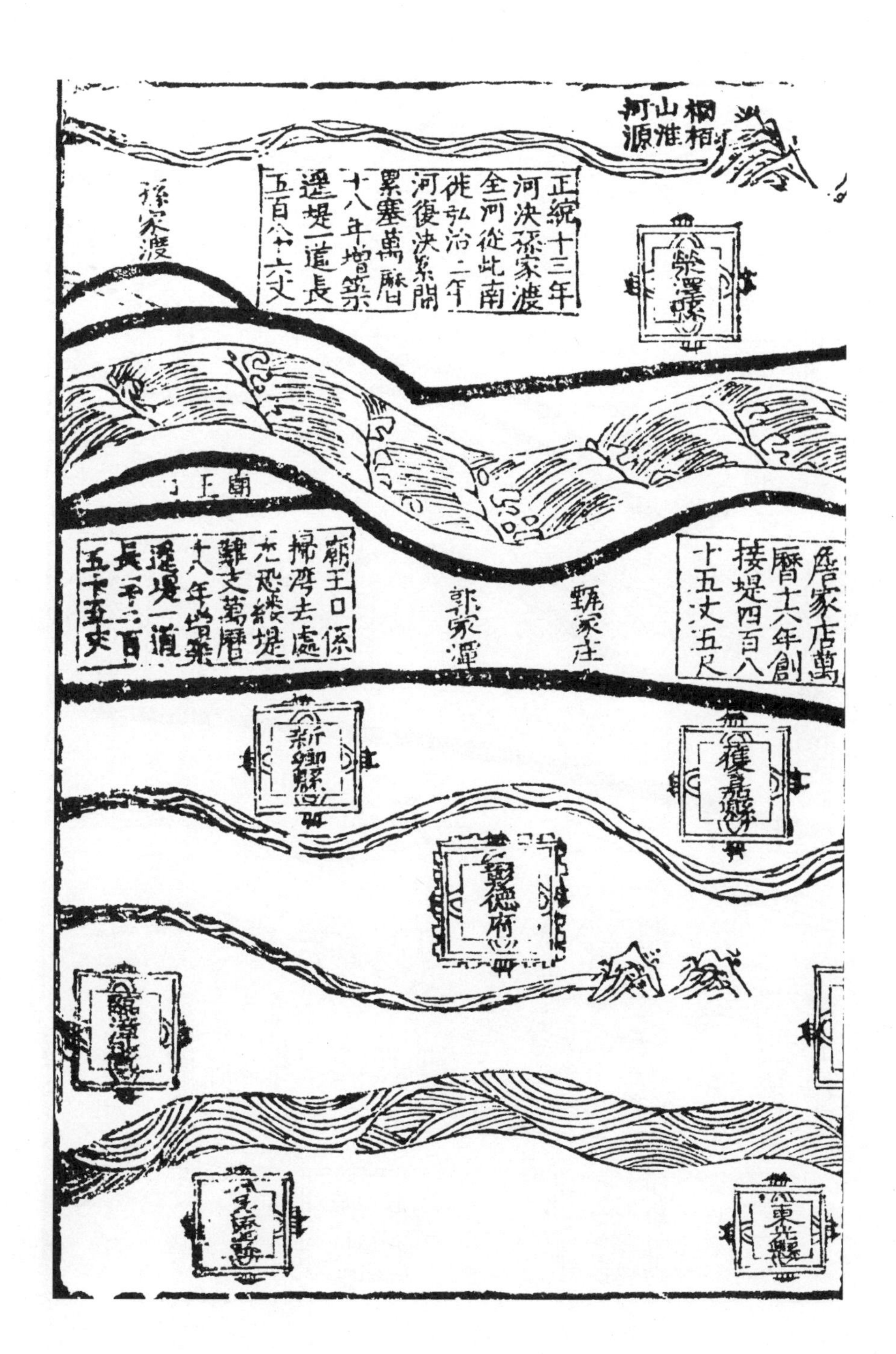

桐柏山淮河源
正統十三年河決孫家渡全河從此南徙弘治二年河復決累塞萬曆十八年增築遙堤一道長五百八十六丈
孫家渡
滎澤縣
南王口
廟王口係掃灣去處尤恐縷堤難支萬曆十八年創築遙堤一道長一千二百五十五丈
郭家潭
甄家庄
唐家店萬曆十六年創接堤四百八十五丈五尺
新鄉縣
獲嘉縣

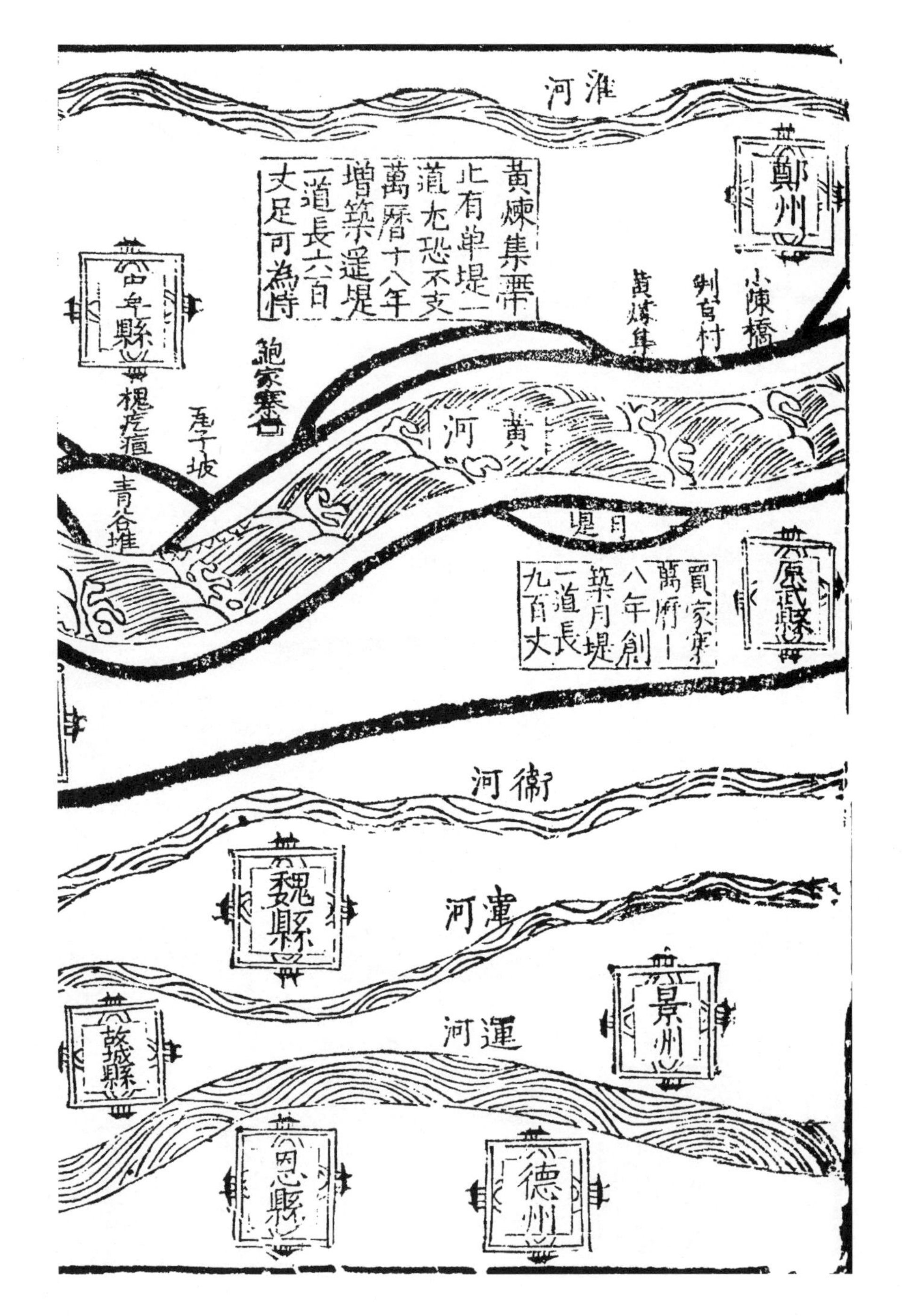
淮河
鄭州
小陳橋
判官村
黄煉集
黄煉集帯北有单堤一道尤恐不支萬曆十八年增築遥堤一道長六百丈足可為恃
中牟縣
鮑家寨
青谷堆
黄河
月堤
原武縣
賈家寨萬曆十八年創築月堤一道長九百丈
衛河
魏縣
漳河
景州
運河
故城縣
恩縣
德州

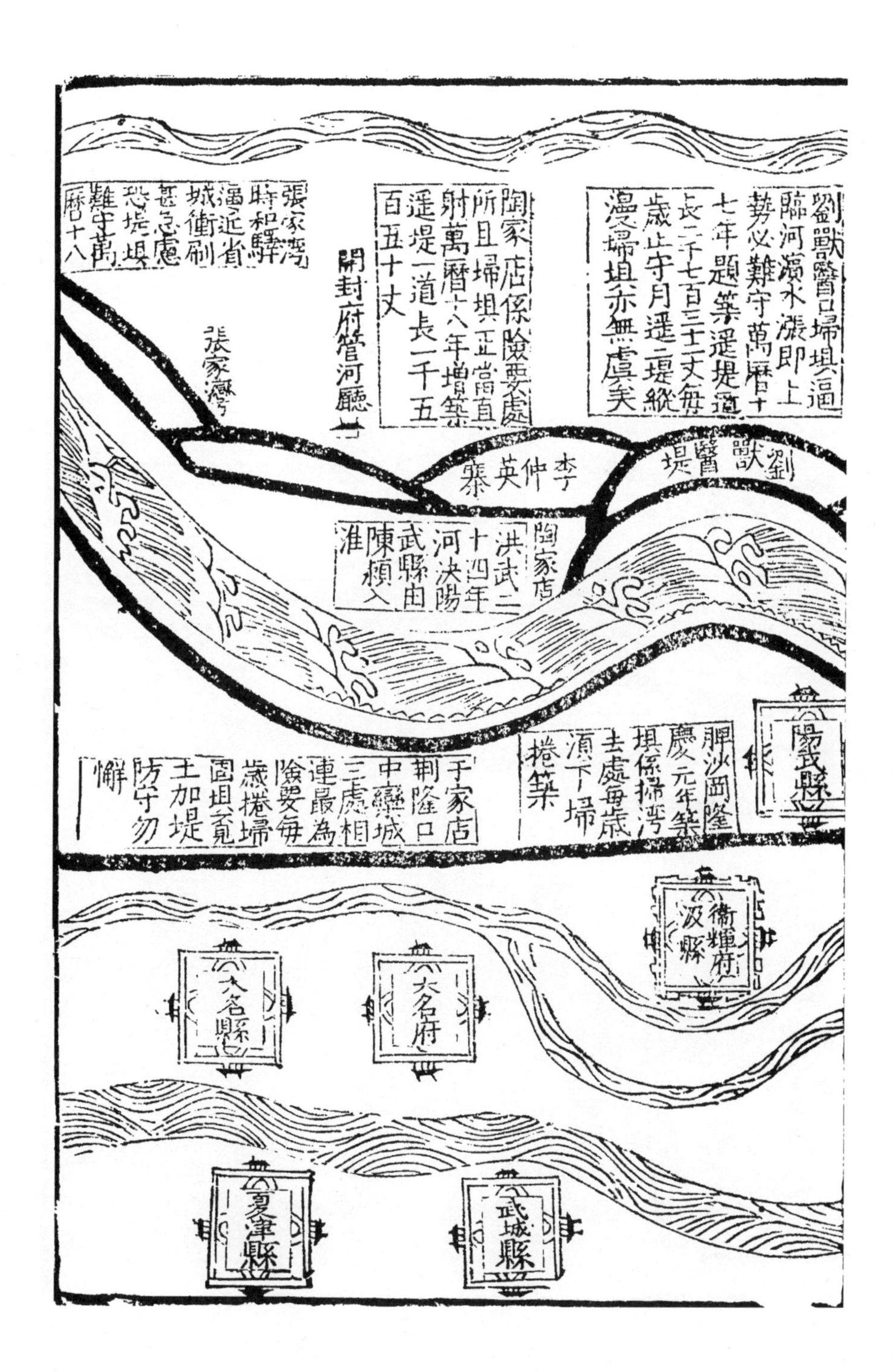
劉獸醫口埽埧逼臨河濵水漲即上勢必難守萬曆十七年題築遥堤逼長二千七百三十丈每歲止守月遥二堤縱漫埽埧亦無虞矣
陶家店係險要處所且埽埧正當直射萬曆十八年增築遥堤一道長一千五百五十丈
開封府管河廳
張家灣時和驛逼近省城衝刷甚急慮恐堤埧難守萬曆十八
張家灣
劉獸醫堤
李仲英寨
陶家店
洪武二十四年河決陽武縣由陳潁入淮
陽武縣
胛沙岡隆慶元年築埧係掃灣去處每歲須下埽捲築
于家店荆隆口中欒城三處相連最為險要每歲捲埽固埧兎土加堤防守勿懈
衛輝府汲縣
大名府
大名縣
武城縣
夏津縣

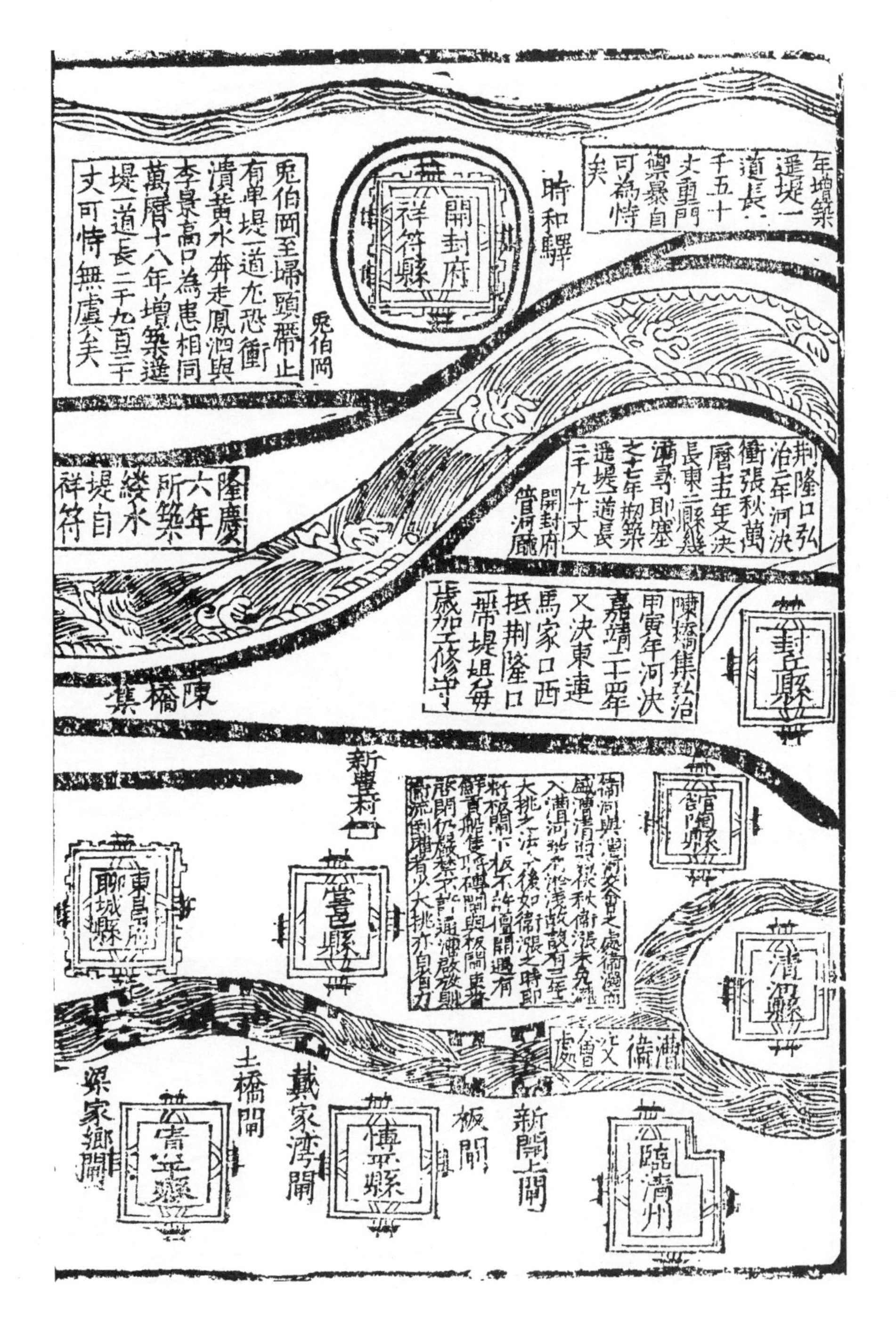
年增築
遥堤一
道長二
千五十
丈重門
禦暴自
可爲恃
矣
時和驛
開封府
祥符縣
兎伯岡
兎伯岡至埽頭舊止
有單堤一道尤恐衝
潰黄水奔走鳳泗與
李景高口爲患相同
萬曆十八年增築遥
堤一道長二千九百二十
丈可恃無虞矣
荆隆口弘
治年河決
衝張秋萬
曆十五年又決
長東二縣幾
之十七年拗築
遥堤一道長
二千九十丈
開封府
管河廳
隆慶
六年
所築
縷水
堤自
祥符
陳橋集弘治
甲寅年河決
嘉靖十四年
又決東連
馬家口西
抵荆隆口
一帶堤垻每
歲加工修守
封丘縣
陳橋集
新豐村
東昌府
聊城縣
堂邑縣
漕衛交會處
梁家鄉閘
土橋閘
清平縣
戴家灣閘
博平縣
板閘
新開上閘
臨清州

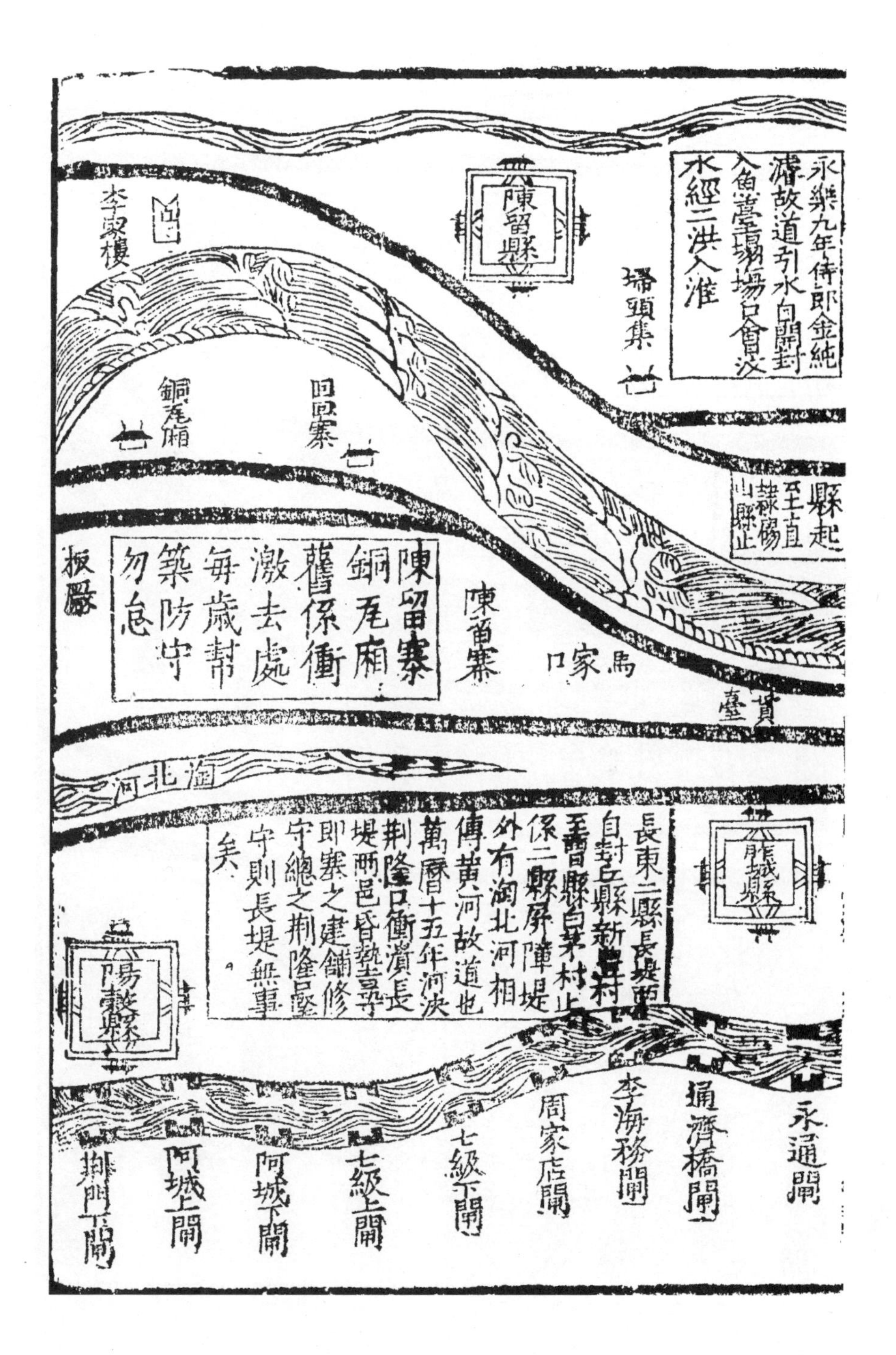
永樂九年侍郎金純濬故道引水自開封入魚臺塌場口會汶水經二洪入淮
陳留縣
塌頭集
李家樓
銅尾廂
回回寨
縣起至直隸碭山縣止
陳留寨銅尾廂舊係衝激去處每歲幫築防守勿怠
板廠
陳留寨
馬家口
黃臺
涸北河
長東二縣長堤西自封丘縣新莊村至曹縣白茅村止係二縣屏障堤外有涸北河相傳黃河故道也萬曆十五年河決荆隆口衝潰長堤兩邑皆墊尋即塞之建鋪修守總之荆隆堅守則長堤無事矣
陽穀縣
永通閘
通濟橋閘
李海務閘
周家店閘
七級下閘
七級上閘
阿城下閘
阿城上閘
荆門下閘

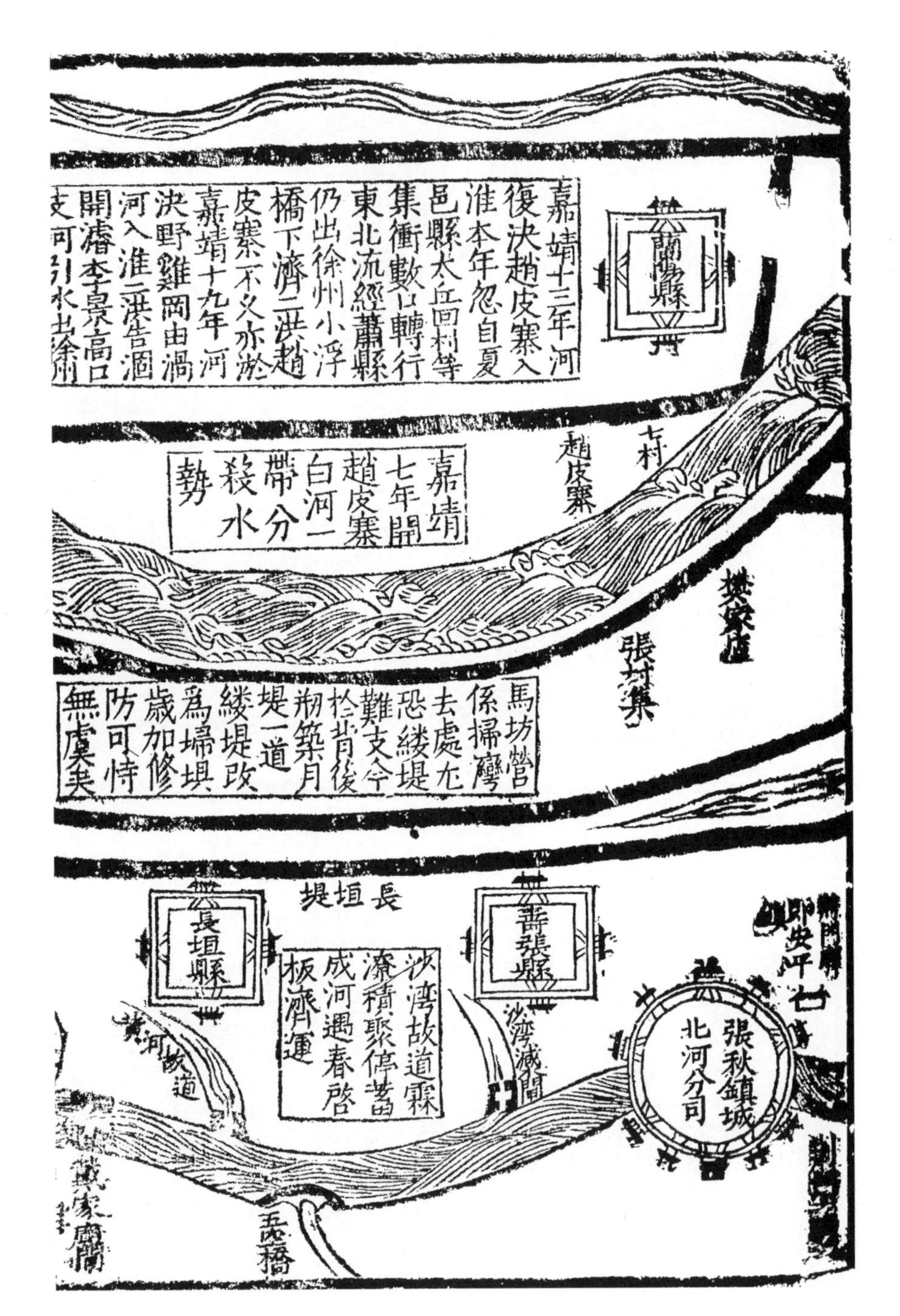
嘉靖十三年河
復決趙皮寨入
淮本年忽自夏
邑縣太丘回村等
集衝數口轉行
東北流經蕭縣
仍出徐州小浮
橋下濟二洪趙
皮寨不久亦淤
嘉靖十九年河
決野雞岡由渦
河入淮二洪告涸
開濬李景高口
支河引水出徐州
蘭陽縣
嘉靖七年開趙皮寨白河一帶分殺水勢
趙皮寨
七村
樊家店
張村集
馬坊營係掃灣去處尤恐縷堤難支今於背後翔築月堤一道縷堤改為埽壩歲加修防可恃無虞矣
長垣堤
長垣縣
壽張縣
沙灣故道霖潦積聚停蓄成河遇春啓板濟運
黃河故道
沙灣減閘
即安平
張秋鎮城
北河分司
戴家廟閘
五空橋

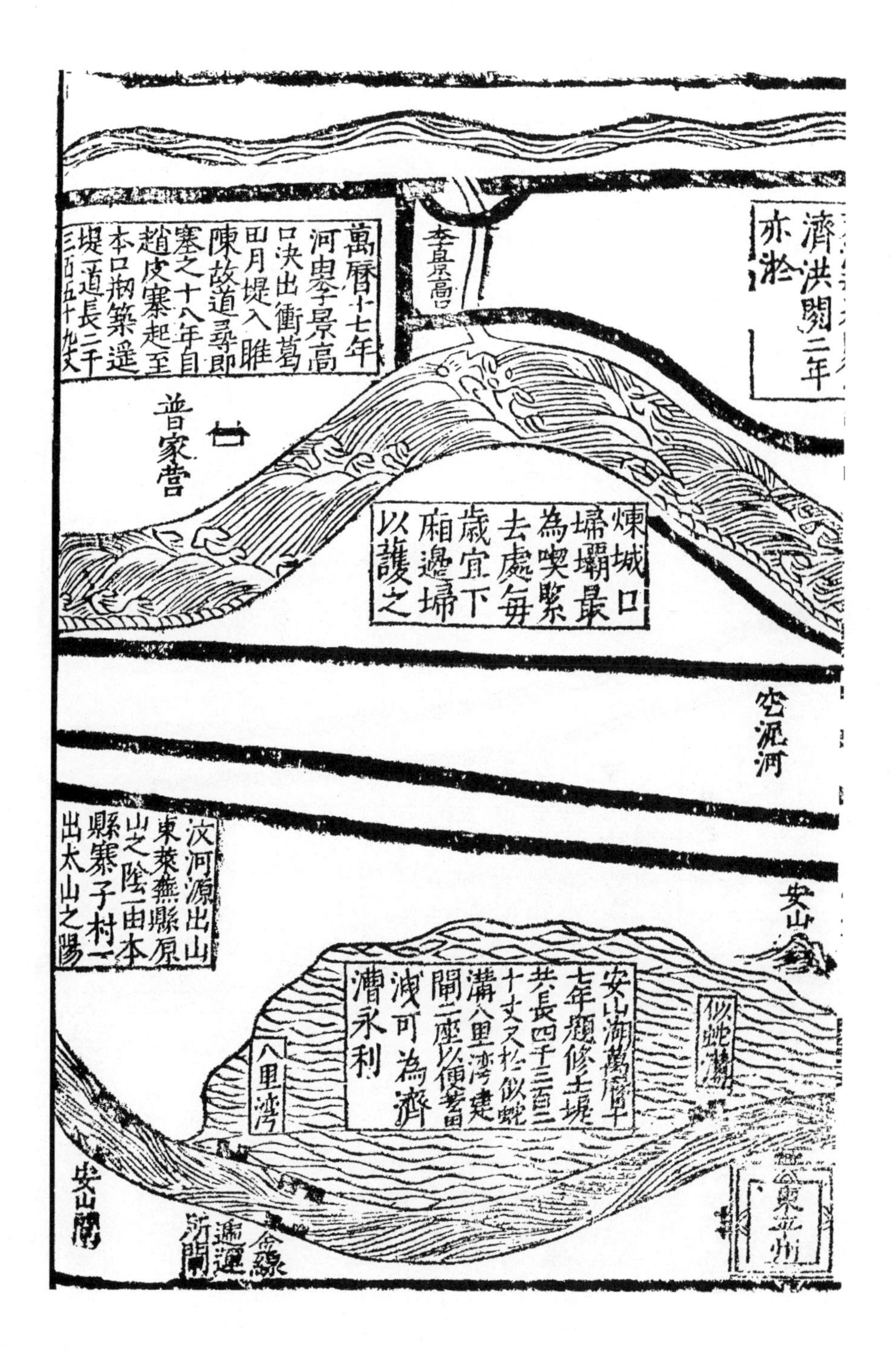

濟洪閉二年
亦淤
李景高口
萬曆十七年河決李景高口決出衝葛田月堤入睢陳故道尋即塞之十八年自趙皮寨起至本口𢸅築遥堤一道長二千三百五十九丈
普家營
煉城口埽壩最為喫緊去處每歲宜下廂邊埽以護之
空泥河
汶河源出山東萊蕪縣原山之陰一由本縣寨子村一出太山之陽
安山
安山湖萬曆十七年題修土堤共長四千三百二十丈又於似蛇溝八里灣建閘二座以備蓄洩可為濟漕永利
八里灣
似蛇溝
安山閘

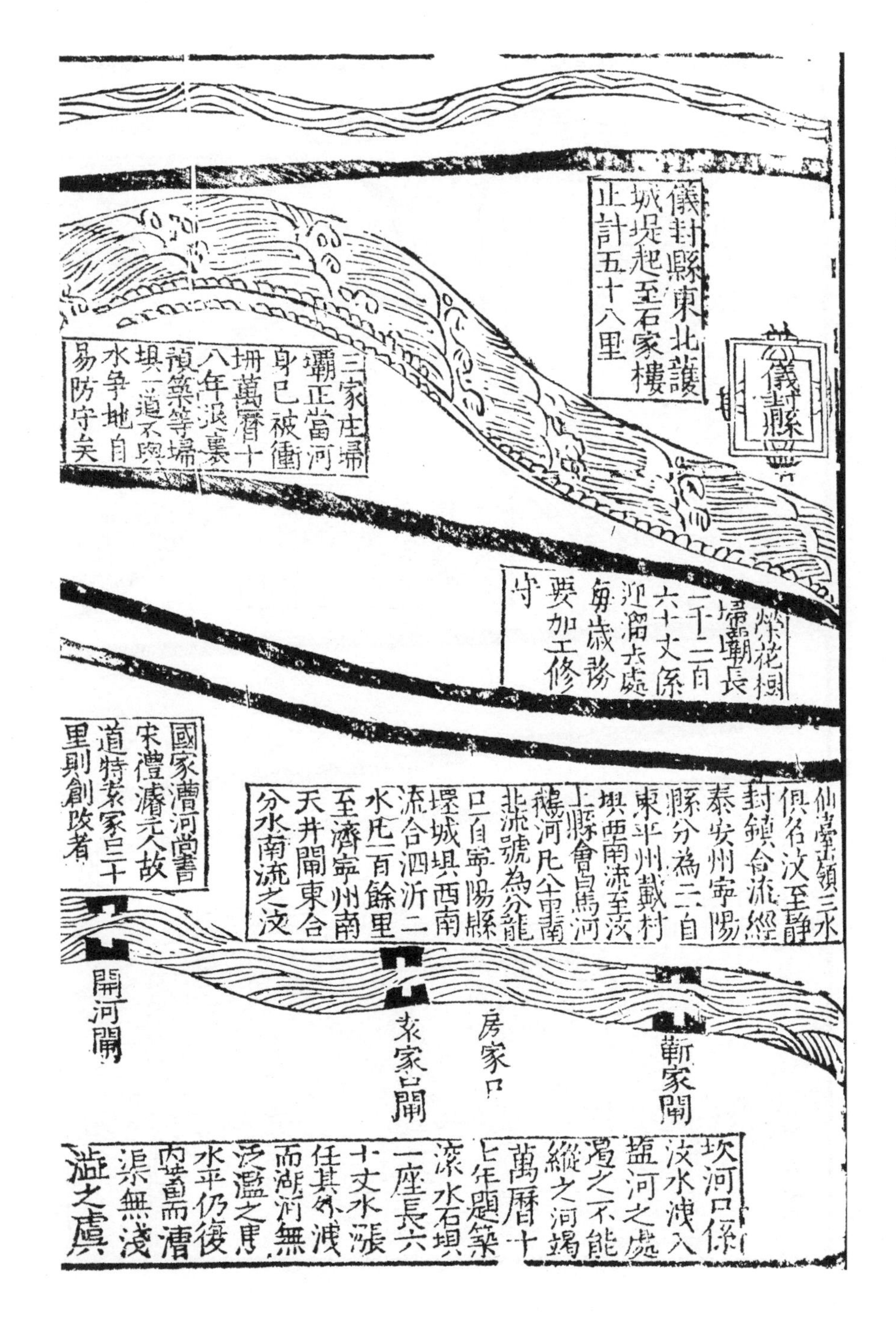
儀封縣東北護城堤起至石家樓止計五十八里
儀封縣
三家庄埽壩正當河身已被衝坍萬曆十八年退裏預築等埽壩一道不與水爭地自易防守矣
榮花樹埽壩長一千二百六十丈係迎溜去處每歲務要加工修守
仙臺五領三水俱名汶至靜封鎮合流經泰安州寧陽縣分為二自東平州戴村壩西南流至汶上縣會白馬河鵝河凡八十里南北流號為分龍口自寧陽縣堽城壩西南流合泗沂二水凡一百餘里至濟寧州南天井閘東合分水南流之汶
國家漕河嘗書宋禮濬元人故道特袁家口二十里則創改者
開河閘
袁家口閘
房家口
靳家閘
坎河口係汶水洩入鹽河之處遏之不能縱之河竭萬曆十七年題築滾水石壩一座長六十丈水漲任其外洩而湖河無泛溢之患水平仍復內蓄而漕渠無淺澁之虞

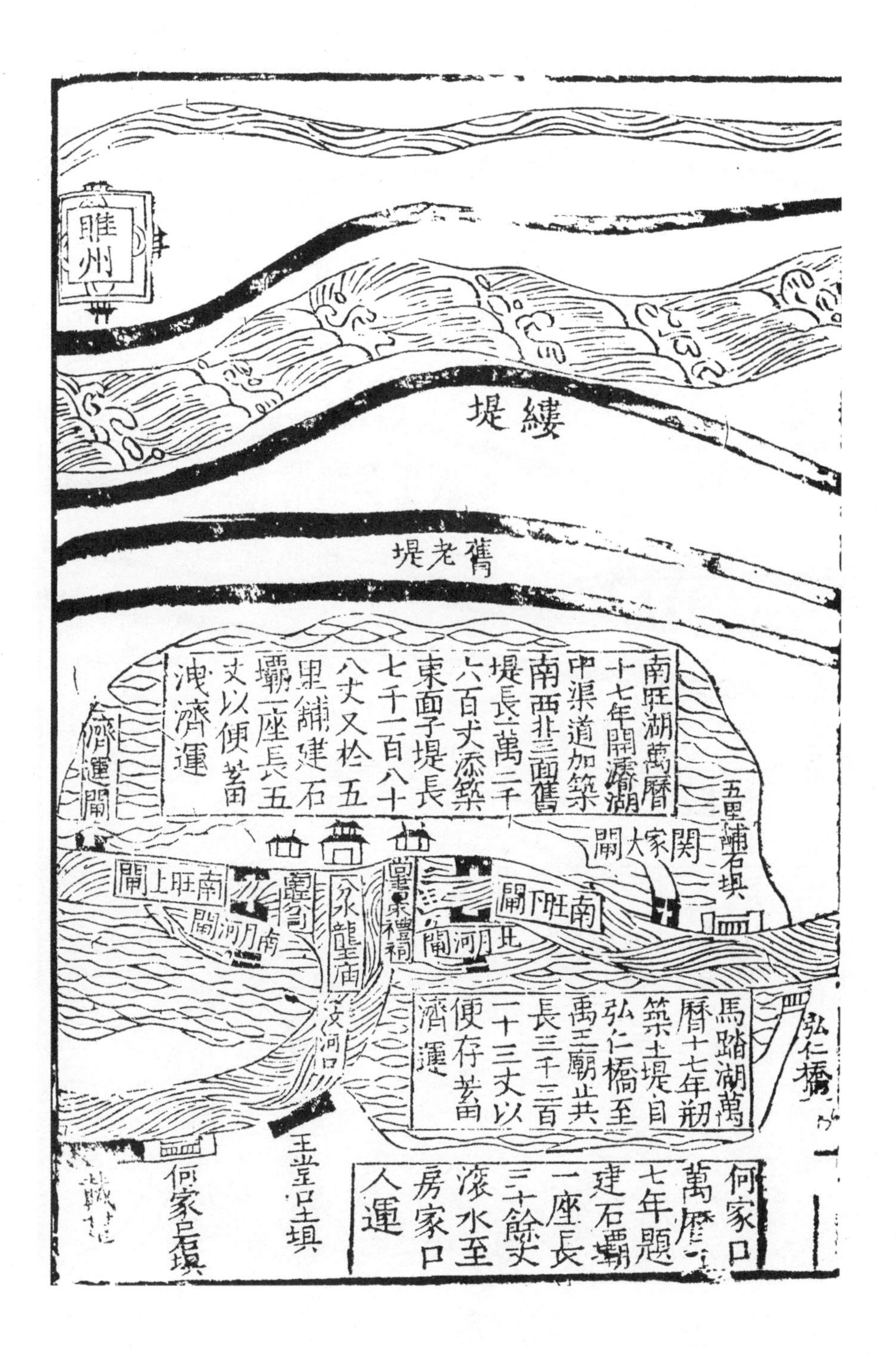
睢州
縷堤
舊老堤
南旺湖萬曆十七年開濬湖中渠道加築南西北三面舊堤長一萬二千六百丈添築東面子堤長七千一百八十八丈又於五里舖建石壩一座長五五丈以便蓄洩濟運
濟運閘
五里舖石填
闞家大閘
南旺上閘
南月河閘
分水龍王廟
南旺下閘
北月河閘
汶河口
弘仁橋
馬踏湖萬曆十七年剏築土堤自弘仁橋至禹王廟止共長三千三百一十三丈以便存蓄濟運
王堂口土填
何家口石填
何家口萬曆十七年題建石壩一座長三十餘丈滾水至房家口入運

考城縣西自王家集起至本縣西護城堤共計一十七里二百四十步
王家集
弘治五年河復決荆隆口潰黃陵岡堤趋張秋後二年塞之每歲加工修防
黃魯河
東明堤
東明縣
寺前舖閘
汶上縣
蜀山
雞爪泉
蒲灣泊
淨泉
源泉
小黃泉
大黃泉
王老溝泉
扒頭泉
坎河泉
坎河石壩
吳家泉
獨山泉
徐家泉
蘆泉
灰泉

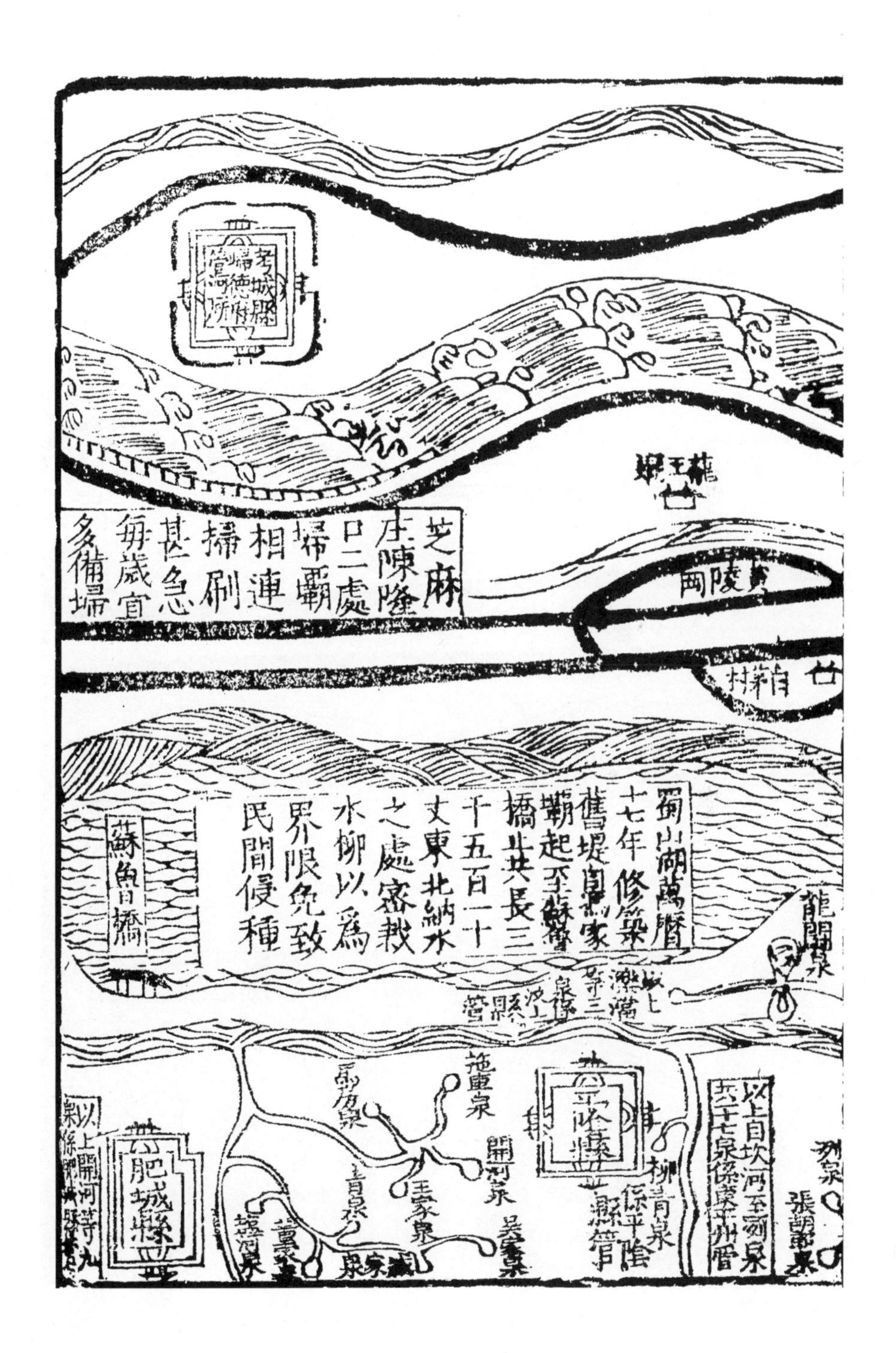
芝麻庄隄隆巳二處埽壩相連掃刷甚急毋歲宜多備埽
獨山湖萬曆十七年修築舊堤自劉家嶺起至蘇魯橋共長三千五百一十丈東北納水之處密栽水柳以爲界限免致民間侵種
蘇魯橋
肥城縣
平陰縣
柳青泉
以上自坎河至劉泉共二十七泉係東平州管
劉泉
張胡郎泉
吳家泉
王家泉
開河泉

寧陵縣
孝城口
李秀廠
橫堤
舊老堤
魯姑泉
柳泉
張家泉
金馬莊泉
寧陽縣
古泉
堽城閘
青川驛
古城泉
蛇眼泉
元人分水於濟
寧我朝宋禮於
此築堽城壩乃
老人白英所陳至
今祀之仍復其家
泰安州
張家泉
梁子溝泉
順河泉
北滾泉
白龍池
梁家莊泉
土泉
水磨泉
狗跑泉
白泉
龍王泉
胡家港泉
報恩泉

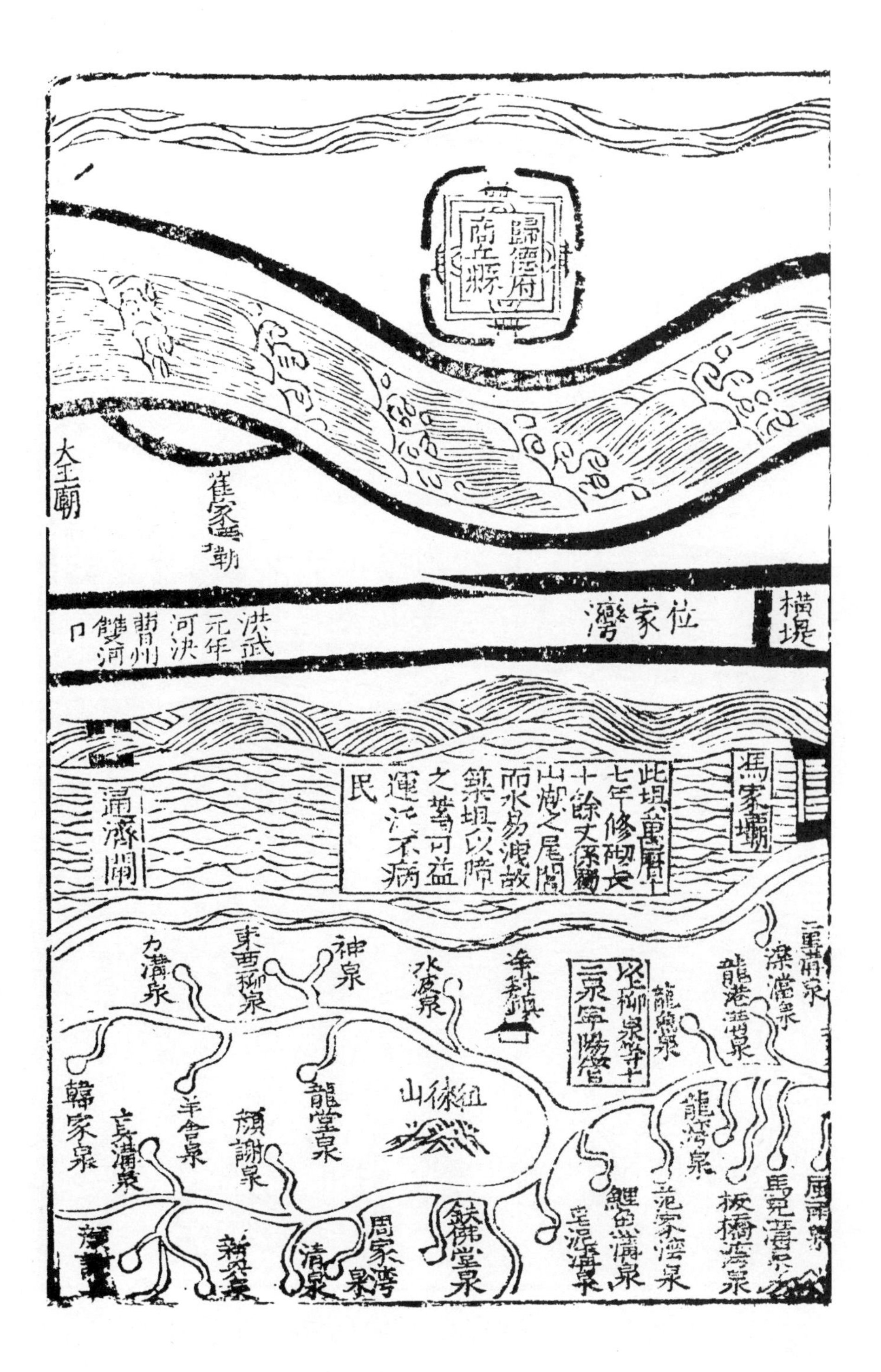
歸德府
商丘縣
大王廟
崔家口
洪武元年河決曹州雙河口
位家灣
橫堤
通濟閘
此垻萬曆十七年修砌長十餘丈係獨山湖之尾閭而水易洩故築垻以障之甚可益運河不病民
馮家壩
神泉
水波泉
東西柳泉
韓家泉
羊舍泉
龍堂泉
顏謝泉
龍灣泉
鯉魚溝泉
鐵佛堂泉
周家灣泉
清泉
新安泉
龍港溝泉
板橋灣泉
范家灣泉
鯉魚溝泉

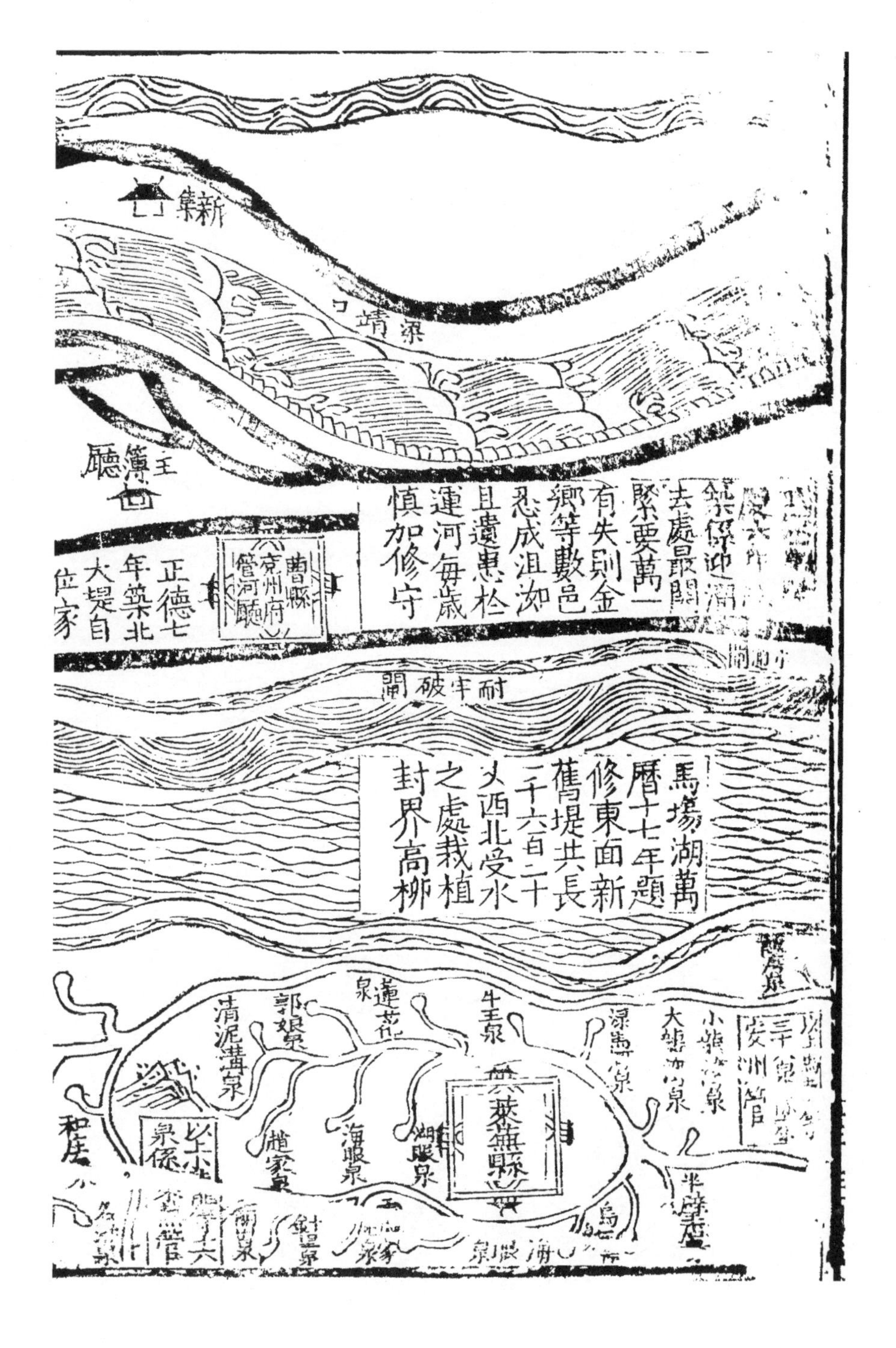

新集口
梁靖口
王簿廳
曹縣
兗州府管河廳
正德七年築北大堤自位家
去處最關緊要萬一有失則金鄉等數邑恐成沮洳且遺患於運河每歲慎加修守
耐牢破閘
馬場湖萬曆十七年題修東面新舊堤共長二千六百二十丈西北受水之處栽植封界高柳
清泥溝泉
郭娘泉
蓮花泉
牛王泉
萊蕪縣
趙家泉
海眼泉
湖眼泉

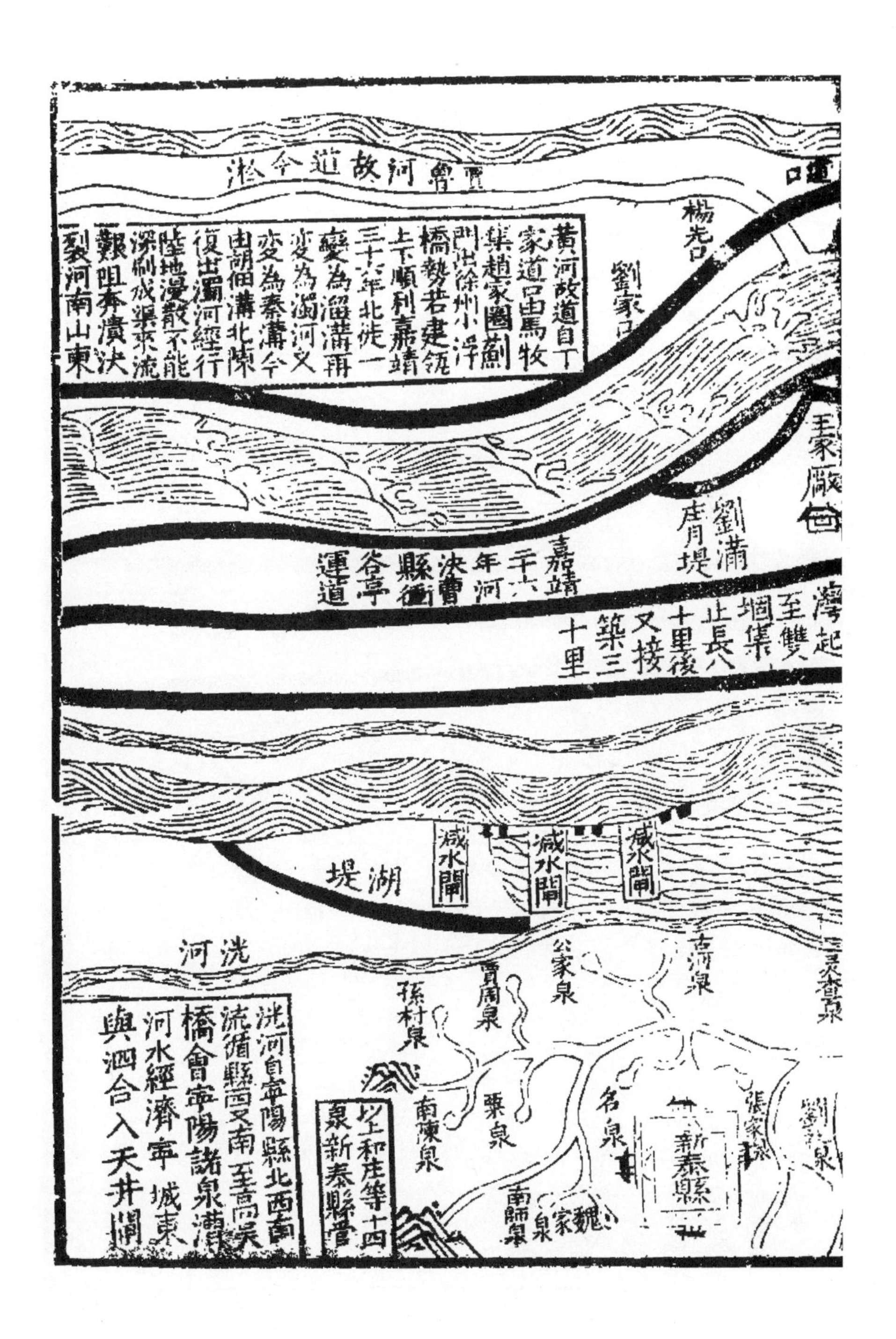
賈魯河故道今淤
黃河故道自丁家道口由馬牧集趙家圈蕭縣出徐州小浮橋勢若建瓴上下順利嘉靖三十六年北徙一變為溜溝再變為濁河又變為秦溝今由胡佃溝北陳復出濁河經行陸地漫散不能深刷成渠東流艱阻奔潰決裂河南山東
王家廠
嘉靖二十六年河決曹縣衝谷亭運道
灣起至雙堌集止長八十里後又接築三十里
減水閘
減水閘
減水閘
湖堤
洸河
洸河自寧陽縣北西南流循縣西又南至高吳橋會寧陽諸泉瀦河水經濟寧城東與泗合入天井閘
以上和庄等十四泉新泰縣管
孫村泉
公家泉
古河泉
南陳泉
名泉
張家泉
新泰縣
南師泉
魏家泉

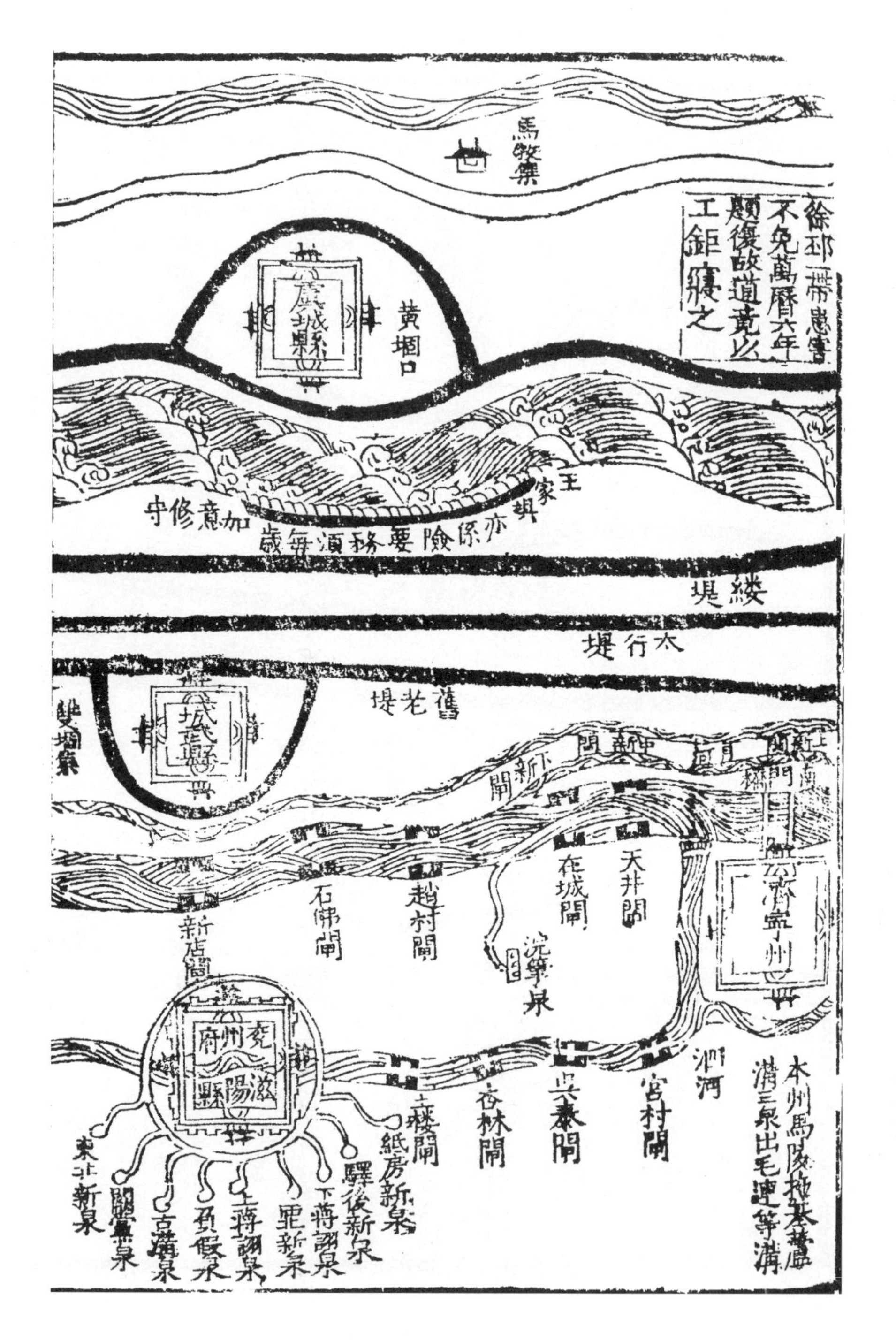
徐邳一帶患害不免萬曆六年題復故道竟以工鉅寢之
黃堌口
虞城縣
王家
與亦係要險務須每歲加意修守
縷堤
太行堤
舊老堤
上新閘
中新閘
下新閘
天井閘
在城閘
石佛閘
趙村閘
新店閘
濟寧州
泗河
兖州府滋陽縣
宮村閘
杏林閘
土樓閘
紙房新泉
驛後新泉
下蔣詡泉
上蔣詡泉
負瑕泉
古濂泉
東北新泉

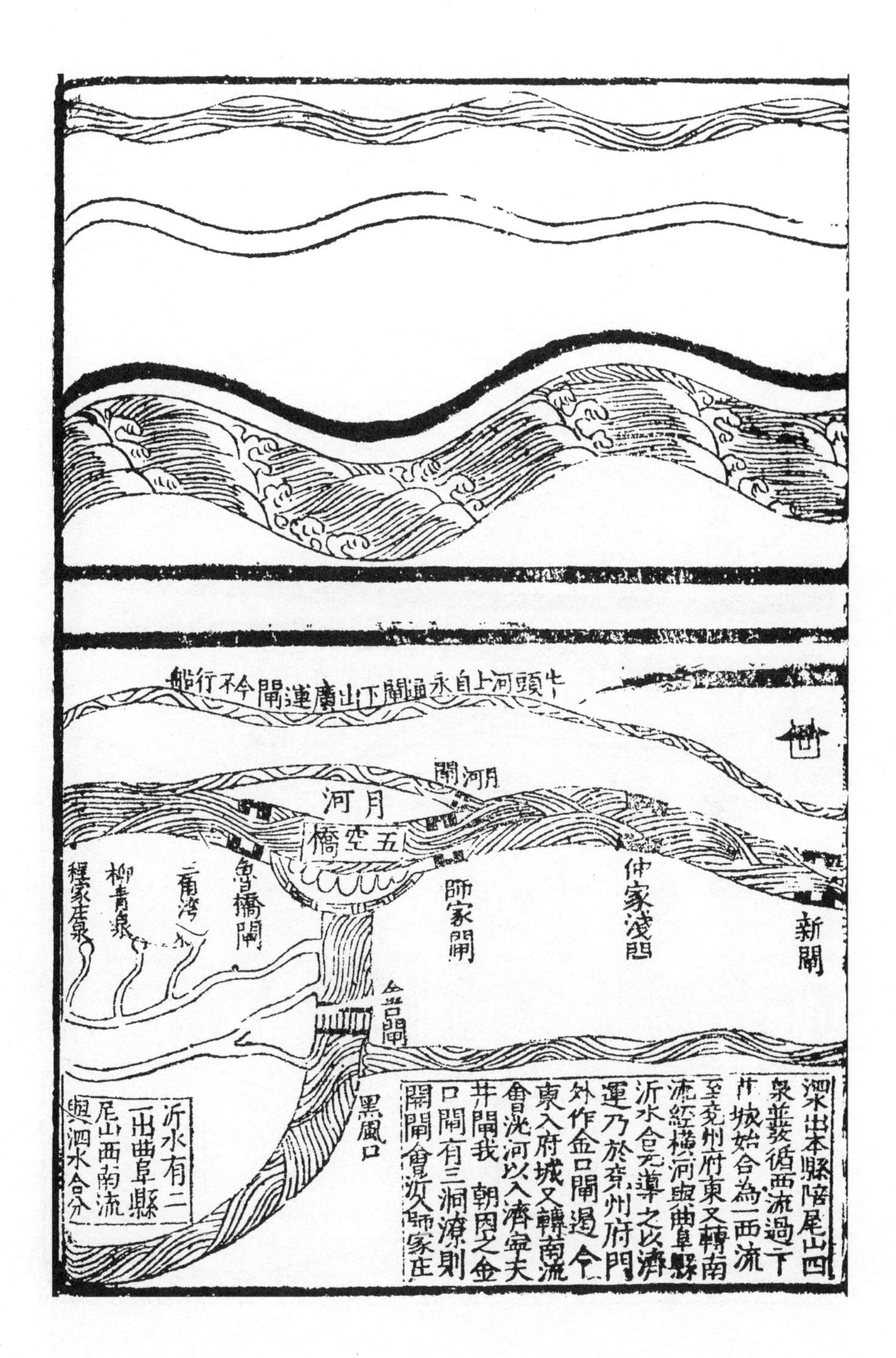

牛頭河上自永通閘下山廣運閘今不行船
月河閘
月河
五空橋
魯橋閘
三角湾
柳青泉
程家庄泉
師家閘
仲家淺閘
新閘
金口閘
黑風口
泗水出本縣陪尾山四
泉並發循西流過下
卞城始合為一西流
至兖州府東又轉南
流經橫河與曲阜縣
沂水合元導之以濟
運乃於兖州府門
外作金口閘遏令
東入府城又轉南流
會洸河以入濟寧天
井閘我 朝因之金
口閘有三洞潦則
閘閘會泝入師家庄
沂水有二
一出曲阜縣
尼山西南流
與泗水合分

夏邑縣
單縣
鄒縣
孟子廟
嶧山
九龍山
新泉
溫泉
陳家泉
孟母泉
白馬泉
勝水泉
淵源泉
馬山泉
沂河
溫泉
清泥泉
泗河

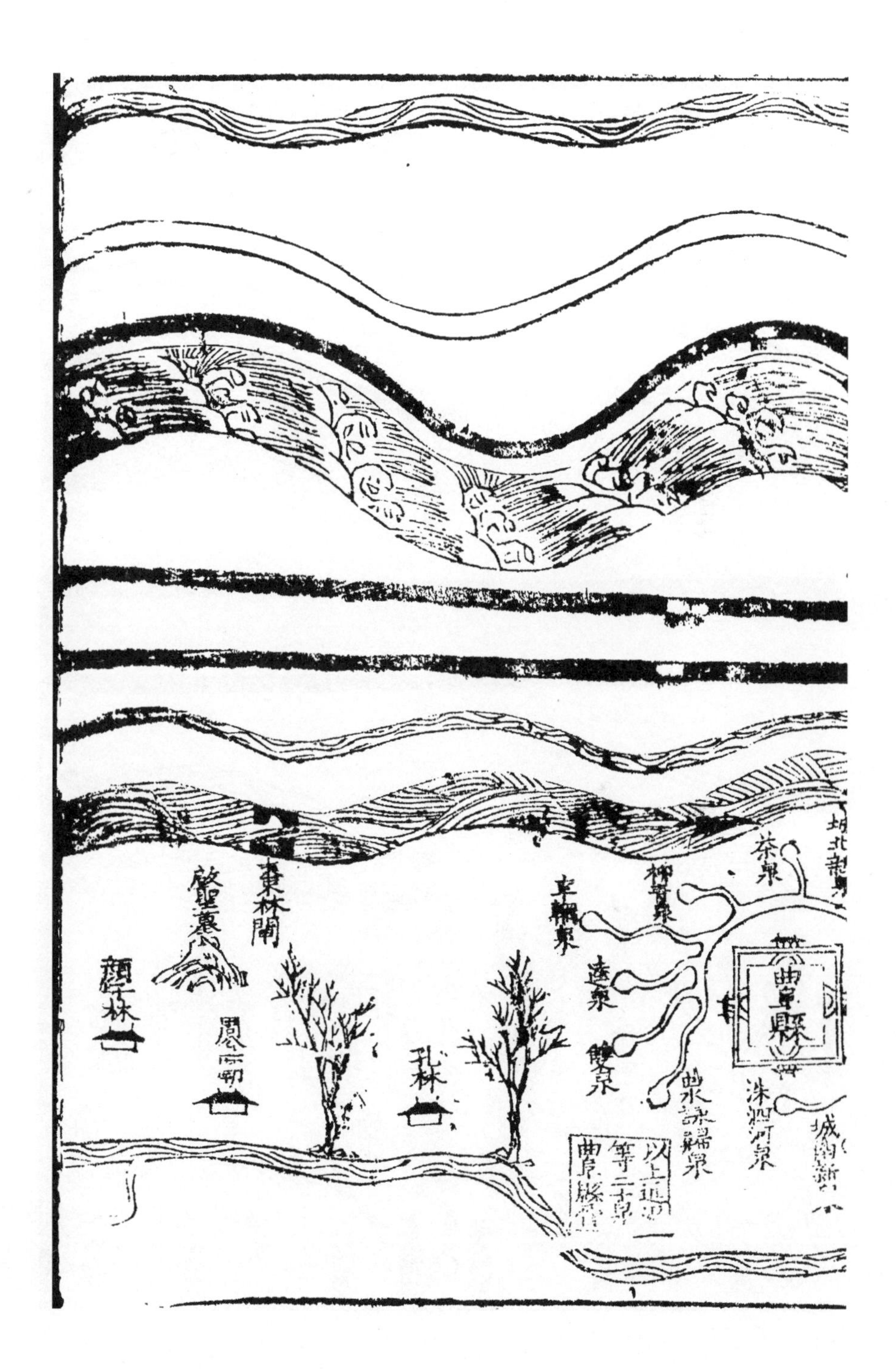

茶泉
曲阜縣
洙泗河泉
逵泉
雙泉
東林閘
孔林

永城縣
泗水縣
石井泉
蔣家泉
曹家泉
醴前泉
龜眼泉
龜尾泉
龜陰泉
東山岩縫泉
黃花泉
趙家泉
合德泉
珍珠泉
醴泉
蘆城泉
大王溝泉
小王溝泉
西岩泉
三角泉
岳陵泉
黃溝泉
杜家泉
天井泉
黃陰泉
七里溝泉
璧溝泉

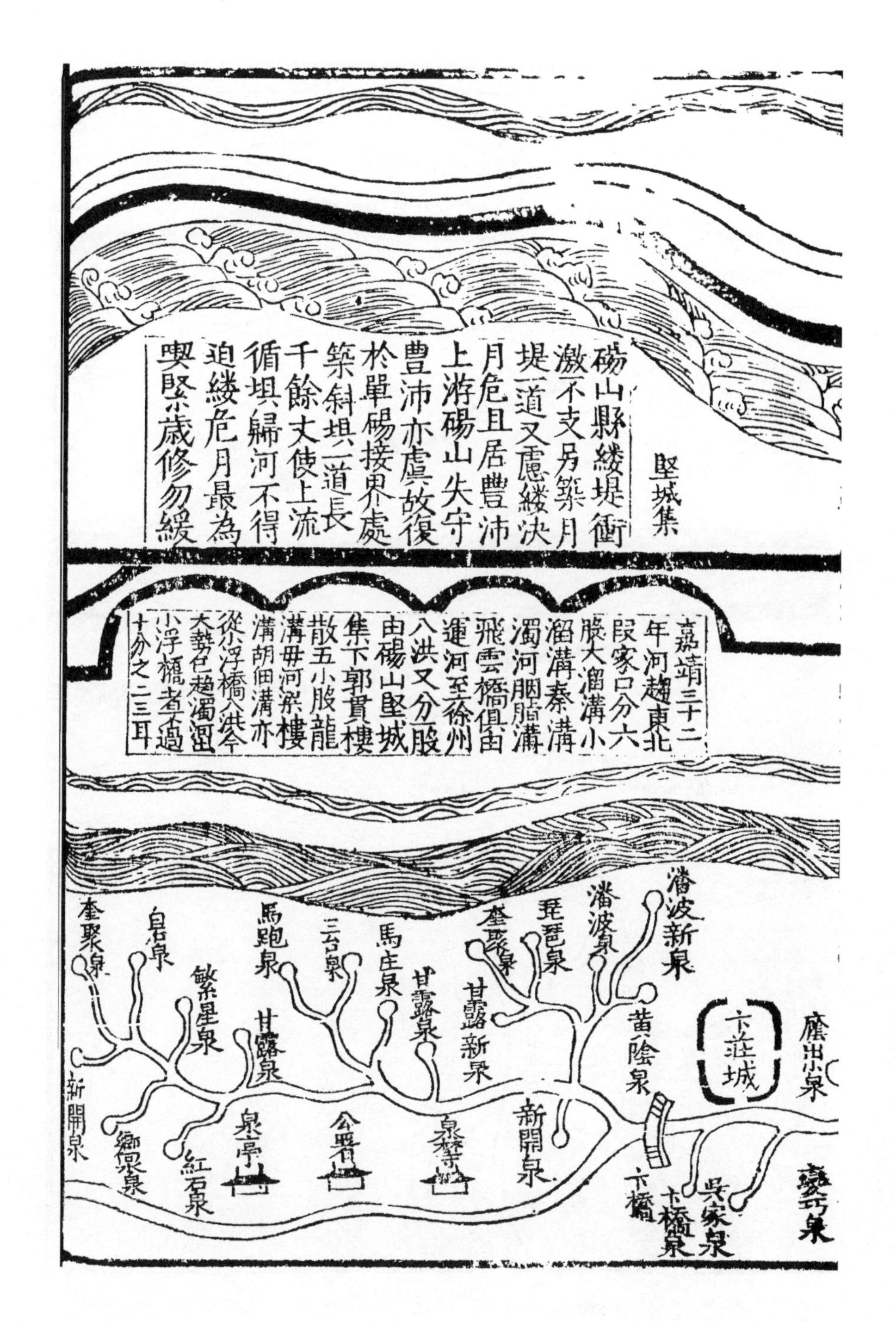
堅城集
碭山縣縷堤衝激不支另築月堤一道又慮縷決月危且居豐沛上游碭山失守豐沛亦虞故復於單碭接界處築斜堤一道長千餘丈使上流循堤歸河不得迫縷危月最為喫緊歲修勿緩
嘉靖三十二年河趨東北段家口分六股大溜溝小溜溝秦溝濁河胭脂溝飛雲橋俱由運河至徐州入洪又分股由碭山堅城集下郭貫樓散五小股龍溝毋河梁樓溝胡佃溝亦從小浮橋入洪今大勢已趨濁河溜小浮橋者不過十分之二三耳
卞莊城
潘波新泉
潘波泉
琵琶泉
奎聚泉
黃陰泉
甘露新泉
甘露泉
馬庄泉
三台泉
馬跑泉
甘露泉
繁星泉
皂泉
奎聚泉
新開泉
紅石泉
泉亭
公署
泉林寺
新開泉
卞橋
卞橋泉
吳家泉

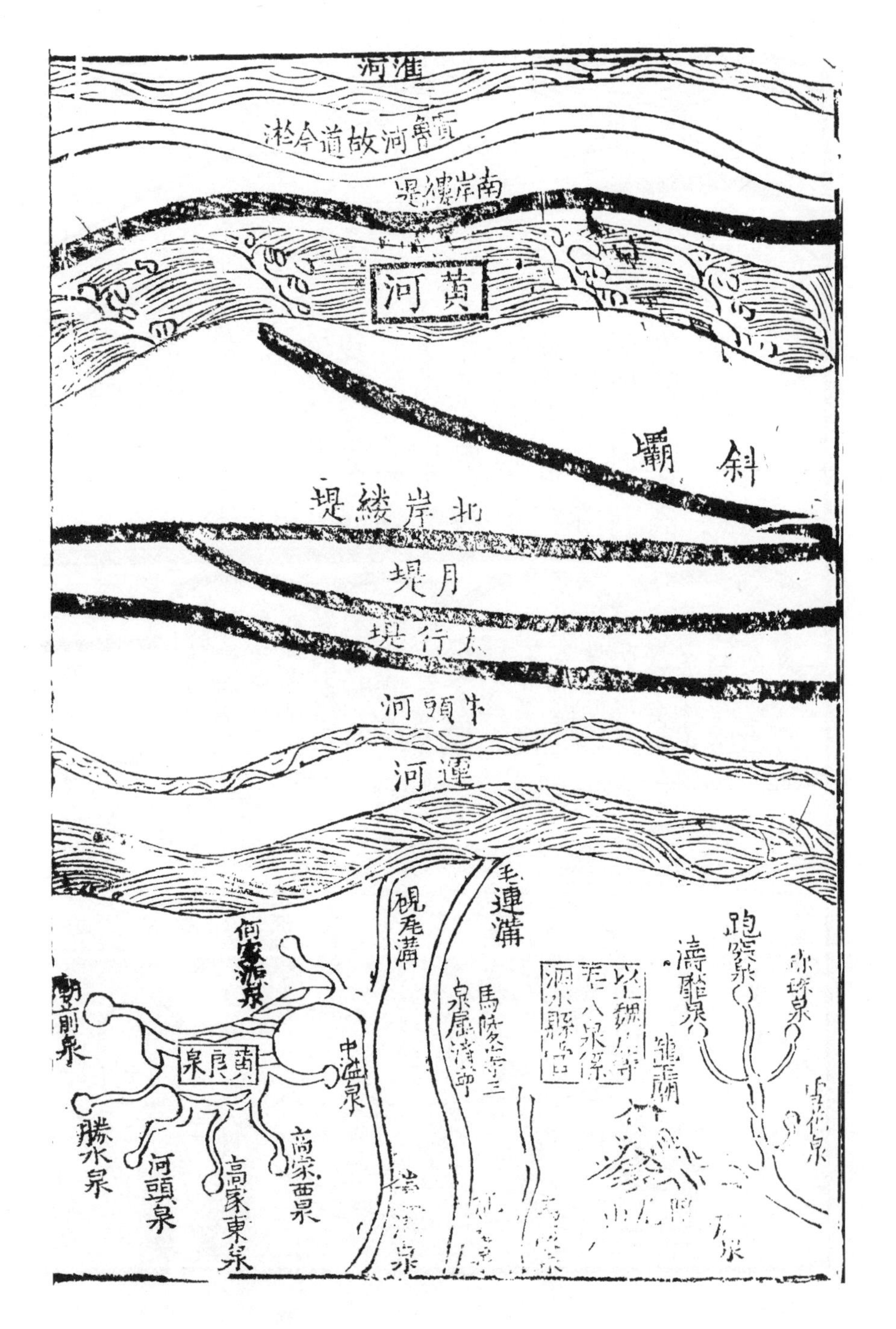

淮河
黄河故道今淤
南岸縷堤
黄河
斜壩
北岸縷堤
月堤
太行堤
牛頭河
運河
硯瓦溝
連溝
何家流泉
泉良蘭
高家西泉
高家東泉
河頭泉
滕水泉

隆慶六年自河南祥符縣起創築南岸縷水堤
隸碭山縣止
碭山縣
沛縣舊運河
谷亭
谷亭閘
河橋驛
魚臺縣主簿廳
南陽閘
嘉靖四十五年挑新河自南陽至留城長一百四十餘里
利建閘
連家灘泉
西龍泉
平山泉
東龍泉
三里泉
劉家溝泉
滕縣

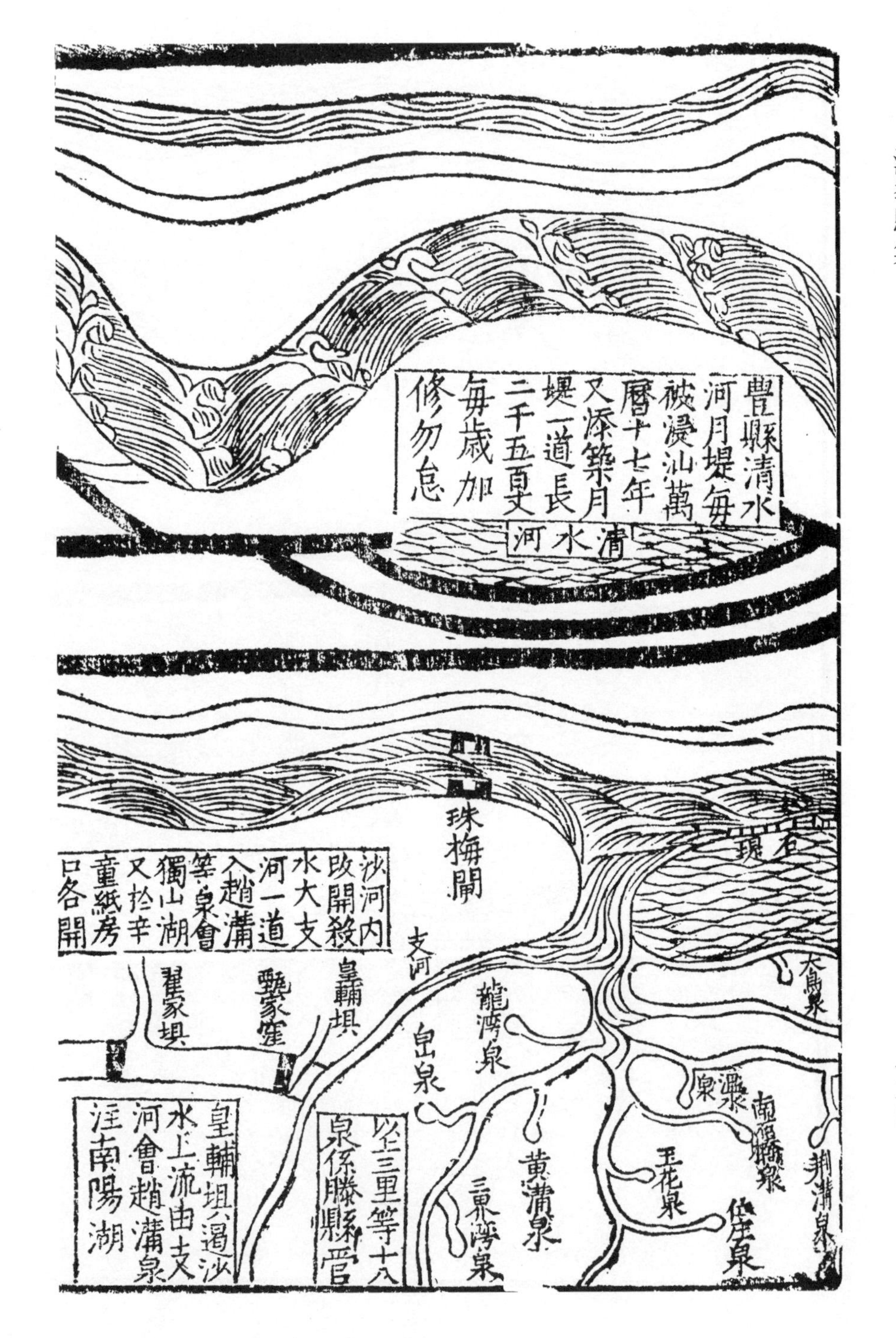
豐縣清水河月堤每被漫汕萬曆十七年又添築月堤一道長二千五百丈每歲加修勿怠
清水河
珠梅閘
石堤
沙河內毀開殺水大支河一道入趙溝等泉會獨山湖又扵辛童紙房口各開
支河
皇輔埧
翟家埧
龍灣泉
大烏泉
黃溝泉
玉花泉
三界灣泉
荊溝泉
皇輔埧遏沙水上流由支河會趙溝泉注南陽湖
以上三里等十八泉係滕縣管

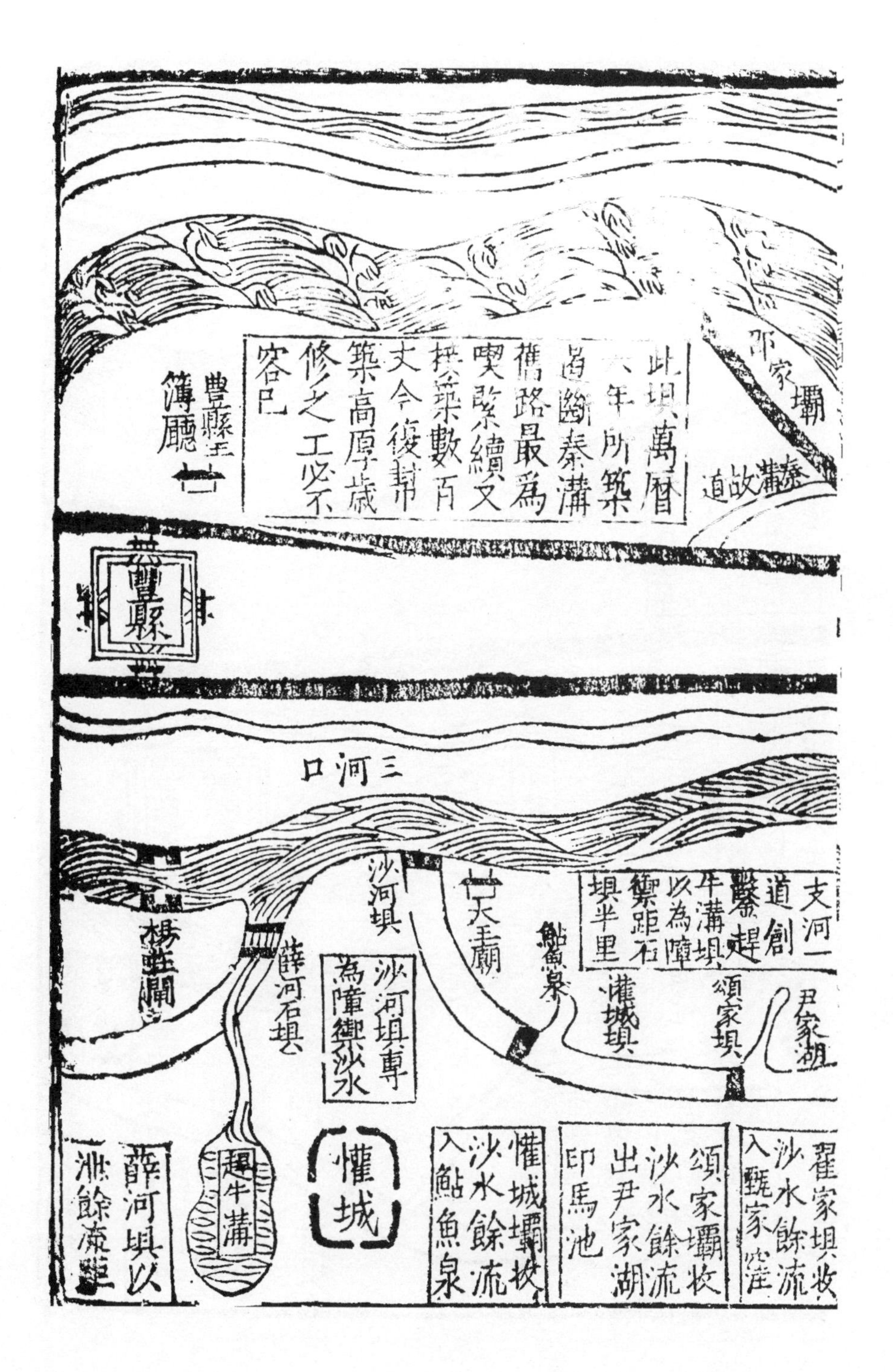

此壩萬曆六年所築遏斷泰溝舊路最為喫緊續又接築數百丈今復幫築高厚歲修之工必不容已
邵家壩
泰溝故道
豐縣主簿廳
豐縣
三河口
沙河壩
天妃廟
鮎魚泉
支河一道創築趙牛溝壩以為障禦距石壩半里
灌城壩
頌家壩
尹家湖
楊莊閘
薛河石壩
沙河壩專為障禦沙水
趙牛溝
懽城
薛河壩以泄餘流
懽城壩收沙水餘流入鮎魚泉
頌家壩收沙水餘流出尹家湖印馬池
翟家壩收沙水餘流入甄家窪

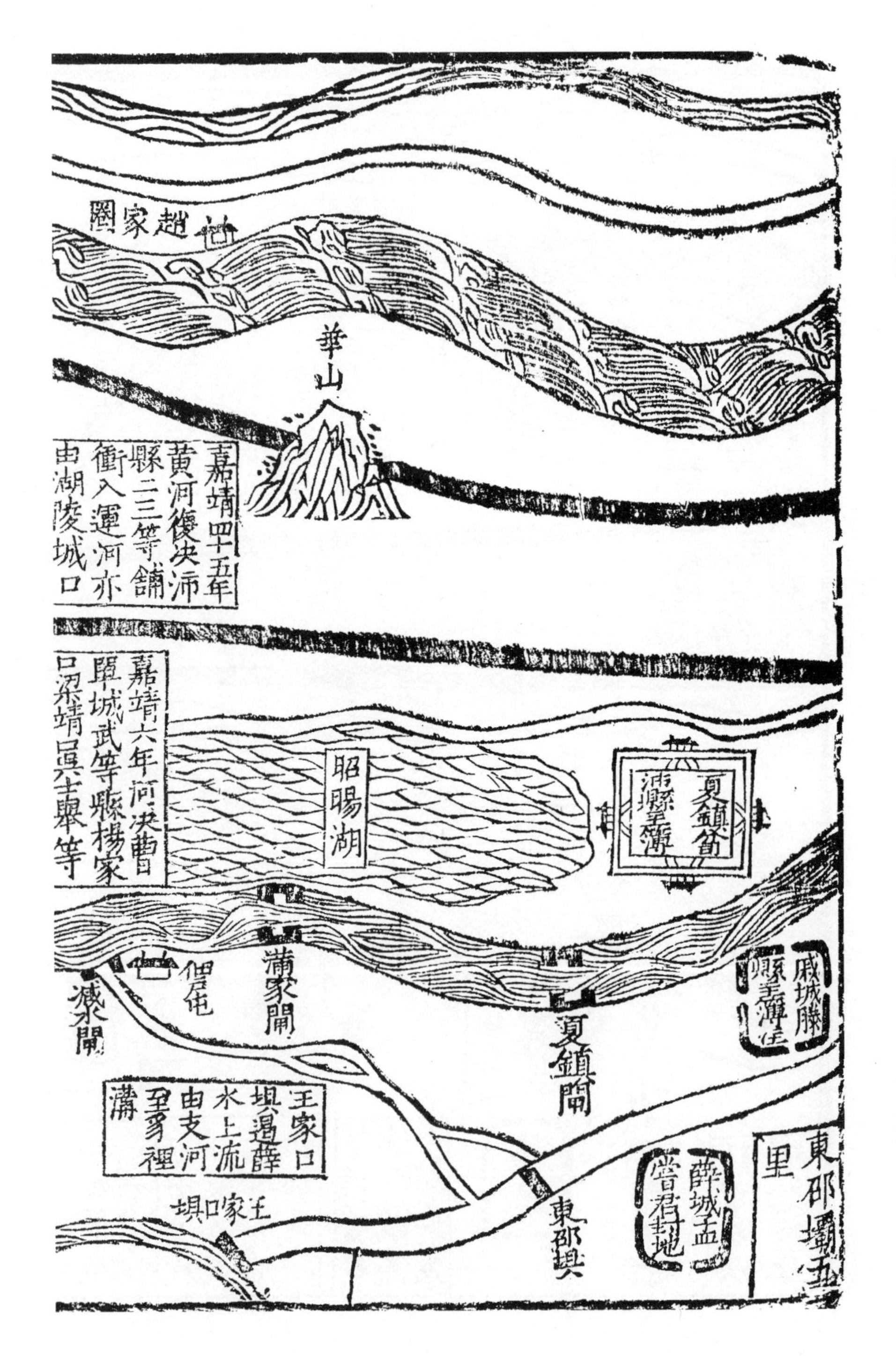

趙家圈
華山
嘉靖四十五年黄河復决沛縣三三等鋪衝入運河亦由湖陵城口
嘉靖六年河决曹單城武等縣楊家口梁靖口吴士舉等
昭陽湖
夏鎮爺滕縣管
戚城滕縣管
滿家閘
夏鎮閘
王家口壩過薛水上流由支河至郗裡溝
王家口壩
東邵壩
東邵壩五里
薛城孟嘗君封地

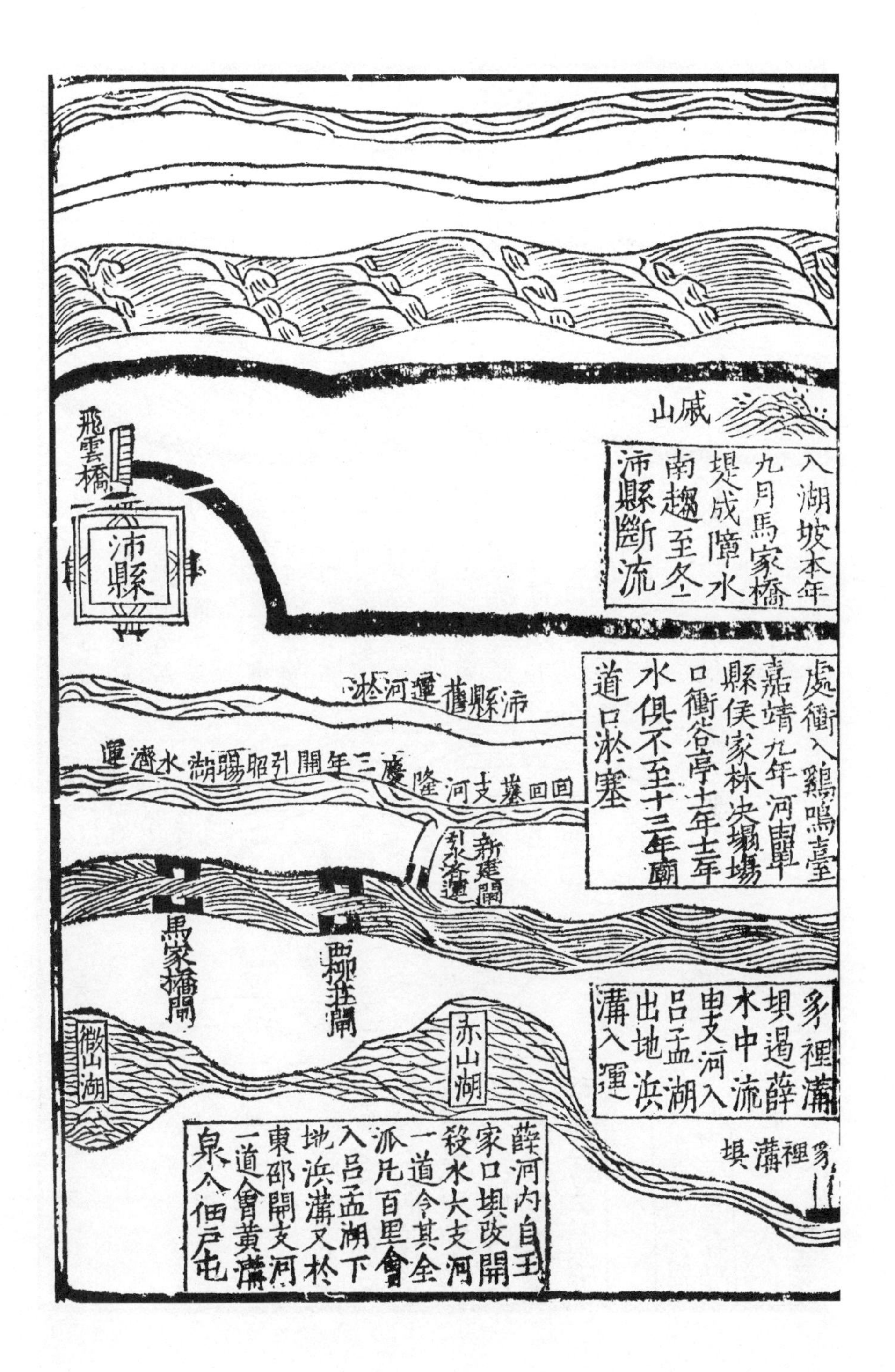
戚山
入湖坡本年九月馬家橋堤成障水南趨至冬沛縣斷流
飛雲橋
沛縣
沛縣舊運河淤
隆慶三年開引昭陽湖水濟運
回回墓支河
處衝入雞鳴臺嘉靖九年河圮縣侯家林决塌塲口衝谷亭十年十一年水俱不至十三年廟道口淤塞
新建閘
引水濟運
馬家橋閘
西柳莊閘
微山湖
赤山湖
多裡溝壩過薛水中流由支河入呂孟湖出地浜溝入運
多裡溝壩
薛河内自王家口壩改開發水大支河一道令其全派凡百里會入呂孟湖下地浜溝又於東邵開支河一道會黄甫泉入佃戶屯

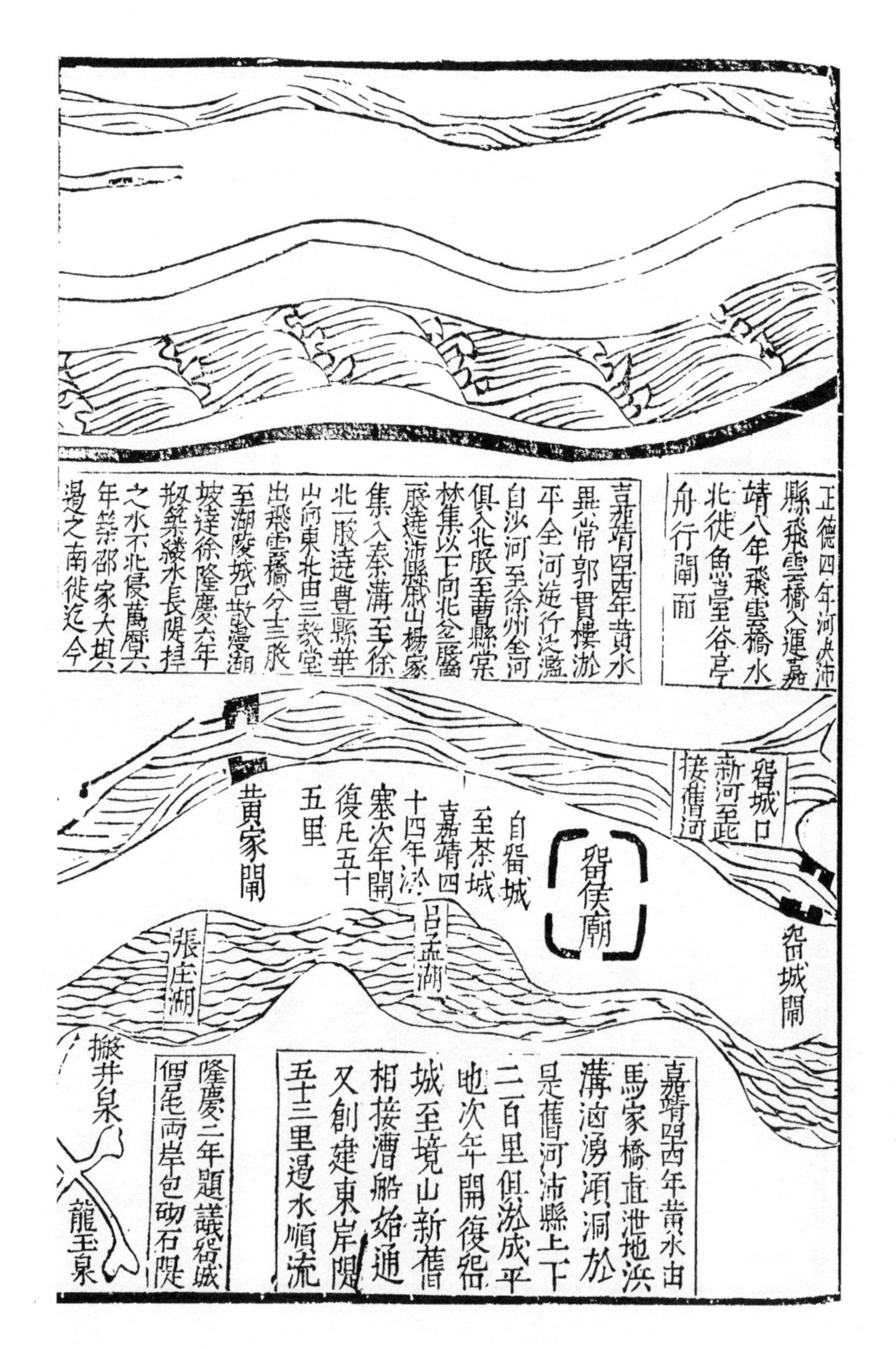

正德四年河决沛縣飛雲橋入運嘉靖八年飛雲橋水北徙魚臺谷亭舟行閘面
嘉靖四十四年黄水異常郭貫樓淤平全河逆行泛濫自沙河至徐州全河俱入北股至曹縣棠林集以下向北分踏歷逆沛縣戚山楊家集入秦溝至徐北一股逆豐縣華山向東北由三教堂出飛雲橋分十三股至湖陵城口散漫湖坡達徐隆慶六年挑築縷水長隄捍之水不北侵萬曆六年築邵家大堪過之南徙迄今
留城口新河起接舊河
留侯廟
自留城至茶城嘉靖四十四年淤塞次年開復凡五十五里
黄家閘
留城閘
吕孟湖
張庄湖
撥井泉
龍玉泉
隆慶三年題議留城但尾兩岸包砌石隄
嘉靖四十四年黄水由馬家橋直泄地浜溝淘湧須洞於是舊河沛縣上下二百里俱淤成平地次年開復留城至境山新舊相接漕船始通又創建東岸隄五十三里遏水順流

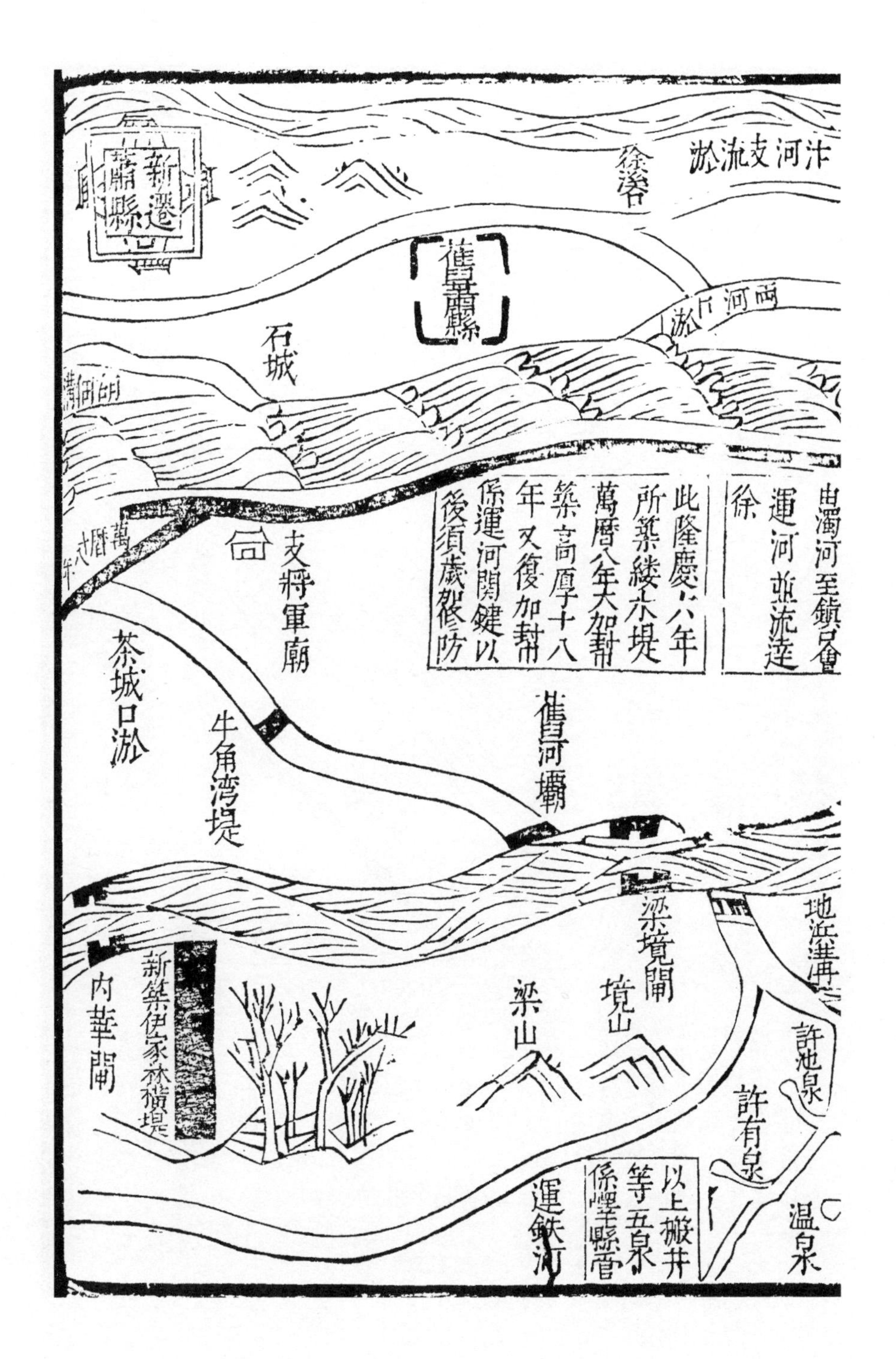
新遷睢寧縣
石城
由濁河至鎮口會運河並流達徐
此隆慶六年所築縷水堤萬曆八年大加幇築高厚十八年又復加幇以係運河關鍵以後須歲歲修防
支將軍廟
茶城口洑
牛角灣堤
舊河壩
梁境閘
境山
梁山
地浜溝
許池泉
許有泉
温泉
以上搬井等五泉係嶧縣管
運鉄河
新築伊家林横堤
内華閘

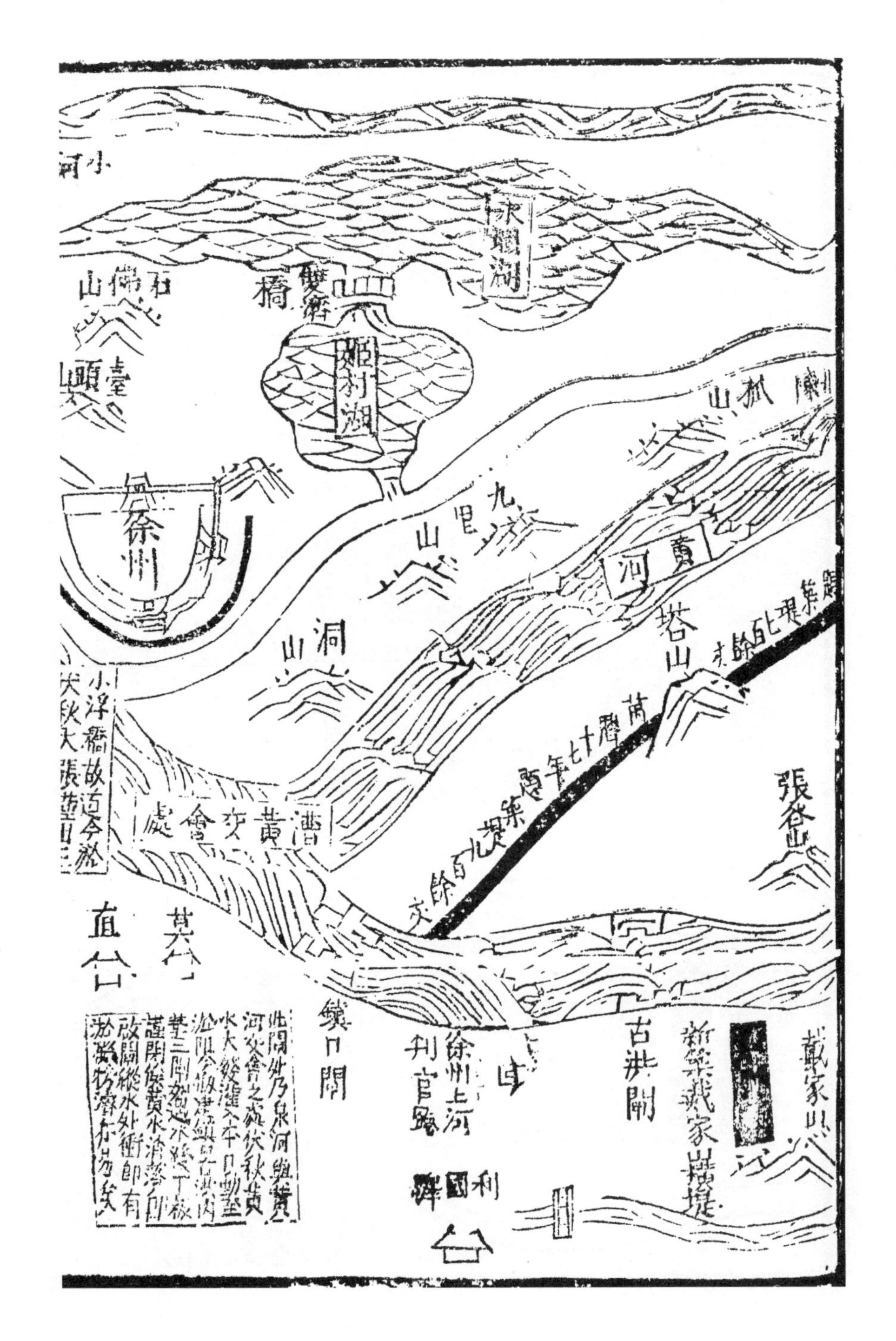
小河
石佛山
臺頭山
徐州
九里山
洞山
黃河
塔山
張谷山
漕黃交會處
鎮口閘
古洪閘
利國驛

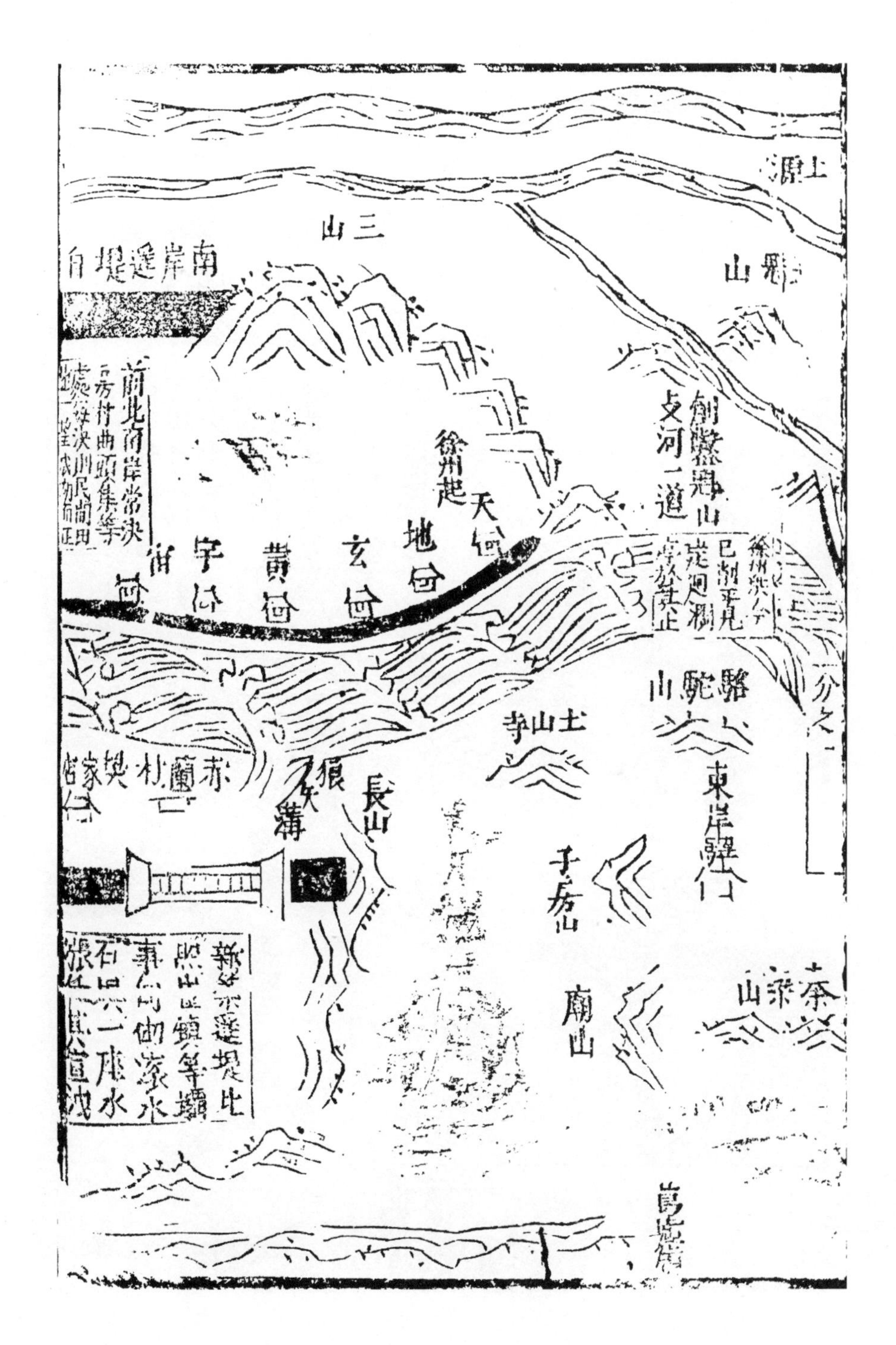

上源
三山
南岸遥堤自
徐州起
天字
地字
玄字
黃字
宇字
宙字
支河一道
駱駝山
土山寺
赤蘭村
狼矢溝
長山
子房山
廟山

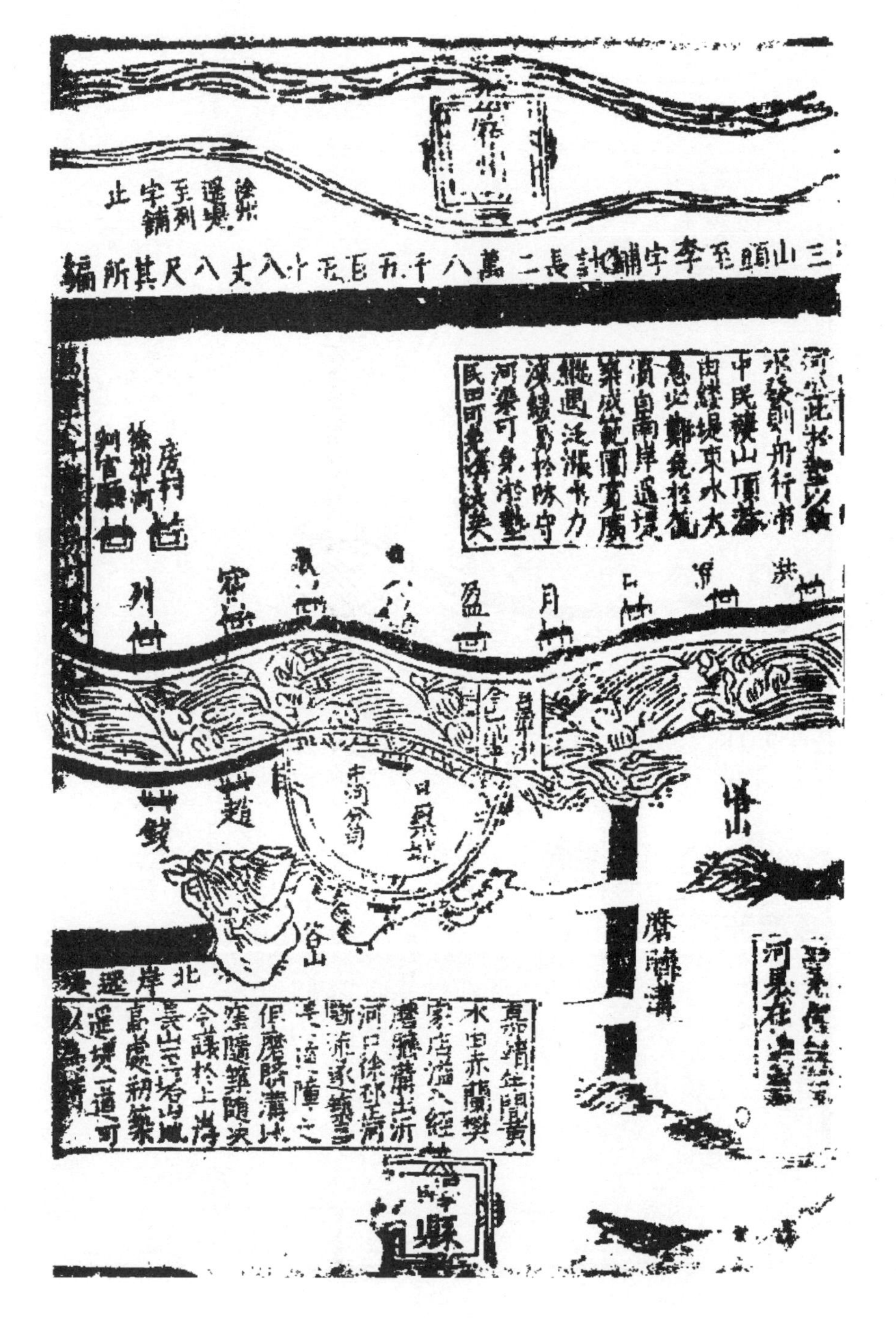

徐州遥堤至李字鋪止
三山頭至李字鋪計長二萬八千五百五十八丈八尺其所編
北岸遥堤
磨臍溝
谷山

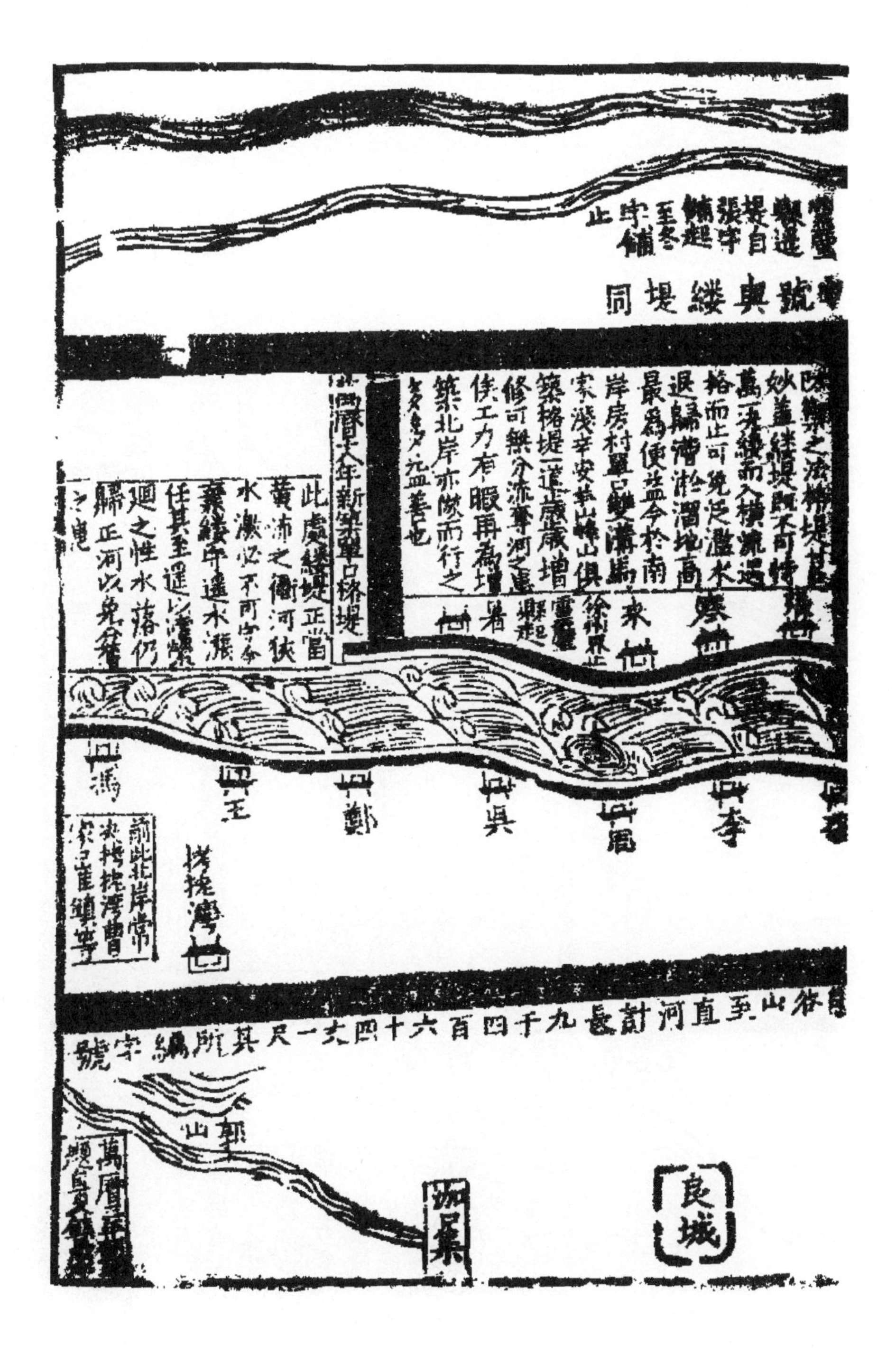
號與縷堤同
妙並縷堤既不可恃
格而止可免泛濫水
退歸漕於溜地高
最爲便益今於南
岸房村單口雙溝
築格堤一道歲歲增
修可無分流奪河之患
俟工力有暇再爲增
築北岸亦倣而行之
多多益善也
萬曆六年新築單口格堤
此處縷堤正當
黃流之衝河狹
水激必不可守今
棄縷守遙水漲
任其至遙以瀦蓄
迴之性水落仍
歸正河以免
王
鄭
吳
李
自谷山至直河計長九千四百六十四丈一尺其所編字號
良城

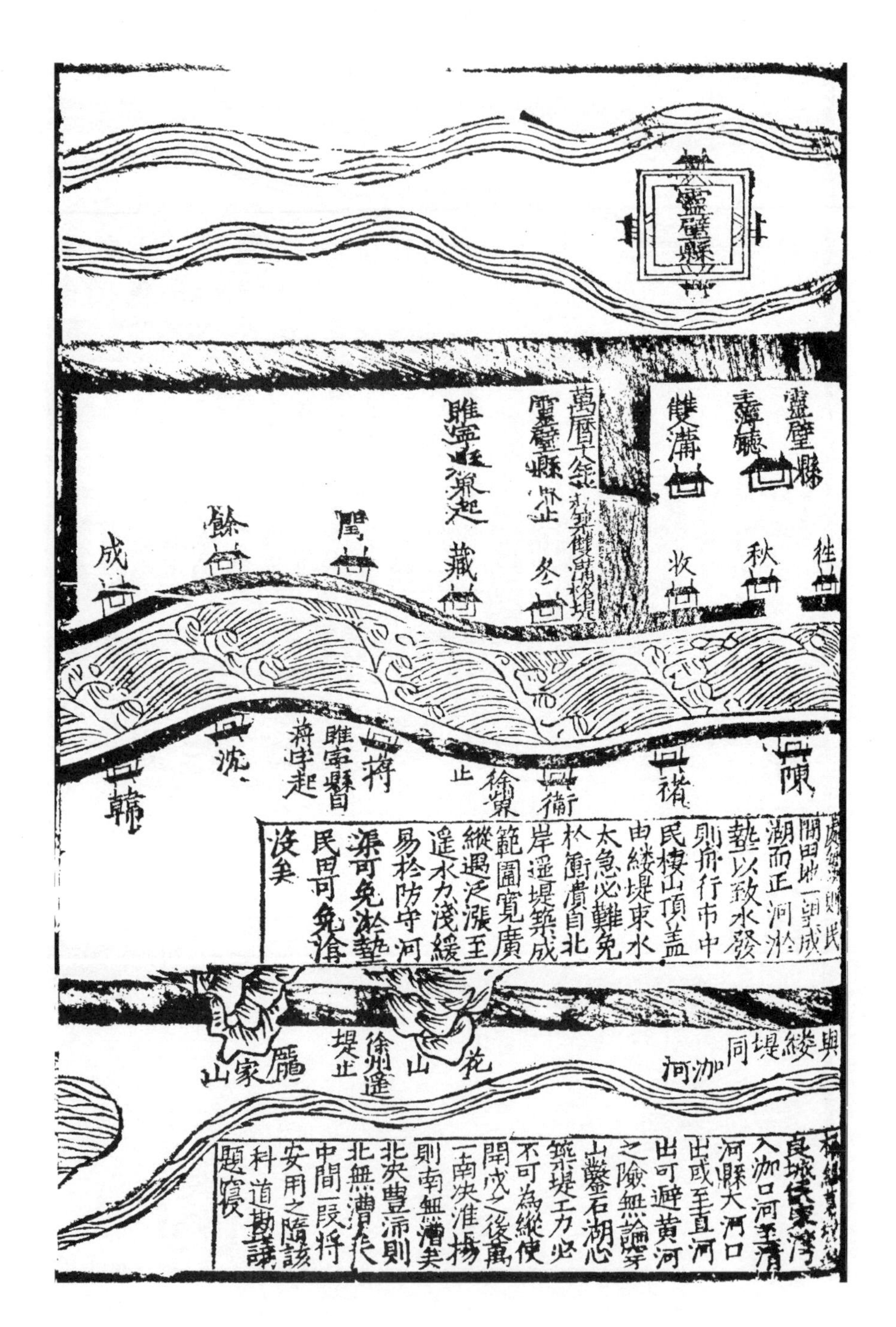
靈璧縣
靈璧縣
主簿廳
雙溝
靈璧縣界止
睢寧縣界起
往
秋
收
冬
藏
閏
餘
成
陳
衛
蔣
流
韓
睢寧縣管
徐界
止
閘田地一望成湖而正河淤墊以致水發則舟行市中民棲山頂盖由縷堤束水太急必難免於衝潰自北岸遥堤築成範圍寬廣縱遇泛漲至遥水力淺緩易於防守河渠可免淤墊民田可免淹沒矣
與縷堤同
泇河
花山
徐州遥堤止
龐家山
良城侯家灣入泇口河至清河縣大河口出或至直河出可避黄河之險無論穿山鑿石湖心築堤工力必不可為縱使開成之後萬一南決淮揚則南無漕矣北決豐沛則北無漕矣中間一段將安用之隨該科道勘議題覆

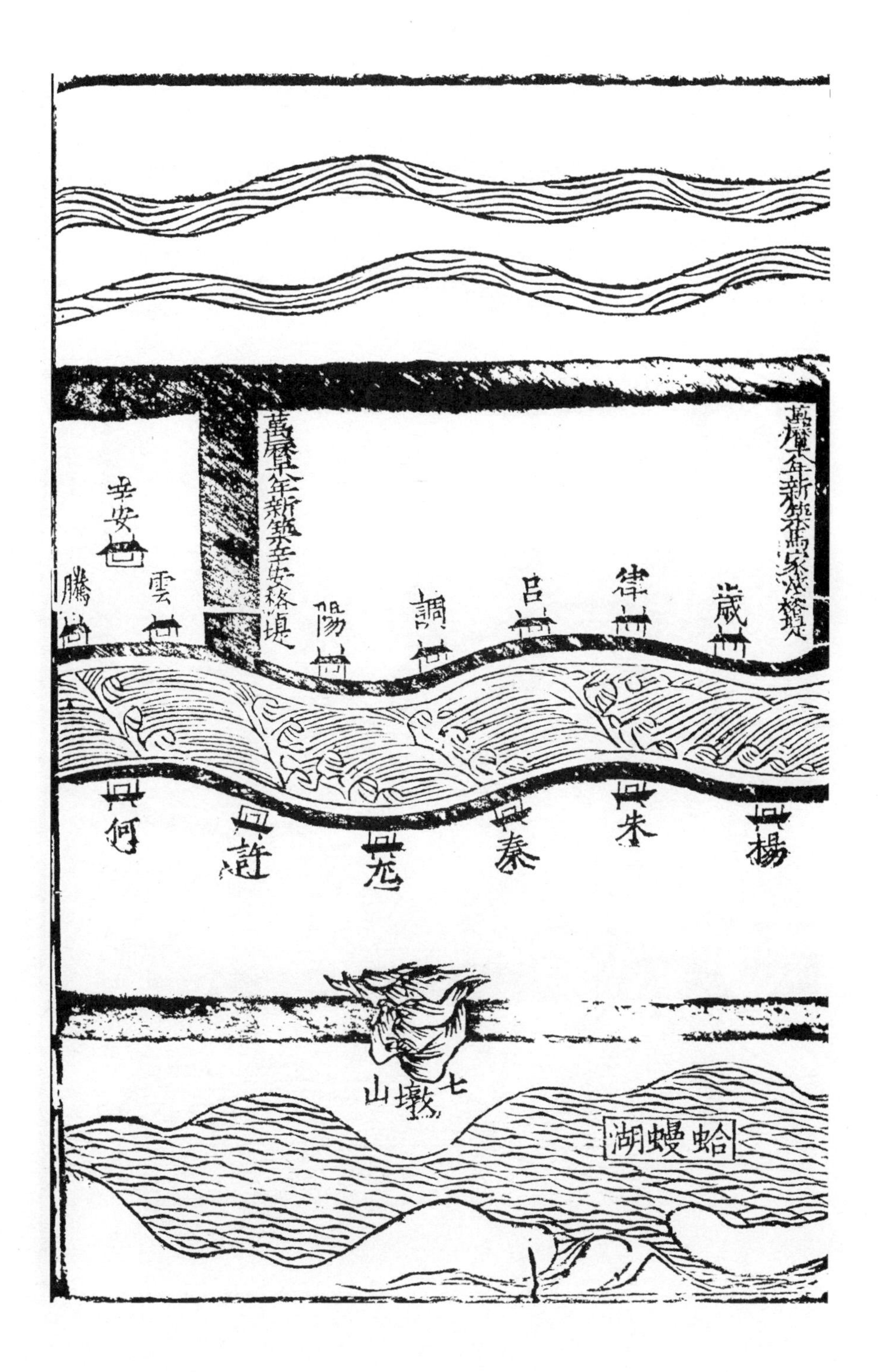
萬曆七年新築崔馬家淺縷堤
歲
律
呂
調
陽
萬曆七年新築辛安格堤
辛安口
雲
騰
楊
朱
秦
范
許
何
七墩山
蛤蟃湖

睢寧縣主簿廳
致
雨
露
結
爲
霜
金
睢寧縣界止
土山
呂
施
張
孔
曹
嚴
睢寧縣界止
岠山
睢寧遥堤東界張字鋪止
土三山
連汪湖

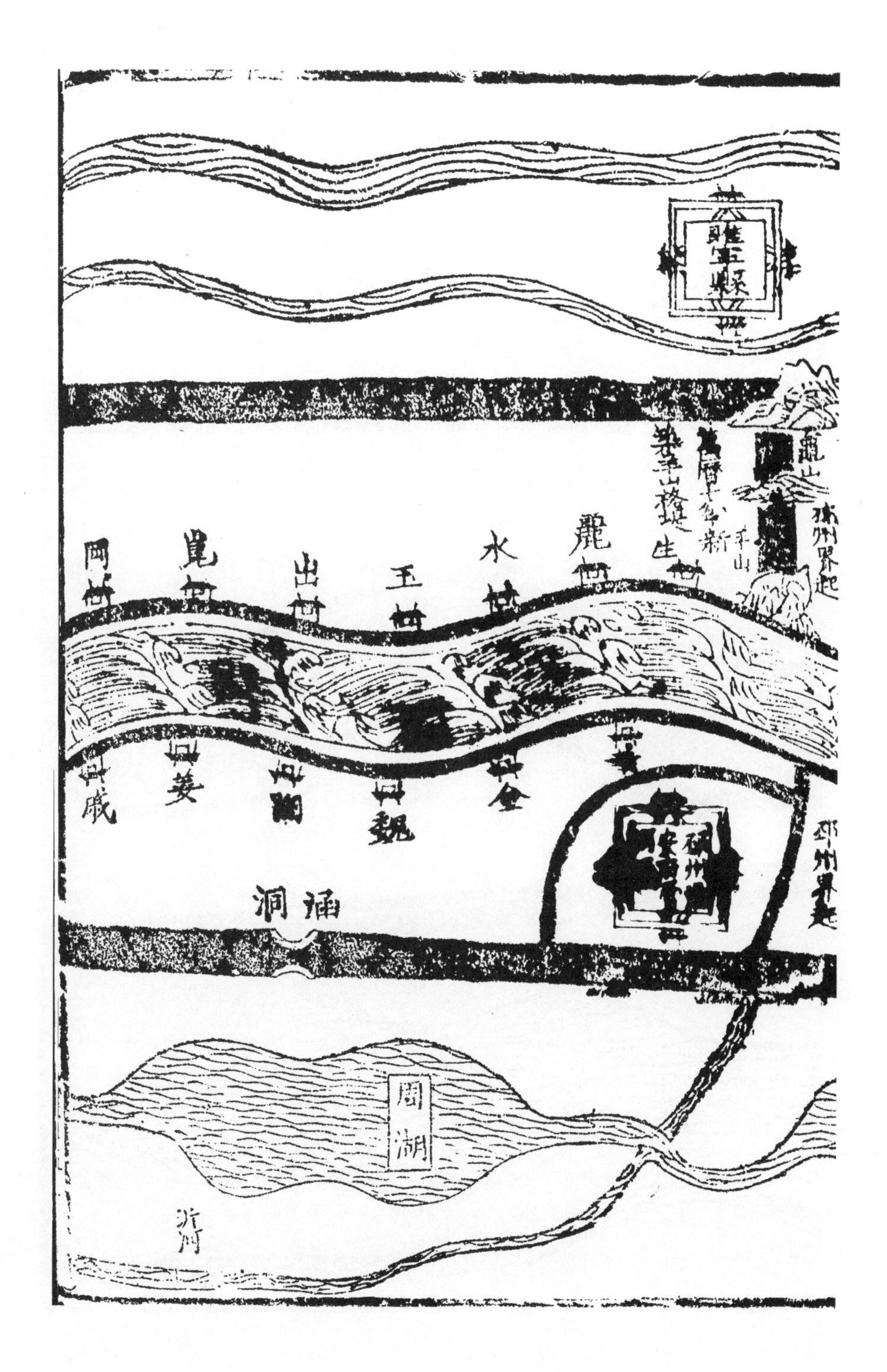
通洞
周湖
沂河

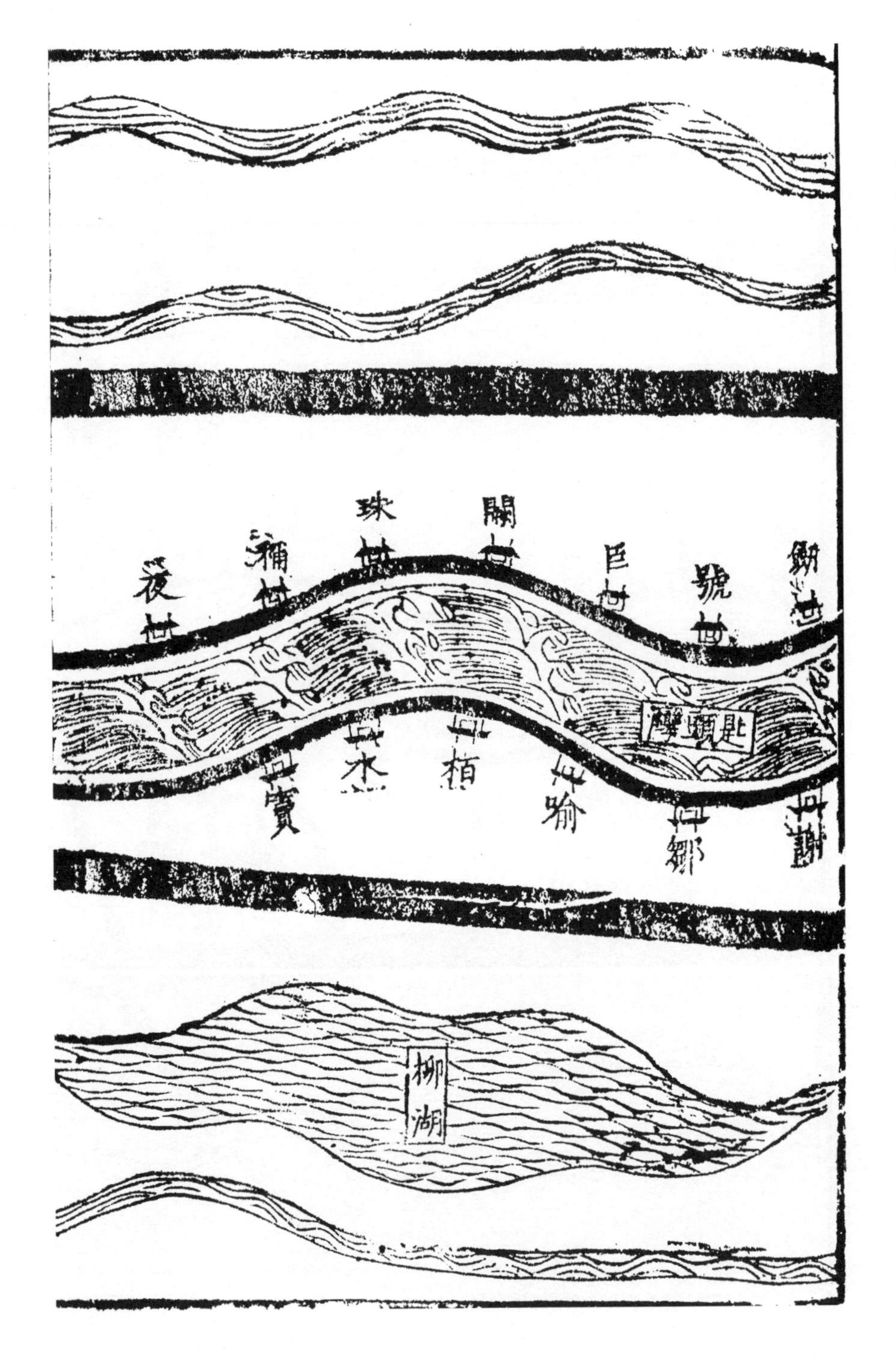
夜
珠
關
巨
號
匙頭灣
實
杰
植
喻
鄒
謝
柳湖

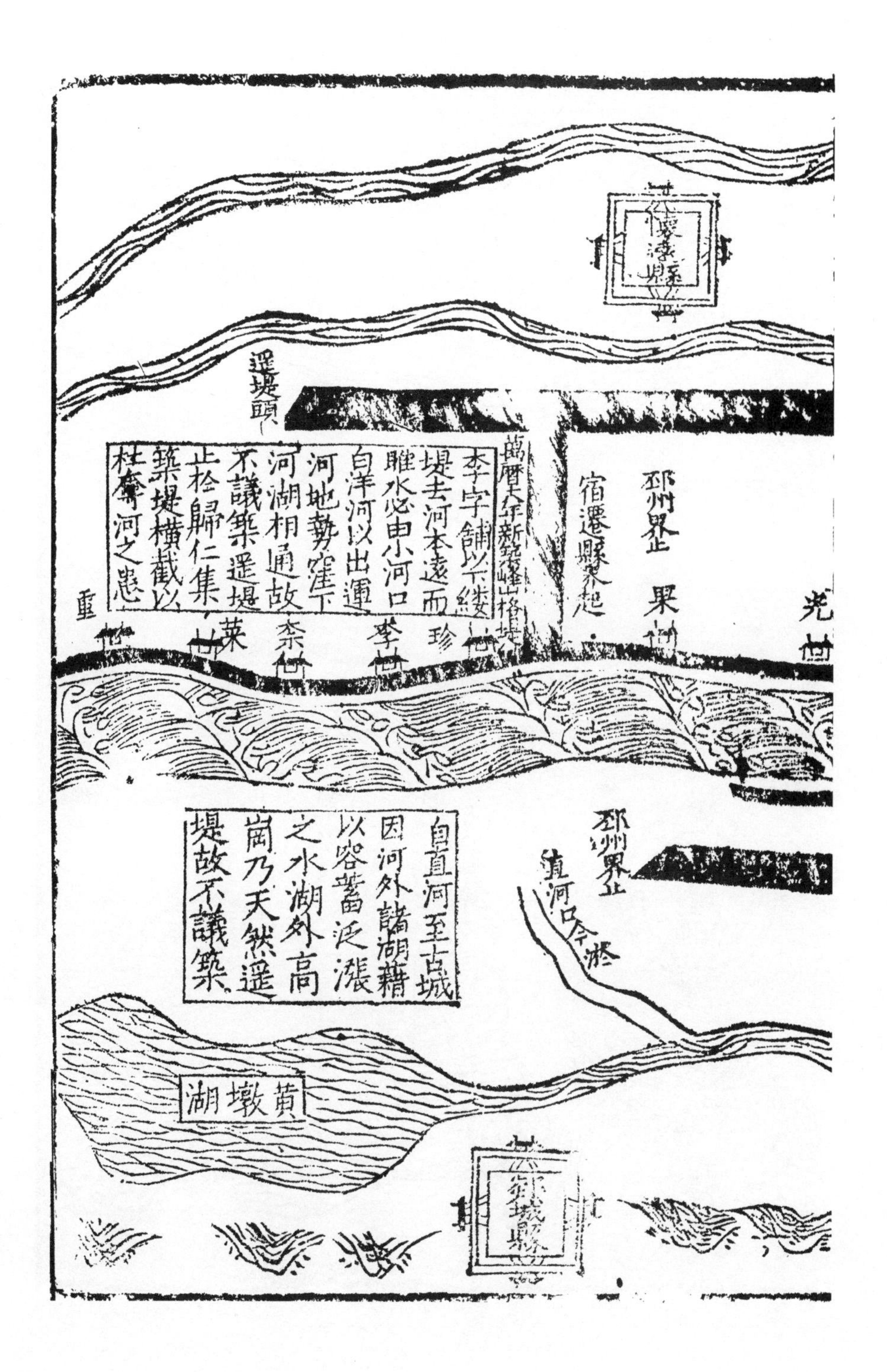
遥堤頭
萬曆七年新築峰山格堤
李字鋪以下縷堤去河本遠而睢水必由小河口白洋河以出運河地勢窪下河湖相通故不議築遥堤止於歸仁集築堤横截以杜奪河之患
宿遷縣界起
邳州界止
重
萊
柰
李
珍
果
光
邳州界止
直河口今淤
自直河至古城因河外諸湖藉以容蓄泛漲之水湖外高崗乃天然遥堤故不議築
黄墩湖

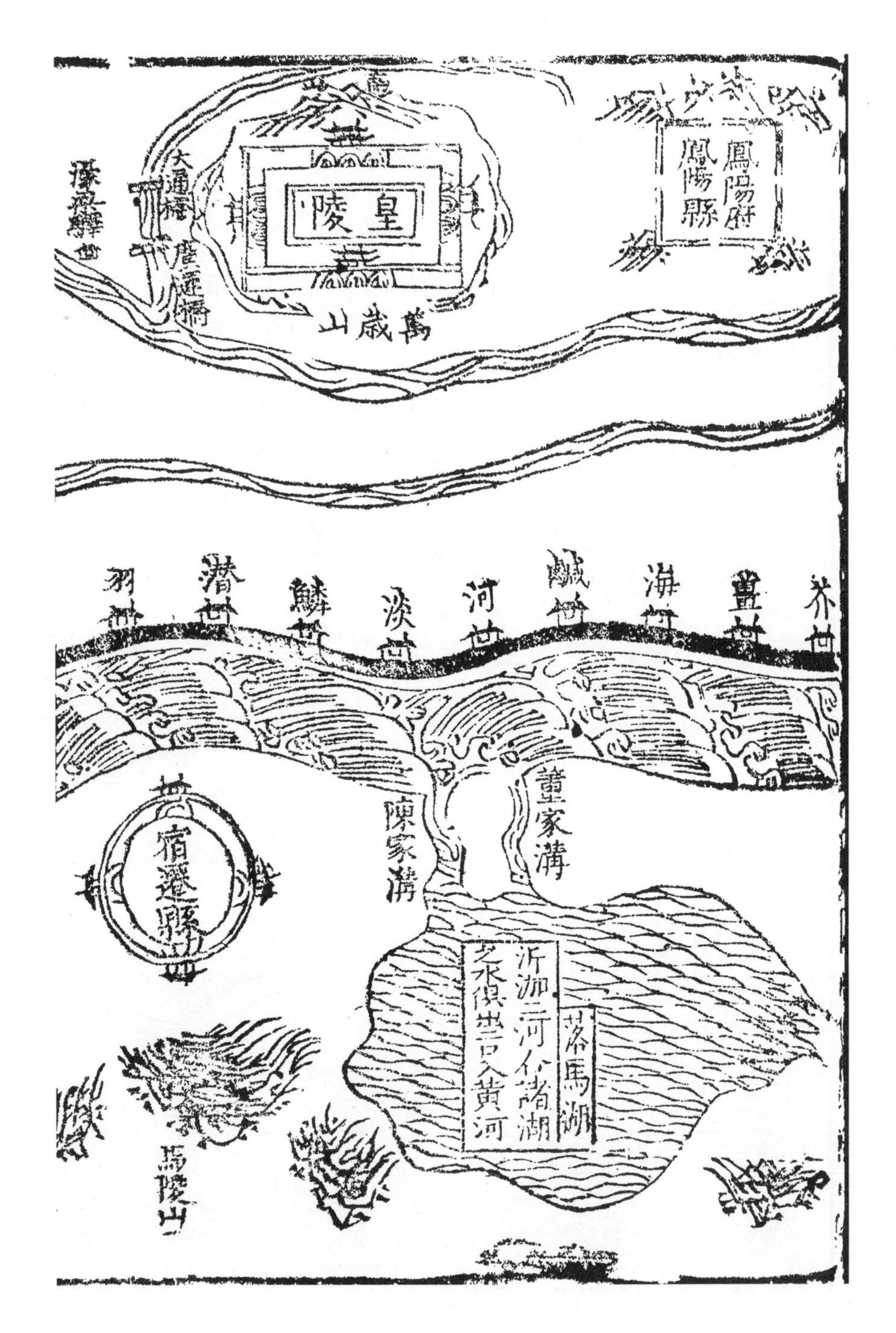

皇陵
鳳陽府
鳳陽縣
萬歲山
大通橋
芥
薑
海
鹹
河
淡
鱗
潛
羽
宿遷縣
陳家溝
董家溝
落馬湖
馬陵山

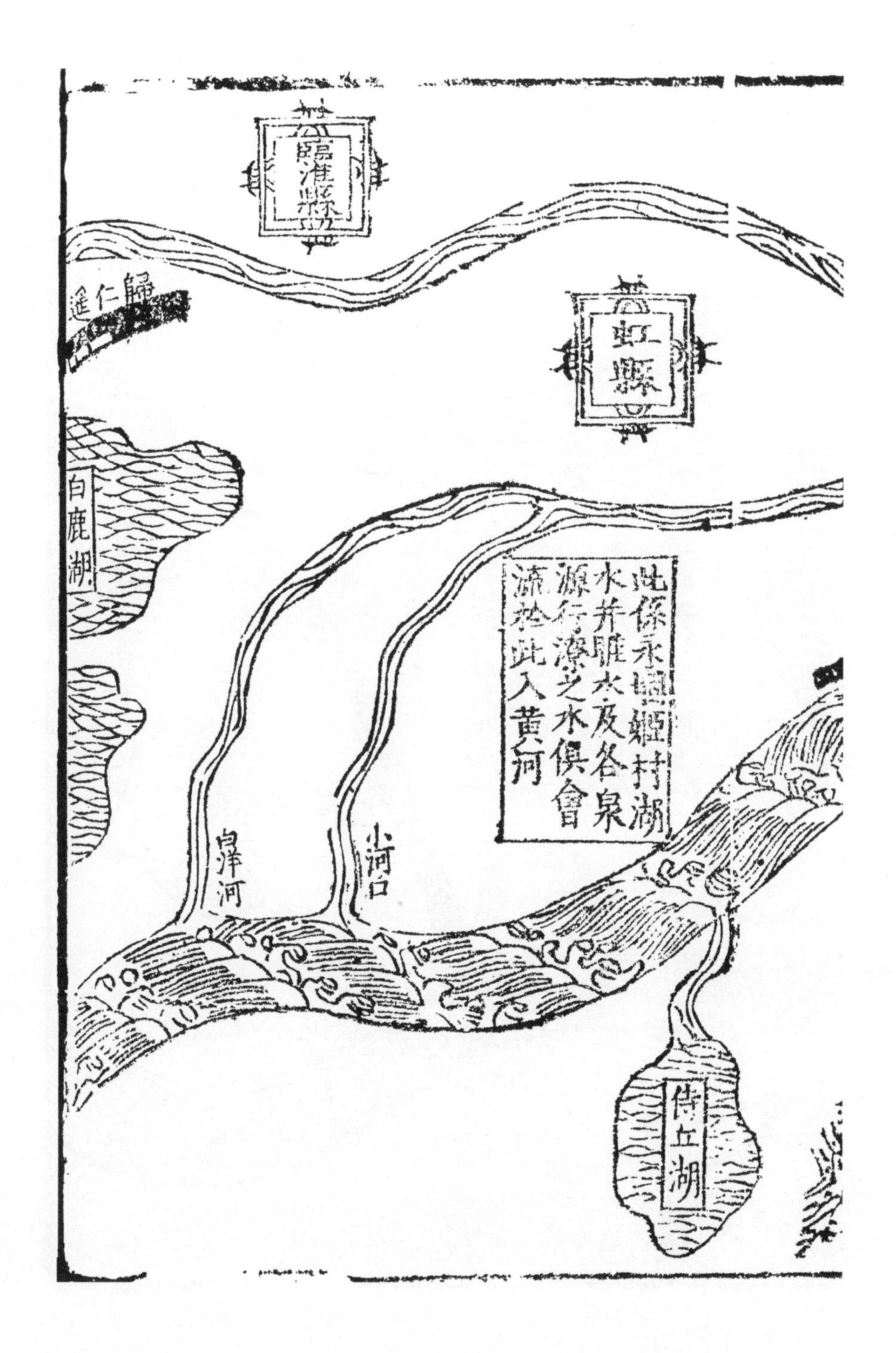
臨淮縣
歸仁隄
虹縣
白鹿湖
水并睢六及各泉
源行潦之水俱會
流於此入黄河
白洋河
小河口
侍丘湖

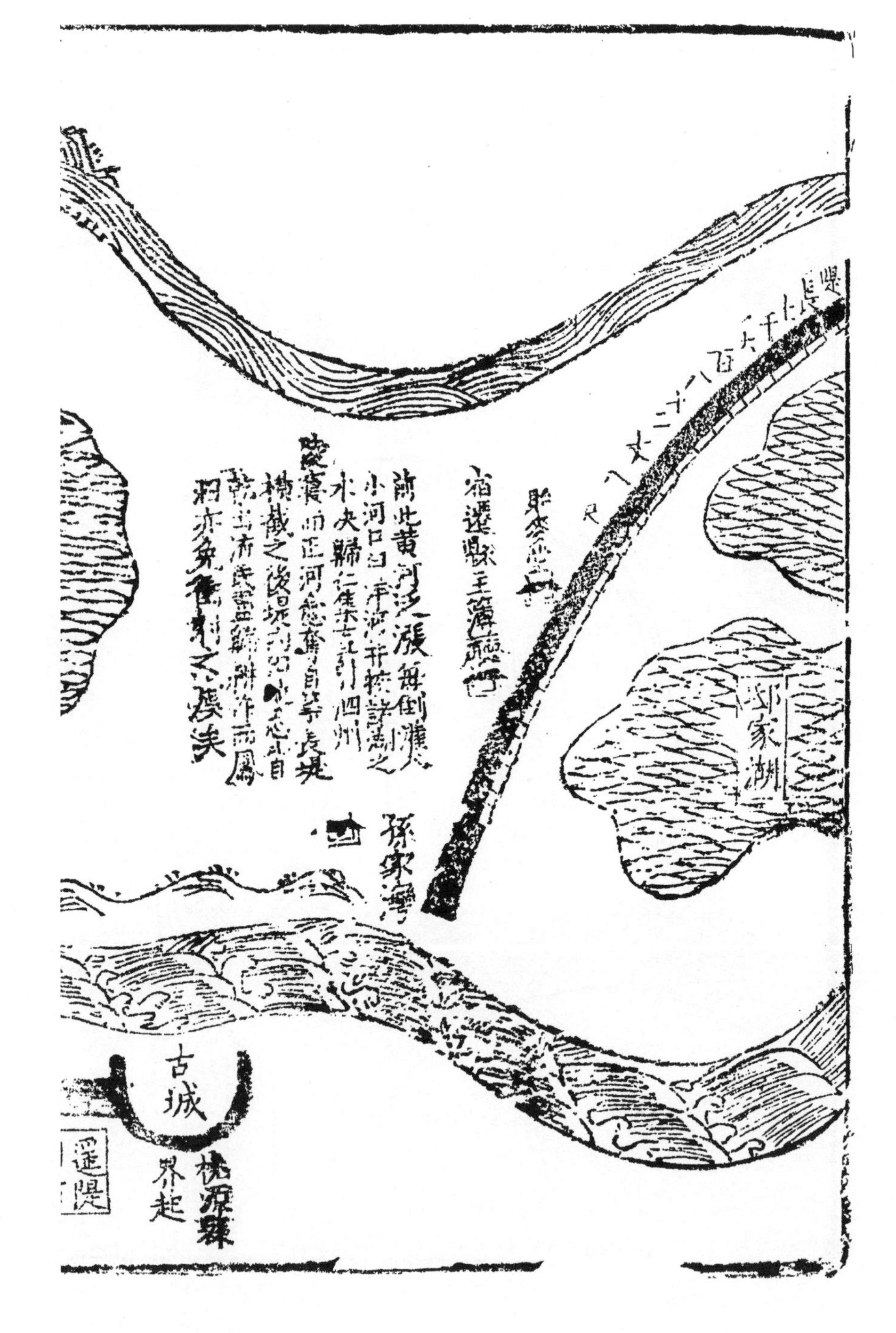

宿遷縣主簿廳管
孫家灣
邸家湖
古城
桃源縣界起
遥堤

聖人山 龜山 老山

盱眙縣

龜山横截河中淮漲至此一阻最為有情

泗州

祖陵

基運山

新設縣境

陡湖

鳳凰嶺

桃源縣

高岡

煙墩

徐昇石壩

崔鎮石壩

南北兩岸遥堤既築水歸正漕田廬可免水患但恐異常之漲河水盈溢或至横潰故復設此減水壩於遥堤之中以便分殺且無衝潰

城至清河止長二萬八千四百一十丈

周家橋
洪澤湖
阜陵湖
沙湖
前此淮水從王簡張福二口洩入黃河致分淮水之力而清口淤淺且黃水泛漲亦能倒灌入淮今築堤捍之淮無所出黃無所入而清口之力專矣
王簡張福堤
腰鋪
桃源縣界止
清河縣界起
堤夾峽自無奪
河之患矣
大黃河
清河縣
義石埧
之所然
而設北
岸者以其
從灘口入
海之順也
桃源縣界止
清河縣界起

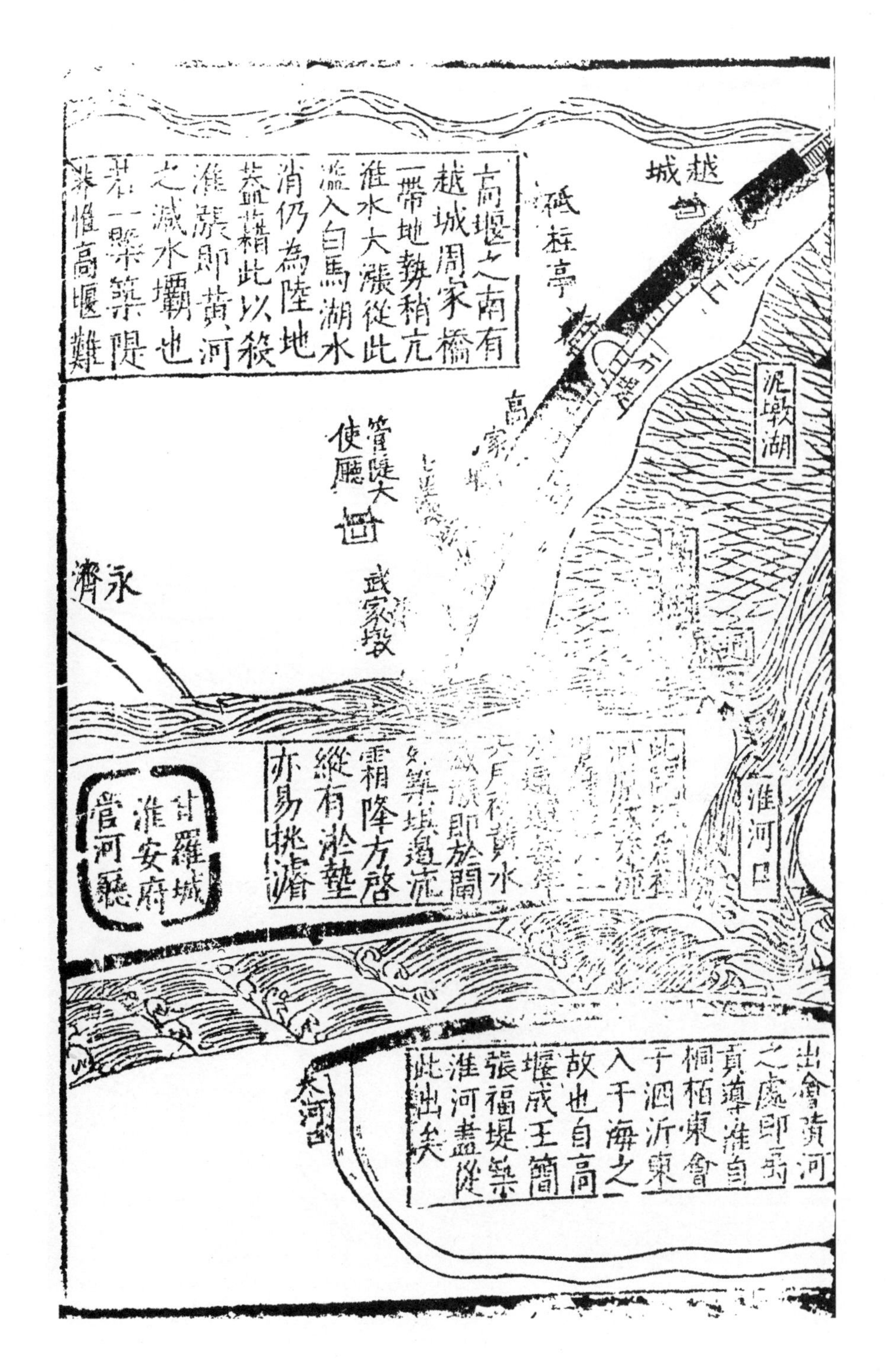

高堰之南有越城周家橋一帶地勢稍亢淮水大漲從此溢入白馬湖水消仍為陸地蓋藉此以殺淮漲即黃河之減水壩也若一槩築隄非惟高堰難
越城
泥墩湖
管隄大使廳
武家墩
永濟
霜降方啓縱有淤墊亦易挑濬
淮河口
甘羅城
淮安府
管河廳
大河口
出會黃河之處即禹貢導淮自桐柏東會于泗沂東入于海之故也自高堰成王簡張福堤築淮河盡從此出矣

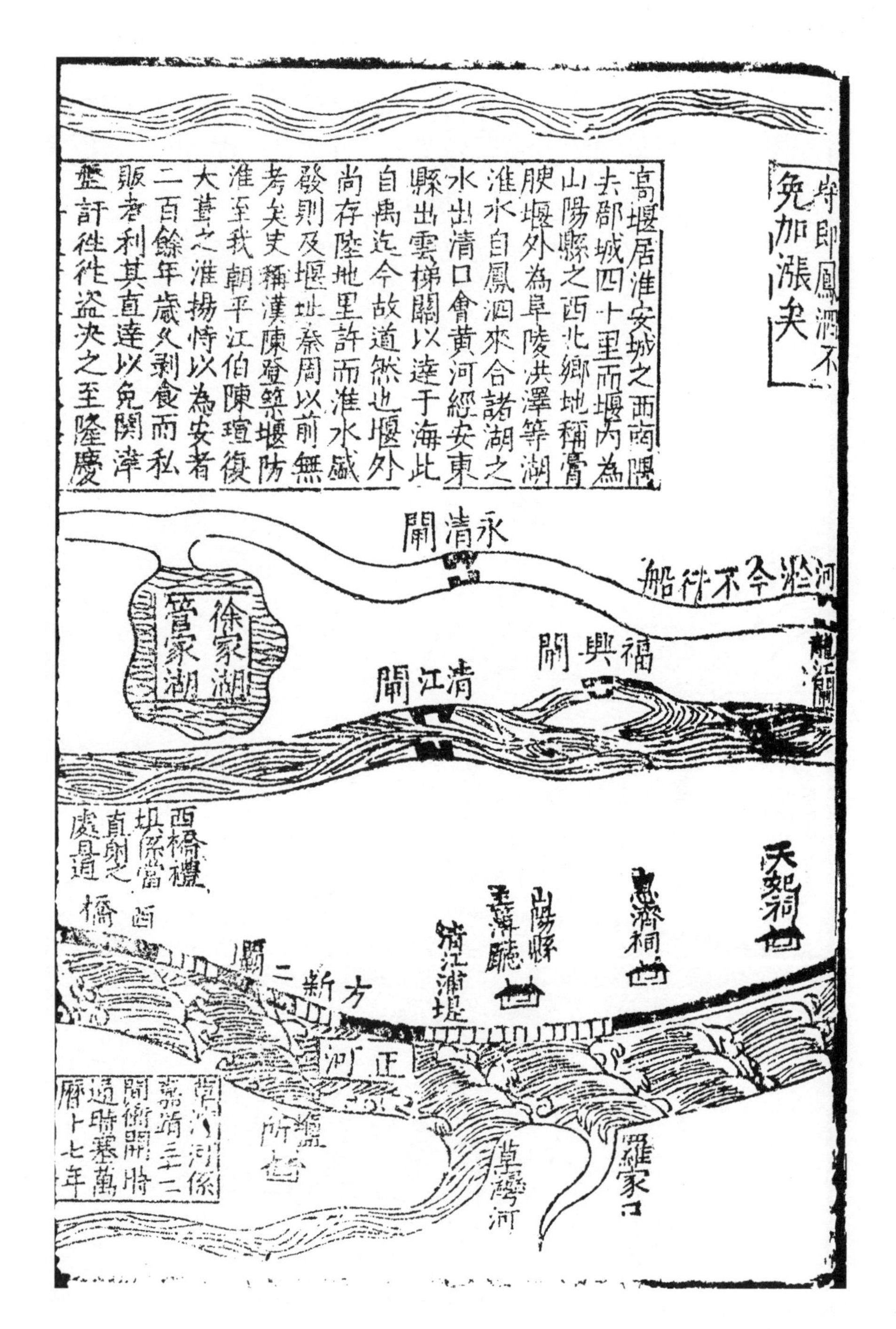

時即鳳泗不
免加漲矣
高堰居淮安城之西南隅
去郡城四十里而堰內為
山陽縣之西北鄉地稱膏
腴堰外為阜陵洪澤等湖
淮水自鳳泗來合諸湖之
水出清口會黃河經安東
縣出雲梯關以達于海此
自禹迄今故道然也堰外
尚存陸地里許而淮水盛
發則及堰址萘周以前無
考矣史稱漢陳登築堰防
淮至我朝平江伯陳瑄復
大葺之淮揚恃以為安者
二百餘年歲久剥食而私
販者利其直達以免關滓
盤詰往往盜決之至隆慶
永清閘
河淤今不行船
徐家湖
管家湖
福興閘
清江閘
西橋舊
壩係當
直射之
處甚道
西橋
天妃祠
惠濟祠
山陽縣
主簿廳
清江浦堤
方新二閘
正河
河係
嘉靖三十二
間衝開時
遇堵塞萬
曆十七年
鹽所
草灣河
羅家口

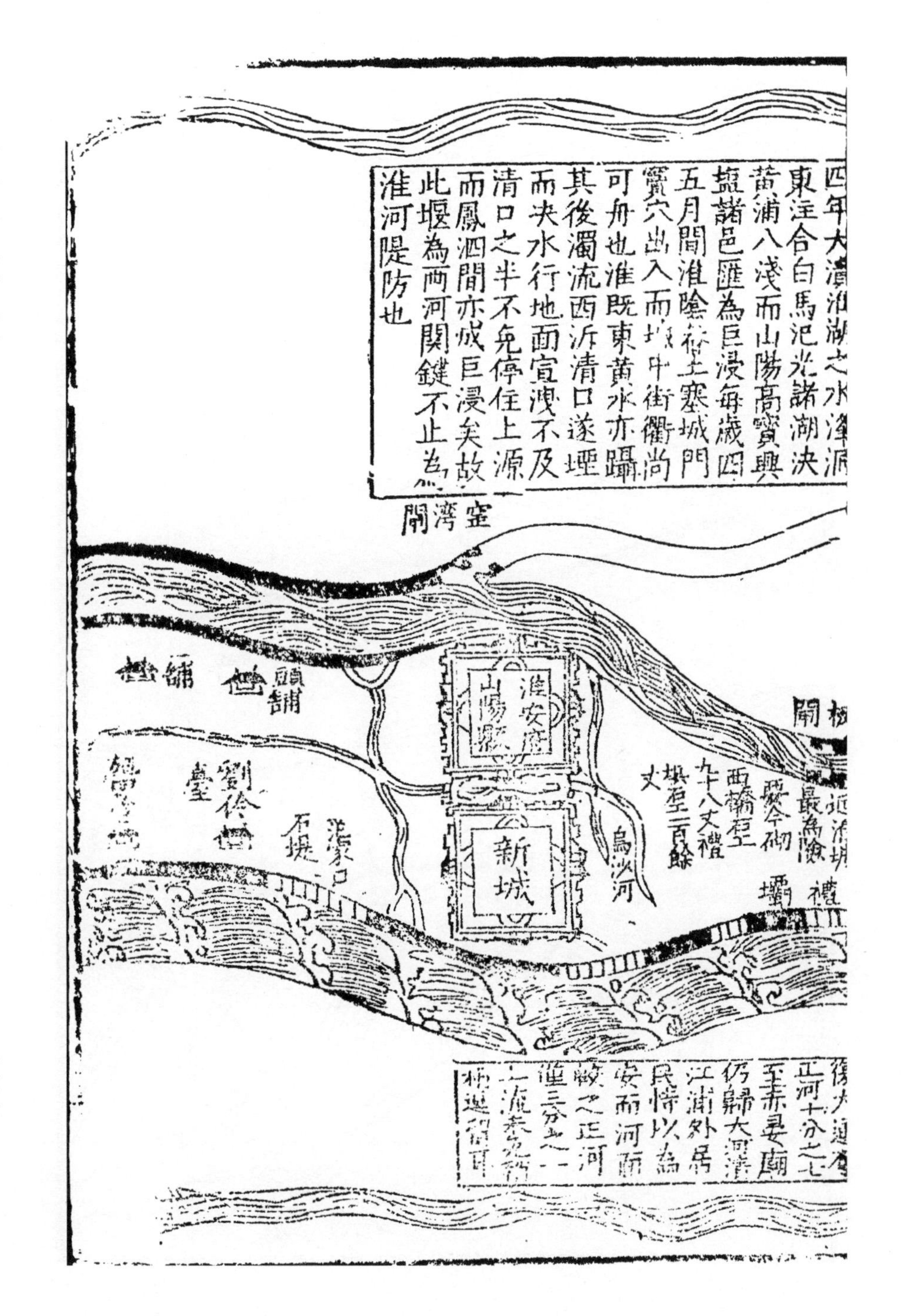

東注合白馬汜光諸湖決
黃浦八淺而山陽高寶興
鹽諸邑匯為巨浸每歲四
五月間淮陰裕土塞城門
竇穴出入而城中街衢尚
可舟也淮既東黃水亦躡
其後濁流西泝清口遂堙
而決水行地面宣洩不及
清口之半不免停住上源
而鳳泗間亦成巨浸矣故
此堰為兩河關鍵不止為
淮河隄防也
窑灣閘
板閘
淮安府山陽縣
新城
烏沙河
頭舖
舖
臺
石堤
正河十分之七
仍歸大河
江浦外居
民恃以為
安而河防
較之正河
僅三分之一

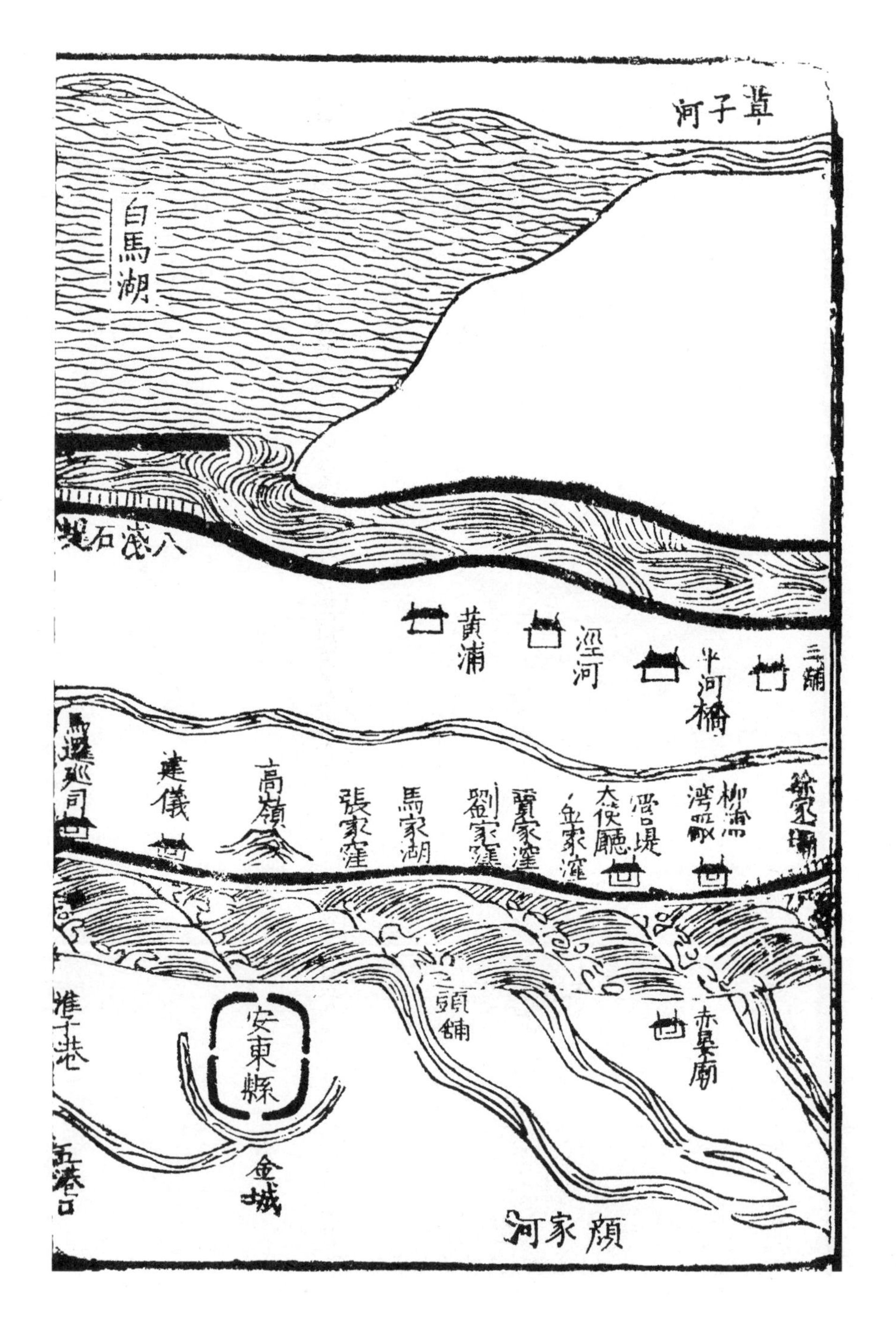
草子河
白馬湖
八淺石堤
黃浦
涇河
平河橋
安東縣
金城
顏家河

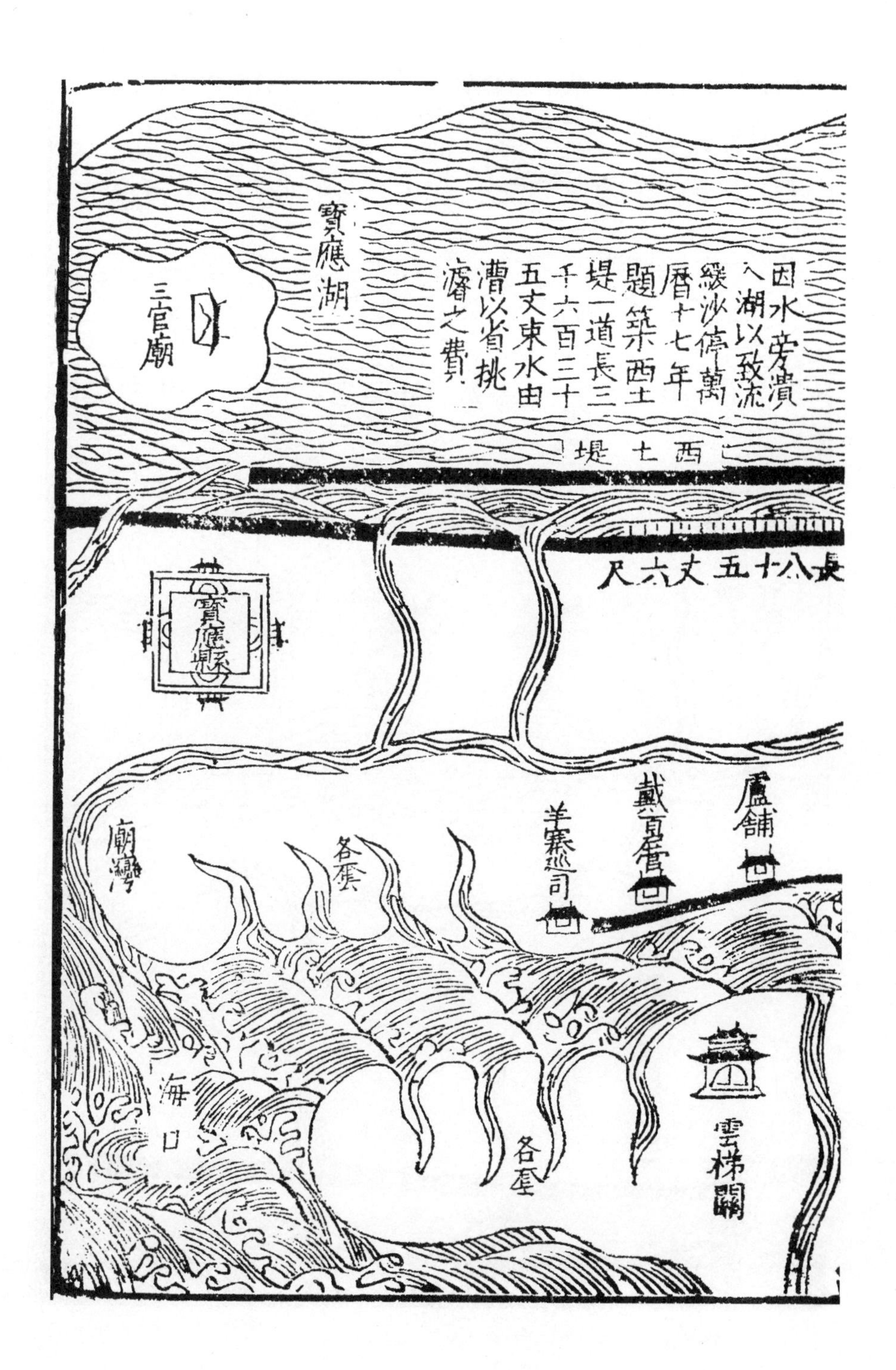
因水旁潰入湖以致流緩沙停萬曆十七年題築西土堤一道長三千六百三十五丈東水由漕以省挑濬之費
寶應湖
三官廟
西土堤
長八十五丈六尺
寶應縣
廟灣
各套
羊寨巡司
戴百户營
盧鋪
海口
各套
雲梯關

石梁
白水塘
雲山塘
氾光湖
耿七公廟
寶應新開弘濟河
高郵州判官廳
界首驛
新砌三里湖石工八百四十丈
射陽湖

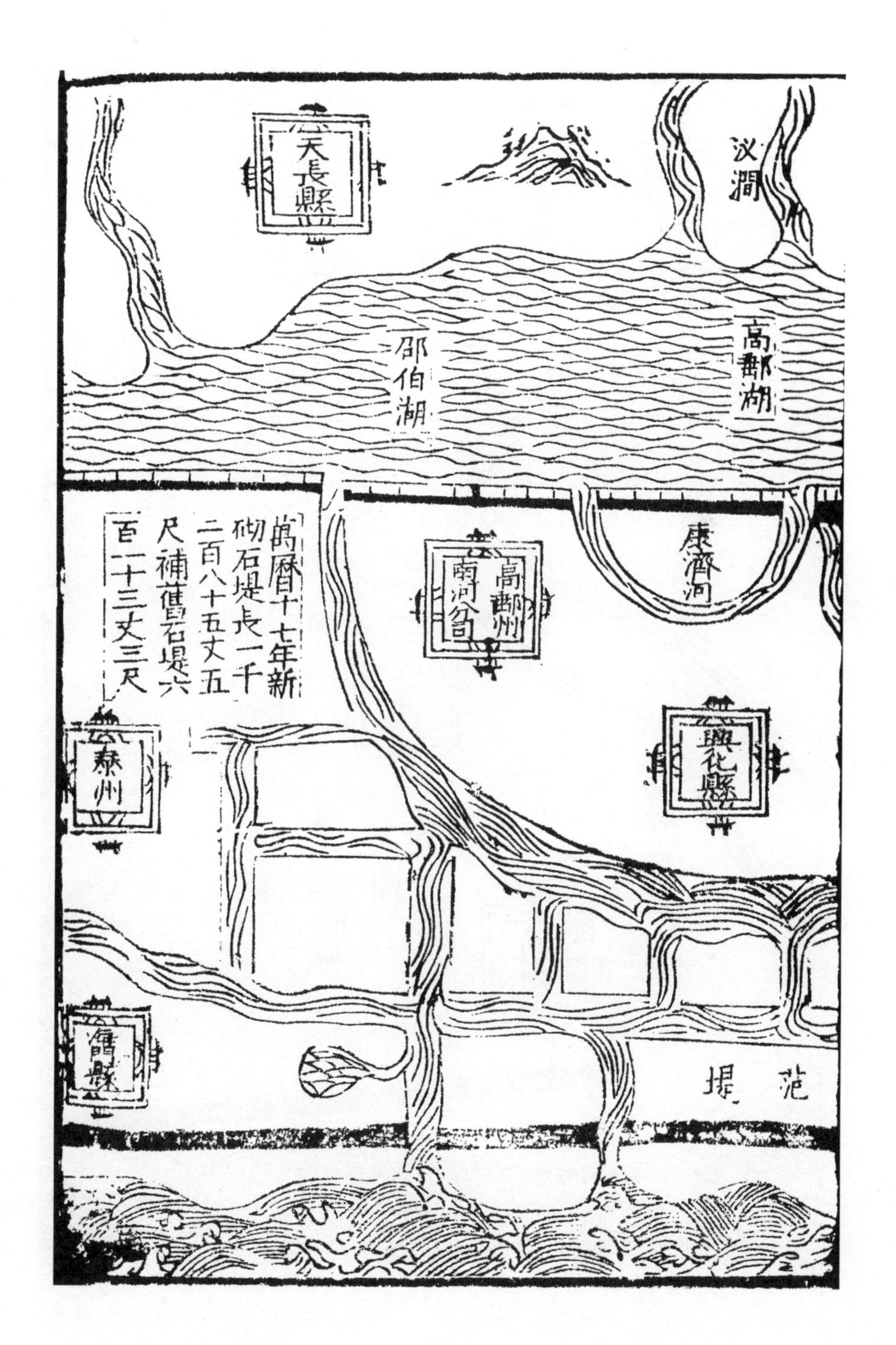

天長縣
汊澗
邵伯湖
高郵湖
康濟河
高郵州
南河分司
萬曆十七年新砌石堤長一千二百八十五丈五尺補舊石堤六百一十三丈三尺
興化縣
泰州
海門縣
范堤

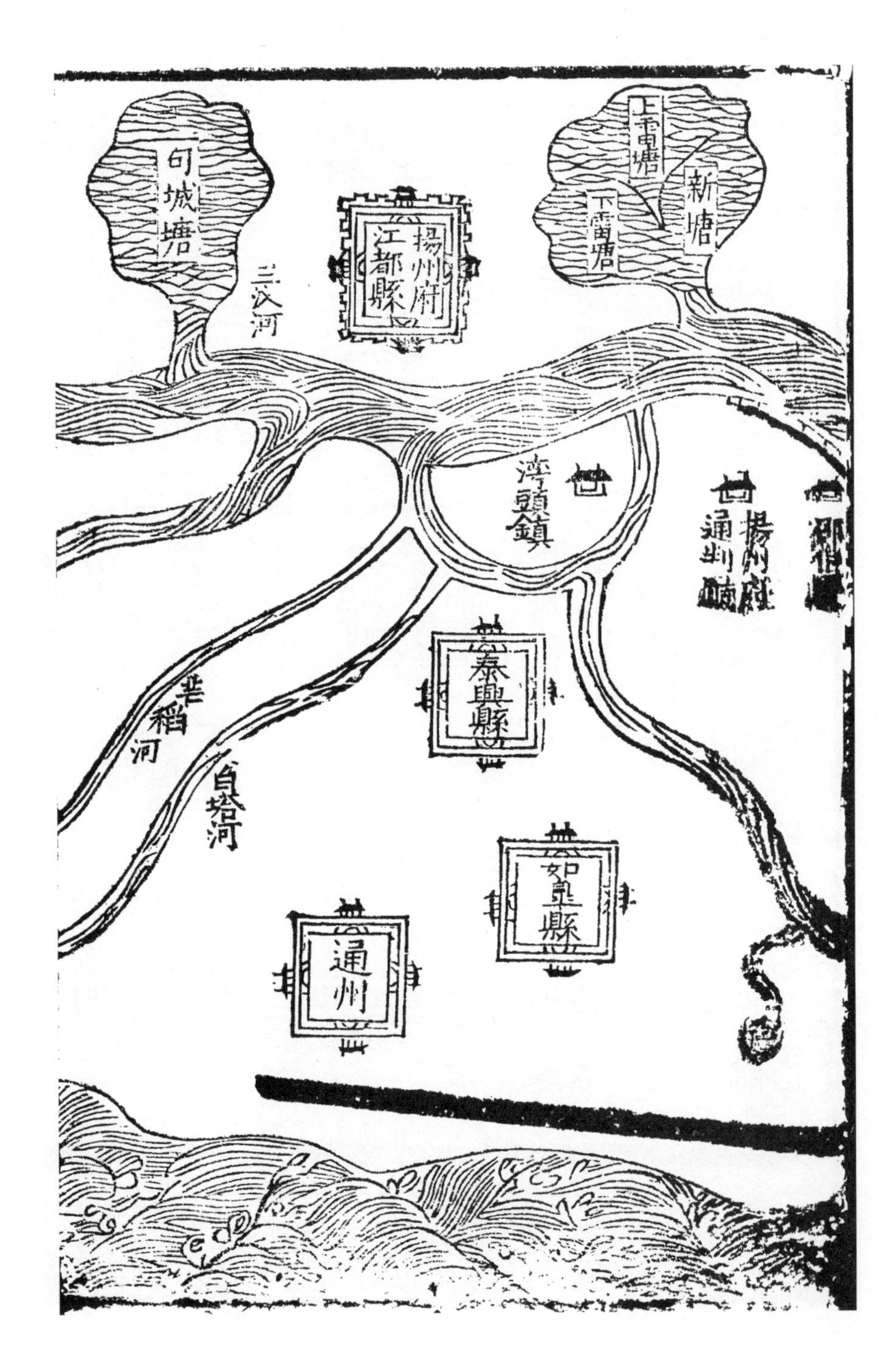
句城塘
三汊河
揚州府
江都縣
上雷塘
下雷塘
新塘
灣頭鎮
揚州府
通判廳
泰興縣
芒稻河
白塔河
如皋縣
通州

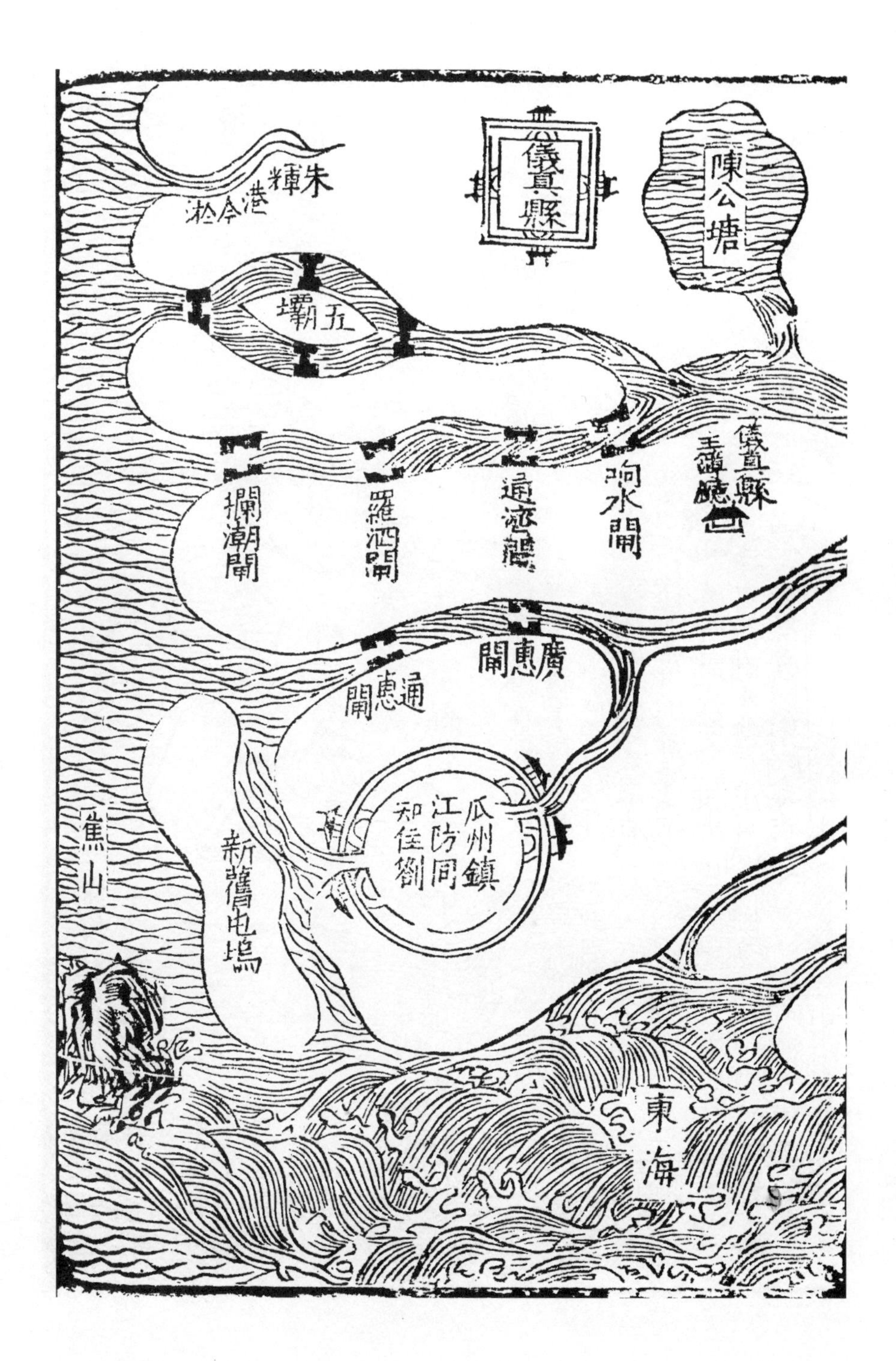
儀真縣
陳公塘
朱輝港
五壩
儀真縣工部廳
響水閘
攔潮閘
羅泗閘
廣惠閘
通惠閘
瓜州鎮
江防同知住劄
焦山
新舊屯塢
東海

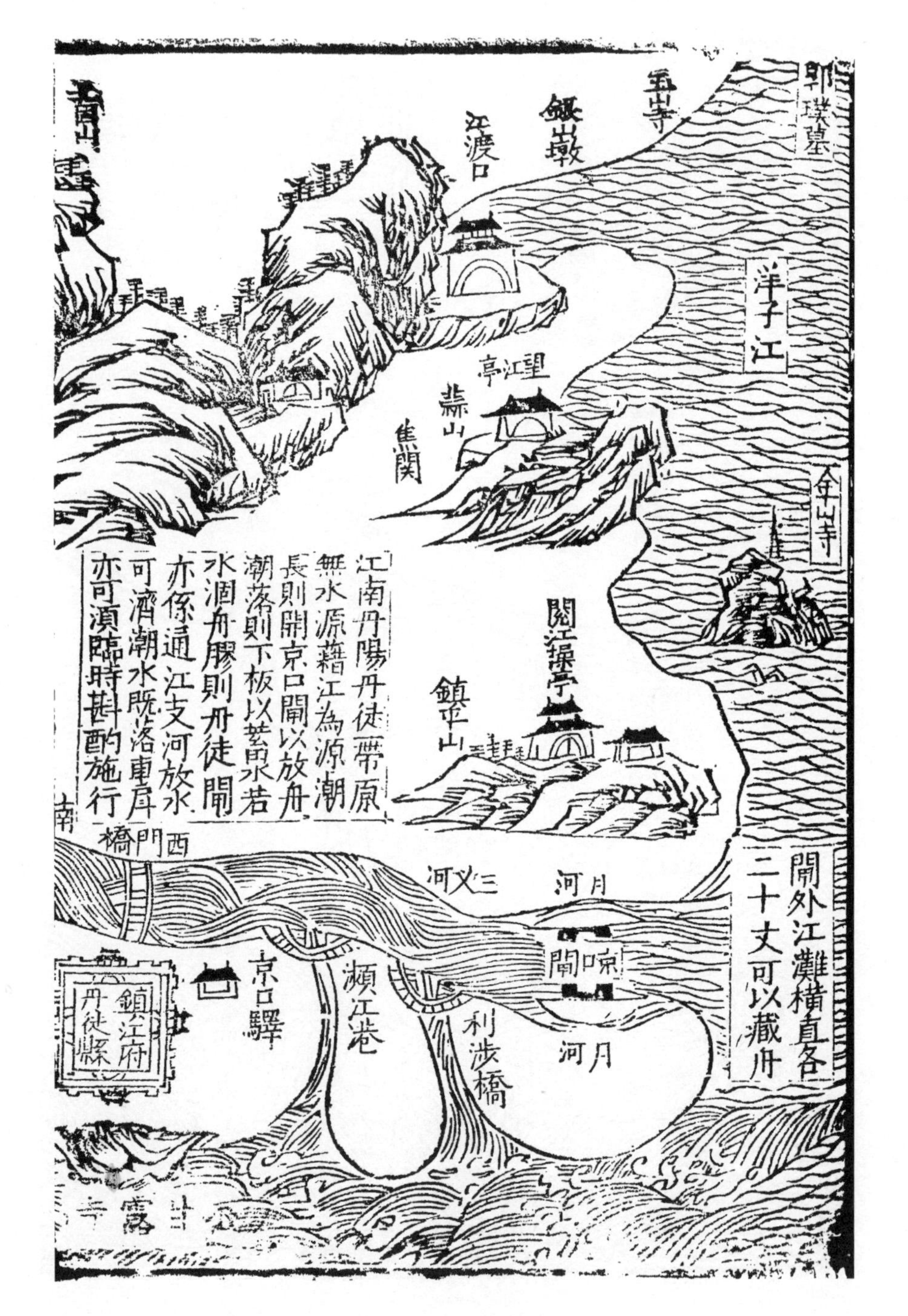
郭璞墓
玉山寺
江渡口
洋子江
望江亭
蒜山
焦関
金山寺
閱江操亭
江南丹陽丹徒帶原無水源藉江為源潮長則開京口閘以放舟潮落則下板以蓄水若水涸舟膠則舟徒閘亦係通江支河放水可濟潮水既落東岸亦可須臨時斟酌施行
南
西門橋
三叉河
月河
京口閘
月河
閘外江灘橫直各二十丈可以藏舟
京口驛
瀕江巷
利涉橋
鎮江府
丹徒縣
甘露寺

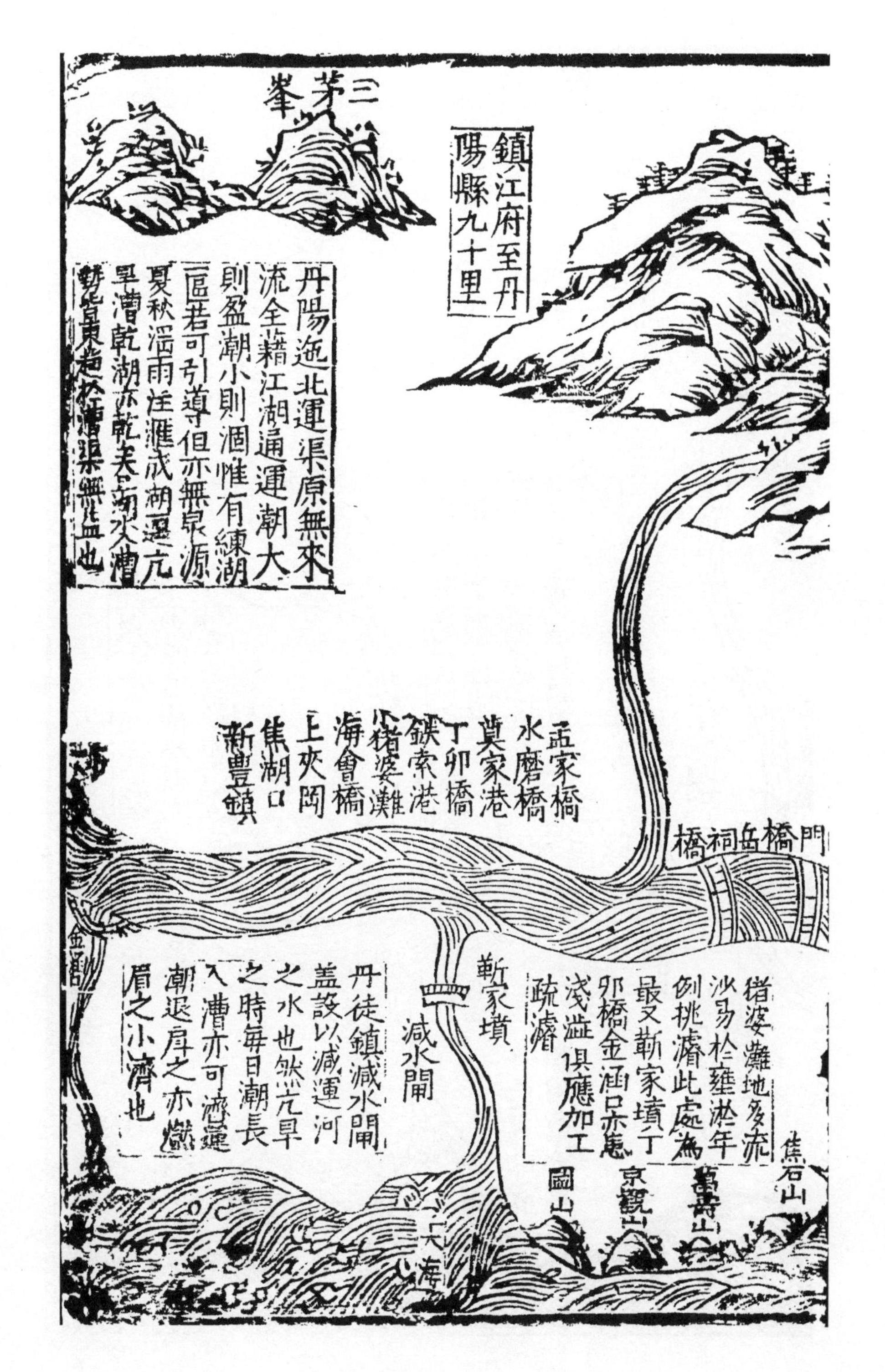
三茅峯
鎮江府至丹陽縣九十里
丹陽迤北運渠原無來流全藉江湖通運潮大則盈潮小則涸惟有練湖一區若可引導但亦無泉源夏秋霪雨注滙成湖遇亢旱漕乾湖亦乾矣否湖水入漕勢宜東趨於江漕渠無益也
孟家橋
水磨橋
莫家港
丁卯橋
鍊索港
猪婆灘
海會橋
上夾閘
焦湖口
新豐鎮
門橋
岳祠橋
金山
靳家墳
減水閘
丹徒鎮減水閘蓋設以減運河之水也然亢旱之時每日潮長入漕亦可濟運潮退戽之亦燃眉之小濟也
猪婆灘地多流沙易於壅淤年例挑濬此處為最又靳家墳丁卯橋金涵口亦患淺澁俱應加工疏濬
焦石山
萬壽山
京觀山
圌山
大海

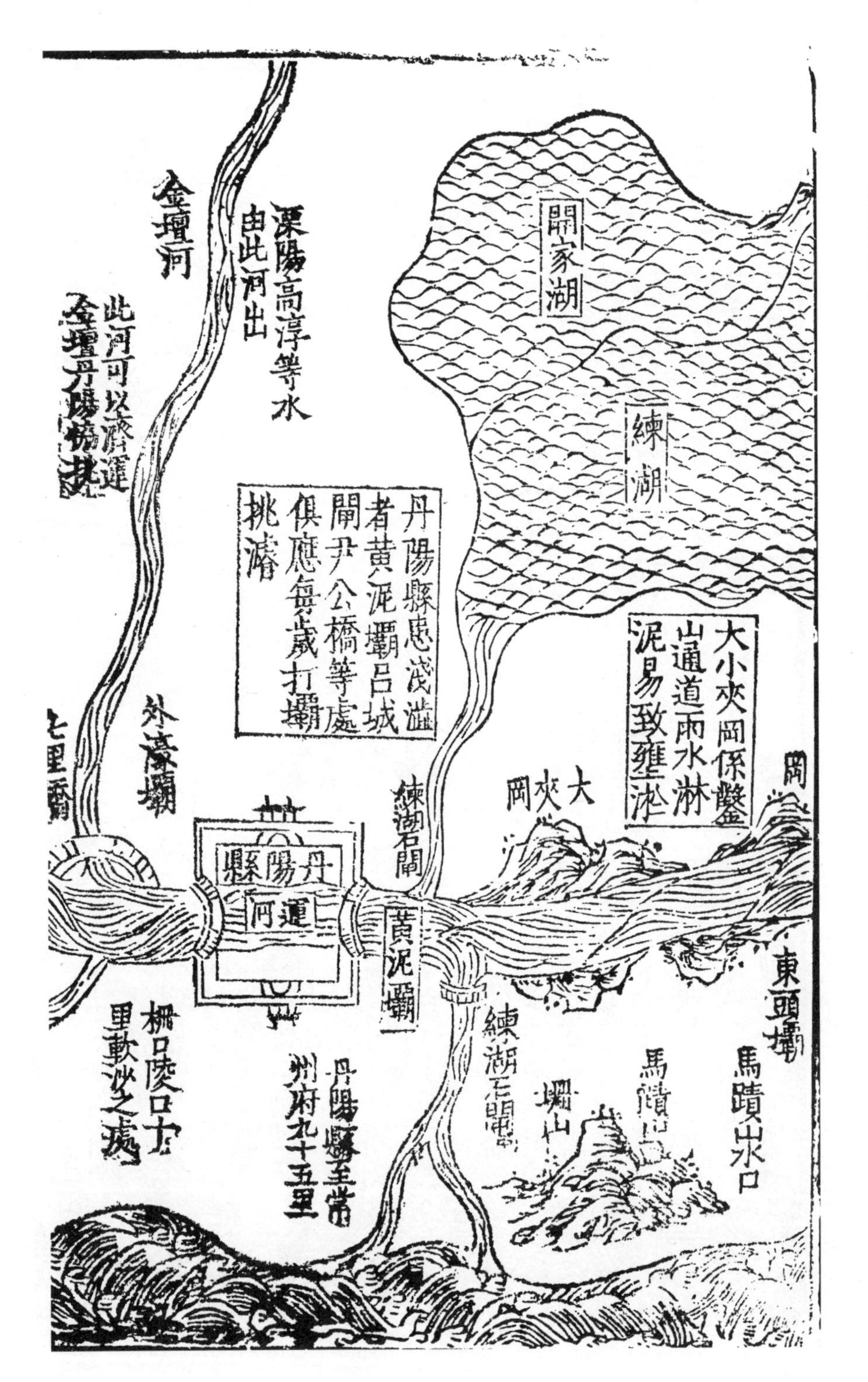
金壇河
溧陽高淳等水
由此河出
此河可以濟運
金壇丹陽協挑
開家湖
練湖
丹陽縣患淺澁
者黃泥壩吕城
閘尹公橋等處
俱應每歲打壩
挑濬
大小夾岡係盤
山通道雨水淋
泥易致壅淤
外濠壩
七里壩
練湖石閘
大夾岡
岡
丹陽縣
運河
黃泥壩
東頭壩
栅口陵口古
里軟泄之處
丹陽縣至常
州府九十五里
練湖石閘
馬蹟山
馬蹟山水口

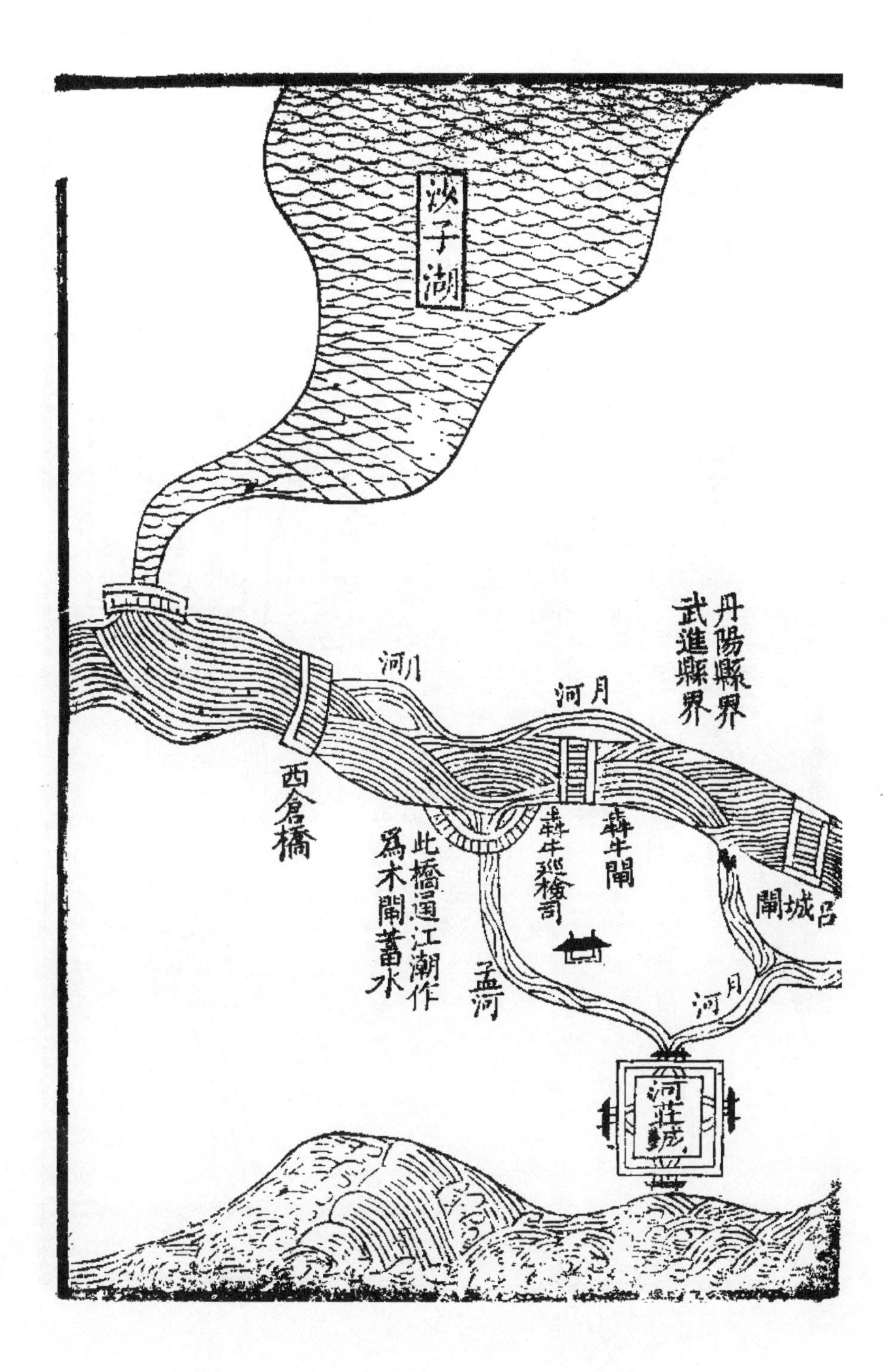
洮子湖
丹陽縣界
武進縣界
月河
月河
西倉橋
此橋通江潮作
爲木閘蓄水
奔牛巡檢司
奔牛閘
孟河
呂城閘
月河
河莊驛

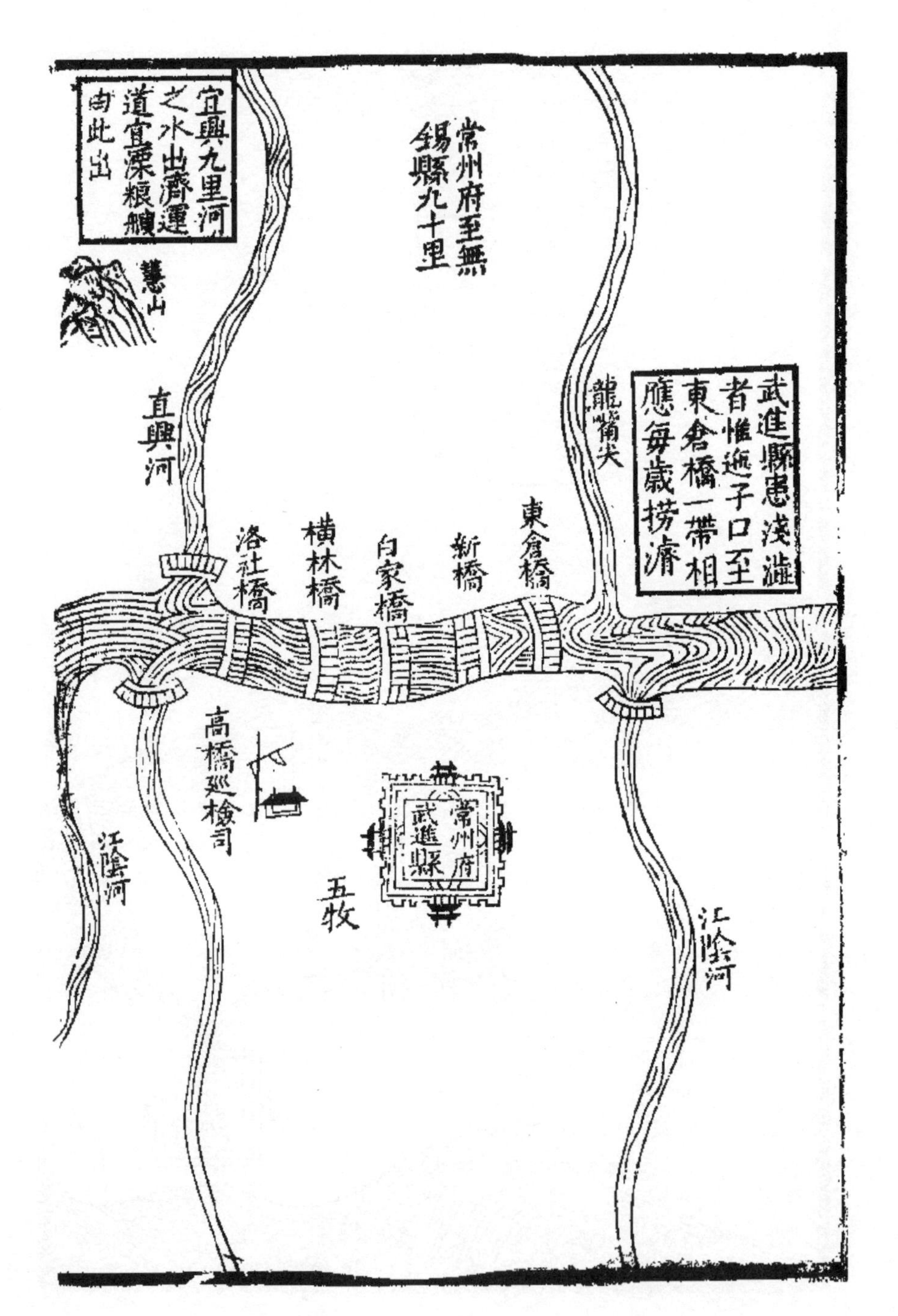
宜興九里河之水出濟運道宜溧粮艘由此出
常州府至無錫縣九十里
武進縣患淺澁者惟新子口至東倉橋一帶相應每歲撈濬
惠山
龍脊尖
直興河
洛社橋
横林橋
白家橋
新橋
東倉橋
高橋巡檢司
常州府
武進縣
五牧
江陰河
江陰河

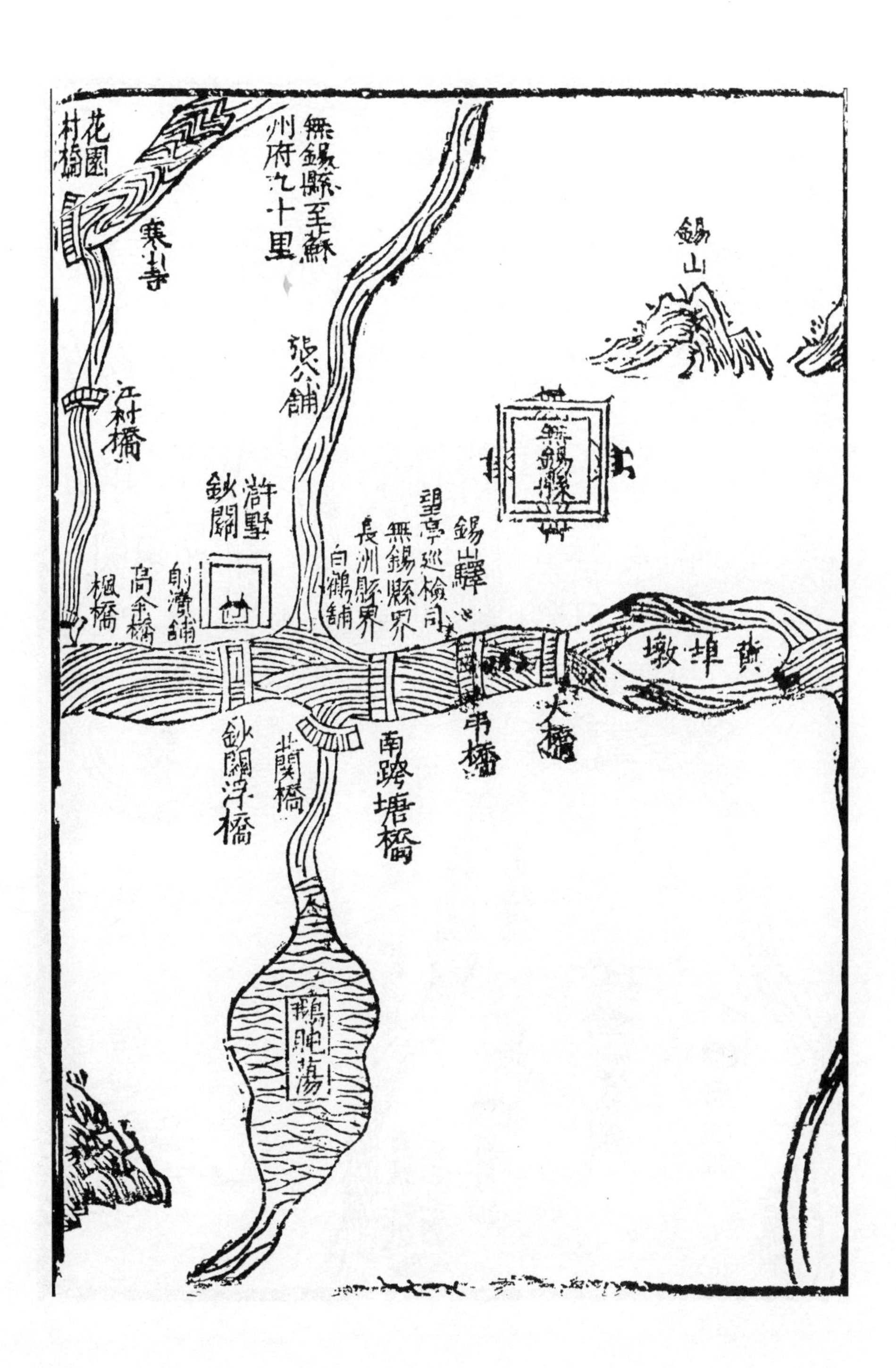
花園村橋
無錫縣至蘇州府九十里
寒山寺
錫山
張公舖
江村橋
無錫縣
滸墅鈔關
錫山驛
望亭巡檢司
無錫縣界
長洲縣界
白鶴舖
楓橋
高余橋
射瀆舖
黄埠墩
大橋
鈔關浮橋
南跨塘橋
鵝肫蕩

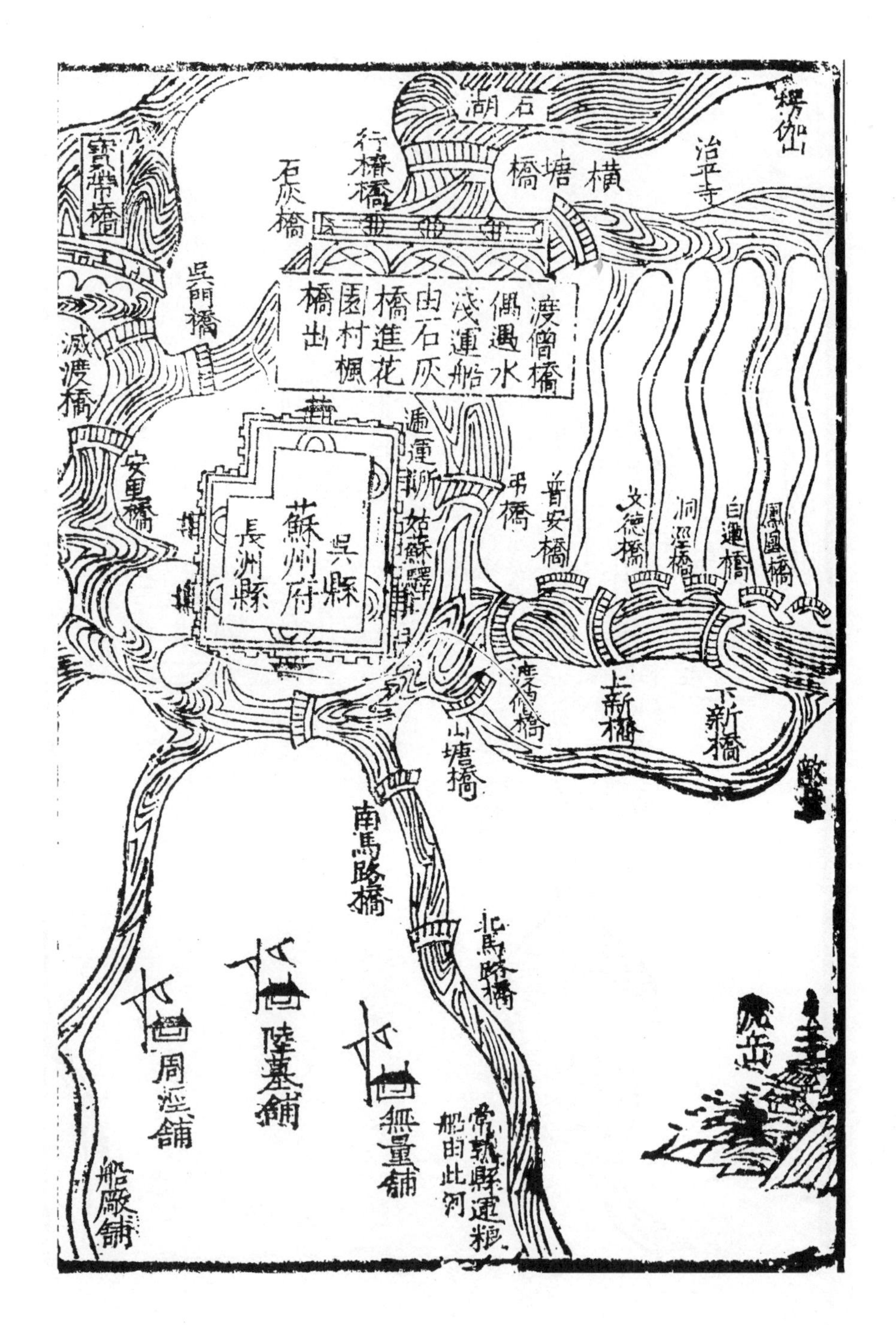
石湖
楞伽山
治平寺
横塘橋
行春橋
石灰橋
寶帶橋
吳門橋
滅渡橋
渡僧橋偶遇水淺運船由石灰橋進花園村楓橋出
遞運所
姑蘇驛
吊橋
普安橋
文德橋
白蓮橋
鳳凰橋
安里橋
蘇州府
吳縣
長洲縣
上新橋
下新橋
山塘橋
南馬路橋
北馬路橋
虎丘
周涇鋪
陸墓鋪
無量鋪
船廠鋪
常熟縣運糧船由此河

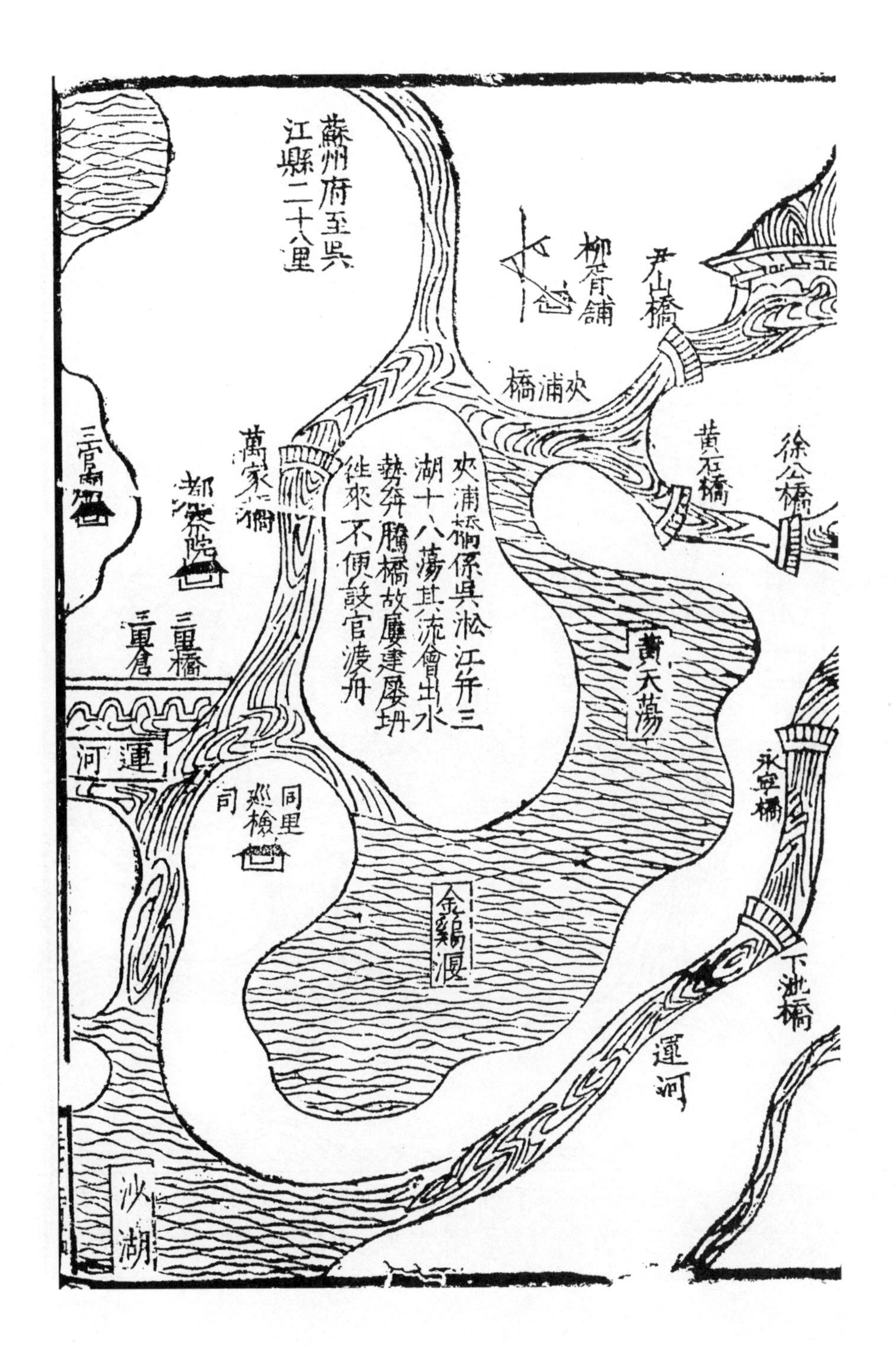
蘇州府至吳江縣二十八里
柳胥鋪
尹山橋
夾浦橋
萬家橋
夾浦橋係吳淞江并三湖十八蕩其流會出水勢奔騰橋故屢建屢圮往來不便設官渡舟
黃石橋
徐公橋
黃天蕩
運河
三里橋
同里巡檢司
金雞湖
永安橋
下淞橋
運河
沙湖

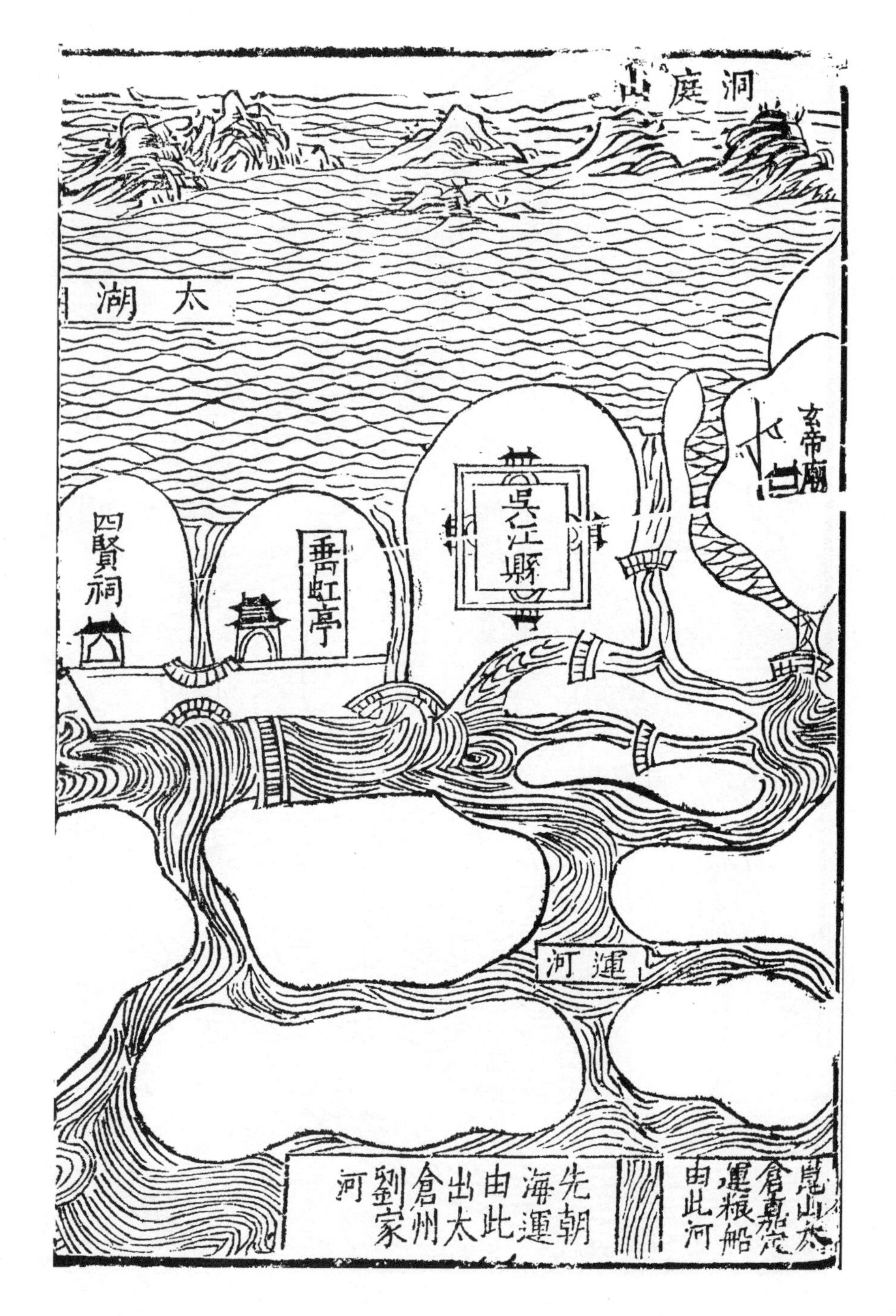

洞庭山
太湖
玄帝廟
吳江縣
垂虹亭
四賢祠
運河
崑山太倉嘉定運糧船由此河
先朝海運由此出太倉州劉家河

平望驛
湖州府運道
雙里鋪
長老橋
長老鋪
甘泉橋
觀瀾亭
松陵驛
方塔寺
松江府界浙
白龍橋
徹浦橋
徹浦鋪
吳松江

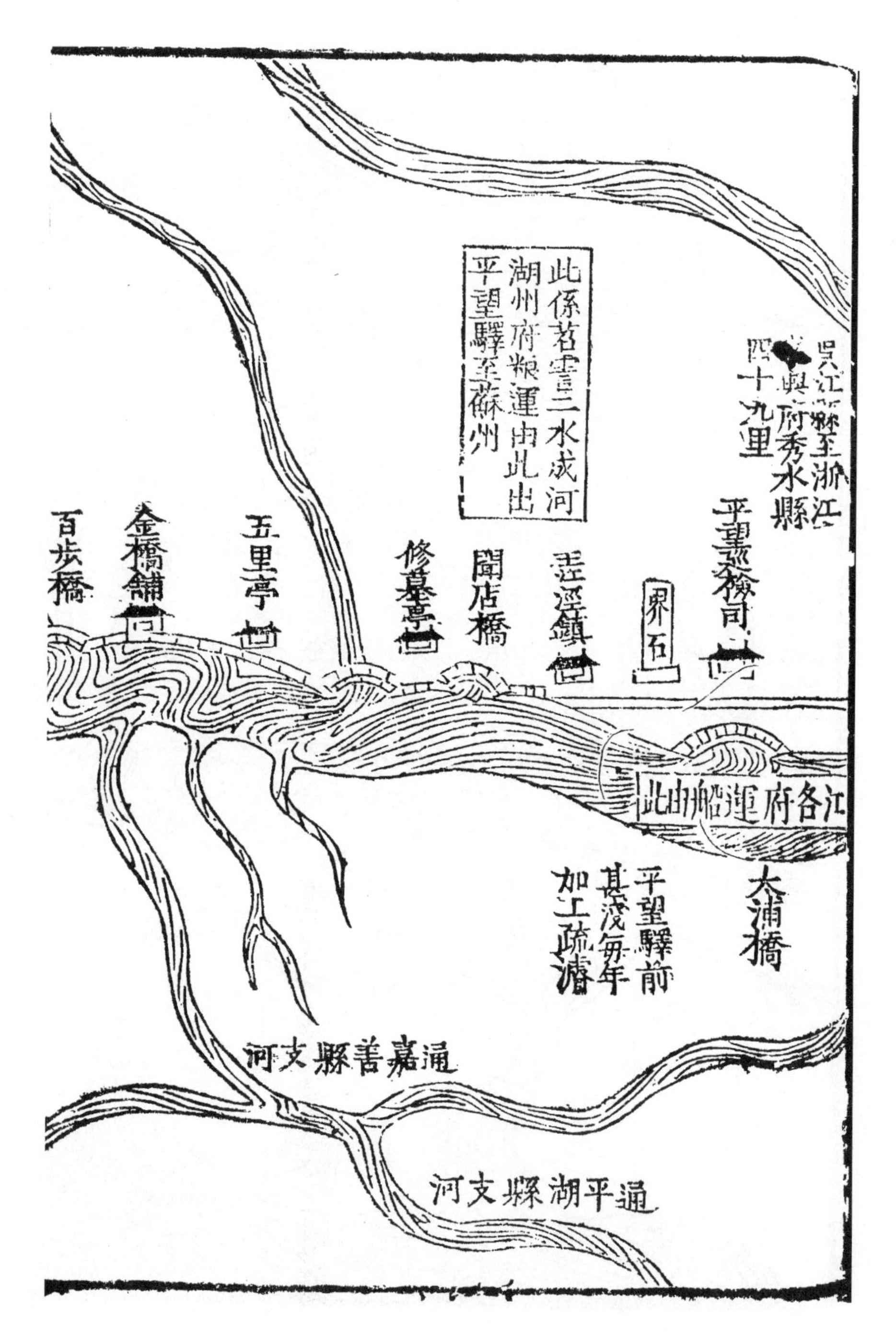
此係苕霅二水成河
湖州府粮運由此出
平望驛至蘇州
吳江縣至浙江
興府秀水縣
四十九里
平望巡檢司
界石
王江涇鎮
閘店橋
修墓亭
五里亭
金橋舖
百步橋
江各府運船由此
大浦橋
平望驛前
甚淺每年
加工疏濬
通嘉善縣支河
通平湖縣支河

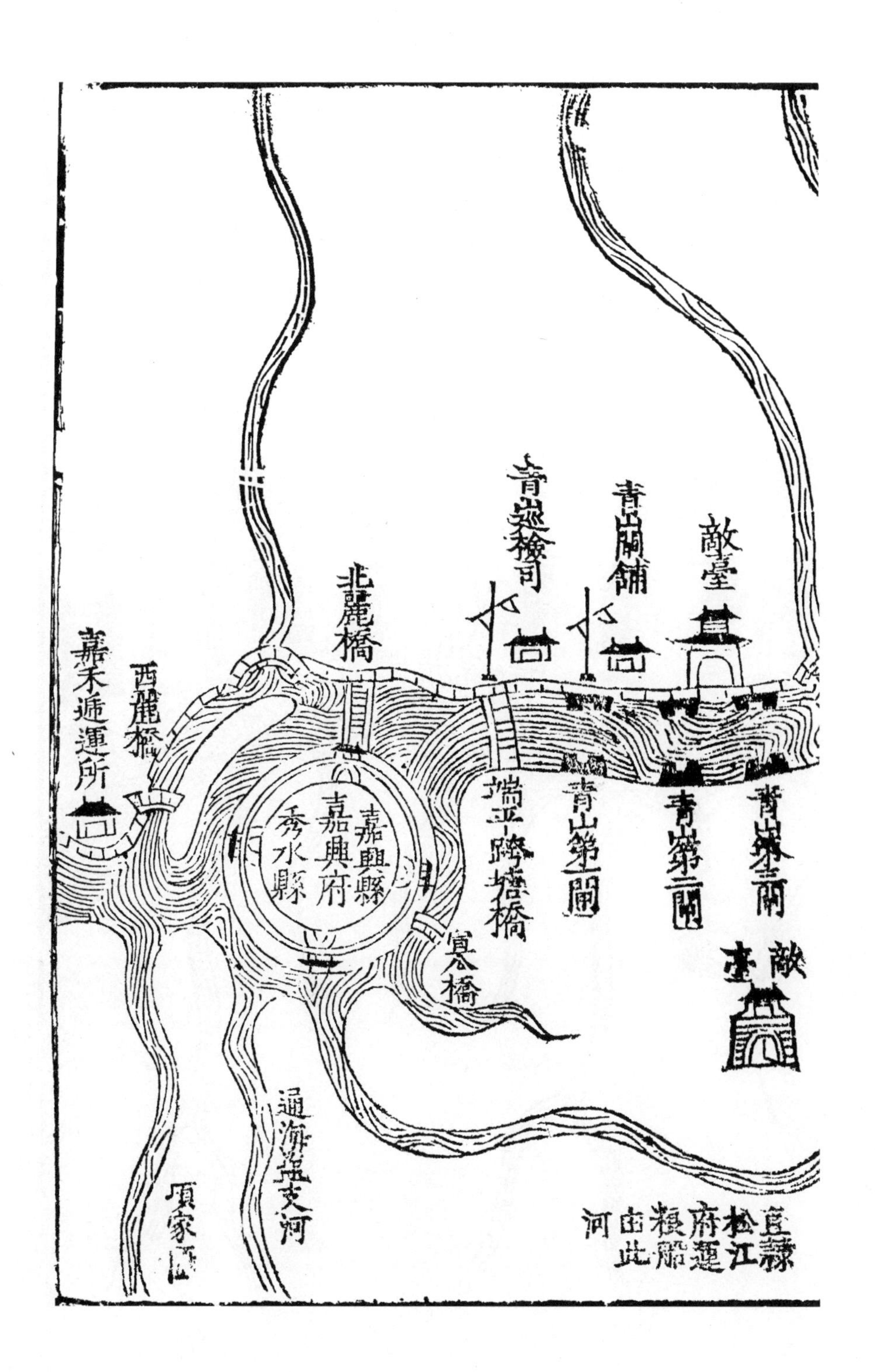

敵臺
青山閘舖
北麗橋
西麗橋
嘉禾遞運所
嘉興府
嘉興縣
秀水縣
端平跨塘橋
青山第一閘
青山第二閘
青山第三閘
敵臺
宣公橋
通海鹽支河
直隸松江府運艘由此河

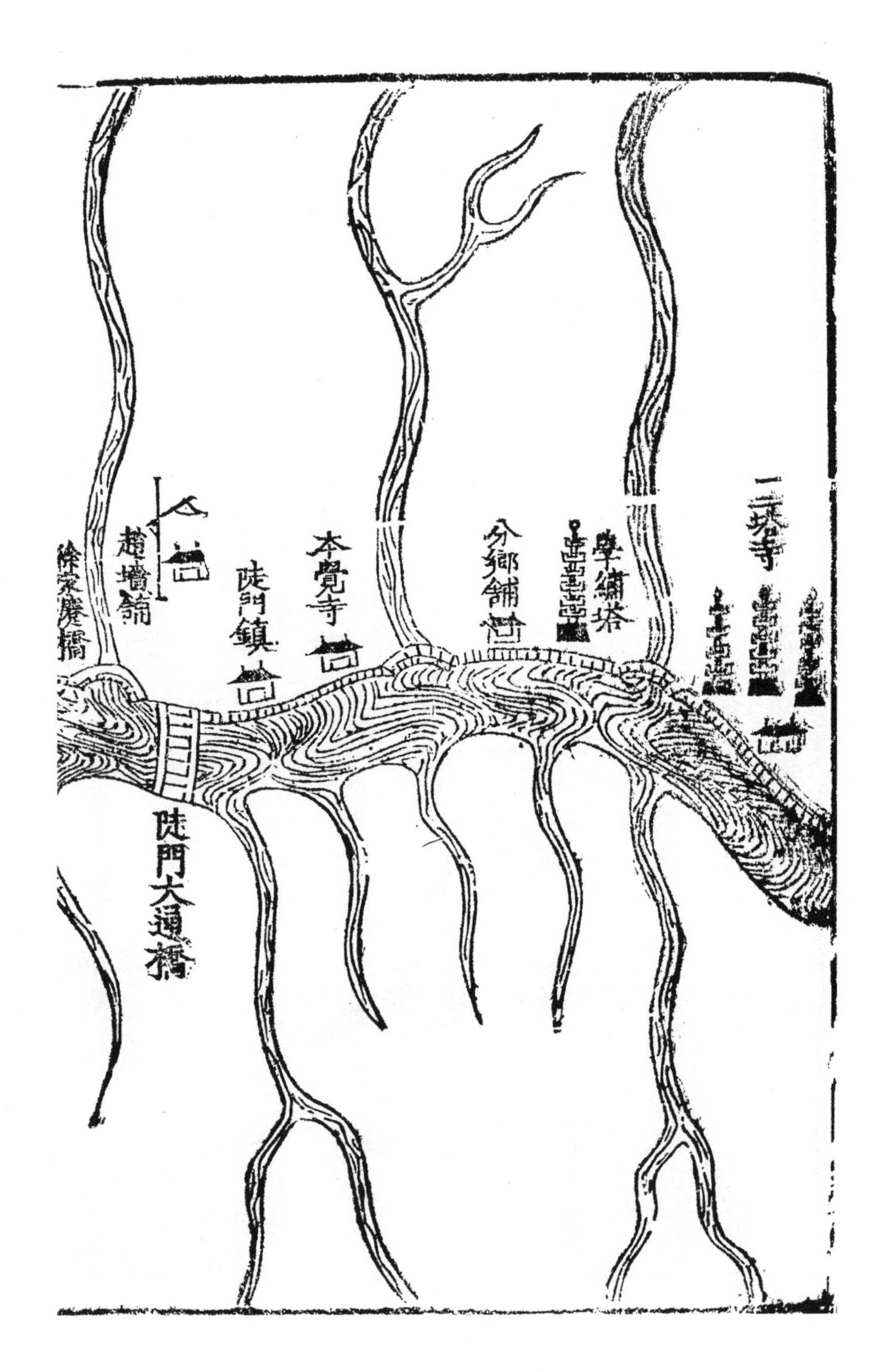
趙墻舖
陸門鎮
本覺寺
分鄉舖
陸門大通橋

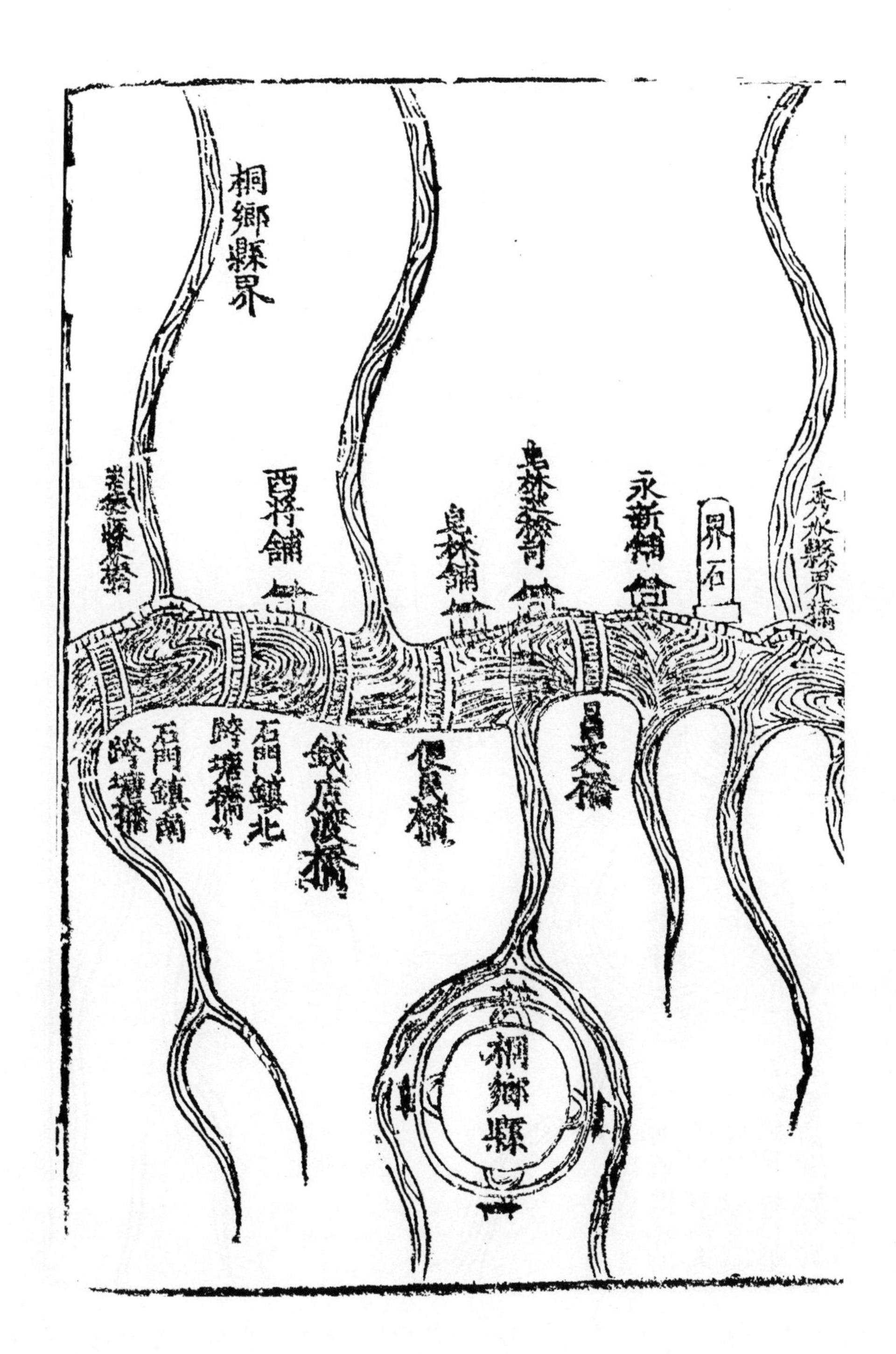
桐鄉縣界
西寺舖
永新舖
界石
錢店渡橋
石門鎮北
石門鎮南
桐鄉縣

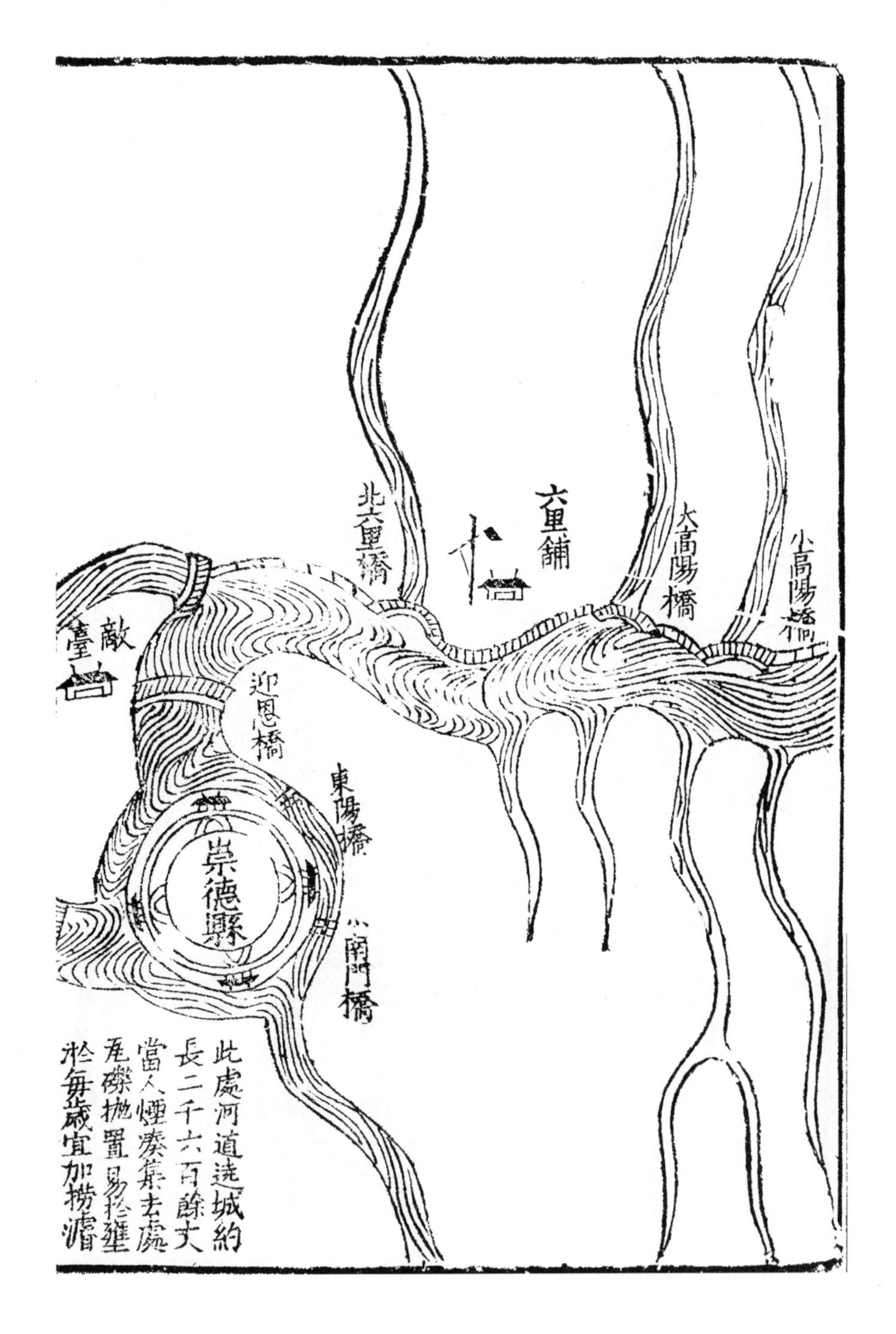
北六里橋
六里舖
大高陽橋
小高陽橋
敵臺
迎恩橋
東陽橋
崇德縣
小南門橋
此處河道遶城約長二千六百餘丈當人煙湊集去處瓦礫拋置易於壅淤每歲宜加撈濬

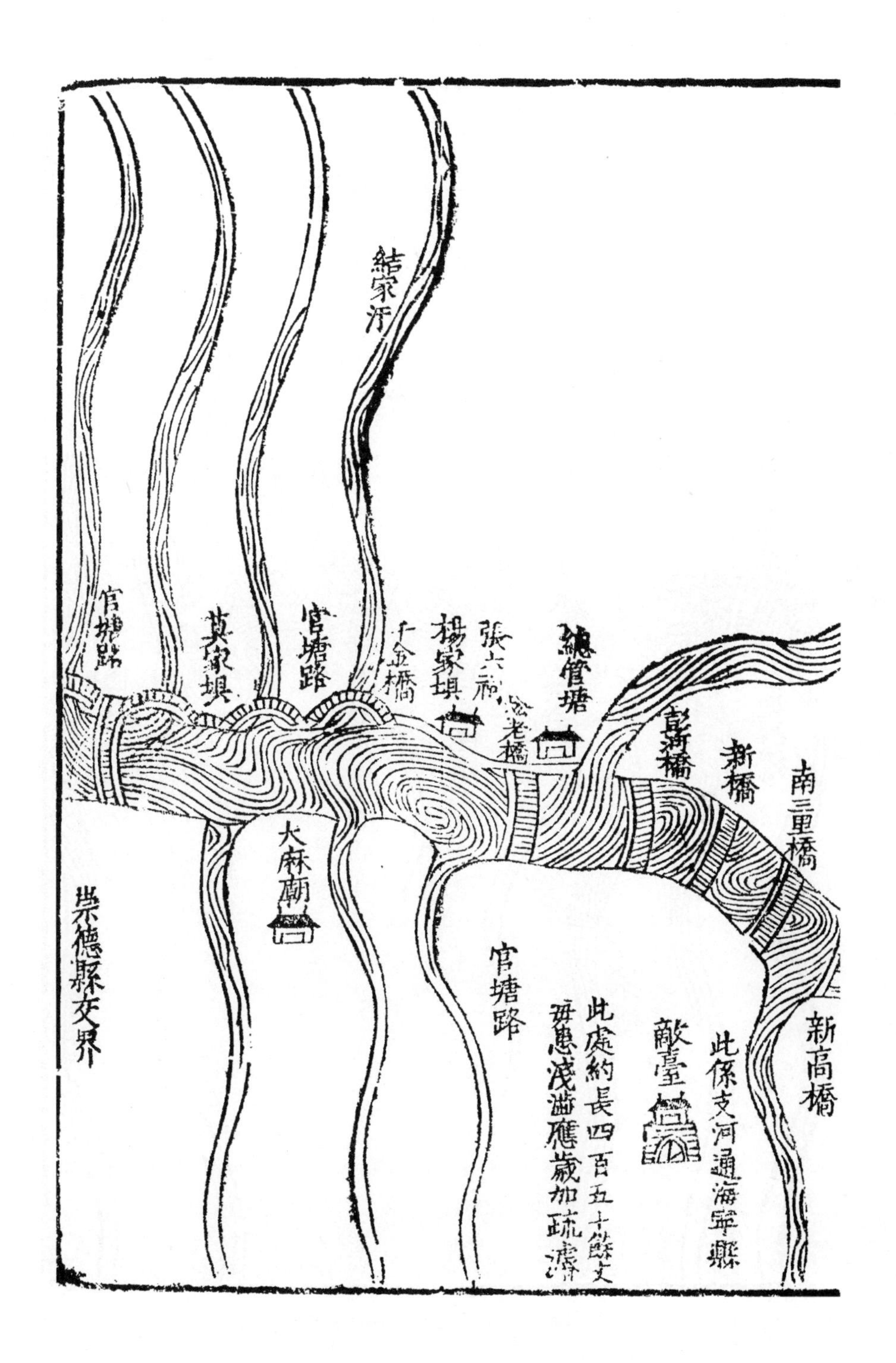
結家汙
官塘路
莫家埧
官塘路
千金橋
楊家埧
張六祠
總管塘
彭河橋
新橋
南三里橋
大麻廟
崇德縣交界
官塘路
新高橋
此係支河通海寧縣
敵臺
此處約長四百五十餘丈
每患淺澁應歲加疏濬

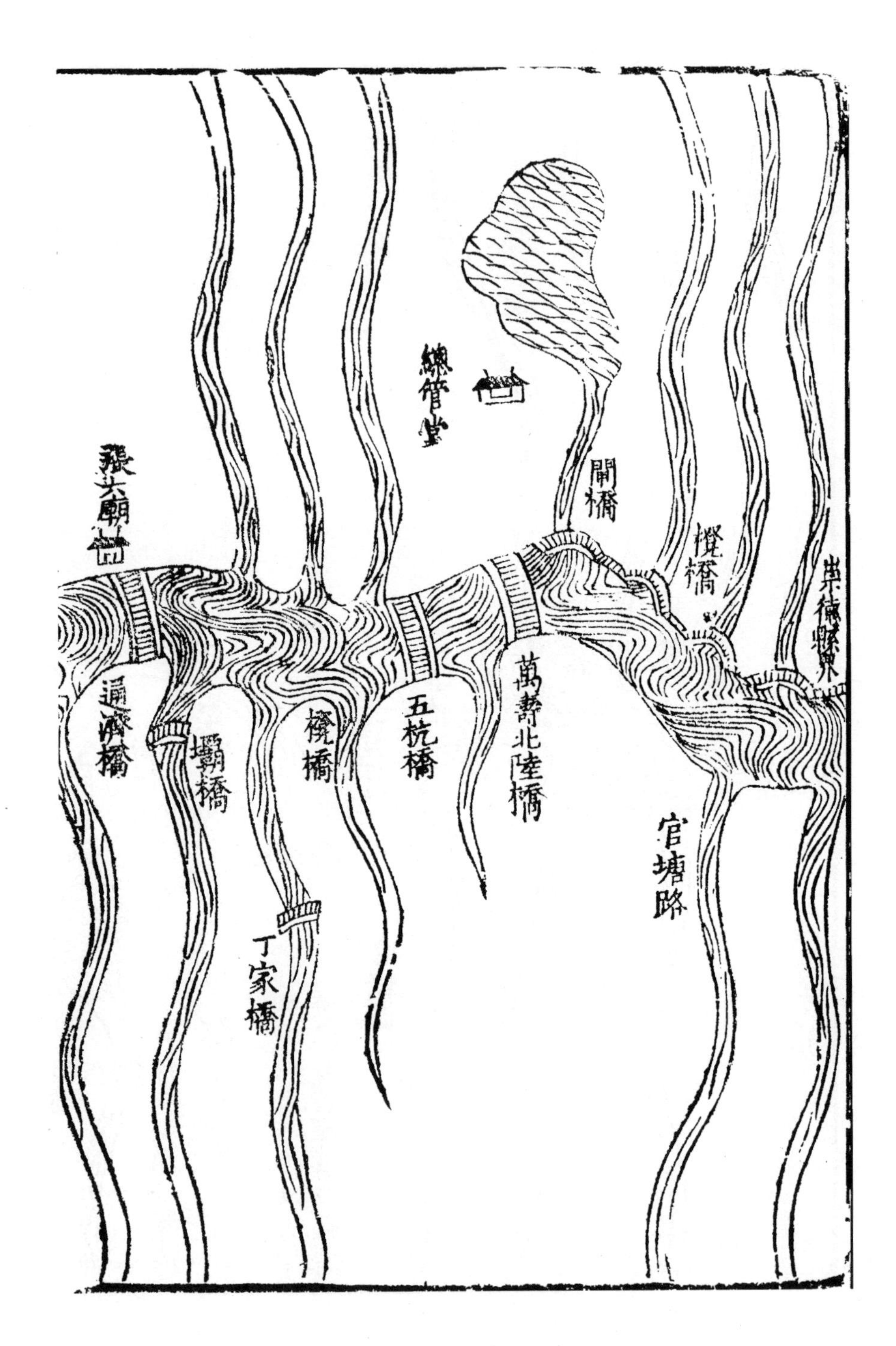
總管堂
閘橋
崇德縣界
張六廟
通濟橋
壩橋
五杭橋
萬壽北陸橋
官塘路
丁家橋

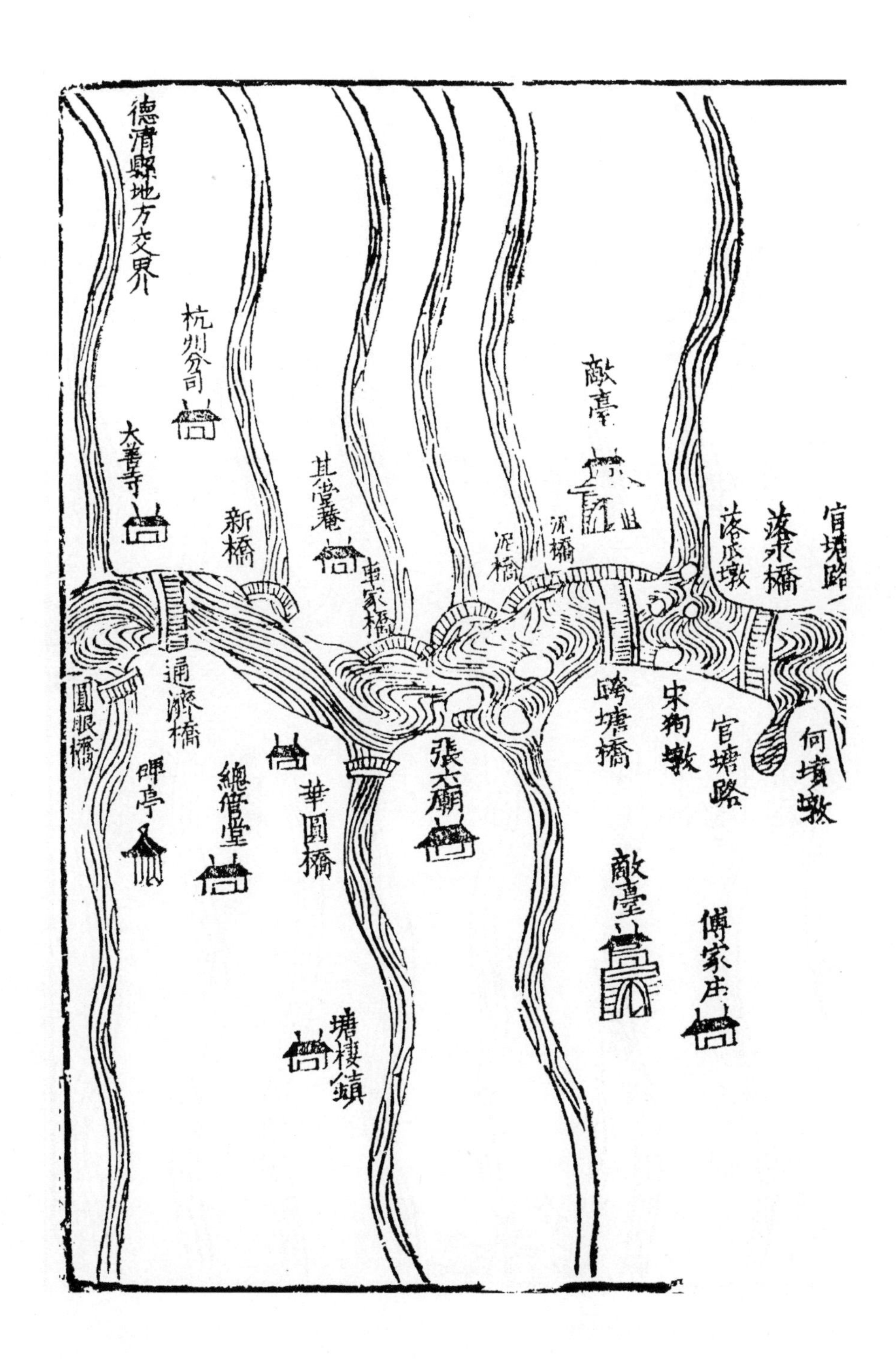
德清縣地方交界
杭州分司
大善寺
新橋
敵臺
泥橋
泥橋
官塘路
通濟橋
總管堂
華園橋
張大廟
跨塘橋
宋狗墩
官塘路
敵臺
傅家庄
塘棲鎮

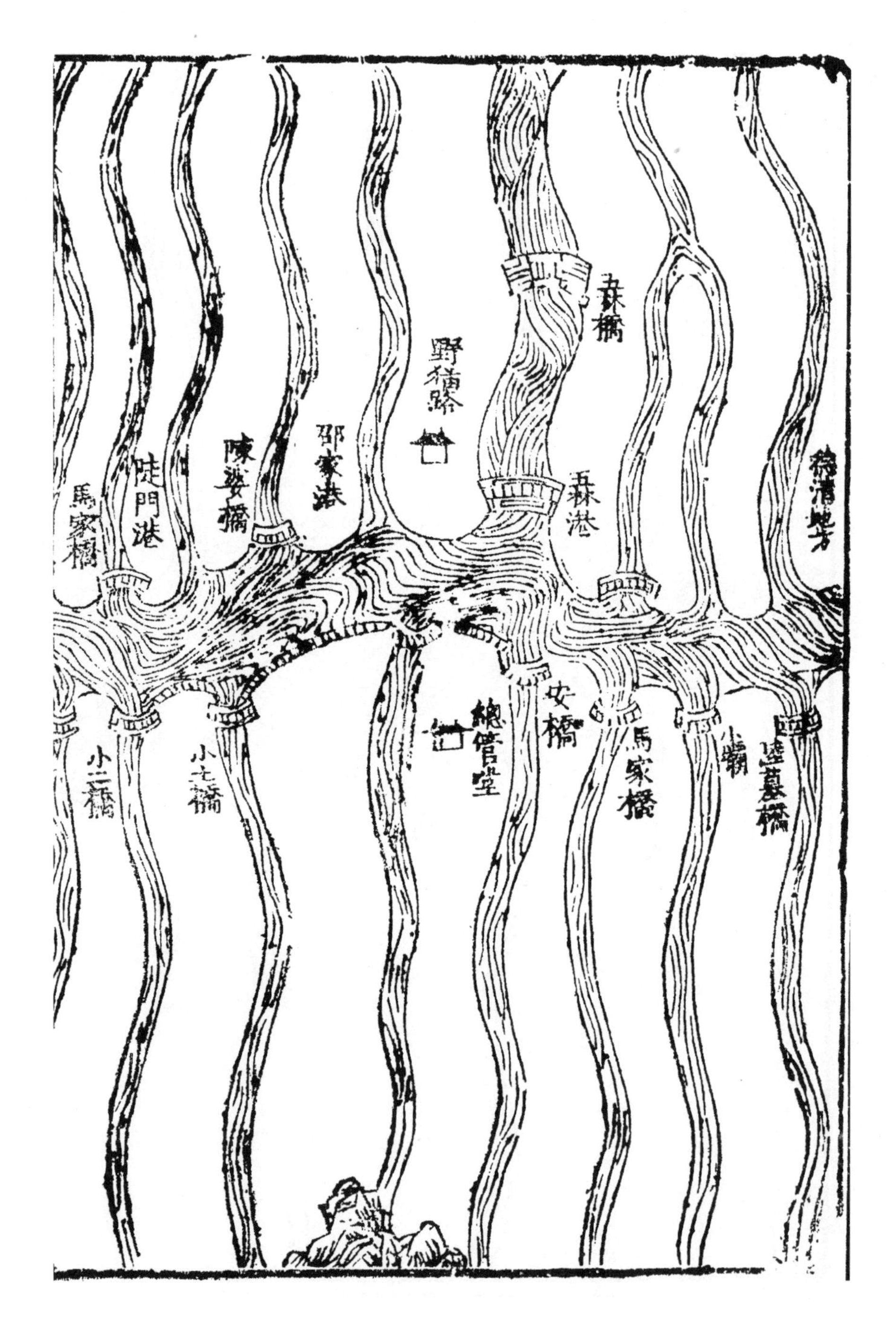
五森橋
野猫路
五森港
邵家港
陳婆橋
陡門港
馬家橋
安橋
總管堂
馬家橋
小七橋
小二橋

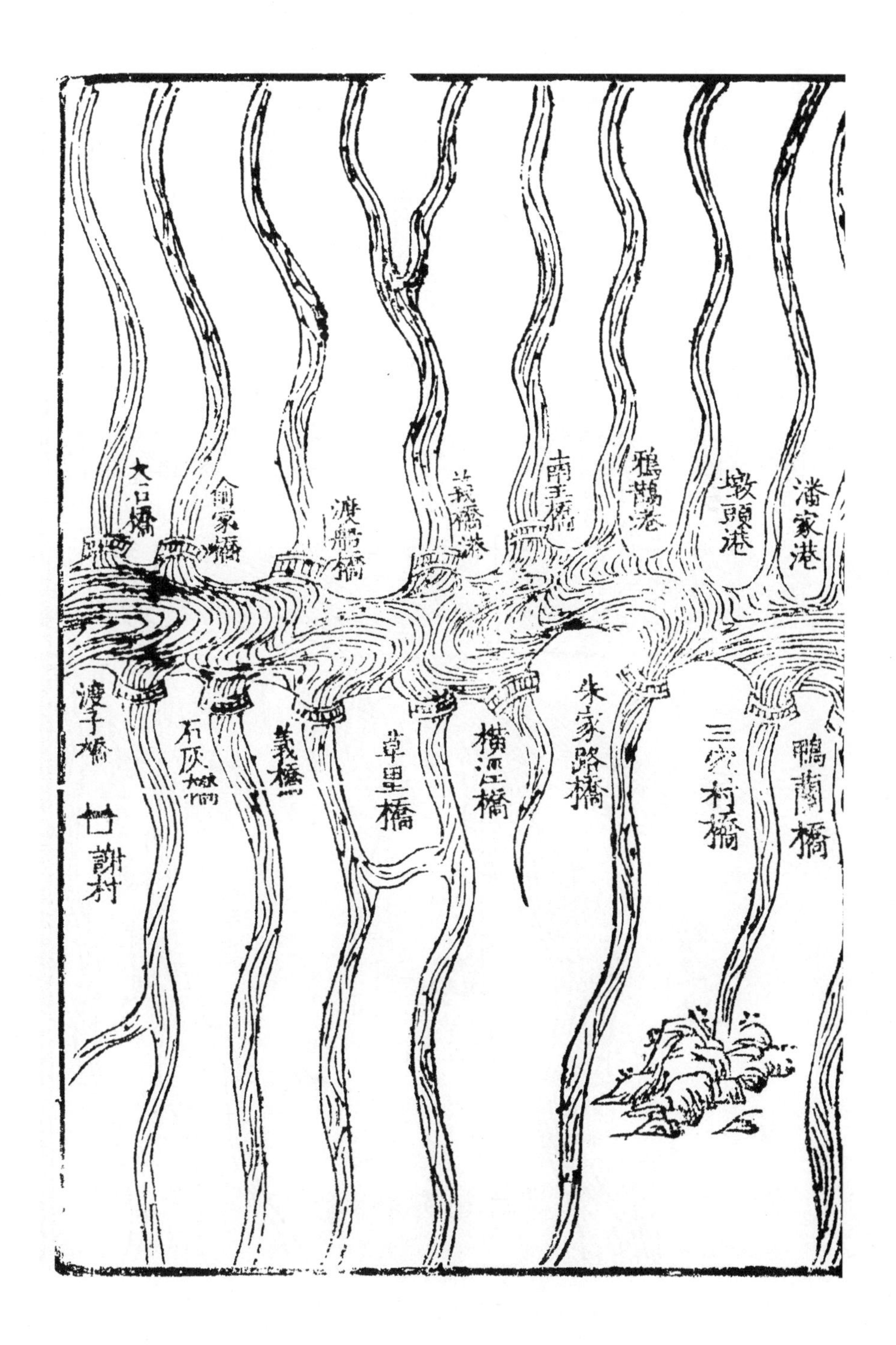
俞家橋
義橋港
墩頭港
潘家港
渡子橋
石灰橋
義橋
草里橋
橫涇橋
朱家路橋
謝村
村橋

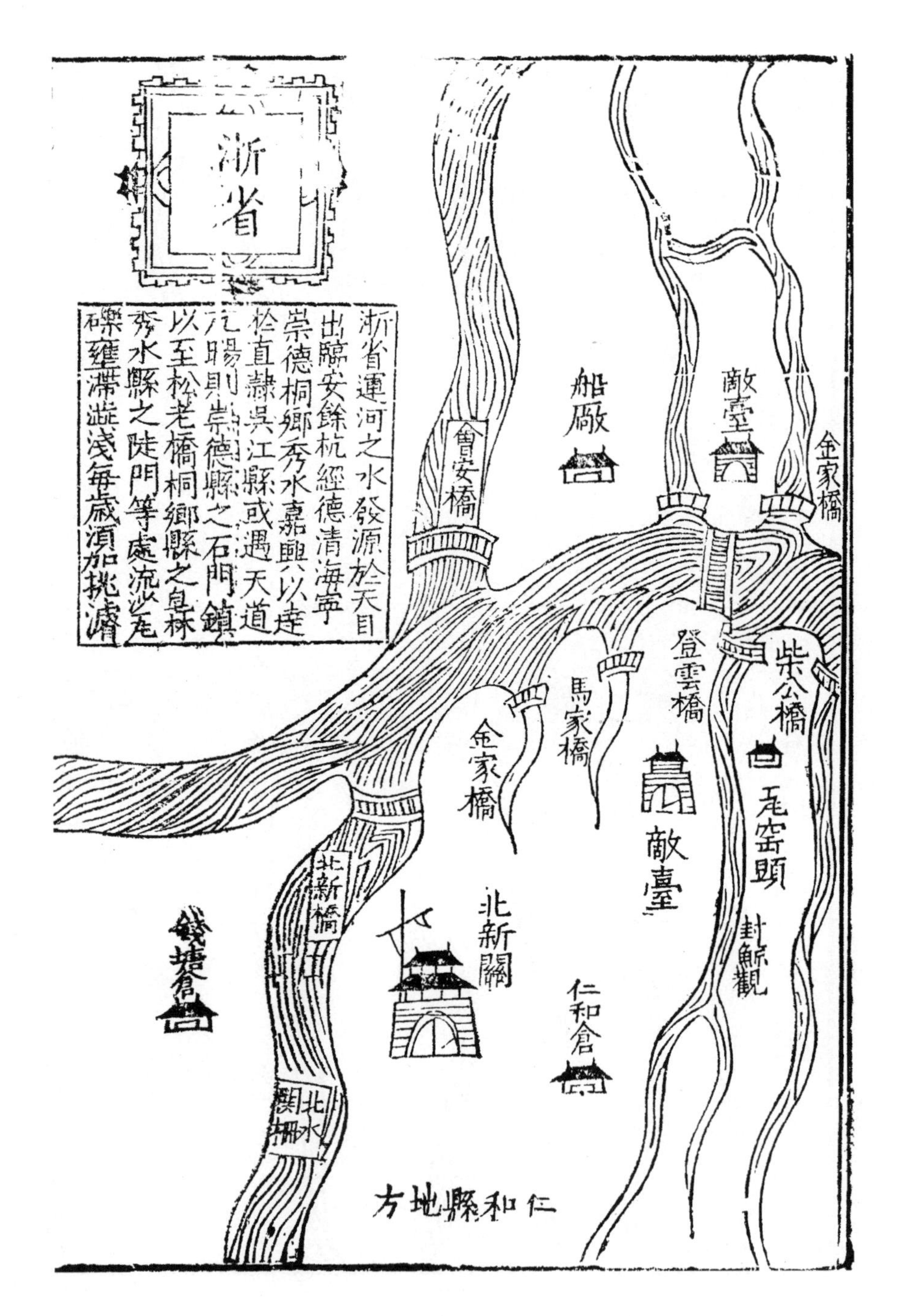
浙省
浙省運河之水發源於天目
出臨安餘杭經德清海寧
崇德桐鄉秀水嘉興以達
於直隸吳江縣或遇天道
亢暘則崇德縣之石門鎮
以至松老橋桐鄉縣之皂林
秀水縣之陡門等處流沙淤
磧壅滯澁淺每歲須加挑濬
會安橋
船廠
敵臺
金家橋
登雲橋
馬家橋
柴公橋
金家橋
敵臺
北新橋
北新關
錢塘倉
仁和倉
仁和縣地方

黄河發源于星宿海，繞崑崙，歷積石，越西域，踰關陜、山西、河南，經豐、碭，出徐州，始爲運道，會泗、沂之水，蟺蜿而至清河縣之清口，又名南河口，會淮而東，經安東縣以入于海。此黄河之大較也。以運河言之，由浙江至張家灣凡三千七百餘里。自浙至蘇則資苕、霅諸溪之水，常州則資宜、溧諸山之水。至丹陽而山水絶，則資京口所入江潮之水。水之盈涸，視潮之大小。故裏河每患淺澁云。自瓜、儀至淮安，則南資天長諸山所瀦高、寶諸湖之水，西資清口所入淮黄二河之水，俱由瓜、儀出江。故裏河之深淺，亦視兩河之盈縮焉。由清口至鎮口閘則資黄河與山東汶、泗之水，由鎮口閘以至臨清則資汶、泗之水，即泰安、萊蕪、徂徠諸泉也。然汶河由南旺南北分流並濟，故天旱泉微，每苦不足。由臨清至天津則資汶河與漳衛之水，由直沽入海。而自天津至張家灣，則資潞河、白河、桑乾諸水矣。此運河之大略也。若江西、湖廣運艘，俱由長江入儀真閘，止有風波之險，而無淺澁之虞。此又在運道之外矣。

臣季馴頓首頓首謹識。

# 河防一覽卷之二

南旺分司主事王元命
濟寧兵河副使曹時聘　校訂
運同陳昌言　編次

## 河議辨惑

或有問于馴曰：『河有神乎？』馴應之曰：『有。』問者曰：『化不可測之謂神。河決而東，神舍西矣；河決而南，神舍北矣。神之所舍，孰能治之？』馴曰：『神非他，即水之性也。水性無分于東西，而有分于上下。西上而東下，則神不欲決而西；北上而南下，則神不欲決而北。間有決者，必其流緩而沙墊，是過顙在山之類也。挽上而歸下，挽其所不欲而歸于其所欲，乃所以奉神，非治神也。孟子曰：「禹之治水，水之道也。」道即神也。聰明正直之謂神，豈有神而不道者乎？故語決爲神者，愚夫俗子之言，慵臣慢吏推委之詞也。』問者曰：『彼言天者非與？』馴曰：『治亂之機，天實司之。而天人未嘗不相須也。堯之時泛濫于中國，天未厭亂，故人力未至而水逆行也。使禹治之，然後人得平土而居之。人力至而天心順之也。如必以決委之天數，既治則曰玄符效靈，一切任天之便，而人力無所施焉。是堯可以無憂，禹可以不治也。

歸天歸神，誤事最大。故馴不敢不首白之也。』

或有問于馴曰：『宋歐陽修有云，黄河已棄之故道，自古難復。而馴之見，舍復故道之外無有也，無乃不可乎？』馴應之曰：『修之言，未試之言也。且但云難復，非不可復也。馴嘗考之史曰，漢元光中河决瓠子，注鉅野。後貳拾餘年，武帝自臨决河，沉璧投馬，群臣負薪塞之。復禹舊跡，而梁楚之地無水災云。夫禹舊跡非故道乎？堙淤二十餘載，而一塞决即復通之，何云故道不可復乎？且即以神禹治水言之，玖河曰疏，濟、漯曰瀹，汝、漢曰决，淮、泗曰排。傳者曰：疏，通也；瀹，亦疏通之意；排、决皆去其壅塞也。固未嘗有開鑿之説。故孟子謂之行所無事。而他日告公都子者，有曰「禹掘地而注之海」。傳者恐人以掘爲疑，即解之曰：掘地，掘去壅塞也。蓋天地開闢之初，即有百川四瀆，原自朝宗于海。高卑上下，脉絡貫通，原不假于人力。歲久湮淤，至堯時泛濫之極，禹不過審其高卑上下之勢，去其壅塞湮淤之處，以復天地之故道耳，固未嘗剏掘一河也。吾人知識不逮神禹遠甚，乃欲舍故道而另鑿一河，可乎？禹無論矣，即如賈魯治河，亦以復故爲主，傳記可考也。且自我朝以來，徐邳之間，屢塞屢通。如以故道爲不可復，則徐邳久爲陸矣。籍令欲棄故道而鑿新河，無論其無所也，即使得便宜之地而鑿之，人力能使闊百丈以至三百丈、深三四丈以至五六丈如故河乎？即使能之，將置黄河于何地乎？如不可置黄河，何擇于新故？故則淤，新則不淤，馴不得而知也。盡信書不如無書，修言不足信也。』

或有問于馴曰：『沙墊底高之説何如？』馴應之曰：『河底甚深，沙墊則高，理所有也。然以之論于旁决之時則可，非所論于河水歸漕之後也。蓋旁决則水去沙停，其底自高，歸漕則沙隨水刷，自難墊底。但沙最易停，亦易刷。即一河之中溜頭趨處則深，平緩處則淺。此淺彼深，總不出我範圍。此挽水歸漕之策必不可緩。而欲挽水者，非塞决築隄不可也。宋臣蘇軾《吕梁》詩云：「坐觀入市卷閭井，吏民走盡餘王尊。歲寒霜重水歸壑，但見屋瓦留沙痕。」〔一〕則比時黄河之水固嘗入市，而河流之沙高于屋矣。自宋迄今，墊而疏，疏而墊者不知其幾，豈可以此而遂欲棄故河哉！故沙墊底高者乃故道難復之根，故道難復者乃别尋他道之根。此説最爲膏肓之疾，治河者宜審之。』

或有問于馴曰：『河以海爲壑，自海嘯之後，沙塞其口，以致上流遲滯，必須疏濬。或别尋一路，另鑿海口之爲得也。』馴應之曰：『海嘯之説未之前聞。但縱有沙塞，使兩河之水順軌東下，水行沙刷，海能逆之不通乎？蓋上决而後下壅，非下壅而後上决也。馴嘗親往海口閲視，寬者十四五里，最窄者五六百丈，茫茫萬頃，此身若浮，蚤暮兩潮，疏濬者何處駐足？若欲另鑿一口，不知何等人力遂能使之深廣如舊。假令鑿之易矣，又安保其海之不復嘯，嘯之不復塞乎？舊則塞，新鑿者則不塞，非馴之所解也。』

或有問于馴曰：『河由草灣入海何如？』馴應之曰：『河由淮城北西橋地方入海，此故道也。嘉靖三十年間，河忽衝開草灣，而西橋正河遂塞。連都御史塞之，不得。未幾自塞，河復歸故道。今于萬曆十六年河水仍歸草灣，而故河復淤，淮城之民恃以安枕矣。查得草灣六十里，至赤晏廟復歸正河，似亦無碍。但正河之面三百餘丈，草灣闊僅三分之一。譬之咽喉狹小，吞嚥不及，則徐邳之水消洩未免遲滯，此則可慮耳。今欲挽歸正河，人力亦可施者。而清江浦一帶居民方恃正河之塞爲安，人情難于重拂。而以水勢度之，二三年間恐當復歸正河。姑俟之可也。』

或有問于馴曰：『賈讓有云：「土之有川，猶人之有口也，治土而防其川，猶之兒啼而塞其口。」故禹之治水以導，而今治水以障，何也？無乃止兒啼而塞其口乎？』馴應之曰：『昔白圭逆水之性，以隣爲壑，是謂之障。若順水之性，隄以防溢，則謂之防。防之者乃所以導之也。河水盛漲之時，無隄則必旁溢，旁溢則必泛濫而不循軌，豈能以海爲壑耶？故隄之者，欲其不溢而循軌以入于海也。譬之嬰兒之口，旁潰一癰，久之成漏，湯液旁出，不能下咽，聲氣旁泄，不能成音。久之不治，身且槁矣，何有于口？故河以海爲口，障旁決而使之歸于海者，正所以宣其口也。再考之《禹貢》云：「九澤既陂，四海會同。」傳曰：「九州之澤已有陂障而無決潰，四海之水無不會同而各有所歸。」則禹之導水，何嘗不以隄哉！弗之考耳。』問者曰：『隄以防水似矣。水高隄高，不將隆隄于天乎？』馴曰：『若謂隄之外即水耶？隄外爲岸，岸下爲河。平時水不及岸，隄若贅疣。伏秋異常之水始出岸而及隄，然或三日或五日或七日或旬日，即復落歸于漕。馴隄成之後，逾十年矣，未嘗有分寸之加，何須隆之于天也。』

或有問于馴：『賈讓有云：今行上策，徙冀州之民當水衝者。治隄歲費且萬萬，出數年治河之費以業所徙之民。且以大漢方制萬里，豈其與水争尺寸之地哉！此策可施于今否？』馴應之曰：『民可徙也，歲運國儲肆百萬石，將安適乎？』問者曰：『决可行也。』馴曰：『崔鎮故事可考也。此决最大，越三四年而深丈餘者，僅去口一二十丈，間稍入坡内，止深一二尺矣。蓋住址稑地，非若沙淤可刷、散漫無歸之水，原無漕渠可容。且樹椿基礎，在在有之。運艘僥倖由此者，往往觸敗，豈可恃爲運道？且運艘經行之處，雖裏河亦欲築隄以便牽挽，乃可令之由决乎？』『然則賈讓中策所謂據堅地，作石隄，開水門，旱則開東方下門溉冀州，水則開西方高門分河流，何如？』馴曰：『河流不常，與水門每不相值。或併水門而淤漫之，且所溉之地亦一再歲而高矣，後將何如哉？矧旱則河水已淺，難于分溉，潦固可泄，而西方地高，水安可往？惟丘文莊謂古今無出此策，夫乃身未經歷耶？劉中丞《問水集》中言之甚詳[二]，蓋名言也。惟宋任伯雨曰：河流混濁，淤沙相半。流行既久，迤邐淤澱。久而决者，勢也。爲今之策，止宜寬立隄防，約欄水勢，使不大段湧流耳。此即馴近築遥隄之意也。故治河者必無一勞永逸之功，惟有求偏補弊之策；不可有喜新炫奇之智，惟當收安常處順之休。毋持求全之心，苛責于最難之事；毋以束濕之見，强制乎叵測之流；毋厭已試之規，遂惑于道聽之説。循兩河之故道，守先哲之成矩，便是行所無事。舍此他圖，即孟子所謂惡其鑿矣。』

或有問于馴曰：『黄、淮原爲貳瀆，今合而爲壹矣。而自崑崙千溪萬派，如涇、渭、沁、汴諸河與山東諸泉復合之，又何怪其溢也？爲今之計，莫若多穿支河，以殺其勢，何如？』馴應之曰：『黄流最濁，以斗計之，沙居其六。若至伏秋，則水居其二矣。以二升之水載八升之沙，非極汛溜，必致停滯。若水分則勢緩，勢緩則沙停，沙停則河塞。河不兩行，自古記之。支河一開，正河必奪。故草灣開而西橋故道遂淤，崔鎮決而桃、清以下遂塞，崔家口決而秦溝遂爲平陸。近事固可鑒也。』問者曰：『禹疏九河何如？』馴曰：『九河非禹所鑿，特疏之耳。蓋九河乃黄河必經之地，勢不能避，故仍疏之。而禹仍合之同爲逆河入于海，其意蓋可想也』。『然則如賈讓所云，多穿漕渠，使民得以溉田，分殺水怒，可乎？』馴曰：『此法行于上源河清之處或可。若蘭州以下水少沙多，一溉田中，禾爲沙壓，尚可食乎？』『然則淮清，其可分矣。』馴曰：『引淮而西，其勢必與黄會；引淮而東，則與決高堰而病淮揚無異也。蓋河水經行之處，未有不病民者。向有欲自盱眙鑿通天長、六合，出脈埠入江者，無論中亘山麓，必不可開，而天長、六合之民，非我赤子哉！且所籍以敵黄而刷清口者，全淮也。淮若中潰，清口必塞，運艘將從何處經行？弗之思耳。更有一節，尤爲可慮。清口北與黄會，乃祖陵之水口也。若從東再添一口，使淮水反跳而去，大爲堪輿家所忌，臣子何忍爲之？』

或有問于馴曰：『治河之法凡三，疏、築、濬是也。濬者，挑去其沙之謂也。疏之不可，奚不以濬而惟以築乎？』馴應之曰：『河底深者六七丈，淺者三四丈，闊者一二里，隘者一百七八十丈，沙飽其中，不知其幾千萬斛。即以十里計之，不知用夫若干萬名，爲工若干月日，所挑之沙不知安頓何處。縱使其能挑而盡也，隄之不築，水復旁溢，則沙復停塞，可勝挑乎？以水刷沙，如湯沃雪。刷之云難，挑之云易，何其愚何其拗也！』問者曰：『昔人方舟之法，不可行乎？』馴曰：『湍溜之中，舟難維繫。而如飴之流，寓坎復盈，何窮已耶！此但可施于閘河，而非所論于黄河也。』

或有問于馴曰：『淮不敵黄，故決高堰，避而東也。今馴復合之，無乃非策乎？』馴應之曰：『《禹貢》云：「導淮自桐栢，東會于泗、沂，東入于海。」按泗、沂即山東汶河諸水也。歷徐邳至清口而與淮會。自宋神宗十年七月黄河大決于澶州，北流斷絶，河遂南徙，合泗、沂而與淮會矣。自神宗迄今六百餘年，淮黄合流無恙，乃今遂有避黄之説耶？夫淮避黄而東矣，而黄亦尋決崔鎮，亦豈避淮而北乎？蓋高堰決而後淮水東，崔鎮決而後黄水北。隄決而水分，非水合而隄決也。』問者曰：『兹固然矣。數年以來，兩河分流，小潦即溢。今復合之，溢將柰何？』馴曰：『水分則勢緩，勢緩則沙停，沙停則河飽，尺寸之水皆由沙面，止見其高；水合則勢猛，勢猛則沙刷，沙刷則河深，尋丈之水皆由河底，止見其卑。築隄束水，以水攻沙，水不奔溢于兩旁，則必直刷乎河底。一定之理，必然之勢，此合之所以愈于分也。』

或有問于馴曰：『河既隄矣，可保不復決乎？復決可無患乎？』馴應之曰：『縱決亦何害哉！蓋河之奪也，非以一決即能奪之。決而不治，正河之流日緩，則沙日高；沙日高則決日多，河始奪耳。今之治者，偶見一決，鑿者便欲棄故覓新，懦者輒自委之天數。議論紛起，年復一年，幾何而不至奪河哉！今有遥隄以障其狂，有減水壩以殺其怒，必不至如往時多決。縱使偶有一決，水退復塞，還漕循軌，可以日計，何患哉！往事無論矣，即如萬曆十五年河南劉獸醫等隄共決十餘處，淮安河決范家口、天妃壩二處，上廑宵旰，特遣科臣督築。築後即成安流，此其明徵矣。故治河者惟以定議論，闢紛更爲主，河決未足深慮也。』

或有問于馴曰：『隄以遥言，何也？』馴應之曰：『縷隄即近河濱，束水太急，怒濤湍溜，必至傷隄。遥隄離河頗遠，或一里餘，或二三里。伏秋暴漲之時，難保水不至隄，然出岸之水必淺。既遠且淺，其勢必緩；緩則隄自易保也。』或曰：『然則縷可棄乎？』馴曰：『縷誠不能爲有無也。宿遷而下，原無縷隄，未嘗爲遥病也。假令盡削縷隄，伏秋黄水出岸淤留。岸高，積之數年，水雖漲不能出岸矣。第已成之業，不忍言棄。而如雙溝、辛安等處，縷隄之内頗有民居，安土重遷。姑行司道官諭民，五月移住遥隄，九月仍歸故址。從否固難强之，然至危急之時，彼亦不得不以遥隄爲家也。』問者曰：『縷不去則兩隄相夾，中間積潦之水，或縷隄決入黄流，何處宣泄？』馴曰：『水歸漕，無難也。縱有積澇，秋冬之間，特開一缺放之，旋即填補，亦易易耳。若無格隄處所，積水順隄直下，仍歸大河，獨不足慮矣。』

或有問于馴曰：『遥隄之築是矣。而直河至古城一帶何以不築？』馴應之曰：『此地俱隸宿遷，内有落馬、侍丘等湖。湖外高崗環繞，乃天然遥隄也。黄水暴漲則灌入諸湖，黄水消落則諸湖之水隨之而出。已經題覆，如後不敢贅也。』問者曰：『桃、清二縣之北亦有諸湖聯絡，何以築之？』馴曰：『湖與宿同，而湖外皆係窪地，水後五港、灌口出海，故崔鎮一決而桃、清遂涸，此則與宿異耳。』問者曰：『止築北岸，而南岸自馬廠坡而下何以不築？』馴曰：『此處岸外即係淮河，勢能敵黃。黃水泛濫，未免灌入，黃落仍歸故渠，不能奪河，故不築也。』

或有問于馴曰：『兩隄並峙，重門禦暴，又何需于減水壩也？與其多費以築減水之壩，寧若留決之爲愈乎？且與支河何異也？』馴應之曰：『防之不可不周，慮之不可不深。異常暴漲之水則任其宣泄，少殺河伯之怒，則隄可保也。決口虛沙，水衝則深，故掣全河之水以奪河壩，面有石水不能汕，故止減盈溢之水。水落則河身如故也。俱建于北岸，欲其從灌口入海也。』問者曰：『今四壩何以不洩水也？無怪乎議者之欲毀也。』馴曰：『初創之時，伏秋水洩，喧聲若雷。日久河深，深則可容異常之水，何嘗不洩？特不常也。且所謂減水壩者，減其盈溢之水也。不溢則已，何必減爲？留之以待異常之水可也。』令將都給事中常勘覆原題附載集中。

一、停拆三壩以保成功。查得萬曆七年，該總督潘經略兩河，塞決固隄，慮縷隄束水太急，恐有奔潰也，遠創遥隄以廣容納。又慮遥隄涓滴不洩，恐有嚙刷也，剏建滾水壩以便宣洩。崔鎮、徐昇、季太等壩皆因地勢卑下，使水易趨，原以防異常之漲，非以減平漕之水也。數年以來，束水歸漕，河身漸深，水不盈壩，隄不被衝，此正河道之利矣。議者欲將三壩拆落，用心良苦。職量得崔鎮壩石頂去地僅二尺八寸，視遥隄低七尺；徐昇壩石頂去地僅二尺五寸，視遥隄低七尺三寸，季太壩石頂去地僅二尺，視遥隄低八尺。三壩臨水，河岸離水面各八九尺一丈不等，較之三壩各高三四尺不等。是河岸甚高，石壩原低。每遇伏秋，水高于岸，即從各壩滚出。其不得出壩者乃不得出岸者也。欲分水勢，壩可拆矣，一帶河岸可盡削耶？據鄉民畢九皋、馮吉、趙倫等訴稱，壩外水鄉漸成膏腴，逃徙之民近方歸業。若欲將壩改拆二層，是爲無壩。先年河從此决，又可虞矣。酌之事勢，仍舊爲便。已經工部覆奉欽依訖。

或有問于馴曰：『高家堰之築，淮揚甚以爲便，而泗州人苦其停蓄淮水，何也？』馴應之曰：『此非知水者之言也。夫高堰居淮安之西南隅，去郡城四十里。而近堰東爲山陽縣之西北鄉，地稱膏腴。堰西爲阜陵、泥墩、范家諸湖，西南爲洪澤湖。淮水自鳳泗來合諸湖之水，出清口，會黄河，經安東縣出雲梯關，以達于海。此自禹迄今故道然也。堰距湖尚存稑地里許〔三〕，而淮水盛發輒及堰。奈周以前無考矣，史稱漢陳登築堰禦淮。至我朝平江伯陳瑄復大葺之，淮揚恃以爲安者二百餘年。歲久剥蝕，而私販者利其直達以免關津盤詰，往往盗决之。至隆慶四年大潰，淮湖之水浲洞東注，合白馬、汜光諸湖決黄浦八淺，而山陽、高、寶、興鹽諸邑匯爲巨浸。每歲四五月間，淮陰畚土塞城門，穴竇出入，而城中街衢尚可舟也。淮既東，黄水亦躡其後，濁流西泝，清口遂堙而决。水行地面，宣洩不及，清口之半不免停注上源，而鳳陽、壽、泗間亦成巨浸矣。故此堰爲兩河關鍵，不止爲淮河隄防也。馴戊寅之夏詢之泗人曰：「鳳、泗之水畜于高堰未决之前乎，抑既决之後也？」僉曰：「高堰決而後畜也。」「清口塞于高堰未決之前乎，抑既決之後也？」僉曰：「高堰決而後塞也。」馴曰：「堰決而塞，築則必通；堰決而畜，築則必達。堰成而清口自利，清口利而鳳、泗水下，馴何疑乎？」遂鋭意董諸臣築之。二月決工告竣，而清口遂闢。七月隄工告成，而清口深闊如故。八月河水大退，高堰外水及隄址者僅一百五十丈，餘皆乾地。再詢，泗州之水盡已歸漕，膏腴可耕，而泗州人士始謂高堰之當築矣。』問者曰：『然則每歲伏秋，泗水何復漲也？』馴曰：『淮水發源于河南之桐栢山，挾汝決窮潁、肥、濠等處七十二溪之水，至泗州下流，龜山横截河中，即《祖陵賦》中所云「下口龜山不等閒，灣如牛角，勢樣非凡」者是也。故至泗則湧，譬之咽喉之間，湯飲驟下，吞吐不及，一時扼塞，其勢然也。且淮漲于泗，即黄漲于河南徐邳也。每歲伏秋皆然，自古及今無異。泗州水困，黄遏淮矣，河南徐邳水困，又誰遏之乎？蓋兩水發有先後，各有消長。泗人見牛未見羊耳。再查萬曆六年以前，黄決崔鎮而北，淮決高堰而東，兩河風馬牛不相及矣。而泗州之告水灾者，無歲無之。石護祖陵東麓及泗州護城隄，皆其時也，亦豈有黄遏之乎？今將考訂志、傳卷牘中語，開列于後。計開：

一、《禹貢》云：『導淮自桐栢，東會于泗、沂，東入于海。』職按：泗、沂即山東汶河諸水也，歷徐、邳至清口而與淮會。宋神宗後黄決而南，遂併泗、沂而與淮會矣。故昔之東會于泗、沂，即今之東會于黄也。

一、《中都志》云：『淮河自五河東來，經州城南，東至清河口，會泗水東入海。』職按：泗即

『泗沂』之泗，清河河口即清口也。此與《禹貢》所云無異。要之淮由清口入海，自禹迄今故道。今云清口板沙若門限，然欲舍故道而出高堰，似不可也。

一、《地理心學》云：『祖陵龍脉發自中條，王氣攸萃。前瀦水成湖作内明堂，淮河、黄河合襟作外明堂，淮上九峰插天爲遠案。黄河西繞，元末東開會通河遶之，而聖祖生矣。』

職按：黄、淮二河合襟，謂之水會天心，實祖陵鍾靈毓秀之喫緊處也。今欲縱淮出高堰，是分兩河爲二道，且過宫反跳，爲堪輿家大忌。臣子何敢輕議！

一、《中都志》與《歐陽文集》載宋臣歐陽脩《先春亭記》，其略有云：景祐三年泗守張侯問民之所素病[四]，而治其尤暴者。曰：『暴莫大于淮。』明年春，作城之外隄，因其舊而廣之，高三十三尺，土實石堅，捍暴備災可久而不壞。又曰：泗，天下之水會也。先時，歲大水，州幾溺。張侯夏守是州，築隄以禦之。今所謂因其舊者是也。

職按：脩曰『尤暴者莫大于淮』，則知淮之爲暴，于泗舊矣。曰『隄高三十三尺』，則知水之高矣。大水幾溺州，而先後州守惟以築隄爲事，則知禦淮之策，舍隄之外無策矣。今查泗州護城隄，高不及宋三之一，是今之水較宋爲甚小矣。再查黄河自宋神宗十年七月大决于澶州，北流斷絶，河遂南徙，合南清河而入于淮。而先臣丘濬《大學衍義補》曰『此黄河入淮之始』。則仁宗景祐三年黄河尚未會淮，業已爲泗州暴矣。今乃歸罪于黄，或未可也。

一、查得《泗州舊志》載元知州韓居仁所撰《淮水泛漲記》内稱：大德丁未夏五月，淮水泛漲，漂没鄉村廬舍，南門水深七尺，止有二尺二寸未抵圈甎頂，城中居民驚懼。因考宋辛丑之水大此二尺，丙寅小此二尺。今取高低尺寸刊之于石，以後水漲，官民視此，勿驚懼云。

職按：韓居仁記此以慰泗州官民，令其勿驚勿懼，良工之心可謂獨苦。且以州守載州事，必無不真者。夫云漂没鄉村廬舍，未抵城門圈甎頂者止二尺二寸。宋辛丑之水大此二尺，則已抵城門圈頂無疑矣。宋元泗州水患景象如此。此與歐陽文忠公所云『暴莫大于淮』、『州幾溺』者可爲互相參考。比時已有高堰，官民何不請毁？如其無堰，則水漲與堰無預矣。今乃歸罪于堰，不亦過乎？

一、嘉靖十四年，先任總理河道都御史劉天和題，勘議都御史朱裳所請祖陵東、西、南三面量築土隄，以障泛溢。内開行據直隸兵備僉事李宗樞呈稱，據泗州知州李天倫、留守司僉書指揮僉事張佑、鳳陽府知府劉佐、泗州衛掌印指揮同知張鎧，并奉祀朱光道等，伏瞻祖陵在泗州城東北，相距一十三里。坐北向南，地俱土岡。其岡西北自徐州諸山發脉，經靈璧、虹縣，逶迤起伏數百里而來，會秀含靈，至兹聚止。陵北有土岡聯絡倚負，南有小岡横亘依憑。小岡之北，間有溪水漲流。先年置橋利涉，凡謁陵官員俱至此下馬。是西北二面土岡聯屬，永奠無虞。其南面小岡之外即俯臨沙湖，西有陡湖之水亦匯于此。沙湖之南爲淮河，自西而來，環繞東流，上有塔影、蘆湖、龜山、韓家、柯家等湖。但遇夏秋淮水泛漲則西由黄岡口，東由直河口，瀰漫浸溢，與前項湖河諸水通連會合，間或滸及岡足及下馬橋邊。惟正德十二年大水異常，漲至陵門，遂侵墀陛。此則曠百年而一見也。今欲遵奉原題東、西、南三面量築土隄一節，職等淺見，欲自下馬橋邊及林木左右築隄，則板築震驚，錨斧掘伐，關係匪細，固非職等所敢輕議。欲自陵前平地築隄，則積水長盈，群工難措。抑且遠無所禦，近有所妨，亦非職等所敢輕議。又欲東自直河口，西自黄岡口，上下五十餘里間遠築圍繞。但恐此隄一成，淮河一時泛漲之水雖稍能障蔽傍溢，而陵前湖河諸水又將阻遏北侵。名雖防河，實則蓄水遠流，未及爲患，而近水先有可憂者矣，尤非職等所敢輕議也。又據匠役王良等量得自淮河見流水面至岸地北水高七尺，又自岸至下馬橋邊地高八尺四寸，橋邊至陵門地高六尺陵門地至陵地高一尺七寸，共高二丈三尺一寸。況基運山雖俱土岡，百餘年來，每歲水溢，未聞衝決，寔我三祖陵寢萬年根本之地，百祥肇始之區。委的事體重大，未敢遽擬，等因到職。隨該職公同各官恭詣祖陵，伏瞻環仰，博訪備詢，亦與各官會議相同。竊惟祖陵數百年來，奠安已久。今一旦添築土隄，雖水患固當預防，而工役豈宜輕動？委的事體重大，非職等所敢輕議，等因。

職按：前疏係嘉靖十四年所題，地勢水勢頗爲明悉。據稱陵地迴高二丈三尺一寸，則雖極大之水亦無高出玄宫者。且陵前湖河諸水向來伏秋漲溢如此，要知非築高堰後始然矣。

一、查據泗州申稱萬曆三年，該奉祀朱宗唐具題，蒙南京工部委主事郭子章前來，會同潁州兵備道勘得水勢洶湧，風浪衝擊，崖岸逐漸坍塌，逼侵栢林，包砌石工，計長二百二十六丈。至萬曆五年工完，等因。及查巡按邵亦于此時行州，將護城隄用石包砌，至今賴之，稱爲邵公隄。

按前開工程皆職未任時事。比時淮水竟從高堰決衝淮揚郡邑，黄水從崔鎮決出五港入海，兩河已不會于清口矣。無堰可阻，無黄可遏，而其勢如此，則今之水漲亦未可歸咎黄與堰也。且比時更無别策，惟有護隄一事。毁堰之説，委難輕議。

或有問于馴曰：『高堰之築是矣。而南有越城并周家橋，淮水暴漲，從此溢入白馬湖，寶應縣湖水遂溢，此與高堰之决何異？』馴應之曰：『馴與司道勘議已確，籌之熟矣。其不同者有三，而其必不可築者一。夫高堰地形甚卑，至越城稍亢，越城迤南則又亢，故高堰決則全淮之水内灌，冬春不止。若越城、周家橋則大漲乃溢，水消仍爲陸地。每歲漲不過兩次，每溢不滿再旬。其不同一也。高堰逼近淮城，淮水東注，不免盈溢，漕渠圍遶城廓。若周家橋之水即入白馬諸湖，容受有地，而淮城晏然。其不同二也。淮水從高堰出則黄河濁流必遡流而上，而清口遂淤。今周家橋止通漫溢之水，而淮流之出清口者如故。其不同三也。當淮河暴漲之時，正欲藉此以殺其勢，即黄河之減水壩也。若併築之，則非惟高堰之水增溢難守，即鳳、泗亦不免加漲矣。』『然則即于周家橋疏鑿成河，以殺淮河之勢何如？』馴曰：『漫溢之水不多，爲時不久，故諸湖尚可容受。若疏鑿成河，則必能奪淮河之大勢而淤塞，清口泛溢，淮揚之患又不免矣。况私鹽商舶由此直達，寧不壞鹺政而虧清江板閘之税耶？』

或有問于馴曰：『向來河堤之決，人皆歸罪于河之猖獗，隄不能障，有之乎？』馴應之曰：

『河勢自無不猖獗者。譬之狂酋悍虜〔五〕，環城而攻，惟在守城者加之意耳。往事無論矣，即如近歲范家口之隄，汕刷者十八，管河官置之若棄。人以告者輒重笞之，能無決乎？決後官夫避罪，輒委之于河。而上官亦恐以此得罪，議論紛起，而河之罪不可解矣。譬之盂中之水，至静也。執事者不戒于盂，偶損一隙，則水必從隙迸出。主人不以治盂而以罪水，冤哉水乎！良可嘆也。』

或有問于馴曰：『老黄河之説何如？』馴應之曰：『老黄河之説，吾未之前聞也。考之郡志，止有大清河、小清河。註云：即泗水之末流。源出泰安州，至縣西北三漢口分爲二河。大清河由治東北入淮，小清河由治西南入淮。是黄未會淮之時，泗沂之水或經于此，並無所謂老黄河者。今據淮人云，自桃源縣三義鎮經毛家溝、漁溝等處出大河口謂之老黄河故道。殊不知大河口去見行清口僅五里許，至此復與黄會，何能遽殺清浦泗州水勢？若如近議，欲改從葉家衝、周伏三莊、瓦子灘入顔家河，則自漁溝而北又非老黄河故道矣。深濶須照見行之河方能改舊，無論開掘之難，工費之鉅，而開通之後自三義鎮迤東一帶河道必至淤塞，運艘豈能飛渡，矧泗州之水自古及今皆然，誌傳開載甚明。所謂老黄河者，去泗二百餘里，去清口亦四十餘里，豈能遠泄泗州之水？此言甚易惑人。既非志乘有據之言，又非合衆通方之論，執己見以淆國是，如之何其可哉！累經勘議，並未有考訂詳確闡發明悉者。若知泗州伏秋淮水之漲，即如徐邳、河南每歲黄河之漲，必不可免，止宜隄防，則其議自息矣。其説詳具淮黄交會白。

或有問于馴曰：『昔年徐、吕二洪恠石嶙峋，上浮水面，湍激之聲如雷如霆，舟觸之必敗。今皆無聲，行者若履坦途，得非沙掩其上而然乎？』馴應之曰：『二洪本體甚高，沙能掩之，是無徐州矣。徐洪于嘉靖二十年爲主事陳穆所鑿，吕梁洪于嘉靖二十三年爲主事陳洪範所鑿。巉巖突屹之石，一切削而平之，剷而卑之。今河中之回瀾亭即洪基也。又安望其有聲耶？皆有碑志可考，不必辯也。載在《古今稽證》卷中。』

或有問于馴曰：『徐州城當伏秋水發之時，河高于地，以至城中雨水難洩，人甚苦之，奈何？』馴應之曰：『此不特徐州爲然也，濱河州縣皆有之。如鳳陽之泗州、河南之虞城等縣皆然。至如河南省城則河面高于地面丈餘矣。一城之命懸于護城一隄，謹謹修守而已。城中積水惟有車戽之法，而土人頗不慣此。墊土增高亦是良策，而填築工費不貲，官衙衙舍尚可努力爲之，小民未必能辦。若欲爲長久之計，則惟有比照宿遷縣遷城事例。而士民安土重遷，未必樂從。查得徐南地勢頗窪，開濬一渠，縱之由符離集出小河口，亦一策也。或曰：『黄河舊由新集經蕭縣薊門出小浮橋，河水尚未至此。今由石城出濁河，皆係民間陸地，原非河身。來源既高，故下流河底亦高耳。』馴曰：『否否。自宋熙寧十年黄河南徙會淮水，即高于地矣。故蘇軾守徐時有「入市巷閭井〔六〕，屋瓦留沙痕」之説。且河南來源未之有改，而河流之高于省地也，又何故哉？此其河勢、地形高卑，原自如此，亦難强圖。訝徐州者，若知河南省城形勢，或自息喙矣。』今從開渠之議，積水盡洩，詳見後疏。

或有問于馴曰：『清江浦壹線之隄，廣者不過叁肆十丈，窄者僅貳十餘丈，兩河掃汕，能無慮乎？』馴應之曰：『陳平江開鑿清江浦一帶通河濟運，所留隄址，原只如此。』問者曰：『何以徵之？』馴曰：『不觀車盤伍壩乎？伍壩去河僅二十餘丈。進船水溝每爲濁流所淤，常事撈濬。如更廣也，何以能車盤也？今河由草灣、清江浦，淤沙稍遠，船遂不能進矣。此正陳平江之妙用也。又不觀之惠濟祠前之石隄乎？乃宣德年間之所築也。其廣亦不滿二十丈，此古跡也，豈亦剥削而然哉？且各處遥、縷隄面廣不過二丈餘，尚欲恃以爲固，矧于二十丈者，乃云不能守乎？若每歲埽護之工及磯嘴壩之築則不可少耳。』

或有問于馴曰：『開復新集舊河之議何如？』馴應之曰：『此全河之利也。查得黄河故道自虞城以下。蕭縣以上，夏邑以北，碭山以南，由新集歷丁家道口、馬牧集、韓家道口、司家道口、牛黄堌、趙家圈，至蕭縣薊門出小浮橋。此賈魯所復故道，誠永賴之業也。後因河南水患頗急，另開一道出小河口，意欲分殺水勢。而不知河不兩行，本河漸澁。至嘉靖三十七年，河遂北徙，忽東忽西，靡有定向。行水之處即係民間住址稑地〔七〕，水不能刷，衝不成漕。雖一望茫然，而深不及丈，梁樓溝、北陳等處不及二尺。今大勢盡趨濁河，小浮橋不過十之一二矣。夫黄河并合萬餘里間千溪萬派之水，湍湃涆激，勢若奔馬。陡然遇淺，形如檻限，其性必怒，奔潰决裂之禍，馴恐不在徐邳，而在河南、山東耳。水從上源决出，則運道必至淺阻。嘉靖二十年間，河决亳州，而二洪乾涸，往事固可鑒也。且濁河漫溢，坡水皆由地面，徐州以下之渠不能着底衝刷，以致河水易盈，隄防甚爲艱苦，尤可慮也。馴于萬曆六年具疏請復。而河南、山東當事之臣頗畏勞費，會疏請止。夫欲復此河，非百萬金不可，委非細故。然與其葺籬于亡羊之後，似不若徹土于未雨之前也。』姑志之以爲後日左券。原題小疏具載集中。

或有問于馴曰：『泇河、膠河與海運之議何如？』馴應之曰：『二河之不可成，備載勘議諸臣之疏，一覽自悉。然馴之意則謂不當辯其可成與否也。假令膠、泇告成，海運無阻，將置黄、淮于不治乎？亦將併治之也？夫治河之策，莫難于我朝，而亦莫善于我朝。蓋自元宋以前，惟欲避河之害而已。故賈讓不與河争之説爲上策。自永樂以後，由淮及徐，藉河資運，欲不與之争，得乎？此之謂難。然以治河之工而收治漕之利，漕不可以一歲不通，則河不可以一歲不治。一舉兩得，乃所以爲善也。故元宋以前，黄河或北或南，曾無寧歲。我朝河不北徙者二百餘年，此兼漕之利也。今欲别尋一道，遂置兩河于不治，則堯舜之時泛濫于中國者，此河也。縱使漕艘無阻，民可得而食乎？况膠河去河尚遠，若泇河必從直河、沂河等處出口，復與黄合，而中段相隔之地，近者僅三四里，每歲水漲，勢必漫入，可不治乎？如欲併治，則張官置吏，設夫備料，歲費不貲。一之不支，其可再乎？至于海運之説，尤爲支漫。往歲已有明鑑，不必瀆陳。卷查萬曆五年十二月内節奉聖旨：近來河、淮爲患，民不安居，朕何嘗一日不以爲念？先年以運道梗塞，不惜重費，欲别求一道以利轉漕。乃議者謂治河即所以通漕，遂降旨專責當事諸臣，著一意治河。欽此。大哉王言，可爲萬世蓍鑑。馴又何容復贅？』問者曰：『夏鎮新河非别尋一道乎？』馴曰：『此河僅于閘河中直截一段，至留城仍歸原河，出茶城，仍與黄會。此與三沽舊河無異，特欲避卑就高，非棄黄河于不治也。治河者審之。』

或有問于馴曰：『故道當循，是矣。然禹時河由大伾鉅鹿入北海，今入南海矣，豈故道乎？』馴應之曰：『河自宋神宗十年大決于澶州，合南清河而入于淮。南清河者，即泗沂之故道。黄河經行五百餘年矣，謂之非禹故道則可，謂之非黄河之故道則不可。如必欲復禹故道，則歲漕四百萬石將安適乎？膠柱而鼓瑟矣！』

或有問于馴曰：『濬睢河以爲通運，旁行一道，且可殺河流也。其説何如？』應之曰：『考之《括地志》云：睢水首受浚儀縣浪蕩渠水，東經取慮縣入泗過沛。浚儀、取慮二縣皆隸河南。《漕河圖志》云：宿遷縣小河，在本縣東南十里，源自開封府黄河來流，經歸德州、虹縣、宿州，至睢寧縣，東南流六十餘里，至小河口，以入漕河。蓋《括地志》所載乃黄河入北海之時，故止云睢水而不及黄河，《漕河圖志》所載乃黄河南徙之後，故直指黄河來流也。《淮安志》云：小河在宿遷東南十里，以其淺狹，故名。查得弘治六年，侍郎白昂曾導水自歸德小壩地方，經睢寧至宿遷小河口入漕河。比因河決河南之金龍口，衝張秋，勢甚危急，故濬此河以殺水勢耳。然不久遂淤。蓋河不兩行，徐、邳之河與小河必無並行者。今自徐溪口迤北直至永城縣一帶俱成平陸，復之亦頗不難。但恐此河一開，則徐、邳必塞，若徐、邳不塞，則此河必復爲平陸。

且均一濁流也，在徐、邳大河則淤，在新復之小河則不淤，恐無是理也。況小河口而南至清河縣尚有二百三十餘里。假如近歲河决崔鎮，桃清爲塞，不知南來運艘將從何路達睢河也。』問者曰：『止濬雙溝永涸湖一帶，使艘從九里溝出小浮橋。倘徐邳正河淤塞，此不通而彼通，可無阻也。』馴曰：『此河原甚淺狹，且湖水常盈，濬工難施。若正河淤塞，黄水盡從此河，則泛濫無歸，非特牽挽無路，而經行于樹椿基磉之間，必至觸敗。與由决何異也？若正河不塞，而此河僅分支流，則徑由正河可也，何必去夷就險爲哉！』

或有問于馴曰：『改沁入衛，以殺黄河之勢何如？』馴應之曰：『黄可殺也，衛不可益也。移此與彼，不可也。衛漳暴漲，元魏二縣田地每被渰浸，民已不堪，況可益以沁乎？且衛水固濁而沁水尤甚。以濁益濁，臨德一帶必至湮塞，不可也。又《問水集》有「引沁至長垣界，經張秋出永通閘，入運濟旱」語，亦未知沁之濁也。一溝之渠，寧能當此濁流乎？沁可引，黄亦可引矣。』

或有問于馴曰：『茶城之淺何如？』馴應之曰：『茶城爲清黄交接處所，黄强清弱。故黄發必倒灌茶城，與漕水相抵，沙停而淤，勢所必至。然黄水一落，則漕水隨之而出，沙隨水刷，仍復故渠，亦勢所必至者。但勿令漕水中潰耳。若因船隻少阻，輒議改濬，徒費財力，無益也。此在清河口、直河、小河口，凡係清黄相接處皆然，不獨茶城也。萬曆九年，該中河郎中陳瑛移河口于茶城東八里許，刱建古洪、内華二閘。黄漲則閉閘以避淤，黄退則啓閘以衝刷，極爲便利。近于萬曆十六年，工科都給事中常居敬請增建鎮口閘一座，去河愈近，衝刷愈易，而本口無遺策矣。已經題奉明旨，永宜遵守可也。』

或有問于馴曰：『漕水之出鎮口閘者甚低，故難敵黄，被其倒灌而淤也。今欲束之使高，可乎？』馴應之曰：『漕水發源本不甚洪，而昭陽、薇山、吕孟諸湖水爲瀦蓄，故出閘者愈少耳。議者欲築西隄以障之，中砌減水閘二三座，漕盛則閉閘以防其洩，漕涸則啓閘以藉其流，或是一策。但因無處取土，司道勘議未決。近據地方呈稱，欲從滿家閘經荳腐店開出梁山鑿渠一道。似或可行，俟圖之。』

或有問于馴曰：『五塘蓄水濟運，先年設有隄閘，今皆圮矣，可不復舉乎？』馴應之曰：『馴初至之時，亦嘗鋭意求復，反覆行勘。查得小新塘與雷公上、下二塘相接，西去揚州郡城十餘里，水由淮子河入漕河，句城塘西去揚郡幾三十里，水徑奔儀真，由嚮水閘出江。四塘皆隸江都縣，唐長史李襲譽所築也。陳公塘隸儀真縣，其水亦奔嚮水閘出江，漢廣陵太守陳登所築也。句城、陳公二塘地形高阜，水俱無源，惟藉雨積。小新、上下雷三塘受觀音閣後及上方寺後并本地高田所下之水，而局面窄小，蓄水無多，故漢唐三臣築塘積水以爲溉田之計，非以資運也。今若慮漕渠淺涸，借此水以濟之，則應任其直下，不宜築塘以障其流。且冬春運河水淺，彼先涸矣。若慮湖水漲漫，借此塘以障之，則諸水皆從揚、儀徑奔出江，與諸湖了不干涉也。如欲復前人之故業，蓄水以溉高亢之田，于民未必無益。但民間承佃爲田，輸賦不貲，歲納之課亦不貲，必須盡行償貸。築隄建閘，費尤不貲，必須大爲處分。殞田高之民欲積，田窪之民欲洩。築隄建閘之後，盗决者多，必須添設官夫防守。當此勞費之後，災傷之餘，種種難于措辦，故馴謂其是尚可緩也。』

或有問于馴曰：『徐南十餘里有長、塔二山，中間地甚平衍。伏秋水漲，正河從此分洩，出磨臍溝，會鰻蛤諸湖之水，由董、陳二溝出宿遷縣，徐州庶幾少免漲溢。今乃築隄障之，夫乃不可乎？』馴應之曰：『此未考也。嘉靖三十年，河水由磨臍溝洩出，正河遂奪。工費不貲，兩年始復故河。萬曆十八年，水去其八，幾蹈覆轍。築隄之後，挽水歸漕，河方深廣。且塔山原有天然一壩，减水三十餘丈。長山新砌石壩减水四十餘丈。水漲則洩，水落歸漕，隄何嘗阻遏之也？』

或有問于馴曰：『禹以治河稱神，而自夏及商，爲年不甚久遠，而盤庚遂有播遷之患。至周定王五年以後，則或南或北，遷徙不常。而馴欲以區區隄壩之工，遂爲長久之策乎？且自河南而上，秦晉之間，何嘗有隄哉，任之而已。』馴應之曰：『成功不難，守成爲難。使禹之成業世世守之，盤庚不必遷也，周定王以後河必不南徙也。人亡歲久，王迹熄而文獻無徵，故業毁而意見雜出，又何怪乎河之無常也。至于秦晉之間，則更有説山多土堅，水難囓也，地亢而曠，運不資也。河南爲城廓所拘，徐、邳爲運道所藉，隄而束之，勢不得已也。世世守之，世世此河也。歲久人亡，道謀滋起，馴不得而知也。

## 校勘記

〔一〕此為宋蘇軾《答吕梁仲屯田》詩之句。原詩見《東坡文集》卷八。

〔二〕《問水集》，明劉天和著，爲論述黄河、運河及治理的重要文獻。

〔三〕稑，清初本，乾隆本同，《権》本卷三作『陸』。

〔四〕景祐三年，清初本、乾隆本、水利本、《権》本卷三同，據原文及文義當作『景祐二年』。

〔五〕此處空字爲『虜』字避諱。以下凡遇避『虜』空字者均補填『虜』字，不再出校。

〔六〕巻，對校本同，據前文和《東坡文集》卷人當作『卷』，形誤。

〔七〕稑，清初本，乾隆本，水利本同，《権》本作『稑』。

# 河防一覽卷之三

河臣潘季馴著
主事王元命
副使曹時聘　校訂
運同陳昌言編次

## 河防險要

### 淮　南

一、歲防高堰。

高堰爲淮揚門户，隄防不可不嚴，修守不可不預。内除石隄三千丈外，兩頭土隄，每歲伏秋晝地分守〔一〕，隨汕隨葺，似可無虞矣。但幇護之法須于冬春間，樁内貼蓆二層，緊綑草牛，挨蓆密護，毋使些須漏縫。然後實土堅夯，則是以樁蓆護草牛，以草牛護土，浪窩何從得來？至于密植橛柳茭葦以爲外護，須于水落即種，庶免淹浸。是在當事者加之意耳。

一、歲防湖隄。

諸湖隄岸見議加幇高厚，且多減水閘，尋常之水似可無虞矣。但或霪潦彌月，山水併發，則又不可不預爲之計也。查得沙壩并芒稻、白塔二河，俱可洩水。當事者因慮私販鹽徒潛通間道，每每築壩斷流。殊不知欲禁舟航，何湏築塞！河心密布樁栅，仍委白塔巡檢嚴防越渡船隻，瓜、儀諸閘一體開放，閘口攔以木栅，則湖水可洩，而鹽政税課亦無妨矣。

一、歲防清江浦外河。

清江浦内外河相隔僅得一線之隄，最爲喫緊。况黄河自清河縣出口，由西射東，勢甚湍急。然埽灣迎溜之處不過一百五十丈，止是捲築鷄嘴六道。每道相去二三十丈不等，阻隔來流。復于鷄嘴中間捲埽護岸，即可支持。然倉卒措辦，未免張皇。莫若于冬春之間，捲築大埽，幇護老隄。埽外深下密樁，内用兩笆兩薦以護埽。亦如歲防高堰之法，自可無虞。合用人夫，查有近議行銀募夫，專聽本隄興作，免其别處差撥，自可足用。其餘樁草所費不多，措辦自易。至于用石甃砌以爲永久之計，則俟工力少裕爲之可也。鷄嘴即順水壩之俗名。近日河由草灣，清江浦外淤灘甚遠，猶恐河性不常，二三年間復歸正河。修守之法，當謹識之。

一、議守徐家壩。

清河而下，黄淮二瀆交流注海。越五十里一大折于淮郡之西橋，又三十餘里一大折于徐家壩。其衝激怒號之勢，無異西橋。前此治者屢壩屢壞，爲與水争尺寸耳。今議棄舊址，只營月壩，去水稍遠，令無湍激，外護樁埽，用實壩基，事省功倍，良得策也。每歲派撥官夫，預備物料。伏秋將届，專責山陽令督管河主簿，不時巡視。少有圮壞，輒先綜理。年復如斯，斯永賴也。

一、議守八淺隄。

寶應縣之西十餘里有白馬湖。其當湖心而東，即所謂八淺隄也。往歲隄決，湖水奔逸，建瓴而下。舟楫過者，少遇西風，輒沉溺不可救。其決處濶八十餘丈，深且二丈五六尺。而水勢湍急，莫可名狀。雖不惜費，寧能與水角力哉！屢築無功，覆轍可鑒也。乃議從湖心淺處先築西隄一道，以捍其外。仍于河之南北截壩二道，暫令運艘越湖而行。隄壩成則八淺正決，豬水不流，捧土而塞之矣。是築西隄者乃所以塞東決也。但東決雖塞，西隄終不可棄。必須歲加修築，仍密種橛柳茭葦之類，使其能當濤浪，則東隄不守而自固矣。此當于冬初預行寶應縣掌印管河官料理可也。

一、寶應月河，自黄浦至三官廟前長二十里，水多旁潰入湖，是以流緩沙停，新閘一帶淺阻爲梗。今加築西上隄一道，長三千六百三十五丈，以束漕水，可省挑濬之費。須責夫看守，栽植茭柳，加意培護。歲修之工可勿緩也。

一、嚴閘禁。

河口諸閘之設，先臣平江伯陳瑄殊有深意。蓋節宣有度，則外河之水不得突入，運河之水不得盈漕，非惟清江板閘一帶隄岸易守，而寶應諸湖亦緩此一派急流矣。但啓閉之法非嚴不可。如啓通濟閘，則福、清二閘必不可啓，啓清江閘則福通二閘必不可啓，啓福興閘則清、通二閘必不可啓，河水常平，船行自易。單日放進，雙日放出。蒲漕方放，放後即閉。時將入伏，即于通濟閘外填築軟壩，秋杪方啓。悉照先年舊規與近日題准事例行之。其于河道關係不小也。

一、歲守淮城北岸遥隄。

查得清江浦起，由柳浦灣至高嶺止，共隄一萬六千九十一丈，近又加至戴百户營止，共隄八千一百五十六丈，向來置之若棄。萬曆十三年，范家口一決，淮城幾爲魚鱉。工費不貲，復還故物。今已增設大使一員，夫五百名，專守一帶隄岸。乃淮安城北外捍殊爲喫緊，如有汕刷，隨宜修補，倘遇大有損動，即于隄内有産之家量起夫役，相幇修築。伏秋之時，選撥省祭、陰醫等官，畫地分守。仍須預備樁草绳葦之類，各安置要害處所，以待不時之需。每歲冬春之交，即預行申飭山陽縣掌印官可也。目今河由草灣，正河俱淤，殊不足慮。然河性不常，一旦忽歸正道，修守之法仍須志之。

一、歲守通濟閘外大壩。

舊通濟閘逼近外河，河形淺直，水勢洶湧，不便啓閉。而朱家口一帶隄岸尤爲難守。今移閘于甘羅城旁，改河于西南隅。而于舊閘内半里許築攔水大壩一道，置朱家口于度外，似爲得策矣。但大壩最爲喫緊，萬一傾圮，則新河與舊河之水併瀉入閘，勢必不支。每歲四月初，須專委一的當義民官，撥夫十餘名，量備樁草守之。毋忽毋忽！議者又謂從大壩迤東兩頭直接泰山築隄一道，僅三里許，則壩東與高堰七里墩迤北兩岸一帶隄岸俱不須守，而隄内之田皆可耕矣。冬涸之時，夫力稍暇，即宜圖之。

一、防清口淤澁。

清口乃黄淮交會之所，運道必經之處。稍有淺阻，便非利涉。但欲其通利，須令全淮之水盡由此出，則力能敵黄，不爲沙墊。偶遇黄水先發，淮水尚微，河沙逆上，不免淺阻。然黄退淮行，深復如故，不爲害也。徃歲高堰潰決，淮從東行，黄亦隨之而東，清口遂爲平陸。今高堰築矣，獨慮清河縣對岸王家口等處淮水過盛，從此決出，則清口之力微矣。故于清河縣南岸築隄一千一百八十丈。今又接築張福口隄四百四十餘丈，以防其決，蓋爲此也。工若甚緩，而關係甚大。已經題奉明旨，每歲專責清河縣掌印官責差的當員役看守。如遇塌損，即便修築。更有一事，尤宜稽察。河南、鳳、泗等處商販船隻，最利由此直達，每爲盗決，須嚴防之！

一、京口閘附。

江南丹徒、丹陽一帶河道原無水源，藉江爲源。潮長則開京口閘以放舟，潮落則下板以蓄水。若水涸舟膠，則丹徒閘亦係通江支河，放水可濟。潮水既落，車戽亦可。須臨時斟酌，申嚴啓閉。守閘者勿弛禁也！

## 淮北

一、碭山舊縷隄。原因傍隄取土，以致隄根成河。每上流劉霄等口漫溢，則直灌隄河，壅激衝撞，縷隄坐此不支。今棄此隄于不用而另幇。近年所築月隄，已爲得策。又慮縷隄決則月隄亦危，且碭山居豐、沛上游，碭隄乃豐、沛外户。外户失守，則堂奥隨之。故復彷黄河順水壩之意，于單、碭接界處築斜長大壩一道，長千餘丈。使上流漫溢之水循壩徑歸大河，不得迫縷隄以危月隄。試有成效，宜加意此壩。冬春撥夫幇培，伏秋倍夫防守，此保全碭、豐、沛一帶隄防關鍵也。

一、豐縣邵家大壩，乃斷絶秦溝舊路，最爲喫緊。今已倍幇高厚，又接長數百丈。每歲宜摘調徐北隄夫赴此加修加守。若日後夫役錢粮有餘，再于華山斜築大壩，直至樓子集，將秦溝、濁河二口俱斷，則全勝之策也。但壩頂高大，斜向東南，勿令兜水，乃可經久。姑識之以俟將來。

一、磨臍溝減水壩。

徐州東岸南去十餘里有狼矢溝。又東十五里許有磨臍溝，每歲黄水暴漲，則從狼矢溝直下，至磨臍溝洩出赤龍潭，經鰻蛤諸湖、落馬湖，出宿遷董、陳二溝。嘉靖年間，全河俱從此出，而兩洪正河俱爲之奪。萬曆七年，已于本溝築遥隄一道。而地形甚卑，水入囊底，隨復衝決，遂議築減水石壩一座。佘郎中親往視之，不可而止。今此議尚存。馴躬率中河沈郎中往視之，地形較之河口卑數丈。黄河暴漲之時，必至逾隄漫流，豈肯循軌入壩。今議于長、塔二山新築隄中建石壩一座，長三十丈。水漲則洩，水退歸漕，自無奪河之患矣。但壩西與徐州居民甚不利，此恐有盜决之患。須特設一老人常川看守，庶可久耳。

一、徐北鎮口等閘。

此泉河與黄河交會之處。伏秋黄水大發時，多灌入本口，動至淤阻。原任中河郎中陳瑛剏建古洪、内華二閘。近該工科都給事中常題建鎮口一閘。如遇水發，下板謹閉。俟黄水消落，即啓閘縱水外衝，而漕河無淤墊之患。啓一閉二，悉如清江裏河事規與近日題奉明例行之。其鎮口閘外東西兩隄，原係挑河所積，客土未堅，内水湧出，未免剥損。伏秋之前密護樁笆，隄固則閘無虞矣。司閘者宜加慎焉。

一、塔山牛角灣等縷隄。

鎮口、古洪二閘，以東多傍山麓，以西一望平曠。濁河經流，更無隄防，黄水出岸，横截閘河，腹心受病，故于塔山支河接築縷隄九百四十二丈。而牛角灣係茶城運河舊渠，又築壩一道，東接塔山，西接長隄，幾二里許，以遏黄流傍入。但壩地原係河身，下多積沙，創築卑薄，連歲失守，肘腋爲患，已于本壩之南自舊縷隄支將軍廟起，東接塔山，增築長隄七百餘丈，頗得重門禦暴之意。冬春之際多加幇護，伏秋之時晝夜防守，預辦樁草以備不虞。夏鎮第一要害，宜殫心力。勿忽！

一、徐州之房村、牛市口、梨林鋪、李家井，靈璧之雙溝、曲頭集、栲栳灣，睢寧之馬家淺、王家口、白浪淺、何字鋪，邳州之匙頭灣、張林鋪、沙坊等處，皆係掃灣急溜，先年屢經衝決，最爲要害。今雙溝一帶已議棄縷守遥矣。其餘每歲冬春間務及時詳加勘議，應護埽者急護，應築磯嘴壩者急築。若水既發，則難施工矣。水發之後，尤須倍嚴防守。司道府官俱當不時巡閲。矧濱河田地每利于黄河出岸，淤填肥美，奸民往往盗决。蓋勢既掃溜，止須掘一蟻穴，而數十丈立潰矣。凡此等處，夜防尤不可懈。識之，慎之！

一、羊山横隄。

雙溝棄縷守遥，固爲得策。但恐漲水直至峰山，未免分流。今于邳州對河羊山、龜山、土山相接處剏築横隄，長四百八十丈。縱有順隄之水，遇格即返，仍歸正漕，自無奪河之患。此隄雖係睢寧縣地方，然去邳州不遠。專責該州掌印管河官時加督閲，培築之工勿怠勿忽！

一、議格隄。

防禦之法，格隄甚妙。格即横也。蓋縷隄既不可恃，萬一决縷而入，横流遇格而止，可免泛濫。水退，本格之水仍復歸漕。淤溜地高，最爲便益。今于南岸房村、單家口、雙溝、馬家淺、辛安、峰山等處，俱築格隄一道，併羊山横隄，共七道。倘歲歲增修高厚，可永無分流奪河之患矣。俟工力有暇，再爲增築北岸，亦倣而行之，多多益善也。

一、歸仁集隄。

本隄所以捍禦黄水、睢水、湖水，使不得南射泗州，并攻高堰，而又遏睢水、湖水，使之併入黄河，益助衝刷，關係最爲重大。每歲三月間，即當撥洪夫二百餘名，協同本隄夫併力修護。隄下宜密栽茭柳，以搪風浪。其水浸隄根稍深處即預下護埽一二層，樁笆欹朽者務逐一掘换填築。内四鋪以至九鋪尤爲危險，工宜倍之。每歲冬春，宜多運樁簾繩草，分貯各鋪。其管河主簿督令專駐本隄，以便督率。前歲議築石隄，以工力不足，僅成二千一百丈，尚餘二千九百丈。若得全完，幇護之工可免矣。然其橐籥則又在小河口之通塞。蓋小河通則睢水徑入黄河，而歸仁之水减半。其藩籬則又在耿車、時兒灘一帶之隄。蓋此隄高厚堅固，則睢水不能漫入埠子等湖，而小河常通矣。故上自高卓[二]，下至時灘，皆當接築長隄，歲加修守，且密栽茭草葦以護之。蓋修守此隄即所以修守歸仁也。况小河常通則靈、睢、宿遷積水得泄，而沮洳漸成膏腴，舟行徑直，免犯湖險，而小民便于販易，爲地方利，又非淺鮮也。司河者宜加意促成之。

一、馬廠坡隄。

桃源縣地方有馬廠坡横隄，長七百四十六丈。蓋慮黄水大漲則從此入淮，而淮爲之淤，淮水大漲則從此洩出，而清口流弱。故特築横隄一道以遏之，使黄不得入，淮不得出，最爲緊關。宜慎修之！

一、直河。

邳州東南六十里原有直河，以宣泄蒙沂諸山之水。近年因濁流倒灌，直河遂塞，諸山水俱迤邐由落馬湖經董、陳二溝以出大河。水勢紆廻，則近邳田地常被淹浸，湖波淼渺則候風舟楫遲滯艱危，不特直河居民失市廛之利已也。昔已開復通行，而迤裏閻家集等口乃原通落馬湖故道，復築長隄遏水。此隄之堅瑕乃直河所視以通塞者，每歲仍須加高加厚。水發之時，嚴行防守，不令復出落馬湖，庶直河可保不淤也。柰何繼者失守，長隄復決，直河因之復塞矣。務須查倣先年規制爲之。此與耿車、時灘之隄同一關棙，在司河者加之意耳。

一、瀕縷居民。

遥、縷夾中居民及濱河居民，俱當諭以移居高阜處所，或即結廬于遥隄之上。蓋黄河伏秋盛漲之時，縷隄逼水，必難恃以爲安。若水至而後避，則無及矣。此亦徙民當水衝者之遺意也。即小民安土重遷，亦須諭以四月暫移，至九月復還故址。每歲春杪，司道即嚴行各州縣家諭而户曉之。久之而民知遥隄之外皆樂土，自有不待驅迫而相率移居者矣。

## 山東

一、歲守武王二壩。

曹縣武家壩、王家壩迎溜掃灣，逼近老隄，最爲險要，而武壩險又甚焉。萬一此壩潰決，則城武、金鄉數郡邑者，悉成沮洳。且逼近閘河，甚爲可虞。須于正月間多捲釘頭磯嘴埽壩以遏直射，及將老長隄幇厚增高。伏秋防守，官夫時刻勿懈。萬曆十七年，武家壩外忽成淤灘，此亦一時之幸，未可恃以忽修防也。

一、修守曹、單太行隄。

曹、單二縣太行隄，剏自弘治十年河決黄陵岡，大傷張秋運道。先臣都御史劉忠宣公自河南以至碭沛築長隄一道，即太行隄也。向來修守止及近水縷隄，而行隄置于度外。萬曆四年，河決魯家口，則曹、單、金、魚被渰殆盡。萬曆八年，題准大加修築，屹然可恃。以後每二年一次加幇，著爲定例。當事者慎毋居安忘危，爽期廢格可也。

一、守戴村壩。

汶水從陶泰而來就鹽河，由博興車瀆入海。自宋司空築壩戴村，蜒蜿九里，屹如天成，廻狂瀾而趕之西會通河，始得濟運。此壩係全河屏障，先年設夫增土植柳，培護周密。歲久防弛，以漸單薄。萬一乘瑕復歸故道，不無可慮。宜令東平、汶上管河官督夫培土栽柳，悉如舊制。此係運河第一喫緊關鍵，故首及之。

一、守坎河口石壩。

坎河口與戴村壩無異。蓋因戴村既築之後，水無傍洩，歲久復衝此口，泉水決入鹽河，運河每至淺涸。萬曆十六年，都給事中常會同撫按題請築壩。馴于十七年剏築石壩一道，長六十丈。水漲則任其外洩，而湖河無泛濫之患，水平則仍復内蓄，而漕渠無淺涸之虞。利賴甚重，防守當嚴。必每歲六月初旬即令東平州管河官駐劄壩上，備料集夫，相機捍禦，九月初旬始得徹守，著爲定例，永保萬全。司河者宜加慎焉！

一、守馮何二壩。

馮家壩係蜀山湖之門户，地卑而水易洩，故築壩以障之，蓄可益運，泛不病民。何家口係南旺湖之尾閭。此口稍卑，汶水就西而下，每決房家口而傷運河之隄，南旺之水則涸矣。今築石壩，平時任其南逝，水漲洩而之西，良得策也。每歲伏秋，專責管河官不時巡視，少有圮壞，即便修砌。二壩皆係都給事中常會題刱築，馴督築頗固，真永賴也。

一、挑濬汶河淤沙。

坎河口石壩固爲完策，但可以洩水而不可以通沙。日久淤停，沙填河内，則能致水漲漫。或沙嘴横射河灣，則能逼水衝決。宜督管河官乘暇集夫挑濬，使水不東逼，徑直南趨。誠爲保全石壩要務。是在司河者先事而加之意爾。

一、巡守五湖隄岸。

運艘全賴于漕渠，而漕渠每資于水櫃。五湖者，水之櫃也。止因舊隄浸廢，界址不明，民乘乾旱，越界私種，盡爲禾黍之埸。先臣兵部侍郎王原建土隄，南旺湖週圍隄長一萬九千七百八十八丈三尺，蜀山湖隄自馮家壩起至蘇魯橋止，長三千五百八十丈，自蘇魯橋西至田家樓止，原係收水門户，栽植封界高柳，馬塲湖隄東面長一千六百二十丈，北面原留入水渠道，栽植封界高柳，馬踏湖隄自弘仁橋起至禹王廟止，長三千三百一十三丈，安山湖隄長四千三百二十丈，而斗門閘壩，悉已完備，可收濟漕永利。萬曆十六年，又該都給事中常會題增修，馴因舊爲新，督築完固。但近湖射利之徒覬覦水退，希圖耕種，盗決之弊，禁令當嚴。每年冬春，管河官週圍巡閲，責令守湖人役投遞甘結，庶河防飭而水利無滲洩之患，疆界明而奸民杜侵越之萌矣。

一、因時分合汶流。

南旺分水地形最高，所謂水脊也。决諸南則南流，决諸北則北流，惟吾所用何如耳。當春夏糧運盛行之時，正汶水微弱之際，分流則不足，合流則有餘，宜效輪番法。如運艘淺于濟寧之間，則閉南旺北閘，令汶盡南流以灌茶城；如運艘淺于東昌之間，則閉南旺南閘，令汶盡北流以灌臨清。當其南也，更發濱南諸湖水佐之。當其北也，更發濱北諸湖水佐之。泉湖兼注，南北合流，即遇旱暵，克有濟矣。此以智役水，以人勝天，力不勞而功倍。計無愈此，臨時酌之。

一、先期挑濬月河。

南旺舊例兩年一大挑，築壩斷流，不通舟楫。始開月河，官民稱便。欲挑正河，必先挑月河。一時兩役並興，夫多苦累，時迫則工必略，工略則沙必淤。自今萬曆十八年挑，正河爲大挑。十九年挑月河爲小挑。以後著爲定規，庶舟楫往返，既不阻于稽緩，夫役用工，亦不病于煩難矣。

一、築土壩以利接濟。

閘河地亢，衛河地窪。臨清板閘口正閘、衛兩水交會處所，每歲三四月間，雨少泉澁，閘河既淺，衛水又消，高下陡峻，勢若建瓴。每一啓板，放船無幾，水即盡耗，漕舟多阻。宜于閘口百丈之外，用樁草設築土壩一座，中留金門，安置活板，如閘制然。將啓板閘，先閉活閘，則外有所障，水勢稍緩，而于運艘出口易于打放。衛水大發，即從拆卸。歲一行之，費無幾何。此亦權宜之要術也。

一、疏衛濟運。

衛水發源于河南輝縣蘇門山，名曰朔刀泉。經新鄉等處，合淇、漳二水，逾館陶，至臨清合汶河之水，經德州，出天津直沽入海。板閘以下全賴此水濟運。夏秋之交，粮運盛行，每患淺澁。盖因輝縣源頭建有仁、義、禮、智、信五閘，壅泉灌溉民田，以致水不下流，殊妨國計。宜行分巡東昌道，每歲糧運北行，衛水消涸，呈報總河衙門移文河南管河道，速將五閘封閉，俾水盡歸運河。其餘月分，或水勢充盈，仍聽帶民便。庶公私兩不相妨，而運艘不滯矣。

一、疏濬泉源。

按山東泉源屬濟、兖二府一十六州縣，共一百八十泉，分爲五派，以濟運道。新泰、萊蕪、泰安、肥城、東平、平陰、汶上、蒙陰之西，寧陽之北九州縣之泉，俱入南旺分流。其功最多，關係最重，是爲分水派也。泗水、曲阜、滋陽、寧陽迤南四縣之泉俱入濟寧，關係亦大，是爲天井派也。鄒縣、濟寧、魚臺、嶧縣之西，曲阜之北五州縣之泉俱入魯橋，是爲魯橋派也。滕縣諸泉近入獨山、吕孟等湖，以達新河，是爲新河派也。又沂水、蒙陰諸泉與嶧縣許池泉俱入邳州，徐、吕而下，黄河經行，無藉于此，是爲邳州派也。酌其緩急，則分水、天井、魯橋之派均屬漕河命脉。每歲春夏，聽司道嚴督管泉官夫疏濬通達，俾源源而來，庶幾有濟。但數月不雨，其流必渴〔三〕。萬曆十六年漕渠乾涸，百計疏濬，卒無涓滴之流。至閏六月初旬，大雨連朝，諸泉俱湧，河渠遂盈，則地利未嘗不係于天時也。至于山泉沙磧頗多，汶河每爲淤墊，須于大挑之期一併挑濬，使泉流無阻，亦一策也。司漕者志之。

## 河　南

一、南岸隄防。

南岸逼近省城，藩封重地，最爲喫緊。如滎澤縣之小院村，中牟縣之黄煉集，祥符縣之瓦子坡、槐疙疸〔四〕、劉獸醫口、陶家店、張家灣、時和驛、兔伯堽、埽頭集，陳留縣之王家樓，蘭陽縣之趙皮寨，儀封縣之李景高口、普家營，商丘縣之楊先口，俱爲要害。劉獸醫口先年築有埽壩，壩内有月隄一道。惟恐月隄不支，又于萬曆十七年築遥隄一道，長二千七百三十二丈，足爲屏翰。本年題准，埽壩不足恃，專守月、遥二隄訖。又陶家店幫接隄長一千八百七十一丈，壩長三千六百二十九丈。張家灣加修舊壩一道，舊隄一道。時和驛幇築隄長九百二十丈，壩長三百二十七丈。又兔伯埋至埽頭集止有一隄，倘被衝决，則水直至野鷄岡，趨鳳泗，重干陵寢。萬曆十八年增築遥隄，長二千九百三十丈。重門待暴，或可無虞。又趙皮寨起至李景高口一帶係黄河舊趨鳳、泗故道，萬曆十七年㭊築遥隄，長二千三百五十九丈九尺，最爲要害，宜慎守之。

一、北岸隄防。

北岸迫近漕河，關係運道，最爲要害。如滎澤縣之甄家庄、郭家潭，陽武縣之脾沙埋，原武縣之廟王口，封丘縣之于家店、中欒城、荊隆口，祥符縣之黄陵岡、陳橋、貫臺、馬家口、陳留寨，蘭陽縣之銅瓦廂、板廠、樊家庄、張村集、馬坊營，儀封縣之乞泥河、煉城口、滎花樹、三家庄，考城縣之陳隆庄、芝麻庄、孝城口，俱爲要害。荊隆口萬曆十五年河决，長、東二縣幾溺。萬曆十七年㭊築遥隄，長二千九十丈，所當加意防守。又滎花樹幇築隄長一百七十五丈六尺，壩長五百五十九丈，三家庄㭊築壩長二百七十丈，芝蔴庄㭊築壩長八十六丈，孝城口補築隄長二十八丈，壩長二十丈四尺，皆係喫緊隄岸，並宜分撥官夫，防守不懈者也。

以上南北兩岸要害處所，每歲冬春，掌印管河官沿隄相度，或預捲乾埽以防其汕，或多築磯嘴以遏其衝。各該管河官駐守河濱，該道不時廵閲，四防二守之法，務須三令五申，丁寧告戒。慎之，慎之！

一修守南北兩岸長隄。

黄河北岸弘治十年河決黄陵岡，張秋運道淤阻。都御史劉忠宣公築有長隄一道，荆隆口之東西各二百餘里，黄陵岡之東、西各三百餘里，自武陟縣詹家店起，直抵碭、沛一千餘里，名曰太行隄。蓋取聳峙蜿蜒如山之狀。南岸亦舊有長隄一道，起自虞城縣，至滎澤縣止。兩隄延亘一千五百餘里，實爲該省屏翰。但地鮮老土，最易衝汕，卑薄已甚。已經題加幇築，于萬曆十七年計築完隄壩共長四萬八千一百二十二丈，庶幾可恃。以後年分，管河官各照地方，但有剥損，悉如歲修事例，覓取老土真淤，加幇高厚，不得擁沙塞責。管河道不時廵視探驗，加意毋忽。

一、修守沁河隄岸。

沁河發源于沁州綿山，穿太行達濟源，至懷慶府武陟縣與黄會合。其湍急之勢，較黄河益甚。而武陟縣東岸之蓮花池金屹㠐最其衝射要害處也。萬曆十五年，沁從此決，新鄉、獲嘉一帶俱爲魚鱉，每年堵築埽壩，勞費不貲。且壩内爲商民輳集之處，煙爨不下千餘，倚隄爲命。今議甃石四百三十五丈，隨守隨修，限以三年告成。此隄一成，永久可恃。而議者畏難，尚未興舉。而北岸大樊村亦係掃灣要害，幇隄捲埽，均在司河者留意焉。

# 直隸

一、通惠河濬淺築隄。

通惠河發源于昌平州神山泉，會馬眼諸泉，經都城入府南出玉河橋，由大通橋至通州而與白河合。白河發源于霧靈山，由密雲縣會榆、渾諸河，至張家灣，總名曰潞河。至通州而與通惠河合，勢並南流。楊村以北，通惠之勢峻若建瓴〔五〕，白河之流，淤沙易阻，夏秋水漲則懼其潦，冬春水微則病其澁。浮沙之地既難建閘以備節宣，惟有濬築之工殊爲喫緊。萬曆十五年刱設管河通判，專駐楊村。其爲修防計得矣。但查沿河兩隄，如搬繒口、火燒屯、通濟廠、東要兒渡口、王家務、華家口、閻家口、綿花市、猪市口、觀音堂、蔡家口、桃花口，以上隄岸坍塌卑薄，最爲險要。水發即決，濱河州縣滰漫爲患，漕艘漂淌，人甚危之。應行司道督行管河官，每歲冬間辦積樁草，春初率夫將前隄加高幫厚，真土實杵，不得雜沙塞責。粮運將至，設法疏濬，或築束水小壩，衝刷深廣，俾漕舟無膠滯之虞，民業免沮洳之害。司河者宜殫心焉。

一、歲修輔郡長隄。

大名府屬長、東二縣舊有長隄一道，延亘一百三十里，東至山東曹縣白茅集，西至河南封丘縣新豐村止。隄外即有淘北河一道，相傳即黄河故道也。萬曆十五年，河由河南封丘縣荆隆口决入，挾淘北河衝决本隄之大社口，兩邑昏墊。該工科都給事中常會同撫按，題奉欽依修築隄完。然隄外有月隄三壩，名曰三尖口、吴家口、劉家口。在長垣利在洩水，不肯閉塞，在東明懼其受湓，堅欲堵截。兩相掣肘，雖有壩名，終屬虚應。即令長隄專設府佐，駐守杜勝集，而又畫界分理，長垣縣管九十七里，東明縣管三十三里，建鋪設夫，以時修守。隄既固矣，三壩有無，不足較也。夫壩之有無係于長隄，而隄之利害全在荆隆一帶。故添設開封府同知，專駐劄荆隆，雖衛河南，實衛長、東二縣也。總之荆隆堅守則長隄無事，長隄無事則三壩不用，二縣之民永帖衽席，此探本遡源之論，不可不知也。長、東河官須時時偵探，荆隆口隄岸少有衝汕，即申總院施行。

## 校勘記

〔一〕晝，清初本、《榷》本卷四、乾隆本、水利本俱作『晝』，爲是。

〔二〕卓，清初本、乾隆本、水利本俱同，《榷》本卷四作『阜』，爲是。

〔三〕渴，清初本同，乾隆本、《榷》本卷四、水利本作『竭』，爲是。

〔四〕疸，清初本同，乾隆本、《榷》本卷四、水利本作『疸』，爲是，形誤。

〔五〕粭，清初本同，《榷》本卷四作『瓶』，乾隆本、水利本作『瓴』，爲是。

# 河防一覽卷之四

## 修守事宜

一、築隄。

凡黄河隄必遠築，大約離岸須三二里，庶容蓄寬廣，可免決齧，切勿逼水，以致易決。隄之高卑，因地勢而低昂之，先用水平打量，毋一概以若干丈尺爲準。務取真正老土，每高五寸即夯杵三二遍。若有淤泥，與老土同，第須取起晒凉，候稍乾方加夯杵。其取土宜遠，切忌傍隄挖取，以致成河積水，刷損隄根。驗隄之法，用鐵錐筒探之，或間一掘試。隄式貴坡，切忌陡峻，如根六丈，頂止須二丈，俾馬可上下，故謂之走馬隄。

工費：凡創築者，每方廣一丈，高一尺爲一方，計四工。土近者每工銀三分，最近者二分，土遠者四分。如隄根六丈，頂二丈，須通融作四丈折筭。此計土論方之法也。如幇隄則先計舊隄若干，今增高、濶各若干，亦以前法折筭。

一、塞決。

凡隄初決時，急將兩頭下埽包裹，官夫晝夜看守，稍待水勢平緩，即從兩頭接築。如水勢洶湧，頭裹不住，即于本隄退後數丈，挖槽下埽，如裹頭之法，刷至彼必住矣。此謂截頭裹也。如又不住，即于上首築逼水大壩一道分水勢，射對岸使回溜衝刷，正河則塞，工可施矣。塞將完時，水口漸窄，水勢益湧，又有合口之難。湏用頭細尾粗之埽，名曰鼠頭埽，俾上水口濶，下水口收，庶不致滚失，而塞工易就也。埽以土勝爲主，埽臺湏要卧羊坡以便推挽，揪頭繩湏要緊扯以防下游。又須時時打鬆，令其深下。仍覔慣會泅水之人入水探驗，底埽着地，方下簽樁。簽樁須要酌中埽。埽釘着方爲堅固。倘有數寸空懸，無有不敗事者。如寒天或水急不能泅水，即看揪頭寛鬆，便是着地之驗，繫繩留橛令人專守。略有走動，便須另下一橛。橛頭上填記苐幾埽揪頭，滚肚明白，以便點查收放。埽面出水未高，寧加一小埽。不可多用土牛，推埽時易動故也。此等事須要勇往直前，俗諺謂之搶築。稍稍逗遛，必有後悔。以上數端，苟不詳審，勞費罔功，輒疑鬼恠，甚可嗤也。

如用大埽長伍丈高六七尺者，用草六百束，每束重十斤，價銀二厘，該銀一兩二錢，柳稍一百二十束，每束重三十斤，價銀一分，該銀一兩二錢。如無柳稍，以葦代之。草繩六十套，每套四十二條，每條長二丈四尺，價銀三分，該銀一兩八錢。樁木五根，每根銀一錢，該銀五錢。揪頭滚肚繩四條，共用檾二百五十斤，每斤價銀五厘，該銀一兩二錢五分。每大埽一箇，約共該料價銀五兩九錢五分。挑土夫，土遠近不等，難以預計。中埽并土牛工料以次遞減。

一、築順水壩。

順水壩俗名鷄嘴，又名馬頭，專爲喫緊迎溜處所。如本隄水刷洶湧，雖有邊埽，難以久恃，必須將本隄首築順水壩一道，長十數丈，或五六丈。一丈之壩，可逼水遠去數丈，隄根自成淤灘，而下首之隄俱固矣。安埽之法，上水廂邊埽宜出將裏頭埽藏入在内，下水埽宜退藏入裏頭埽内，庶水不得揭動埽也。

如築長六丈濶四丈高一丈用埽，兩面廂邊，每邊用埽二行，裏頭二行，中間填土，每行用埽三層，共計用中埽十八箇。每箇長五丈，高三尺，用草四百束，柳稍八十束，草繩四十條，排樁、簽樁共用樁木四根，人夫二十五工，共用捲埽隄夫四百五十工，運土隄夫二百工，俱不議工食。共用草七千二百束，該銀一十四兩四錢，柳稍或葦一千四百四十束，該銀一十四兩四錢，草繩七百二十套，該銀二十一兩六錢，樁木七十二根，該銀七兩二錢，行繩十二條，每條重四十斤，共用檾四百八十斤，該銀二兩四錢。約共該銀六十兩。如無柳稍，以葦代之。

一、下護根乾埽。

凡隄係埽灣，須預下乾埽以衛隄根。此埽須土多料少，簽樁必用長壯，入地稍深，庶不坍蟄。

如下長三丈高三尺埽一箇，用草一百六十束，該銀三錢二分，柳稍四十束，該銀四錢，草繩十二套，該銀六錢，樁木三根，該銀三錢，量用檾作行繩，用隄夫二十工，不議工食。每埽一箇，約共該料價銀一兩六錢二分。

一、造滚水石壩(即减水壩)。

滚水石壩，即减水壩也。爲伏秋水發盈漕，恐勢大漫隄，設此分殺水勢，稍消即歸正漕。故建壩必擇要害卑窪去處，堅實地基，先下地釘樁鋸平，下龍骨木，仍用石楂橩、鉄橩縫，方鋪底石，壘砌鴈翅，宜長宜坡，跌水宜長，迎水宜短，俱用立石攔門樁數層。其地釘樁須劄鷹架，用懸硪釘下石縫，須用糯汁和灰縫，使水不入。

如石壩一座，壩身連鴈翅共長三十丈，壩身根濶一丈五尺，收頂一丈二尺，高一尺五寸，迎水濶五尺，跌水石濶二丈四尺，四鴈翅各斜長二丈五尺。高九尺，用粗細石計長一千三百九十餘丈，并地釘樁、龍骨木、鉄錠、鉄銷、煤炭、木炭、石灰、糯米、檾麻及各匠工食，約共該銀一千九百餘兩。其運石、抬石、搬料、夫船，并官夫廪粮、工食，臨期酌給。

一、建石閘。

建閘節水，必擇堅地。開基先挖固工塘，有水即車乾方下地釘樁，將樁頭鋸平，橩縫上用龍骨木，地平板鋪底，用灰麻艌過，方砌底石。仍于迎水用立石一行，攔門樁二行。跌水用立石二行，攔門樁八行。如地平板鋪完，工過半矣。自金門起，兩面壘砌完方鋪海漫鴈翅。

金門長二丈七尺，兩邊轉角至鴈翅各長五丈，共用石三千一百丈。閘底海漫攔水、跌水共用石九百丈。二項共用石四千丈。并鉄錠、鉄銷、鉄鋦、天橋環、地釘樁、龍骨木、地平板、萬年坊、閘板、絞關、閘耳、絞軸、托橋木、石灰、香油、棕麻、柴炭等項，及各匠工食，約共該銀三千兩有奇。其官夫廩粮、工食，臨期酌給。

一、建涵洞。

建涵洞以洩積水。基址亦擇堅實方可下釘，樁砌石。水多則建二孔，少止一孔。如涵洞一座，口濶一丈五尺，身長二丈，中立石墻一堵，亦長二丈，寬五尺，分爲二孔，每孔寬五尺。兩邊四鴈翅各一丈五尺。共用石二百丈，并地釘、樁、鉄錠、石灰、板木，并各匠工食，約該銀一百八十餘兩。其夫役工食，臨期酌給。

一、建車船壩。

先築基堅實，埋大木于下，以草土覆之，時灌水其上，令軟滑不傷船壩。東西用將軍柱各四，柱上横施天盤木各二，下施石窩各二，中置轉軸木各二根，每根爲竅二，貫以絞關木繫蔑纜于船，縛于軸，執絞關木環軸而推之。

一、挑河。

凡挑河，面宜濶，底宜深，如鍋底樣，庶中流常深，且岸不坍塌。如不用隄，須將土運于百餘丈外，以免淋入河内。

凡創開河者，每方廣一丈每夫日開深一尺爲一工。挑濬泥水相半者減十分之五，全係水中撈取者減十之七八，取土登岸就而築隄者亦以半折筭焉。

一、閘河偶淺急疏之法。

凡閘河淺處，如水溜在中，須兩岸築丁頭壩以束之。水溜在傍，將淺邊順築束水長壩以逼之。水由壩中，其勢自急，中溜自深。如淺處不多，或排板插下泥内，逼水湧刷，或排小船用杏葉杓挖濬，必不得已，則用椿草製活閘節水，亦一策也。

一、栽柳護隄。

卧柳、長柳須相兼栽植。卧柳須用核桃大者，入地二尺餘，出地二三寸許，柳去隄址約二三尺，密栽，俾枝葉搪禦風浪。長柳須距隄五六尺許，既可捍水，且每歲有大枝可供埽料。俱宜于冬春之交、津液含蓄之時栽之，仍須時常澆灌。長柳宜用棘刺圍護，以防盗拔畜嚙。

一、栽茭葦草子護隄。

凡隄臨水者，須于隄下密栽蘆葦或茭草。俱掘連根叢株，先用引橛錐窟深數尺，然後栽入，計濶丈許。將來衍茁愈蕃，即有風不能鼓浪。此護臨水隄之要法也。隄根至面，再採草子，乘春初稍鋤，覆密種。俟其暢茂，雖雨淋，不能刷土矣。

一、伏秋修守。

四防：

一曰晝防。隄岸每遇黄水大發，急溜掃灣處所未免刷損。若不即行修補，則掃灣之隄愈漸坍塌，必致潰决。宜督守隄人夫每日捲土牛小埽聽用，但有刷損者，隨刷隨補，毋使崩卸。

少暇，則督令取土堆積隄上，若子隄然，以備不時之需，是爲晝防。

二曰夜防。守隄人夫每遇水發之時，修補刷損隄工，盡日無暇，夜則勞倦，未免熟睡。若不設法巡視，恐寅夜無防，未免失事。須置立五更牌面，分發南北兩岸協守官，并管工委官照更挨發，各鋪傳遞，如天字鋪發一更牌，至二更時，前牌未到，日字鋪即差人挨查，係何鋪稽遲，即時拿究，餘鋪倣此。隄岸不斷人行，庶可無誤巡守。是爲夜防。

三曰風防。水發之時，多有大風猛浪，隄岸難免撞損。若不防之于微，久則坍薄潰决矣。須督隄夫綑札龍尾小埽，擺列隄面。如遇風浪大作，將前埽用繩樁懸繫附隄。水面縱有風浪，隨起隨落，足以護衛。是爲風防。

四曰雨防。守隄人夫每遇驟雨淋漓，若無雨具，必難存立，未免各投人家或鋪舍暫避，隄岸倘有刷埽，何人看視？須督各鋪夫役，每名各置斗笠蓑衣，遇有大雨，各夫穿帶，隄面擺立，時時巡視，乃無疎虞。是爲雨防。

二守：

一曰官守。黄河盛漲，管河官一人不能周巡兩岸，須添委一協守職官，分岸巡督。每隄三里，原設鋪一座，每鋪夫三十名，計每夫分守隄一十八丈。宜責每夫二名共一段，于隄面之上共搭一窩鋪，仍置燈籠一箇，遇夜在彼棲止，以便傳遞更牌。巡視仍晝地分委省義等官，日則督夫修補，夜則稽查更牌。管河官并協守職官時常催督巡視，庶防守無頃刻懈弛，而隄岸可保無事。

二曰民守。每鋪三里，雖已派夫三十名，足以修守。恐各夫調用無常，仍須預備。宜照往年舊規，于附近臨隄鄉村，每鋪各添派鄉夫十名。水發上隄，與同鋪夫併力協守，水落即省放回家。量時去留，不妨農業，不惟隄岸有賴，而附隄之民亦得各保田廬矣。

一、竪立旗竿、燈籠以示防守。

各鋪相離頗遠，倘一鋪有警，别鋪不聞，有誤救護。須令隄老每鋪竪立旗竿一根，黄旗一面，上書某字鋪三字，燈籠壹箇，晝則懸旗，夜則掛燈，以便瞻望。仍置銅鑼一面，以便轉報。一鋪有警，鳴鑼爲號，臨鋪夫老挨次傳報，各鋪夫老併力齊赴有警處所，即時救護，首尾相顧，通力合作，庶保萬全。

一、防盗决。

守隄之法，隄防盗决最爲喫緊。蓋盗决有數端：坡水稍積，决而洩之，一也；地土磽薄，决而淤之，二也；仇家相傾，决而灌之，三也；至于伏秋水漲，處處危急，隣隄官老陰伺便處，盗而洩之，諸隄皆易保守，四也。巡警稍怠，或乘風雨之時，或乘酣睡之處，即被下手矣。防禦者不可不知。

一、議涵洞。

涵洞洩水，本是無妨。但須明設石閘，以嚴啓閉。若暗開隄址，草木蒙叢，便難覺察。萬曆八年，奸民私囑管河主簿，將南岸遥隄暗開涵洞數座。十七年，伏水暴漲，單家口水從涵洞洩出，勢甚洶湧，一鼓而開，遂成大決。此可謂明鑑矣，司河者知之。

一、歲辦物料。

河防全在歲修，歲修全在物料。而州縣河官視爲奇貨，歲估既定，冒銀入己，括取里遞草束，河夫攀折柳稍，遮掩一二，便爲了事。近日徐州判官彭鶴、靈璧主簿元仲賢之事可鑒也。今議于十一月間司道官估計停當，各掌印官領銀收買，法固善矣，又湏特委廉能職官一二員專管收支，工完之日，將捲築過埽壩，收支過物料數目，開報總河衙門查考，庶幾事有責成而錢糧無冒破矣。又冬初修守稍暇，即督夫于漫坡中採取野草，每束十斤者每夫每日可採四十束。積至百萬，可省千金，裨益非小。草料既備，埽護必周，衝决之患可免。即脱有不測，而物料在手，計日可塞，何致延闊縻費？此河道第一喫緊工夫也。

一、水汛。

立春之後，東風解凍。河邊人候水初至，凡一寸則夏秋當至一尺，頗爲信驗，謂之信水。二月、三月桃花始開，冰泮雨積，川流猥集，波瀾盛長，謂之桃花水。春末蕪菁華開，謂之菜華水。四月壠麥結秀，擢芒變色，謂之麥黄水。五月瓜實延蔓，謂之瓜蔓水。朔野之地，深山窮谷，冰堅晚泮，逮乎盛夏，消釋方盡，而沃蕩山石，水帶礬腥，併流于河，故六月中旬之水謂之礬山水。七月菽豆方秀，謂之豆華水。八月荻亂華，謂之荻苗水。九月以重陽紀節，謂之登高水。十月水落安流，復其故道，謂之復槽水。十一月、十二月斷冰雜流，乘寒復結，謂之蹙凌水。此外，非時暴漲謂之客水，皆當督夫巡守。而伏秋水勢最盛，非他時比，故防者晝夜不可少懈云。

# 河防一覽卷之五

## 河源考

《夏書禹貢》

導河積石，至于龍門，南至于華陰，東至于底柱，又東至于孟津，東過洛、汭，至于大伾，北過洚水，至于大陸。又北播爲九河，同爲逆河，入于海。

蔡傳曰：河自積石三千里而後至龍門，經但一書積石，不言方向荒遠，在所略也。龍門而下，因其所經，記其自北而南，則曰南至華陰，記其自南而東，則曰東至底柱。又詳記其東向所經之地，則曰孟津，曰洛、汭，曰大伾。又記其自東而北，則曰北過洚水。又詳記其北向所經之地，則曰大陸，曰九河。又記其入海之處，則曰逆河。自洛汭而上，河行于山，其地皆可考。自大伾而下，垠岸高于平地，故決齧流移，水陸變遷，而洚水、大陸、九河、逆河，皆難指實。然上求大伾，下得碣石，因其方向，辨其故迹，則猶可考也。

《西漢書·西域志》

西域中央有河。其河有兩源，一出葱嶺山下，一出于闐。于闐在南山下，其河北流，與葱嶺河合，東注蒲昌海。蒲昌海，一名鹽澤者也，去玉門陽關三百餘里，廣袤三百里。其水停居，冬夏不增減，皆以爲潛行地下，南出于積石，爲中國河云。

《山海經》〔一〕

崑崙山，縱横萬里，高萬一千里，去嵩山五萬里，有青河、白河、赤河、黑河環其墟。其白水出其東北陬，屈向東南，流爲中國河。河百里一小曲，千里一大曲，發源及入中國〔二〕，大率常然。東流潛行地下，至規期山北流，分爲兩源，一出葱嶺，一出于闐。其河復合，東注蒲昌海。復潛行地下，南出積石山西南流，又東迴入塞，過燉煌、酒泉、張掖郡，南與洮河合，過安定、北地郡，地流過朔方郡西〔三〕，又南流過五原郡南，又東流過雲中、西河郡東，又南流過上都、河東郡西而出龍門。汾水從東于北入〔四〕，河東即龍門所在。龍門未開，河出孟門東大溢，是謂洪水。禹鑿龍門，始南流至華陰、潼關與渭水合，又東迴砥柱。砥柱，山名。河水分流，包山而過，山見水中若柱然。今陝州東、河北、陝縣三縣界及洛陽孟津所在。至鞏縣與洛水合，至成臯與濟水合〔五〕。濟水出河北，至王屋山而南截河渡，正對成臯。又東北流過武德，與沁水合，至黎陽信都。信都，今冀州，絳水所在。絳水亦曰潰水，一曰漳水。鉅鹿之北，遂分爲九河。鉅鹿，今邢州大陸所在。大陸，澤名。九河，一曰徒駭，二太史，三馬頰，四覆釜，五湖蘇，六簡，七絜，八鉤盤，九鬲津。又合爲一河而入海。齊桓公塞九河以廣田居，故舘陶、貝丘、廣川、信都、東光、河間以東城池，九河舊跡猶存。漢代河決金隄，南北多罹其害。議者常欲求九河故迹而穿之，未知其所。是以班固云：自兹距漢，已亡其八枝。河之故瀆，自沙丘堰南分，也出焉〔六〕。故《尚書》稱，『導河積石，至于龍門』。今絳州龍門縣界，南至于華陰，北至于砥柱，東至于孟津，在洛北，都道所奏，古今以爲津。東過洛、汭，至于大伾。洛、汭，今鞏縣，在河、洛合流之所也。大伾山，今汜水縣，即故成臯也。山再成曰伾。北過絳〔七〕水，至于大陸。其絳水，今冀州信都。大陸，澤名，今邢州鉅鹿。又北播爲九河，同爲逆河，入海是也。同合出九河，又合爲一，名爲逆河。逆，行也〔八〕，言海口有潮夕〔九〕潮，以迎河水。

《元史·河源記》

河源，古無所見。《禹貢》導河，止自積石。漢使張騫持節，道西域，度玉門，見二水交流，發葱嶺，趨于闐，匯鹽澤，伏流千里，至積石而再出。唐薛元鼎使吐蕃，訪河源，得之于悶磨黎山。然皆歷歲月，涉艱難，而其所得不過如此。世之論河源者，又皆推本二家。其説恠誕，總其實，皆非本真。意者漢唐之時，外夷未盡臣服，而道未盡通，故其所徃，不無迂迴艱阻，不能直抵其處而究其極也。元有天下，薄海内外，人迹所及，皆置驛傳，使驛徃來，如行國中。至元十七年，命都實爲招討使，佩金虎符，徃求河源。都實既受命，是歲至河州。州之東六十里有寧河驛，驛西南六十里有山曰殺馬關，林麓窮隘，舉足浸高。行一日至巔，西去愈高。四閲月，始抵河源。是冬還報，并圖其城傳位置以聞。其後翰林學士潘昂霄從都實之弟闊闊出得其説，撰爲《河源志》。臨川朱思本又從巴里吉思家得帝師所藏梵字圖書，而以華文譯之，與昂霄所志互有詳略。今取二家之書考定其説，有不同者附注于下。按河源在吐蕃朶甘思西鄙，有泉百餘泓，沮洳渙散，弗可逼視，方可七八十里。履高山下瞰，燦若列星，以故名火敦腦兒。火敦，譯言星宿也。思本曰：河源在中州西南，直四川馬湖蠻部之正西三千餘里，雲南麗江宣撫司之西北一千五百餘里，帝師撒斯加地之西南二千餘里。水從地涌出入井。其井百餘。東北流百餘里匯爲大澤，曰火敦腦兒。郡流奔輳〔一〇〕，近五七里匯二巨澤，名阿剌腦兒。自西而東，連屬吞噬。行一日，迤邐東騖成川，號赤賓河。又二三日，水西南來，名亦里出，與赤賓河合。又三四日，水來南，名忽闌。又水東南來，名也里術，合流入赤賓。其流浸大，始名黄河。然水猶清，人可涉。思本曰：忽闌河源出自南山。其地大山峻嶺，綿亘千里，水流五百餘里，注也里出河。也里出河源亦出自南山，西北流五百餘里，始與黄河合。又一二日，岐爲八九股，名也孫斡倫，譯言九渡，通廣五七里，可度馬。又四五日，水渾濁，土人抱革囊，騎過之。聚落糾木斡象舟，傳髦革以濟，僅容兩人。自是兩山峽束，廣可一里、二里或半里，其深叵測。朶甘思東北有大雪山，名亦耳麻不莫剌。其山最高，譯言騰乞里塔，即崑崙也。山腹至頂皆雪，冬夏不消。土人言，遠年成冰時，六月見之。自八九股水至崑崙，行二十日。思本曰：自渾水東北流二百餘里，與懷里火禿河合。和懷里火禿河源自南山。西北偏西流八百餘里，與黄河合。又東北流一百餘里，過即麻哈地。又正北流一百餘里，乃折而西北流二百餘里。又折而正北流一百餘里。又折西而東流過崑崙山下，番名亦耳麻不剌。其山高峻非常，山麓綿亘五百餘里。河隨山足東流，過撒思家，即闊闊提地。河行崑崙南半日。又四五日，至地名而闊及闊提，二地相屬。

又三日，地名哈剌別里赤兒，四達之衝也，多寇盜，有官兵鎮之。近北二日河水過之。思本曰：河過闊提，與亦西八思今河合。亦西八思今河源自鐵豹嶺之北，正北流凡五百餘里而與黄河合。崑崙以西，人簡少，多處山南。山皆不穹峻，水益散漫，獸有髦牛、野馬、狼、狍、羚羊之類。其東，山益高，地亦漸下，岸狹隘，有狐可一躍而越之處。行五六日，有水西南來，名納鄰哈剌，譯言細黄河也。思本曰：哈剌河自白狗嶺之北，水西北流五百餘里，與黄河合。又兩日，水南來，名乞兒馬出。二水合流入河。思本曰：自哈剌河與黄河合，正北流二百餘里，過阿以伯站，折而西北流，經崑崙之北二百餘里，與乞里馬出河合。乞里馬出河源自威茂州之西北岷山之北。水北流即古當州境。正北流四百餘里，折而西北流，又五百餘里與黄河合。河水北行，轉西流，過崑崙北，一向東北流。約行半月，至貴德州，地名必赤里，始有州治官府。州隸吐蕃等處宣慰司，司治河州。又四五日，至積石州，即《禹貢》『積石』。五日至河州安鄉關。一日，至打羅坑。東北行一日，洮河水南來入河。思本曰：自乞里馬出河與黄河合，又西北流，與鵬拶河合。鵬拶河源自鵬拶山之西北。水正西流七百餘里，過禮塞塔失地，與黄河合。折而西北流三百餘里，又折而東北流，過西寧州、貴德州、馬嶺，凡八百餘里，與邈水合。邈水源自青唐宿軍谷，正東流五百餘里，過三巴站與黄河合〔一一〕。又東北流，過土橋站、古積石州來羌城、廓州搆米站界都城，凡五百餘里，過河州與野龐河合。野龐河源自西傾山之北，水東北流，凡五百餘里，與黄河合。又東北流一百餘里，過踏白城銀川站與湟水、浩亹河合。湟水源自祁連山下，正東流一千餘里，注浩亹河。浩亹河源自删丹州之南删丹山下，水東南流七百餘里，注湟水，然後與黄河合。又東北流一百餘里，與洮河合。洮河源自羊撒嶺北，東北流，過臨洮府，凡八百餘里，與黄河合。又一日，至蘭州，過北卜渡，至鳴沙河〔一二〕，過應吉里州，正東行至寧夏府南，東行即東勝州，隸大同路。自發源至漢地，南北澗溪，細流旁貫，莫知紀極。山皆草石，至積石方林木暢茂。世言河九折，彼地有二折，蓋乞兒馬出及貴德必赤里也。思本曰：自洮水與河合，北流，過達地，凡八百餘里。過豐州西受降城，折而正東流，過達達地古天德軍中受降城、東受降城，凡七百餘里。折而正南流，過大同路雲内州、東勝州，與黑河合。黑河源自漁陽嶺之南，水正西流，凡五百餘里與黄河合。又正南流，過保德州、葭州及興州境，又過臨州，凡一千餘里，與吃那河合。吃那河源自古宥州。東南流，過陝西省綏德州，凡七百餘里，與黄河合。又南流三百餘里，與延安河合。延安河源自陝西蘆子關亂山中。南流三百餘里，過延安府，折而正東流三百里，與黄河合。又南流三百里，與汾河合。汾河源自河東、朔武州之南亂山中，西南流，過管州，冀寧路汾州、霍州，晉寧路絳州，又西流至龍門，凡一千二百餘里，始與黄河合。又南流二百里，過河中府，過潼關與太華、太山綿亘〔一三〕，水勢不可復南，乃折而東流。大概河源東北流，所歷皆西蕃地。至蘭州凡四千五百餘里，始入中國。又東北流，過達達地，凡二千五百餘里，始入河東境内。又南流至河中，一千八百餘里，通計九千餘里。

## 歷代河決考

周定王五年，河徙砱礫。

晉景公十五年，《穀梁傳》曰：梁山崩，壅河，三日不流。晉君召伯尊。伯尊遇輦者問焉。輦者曰：『君親素縞，帥群臣哭之。既而祠焉，斯流矣。』伯尊至，君問之，伯尊如其言而河流。《左傳》曰『伯宗』。

## 漢

文帝十二年冬十二月河決酸棗東，潰金隄。

武帝建元三年，河水溢于平原。

元光三年春，河水徙，從頓丘東南流。夏，復決濮陽瓠子，注鉅野，通淮泗，汎郡十六。

元帝永光五年冬十二月，河決。初，武帝既塞宣房後，河復北決館陶，分爲屯氏河，東北入海，廣深與大河等。故因其自然，不堤塞也。是歲河決清河靈鳴犢口，而屯氏河絶。

成帝建始四年夏四月，河決東郡金堤，灌四郡三十二縣居地十五萬頃，壞官亭、廬舍且四萬所。

河平三年秋八月，河復決平原，流入濟南千乘所，壞敗者半。建始時，復遣王延世作治。六月乃成。

鴻嘉四年秋，渤海、清河、信都河水溢溢，灌縣邑三十一，敗官亭、民舍四萬餘所。

新莽三年，河決魏郡，泛清河以東數郡。先是，莽恐河決爲元城塚墓害。及決東去，元城不憂水，故遂不堤塞。

## 唐

玄宗開元十年，博州河決。十四年，魏州河溢。十五年，冀州河溢。

昭宗乾寧三年夏四月，河漲，將毁滑州。朱全忠決爲二河，夾城而東，爲害滋甚。

## 後唐

同光二年秋七月，唐發兵塞決河。先是梁攻楊劉，決河水以限晉兵。梁所決河連年爲曹、濮患，命將軍婁繼英督汴、滑兵塞之。未幾復壞。

## 晉

天福二年，河決鄆州。四年，河決博州。六年，河決滑州。

開運三年秋七月，河決楊劉，西入莘縣，廣四十里，自朝城北流。

## 漢

乾祐元年五月，河決魚池。三年六月，河決鄭州。

## 周

廣順二年十二月〔一四〕，河決鄭州、滑州，周遣使脩塞。周主以決河爲憂，王濬請自行視，許之。周塞決河。三月，澶州言河決〔一五〕。

天福十一年，黄河自觀城縣界楚里村隄決，東北經臨黄、觀城兩縣。

## 宋

太祖乾德二年，赤河決東平之竹村。三年秋，大雨，開封河決陽武。又孟州水漲，壞中潬橋。梁、澶、鄆亦言河決。

四年八月，滑州河決，壞靈河縣大隄。

開寶四年十一月，河決澶淵，泛數州。

太宗太平興國二年秋七月，河決孟州之温縣、鄭州之滎澤、澶州之頓丘。

七年，河大漲，蹙清河，凌鄆州，城將陷，塞其門，急奏以聞。詔殿前承旨劉吉馳往固之。

八年五月，河大決滑州韓村，泛澶、濮、曹、濟，東南流至彭城界，入于淮。

九年春，滑州復言房村河決。

淳化四年十月，河決澶州，陷北城，壞廬舍七千餘區。

真宗咸平三年五月，河決鄆州王陵埽，浮鉅野，入淮、泗，水勢悍激，浸迫州城。

景德元年九月，澶州言河決横壠埽。

四年，又壞王公埽，並許詔發兵夫完治之。

大中祥符三年十月，判河中府陳堯叟言，白浮圖村河水決溢。明年九月，棣州河決聶家口。五年正月，本州請徙城。居民重遷，命使完塞。既成，又決于州東南李氏灣。環城數十里，民舍多壞。又請徙商河。役興踰年，雖扞護完築，裁免決溢。而湍流益暴，壖地益削，河勢高民屋殆踰丈矣，民苦久役，而終憂水患。

六年，乃詔徙州于陽信之八方寺。

七年八月，河決澶州大吴埽。

天禧三年六月乙未夜，滑州河溢城西北天台山旁，俄復潰于城西南岸，漫溢州城，歷澶、濮、曹、鄆，注梁山泊，又合清水古汴渠東入于淮。州邑罹患者三十二。

仁宗天聖六年六月，河決澶州之王楚埽。

明道二年，徙大名之朝城縣于社婆村，廢鄆州之王橋渡、淄州之臨河鎮以避水。

景祐元年七月，河決澶州横壠埽。

慶曆八年六月癸酉，河決商胡埽。

皇祐元年三月，河合永濟渠注乾寧軍。

二年七月辛酉，河復决大名府舘陶縣之郭固。四年正月乙亥，塞郭固而河勢猶壅，議者請開六塔以披其勢。

嘉祐元年夏四月壬子朔，塞商胡北流，入决此河〔一六〕，不能容，是夕復决。令三司鹽鉄判官沈立往行視。

神宗熙寧元年六月，河溢恩州烏攔提，又决冀州棗强埽，北注瀛。七月，又溢瀛州樂壽埽。

四年七月辛卯，北京新堤第四、第五埽决，漂溺舘陶、永濟、清陽以北。八月，河溢澶州曹村。十月，溢衛州王供。時新堤凡六埽，而决者二，下屬恩、冀，貫御河，奔衝爲一。

十年五月，滎澤河决，急詔判都水監俞光往治之。是歲七月，河復溢衛州王供及汲縣上下埽，懷州黄沁、滑州韓村。乙丑，遂大决于澶州曹村，澶淵北流斷絶，河道南徙，東滙于梁山張澤濼，分爲二派，一合南清河入于淮，一合北清河入于海。

丘濬《大學衍義補》曰：『此黄河入淮之始。』

本年八月，又决鄭州滎澤。

元豐元年四月丙寅，决口塞，詔改曹村埽曰靈平。五月甲戌，新堤成，閉口斷流，河復歸北。

三年七月，澶州孫村、陳埽及大吴、小吴埽决。

四年四月，小吴埽復大决，自澶注入御河。

五年六月，河溢北京内黄埽。七月，決大吴埽堤，以紓靈平下埽危急。八月，河決鄭州原武埽，溢入利津陽武溝、刀馬河，歸納梁山濼。

七年七月，河溢，元城埽決，横堤破。

八月，河流雖北，而孫村低下，夏秋霖雨漲水，往往東出小吴之決。十月又決大名之小張口。

元符三年四月河決蘇村。

徽宗大觀元年丙申，邢州言河決，陷鉅鹿縣。庚寅，冀州河溢，壞信都、南宫兩縣。

三年六月，河溢冀州信都。十一月，河決清河埽。是歲，水壞天成聖功橋。

## 元

世祖至元九年七月，衛輝路新鄉縣廣盈倉南河北岸決。

二十三年，河決，衝突河南郡縣凡十五處，役民二十餘萬塞之。

二十五年，汴梁路陽武縣諸處河決二十二所，漂蕩麥禾、房舍。委宣慰司督本路差夫修治。成宗大德元年秋七月，河決杞縣蒲口，塞之。明年，蒲口復決。塞河之役，無歲無之。是後，水北入，復河故道。

二年秋七月，大雨，河決，漂歸德屬縣田廬禾稼。三年五月，河南省言，河決蒲口兒等處，侵歸德府數郡，百姓被災。

武宗至大二年秋七月，河決歸德，又決封丘。

仁宗延祐七年七月，汴城路言，滎澤縣六月十一日河決塔海莊東隄、横隄兩重，又決數處。二十三日夜，開封縣蘇村及七里寺復決二處。

泰定帝泰定二年五月，河溢汴梁。三年，河決陽武，漂民居萬六千五百餘家。尋復壞汴梁樂利隄，發丁夫六萬四千人築之。

文宗至順元年六月，曹州濟陰縣河防官言，初五日魏家道口黄河舊堤將決，不可修築，募民修護水月隄，復于近北築月堤，未竟。至二十一日，水忽泛溢，新舊三堤一時咸決。明日，外堤復壞。有蛇時出没于中。所下樁土，一掃無遺。

順帝至正四年五月，大雨二十餘日，黄河暴溢，平地水深二丈許，北決白茅堤。六月，又北決金隄，並河郡邑濟寧單州、虞城、碭山、金鄉、魚臺、豐、沛、定陶、楚丘、武城，以至曹州、東明、鉅野、鄆城、嘉祥、汶上、任城等處，皆罹水患。北侵安山，沿入會通運河，延袤濟南、河間，將壞兩漕司鹽場。

五年，河決濟陰，漂官民廬舍殆盡。

六年，河決。

二十六年春二月，黄河北徙。先是，河決小疏口，達于清河，壞民居，傷禾稼。至是復北徙，自東明、曹、濮，下及濟寧，民皆被害。

國朝

洪武元年，河決曹州，從雙河口入魚臺。大將軍徐達開塌場口入于泗以通運。時戴村未壩，汶由坎河注，海運阻，故引河入塌場以濟之。二十四年，河決原武之黑陽山，東經開封城北五里，又南行至項城，經潁州、潁上，東至壽州正陽鎮，全入于淮，而故道遂淤。

永樂九年，以濟寧州同知潘叔正言，命尚書宋禮役丁夫一十六萬五千濬會通河。乃開新河，自汶上縣袁家口左徙二十里，至壽張之沙灣接舊河。九閲月而成績。侍郎金純從卞城金龍口，下達塌場口，築隄導河，經二洪南入淮。漕事定，爲罷海運。至今賴之。

正統十三年，河決滎陽，衝張秋。尚書石璞、侍郎王永和、都御史王文相，相繼督夫十餘萬塞之。弗績。

天順六年，河溢，決開封府北門，渰毁官民軍舍。弘治二年，河決原武支流爲三：一決封丘金龍口，漫祥符，下曹、濮，衝張秋長堤；一出中牟，下尉氏；一泛濫儀封、考城、歸德，入于宿。以布政使徐恪言，命侍郎白昂役丁夫二十五萬塞之。

五年，復決金龍口，潰黄陵岡，再犯張秋。侍郎陳政督夫九萬治之。弗績。六年，乃命都御史劉大夏、平江伯陳鋭役丁夫十二萬有奇，一濬孫家渡口，開新河，導水南行，由中牟至潁川東入于淮；一濬四府營淤河，由陳留至歸德分爲二派，一由宿遷小河口入淮，一由亳州渦河入淮〔一七〕。分土命工，始塞張秋。二年告成，自是河南歲計河夫矣。

正德四年九月，河決曹縣楊家口，奔流曹、單二縣，達古蹟王子河，直抵豐、沛，舟楫通行，遂成大河。

五年二月，起工修治。至五月中，雨漲，埽臺衝蕩，不克完合。

八年七月，河決曹縣以西娘娘廟口、孫家口二處，從曹縣城北東行，而曹、單居民被害益甚。是年，驟雨，漲娘娘廟口以北五里，焦家口衝決，曹、單以北，城武以南，居民田廬盡被漂没。

嘉靖六年，河決曹、單、城武、楊家口、梁靖口、吴士舉莊，衝鷄鳴臺。

七年，河決，淤廟道口三十餘里。河道都御史盛應期奏開趙皮寨白河一帶，分殺水勢。

八年，飛雲橋之水北徙魚臺谷亭，舟行閘面。九年，河決塌場口，衝谷亭，水經三年不去。

十三年，又淤廟道口。都御史劉天和役夫一十四萬濬之。

是年，河決趙皮寨入淮。本年，忽自河南夏邑縣大丘回村等集衝數口，轉向東北，流經蕭縣，出徐州小浮橋，下濟二洪。趙皮寨尋亦塞。十九年，河決野鷄岡，由渦河經亳州入淮〔一八〕，二洪大涸。兵部侍郎王以旂開李景高支河一道，引水出徐濟洪，役丁夫七萬有奇。八月而成。尋淤。

三十二年，决房村，約淤三十里。都御史曾鈞役丁夫五萬六千有奇，濬之。

三十六年，决曹縣，衝谷亭，運河不淤。

三十七年，新集淤。七月，忽向東北衝成大河，而新集河由曹縣循夏邑、丁家道、司家道，出蕭縣薊門，由小浮橋入洪。七月，淤凡二百五十餘里，趨東北段家口析爲六股，曰大溜溝、小溜溝、秦溝、濁河、胭脂溝、飛雲橋，俱由運河至徐洪。又分一股，由碭山堅城集下郭貫樓，又析五小股，爲龍溝、毋河、梁樓溝、楊氏溝、胡店溝，亦由小浮橋會徐洪。河分爲十一，流遂淤。然分多則勢弱，勢弱則併淤之機也。

四十四年七月，河果大淤，全河南遶沛縣戚山入秦溝，北遶豐縣華山漫入秦溝，接大、小溜溝，泛濫入運河。至胡陵城口漫散湖坡，從沙河至二洪。八月，工部尚書朱衡乃請開都御史盛應期原議新河，自南陽至留城，僉都御史臣潘季馴請接濬留城舊河。併力挑濬，八閱月而成。

隆慶四年七月，黄河决睢寧縣曲頭集、王家口、馬家淺等處，運道沙墊一百餘里，俱爲平陸，淤重儲船九百餘隻。臣季馴築塞諸决，河水仍歸正道，儲船盡出。

隆慶年間，高家堰大潰，淮水東趨，决黄浦八淺，而興、鹽、高、寶諸邑匯爲巨浸，淮城水困，民不聊生。黄河亦决崔鎮等處，而桃清河塞，運道梗阻者數年。萬曆六年，臣季馴拜命總督河漕，築高家堰六十餘里，歸仁集隄四十餘里，柳浦灣隄東三十餘里，西四十餘里，塞崔鎮等决一百三十餘處，徐、睢、邳、宿、桃清兩岸築遥隄共長五萬六千四百三十餘丈，馬廠坡隄七百四十餘丈，使兩河不得外決，築碭山大壩、豐縣邵家大壩各一道，約水不得北徙，築徐、沛、豐、碭縷隄一百四十餘里，砌八淺、寶應湖石隄共長一千五百七十餘丈，建崔鎮、徐昇等四減水壩，修復淮安新舊閘，遷通濟閘于淮安甘羅城南，以納淮水，故道盡復。

## 校勘記

〔一〕此篇内容非《山海經》原文，實爲《初學記》卷六《地部中河第三·叙事》部分節取而得。故正文與注文混雜。

〔二〕及下脱『入』字，對校本同，據《初學記》卷六補。

〔三〕地，對校本同，《初學記》卷六作『北』，爲是。

〔四〕北，對校本同，《初學記》卷六作『此』，爲是。

〔五〕成上脱『至』字，對校本同，據《初學記》卷六補。

〔六〕也，對校本同，據《初學記》卷六當作『屯氏河』。

〔七〕過下脱『絳』字，對校本同，據《初學記》卷六補。

〔八〕行，對校本同，據文意及《初學記》卷六當作『迎』字。

〔九〕潮汐，對校本同，《初學記》卷六作『朝夕』，爲是。

〔一〇〕郡，清初本同，乾隆本、水利本、《榷》本卷一、《元史·地理志》俱作『群』，爲是。

〔一一〕三巴站，對校本同，《元史》卷六十三作『二巴站』。

〔一二〕嗚沙河，對校本同，《元史》卷六十三作『嗚沙州』。

〔一三〕過，對校本同，《元史》卷六十三作『遇』。

〔一四〕廣順一年，《權》本卷一同，清初本、乾隆本、水利本作『廣順二年』，又據《資治通鑒》卷二百九十一『廣順二年』載『十二月，丙戌，河決鄭、滑，遣使行視修塞』，當作『廣順二年』。

〔一五〕原本無『河決』二字，清初本、《權》本卷一同，據乾隆本、水利本補。

〔一六〕決此，對校本俱作『六塔』，爲是。

〔一七〕亳州，清初本同，乾隆本、水利本、《權本》卷一俱作『亳州』，爲是。

〔一八〕亳州當作『亳州』。

# 河防一覽卷之六

## 古今稽證

### 泗州先春亭記

宋歐陽修撰

景祐三年秋〔一〕，清河張侯以殿中丞來守泗上。既至，問民之所素病而治其尤暴者。曰：『暴莫大于淮。』越明年春，作城之外隄，因其舊而廣之，度爲萬有九千二百尺。用人之力八萬五千。泗之民曰：『此吾利也，而大役焉，然人力出于州兵，而石出乎南山。作大役而民不知，是爲政者之私我也。不出一力而享大利，不可。』相與出米二千三百石以食役者〔二〕。堤成，高三十三尺，土實石堅，捍暴備災，可久而不壞。既曰：『泗，四達之州也。賓客之至者有禮。』于是因前蔣侯堂之亭新之，爲勞餞之所，曰思邵亭。且推其美于前人，而志邦人之思也。又曰：『泗，天下之水會也，歲漕必廪于此。』于是治常豐倉西門二夾室，一以視出納，曰某亭；一以爲舟者之寓舍，曰通漕亭。然後曰：『吾亦有所休乎？』乃築州署之東城上爲先春亭，以臨淮水而望西山。是歲秋，予貶夷陵，過泗上，于是知張侯之善爲政也。昔周單子聘楚而過陳，見其道穢，而川澤不陂梁，客至不授館，羈旅無所寓，遂知其必亡。蓋城郭道路，旅客寄寓，皆三代爲政之瀍，而《周官》尤謹著之，以爲禦備。今張侯之作也，先民之備災，而及于賓客往來，然後思自休焉，故曰善爲政也。先時，歲大水，州幾溺。前司封員外郎張侯夏守是州，築隄以禦之。今所謂因其舊者是也。是役也，隄爲大。故余記其大者詳焉。

閱此，則知淮漲于泗，自古爲然，又何咎于高堰也？

## 賈魯河記

元至正九年冬，脱脱既復爲丞相，慨然有志于事功。論及河決，即言于帝，請躬任其事。帝嘉納之，乃命集群臣議廷中，而言人人殊，唯都漕運使賈魯昌言必當治。先是魯嘗爲山東道奉使宣撫首領官，循行被水郡邑，具得修捍成策。後又爲都水使者，奉旨詣河上，相視驗狀爲圖，以二策進獻：一議修築北隄以制横潰，其用功省；一議疏塞並舉，挽河使東行以復故道，其功費甚大。及是，復以二策對，脱脱韙其發策〔三〕。于是遣工部尚書成遵與大司農秃魯行視河，議其疏塞之方以聞。遵等自濟、濮、汴梁、大名行數千里，掘井以量地之高下，測岸以究水之淺深，博采輿論，以謂河之故道斷不可復。且曰：『山東連歉，民不聊生。若聚二十萬衆于此地，恐他日之憂又有重于河患者。』時脱脱先入魯言，及聞遵等議，怒曰：『汝謂民將反邪？』自辰至酉，論辨終莫能入。明日，執政謂遵曰：『修河之役，丞相意已定，且有人任其責，公勿多言，幸爲兩可之議。』遵曰：『腕可斷，議不可易！』遂出遵河間鹽運使。議定，乃薦魯于帝，大稱旨。十一年四月初四日，下詔中外，命魯以工部尚書爲總治河防使，進秩二品，授以銀印，發汴梁、大名十有三路民十有萬人，廬州等戍十有八翼軍二萬人供役。一切從事大小軍民咸稟節度，便益興繕。是月二十三日鳩工，七月疏鑿成，八月決水故河，九月舟楫通行，十一月，水土工畢，埽諸隄成河。乃復故道，南滙于淮，又東入于海。帝遣貴臣報祭河伯，召魯還京師，論功，超拜榮禄大夫集賢太學士。其宣力諸臣，遷賞有差。賜丞相脱脱世襲荅剌罕之號。特命翰林學士承旨歐陽玄製《河平碑》文，以旌勞績。玄既爲河平之碑，又自以爲司馬遷、班固記《河渠》《溝洫》，僅載治水之道，不言其方，使後世任斯事者無所考則，乃從魯訪問方略，及詢過客，質吏牘，作《至正河防記》，欲使來世罹河患者按而求之。其言曰：『治河一也，有疏，有濬，有塞，三者異焉。釃河之流，因而導之，謂之疏；去河之淤，因而深之，謂之濬；抑河之暴，因而扼之，謂之塞。疏、濬之别有四，曰生地，曰故道，曰河身，曰減水河。生地有直有紆，因直而鑿之，可就故道；故道有高有卑，高者平之以趨卑，高卑相就，則高不壅，卑不瀦，慮夫壅生潰，瀦生堙也；河身者，水雖通行，身有廣狹，狹難受水，水溢悍，故狹者以計闢之，廣難爲岸，岸善崩，故廣者以計禦之；減水河者，水放曠則沙制其狂〔四〕，水隳突則以殺其怒。治隄一也，有剏築、修築、補築之名，有治水隄，有截河隄，有護岸隄，有縷水隄，有石舡隄。治埽一也，有岸埽、水埽，有龍尾、攔頭、馬頭等埽。其爲埽臺及推卷、牽制、薶掛之法，有用土、用石、用鐵、用草、用木、用找、周緄之方〔五〕。塞河一也，有缺口，有豁口，有龍口。缺口者，已成川；豁口者，舊常爲水所豁，水退則口下于隄，水漲則溢出于口；龍口者，水之所會，自新河入故道之衆也。此外不能悉書。因其用功之次第而就述于其下焉。

其濬故道，深廣不等，通長二百八十里百五十四步而强。功始自北茅，長百八十里，繼自黄陵岡至南白茅，闢生地十里。口初受，廣百八十步，深二丈有二尺。以下停廣百步，高下不等，相折深二丈及泉。曰停曰折者，用古筭法，因此推彼，知其勢之低昂，相準折而取匀停也。南白茅至劉莊村接入故道十里，通折墾廣八十步，深九尺。劉莊至專固百有二里二百八十步，通折停廣六十步，深五尺。專固至黄固墾生地八里，面廣百步，底廣九十步，高下相折，深丈有五尺。黄固至哈只口長五十一里八十步，相折停廣，墾十步，深五尺。乃濬凹里村缺河，通長九十八里百五十四步。凹里減水河口生地長三里四十步，面廣六十步，底廣四十步，深一丈四尺。自凹里生地以下，舊河身至張贊店長八十二里五十四步。上三十六里，墾廣二十步，深五尺；中三十五里，墾廣二十八步，深五尺；下十里二百四十步，墾廣二十六步，深五尺。張贊店至楊青村接入故道，墾生地十有三里六十步，面廣六十步，底廣四十步，深一丈四尺。其塞專固缺口修隄三重，并補築凹里減水河南岸豁口，通長二十里三百十有七步。其剏築河口前第一重西隄，南北長三百三十步，面廣二十五步，底廣三十三步。樹置椿橛，實以土牛、草葦、雜稍相兼，高丈有三尺。隄前置龍尾大埽。言龍尾者，伐大樹連稍繫之隄旁，隨水上下以破嚙岸浪者也。築第二重正隄，并補兩端舊隄，通長十有一里三百步，缺口正隄長四里。兩隄相接，舊隄置樁，堵閉河身長百四十五步。用土牛、葦草、稍土相兼修築，底廣三十步，修高二丈。其岸上土工修築者長三里二百十有五步有奇，廣不等，通高一丈五尺。補築舊隄者長七里三百步，表裏倍薄七步，增卑六尺，計高一丈。築第三重東後隄，并接修舊隄，高廣不等，通長八里。補築凹里減水河南岸豁口四處，置樁木，草土相兼，長四十七步。于是隄塞黄陵。全河水中及岸上修隄長三十六里百三十八步。其修大隄刺水者二，長十有四里七十步。其西復作大隄刺水者一，長十有二里百三十步。内剏築岸上土隄，西北起李八宅西隄，東南至舊河岸，長十里百五十步，顛廣四步，趾廣三之，高丈有五尺。仍築舊河岸至入水堤長四百三十步，趾廣三十步，顛殺其六之一，接修入水。兩岸埽隄並行。作西埽者，夏人水工，徵自靈武，作東埽者，漢人水工，徵自近畿。其法以竹絡實以小石，每埽不等，以蒲葦綿腰索徑寸許者從鋪，廣可一二十步，長可二三十步。又以曳埽索綯徑三寸或四寸、長二百餘尺者衡鋪之。相間復以竹葦麻檾大繂〔六〕，長三百尺者爲管心索，就繫綿腰索之端于其上，以草數千束多至萬餘匀布厚鋪于綿腰索之上，橐而納之，丁夫數千以足踏實，推卷稍高，即以水工二人立其上，而于衆，衆聲力舉，用小大推梯推卷成埽，高下長短不等。大者高二丈，小者不下丈餘。又用大索或互爲腰索，轉至操管心索，順埽臺立踏，或掛之臺中鐵猫大橛之上，以漸縋之下水。埽後掘地爲渠，陷管心索渠中，以散草厚覆，築之以土，其上復以土牛、雜草、小埽稍土，多寡厚薄，先後隨宜，修疊爲埽臺。務使牽制上下，縝密堅壯，互爲犄角，埽不動揺。日力不足，夜以繼之。積累既卑，復施前法卷埽以壓先下之埽。量水淺深制埽，厚薄疊之，多至四埽而止。兩埽之間置竹絡，或三丈，圍四丈五尺，實以小石、土牛。既滿，繫之竹纜，其兩旁並埽密下大樁，就以竹絡上大竹腰索繫于樁上。東西兩埽及其中竹絡之上，以草土等物築爲埽臺，約長五十步或百步。再下埽即以竹索或麻索長八百尺或五百尺者一二，雜厠其餘管心索之間。候埽入水之後，其餘管心索如前薤掛。隨以管心長索遠置五七十步之外，或鐵猫，或大樁，曳而繫之，通管束累日所下之埽。再以草土等物通修成隄。又以龍尾大埽密掛于護隄大樁，分析水勢。其隄長二百七十步，北廣四十二步，中廣五十五步，南廣四十二步，自顛至趾，通高三丈八尺。其截河大隄高廣不等，長十有九里百七十七步。其在黄陵北岸者，長十里四十一步。築岸上土隄，西北起東西故隄，東南至河口，長七里九十七步，顛廣六步，趾倍之而强二步，高丈有五尺。接修入水，施土牛小埽稍草雜土，多寡厚薄，隨宜修疊。及下竹絡，安大樁，繫龍尾埽，如前兩隄法。唯修疊埽臺，增用白闌小石，并埽上及前游修埽堤一，長百餘步，直抵龍口。稍北，攔頭三埽並行，埽大隄廣與刺水二隄不同，通前列四埽，間以竹絡，成一大堤，長二百八十步，北廣百一十步，其顛至水面高丈有五尺，水面至澤腹高二丈五尺，通高三丈五尺，中流廣八十步，其顛至水面高丈有五尺，水面至澤腹高五丈五尺，通高七丈。并剏築縷水横隄一，東起北截河大隄，西抵西刺水大隄。又一隄東起中刺水大隄，西抵西刺水大隄，通長二里四十二步，亦顛廣四步，趾三之，高丈有二尺。修黄陵南岸，長九里百六十步，内刱岸土隄，東北起新補白茅故隄，西南至舊河口，高廣不等，長八里二百五十步。乃入水作石船大隄。蓋由是秋八月二十九日乙巳道故河流，先所修北岸西中刺水及截河三隄猶短，約水尚少，力未足恃。決河勢大，南北廣四百餘步，中流深三丈餘，益以秋漲，水多故河十之八。兩河争流，近故河口，水刷岸北行，洄漩湍激〔七〕，難以下埽。且埽行或遲，恐水盡湧入決河，因淤故河，前功遂隳。魯乃精思障水入故河之方。以九月七日癸丑，逆流排大舡二十七艘，前後連以大桅或長樁，用大麻索、竹絙絞縛，綴爲方舟。又用大麻索、竹絙用舡身繳繞上下，令牢不可破。乃以鐵猫于上流硾之水中，又以竹絙絶長七八百尺者繫兩岸大橛上。每絙或硾二舟，或三舟，使不得下。舡腹略鋪散草，滿貯小石，以合子板釘合之，復以埽密布合子板上，或二重，或三重。又于隄前通卷攔頭埽各一道，多者或三或四。前埽出水，管心大索繫前埽，硾後攔頭埽之後，後埽管心大索亦繫小埽，硾前攔頭埽之前，後先羈縻，以錮其勢。又于所交索上及兩埽之間壓以小石、白闌、土牛，草土相半，厚薄多寡，相勢措置。埽隄之後，自南岸復修一隄，抵已閉之龍口，長二百七十步。舡隄四道成隄，用農家塲圃之具曰轆軸者，穴石立木。如比櫛薤前埽之旁，每步置一轆軸，以横木貫其後。又穴石，以徑二寸餘麻索貫之，繫横木上，密掛龍尾大埽，使夏秋潦水，冬春凌澕〔八〕，不得肆力于岸。此隄接北岸截河大隄，長二百七十步，南廣百二十步，顛至水面高丈有七尺，水面至澤腹高四丈二尺，中流廣八十步，顛至水面高丈有五尺，水面至澤腹高五丈五尺，通高七丈。

仍治南岸護隄埽一道，通長百三十步，南岸護岸馬頭埽三道，通長九十五步。修築北岸隄防，高廣不等，通長二百五十四里七十一步。白茅河口至板城補築舊隄，長二十五里二百八十五步。曹州板城至英賢村等處，高廣不等，長一百三十三里二百步。稍岡至碭山縣增培舊隄，長八十五里二十步。歸德府哈只口至徐州路三百餘里，修完缺口一百七處，高廣不等，積修計三里二百五十六步。亦思剌店縷水月隄高廣不等，長六里三十步。其用物之凡椿木大者二萬七千，榆柳雜稍六十六萬六千，帶稍連根株者三千六百，藁秸蒲葦雜草以束計者七百三十三萬五千有奇，竹竿六十二萬五千，葦蓆十有七萬二千，小石二十艘，繩索大小不等，五萬七千，所沉大舡百有二十，鐵纜三十有二，鐵猫三百三十有四，竹篦以斤計者十有五萬，硾石三千塊，鐵鑚萬四千二百有奇，大釘三萬三千二百三十有二。其餘若木龍、蠶椽木、麥楷、扶椿、鐵义、鐵弔、枝麻、搭火鈎、汲水、貯水等具〔九〕，皆有成數。官吏俸給，軍民衣糧工錢、醫藥、祭祀、賑恤、驛置馬乘及運竹木、沉舡、渡船、下椿等工，鐵、石、竹木、繩索等匠傭貲，兼以和買民地爲河，併應用雜物等價，通計中統鈔百八十四萬五千六百三十六錠有奇。魯嘗有言，水工之功視土工之功爲難，中流之功視河濱之功爲難，決河口視中流又難，北岸之功視南岸爲難。用物之效，草雖至柔，柔能狎水，水積之生泥〔一〇〕，泥與草并，力重如碇。然維持夾輔，纜索之功實多。蓋由魯習知河事，故其功之所就如此。玄之言曰：『是役也，朝廷不惜重費，不吝高爵，爲民辟害。脱脱能體上意，不憚焦勞，不恤浮議，爲國拯民。魯能竭其心思智計之巧，乘其精神膽氣之壯，不惜劬瘁，不畏譏評，以報君相知人之明，宜悉書之，使職史氏者有所考證也。』先是歲庚寅，河南北童遥云：『石人一雙眼，挑動河，天下反。』及魯治河，果于黄陵岡得石人一眼，而汝、潁之妖冠乘時而起，議者往往以謂天下之亂，皆由賈魯治河之役勞民動衆之所致。殊不知，元之所以亡者，實基于上下因循，狃于晏安之習，紀綱廢弛，風俗偷薄。其致亂之階，非一朝一夕之故，所由來久矣。不此之察，乃獨歸咎于是役，是徒以成敗論事，非通論也。設使賈魯不興是役，天下之亂詎無從而起乎？故今具録玄所記，庶來者得以詳焉。

閱此，則見魯之治河，亦是修復故道。黄河自此不復北徙，蓋天假此人爲我國家開創運道，完固鳳、泗二陵風氣，豈偶然哉！

## 都御史于湛題名記略

或謂海運由浙西不旬日可達都下，較之河運費省而功倍。丘文莊《衍義補》言之詳矣。近年言者亦多厭河運之勞而欲舉文莊之策，子顧極言河運之利，而欲侈諸臣之功示諸久遠，何也？曰海運之法作俑于秦，效尤于元，祖宗已棄之策，三代以前未聞也。文莊計漂溺之米，而不計漂溺之人，故以海運爲便。不知米漂而載米之舟、駕舟之卒、管卒之官，能獨免乎？考之元史，至元二十八年，海運漂米二十四萬五千六百有奇，至大二年，漂米二十萬九千六百有奇。即如文莊言，每舟載米千石，用卒一十人，則歲溺而死者殆五六千人，此殘虜之所忍于華人也，奈何華人亦忍于華人哉！河運之費，費于人，所謂人亡人得，損上益下者。王者以天下爲家，又奚恤哉！

此説海運之害最爲明悉，故録之。

## 太常卿佘毅中全河説

洪惟我國家定鼎北燕，轉漕吴楚。其治河也，匪直祛其害，而復資其利，故較之往代爲最難。然通漕于河，則治河即以治漕；會河于淮，則治淮即以治河；合河淮而同入于海，則治河淮即以治海，故較之徃代亦最利。邇歲以來，委寄靡專，論議滋起。于是有以決口爲不必塞，而且欲就決爲漕者。不知水分勢緩，沙停漕淤，雖有旁決，將安用之？無論沮洳難舟，田廬咸沼也，是索途于冥者也。又有以縷堤爲足恃，而疑遥堤之無益者。不知河挾萬流，湍激異甚，堤近則逼迫難容，堤遠則容蓄寬廣，謂縷不如遥，是貯斛于盂者也。又有謂海口淺墊，須别鑿一口者。不知非海口不能容二瀆，乃二瀆失其注海之本體耳。使二瀆仍復故流，則海口必復故額。若人力所開，豈能幾舊口萬分之一！别鑿之説，是穿咽于脅者也。又有謂高堰築則泗州溢，而欲任淮東注者。不知堰築而後淮口通，淮口通而後入海順。欲拯泗患而訾堰工，是求前于却者也。它如絶流而挑，方舟而濬，疏渠以殺流，引洫以灌溉，襲虚舊之談而懵時宜之竅者，紛紛藉藉，載道盈廷。至于釣奇之士，則又欲舍其舊而新是圖。于是有泇、膠、睢三河之説焉。不知既治河而又別治漕，是以財委壑也。又有興復海運之説焉，不知歲用民賦，而又歲用民命，是以民委壑也。嗟嗟，謀室于路，則三年靡成；回車于歧，則千里坐失，又何惑乎漕幾成陸而民胥爲魚耶？然諸爲前議者，豈故好是鑿且奇哉！總之，不達于水可攻水之理耳。蓋黄河之性，合則流急，分則流緩。急則蕩滌而疏通，緩則停滯而淤塞。故以人力治之則逆而難，以水力治之則順而易。今太子少保潘公屢膺河寄，洞炤委原，才謂精誠，並稱絶世。爰偕故右都御史江公決筴上請，事悉具《兩河經略》疏中。大都盡塞諸決則水力合矣，寬築堤坊則衡決杜矣[一二]，多設減壩則遥堤固矣，并堤歸仁則黄不及泗矣；築高堰，復閘壩，則淮不東注矣；堤柳浦，繕西橋，則黄不南浸矣；修寶應之隄，濬揚儀之淺，則湖捍而渠通矣。故自告竣以來，河身益深，而河之赴海也急；淮口益深，而淮之合河也急。河淮併力以推滌海淤，而海口之宣洩二瀆也急。用是河嘗秋漲而涯畛屹然，淮嘗夏溢而消耗甚速，貢賦舳艫若履枕席，轉徙孑遺寢緣南畝。盖借水攻沙之效已較然顯白矣。若謂水馴于分，湧于合，恐其合而湧也，則堤址既遥而奔騰可恣，是寓分于合矣。若謂胡不用濬而純用築也，則築堅而水自合，水合而河自深，是藏濬于築矣。若謂胡不使黄淮分背而乃使淮助河勢，河扼淮勢也，則合流之後，海即大闢。蓋河不決固自深，得淮羽翼則益深，是用淮于河矣。若謂河決爲天數，不可以人力彊塞，故曰故道難復也。然既塞之後，河即安瀾，是全天于人矣。若謂胡不創開一渠而拘拘膠柱爲也，則二百年地紀之故道，天儲之懿規，本無庸創，而自今復之，是兼創于守矣。若謂閘壩之復，行旅稍滯，然河渠既奠而行旅益通，何便如之，是含速于滯矣。記禮者謂其數可陳也，其義難知也。治河之事，良亦類此。是故排河淮非難，而排天下之異議難；合河淮非難，而合天下之人情難。史遷氏曰：『甚哉！水之爲利害也。』余則曰：『甚哉！人情之爲利害也。』故今日之功，非當事大臣暨余等諸臣之功，皆聖明之功也。蓋知河固難，而知知河之人尤難，知知河之人固難，而任知河之人尤難。語曰：千夫輿瓢，不如一人負而趨也；千夫牧羊，不如一人驅而走也。使非聖明之併合河漕而事權歸一也，其何能功？縶騏驥之足，則難望其必至；縛孟賁之手，則難望其必敵。使非聖明之寬假便宜而不從中制也，其何能功？蜚蝗蔽天，則農稷不能善稼；奔駟曳轍，則王造亦廢馳驅。使非聖明之不惑浮言而私撓必黜也，其何能功？千仞而坡，則牧豎陵其阜；數尺而峭，則樓季不敢踰。使非聖明之嚴懲墮窳而凜莫可干也，其何能功？空柯無刃則公輸不能以斲，虛鬵乏粒則易牙不能以炊。使非聖明之破格折兊而大費不恡也，其何能功？張鵠以行賞，然後人罔不射；計程以齊足，然後人罔不奔。使非聖明之綜覈明允而微勞必録也，其何能功？昔晉富平津河橋之成，武帝謂杜預曰：『非卿此橋不立。』預曰：『非陛下聖明不成。』今日之功，良亦類此。善乎部疏有云：『其本在明良之相遇，其機在賞罰之必行。』真識體之論哉！後之治河者，其尚仰體君相任人圖治之心，俯督河臣嘔心腐舌之意，相與踵而行之，期于勿壞。勿以事既即安而玩愒，勿以功非己出而更張。如周郊之有陳畢，終始協心；如漢法之有蕭曹，寧一作頌。如此則漕河之允翕，當與國家億萬年靈長之祚同垂罔極也。斯豈非國家甚盛隆事哉，斯豈非國家甚盛隆事哉！余謹不嫌侈大，贅筆于簡，作左契焉。

此篇獨悉順治之法，故録之。

## 隆慶六年工部覆止泇河疏

題爲河道工完水消，懇乞聖明申飭總理憲臣及時計處經久長策，以裨新運，以免後艱事。該左給事中雒遵題，據山東分守參政等官劉孝等呈，據兖州府知府等官朱泰等勘得，自馬家橋、微山、赤山、吕孟等湖起，葛墟嶺下止一段，計水面長三十里。該挑口濶三十丈，底濶七丈，除水挑深一丈八尺，與馬家橋河底相平。且本河水來自薛河上下及東山一帶山水，五六月水發之時，勢甚漲漫。縱築土堤，不免衝决，工程最難。葛墟嶺頂起至曹兒莊天齊廟止一段，計長二十里。該挑深六丈一尺五丈二三尺不等，方與馬家橋河底相平。岸既高峻，若非斜坡，恐致傾墜。凡鑿深一尺，必須兩岸各開二尺，斜作土蹬，以便人夫上下，連底占河身七丈，共該挑口濶三十一丈。隨經委官部領人夫七百二十名，于嶺頂開鑿一工。自隆慶五年十月十八日興工長十丈，闊雖八丈，除兩頭斜坡實止濶三丈五尺四丈不等。至十一月十七日止，計二十九日，用過人夫二萬八百八十工，工食銀六百兩，僅挑前工。上有黑土四尺，下多砂石二三尺不等，層靠又係礓土，以下紅砂石層，層厚一二尺不等。鍬钁難施，俱用鐵鍬石木等錘開鑿，深淺不等。深處二丈五六尺，淺處二丈二三尺。以下砂礓硼石，愈加堅硬，内有東西兩工泉水湧沸，急流有聲，戽水之工更多。前項工程以下，再挑二倍方與水平相等。較之先做一分，尤爲加倍。一則高下出土之難，二則晝夜徹水之苦，實難開鑿。自十二日至十六日止，計五日戽水，方纔見底，及至動手，天又將晚，經過一夜，水積尺餘，無計可施。自嶺頂東南至天齊廟沿路，又挑四工，長濶各一丈，掘至二三尺下，俱是礓石，泉水湧出，隨徹隨盈，十夫做工，十夫徹水，尚不能勝。再掘尺餘，礓石愈大，泉水愈多。據此二十里岡嶺若强欲開鑿，其貲費不可以數筭也。又嶺下西路自利國驛起，由郝家莊中心溝至曹兒莊止，計一段長三十八里，地勢雖少卑窪，但郝家莊後一帶兩邊近山，掘試俱係連根青石，尤難開鑿，無容更議。曹兒莊起由大房嶺至棗兒莊小房嶺止一段，計長一十八里，原無河形，該挑深三丈八九尺不等，口濶三十丈。在于天齊廟前挑試一工，長濶一丈。挑至二尺以下即有礓石，大者如升斗，小者如鷄卵，層疊堅硬，不能用鍬，惟钁可施。一钁不能竟寸，石内泉水湧出，終日徹打難盡，夫役開鑿愈甚艱難。大房嶺前微有窪水，棗兒莊見有小溪，濶一二丈，水深六七寸不等。中間挑試四工，礓石泉水難鑿同前。又據鄉民郭相等同稱，伏秋天雨，山水泛漲，平地成湖。冬春露地，始見河形。小房嶺起至萬家莊、彭河、頓家莊止一段，計長一十八里，見有河形口濶四五丈，深一二尺，尚該挑深二丈二三尺不等，濶一十二丈不等。自萬家莊挑試一工，長濶一丈。掘至二尺下，俱是礓石，用钁開掘，僅入半寸。兼之泉水湧發，徹取不及，掘石水中，極爲費力。彭河口以下挑試二十工，二三尺之下，掘石徹水，工力艱苦，較前尤甚。頓家莊起至侯家灣止一段，計長二十五里，河濶七丈，水深二尺六七寸不等，該挑深二丈八九尺不等。在于頓家莊以下挑試七工，乞至二三尺，俱是砂礓硼石，钁不能入，俱難用工，等因。該各道先後參勘得，湖嶺浩廣，計開鑿之功，何止于十年；水石堅深，筭用工之夫，終疲乎三省。工費不貲，竟難就緒，等因。又據徐州兵備等官副使馮敏功等呈，據淮安府知府等官陳文燭等勘得，山東地方侯家灣起至岔河口止一段，計長四里零六十丈，水深一二尺不等，内二里一百四十丈，石露水面一里零一百丈，有浮沙，下俱平底大石。隨委官于隆慶五年十月十九日領夫一千名在于彼處興工。河底有石，走砂引水，難以用工。先開月河一道改水流行，隨于原河有石處丈量一段長十三丈，濶十丈，打壩斷流，分爲六工。每官各做長二丈二尺，濶十丈，各將工内撼動大小浮石盡行扛擡兩岸。河底俱係過河青板大石，又取石匠四十五名，各用鐵鏨油錘打鑿數日，僅及寸工。至十一月十三日止，計二十四日，共用過夫匠二萬五千八十，工銀六百九十七兩。時日既久，工力徒施，委難開鑿。又勘得岔河口起至楊家林止一段，計長一里零七十四丈，有露面大石數處。自楊家林起至李家道口止一段，計長七十九丈，錐探砂石相兼。李家道口起至良城橋止一段，計長一百七十六丈，偏河俱係露面大石。于橋東岸挑試一工，長濶各一丈，深八尺，下係大石。又于橋西岸挑試一工，長濶各一丈，深九尺，下亦係大石。良城橋起至馬蹄灣溝口止一段，計長一里零一百一十丈，挑試一工，長四丈，深濶一丈。底有走砂，難以深入。溝口起至水静溝止一段，計長一里零三十八丈，内有截河大石，寬廣深厚，餘俱砂礓。于截石兩旁挑試二工，土下二尺俱見大石。又共挑試一工，長十五丈，濶二丈，深一丈。錐探底有大石。水静溝至泇口橋止一段，計長九里零五十八丈，俱係泥土。挑試一工，長四丈，濶二丈，深一丈底，有走砂，隨挑隨陷。再若加深，岸必傾覆。且據鄉民胡覲等禀稱，每年夏秋，各山水勢驟發，高至數丈，居民房屋常被衝蕩。且兩岸地勢高阜，既不可張水門，又不可開水櫃，諸水會集，難以防禦，傷船之害，勢所不免，實難開鑿。又自泇口橋起至譚家園止一段，計長三里零九十丈，河形見濶一十四丈，水深七尺，除水仍該挑深一丈四尺。自譚家園起至王史舖止一段，計長十二里，河形見濶十四丈，水深四尺，除水仍該挑深一丈四尺。王史舖起至瓦子埠止一段，計長十里，河形見濶十二丈，水深五尺，除水仍該挑深一丈三尺。瓦子埠起至齊家莊止一段，計長二十里，河形見濶十四丈，水深四尺，除水仍該挑深一丈二尺。以上河身，土砂相兼，雖可挑濬，但譚家園下有營河一道，内多滚沙，每遇山水泛漲，乘水擁至，易于淤塞。又有成字河一道，夏秋奔流，易于衝射，終爲河患。又齊家莊起，穿蛤鰻、土巨、連汪等湖，至杲家口止一段，長六十五里，湖心原係積水舊汪，其餘皆係渰浸民地，水深五六尺不等，較測水平，比之上源河底尚高一丈三四尺。北有蒙陰營河、泇口、成子河諸水，瀰漫浩蕩，非築隄不可成漕，灘窪不平，非挑濬不能通運。然挑河于巨浸必不能固，須下樁捲埽，且取土于數里之外。況沂河之水，每遇陡發，衝射甚猛。今欲築隄横截，恐亦難捍。又杲家口起至直河口止，計長二十一里零四十五丈，中間周湖、柳湖水勢相聯，渺無涯岸。然深處止四五尺，比之上源河底上高一丈二三尺，必須更加挑深，方可通運。今湖坡之内，蕩然一壑，水將安徹？又須多用樁草，高築隄防，今四面皆水，無從取土。雖議用小船裝載，亦覺道路艱遠，難計工程。况泇河出直河口，復歸黄河，則平昔險溜處所尚未盡避，或遇黄河暴發，則直河出口之際，難保不淤，是又不能無慮也，等因。該各道先後參看得前項工程，築鑿之費既已不貲，而衝溺之虞有難預料，雖耗公家之巨蓄，難收運道之全功，等因，通呈到臣。臣與催運御史張憲翔勘議得，微山、赤山、吕孟等湖，各官同稱水中難以築隄，臣獨爲不甚難，使鑿葛墟嶺以洩正派，開地浜溝以散餘波，則其堤尚可築也。但其工不得施于葛墟嶺未開之先。泇口鎮至齊家庄一帶見有河形，水亦可舟，工夫省力，莫此爲最。蛤鰻、周柳等湖，雖滙水汪濊，倘濬導下流，瀦水亦能漸去。使無墟嶺、侯家灣、良城山，假以年歲，不惜貲費，濬河築堤，以通漕艘，雖不能盡脱宿遷以下黄河之害，將不可避徐吕二洪之險哉？無奈墟嶺高出河底六丈有餘，開鑿至二丈以下，未及其半，下即有硼石，水泉湧出有聲。侯家灣、良城等處，雖有河形流水，水底俱有過河板石，兩岸又多露石參差。石在水中，既不能火煅，又不得錐鑿，其必不可成功，縱成功，亦不可通漕。昔先漢時，人有上書欲通褒斜道，及漕事爲抵蜀，從故道多阪回遠。君穿褒斜道[一二]，少阪近四百里，而褒水通沔，斜水通渭，皆可以行船漕。時張卬拜漢中守，發數萬人作褒斜道五百餘里，道果便近，而水湍石不可漕。至今論者不韙。侯家灣、良城一帶伏石根盤不斷，脉串二洪，縱令河形再深丈餘，亦水湍石也。葛墟嶺設使可開舟運于六丈之下，人牽于六丈之上，勢豈可漕耶？且葛墟嶺緊防南北通衢，去徐州洪僅七十里。前人鑿洪之時，諒必經歷此嶺，諦較難易，豈肯舍此易開之嶺而苦鑿難開之洪哉！故諺有之曰：寧鑿二洪，不開一嶺。此言雖俚，可稽實難。又恐蛤鰻、周柳諸湖築堤水中，工費無筭。然葛墟嶺、侯家灣、良城一帶，上源山石既不能開鑿，湖中築堤豈能通運？况運道借用黄河，已經百數十餘年，見今復安故道，時加修防，可保無虞。漕規一加整頓，運船亦自蚤能如期過洪入閘，其機甚易，又何必過費苦役，以復開泇河哉！再惟該部請開泇口河渠者，思遠避河洪，固爲保運之謀也。臣愚請止開泇口河渠者，恐枉費財力，功緒難成，不敢取誤國之罪也。但該部得于所聞，臣愚本于所見。又親嘗歷試，尤爲的確。伏乞敕下該部，再加詳議。如果臣言有據，覆議題請行令河漕官益修已安之運道，大振久壞之漕規，預止無益之工程，愛惜有限之財力。庶國計人情，永爲便利，等因。又該巡按直隸監察御史張憲翔題同前事，俱奉聖旨：工部知道。欽此，欽遵。該本部看得泇口之議，起于都御史翁大立。蓋當黄河衝决之時，漕運阻塞之後，博采群議，開陳此策。一時人情洶洶，咸謂舊河難恃。本部亦見頻年治河所費不貲，而阻溺之患歲不能免。既經都御史翁大立題有前議、相應及時查勘。續爲題請。荷蒙皇上軫念國儲，特差臺臣勘議。復因科臣查勘功次，再加叮嚀，無非多方講求，欲爲國家建長久之策。今該科道諸臣奉命查勘，躬親探測，謂泇口必不可開，具題前來。所見必真，但事關軍國大計，不厭詳細。即今本部尚書朱衡奉命經理河工，見在地方。合候命下，移咨本部尚書朱衡，會同總理河道都御史萬恭，虚心再加查勘，務求的實。果如科道諸臣所言，難以開掘，别無遺議，徑自具題施行。

## 萬曆三年工部覆止泇河疏

題爲河身淤墊，運道可虞，仍開泇河以圖永利事。該工科都給事中等官侯于趙等題，據山東參政馮敏功等呈稱，行委兗州府同知等官樊克宅等會勘得，自泉河口水面至性義嶺頂，從低至高二丈四尺五寸，又加挑下河身一丈，共挑嶺頂深三丈五尺爲止。其嶺頂，督夫試挑，稍下即有砂礓，俱用鏵钁鋤斫，隨即碎起，泉水湧浸。又侯家灣水面巨石參差，難以施工。隨向陡溝至岔河口廻避處所，下有伏石，未能逆料。自性義河至岔河口共低四丈四尺。總計泉河口空泥作隄之工十里，琴溝以下開河全挑之工二十三里七十丈，性義嶺掘嶺之工十一里七十丈，嶺西開河全挑之工四里，巨梁橋東因河挑空之工三十一里，彭河以下隨河刷濬之工三十一里，臺兒庄以下廻避至岔河口全挑之工十三里。合用人夫并攔湖截水、防潦築隄、建閘建壩工料，通共用銀一百三十四萬五千一百八十二兩一錢。又據南直隸委官淮安府通判蔡玠等會同探測估算，大約自性義嶺至陵城湖，上高于下，自陵城至大河口，下高于上。合計窪地夾隄爲河者，該一百九十二里五十丈，平地挑土成河者，該三十七里零一百二十丈，因舊河身而拓開成河者，該九十八里。其良城以至馬蹄灣，石隱水底。今放乾河水，則河底板石露出，計長五百五十丈，共計河面濶二十丈，底濶七丈，估議石匠五百人，夫三千名，期以二年鑿深。然皆非人所嘗試之工，臨期果否報完，亦難逆料。此外所可慮者，則有大河口倒瀼之淤〔一三〕，山水暴漲之患。今自大河口探測，水平浪石以裏頗爲窪下，見今黄水灌入，從此旁流溝渠，分洩入海。山水自泇口而下至邳、徐、桃源，率由東北以趨黄河。今開河欲遠黄流，悉在諸湖之北，誠恐開河之後，山水勢必奔湖，計非横過運道，無路以達。建閘修隄，築壩防禦之策，所不容廢也。總計挑河、築隄、建閘壩通共用銀二百六十三萬一千五百二十六兩六錢一分，等因到道。該各道會勘與前相同。總計工料共用銀三百九十七萬六千七百八兩零。如果黄河必不可用，故道必不可復，國家運道別無他路可通，則泇河雖有崎嶇之險，勞費之大，亦萬不得已，而當竭力以圖之矣。但今日之計，既欲修治黄河以紓目前之急，則力有所分，勢難並舉。其施爲緩急之序，非各道所敢擅擬也，等因到臣。該臣與工部郎中張純，會同河道都御史傅希摯、儹運御史劉光國，親自復勘得地勢、水源、開築難易，大略與該道所呈無異，諸所稱難，亦人力可爲，非終不可成之事。使此河果有利無害，或利多害少，可以一勞而永逸，則當斷以不疑，毅然舉行，穿山鑿石，夾湖改水，築隄建閘，百凡艱難，皆所不辭，財用、人力，亦不足惜。但臣等反覆思惟，作事當先其所急而後其所緩，爲謀貴審之于始而慮其所終。我國家資河以爲漕，治河即所以治漕也。使河水安流，漕亦永利，又何必別爲漕計？今惟黄河日漸淤墊，奔潰遷徙，勢所不免。兼之二洪爲險，茶城多阻，皆自來爲漕患者。傅希摯目擊其艱，焦勞爲計，因節年未定之議，爲通漕善後之策，意以此河一開，則清河以北，夏鎮以南一帶六百餘里，黄河可遠二洪，茶城可避，漕可恃以無恐，策無便于此者。若不論漕之大勢而止論一節，不遍履地里始末而止據人言，鮮不以爲萬全之計也。孰知今所慮者，慮河之決也。萬一南決淮揚，則南無漕矣，北決豐、沛，則北無漕矣。南北有一于此，中間泇河一段，將安用之？不可一日無漕，則不可一日不治河也。河乃漕之大勢，治河可以兼漕。泇特漕之一節，開泇亦須治河，是治河爲急，開泇爲緩，理勢之的然可見者也。臣等詢之河臣及瀕河居民，僉謂自直河至清河三百餘里，自來河道無恙。若于此段别創一河，則逼近黄河，其患易侵。即使高厚，其隄亦難保其不衝。與其創新河而倍加隄防之費，孰若仍舊河而獲不勞之逸。是此三百餘里者，似無賴于泇，當仍舊貫。不惟省無益之作，而落馬等湖，黄水之灌與大河口倒流之淤，皆不得爲我害矣。惟自徐、吕至直河上下二百餘里，誠恐河衝蕭、碭則涸二洪，衝睢寧則淤邳河。不得已而開性義嶺以通泇河，又必使良城石不爲險，豐沛水不能衝，則泇河二百里斯爲全利。藉此二百里之利以避二洪、邳河之害，方爲得計。此先年河臣建議止欲于直河出口者，蓋有見于此耳。今仍議開至直河出口，如該道所估，可費一百五十餘萬金。與其通開五百里之遠，利少而害多，孰若止開二百里之近，省費而有利之爲愈也。臣等竊以爲直河而下，斷在可已；直河而上，猶所當講者也。特開鑿良城，工力難以逆料，改口直河，尚恐有似茶城。此又所當慎重而不可輕率者。若遽請内帑，輒與大工〔一四〕，恐有後艱，咎將誰執？合無先用在官徭夫，動支河道官銀，用資犒賞，先鑿良城石工，以開難克之工程；預修豐、沛隄防，以杜黄水之東注。俟二工俱有次第，然後照依後開條欵，議興前工。則始無輕舉而終可底績，誠爲思患預防一策也，等因具題。奉聖旨：工部知道。欽此，欽遵。抄送到部。看得工科等衙門都給事中等官侯于趙等題稱，會勘泇河事宜，自泉河口起至大河口止五百三十餘里，内自直河至清河三百餘里，自來河道無恙，無賴于泇，斷在可已。惟自徐、吕至直河上下二百餘里，猶所當爲，約費一百五十餘萬金。特開鑿良城，工力難以逆料，豐、沛河決，猶慮灌入。要先鑿良城石工，預修豐、沛隄防，然後議興前工各一節。爲照治河無上策，惟避之似爲得策。然亦在視爲患之淺深，權利害之輕重而已。事當改作者，固不可憚惜勞費；計在久遠者，尤不可苟延目前。徐、邳以下，河身淤澱日高，二洪水流無聲。都御史傅希摯慮恐如近年邳河之變，則咽喉梗塞。故議開泇河以備不虞，其爲計至深遠也。今據都給事中侯于趙、御史劉光國等勘稱，自直河以下三百餘里，斷在可已，無容再議外，惟自徐、吕直河口上下二百餘里，可開以避二洪、邳河之害。會計工程難易，并合用人夫錢糧，俱有成數。及查原委各道府縣等官原議，大約以正河有目前之患，泇河非數年不成，故以治河爲急，開泇爲緩。臣等再三思惟，目今正河尚可支持，若不早設預備之策，是猶作舍道傍，終無可成之日。患至而憂，無救于患。所據二河工當並舉，自不相妨。再查傅希摯原勘良城伏石七十五丈，馬蹄灣不滿五丈，共僅八十丈。今科道諸臣勘得，良城至馬蹄灣，舊因石隱水底，露面不多。今放乾河水，起去河面浮土萍草，則河底板石露出。總計有石之地，長五百五十丈，比原勘多四百七十丈。所以議先鑿良城難克之功，然後次第興工，無非慎于謀始，功出萬全之意。相應通行議處，恭候命下本部，移咨河道都御史傅希摯，一面督率管河副使、郎中、主事等官，加意正河，時常巡視，某處縷隄卑薄，當加修築，某處河身窄狹，當築遥隄。此外别有長策，虚心講求。合用錢糧，俱于河道原額徐州洪、儀真閘船税等銀，從宜動支，務堪保障。一面另委能幹官員，儘用在官徭夫、河道官銀，將良城伏石設法開鑿。果見無甚艱阻，即將前工照依後開條款，次第興舉，庶謀于其始而審，則終可無悔；計其所利者多，則爲無不成。非徒漕道永賴，而錢糧亦不致妄費矣。

此二疏泇河不可開之故甚悉，故録之。

## 隆慶五年工科題止膠河疏

題爲漕河淤塞，糧運艱阻，乞開濬新河，以便儲運，以圖久安事。據萊州府知府楊起元揭稱，會同濟南等府同知等官牛若愚等親詣膠州麻灣等處，南自龍家屯，北至海倉一帶，勘得龍家屯四里三十步，水淺不過四五寸。每日潮至，不能打壩斷水，難施挑濬之工。店口三里有大沽河横衝，帶沙淤塞。河雖挑深，一遇沙淤，前功盡棄。韓家口六里二百四十步，俱岡勾沙石。此處苦難徹水，不便挑濬。又准青州府推官張集勘得趙家口起至杜家口止，長十餘里，水深一二尺，河底俱係岡勾石，且有大者，若欲深鑿，極爲費力。自杜家口至吴家閘三里餘，係小沽河口橫衝細沙，恐難填治。吳家閘至譚家西南新口止，共七里，俱有淤沙岡石。其沙皆係白河水帶來。譚家西口至分水嶺共九里，白河全無接濟，旱則先乾，澇則衝決。又准萊州府推官岳凌霜勘得窩舖分水嶺至楚家口十里，中多流沙。楚家口至集萁灣五里有餘，北岸現河口夏秋雨多，即有大水帶沙入河，冬春乾涸。董家莊至陶家莊四里餘，内有岡石，一遇秋雨，泊水湧入，無雨則乾。又據掖縣知縣趙欽湯勘得周家莊至秦家圈泊水衝開溝口數道，值雨則泛漲，無雨即乾涸，並無泉源引導，河底俱有沙石。又據高密縣知縣李尚賓勘得謝家口至玉皇廟約一十一里，至于閘内，沙石相半，挑濬工費，比之他處頗大。自謝家口起至楊家圈止，河岸水勢似有端緒。說者謂新河可開，或觸目于此耳。又據黄縣知縣王中逵勘得楊家圈至新河閘面，比之南邊一帶雖漸稍寬，欲西引濰河，但勢已近海，引之無益。况濰河地勢反下，難以引入，昌邑又居濰河下隰，所當詳議。又據滋陽縣知縣王琁勘得新河閘至海倉，流沙壅滿，難以行舟，挑濬工程頗大。新河閘係東省通衢，凡經過見者起問，此新河議開之端由于此耳。又准青州府同知程道東等量得濰河韓信壩口河中到于東岸高三丈四尺。若濬溝徹水，必幾四丈，迤東間有高阜處所，將不止于四丈矣。濰水難引，委爲的確。又准浙江嚴州府同知李學禮等帶同監生崔旦勘得分水嶺挑濬二尺之下，俱是岡石，五尺下，即是糜沙。挑之九尺六寸，隨即坍去四尺，緣糜沙力軟不能承載，易于崩塌。又據青州府同知程道東、南陽府同知李元芳等，隨同監生崔旦，募夫到于分水嶺口迤東南老地周圍開鑿三丈有餘，上層至岸堅土四尺，中層岡石五尺。仍將岡石以下加挑四尺有餘，俱是鬆軟糜沙，旋挑旋墮，工役難施，等因到職。該職勘得引水接濟，雖東有大沽河，西有濰河，二水稍大，亦係有源，但一則南入麻灣口，難以挽而西，一則西隔百有餘里，難以引而東。若欲兩海通貫，必深以六七丈，使得兩平，寬一十餘丈，始免崩岸。然經費非百餘萬，程限非五六年，不能成也。其功可輕言耶？等因到臣。看得所呈中，間恐有承委各官踏勘不的，捏調虛文〔一五〕，草率了事，面同背異，意見糜協，遽難輕信。又經案行守巡海右道參政劉孝、副使潘允端，親詣覆勘，大率謂隣河無可導之泉，建閘無可蓄之水，欲深鑿河身，使海水南北貫通。但分水嶺等處較之海面積高六丈，委難開濬，不敢附合，以于欺隱，等因到臣。臣會同巡撫山東右僉都御史梁夢龍、巡按山東監察御史張士佩，覆勘得分水嶺係新河命脉，舊名王乾壩。昔年王副使欲開河，先于此相視。因惡王字與姓同，乾壩乃無水讖，遂易云分水嶺。至今土民猶呼王乾壩。其實河岸俱有八九尺，河身沙泥淤積較兩頭差高，非岡嶺之嶺也。募工鑿驗，三尺以下皆岡石小塊，無有頑石。至一丈則皆流沙，旋挑旋潰，用力頗艱。此處止有白河一道，二三寸細水流入新河，一股徃西北，一股徃東南，僅寬一步。已經各官踏勘，水源本來微細，然新河之開，須是借水以濟。今現河、小膠河、張魯河、九穴都泊，雖接新河，即今乾涸，低處稍有積水，亦不深廣。膠河雖有微源，僅得一線。沽河停蓄之水有三五七尺，亦多行潦漬積。查其源頭亦細，况地勢東下，不能北引以達分水嶺。且陳村閘以下，夏秋雨滂水溢，俱從此河衝入新河，流沙淤積，爲河大害。前人云：欲開新河，當先治沽河。不然，未受水利，先受水害。况敢引之而入乎？縱使諸水可引，不論地勢，不慮沙患，然亦不過數寸之水，安能充足二百里全河之用？執此以論諸河之不足資，審矣。今人皆云新河易開者，止見沿河一帶卑窪處積水有一尺、二尺、三尺者，高淺處有二寸、三寸、四五寸者。若將高淺處挖下，則水自通深。不知卑窪水積者以下流高淺壅滯，故停蓄耳。若將高淺處濬深，則蓄水流行，流則無源必竭，安能積聚？執此以論蓄水之不足恃，的矣！又因登、萊二郡士民往返新河閘上，見河形稍寬，海水潮入一二尺，遂謂全河皆然。不知迤南十里餘，河之寬狹，水之淺深，迥不同矣。有獻引濰河之策者。濰河在高密縣之西，離新河一百二十餘里，中間高嶺五層，難于挑引。及量濰河東岸，三丈四尺方與石平，石高九尺方與水平，即石岸甚高，已難挑濬。况道里甚遠，高嶺甚多，誠如各官所稱，雖竭盡財力，終難濟事。執此以論濰河之不可引，明矣。夫新河之開，必借濟于旁支之水。水既無可借，河決不可開。此有目者所共睹。即執拗如崔旦輩視之，亦俛首嘆息而已。且崔旦昔年所刊《海運編》，請以一丸泥破之，東塞沽河，西塞濰河。今因無水，又獻策東引沽河，西引濰河。及委踏勘濰河，則又具呈回稱委實難引。夫以一人之言而前後牴牾懸絶如此，以一人之見而旬日之間悖謬如此，則新河之説皆游談而鮮定論，益彰彰著矣。臣又籌之，新河無水以濟，無泉可引，固矣。然南北兩頭海水相接，中間三百里河身又與海相通，旁水固無可引，海水獨不可達乎？若將河身深濬廣開，較海面更深數尺，俾海水灌入停蓄，亦可牽引舟楫。縱工力繁難，財費浩大，亦須估計的確，開説明白，以曉示後人，以杜絶後議。復委各官帶領打水平匠役，沿河計算丈尺，以憑估計。據各官所稱，南自陳村閘以至分水嶺積高二丈九尺八寸，北自周家莊以至分水嶺積高三丈九尺八寸。復委同知李學禮等，并監生崔旦，募工鑿試，濶四丈，長十丈，深三丈五尺。隨據學禮等囊沙回稱，挑濬一尺之下，俱是岡石，五尺下即是糜沙。挑至九尺六寸，隨時塌去四尺。此河絶無能爲矣。蓋糜沙力軟不能承載，崩潰甚速，流淤不常，滲漏亦易故耳。是新河以上，視之水源不足，既無盈尺活泉可以引濟，則全河之血脉已澁，以下驗之糜沙不堅，又易坍塌乾漏，難以持久，則全河之軀腹已虧。兹二者，皆修河大忌也。縱費帑金百萬開之，何裨于用？縱引海水數尺蓄之，胡可以保？則《元史·食貨志》所載，勞費而無成。

國初偏訪運道，舍此而不顧。王副使以後屢行奏勘而未興厥工者，始得其真矣。再考元益都田賦總管于欽《山水纂文》云：『至元初，萊人姚演建言，首起膠西縣東陳村海口，自東南趨西北，鑿陸地數百里，欲通漕直沽海口。數年而罷。余嘗乘傳過之，詢土人，云：『此河爲海沙所壅，又水潦積淤，終不能通。徒殘人耳！』即此則彼時已議其非矣，何今人之不審耶？

## 萬曆四年工部覆止膠河疏

題爲漕渠可虞，議開新河以永裨國計事。本部會同六部、都察院、通政司、大理寺各堂上官，六科十三道各掌印官，尚書張瀚等，看得尚書劉應節、侍郎徐栻題稱，南海口地方有積沙横絶中流，已從古路溝另開十一里許，以避此沙。又議于新舊河水之交横建一閘，俾浮沙不入，北海口一帶築隄五百餘丈以約水障沙。分水嶺一帶試開一處，深至三丈以上。運水甚難，因而停工。自王家丘至船路溝另開七里，爲一便路。此處白河一道，適當分水嶺之衝。議建閘壩以遏之，仍引水爲用。及造船之式，欲以侍郎王宗沐海船爲準，而稍儉其制，載糧三四百石，納水三四尺，河海並行，永永無患。要動用原奏留銀三十萬，其餘銀兩另行細估補發。巡撫李世達題稱，試過三工，俱已的無可行。潮水引泉俱不可恃。乞將二臣回部管事。巡按商爲正題稱，淖沙爲梗，海水難通。及又揭稱，淖沙難去，丈尺難據。工程難計，沙石難去，潮水不足恃，引河不足濟，海運難行。乞命二臣回京，河工即爲停止各一節。議照尚書劉應節、侍郎徐栻建議，新河要捨故河而尋便道，在于匡家莊一帶開濬以通海爲主。蓋兩海相貫，則河渠充滿，海舟直達于河，由河復入于海，往來無滯，誠爲得策。隨該二臣改議黄阜嶺，又改船路溝。今卻于分水嶺開試，勘稱河形太高而海最下，勢不可通。遂議及乘潮導河，障沙造舟等事，意在多方求濟。大約以兩頭所恃者潮，南自麻灣以抵朱鋪凡五十里，北自海口以抵亭口一百八十里，皆可通潮。巡撫李世達卻謂南潮止及陳村閘，距海口二十里，北潮止及楊家圈，距海口六十里。間或至朱鋪亭口者，蓋一年之内有大風迅烈、潮流疾速則然，不可以爲常也。且潮水倏焉而長，倏焉而落。落則未免守候，躭延踰時，况潮之所及爲有限乎？潮不足恃明矣。又以中段所恃者，張奴河至膠，乃最下之地，爲秋潦所歸。十月以後，日漸消耗。至春月泉脉微細，適糧運湧到之時。雖置櫃建閘，以時啟閉，終不能使之源源而來，滔滔不竭也。至謂白河流沙爲害，議建壩二座以遏水之入，而謂水流壩下，引以濟河，秋漲，水經壩上，則沙必與水俱入，而謂内以停沙，又皆臣等所未喻也。河不足恃，亦明矣。兩海口地方各有淖沙，至謂爲淺沙、客沙，亦能爲害。全河長亘二百七十里内，沙洲頗多。自王家丘至船路溝七里，雖爲便路，其下有沙與否，亦未可知。沙在海中者，潮水湧進，沙必隨之而入。沙在地中者，疏濬所及，沙必隨之而出。雖土沙中半，土可蕩盡，而沙則下沉。日積日多，愈挑愈有，固非祛除所能絶，亦非隄閘所能障也。乘潮導河，皆無足恃。沙多水淺，置舟則膠。雖稍儉其制，載糧三四百石，亦非淺淺者所能勝也。剥淺，易舟，建倉等議，必將復起。尚書劉應節亦謂善後之策，難以逆覩，竊恐所謂利者未必利，而害將不止于什一矣。

國家舉事，固不嫌于導河，若無裨漕計，亦奚以導河爲哉！今以百萬之銀，驅數十萬之衆，而希冀不可必成之功，殊非萬全之謀，亦非二臣建議之初意也。且尚書劉應節原奉明旨，會同徐栻等，并該省撫按官，虚心計議，先將難處開濬試驗，果否的有可行。今撫按官李世達、商爲正，俱各親到地方，公同開濬試驗，而執論互異如此。則劉應節所謂爲而可成，成而可恃者，詢謀原未僉同，事體委多窒礙，相應停罷，以省勞費。

此疏膠河不可開之故甚悉，故録之。

## 修鑿徐州中洪記略

四明陳穆

鑿洪，匪以儌功，不得已也。嘉靖庚子冬，河决亳州。明年辛丑，徐州雲集橋流塞。于是百步洪漸淺，舟楫上下悉由中洪，而裏外二洪遂以湮棄。顧茲中洪年久不用，疏鑿罔施，巉石旁羅，利于劍戟。又其下多大石盤据横突，隱見于波濤之間，激飛湍而鳴雷霆者，無慮數十塊。舟一不戒而杵其上焉，磨曳斯須，輙敝壞而不救。蹇余不佞，叨職茲洪，目擊厥危，每爲嗟悼，思有以鑿去之而未暇也。適是歲冬，河凍夫閒，可以興役。迺召夫總甲劉福等諭意，衆咸樂從。今年正月癸未，即毅然舉事。募匠糾夫，擊牲釃酒，躬親勸督，萬夫子來，晝夜詵詵，並手偕作。諸凡門限中方等石，剗削殆盡。費銀凡四百兩。是則請于萬安郭公守衡，而動支本洪歲辦草束、折色、不絲、粟干于民焉。修鑿告成，險阻以去。洪流深緩，牽路砥平。一時軍民商賈，翕然稱便。鐫石而載之言，聊以志歲月云爾。嘉靖壬寅秋九月記。

## 疏鑿吕梁洪記略

國子監祭酒、華亭徐階撰

我國家漕東南之粟，貯之京庾，爲石至四百萬。其道涉江亂淮，遡貳洪而北。又沿衞以入白，然後達于京師。爲里三千而遥，而莫險于二洪。二洪之石，其獰且利，如劍戟之相向，虎、豹、象、獅之相攫犬牙交而蛇蚓蟠。舟不戒輙敗，而莫甚于吕梁。吏或議鑿之，其旁之人曰：

『是鬼神之所護也。』則逡巡而不敢。嘉靖甲辰，都水主事陳君往莅洪事，惻然言曰：『古之君子，苟利于民，則捐其身爲之。矧里巷之浮言，其不足聽。蓋審而以罷吾所當爲，是厚自爲而爲民薄也。』遂以二月二十六日，率其徒鑿焉。衆亦聞君言以爲仁也，咸忭以奮。閱叁日〔一六〕，怪石盡去，舟之行者如出坦途。于是洪之士民來請余記。治君爲諸生〔一七〕，余幸識之，常與言『萬物壹體』之學，君欣然受焉，不意其果能行之也。余故因君推本而記之石。君名洪範，字錫卿。辛丑進士，淛之仁和人。

今將洪内鑿平獰石丈尺數目列于碑陰。

第壹處，飲牛石。在洪上口北岸納水去處，長柒丈叁尺，濶柒尺，高叁尺陸寸，突出洪中，最碍洪口。凡下水船隻，少失廻避，必然粉碎。今鑿去石伍百壹拾貳塊。

第貳處，癩蝦蟇石。其狀甚惡，船隻難避、原長伍丈。濶壹丈伍尺，高伍尺叁寸。打去石肆百叁拾貳塊。

第叁處，壠子石。如覆釜狀，逆流碍舟。長肆丈玖尺，濶壹丈柒尺，高叁尺壹寸。打去石叁百貳拾伍塊。

第肆處，放箍頭石。長肆丈捌尺，濶壹丈肆尺，高叁尺肆寸。上水船到此，船纜必須先放箍頭，方不相碍，少遲多致重損。打去石貳百捌拾柒塊。

第伍處，飛簷石叁處。如屋簷飛出之狀，共長伍丈捌尺，濶柒尺，厚叁尺。下水遇有微風，船刮其上，必然粉碎。今已盡行鑿平，去石叁百壹拾貳塊。

第陸處，門檻石。在洪咽口兩崖，激水急溜。上水至此，稍有不慎，船即撞激衝淌。今南北口各打去石貳尺。即今放船，如履坦道。

第柒處，楊家林上首獰石。共長柒丈柒尺，潤貳丈，高伍尺叁寸。當洪灣曲廻溜之處。下水船隻但遇猛風掃灣，傷船實多。今打去石貳百伍拾壹塊。

第捌處，楊家林下首獰石。共長伍丈叁尺，潤貳丈貳尺，高肆尺叁寸。今打去石貳百壹拾伍塊，今已悉平。

第玖處，打舵石。在洪中心，碍洪傷舵，常被撞沉。今已打去圍圓仞餘大石叁處。

第拾處，暖泉石叁處。在洪東岸轉灣之處，破舟避難，共長叁丈貳尺，圍圓高伍柒尺不等。今已打去石伍拾叁塊。

第拾壹處，礪盤石貳處。在洪中心，致水旋轉，名曰礪盤。船若至此，夫力少有不加，必致沉溺。今已盡行打訖。

第拾貳處，螃蠏窩石。叁百餘塊，如群蠏聚窩之狀。每塊圍圓數尺，高肆伍尺不等，星分羅布，當洪之中，爲害特甚。今分工打去大石玖百叁拾玖塊。

第拾叁處，滑皮石肆處。在洪心。每處約長捌玖尺，潤陸柒尺，高肆伍尺不等。上下船隻挽入耳簹傷人溺水。今打去石肆拾捌塊。

第拾肆處，小轂輪石。獰利，長叁丈，濶壹丈，高叁尺。今已打去。

第拾伍處，大轂輪石。在洪心東岸廻溜之中。下水船隻忽時遇風刮撞，無不沉没。石長伍丈，濶壹丈陸尺，高伍尺。今打去大小轂輪貳處石共玖百捌拾叁塊。

第拾陸處，紅石頭。當洪之中，石極堅峻，圍圓柒尺，厚叁尺柒寸。一遇水漫，船户廻避不及，擦損沉漏，無日無之。打去石伍拾柒塊。

第拾柒處，舀魚石。峻峙參差，爲害匪細。長伍丈叁尺，濶貳丈，高肆尺貳寸，盡行打訖。

第拾捌處，溜溝石。在洪中，長叁丈陸尺，濶柒尺陸寸，高叁尺伍寸。此貳石，水乘石溜，船若少不存意，難保衝激之患。今打去石玖拾叁塊。

第拾玖處，牛角稍石。在洪中迤南，長叁丈貳尺，濶捌尺，高叁尺捌寸。下水稍有不慎，每每撞溺。今打去石捌拾伍塊。

第貳拾處，黄石頭。在大洪下口。緊要兜水之石，仍留未鑿。

第貳拾壹處，夜叉石。取其聳峙水中之狀。圍圓約有貳畝，尖高柒尺。水落則突出洪中，水漲則渰漫爲忒石，勢險惡横絶。廻避處所，少有不謹，日見破舟。土人悲號，痛楚慘不可言。打去石尖肆尺，其害悉平。

第貳拾貳處，等船石叁處。以其水勢瀰漫之日，舟必衝激至此沉没，有似等船之意，故以名也。共長伍丈，濶柒尺陸寸，高五尺叁寸。水勢泛漲漫渰，船遇風抗或廻避不及，船貨無踪。

今打去石峰叄尺，俱已悉平。陳洪範記。

又查得《大明會典》亦載其略，人弗之考耳。

## 校勘記

〔一〕三年當作『二年』。

〔二〕二千三百石，清初本同，乾隆本、水利本、《榷》本卷五及《歐陽文忠集》卷三十九俱作『一千三百石』。

〔三〕發，對校本同，據《元史》卷六十六當作『後』字。

〔四〕沙，對校本同，《元史》卷六十六作『以』，爲是。

〔五〕找，對校本同，《元史》卷六十六作『棧』；周，清初本同，乾隆本、水利本同，《榷》本卷五、《元史》卷六十六作『用』，爲是。

〔六〕縴，對校本同，《元史》卷六十六作『縴』，爲是，形誤。

〔七〕泗，清初本、《榷》本卷五同，乾隆本、水利本、《元史》卷六十六作『洄』，爲是。

〔八〕潬，清初本、《榷》本卷五同，乾隆本、水利本作『潭』，《元史》卷六十六作『潬』。

〔九〕麥楷、鐵乂，對校本同，據《元史》卷六十六當作『麥稭』、『鐵叉』。

〔一〇〕積，對校本同，《元史》卷六十六作『漬』，爲是。

〔一一〕衡，對校本同，疑當作『衝』。

〔一二〕君，清初本同，乾隆本、水利本作『若』，爲是。

〔一三〕瀼，底本俱作『灌』，爲是。
〔一四〕與，對校本俱作『興』，爲是。
〔一五〕挽，清初本同，乾隆本，水利本作『捏』。
〔一六〕叁日，清初本同，乾隆本、水利本、《榷》本卷五俱作『叁月』。
〔一七〕治，《榷》本卷五作『始』。

# 河防一覽卷之七

## 奏疏

### 兩河經略疏

臣潘季馴謹題，爲遵奉明旨，陳愚見，議治兩河經略，以圖永利事。據管理河道工部郎中、佘毅中、施天麟、張譽，管河兵備等道參政龔大器、副使林紹、張純、章時鸞，僉事朱東光，水利道僉事楊化，各會呈，蒙臣劄付，備仰職等躬歷各該地方，逐一查閱。要見徐、沛、豐、碭縷水及太行長隄衝决者，作何築塞；茶城正河變遷，由小浮橋出，果否成河；崔鎮等決，黃水泛溢，正漕淤阻，作何堵築；徐、邳一帶長隄應否加幇，宿、桃以南應否接築，老黃河故道應否開復，高家堰應否修築，新城外一帶老隄是否低薄，或原基短促，相應接築，草灣既開復淤，作何濬治，或應棄置，仍復雲梯關故道，黃浦口見今水從東決一望瀰漫，以致高、寶、揚州一帶淺阻，因何不行築塞，高、寶一帶隄岸，有無足恃，逐一詳議，虛心講求。或應修復舊河，或應別求利涉，勿拘成案，勿避煩勞，上裨國計，下奠民生，以圖久安長治之策，畫圖貼説，具由通詳，等因。蒙此，隨該職等前往徐、沛、淮、揚等處，督同淮安府知府宋伯華、揚州府知府虞德燁，管河同知王琰、蔡玠、劉順之，并各州縣掌印管河等官，逐一細加查勘，從長計議。看得水性就下，以海爲壑。向因海壅河高，以致決隄四溢，運道、民生，胥受其病。故今談河患者皆咎海口，而以濬海爲上策，則誠然矣。第海有潮汐，茫無著足，不得已而議他闢。豈知海口視昔雖壅，然自雲梯關四套以下濶七八里至十餘里，深皆三四丈不等。縱使欲另開鑿，必須深濶相類，方便注放，則工力艱鉅，必不能成。矧未至海口，乾地猶可施工，及將入海之處，則潮汐往來，亦與舊口等耳。且海之舊口皆係積沙，人力雖不可濬，水力自能衝刷。乃若新闢之地，則土壤堅實，不特人力難措，而水力亦不能衝。故職等竊謂，海無可濬之理，惟當導河以歸之海，則以水治水，即濬海之策也。然河又非可以人力導也。欲順其性，先懼其溢。惟當繕治隄防，俾無旁決，則水由地中，沙隨水去，即導河之策也。顧頻年以來，無日不以繕隄爲事，亦無日不以決隄爲患。何哉？卑薄而不能支，迫近而不能容，雜以浮沙而不能久，隄之制未備耳。是以黄決崔鎮等口而水多北潰，爲無隄也；淮決高家堰黄浦等口而水多東潰，隄弗固也。乃議者不咎制之未備，而咎築隄爲下策，豈得爲通論哉！又有所未盡者：上流既潰，隄以旁決矣。至于下流復或岐而分之，其趨于雲梯關正海口者，譬猶强弩之末耳。蓋徒知分流以殺其怒，而不知水勢益分則其力益弱。水力既弱，又安望其能導積沙以注于海乎？職等故謂，今日濬海之急務，必先塞決以導河，尤當固隄以杜決。而欲隄之不決者，必真土而勿雜浮沙，高厚而勿惜鉅費，讓遠而勿與争地，斯隄于是乎可固也。如徐、邳、桃、清沿河各隄固矣，崔鎮等口塞矣，則黄不旁决，而衝漕力專；高家堰築矣，朱家口塞矣，則淮不旁决，而會黄力專。淮、黄既合，自有控海之勢。又懼其分之則力弱也，則必暫塞清江浦河，而嚴司啟閉，以防其内奔，姑置草灣河，而專復雲梯，以還其故道，仍接築淮安新城長隄，以防其末流，盡令淮黄全河之力，涓滴悉趨于海，則力强且專，下流之積沙自去。下流既順，上流之淤墊自通，海不濬而闢，河不挑而深矣。此職等所謂固隄即所以導河，導河即所以濬海也。猶慮伏秋水發，暴漲傷隄。職等查得吕梁上洪之磨臍溝、桃源之陵城、清河之安娘城等處，土性堅實，可築滚水石壩三座。若水高于壩，任其走洩，則水勢可殺，而兩隄無虞矣。至若寶應石隄之當復，與夫下流支河之當疏，揚州運河之當濬，皆今時之切務，所宜次第併舉而不可緩者也。但前項工程，自豐、沛、徐、淮以至海口，共長千有餘里，自清江浦以至儀真，共長三百餘里，地勢遥遠，工程浩大，一時錢糧未措，人夫難集。除前請發銀二十萬兩，并截留漕糧八萬石，一面先將豐、沛縷隄，太行遥隄及徐、邳一帶縷隄，酌量幇築，桃清南隄併接淮安新城長隄，乘時創築，高家堰兩頭水勢稍緩，先行築塞，寶應湖先用樁笆修築土隄外，其餘各項工程相應大加修舉者，一面請發錢糧，調集官夫，買辦物料，次第興舉，務保無虞，等因。并將應做工程，列欵呈詳到臣。據此，該臣查得接管河道卷内，先准工部咨，爲竭愚忠，陳末見，以裨安攘事。該御史柴祥題，踏勘彭城、淮、邳等處，某處河身淤塞，作何疏濬，某處隄岸窄狹，作何展築，某處下流可開支河，則滌爲數河，以分水勢，某處海口果有束隘，則多方開通以達于海，等因。又淮工部咨，爲敷陳末議，懇乞聖明亟賜舉行，以裨將來糧運大計事。該御史陳世寶題，開三義鎮引入清河縣北，或出大河口，或出清河縣西，另開一河，何者爲便，從長定議。又淮工部咨，爲河患頻仍，運道艱阻，懇乞聖明亟賜議處，以裨國計，以奠民生事。該南河郎中施天麟題，要停運斷流，大挑河身。該部覆題，動支官銀，製造平底方舟，長柄鐵爬，躬親試驗。如果挑濬有效，先于淤墊最高處遂段濬去，或大興工役，應否停運，仍將高家堰并朱家等口築塞。至于高郵、寶應隄間多集減水大閘，隄下多開支河，俱聽從宜處置。其黄浦口可塞則塞。如另爲入海一路，可疏下流，亦宜建減水大閘。水漲則任其外流，水消則儘閘而止，等因。又淮工部咨，爲河患愈深，經治鮮效，懇乞聖明特彰宸斷，審機宜以圖匡濟事。該工科都給事中劉鉉題，疏海口，洩下流，或濬草灣之口，使之開廣，或疏雲梯關之淤，使之復舊。應開海口去處，如鹽城、安東、五港、金城一帶，孰爲利便；并查小浮橋新衝之口，可否濟運；如有淺阻，亦要設法開濬，等因。又淮工部咨，爲披竭愚衷，敷陳治河事宜，以備採擇，以安國計事。該户科給事中李淶題，要見安東、金城、雲梯關等處，某處地方堅實，可以另開一河，以洩河、淮下流；興化、鹽城沿海廟道口、新興塲、牛團舖等處，某處可以多濬十餘口，以導射陽諸水入海，相度計議的確，陸續修舉。其徐、吕而下，河身淤高之當疏，老黄河故道之當復，高家堰潰决之當築，高、寶湖平水閘、分水河之當修，俱聽詳估，等因。又該臣欽奉敕諭内開：備查草灣口何爲既開復淤，及今作何開通；全淮水何爲南徙不復，及今作何疏導；

徐邳河身高並州城，何以疏之使平；黄浦、崔鎮等口久塞無功，何以築之使固；及查諸臣歷年建議有行奏疏，逐一勘議。要見老黄河故道應否開復，清桃正河應否挑濬，高家堰寶應堤應否修築，小浮橋新衝口可否濟運，應否加挑；又徐、邳以上地形南昂北下，恐隄防一潰，勢必奔流北徙，將爲閘河之梗，亦要審其孰爲正河，孰爲支河，孰爲合河。或正而當厚其防，或支而當殺其勢，或合而當分其流。一併勘議詳妥，奏聞區處。欽此。又准工部咨，爲新開海口復淤，河患不測，乞敕當事臣工多方計處，以圖永濟事。該工科都給事中王道成題，行臣親詣雲梯關踏勘，果否原係黄河入海之口；從前何以通流，今日何以一綫；詳相其勢，明求其故。仍自海口而上，逐處講求。及備查草灣何時復淤，作何開濬；或另擇堅實之地，多開數口，以爲通海之路；金城以下，何以久不疏通；崔鎮決口，何以築之使固；桃源長隄應否修築；高家堰應否修理；老黄河應否開復。大端委官之言，決不足憑，務必躬親，庶有真見。合用錢糧，應于何處動支；原題請各官，何以處之使得効力。一一籌畫委妥，等因。准此，案照前事已經會案，劄行各該司道逐一勘議。誠恐轉委屬官，不足憑信，該臣會同漕運巡撫右侍郎江一麟，躬親督率，沿河荒度。南遡維揚，看得儀真東關歷石人頭、楊子橋、三汊河直抵高廟止一帶運河淤淺，寶應一帶湖隄圮壞，黄浦決口，淹及數邑，高家堰水射淮揚，清江浦長隄卑薄，柳浦灣至高嶺無隄障禦；西窮鳳、泗，看得全淮不下，清口日益南徙；北抵清桃，看得崔鎮諸決，水從旁洩，一望瀰漫，正河淤淺，徐沛以上崔家口新河淺阻，北陳一帶水行陸地，僅盈尺餘；東抵海口，看得新挑草灣尋復淤塞，今自清口至西橋一帶河流復通，但不及故河十分之一，自安東以下河身漸廣，雖有淤淺，未復全河，然河水東下，亦無阻碍。隨處患害，一一查閱明白去後。今據前因，該臣會同右侍郎江一麟議照，事師古者罔愆，智不鑿者乃大。孟子論智一章，首以禹之治水爲喻，而論爲政則曰：『爲政不因先王之道，可謂智乎？』是大智者，事必師古，而不師古則鑿矣。故治河者必先求河水自然之性，而後可施其疏築之功，必先求古人已試之效，而後可倣其平成之業。黄水來自崑崙，入徐濟運，歷邳、宿、桃、清，至清口會淮而東入于海，淮水自洛及鳳，歷盱、泗，至清口會河而東入于海。此兩河之故道，即河水自然之性也。胡元歲漕江南之粟，由揚州直北出廟灣入海。至永樂年間，平江伯陳瑄始隄管家諸湖，通淮河爲運道。然慮淮水漲溢東侵淮郡也，故築高家堰隄以捍之。起武家墩，經小大澗至阜寧湖，而淮水無東侵之患矣。又慮黄河漲溢南侵淮郡也，故隄新城之北以捍之。起清江浦，沿鉢池山、柳浦灣迤東，而黄水無南侵之患矣。尤慮河水自閘衝入，不免泥淤，故嚴啟閉之禁，止許漕艘、鮮船由閘出入，匙鑰掌之都漕，五日發籌一放；而官民船隻悉由五壩車盤。是以淮郡晏然，漕渠永賴，而陳平江之功至今未斬也。後因剥食既久，隄岸漸傾，水從高家堰决入，一郡遂爲魚鼈。而當事者未考其故，乃謂海口壅塞，遂穿支渠以洩之。蓋欲亟拯淮民之溺，多方規畫以爲疏導之計。其意甚善，而其心良亦苦矣。詎知旁支暫開，水勢陡趨，西橋以上正河遂至淤阻。而新開支河濶僅二十餘丈，深僅丈許。較之故道，不及三十分之一耳，豈能容受全河之水？下流既壅，上流自潰，此崔鎮諸口所由決也。今新開尋復淤塞，故河漸已通流，雖深濶未及源河十分之一，而兩河全下，沙隨水刷，欲其全復河身不難也。河身既復，面濶者七八里，狹者亦不下三四百丈，滔滔東下，何水不容！若猶以爲不足而欲另尋他所，别開一渠，恐人力不至于此也。以臣等度之，非惟不必另鑿一口，即草灣亦須置之勿濬矣。故爲今之計，惟有修復平江伯之故業，高築南北兩隄以斷兩河之内灌，而淮揚昏墊之苦可免。至于塞黄浦口，築寶應隄，濬東關等，淺修五閘、復五壩之工，次第舉之，則淮以南之運道無虞矣；堅塞桃源以下崔鎮口諸決，而全河之水可歸故道。至于兩岸遥隄或葺舊工，或刱新址，或因高岡，或填窪下，次第舉之，則淮以北之運道無虞矣。淮、黄二河既無旁決，並驅入海，則沙隨水刷，海口自復，而桃、清淺阻，又不足言矣。此以水治水之法也。若夫扒撈挑濬之説，僅可施之于閘河耳。黄河河身廣濶，撈濬何期；捍激湍流，畚臿難下，前人屢試無功，徒費工料。但恐伏秋水發，淫潦相仍，不免暴漲，致傷兩隄，故欲于崔鎮口、陵城、安娘城等處，再築滚水壩三道。萬一水高于壩，任其宣洩，則兩隄可保，而正河亦無淤塞之患矣。徐州以南之工，如此而已。或有難臣者曰：『臣等欲順水性，今淮水欲東而乃挽之使北，黄水欲北而乃挽之使東，無乃水性之未適乎？』臣曰：『水以海爲性也。決水乃過顙在山之水也，非其性也。』或者又曰：『昔禹治河，播九河，同爲逆河入于海。今臣等乃欲塞諸決，併二瀆而不使之少殺耶？縱有滚水壩，僅去浮面之水百一耳，亦烏能殺其勢也？』臣應之曰：『九河非禹所鑿，特疏之耳。盖九河乃黄河必經之地，勢不能避，而禹仍合之同入于海，其意盖可想也。况黄河經行之地，惟河南之土最鬆。禹導河入海，止經郲縣、孟津、鞏縣三處，皆隸今之河南一府，其水未必如今之濁。今自河南府之閺鄉縣起，至歸德之虞城縣止，凡五府，河已全經其地。而去禹導河之時，復三千餘年，流日久，土日鬆，土愈鬆，水愈濁。故平時之水以斗計之，沙居其六，一入伏秋，則居其八矣。以二升之水載八升之沙，非極湍急，即至停滯，故水分則流緩，流緩則沙停，勢所必至者。臣等不暇遠引他證，即以近事觀之：草灣一開而西橋故道遂淤，崔鎮一決而桃、清以下遂澁，去歲水從崔家口出，則秦溝遂爲平陸。此眼前事也，又何疑哉！所據司道諸臣款議前來，臣等復加參酌，似應允從。伏望敕下該部，再加查議。如果臣等所言不謬，俯賜俞允，行臣等遵照，及時興舉。除工程夫役、錢糧數目另本具陳外，謹題請旨。

計開：

一、議塞決以挽正河之水。竊惟河水旁決則正流自微，水勢既微則沙淤自積。民生昏墊，運道梗阻，皆由此也。臣等查得淮以東則有高家堰、朱家口、黄浦口三決，此淮水旁決處也；桃源上下則有崔鎮口等大小二十九決，此黄水旁決處也。俱當築塞。但伏秋之水相繼而至，非惟地爲水占，無處取土，抑且波濤洶湧，爲工不堅。除將決口稍窄者見在分投興築外，其決至數十丈以上者，一面鳩集工料，相時興舉，伏候聖裁。

一、議築隄防以杜潰決之虞。照得隄以防決，隄弗築則決不已。故隄欲堅，堅則可守而水不能攻；隄欲遠，遠則有容而水不能溢。累年事隄防者既無真土，類多卑薄，已非制矣。且夾河束水，窄狹尤甚，是速之使决耳。合無力監前弊，凡隄必尋老土，凡基必從高厚。又必繹賈讓不與争地之旨，倣河南遠隄之制，除豐、沛太行隄原址遥遠，仍舊加幇外，徐、邳一帶舊隄，查有迫近去處，量行展築月隄，仍于兩岸相度地形最窪、易以奪河者，另築遥隄。桃、清一帶南岸多附高岡，但上自歸仁集以至朱連家墩，古隄已壞，相應修復，下抵馬厰坡，地形頗窪，相應接築，以成其勢；北岸自古城至清河亦應創築遥隄一道，不必再議縷隄，徒糜財力。及查清江浦外河一帶至柳浦灣止，爲淮城北隄。除掃灣單薄，量行加幇外，但原基短促，防護未周，仍自柳浦灣至高嶺，創行接築四十餘里，以遏兩河之水盡趨于海，自清江浦運河至淮安西門一帶舊隄，相應再行幇厚，勿致裏河之水走洩妨運。如此則諸隄悉固，全河可恃矣。伏候聖裁。

一、議復閘壩以防外河之衝。查得先該平江伯陳瑄創開裏河，仍恐外水内侵，特建五閘。設法甚嚴，鎖鑰掌于漕撫，啟閉屬之分司，運畢即行封塞；一應官民并回空船隻，悉令車壩。此在嘉靖初年尚爾循行故事，制非弗善也。奈何法久漸弛，五閘已廢其一，僅存四閘，亦且坍塌殆盡，漫無啟閉。是以黄淮二水悉由此倒灌，致傷運道。合無議復舊制，將見存四閘俱加修理，嚴司啟閉。俟二月前後糧運過完，即行封閉，惟遇鮮貢船隻方許啟放。仍行查復五壩，以便官民船隻照舊車盤。毋致曲狥使客，致壞良規。伏候聖裁。

一、議剏建滚水壩以固隄岸。照得黄河水濁，固不可分。然伏秋之間，淫潦相仍，勢必暴漲。兩岸爲隄所固，水不能洩，則奔潰之患有所不免。今查得古城鎮下之崔鎮口、桃源之陵城、清河之安娘城，土性堅實，合無各建滚水石壩一座，比隄稍卑二三尺，濶三十餘丈。萬一水與隄平，任其從壩滚出，則歸漕者常盈而無淤塞之患，出漕者得洩而無他潰之虞，全河不分而隄自固矣。伏候聖裁。

一、議止濬海工程以免糜費。照得海口爲兩河歸宿之地，委應深濶。但查海口原身自清口至安東縣面濶二三里，自安東歷雲梯關至海口面濶七八里至十餘里，深各三四丈不等。止因去年旁決之後，自桃、清至西橋一帶淤塞，尋復通流。今雖未及原身十分之一，而兩河之水全歸故道並流，洗刷深廣，必可復舊。至云相傳海口横沙并東西二尖，據土民季真等吐稱，並未望見。潮上之時，海舟通行無滯；潮退，沙面之水尚深二尺。况横沙并東西二尖各去海口三十餘里，豈能阻碍河流？故臣等以爲不必治，亦不能治。惟有塞決挽河，沙隨水去，治河即所以治海也。别鑿一渠與復濬草灣，徒費錢糧，無濟于事。伏候聖裁。

一、暫寢老黄河之議以仍利涉。照得黄强淮弱，每每逼淮東注。故議者欲復老黄河故道，冀使黄水稍避高堰，民墊可瘳，斯亦得策。但勘得原河七十餘里，中間故道久棄。無論有水無水之地，詢之居民，俱失其真，無從下手，一不便也。且已棄故道欲行開復，必須深廣與正河等，乃可奪流。今見存大河口窄狹不及桃清三分之一，而三義鎮入口之處背灣徑直，猶恐水未必趨，二不便也。又其中流如魚溝、鐵綫溝、葉家口、陰陽口等處，地勢卑窪，諸決之水漫流至此，一望瀰茫，築隄費鉅，且恐難保，三不便也。況今桃清遥隄議築，則黄水自有容受，崔鎮等決議塞，則正河自日深廣，高家堰議築，則淮水自能會黄，清江浦等閘議嚴啟閉，新城北隄議行接築，則淮安、高、寶、興、鹽等處自無水患，此河雖不必復可也。伏候聖裁。奉聖旨：工部看了來説。

## 工部覆前疏

題爲奉明旨，陳愚見，議治兩河經略，以圖永利事。該總理河漕都御史潘季馴題前事，奉聖旨：工部看了來説。欽此。臣等看得治河之説紛紛持議，並以深濬河身，多開海口，謂得上策。不知海口本自深廣而不必開，河身撈濬甚難而不可開，皆緣未嘗親歷其地而徒得諸遥聞故聽。其言則美，施之事則泥。古人云：千聞不博一見，正謂是也。今都御史潘季馴、侍郎江一麟，足遍口訊，僉議詳酌，而爲是六説：曰塞決，曰築隄，曰復閘壩，曰剏滚水壩，曰止濬海口，寢開老黄河。其所修置，其所寢格，俱目擊利害而非道聽之言，庶同則繹，而非勿詢之謀。蓋隄防既固，塞決又審，水無旁缺而正流自急，沙隨水刷而海口自復。此正以水治水，而不爲穿鑿之論，迂漫之談。頃來治河之説，未有逾于二臣之議者也。再照黄淮之性，變遷靡常；機會之來，間不容髮；臨時酌處，又存乎人。如有善後未盡事宜，亦勿拘原議，勿狃目前。事小者徑自舉行，事大者奏請定奪。務求至當，以期永賴。所有條請事宜，相應開立前件，議擬上請定奪，通乞聖裁。

計開：

一、議塞決口以挽正河之水。

前件臣等看得：今日水患所以爲民生、運道之蠹者，則由河水旁決，以致正流之漸微，而流沙由此日積。故塞決之工，誠治河者切近之議也。今都御史潘季馴等議，要淮以東將高家堰等諸決口、桃源以上將崔鎮等諸決口，其在稍窄而工易者，分投興築，其或決濶而工鉅者，一面鳩役集料，相時聿舉，良有補于河務，相應依擬。伏乞聖裁。

一、議築隄防以杜潰決之虞。

前件臣等看得：隄所以防決，防不固則決不止，此勢之必然者。然築隄之議甚久，築隄之工常興，而不見築隄之利者，則以其失之卑薄，或非真土，及過于狹隘耳。乃不察築隄之非善，而遂病築隄之非計，不已過乎？今都御史潘季馴等建議築隄，而有欲堅欲廣欲尋老土之論，誠有見矣。至于徐、邳、桃、清、歸仁集、馬廠坡、古城、清江浦至淮安西門一帶，或葺舊工，或剏新址，或因高岡，或填窪下，或應幇厚，或應接築，諸所等工，皆經荒度。所宜籌畫具審，相應依擬，令其次第舉行，庶諸隄悉固而全河可恃矣。伏乞聖裁。

一、議復閘壩以防外河之衝。

前件臣等看得：右都御史潘季馴等所議，爲邇來淮、河二水內侵裏河，以致運道有碍者，其原則在五閘圮廢，漫無啟閉所致，要將修復一節。爲照先臣平江伯陳瑄特建五閘，正以防外水之反灌。故舊制特嚴鎖鑰，不時繕治，懼有今日之患爾。今議要修舉，蓋洞察其故，恭候命下本部，備行右都御史潘季馴等，將坍塌四閘即行修復。查照鎖鑰啟閉舊規，俟二月終糧運過完，即行封閉。如遇鮮貢船隻，方許開放。仍查復五壩，令一應官民并回空船隻于彼車盤。如有勢豪恃强擅開者，即便指名參究。伏乞聖裁。

一、議剏建滚水壩以固隄岸。

前件臣等看得：秋水淫漲，兩岸爲隄所固，束其横濤怒浪，靡得宣洩，其勢不至于他潰不已也。今都御史潘季馴等條議于崔鎮口、陵城、安娘城土性頗堅地方，要各建滚水石壩一座。倘遇伏秋，水與隄平，任其從壩滚出，可免他潰之虞。于河渠、隄防，兩有便益，相應依議。伏乞聖裁。

一、議止濬海工程以免糜費。

前件臣等看得，濬海之議節該科道等官題疏，本部覆行踏勘。爲是説者，蓋信于傳聞，謂海口隘窄，復横沙淤梗，不能容衆水之洩，以致上流溢墊，此得于遥度者也。今右都御史潘季馴等足履口訊，與得于臆説者殊異。謂海口尚頗深廣，横沙遠不爲害，但得上流無滯，沛然下趨，刷洗日深，衝突日廣，舊口自復，何水不容！何必爲是濬口之説，以圖難措之功，另開一渠，以滋無益之舉乎？此所謂舛也。相應議止。伏乞聖裁。

一、暫寢老黃河之議以仍利涉。

前件臣等查得：先該直隸巡按陳世寶條議復老黃河故道，本部覆行會勘。今右都御史潘季馴等條稱，有三不便之説。且稱諸工既以議行，黃水自有容受，正河自日深廣，淮水自能會黃，水亦自不爲患。以此自有四利，較彼三不便，故要行暫寢。良于利害大較酌之審矣。相應依擬。伏乞聖裁。

奉聖旨：這治河事宜既經河漕諸臣會議停當，依擬都准行。著他們悉心著實興建永利。各該經委分任人員，如有玩愒推諉虚費財力者，許不時拿問參治。其未盡事宜，及臨時事勢或與原議不合的，也著陸續奏聞，務求有益。應用錢糧，工部裏會户部上緊議來。

## 河工事宜疏

臣潘季馴謹題，爲條列河工事宜，乞恩俯賜俞允，以便經理事。該臣會同漕運巡撫、右侍郎江一麟，議得工役繁興，料理宜預；官夫蝟集，調度須周。若不先爲申明，未免臨時舛錯。除兩河疏築之議，另行具陳外，所有一二事宜，不得不上煩聖聽者，敬列條欵，擬議上請。伏望敕下該部，再加查議。如果臣言不謬，俯賜施行。臣等不勝感幸。

計開：

一、議支放。照得鳩工聚材，出納甚瑣，收掌銷算，頭緒頗多，稽覈不嚴，必滋冒破。臣與撫臣百責攸萃，兼以閲視不常，無暇躬親經理。合無比照昔年邳工事例，將請發銀兩俱解淮安府貯庫，各工應給工食，應買物料，府佐等官開數，赴各該分督司道官覈實給票，赴兩淮巡鹽衙門覆覈掛號，方許關支。每季終，該府將票類送巡鹽衙門比對，號印數目相同，發回附卷，通候工完，類覈造册奏繳。如有姦弊，按法追究。庶臣等得以專心河工，而錢糧亦易于清楚矣。伏乞聖裁。

一、議分督。照得河工浩繁，道里遥遠，若非多官分理，不免顧此失彼。分工之後，錢糧出入，工程次第，皆其首尾。遇有陞調等項，若聽其離任，則本官所分之工又須另委補替。文移往來，便至逾月。及到工所，茫然無措，何以望其竣事而底績也？合無俯念河工重大，如遇前項，相應離任官員，容臣等暫留完工，稽其勤惰，別其功罪，請旨處分，方得離任。庶人心專定，覬覦不萌，而事亦責成矣。伏乞聖裁。

一、議責成。照得州縣正官職專親民，故民易驅而事易集也。奈何相沿之弊，視河患如秦越，視管河官如贅疣。即以分司部屬臨之，蔑如也。妨工僨事，實由于此。目今大工肇興，諸務叢挫，若非責成各掌印官，鮮克有濟。合無興工之後，一應派撥夫役，買辦物料，俱以責之各掌印正官躬親料理。仍選委賢能佐貳，管押夫役赴工，不許將陰醫等官搪塞。如有仍前玩愒，派辦失宜，以致夫役逃散，物料稽遲，該工司道官即時參呈，以憑奏治。事完之日，仍與管理河工諸臣一體分別題請施行。庶事權歸一，人無推避，而大工自易矣。伏乞聖裁。

一、議激勸。照得各工委官，除府佐縣正外，其州縣佐貳、府衛首領，及雜職陰醫、義民等官，或管領人夫，或措辦樁埽，或運取甎石，或打造器具，衆務紛紜，如臂使指。但各官出入泥淖，櫛沐風雨，艱辛畢萃，殊可矜憫。有功而薄其賞，誤事獨重其罰。此人心之所以懈弛，而事功之所以隳墮也。合無工完之後，容臣等逐一精覈。如有實心任事，勞苦倍常者，俯賜破格超擢。中間間有劣陞王官等項，准與改擢。其陰醫等官，原有部劄冠帶者，厚加獎犒；如係義民，准照題給冠帶榮身，仍與陰醫等官一體免其本等差徭。庶人心争奮而百事易集矣。伏乞聖裁。

一、議優恤。各工夫役，計工者每方給銀四分，計日者每日給銀三分，而本籍本户幇貼安家銀兩，有無聽從其便。兹亦不爲薄矣。但貧民自食其力，衝寒冒暑，暴風露日，艱苦萬狀。縱使稍從優厚，亦不爲過。合無每夫一名，于工食之外，再行量免丁米一年。容臣等出給印信票帖。審編之時，許令執票赴官告免。州縣官抗違，許其赴臣告治。如此則惠足使民，民忘其勞矣。伏乞聖裁。

一、議蠲免。照得淮揚河患頻仍，民遭昬墊，稱最苦者，如淮安所屬山陽、清河、桃源、宿遷、睢寧、安東、鹽城，鳳陽所屬泗州，揚州所屬興化、寶應，徐州所屬蕭縣，十一州縣者，一望沮洳，寸草不長，凋敝極矣。適今大工興舉，用夫頗多。舍近取遠，隣封未免有詞，而此中流移貧民亦賴做工得食，少延殘喘。應派夫役既不容已，應輸賦税復加責辦，實爲繁苦。合無軫念災極民窮，姑將前十一州縣本年見徵夏秋起運錢糧，特蠲一半，行臣等揭示通知。俾催科少寬，人樂趨役。伏乞聖裁。

一、議改折。照得大工肇興，費用不貲，帑藏空虛，既難搜括，閭閻窮困，又難加派。臣等反覆思惟，無可爲處，萬不得已，輒有非分之請，而非所敢必也。臣等竊聞太倉之粟可備八九年之食，積愈久則粟愈朽，故官軍之情有不願本色而願折色者。稍加變通，未爲不可。合無暫將今歲漕糧，除淮北及河南、山東照舊兑運外，其淮南并浙江等省姑准改折。照例正兑每石連耗米、輕齎折銀七錢，改兑每石連耗米折銀六錢。即以五錢給軍，正兑尚餘銀二錢，改兑餘銀一錢。兑運停止，官軍應得行月糧俱可免給。以正額解京，而以餘銀并行月糧留發河工支用。總計可得九十餘萬兩。以運軍應得之數而濟國家大工之需，在内帑無支發之煩，在閭閻無徵派之苦，在朝廷爲不費之惠，在河工免缺乏之虞，而在工諸臣亦得悉心疏築，可無顧此失彼之慮。所謂兩利而俱全者也。臣等非不知近該科臣建議奉有明例，但錢糧浩繁，時當詘乏，舍此則惟有請發内帑耳。故敢冒昧陳瀆。伏望敕下該部，再加查議。如可允行，河工幸甚，臣等幸甚！伏乞聖裁。

一、議息浮言。臣等竊惟治河固難，知河不易。故雖身歷其地，猶苦于措注之乖舛，而況于遥度乎？但勞民動衆之事，怨咨易興。而往來絡繹之途，議論易起。至于將迎之間，稍稍簡略，則以是爲非，變黑爲白者，亦不可謂其盡無也。憂國計者以急于望成之心而偶聞必不可成之語，何怪乎其形諸章牘也。而不知當局者意氣因而銷沮，官夫遂生觀望，少爲揺奪，隳敗隨之。勉强執持，踈遫難達，其苦有不可言者。伏望皇上俯垂鑒照，容臣等殫力驅馳，悉心料理。寬臣以三年之期，如有不效，治臣以罪。伏乞聖裁。奉聖旨：工部知道。

## 工部覆前疏

題爲條列河工事宜，乞恩俯賜俞允，以便經理事。該總理河漕右都御史潘季馴題前事，奉聖旨：工部知道。欽此欽遵。通抄到部，送司案呈到部。看得總理河漕右都御史潘季馴題稱，工役繁興，官夫蝟集。若不預先申明料理之方，恐臨事舛錯，將河工八事條列前來。誠于漕計民生有裨。除蠲免一事咨户部徑自題覆，改折一事會同户部議覆，所有支放等六事，相應開立前件，議擬上請定奪。伏乞聖裁。

計開：

一、議支放。

前件臣等看得：大工所費不貲，出納之際，若不嚴加稽覈，則冒破之弊難保不無。今右都御史潘季馴等要比照邳工事例，將銀兩貯之于淮安府庫。各工應給工料，府佐等官將數赴該督司道官覈實給票，仍赴廵鹽衙門掛號關支。每季終，該府將原票類送廵鹽衙門覆覈。倘有奸弊，從重追究，則關防嚴而奸蠹革，河漕二臣不至分慮，而錢糧亦靡有虚冒矣。相應依擬。

伏乞聖裁。

一、議分督。

前件臣等看得：往年分督之官，往往遇有陞遷，則竟自代去，以致錢糧不明，勤惰無稽。如是則人心在事，多存規避之私，苟且塞責，曾無忠事之謀，因肆侵漁，所不可保，望其底績也難矣。今右都御史潘季馴等議，爲河工浩大，要多官分督。倘本官遇有陞調，留待工完，將經手錢糧并其勤惰稽查明白，方許離任，委于責成良便。恭候命下本部，備咨右都御史潘季馴、侍郎江一麟，將見興河工，畫地分官管理。本官自委之後，雖遇陞調，不許擅離。候工完之日，將經手錢糧稽覈明白，分别勤惰，奏請處分，方許離任。督撫衙門仍將承委官員姓名，陸續移咨吏部，暫住陞調，候工完施行。伏乞聖裁。

一、議責成。

前件臣等看得：潘季馴等議，將河工料理物料責之各州縣掌印官，管押夫役委之賢能佐貳。如有玩愒，該工司道參呈奏治。事完之日，仍與管河諸臣一體分别題請一節。爲照國家以河務爲急，特設大臣以總理于上，又設司道官以分理于下，所以重其事權也。邇來有司以秦越視河患，以贅疣視管河之官，至如分司部屬具奉有專敕，而有司視之蔑如。雖經屢次申飭，而故紙自若。即有案牘之行，輒置之閣束。其間部臣稍欲盡職，則有司群然詈之爲生事，百爾阻頑，反欲假此以取風力之名。故本部輒差司屬，則輒苦于抑氣含鬱，動有掣肘爲慮。夫號令不行，則施爲何展？無惑于妨工僨事也。故責成之請，誠有洞于往轍，激于時態而言之也。誠如所議，則事權不分而推避靡容。相應依擬。合候命下，除本地方兩司、守廵官各有專職，自行督責外，本部行令司屬官凡供事河工者，倘州縣掌印官照舊玩視，于案牘之行輒置高閣，不即奉行，致誤工程者，即一面呈本部，一面呈督撫衙門，以聽參奏處治，决不姑息。伏乞

聖裁。

一、議激勸。

前件臣等看得：潘季馴等議稱，在州縣佐貳、府衛首領、雜職義民等官，要行激勸一節。爲照國家所以鼓舞人心，令趨事而不懈者，以賞罰之明也。故懸千金之賞，令轉鉅石，即傖夫亦超距而奔，彼有激爾。今在工各官，其出入泥淖，沐櫛風雨，勞苦萬狀，而不大懸賞格，何以令其畢力而終事邪？激勸之典，似當亟議。伏候命下本部，備咨都御史潘季馴等，候河工完日，將供事官員，查有効勞實蹟者，分別等第題請超擢。中間如有劣陞王官等項，亦准改擢，或從另議優處。其陰醫等官，重加獎犒。如係義民，給與冠帶榮身，仍與陰醫等官一體免其本等差徭。于激勸之大機，良有得也。再照管河之官，惟隷于河渠。諸所轄司道或怪其接見之不常，而不諒其承委之甚急，或恠其差遣之不趨，而不諒其一身之難分。往往是非柄鑿，有此以爲極賢而彼以爲不肖者，有此署上考而彼置諸劣等者。以致輸勞竭力之輩俛首吞聲，遲疑埋怨，傍觀者徒付之不平，而督河之臣亦有無如之何者。以後凡一應管河之官，其賢否悉以河臣爲主，

他轄上司其于考語不過註曰『管河』而已。候河工既完，仍復照舊。如此庶毀譽不致失真，而從事者不至疑畏矣。伏乞聖裁。

一、議優恤。

前件臣等看得：右都御史潘季馴等條稱，各工夫役冲寒冒暑，暴風露日，艱苦萬狀。要每夫一名于工食之外，量免丁米一年。出給印票，遇審編之時告免。如有抗違，許其告治一節。爲照河工夫役既備嘗艱辛，則從厚優恤，亦不爲過。今各官條議前來，蓋深得于惠足使人之義。相應依擬。伏乞聖裁。

一、議息浮言。

前件臣等看得：往年治河迄無成功者，雖由于措注之未盡協宜，亦本于議論之太多以阻之也。蓋當局而任事者甚難，旁觀而論事者甚易。矧河變靡常，即身親其事者方爾旦暮矛盾，與置頓異，豈可得而遥度邪？且人情不一，是非未必得其公。所見不同，議論未必得其當。敢于任事者不免于任怨，而言之出于怨口者豈足聽也？謀不見用者多幸其無成，而謗毁之言將何所不至哉！轉相告語，熒惑聽聞，當事者奪于鑠金，過憂者摇于三至。即有神禹之智，恐亦難于展布矣。此右都御史潘季馴等有息浮言之論，誠爲有見。伏望皇上俯念河工重大，專委責成，勿惑于浮言，勿阻于群議。以後除治河諸臣，倘有欺隱大弊，及推諉不肯盡心，苟完目前，遺患于後者，許言官訪實，照常參劾外，其餘但有條陳治河利害之疏，雖各效其一得之忠，而衆言淆亂，要必折以真實之見，本部未敢遽爲題覆，悉行河漕二臣勘酌可否，明白具奏。或有窒碍難行，聽行寢格。如此則治河之臣可無臨事掣肘之虞，而本部亦免于瀆聒聖聰之罪矣。伏乞聖裁。

奉聖旨：河工事重，必須委任責成，乃可期效。今後分督司道及承委等官，都着潘季馴等開送吏部，暫停陞調。通候河工完日，總論功罪，大行賞罰。若有才幹不相宜的，即便遴選具奏更調，推諉誤事的，不時參奏處治。毋得避怨姑息，自誤大事。其各委官賢否，但以該管河道官爲主，别道俱不許干預。其餘俱依擬。

## 勘估工程疏

臣潘季馴謹題，爲勘估兩河工程，乞賜早請錢糧，以便興舉事。據管理河道郎中佘毅中、施天麟、張譽，管河兵備等道參政龔大器，副使林紹、張純、章時鸞，僉事朱東光，水利道簽事楊化，各會呈前事。蒙臣劄付，備行職等親歷各該地方，逐一相度。除河患源委、疏治事宜，先行具呈訖，今將職等估計過各項工程合用錢糧、分理官員、派調夫數，逐一會計明白，及稱錢糧無處要得，題請破格黜發，等因，列欵呈詳到臣。案照先爲前事，已該臣等會案劄行各該司道勘議過疏治兩河經略緣由前來另本具題外，又經催行細估工程去後。今據前因，該臣會同漕運巡撫右侍郎江一麟，議得北自豐、沛，南抵瓜、儀，蟺蜿一千餘里，中間應築應塞應建應復工程，不遺尺寸。當此極敝大壞之時，欲爲一勞永逸之計，若非重費，豈能有成？所據司道估勘銀兩，官夫數目，臣等復加算覈，委不可已。伏望敕下該部，再加查議題請，速賜俞允行臣等遵照施行。地方幸甚。

計開：

一、議錢糧。照得河工募夫，計土論方者，築隄方廣一丈、厚一尺爲四工。每工給銀四分。計日者，每日給銀三分，徭夫日給銀一分，風雨量犒。此歷年議工之成規也。但土有遠近，力有倍省，工難處所，量須加增，以均苦樂。至于合用料物樁草檾麻柳稍灰鐵之類，俱須查照時價，難以律論。但當嚴加稽察，勿滋虛冒。除徐、沛、碭山行、縷二隄，并徐、邳、睢、靈、宿遷兩岸幇隄、刱築歸仁集隄，桃、清接築新隄，高家堰與淮口支河，先共估銀二十二萬四千三百三十二兩三錢八分，已經工部題奉欽依，動發南京户、兵二部銀二十萬兩，并留漕糧八萬石。除前工支用外，約該剩銀一萬五千六百六十七兩六錢二分，相應聽作後工支用。今估計得崔鎮決口共長一百八十丈，中段水深一丈二尺，兩頭深淺不等，俱應築根濶二十丈、頂濶十丈，計用人工樁草檾麻等料該銀一萬兩。黄浦決口，先就上流斜築，計長六十丈，水深一二丈不等，應築根濶二十丈，頂濶十丈，計用工料銀六千兩，填塞原決長一百六十丈，該用工料銀四千兩。應展月隄，自徐州玄、黄二鋪計長八百五十丈，根濶五丈，頂濶一丈四尺，高一丈二尺。每丈計三十八方四分，共三萬二千六百四十方。計工一十三萬五百六十工，該銀三千九百一十六兩八錢。應築遥隄，南岸自靈璧縣張字舖起，至邳州果字舖止，長九十八里；北岸自吕梁山空連築至邳州直河止，長七十五里，桃源古城起至清河獾墩止，長一百二十里，共長二百九十三里。計五萬二千七百四十丈，應築根濶六丈、頂濶二丈、高一丈二尺。每丈計土四十八方，共二百五十三萬一千五百二十方，計工一千一十二萬六千八十工，該銀四十萬五千四十三兩二錢。內查沙墊土難，在邳、睢各界約長二十里，桃、清各界約長二十五里。二處計長八千一百丈，該土三十八萬八千八百方。每方量加二工，該加銀三萬一千一百四兩。加椿草等料，該銀八百九十兩。古城下崔鎮口、桃源陵城、清河安娘城三處，各建滚水石壩一座，每座工料銀三千兩，共銀九千兩。淮城北隄自大王廟起至柳浦灣止，四十五里零，長八千二百五十二丈四尺。加幇根濶二丈二尺，頂濶一丈一尺、高六尺。每丈計土九方九分，該土八萬一千六百九十八方八分，計工二十四萬五千九十六工四分，該銀七千三百五十二兩八錢九分六釐。又自柳浦灣起至高嶺止四十餘里，實長六千四百九十六丈七尺。𠷣築根濶四丈五尺，頂濶一丈五尺，高六尺。每丈計土十八方，該土一十一萬六千九百四十方六分，計工四十六萬七千七百六十二工四分。但取土甚遠，遍野虚沙，尋距五里，挖至丈餘者，若一概論方給銀，恐難濟事。共估銀三萬三千七百一十兩五錢五分。清江浦一帶運隄，南岸自王卿家起，至壽州厰止，長二千二百二十丈；北岸自月河口起，至許嶺家止，長八百八十丈。各加高三四尺，濶一丈四五尺不等。共計土二萬二千一十方，計工六萬六千三十工，該銀一千九百八十兩九錢。內北岸一帶缺口計用椿料該銀四百八十六兩，修復通濟閘并塞天妃閘該用工料銀一千兩，修復板閘、清江、福興、新莊等閘，各加石六七層不等，共該工料銀一千四百九十兩。四閘各開月河打壩截流，該用銀五百兩，修復仁義等壩約用銀五千兩。寶應湖隄自六淺起，至瓦店止，長三十里，添石修補工料該銀八萬九千五百七十兩。沿隄設減水閘六座。每座工價銀五百兩，共銀三千兩。下流應開支河，如興化縣白駒、丁溪二場，鹽城縣新河廟等處，各應挑深濶丈尺不等，共計夫工該銀二萬五千八百七十六兩。揚州河自高廟至楊子橋，計長五千八百二丈，應挑深六七尺不等，共計夫工該銀一萬九千四百四十六兩五錢。儀真縣自東關至石人頭止，計長四十五里，量加疏濬，該銀三千五百兩。舊例管工員役各有廩糧。府佐每員日給廩糧銀一錢二分。每員各帶書辦一名，日給口糧四分。州縣佐貳首領等官，每員日給廩糧銀六分。省祭、陰醫、義民、老人，每名日給口粮銀四分，約該銀貳千兩以上。總括之數，大約如此。至于工程難易、料價低昂、裒多益寡、截長補短，容臣等隨時通融計算。要在節縮，不至虛糜而已。通共該銀六十六萬四千八百六十六兩八錢四分六釐。除前支剩銀一萬五千六百六十七兩六錢二分，傜夫減省工食銀一萬五千兩，揚州挑淺并白駒、丁溪鹽場，新河廟等處支河議動巡鹽衙門銀三萬五千八百七十六兩外，尚該銀五十九萬八千三百二十三兩二錢二分六釐。臣等查得，河道歲額錢糧，山東、南直隸原無餘積。每遇年例修築，東那西補，甚至縮手待斃，以至因循誤事，追悔莫及。止有河南一省見貯銀一十九萬餘兩。而彼中河工繁鉅，如梁靖口、黄陵岡、孫家渡、趙皮寨、銅瓦廂等處築隄防決，費用不貲，剜肉補瘡，勢難那借。合無俯念大工緊急，破格議處，准照臣等所請改折，將正額解京，餘銀留工支用，庶爲不費之惠。如有不可，乞照都給事中劉鉉，題請內帑支發，通貯淮安府庫，聽司道官查覈，赴巡鹽御史處覆覈關支。伏候聖裁。

一、議分督。照得工程浩大，道里遥遠，若非多官分理，晝地責成，不免顧此失彼。今議徐州北岸自吕梁洪至邳州直河止一帶遥隄七十里，該海防道參政龔大器總管。自桃源縣古城以下遥隄六十里，并塞界内缺口及建陵城滚水壩一座，該淮北分司郎中佘毅中總管。自桃源界至清河獾墩止遥隄六十里，并塞界内决口及建安娘城滚水壩一座，該添註管河道副使張純總管。自徐州南岸玄、黄二舖月隄并靈、睢界内遥隄五十餘里，及建崔鎮口滚水壩一座，該徐州道副使林紹總管。自睢寧界内遥隄四十餘里，并築歸仁集隄三十五里，該潁州道僉事朱東光總管。修復淮安板閘，至新莊閘共四閘，修築裏河兩隄并新城北一帶幇築新舊隄，及塞黄浦口，該水利道僉事楊化總管。外興鹽支河先經該道呈允，行各縣掌印官開挑，仍應該道查催。築高家堰中段，塞天妃閘、朱家口，開復通濟閘，修築趙家口迤西隄岸，修復仁、義等五壩，該添註管河郎中張譽總管。修築寶應一帶土石隄，并建減水閘及挑濬揚州至儀真一帶河道，該南河分司郎中施天麟總管。以上司道八員，均分八大工。每司道一員分督府佐二員，計用府佐一十六員；每府佐一員分督州縣佐貳、首領、陰醫、省祭官十員，共用一百六十員。聽臣等于所屬地方掄才調取。如員數不足，及各官間有經手要務妨占者，容臣等于附近省分有司内查有幹濟著者，另行具奏調用。分工之後，大小官員俱要悉心經理。總有應理公務，止許工上幹辦，不得擅離工次。工完之日，通將效勞官員分別等第，及怠玩誤事者，一併題請處分，以昭勸懲。伏候聖裁。

一、議夫役。照得前項工程一時並舉，約用夫八萬名。内除量調各處徭夫七千五百名外，今議派淮安府所屬募夫二萬七千五百名，揚、廬、鳳三府各募夫一萬名，徐州所屬募夫一萬名，滁、和二州共募夫五千名。内有災傷及衝繁州縣，聽該道官酌議減免。應得工食，照常支給。仍行各該掌印官按籍派募。如將無籍之徒應名塞責，以致臨工逃散者，容臣等指名參究。伏候聖裁。奉聖旨：工部知道。

## 工部覆前疏

題爲勘估兩河工程，乞賜早請錢糧，以便興舉事。該總理河漕右都御史潘季馴題前事，奉聖旨：工部知道。欽此欽遵。通抄到部，送司案呈到部。看得右都御史潘季馴等議稱，北自豐、沛，南抵瓜、儀，約有一千餘里。欲圖久遠不拔，必須重費財力。今將勘估過銀兩官夫、數目，欵列前來。誠爲一勞永逸之計。相應照欵開立前件，議擬上請定奪。伏乞聖裁。

計開：

一、議錢糧。

前件看得，夫役工有難易之不同，物料時有消長之不齊，若一概取必而授之值，則虧苦者有不均之嘆，而人情競詭于趨避矣。今該右都御史潘季馴、侍郎江一麟，議夫役工難者加增，毋令苦樂不均，物料照時估價，仍要嚴稽冒破，委于國計民生有裨。相應依擬。除勘估崔鎮等處一帶塞決築隄諸項工程合用工料要留改折餘銀支用一節，臣等已經遵旨會同户部議覆。奉聖旨：這漕糧改折不獨以措支河工費用，亦可因此以蘇息東南之民。還再議停當來説。欽此欽遵。隨該本部移咨户部，徑自再議外，伏候聖裁。

一、議分督。

前件看得右都御史潘季馴、侍郎江一麟，議將河工自徐州北岸起，至儀真止，内一應築隄塞決諸各等項工程分爲八大工，以司道郎中等官總管。每司道一員分督所屬府佐二員，每府佐一員分督州縣佐貳、首領、陰醫、省祭等官十員，各行幹理。工完之日，要將各官分別功罪題請各一節。爲照河工浩大，北自豐、沛，南抵瓜、儀，延袤一千餘里，非多官分管，未免顧此失彼。今河、漕二臣將本工畫地委官分管條議前來，誠得專委責成之意。相應依擬。恭候命下本部，備咨右都御史潘季馴、侍郎江一麟，將分工委官事宜，除原議總管官楊化、施天麟奉聖旨拿降另行外，其餘各照議施行。如委官不足，并中間有要務妨占，難以離任者，即于附近省分有司内，查有幹才者調用。自分工之後，大小官員俱要實心幹事，務期底績。如有應理事務，止許就工幹辦，不許擅離工所，以致妨事。工完之日，將管工官員，查有勤勞實績及怠玩誤事，并賣放夫役者，分別等第，一併題請處分。伏乞聖裁。

一、議夫役。

前件看得，前項工程浩鉅，必藉夫役之多以集事。若不分投雇募，則恐一時短少，以致妨僨厥工。今右都御史潘季馴、侍郎江一麟，議所用夫約八萬名。除量調各處徭夫七千五百名外，議于廬、鳳、淮、揚、徐、滁和各府州酌量雇募。内于災傷衝繁處所，則聽該道酌量減免。條議妥當，相應依擬。伏候命下，本部咨行右都御史潘季馴、侍郎江一麟，即將前項所派夫役仍行各掌印官按籍雇募，工食照常支給。如有將無籍之徒搪塞，以致臨工逃散，或將老弱不堪者充役誤事，及不先時預爲募處，致臨時缺少，或虚冒夫役名色，志在侵漁者，司道等官不時查覈，呈請河漕衙門指名參奏，以憑重處。再照前項河工地里遥遠，夫役星散。若不嚴加點閲，則虚實無從稽考。合無行令募夫府州縣各掌印官，選委廉能官員，部押赴工。明開某官一員押夫若干名。每夫或三十名或二十名編爲一隊。如内有躲役影射者，令互相覺察，本隊夫役即時禀明押夫、委官，委官具呈管工府佐追提。如有本隊互相容隱不舉者，查出并治。並不准工。伏乞聖裁。奉聖旨：依擬行。

浙江文叢

# 潘季馴集

〔下册〕

〔明〕潘季馴 撰 付慶芬 點校

浙江出版聯合集團
浙江古籍出版社

# 河防一覽卷之八

## 奏疏

### 恭報續議工程疏

臣潘季馴謹題，爲遵奉明旨，恭報續議工程，以便查覈事。據管理河道工部郎中佘毅中、張譽，主事陳瑛，管河兵備水利營田等道參政龔大器、游季勳，副使張純，僉事朱東光、史邦直會呈，抄蒙總理河漕并漕撫衙門憲牌，仰職等即查各工内有與原議不同工程，會同類總開呈，以憑覆覈奏聞。依蒙隨將各工逐一查勘。除兩河分合及應築應塞工程俱與原議無異，又隄工各高闊丈尺，各相度地形增減不等，候通完之日册報外，所有隄岸閘壩，勢當小更，難拘原議者，委應裁酌，用圖經久。以淮北言之，如南岸遥隄，原議自靈璧縣張字舖起，至邳州果字舖止，共長九十八里。其張字舖以上，原因河岸甚高，故止議將玄、黄二舖掃灣處所展築月隄，長八百五十丈。今續勘得徐州三山頭起，至靈璧縣張字舖共五十餘里一帶，河岸雖高，然先年遇有異常泛漲，亦往往漫决。若止展築玄、黄二舖月隄，尚有可虞。相應一併接築遥隄，計長九千餘丈，庶成全隄，無復遺慮。其玄、黄二鋪止築順水壩以遏水勢，不必另行展築。果字鋪以下，原因縷隄頗遠，故未議築遥隄。續勘得果字鋪至李字鋪縷隄約四里餘，猶覺逼近，仍應增築遥隄，計長七百五十丈。北岸遥隄内邳州谷山并匙頭灣二處，俱有水溝瀦畜積水，合行疏泄。今議各建函洞一座，以便泄水。桃源縣古城起至季太口止，計六十里内，原議滚水壩三座，已經建完。今歲伏水漲溢之時，甚賴其減泄之力。但季太口至清河縣計五十餘里，未議建壩，恐水勢至此，尚致漲溢。勘得三義鎮地形原窪，衆水所趨，合增建滚水壩一座。其長闊丈尺俱照前壩。庶分殺之路既多，則衝漫之患可免。此淮北工程所當續議者也。以淮南言之，原議修復清江等閘，今勘得通濟閘逼近淮河，直受衝嚙，勢甚汹湧。且閘設年久，底樁朽爛，加石太重，不免坍卸，相應改建于甘羅城東堅實之地。仍改濬河口，斜向西南，使水勢紆迴，不至直射，庶便啟閉。前閘既已改建，則新莊閘距此不及一里，難容多船，而關鎖太促，水勢湍急，不易啟閉，相應拆卸。福興閘上距通濟閘計二十里，下距清江閘止五里，遠近懸絶，且亦因年久圮壞，難以加石。今議改建于壽州廠適中處所。其清江一閘仍照原議修復。至于板閘地窪水平，無庸啟閉，止須照舊免行增高。又勘得原議修復五壩内信字壩，逼近淮城，且係黄河掃灣，先年久廢不用。今已將禮、智二壩修復，見在車盤船隻。其仁、義二壩原共一口出船，亦係黄河掃灣，又與清江閘相鄰，恐有意外衝漫之患。見今築隄在上，以禦黄流，不便修復。查得舊有天妃閘，正與清河直對，相應建壩一座。于本閘之裏則車盤尤便，而船隻無阻矣。其興鹽等處入海支河，原因高堰未築，黄浦八淺等決未塞，水勢浩蕩，故踵襲節年舊議欲加挑濬，以洩積水。近勘得高堰築完，黄浦八淺俱塞，下流已乾，無水可洩，而海口之水反高于内地。若復挑濬，則海水灌入，既傷民田，復損鹽利。正在勘議間，隨該巡鹽御史姜璧躬親踏勘，題請免濬。復經司道會勘，委應停止。夫興鹽等處既以無水可洩，免濬支河，若寶應湖隄仍照原議于三十里之内添建減水閘六座，又恐分流太多，興鹽難受。况建閘初意，衹因上流水溢，恐致傷隄。今高堰既築通濟閘外，又經題准每年水漲之時，築壩斷流，則寶應湖水不甚盈溢，湖隄可保無虞，不必多建減閘。今議修復舊閘二座，創建一座，通共四座，庶運道民田俱有攸賴。其開挑興鹽支河工費銀二萬五千八百七十六兩，原議于巡鹽衙門動支運司銀兩，仍聽帶該衙門作正支銷。此淮南工程所當續議者也。以上事宜，皆因地損益，隨時劑量，期于有濟，不敢執泥，俱經會議僉同，陸續呈請舉行訖。今蒙行查，理合類報轉奏施行，等因到臣。案照先准工部咨，爲奉明旨，陳愚見，議治兩河經略，以圖永利事，該臣等題議各項工程事宜，本部覆題，奉聖旨：這治河事宜既經河漕諸臣會議停當，依擬都准行。着他們悉心着實興建永利。各該經委分任人員，如有玩愒推諉，虛費財力者，許不時拿問參治。其未盡事宜及臨時事勢，或與原議不合的，也著陸續奏聞，務求有益。應用錢糧，你部裏便會户部上緊議來。欽此。備咨到臣，俱經通行司道欽遵。興舉間續據郎中佘毅中等議，將各工增損事宜節次會呈前來。又經臣等親閲相同，批允舉行訖。衹緣工程大體俱無更張，止于節目微有不同，事涉煩瑣，未敢屑屑瀆奏。兹當告成伊邇，合行通查類報。今據前因，爲照兩河大工延袤千里，臣等荒度之初，止詳于兩河分合大勢，而隄岸閘壩之遠近多寡，委須臨時再加斟酌。仰荷我皇上坐照萬里，洞燭事機，假臣以便宜之權，開臣以續奏之路。所據司道陸續議報前來。在淮北則有徐州三山頭起至張字鋪加築遥隄五十餘里，玄、黄二鋪止建順水壩一道，果字鋪起至李字鋪加築遥隄四里餘，谷山、匙頭灣添建函洞二座，三義鎮添建滚水壩一座。此皆原題未載，委應增益。在淮南則有通濟、福興二閘從新改遷，新莊逼近通濟閘，勢難兩存，板閘止宜仍舊。信字壩逼近黄河，不便修復。仁義壩改建天妃閘以裹。至于興鹽等處入海支河，因高堰、黄浦八淺隄成，無水可洩，自宜停止。而寶應湖隄減水閘止須修建四座。此原備載，委當更易，因時審勢，隨地制宜。臣等固不敢惜勞，以貽一簣之虧，亦不敢妄舉，以滋無益之費。其應添錢糧即于原議河工銀内通融裁節濟用，並無求益加派之事。除將各隄工高闊丈尺，相度地形，增減不等，通候查覈外，相應奏報，謹具題知。奉聖旨：工部知道。

## 查復舊規疏

臣潘季馴謹題，爲乞恩查復舊規以利漕渠事。臣等謬膺簡畀，肩厥鉅艱，日夕兢兢，惟恐一事未周，有負任使。兹幸廟堂主持諸臣効力，導河防决之工駸駸然有涓埃之驗矣。但于淮安一帶閘河終有未安者。臣等初至地方，目擊淮安西門外直至河口六十里，運渠高墊，舟行地面，昔日河岸，今爲漕底，而閘水湍激，糧運一艘非七八百人不能牽挽過閘者，臣竊怪之。詢之地方，俱云自開天妃閘後，專引黄水入閘。且任其常流，並無啟閉。而高堰決進之水，又復鎖其下流，以致沙淤日積。萬曆五年，河渠堙塞，隨濬隨淤，不得已開朱家口引清水灌之，方得通舟。臣等乃決意開復通濟閘，以引范家湖清流。且請修舉陳瑄故事，嚴其啟閉。隨該工部覆奉欽依，咨行遵照。見由通濟閘引水濟舟，河身亦覺漸刷。數年之間，或可復故矣。但沙淤可免，而湍溜如舊，牽挽不易，而啟閉甚艱。且聞淮河暴發，亦有渾流。臣等求其善處之術而未得也。隨行據司道等官，郎中張譽等博訪志傳，查得永樂初年，原由海運淮郡〔一〕，與黄、淮二河隔絶不通。後因平江伯陳瑄疏清江浦之渠，引水以通淮安，東南運艘始得直達京師。復慮黄淮之水沉沙易淤也，乃建清江、福興新莊等閘，遞互啟閉。鎖鑰掌之漕撫，開放屬之分司，法至嚴矣。復慮水發之時，湍急難于啟閉，又于新莊閘外暫築土壩，以遏水頭。水退即去壩，用閘如常。延至嘉靖八年間，壩禁廢弛，河渠淤塞。該漕運都御史唐龍、河道侍郎潘希曾題奉欽依，仍復舊規，載在簡册者班班可考也。數十年來，初議浸失，前患復滋。臣等詢之地方耆宿，皆云運渠卑隘，最易沙淤；淮地低窪，最易盈溢。若倣古人之制，嚴啟閉于春冬之時，築外壩于伏秋之際，則非惟河身無壅墊之患，而田廬亦無浸潦之苦矣。臣等反覆思惟，請復舊規爲便。及查每歲三月以前，糧運俱過，六月初旬，鮮貢已盡。其餘船隻，皆可盤壩，並無妨礙。即如鎮江京口閘遇冬築塞，入春方啟，其例固可援也。伏望敕下該部，再加查議。如果臣等所言不謬，每歲于六月初旬一遇運艘并鮮貢馬船過盡，即于通濟閘外暫築土壩，以遏横流，一應官民船隻俱由盤壩出入。至九月初旬，仍舊開壩用閘，庶于國計民生兩利之矣。再照人情易玩，法禁易弛，勢豪人員任情自恣者難保不無，地方當事之臣稍稍阿徇，輒至濫觴。懇望皇上特降嚴旨，容臣等刻石金書，垂示各閘之上，庶幾人心有常目之警，而良法無久弊之患矣。謹題請旨。

奉聖旨：工部知道。

## 工部覆前疏

題爲乞恩查復舊規，以利漕渠事。該總理河漕右都御史潘季馴題前事，又該總督漕運右侍郎江一麟題同前事，俱奉聖旨：工部知道。欽此，欽遵。送司案呈到部，看得總理河漕右都御史潘季馴等題稱，淮安一帶黄淮灌入，運渠高墊，且閘水湍急，啟閉甚難。查得平江伯陳瑄建清江、福興、新莊等閘，遞互啟閉，以防黄水之淤，又于水發之時，閘外暫築土壩遏水頭，以便啟閉，水退即去壩用閘如常。其法至善。議要修復舊規，并請特降嚴旨，垂示各閘，使勢豪人員不敢任情阻撓一節。爲照黄、淮二河之入淮郡也，由先臣平江伯陳瑄疏濬清江浦始也，而其立法則甚密矣。慮黄淮灌入泥沙易淤，而建閘以慎啟閉，又慮水發湍急難于啟閉，而築壩以遏水衝。自是渾流不入，閘河不壅，大爲運道之利。後來閘壩廢弛，淮安一帶河渠始日就墊塞，費區畫矣。况水發常在六月，此時糧運及鮮貢船隻俱已過盡，築壩似無妨礙。雖官民船隻盤剥未便，終不得因此而廢河漕大計也。且築壩止是水發時候，自六月至九月初旬，不過三月餘。即去壩用閘如常，不便于民船者無幾時，而便于漕渠者則甚大。所據都御史潘季馴等具題前來，似應依擬。恭候命下本部，備咨總理河漕右都御史潘季馴、漕運侍郎江一麟，即查先年閘壩舊規，斟酌修復。凡清江、福興、新莊等閘，俱要以時啟閉，不得開放無度，以致泥沙灌入，有礙運道。每歲至六月初旬，運艘馬船過盡，伏水將發，即于通濟閘外暫築土壩，以遏横流。一應官民船隻俱暫行盤壩出入。至九月初旬開壩，復用閘啟閉。仍將題准明旨刊示各閘之上。如有勢豪人員恃强阻撓，應拿問者徑自拿問，應參奏者徑自參奏，毋得阿徇假借。庶人心知警，法不廢格，而河渠有賴矣。奉聖旨：這築壩、盤壩事宜，俱依擬。有勢豪人等阻撓的，即便拿了問罪，完日于該地方枷號二箇月發落。干礙職官，參奏處治。

## 申明鮮貢船隻疏

臣潘季馴謹題，爲乞恩查復舊規，以利漕渠事。准南京兵部咨稱，案照先准臣等咨，已經備行南京内守備廳，速查今運鮮貢等差總計幾起；已撥裝載，五月以前過淮出口者幾起；未撥差限尚遲，約在築壩之後發行者幾起。一面移文本部，差撥就令通濟閘外停泊，以待各差抵閘，盤船前進，庶免臨期誤事。隨准該廳回稱，冰鮮鰣魚例在五月初旬採完，楊梅例在小暑之後採取，俱各在京裝船。先用底蓋鹽冰打築結實，然後起運前進。冰鮮船隻勢不可盤，煩爲議處到部。合咨河道漕運衙門，酌量前差尚在五月之内，伏秋未至，水勢未發，姑待二起鮮船出口，方行築壩。如壩不容緩，前項冰鮮作何計處，使不誤事，希由咨報，等因到臣。案照萬曆七年七月二十六日，准工部咨，該臣等會題前事，本部覆議，每歲至六月初旬，伏水將發，即于通濟閘外暫築土壩，以遏横流，一應官民船隻俱暫行盤壩出入。至九月初旬開壩。仍將題准明旨刊示各閘之上，如有勢豪人員恃强阻撓，應拿問者徑自拿問，應參奏者徑自參奏。毋得阿徇假借，等因。題奉聖旨：這築壩、盤壩事宜，俱依擬。有勢豪人等阻撓的，即便拿了問罪。完日于該地方枷號三箇月發落。干礙職官，參奏處治。欽此。備咨臣等通行欽遵間。今歲遇閏，五月二十二日即已入伏，相應先期築壩。誠恐鮮貢船隻所至後期，預咨該部轉行，早發去後。今准前因，該臣會同漕撫右都御史江一麟，議照清江裏河向因外河伏水帶入泥沙，致坫漕渠，應照先臣陳瑄舊規，先期築壩，已經題奉嚴旨，通合遵守。今該監既謂冰鮮鰣魚在五月初旬，楊梅在小暑之後各採完。若肯較常早發，沿途無滯，計五月二十以前，二項鮮船俱可趕到。若至入伏之日，各船愆期不至，勢難久待。隨經咨覆該部，及延至入伏之日，定行築壩外，但恐各監拘泥故常，逗遛不發，延至壩成，又以盤船不便推諉，臣等不無掣肘。况所進冰鮮不多，盤壩只須頃刻。即使車盤不便，亦可預撥馬船停泊壩外，鮮到之日，對船般剥，亦無妨礙。漕渠關係甚重，似當量從權宜。伏望皇上軫念國計，敕下該部，申飭南京守備衙門，每歲冰鮮船隻較常催儹早發，務在伏前旬日抵淮，不至有礙築壩。萬一愆期，即從天妃壩車盤，或預撥馬船停泊外河船剥。著爲定例，庶臨期不致妨阻，而漕渠永無沙坫矣。謹題請旨。奉聖旨：工部知道。

## 工部覆前疏

題爲乞恩查復舊規，以利漕渠事。該總理河漕尚書潘季馴、總督漕撫右都御史江一麟，題爲前事，奉聖旨：工部知道。欽此，欽遵。抄出到部，送司案呈到部。看得冰鮮船隻關係上供，而築壩護漕關係國計，均之有不可緩者。今據河臣題稱，遵旨築壩，當在伏水未發之先，其勢必不能停築以待船。據守臣回稱，鮮船發行常在閘壩既成之後，其勢又不能車船以盤壩，似于上供、國計兩有所妨。然臣等竊以爲無傷也。查得正德、嘉靖年間，五月已有鰣魚到京，且既稱鮮品，尤宜早進，既係薦廟，尤該及時。但近年以來，進鮮内臣每以採鮮既定之後方行措辦裝具，附載貨物勾當稽留，動踰旬日，沿途淹頓，又致愆期。比至京師，則色味俱變。不惟有礙築壩，且于薦鮮之義亦甚無當也。臣省吾先任南京，見守備太監喬郎每事用心整飭，才復優于幹濟。即據今回稱，鰣魚例在五月初旬採完。蓋四月二十日前後已行採矣。若隨船器用，如冰鹽之類，預備停當，一經採完，即便發行，不過半月即可過淮。正是伏前之期，自于築壩無礙。至于楊梅等物又與魚鮮不同，即至壩成，不妨盤剥。但今年閏月伏旱，此時議行，恐不及事。而壩又不容緩築，萬一鰣魚到遲，必須設法對船般剥，方克有濟。此在内守備臣及河漕大臣各以上供國計，不分彼此，一體籌度處置，自當無誤。其剥完之後，自淮以北，仍須嚴令地方官多方護送速進，務期共濟，不得應付遲緩。至于以後年分，鰣魚鮮船定限五月初頭發行，伏前定限過淮：楊梅等船定從便聽帶，將南京馬快空船于未築壩之先預撥過淮，停泊壩外，以俟般剥，則上供既無後時之虞，國計亦得先事之備矣。又訪得南京進鮮各船，每將起程之時，有無籍棍徒號稱夥光，設局詐騙，肆意把持，要得倚船覓利。領差内臣萬一不從，即遍遞誣狀，使船不得行。在京不遂，復隨至沿途騷擾。管河各官或有不察，墮其計中，即復稽留延緩。是以船行不得如期，非盡由發船之果遲也。合無恭候命下，容臣等行南京及河漕各衙門出示嚴禁。如有前項棍徒仍前作梗者，即便拿問，從重究罪。仍枷號通渠或濱河處所示警。至于到淮般剥之際，在河漕大臣尤宜加意禁約，使奉差者不苦于道路之難，則般剥從容，儹進便利，所關于築壩、治漕者實非小補。均乞聖明裁定，敕下欽遵施行。奉聖旨：是。

## 報黄浦築塞疏

爲恭報黄浦築塞事。據管理南河郎中張譽呈稱。蒙臣等牌督修築黄浦決口，隨行揚州府同知韓相鳩工聚料，于本年三月初三日興工。官夫晝夜併力攔河，北壩于本月初十日，南壩于十二日，各合口斷流訖。又蒙本院部親臨工所，仍恐卑薄難恃，又于北壩之外，加築一壩，共闊十丈，足禦水患。爲照黄浦衝決，爲害已極，經營數年，勞費不貲，妨運病民，莫此爲甚。即今兩壩告成，横流堵截，山、寶、興、鹽一帶生靈悉得平土而居，耕穫而食，官民船艘往來無虞，復業編氓歡聲載道，誠地方無窮之利也。除將舊口填土接築老隄，通候工完另呈，合先具報等因到臣。據此案查，先該臣等題爲河患已除，流民復業，乞恩蠲租，以廣招徠事。已將高堰隄成，黄浦見在興築緣由，于本月初一日具題訖。臣隨督行該司，設法督築黄浦去後。今據前因，該臣會同漕撫侍郎江一麟，照得高堰據黄浦之上游，而黄浦爲興、寶、鹽城之門户。高堰既築，黄浦之工自易。黄浦既塞，則興、寶、鹽城一帶田地盡行乾出。自兹兩河横流涓滴皆由正道，千里之内民業皆可耕穫，而海口河身日見深刷，亦可免壅潰之患矣。除將正口填築高厚，務俾永賴，仍候大工全完另報外，爲此具題。奉聖旨：工部知道。

## 河工告成疏

臣潘季馴謹題，爲恭報兩河工成，仰慰聖衷事。萬曆七年十月初六日，據管河郎中佘毅中、張譽，主事陳瑛，管河兵備營田等道、參政龔大器、游季勳，副使張純，僉事朱東光、史邦直會呈，節奉總理河漕并總督漕撫衙門劄付，俱爲奉明旨，陳愚見，議治兩河經略，以圖永利等事，行職等將派定工程，鳩夫辦料，刻期興舉。該職等遵依督率分委府州縣等官，親詣工所，照式率作。俱自萬曆六年九月十五等日興工，至今陸續通完訖。總計築過土隄長一十萬二千二百六十八丈三尺一寸，砌過石隄長三千三百七十四丈九尺，塞過大小決口共一百三十九處，建過減水石壩四座，每座長三十丈，修建過新舊閘三座，車壩三座，築過攔河順水等壩十道，建過函洞二座，減水閘四座，濬過運河淤淺長一萬一千五百六十三丈五尺，開過河渠二道，栽過低柳八十三萬二千二百株。其各隄高卑，酌量地形低昂，隨宜增損，自一丈二尺以至七八尺不等，數目煩瑣，聽帶候勘官至日另册開送覈實外。照得數年以來，黄、淮二河胥失故道，至以地方州縣爲壑。蓋由黄河惟恃縷隄，而縷隄逼近河濱，束水太急，每遇伏秋，輒被衝決，横溢肆潰，一瀉千里，莫之底極。北岸則決崔鎮、季太等處，南岸則決龍窩、周營等處共百餘口。而又從小河口白洋河灌入，挾永堌諸湖之水越歸仁集直射泗州陵寢。以至正河流緩，泥沙停滯，河身墊高。淮水又因高家堰年久圮壞，潰決東奔，破黄浦，決八淺，而山陽高寶興鹽悉成沮洳，清口將爲平陸。黄淮分流，淤沙罔滌，雲梯關入海之路坐此淺狹，而運道民生俱病矣。自去秋興工之後，諸決盡塞，水悉歸漕，衝刷力專，日就深廣。今遥隄告竣，自徐抵淮六百餘里兩隄相望，基址既遠，且皆真土膠泥夯杵堅實，絶無往歲雜沙虚鬆之弊。蜿蟺綿亘，殆如長山夾峙。而河流于其中，即使異常泛漲，縷隄不支而溢，至遥隄勢力淺緩，容蓄寬舒，必復歸漕，不能潰出。譬之重門待暴，則暴必難侵，增纊禦寒，則寒必難入。兼以歸仁一隄横截于宿桃南岸要害之區，使黄水不得南決泗州至于桃、清。北岸又有減水四壩，以節宣盈溢之水，不令傷隄。故在遥隄之内，則運渠可無淺阻，在遥隄之外，則民田可免渰没。雖不能保河水之不溢而能保其必不奪河，固不能保縷隄之無虞，而能保其至遥即止。蓋嘗考弘治以前，張秋數塞數決。自先任都御史劉大夏將黄陵岡一帶增築太行隄一道，而張秋之患遂息。此其已試之明驗也。今職等所築之遥隄，即太行隄之别名耳。况係真正淤土，較之太行雜沙又有不侔者。故今歲伏初驟漲，桃清一帶水爲遥隄所束，稍落即歸正漕，沙隨水刷，河身愈深，河岸愈峻。前歲桃清之河膠不可檝，今深且不測，而兩岸迥然高矣。上流如吕渠兩崖，俱露巉石，波流湍急，漸復舊洪。徐邳一帶，年來篙探及底者，今測之皆深七八丈，兩岸居民無復昔年蕩析播遷之苦，此黄水復其故道之效也。高家堰屹然如城，堅固足恃。今淮水涓滴盡趨清口，會黄入海。清口日深，上流日涸，故不特堰内之地可耕，而堰外湖坡漸成赤地。蓋堰外原係民田，田之外爲湖，湖之外爲淮，向皆混爲一壑，而今始復其本體矣。其高寶一帶因上流俱已築塞，湖水不至漲滿。且寶應石隄新砌堅緻，故雖秋間霖潦浹旬，隄俱如故。黄浦八淺築塞之後，俱各無虞。柳浦灣一帶新隄環抱淮城，並無齧損。不特高、寶田地得以耕藝，而上自虹、泗、盱眙，下及山陽、興、鹽等處，皆成沃壤。此淮水復其故道之效也。見今淮城以西清河以東，二瀆交流，嚴若涇渭。誠所謂同爲逆河以入于海矣。海口之深，測之已十餘丈。蓋借水攻水，以河治河，黄淮並注，水滌沙行，無復壅滯，非特不相爲扼而且交相爲用。故當秋漲之日，而其景象如此。昔年沙墊河淺，水溢地上，衹見其多。今則沙刷河深，水由地中，衹見其少。地方士民皆謂二十年來所曠見也。此蓋仰仗我皇上聖德格天，神明協相，聖心獨斷，廟算堅持，是以本院部得行初志，職等得效胼胝。向使少爲異議所搖，則此時不知更作何狀矣。今財力不多費而功徧于兩河，時日不久曠而效收于期月，數千里魚鱉之民一旦登于衽席，億萬年命脉之路一旦底于翕寧。職等幸護遭逢，曷勝慶幸。除各用過錢糧另行册報外，所據完過工程，擬合開坐呈報施行，等因到臣。據此案查萬曆六年五月十五日，該臣欽奉上諭都察院右都御史兼工部左侍郎潘季馴近年河淮泛濫爲害，運道梗塞，民不安居，朕甚憂之。已屢有旨，責之地方官經理，奈無實心任事之臣，動以工費艱鉅爲解，又當事諸臣意見不同，事多掣肘，以致日久無功。今特命爾前去督理河漕事務，將河道都御史暫行裁革，以其事專屬于爾。其南北直隸、山東、河南地方有與河道相干者，就令各該巡撫官照地分管，俱聽爾提督。爾宜親歷河流所經，會同各巡撫官督同各部屬司道等官，悉心協慮，講求致害之因，博采平治之策。備查草灣口何爲既開復淤，及今作何開通全淮水何爲南徙不復，及今作何疏導；徐邳河身高並州城，何以疏之使平；黄浦崔鎮等口久塞無功，何以築之使固；及查諸臣歷年建議有行奏疏，逐一勘議。要見老黄河故道應否開復，清桃正河應否挑濬，高家堰寶應隄應否修築，小浮橋新衝口可否濟運，應否加挑。又徐邳以上地形南昂北下，恐隄防一潰，勢必奔流北徙，將爲閘河之梗，亦要審其孰爲正河，孰爲支河，孰爲合河。或正而當厚其防，或支而當殺其勢，或合而當分其流，一併勘議詳妥，奏聞區處合用。錢糧及選任司道等官，俱許以便宜奏請，給發委用。功成之日，通將效勞官員一體分別陞賞。如有抗違不服及推諉誤事者，文官五品以下，武官四品以下，徑自提問，應奏請者奏請定奪。其提督軍務事宜，查照河道衙門原管行事。爾候事寧之日，奏請回京。朝廷以爾諳習河道，素有才望，特兹重任。爾尚殫忠籌慮，盡心區畫，俾河漕無梗塞之虞，人民免昏墊之苦。必有懋賞，以酬爾功。毋或畏難憚勞，隱忠不效及苟且塞責，有負委任。爾其勉之慎之！故諭。欽此。臣遵奉綸音，會同撫臣，躬率司道等官，沿河荒度，周諮分合之勢，博求平治之謀。群策畢集，衆論僉同。隨題爲奉明旨，陳愚見，議治兩河經略，以圖永利事。該工部覆，看得都御史潘季馴、侍郎江一麟足遍口訊，僉議詳酌，爲是六説。其所修置寢格，俱目擊利害，而非道聽之言；庶同則繹，而非弗詢之謀。蓋隄防既固，塞决又審，水無旁駛，而正流自急，沙隨水刷，而海口自復。此正以水治水，而不爲穿鑿之論，迂謾之談。頃來治河之説，未有逾于二臣之議，等因。題奉聖旨：這治河事宜既經河漕諸臣會議停當，依擬都准行，着他們悉心着實興建永利。各該經委分任官員，如有玩愒推諉、虚費財力者，許不時拿問參治。其未盡事宜，及臨時事勢或與原議不合的，也着陸續奏聞，務求有益。應用錢糧你部裏便會户部上緊議來。欽此。備咨臣等欽遵，查照興舉施行。准此，又該臣等題爲勘估兩河工程，乞賜早請錢糧以便興舉事，欵議分督徐州北岸自吕梁洪至邳州直河止遥隄，該海防道參政龔大器總管；自桃源古城以下遥隄，并塞界内决口及建減水壩一座，又先分馬厰坡遥隄，該中河郎中佘毅中總管；自桃源縣界至清河縣北遥隄，并塞界内决口及建減水壩一座，該添註管河道副使張純總管；自徐州南岸并靈、睢界内遥隄及建減水壩一座，該徐州道副使林紹總管；睢寧界内遥隄并築歸仁集隄，該潁州道僉事朱東光總管；修復淮安運河各閘，修築裏河兩隄，并新城北一帶幇築新舊隄，及塞黄浦口、催濬興鹽支河，該水利道僉事楊化總管；築高家堰、塞天妃閘、朱家口開復、通濟閘修築、趙家口迤西隄岸修復各壩，該添註管河郎中張譽總管；修築寶應一帶土石隄，并建減水閘及挑濬揚州至儀真一帶河道，該南河郎中施天麟總管，等因。本部覆奉欽依，咨行臣等分工間，郎中施天麟降調，將原分寶應隄工改委營田道僉事史邦直，揚州挑淺改委該府知府虞德燁，僉事楊化罷黜，將原分清江浦兩岸築隄改委主事陳瑛，增修閘座改委淮安府知府宋伯華各管理。柳浦灣修築新舊隄并添寶應八淺決工，增委今補水利道副使張純，黄浦口決工，增委今補南河郎中張譽各兼理。副使林紹閒住，原分一工，該今任參政游季勳管理。俱于上年九月十五日起土興工，臣等具本題知訖。又該臣等查得司道續報工程，淮北有徐州三山頭起至張字鋪增築遥隄，玄、黄二鋪止，建順水壩一道，果字鋪起至李字鋪增築遥隄，谷山、匙頭灣添建函洞二座，三義鎮添建減水壩一座，此皆原題未載，續議增益。淮南有通濟、福興二閘從新改遷，新莊逼近通濟閘，勢難兩存，板閘止宜仍舊。信字壩逼近黄河，不便修復。仁義壩改建天妃閘裏，興鹽等處支河因高堰黄浦八淺隄成，無水可洩，自宜停止，寶應湖隄減水閘止須修建四座。此原題備載，續議更易，又經具本題知訖。臣等向在催督各工去後，今據前因，除將報到工程逐一查覈相同外，該臣會同漕運巡撫、侍郎江一麟，竊照我朝建都燕冀，轉輸運道，實爲咽喉。自儀真至淮安則資淮河之水，自清河至徐州則資黄河之水。黄河自西而來，淮河自南而來，合流于清河縣之東，經安東達雲梯關而入于海。此自宋及今兩瀆之故道也。數年以來，崔鎮諸口决而黄水遂北，高堰黄浦决而淮水遂東，桃清虹泗山陽高寶興泰田廬墳墓俱成巨浸，而入海故道幾成平陸。臣等受事之初，觸目驚心，所至之處，孑遺之民扳輿號泣，觀者皆爲隕涕。然議論紛起，有謂故道當棄者，有謂諸决當留者，有謂當開支河以殺下流者，有謂海口當另行開濬者。臣等反覆計議，棄故道則必欲乘新衝。新衝皆住址陸地，漫不成渠，淺澁難以浮舟，不可也。留諸决則正河必奪，桃清之間，僅存溝水，淮揚兩郡，一望成湖，不可也。開支河則黄河必不兩行，自古紀之，淮河泛溢，隨地沮洳。水中鑿渠則不能，别尋他道則不得。况殺者無幾，而來者滔滔，昏墊之患，何時而止？不可也。惟有開濬海口一節，于理爲順。方在猶豫，而工部遺咨叮嚀臣等親詣踏看。臣等乃乘輕舠，出雲梯關至海濱，延袤四望，則見積沙成灘，中間行水之路不及十分之一。然海口故道則廣自二三里以至十餘里。詢之土人，皆云往時深不可測，近因淮黄分流，止餘涓滴入海，水少而緩，故沙停而積，海口淺而隘耳。若兩河之水仍舊全歸故道，則海口仍舊全復原額，不必别尋開鑿，徒費無益也。臣等乃思，欲疏下流，先固上源，欲遏旁支，先防正道。遂决意塞决以挽其趨，築遥隄以防其决，建減水壩以殺其勢而保其隄。一歲之間兩河歸正，沙刷水深，海口大闢，田廬盡復，流移歸業，禾黍頗登，國計無阻而民生亦有賴矣。蓋築塞似爲阻水，而不知力不專則沙不刷，阻之者乃所以疏之也。合流似爲益水，而不知力不弘則沙不滌，益之者乃所以殺之也。旁溢則水散而淺，返正則水束而深，水行沙面則見其高，水行河底則見其卑。此既治之後與未治之先光景大相懸絶也。每歲修防不失，即此便爲永圖。借水攻沙，以水治水，臣等蒙昧之見如此而已。至于復閘壩，嚴啟閉，疏濬揚河之淺，亦皆尋繹先臣陳瑄故業，原無奇謀秘策，駭人觀聽者。偶倖成功，殊非人力，實皆仰賴我皇上仁孝格天，中和建極，誠敬潛孚而祇靈助順，恩威並運而黎獻傾心，念轉輸乃足國之資，軫昏墊切儆予之慮，宵旰靡皇，綵綸屢飭。其始也併河漕以一事權，假便宜以任展布，故臣等得效芻蕘之言。其既也逮媮墮以警冥頑，折淆言以定國是，故臣等得竟胼胝之力。俯從改折之議，國計與民困咸紓；特頒賞賚之仁，臣工與夫役競勸。致茲無競之功，遂成一歲之内。今兩河蒸黎歌帝德而祝聖壽者，且洋溢乎寰宇矣。臣等何敢貪天功以爲己力哉！除用過錢糧聽巡鹽衙門查覈奏繳外，謹將完過工程總數開坐，伏乞敕下該部覆議，差官勘閱明實施行。謹題請旨。

計開：

淮北工程。

總管官、中河郎中佘毅中，督淮安府同知王琰、兖州府同知唐文華、桃源縣知縣郭顯忠、濟寧衛指揮文棟等，築完原分桃源縣北岸遥隄。自古城起至關王廟止，長八千六百八十九丈二尺，俱根闊六丈，頂闊二丈，高一丈至九尺不等。塞完崔鎮大決口一處，及劉真君廟等決口共三十六處，共長四百六十一丈五寸。築完古城堰口隄一道，長三百六十丈。造完崔鎮減水石壩一座，壩身連鴈翅共長三十丈。又築完續增徐州南岸三山遥隄長二千四百二十八丈三尺五寸，俱根闊四丈，頂闊一丈六尺，高八九尺不等。又督淮安府同知蔡玠築完桃源縣迤南馬厰坡遥隄，長七百四十六丈，根闊七丈至五丈不等，頂闊二丈，高一丈至八尺不等。以上各隄共栽過低柳一十六萬一千六百株。

總管官、海防兵備道參政龔大器，督廬州府通判宋守中、邳州知州張延熙、泰州同知王法祖等，築完原分邳州北岸遥隄。自吕梁山麓起至直河止，長九千四百六十四丈一尺，俱根闊六丈至五丈不等，頂闊二丈至一丈五六尺不等，高九尺至七八尺不等。造完續增谷山并匙頭灣函洞各一座。又築完續增徐州南岸三山遥隄，長一千三百九十一丈八尺，俱根闊四丈，頂闊一丈四五尺不等，高八尺。以上各隄共栽過低柳五萬二千株。

總管官、徐州兵備道參政游季勳，督淮安府同知蔡玠、徐州知州孫養魁、靈璧縣知縣張允孚、睢寧縣知縣徐密、桃源縣知縣郭顯忠等，築完原分靈、睢南岸遥隄。自竇老穀堆起至象山止，長一萬一千七百五十七丈二尺。俱根闊六丈，頂闊二丈，高九尺。造完徐昇鎮減水石壩一座，壩身連鴈翅共長三十丈。又築完續增徐州三山遥隄二千六百四十七丈一尺六寸，俱根闊四丈，頂闊一丈六尺，高九尺。順水壩一道，又會同南河分司改建通濟閘一座，并閘外攔河壩一道。以上各隄共栽過低柳一十五萬一千六百株。

總管官、水利道副使張純，督兖州府同知樊克宅、清河縣知縣石子璞等，築完原分桃源、清河縣北岸遥隄。自關王廟起至護城隄止，長九千七百二十一丈，俱根闊六丈，頂闊二丈，高一丈至八九尺不等。塞完張泗沖等決口一十八處，共長二百一十一丈。造完季太鎮減水石壩一座，續增三義鎮減水石壩一座，壩身連鴈翅俱長三十丈。又築完續增徐州南岸三山遥隄二千五百四十九丈，俱根闊四丈，頂闊一丈五尺，高八尺。以上各隄共栽過低柳五萬三千株。

總管官、潁州兵備道僉事朱東光，督鳳陽府通判李光、前廬州府通判查志文、歸德府通判祝可立、泗州守備衛鎬、張大德等，築完原分睢寧南岸遥隄。自象山起至果字舖止，長六千九百三十六丈七尺，俱根闊九丈至六丈六尺不等，頂闊二丈一尺，高一丈至八尺不等。又築完續增果字舖起至李字舖止遥隄，長八百四十八丈六尺，俱根闊六丈六尺，頂闊二丈一尺，高八九尺不等。又築完原分歸仁集遥隄，長七千六百八十二丈八尺，根闊六丈至四丈五尺不等，頂闊三丈至一丈不等，高一丈二尺至八九尺不等。内填塞決口四十七處，共長三百四十九丈。以上各隄共栽過低柳三十萬株。

淮南工程。

總管官、南河郎中張譽，督揚州府同知韓相，淮安府同知鄭國彦、王琰，兩淮運副曹鉷，東昌府通判王一鳳，中軍都司俞尚志等，修築高家堰隄六十餘里，計長一萬八百七十八丈，俱根闊十五丈至八丈、六丈不等，頂闊六丈至二丈，高一丈二三尺不等。内三千四百丈會同徐水二道，俱用椿板廂護堅固。塞完大澗、淥洋湯、恩口等決三十三處，共長一千一百一十八丈。又塞朱家決口一處，先築月壩一道，長八十丈，并築本口直隄長一十四丈，閉塞天妃閘一座，修築趙家口迤西兩岸隄共長六百七十四丈，根闊二丈至一丈，頂闊二丈至一丈，高一丈至八尺不等。又修復禮、智壩各一座，添設天妃壩一座。又開出閘河口，自甘羅城起至淮河長二百一十三丈，底闊四丈，面闊六丈，深一丈。兩崖築隄共長四百二十六丈，根闊十丈，頂闊二丈，高一丈。又塞完續分黄浦決口一處，先築南北攔河壩二道，共長四十五丈，根闊一十三丈，頂濶十丈，高二丈。填築正口土隄一道，長九十四丈，自水底至頂高三丈八尺，根闊一十三丈。又會同徐州道改建通濟閘一座，并閘外築攔河壩一道。以上各隄共栽過低柳六萬株。

總管官、清江廠主事陳瑛，督留守司經歷屠鑰、把總諸葛堯賓、鎮撫王紹武等，築完清江浦南北兩岸河隄，共長三千三百九丈八尺，俱根闊一丈三尺，頂闊八尺五寸，高三尺五寸。塞完鄭家決口一處，長六十七丈。加隄一道，自水底至頂高一丈三四尺不等，底闊二丈五尺，頂闊九尺。

總管官、水利道副使張純，督淮安府帶銜同知劉順之、兩淮運副曹鉷、寶應縣知縣李贄，修完原分淮安府新城北舊隄。自清江浦起至柳浦灣止，共長九千八百五十一丈，幇闊二丈、一丈五尺以至一丈不等，高四尺至二三尺不等。築完新隄自柳浦灣至高嶺止，長六千六百四十丈，俱根闊四丈五尺，頂闊一丈五尺，高六尺。築完西橋壩一座，長十二丈，自水底至頂高二丈。築塞八淺決口一處，長八十五丈六尺，内土隄根闊七八丈不等，頂闊二丈自水底至頂高二丈至一丈四五尺不等。外包砌石隄一道，長八十五丈六尺，高一丈五六尺不等。又石隄兩頭接築舊土隄共長一百五十丈，俱根闊三丈，頂闊二丈，高一丈三四尺不等。南北攔河壩二道，共長五十九丈，西隄一道，長二百四十一丈，俱根闊五六丈不等，頂闊一丈三四尺不等，自水底至頂高一丈六七尺不等。以上各隄共栽過低柳五萬四千株。

總管官、營田道僉事史邦直，督揚州府通判王開、郭紹等，修築完寶應湖土隄，長四千四百九十二丈，俱根闊五丈，頂闊三丈，高一丈六七尺不等。砌完石隄長三千三百七十四丈九尺，俱根闊五尺，頂闊三尺，高一丈四五尺不等。上加土西面三尺，東面四五尺不等。密下樁笆實土者計長一千一百一十七丈一尺。修建減水閘共四座。

總管官、揚州府知府虞德燁，督江都縣知縣秦應驄、原任儀真縣知縣況于梧等，挑完淤淺河道，自高廟起至儀真縣東關止，共長一萬一千五百六十三丈五尺，挑深五尺至二三尺不等，闊十四丈至八丈不等。

總管官、淮安府知府宋伯華，督同同知劉順之、通判況于梧、清河縣知縣石子璞等，造完改建福興閘一座，修完清江閘一座，增砌荒細石塊共長二千二百九十二丈三尺。旁開月河一道，長九十三丈。築完南北攔河壩二道，共長三十五丈，閘下兩岸并月河隄共長一百二十四丈，俱用樁笆廂護。

奉聖旨：工部知道。

# 黄河來流艱阻疏

臣潘季馴謹題，爲黄河來流艱阻，後患可虞，乞恩速賜查議，以圖治安事。臣等猥以譾材，謬膺重任，晝夜思惟，欲求萬全之策，以報陛下罔極之恩，食不甘味，寢不貼蓆者三月矣，而卒未能快于心也。竊惟今之談河患者，莫不曰徐、邳河身墊高，水易溢也，崔鎮諸口未塞，桃、清淺阻也；高堰黄浦淮水横流，淮揚之民久爲魚鼈也；淮黄兩河之水漫無歸宿，海口沙墊也。此徐州迤南之患，耳目之所覩記，運道之所必資。故人人得而言之也。臣等已于前月二十八日會本具題，陛下俯從臣請，兩年之内，或可脱淮揚昏墊之苦，免運道梗阻之虞，而臣等亦得藉以少逭愆尤矣。然其大可憂者不在此也，敢敬陳之。臣等初抵淮安，即詢黄河出接運道處所，衆云出徐州小浮橋，則臣等喜以爲此黄河故道之最順者也。又詢水深若干，衆云深四丈餘，則臣等又喜以爲此河身之本體也。又詢小浮橋迤西則爲胡佃溝，爲梁樓溝，爲北陳，爲鴈門集，爲石城集，而石城集以上十五里則爲崔家口，即去歲八月所決之口也。其間淺深俱不能答。臣等即行淮安府管河同知王琰前往測度去後。隨于四月二十九日親督淮北分司郎中佘毅中、添註管河郎中張譽、徐州管河兵備副使林紹、添註管河副使張純，沿河踏勘，行至徐州。隨據王琰揭報，前項河水深七八尺至二三尺不等，而梁樓溝至北陳三十里則止深一尺六七寸，散漫湖坡，一望無際，原係民間住址陸地，非比沙淤可刷，故河流逾年而淺阻如故也。臣等不勝驚訝。

隨據徐州碭山鄉民段守金、龔泮、王霜等各呈稱，老河故道自新集歷趙家圈、蕭縣、薊門，出小浮橋，一向安流，名曰銅幇鐵底。後因河南水患，另開一道出小河口，本河漸被沙淺。至嘉靖三十七年，河遂北徙，忽東忽西，靡有定向。行水河底即是陸地，比之故道高出三丈有餘，停阻泛濫，妨運殃民，懇乞開復老河上下永利等情。臣等當督前司道并山東管河道副使邵元哲、河南管河道副使唐汝迪，由夏鎮歷豐、沛至崔家口，復自崔家口歷河南歸德府之虞城、夏邑、商丘諸縣至新集。閱視間，則見黄河大勢已直趨潘家口矣。隨據地方鄉老靳廷道等稟稱，去此十二三里，自丁家道口以下二百二十餘里，舊河形迹見在，儘可開復。臣等即自潘家口歷丁家道口、馬牧集韓家道口、司家道口、牛黄堌、趙家圈至蕭縣一帶地方，委有河形中間淤平者四分之一，地勢高亢，南趨便利，用錐鑽探，河底俱係滂沙，見水即可衝刷。又據夏邑、虞城等縣鄉官王極、鄉民歐陽照等七百餘人連名呈告，俱爲乞疏舊河便民事。竊照黄河故道自虞城迤下，蕭縣迤上夏邑迤北，碭山迤南，嘉靖年間岸闊底深，水勢安流，既于運河無虞，亦于民田無害，商賈通行，貿易大遂，民稱豐庶。自嘉靖三十六年以後，故道漸淤，河隨北徙，黄流泛溢，青野汪洋，居民十不存一，運道屢年阻滯，告乞早爲開通，上利下便，是誠萬世盛舉等情。臣等度其言，實爲探本之論。但道里遥遠，工費鉅艱，復又沿河荒度，更無省近可從者。而臣等猶冀崔家口一帶淺阻去處或可疏濬成河，易爲力也。復督各官駕小舠至梁樓溝、北陳等處，躬親測量，委果淺阻。河底原係陸地，委難衝刷。蕭縣地方一望瀰漫，民無粒食，號訴之聲令人酸楚。

該縣城外環水爲壑，城中瀦水爲池，居民逃徙，官吏嬰城難守，見今題請遷縣。臣等竊思之，一縣之害，此其小也。夫黄河并合汴、沁諸水，萬里湍流，勢若奔馬，陡然遇淺，形如檻限，其性必怒，奔潰决裂之禍，臣等恐不在徐、邳，而在河南、山東也。止緣徐州以北非運道經行之所，耳目之後，人不及見，止見其出自小浮橋而不考小浮橋之所自來，遂以爲無虞耳。豈知水從上源决出，運道必傷。往年黄陵岡、孫家渡、趙皮寨之故轍可鑒乎。臣等又查得新集故道，河身深廣，自元及我朝嘉靖年間，行之甚利。後一變而爲溜溝，再變而爲濁河，又再變而爲秦溝。止因河身淺澀，隨行隨徙，然皆有丈餘之水，未若今之逾尺也。淺愈甚則變愈速，臣等是以夙夜爲懼也。臣等又查得此河先年亦嘗建議開復，止緣工費浩繁，因而寢閣。臣等竊料先時諸臣雖以工費爲辭，實非本心。蓋誠慮黄河之性叵測，萬一開復之後，復有他决，罪將安辭？目前既有一河可通，姑爲苟安之計耳。而不知臣子任君父之事，惟當論可否，不當論利害；惟當計其功之必成，不當慮其後之難必。且所慮者，他决也。隨决隨塞，亦非有甚難者。故河變遷之後，何處不溢，何年不决，寧獨不慮之乎？臣等與司道諸臣計之，故河之復，其利有五。河從潘家口出小浮橋，則新集迤東一帶河道俱爲平陸，曹、單、豐、沛之民永無昏墊之苦，一利也。河身深廣，受水必多，每歲可免泛溢之患，虞、夏、豐、沛之民得以安居樂業，二利也。河從高行去會通河甚遠，閘渠可保無虞，三利也。來流既深，建瓴之勢，導滌自易，則徐州以下河身亦必因而深刷，四利也。小浮橋之來流既安，則奉溝可免復衝，而茶城永無淤塞之虞，五利也。臣等以爲復之便。至于復故道難，仍新衝易；復故道勞，仍新衝逸，則臣等計之熟矣。然舍難就易，趨逸避勞，慮日後未可必之身謀，而不惜將來必致之大患，皆非臣等之所以盡忠于陛下也。臣等勘議之後，即擬具題。但因伏水將發，猶望水勢洶湧，或可衝刷成渠。近又行據同知王琰回稱，勘得北陳等處原深一尺六七寸者，今止深七八尺。臣等看得伏秋暴漲之時，水增六尺有餘，則客水消落之後，不免仍存本體矣。伏望敕下該部查議，如果臣等所言不謬，擬議上請，特差素識水性科臣一員前來，候秋深水落，與臣等會同山東、河南撫臣及兼理河道巡鹽御史，躬親勘議。如果可復，即便估計錢糧，會本題請，早賜施行。地方幸甚，臣等幸甚！謹題請旨奉聖旨：工部知道。

## 申飭徐北要害疏

臣潘季馴謹題，爲伏秋將屆，徐北來流未安，乞恩申飭地方當事臣工嚴守要害處所，共保無虞事。先該臣于去年六月間，勘得黄河自徐州小浮橋迤北，胡佃、梁樓、北陳、鴈門等處，水僅逾尺，散漫不能成渠，下壅上潰，勢甚可慮，博訪輿論，僉謂開復新集舊河爲便。該臣會同漕撫侍郎江一麟，題爲黄河來流艱阻，後患可虞，乞恩速賜查議，以圖治安事。請差科臣前來會勘間，該工科都給事中王道成等題爲河工艱鉅，懇乞聖明特議次第舉行，以求萬全事。該工部議覆，咨臣及江一麟，會同各該撫按督率司道等官，親詣踏勘，虛心講求，科臣不必議遣。臣隨咨行河南、山東兩省巡撫都御史，并劄行管河道備呈巡按、巡鹽御史，各督行布、按、都三司，守巡管河等道，先勘明妥通，詳臣等約期會集覆議，未報。臣竊惟徐淮之間，水患相仍，錢糧正當缺乏之時，地方又值災傷之侯，頻年動衆，殊有隱憂。今兩河之工延袤千里，至艱且鉅。臣不自揣度，復以徐北爲請，誠慮夫伏秋水漲，蕭、碭從中梗阻，則河南、山東不無潰決之虞。而去歲伏秋已幸無恙。臣言益愧其迂矣。况大工至今未完，若復遠事開濬，强弩之末，官夫俱疲。轉眼入伏，大雨時行，其勢自不能不侯南工報竣之後方行議處也。然杞人之憂則猶有未能釋然者。臣自去冬至今，節行郎中佘毅中、徐州道參政游季勲，躬往踏勘，其淺阻漫散如故。見分一股衝出濁河，倒灌茶城。濁河，即嘉靖年間所决之河也。伏秋之時，難保不更他徙。臣再三諮訪，咸謂開復既所未能，則隄防誠爲喫緊。查得河南則有廟王口、李景文莊前，于家店、劉獸醫口、黄陵岡、陶家店、馬家口、銅瓦廂、浛泥河、煉城口、榮花樹、芝麻莊，山東則有楊家口、梁靖口、毛王寨、武家壩、侯家林、韋家樓、單縣縷隄七鋪至十一鋪、太行隄十五鋪至二十鋪等處，皆爲掃灣迎溜之所。先年失事，往往由此。若能固守，或可無虞。第須各該河臣移駐要害處所，躬親督理，乃克有濟。臣以南工方在促成之際，東奔西馳，未遑他顧。而淮安去河南、山東千有餘里，文移往返，動經月餘。伏秋之時，呼吸變態，臣坐鎮于千里之外，豈能調度之適期也。臣查得先該尚書吴桂芳准吏部咨，節奉聖旨：河道事務着各該巡撫官照地分管，俱屬吴桂芳提督。欽此。臣奉勅諭開載亦同。伏望勅下該部，轉行各該巡撫、都御史，就近督同管河道及各該府縣等官，躬親料理，某處隄岸卑薄，相應加修，某處水勢衝突，相應捲埽。大小一心，晝夜無懈〔二〕，則時水雖狂力，既不能旁決，勢必勉就原趨，而張秋迤南一帶運道自可無虞矣。再照夫人之情難于慮始，而天下之事貴在廣忠。臣與江一麟具題之時，諄諄乞差科臣者，誠見新集故河淹塞已从〔三〕，一旦刱爲開復之説，殊駭觀聽。且臣愚一人之見，誠不自信，而欲求協于僉謀之同耳。今該部既稱科臣不必議遣，而復行臣會同各該撫按，是又以臣爲主議之人，而以各該撫按爲附矣。諸臣縱有異同，其誰能逆覩黄河之無恙，遂決然于拂臣之請乎？亦孰肯面斥臣言之非而昌言其不必復乎？至于心知其當復，而深畏其勞費之難，因循不敢言者，即司道之中難保其不無也。少有依違，後言滋起，僨事之由，端在于是。且自徐州直至虞、夏、商丘等處，臣俱足蹈而目繫之〔四〕，而臣之愚見膚説亦盡于前疏矣。未經勘議者，在河南、山東諸臣耳。伏望敕下該部，催行各該撫按及淮揚巡鹽御史，徑自會期，躬赴淺阻及應開復處所，逐一踏勘。如果臣言可采，不嫌于徇同；臣言乖違，不妨于互異。或俟南工報完即行議舉，或念官夫積困姑事隄防。虛心講求，務求協一，會本具題，聽該部覆議，咨臣遵奉施行。則人心早定而河患可弭矣。臣非敢有所推避也，正欲以諸臣之見訂臣之得失爲行止也。伏望皇上特賜允行。河防幸甚，臣愚幸甚！謹題請旨。奉聖旨：工部知道。

## 校勘記

〔一〕准，當作『淮』，形誤。

〔二〕晝，當作『晝』。

〔三〕从，清初本同，據乾隆本、水利本當作『久』。

〔四〕繫，清初本同，乾隆本、水利本、《権》本卷六作『擊』字。

# 河防一覽卷之九

## 奏疏

### 覆議善後疏

臣潘季馴謹題，爲河工告成，敷陳善後事宜，以圖永利事。據管理中河郎中佘毅中、南河郎中張譽、徐州兵備兼管河道按察使張純、海防兵備兼管河道參政龔大器會呈，奉臣劄付，備仰各司道會同，即將條開事宜逐一會議。要見管河官員作何交代，高堰石堤作何甃砌，清江裏河作何挑濬，徐北隄防作何修守，歲用錢糧作何積貯，查議明妥，會呈詳報，以憑覆議具題。奉此。又奉總督漕撫右都御史江一麟劄付同前事。依奉照欵會議，登答明白，呈乞題請施行，等因到臣。據此案照先准工部咨前事，該工科右給事中尹瑾條陳具題，工部覆奉欽依，備咨到臣。准此。除將欵開定法制、專責成二事應欽遵者，通行濱河有司掌印管河官着實舉行外，其重久任、甃石堰等五事應議覆者，已行司道會議詳報前來。該臣會同總督漕運巡撫兼管河道兵部尚書凌雲翼，逐一虛心計處，覆議相同，堪爲永利。似應依擬，合照欵列具陳。伏乞敕下該部，再加查議，上請行臣等遵奉施行。緣係河工告成，敷陳善後事宜，以圖永利事理，謹題請旨。

計開：

一、重久任以便責成。先該給事中尹瑾題，該工部覆議，河道關係最重，類非可以穿鑿于聰明、勾幹于倉卒者，全在得人任久，乃可責成。及要大小官員俱令久任，或考滿加陞，或積勞超叙，與夫就近遴補，交代親承，最爲治河先務。合咨吏部查照隆慶六年題奉明旨：都着久任事理，凡管河部屬司道及府州縣佐貳等官，果有熟諳機宜、懋著積效者，考滿即與陞級，照舊管事；資深即與超遷，用勸異勞；有缺就近遴補，取其濡染習熟，臨行新舊交代，令其傳告精詳。至于待異等者一如待邊臣，由道而撫，由撫而督，由督而本兵，不恡焉。合咨臣等年終薦舉，預儲可代之才，遇缺揭咨，必求因才而代。徑咨吏部，仍知會本部，以憑會同遵行。其有才志庸劣及不候交代輒先離任者，聽其不時奏劾，更易究懲。毋或拘攣，貽誤大計，等因。行據司道等官議報前來，該臣等覆議，爲照治河固難，知河不易。部科首以久任交代爲言，誠爲永賴。至計除薦舉賢能，汰黜不肖，容臣等欽遵着實奉行外，所據新舊交代一節，管河大小官員，地方有難易，職掌有緩急。再須分别明白，庶免臨時掣肘。如中、南、北三管河郎中，夏鎮、南旺二主事，皆係專職，俱應交代，無容别議外。至如徐州海防，潁州、天津、霸州、大名、臨清七兵備，則有兼管河道之責，山東、河南二副使則有專管河道之責。但潁州、臨清、天津、霸州、大名五道，或距河稍遠，或閘渠晏然，雖兼河道，干係頗輕，似應俱免交代。其徐州海防二道則爲河湖喫緊之區，山東、河南二道則爲黄河要害之地，四道憲職并其所轄府州縣佐貳管河官，如遇陞調去任等項，與同各管河分司俱應比照巡撫衙門事例，守候交代，仍須各行吏部知會。凡遇各官陞調去任，即便就近推補，勒限赴任，使舊者得免久候之苦；文憑期限明開交代之日，方行計算，使舊者得免違限之愆。如不候代輒先離任者，容總理河漕衙門查照工部題准事例，指名參奏。伏望敕下該部，再加查議，擬議上請，行臣等遵奉施行。則人情既便，政體畫一，而河務聿興矣。伏乞聖裁。

一、甃石堰以固要衝。先該給事中尹瑾題，該工部覆議，高家堰西當淮、泗衝流，東護淮揚沃土。即今築塞已固，要將當中大澗口二十餘里，用石包砌，合咨臣等，今歲預行估計幹辦，合用石料若干，工費若干，責成徐、潁海防三道併力分工，同心協慮。自萬曆九年興工，酌寬限期；合用錢糧于大工餘剩銀内支用，等因。行據司道等官議報前來，該臣等覆議。查得本堰自漢陳登剏築之後，至我朝平江伯陳瑄復大築之，向不甃石者，非謂石之不堅，亦以採石之難也。去歲堰工告竣，即設官夫畫地分守。每歲四月以前，八月以後，水及堤根者不滿三百丈，防守甚易。惟是五月中至八月盡最爲喫緊。如有汕刷浪窩，隨時補修，可保無恙。然歲久月深，官更吏换，首尾不知，踈虞難免。誠不如甃砌山石之爲一勞永逸。科臣所云三利，可謂委曲明盡矣。況内土既已堅厚，廂石亦易爲力。但淮安原不産石，俱于徐州取辦。而節年採伐不歇，勢必窮山遠搜，石岩既遠，則出山脚價自倍于昔。水次去工尚餘五百里，糧艘帶運，勢必病軍，民舟搭載，勢必病商，則自備官船，專人管運之費不可惜也。採石數萬丈，聚匠必須數千名，非遠募于山東、江南之間不得也。其直不多，誰肯樂就？及卸石工次般運至堰，遠者將十餘里，近亦五六餘里。泥塗深陷，舉趾艱難，比之伐石出山之苦，又有甚焉。大工滿畢，民勞方休，勢難驟舉。故須濡遲歲月；事難獨任，故須分責三道。該科慮之詳矣。今該臣等公同勘得，大澗口極窪去處，自列字號至水字號止，計長三千丈，合派南河分司三百丈，徐、海、潁三道各九百丈。每堰長一丈，應砌高一丈，内外用石二層，該石二十丈，共該石六萬丈。約計在山採辦工價，出山脚價，并鑿砌工食，每丈該銀五錢九分，共該銀三萬五千四百兩。合用船隻，除南河分司查有見在混江龍船免造外，每道該造船九十隻，共船二百七十隻。每隻連蓬桅什物該價銀五十兩，共銀一萬三千五百兩。每船雇募水手六名，共募一千六百二十名。每名每年工食銀七兩二錢，大約四年爲期，共該銀四萬六千六百五十六兩。募夫搬石上船下船及擡石到工，大約每丈費銀三錢，共銀一萬八千兩。每砌石一丈用石灰二斗，銀八釐，共該銀二百四十兩。堰基三千丈，每丈約截用長杉二十五根，共計七萬五千根。每根價銀二錢三分，共該銀九千七百五十兩。樁手每丈三十工，該銀一兩二錢，共銀三千六百兩。管工官廪糧比照大工事例，合用府佐三員，每員每日廪給銀一錢；書辦一名，口糧銀四分；州縣佐貳官十二員，每員每日廪給銀六分，書辦一名，口糧銀三分；陰醫、省祭等官三十員，每員每日銀四分，每年該銀九百七十二兩，共銀三千八百八十八兩。以上通共該銀一十三萬一千三十四兩，應于大工用剩解還户部銀一十二萬奏請留用，尚欠銀一萬一千三十四兩，再于原留用剩銀内動支。除南河分司見有船隻一面行令採運外，其三道工程，今歲時月已促，止可打造船隻，置辦器具，雇募夫匠，完備明歲採運石塊，陸續細鑿備用。萬曆十年方可下樁甃砌，隨砌隨採。定限四年以裏工完，聽總理衙門將各效勞官員分别勤惰，題請覈實賞罰。如司道等官處置得宜，能于限前早竣，工堅費省者，破格優處。其原造船隻，事畢量行變價，作正支銷，庶料理周悉而堤防永固矣。伏乞聖裁。

一、濬閘河以利運艘。先該給事中尹瑾題，該工部覆議得，堤成之後，淮水悉出清口，裏河水由地中，第恐外河日深，内河日淺。况前此兩河交注之沙，鋪墊已久。合咨臣等將清江浦河道照南旺事例，每三年兩次嚴限大挑，其揚儀河道時常撈濬。應否歲年一挑，著爲定例，酌議奏請等因。行據司道等官議報前來，該臣等覆議，照得清江浦至頭二三鋪一帶裏河，先臣平江伯陳瑄議爲每歲一挑之法。蓋因河自新莊閘外入口，多納黄流，歲有積沙，勢不得不爾也。今改閘通濟，則全納清流，宜無俟于挑濬。特因往年黄流久注，淤沙久填，水溢沙上，舟因水浮。去歲頭鋪、二鋪便覺淺澀，曾勞挑濬。是以該科目擊其事，議復挑濬之法，蓋見外河既已順軌，内河尤須利涉，誠運渠之首務也。然舍歲挑之法而欲比照南旺事例，定爲三年二挑之制者，蓋知通濟閘之納清，異于天妃閘之納濁，故不必復仍歲挑之勞也。合無始自今歲冬初，查將應濬裏河并烏沙河淤淺去處，築壩斷流，多募夫役，大加挑濬，不得苟且了事。工完之日，聽南河分司覈實造册奏繳。以後河深利涉，姑免挑濬。如有淺澀，即照南旺事例，三年兩濬。其揚儀河道去歲挑濬之後，目前尚自深廣。以後如有淺阻，小則量濬，大則加挑，臨時酌擬施行。務求漕舟通利，不致虚費工力。伏乞聖裁。

一、防徐北以固上流。先該給事中尹瑾題，該工部覆議得，全河之勢，下流安則徐以南無淺阻之患，上流順則徐以北無改徙之虞。今南河可以無慮，獨徐北未可忘備。合咨臣等，除行、縷二隄遵照原題興工幇築外，其徐北豐、沛、碭山一帶，宜大修堤工，以防上流决徙。邵家等壩宜併力，原築以斷秦溝舊路，及縷堤有水掃根去處，俱要幇築。守堤夫役，每里補足十名。工食或于山東、河南停役銀内解募，或攤派廬、鳳、揚三府，或將洪夫仍舊徭徵，而以徐州船税召募夫役。議擬上請。至于量地建舖，安插各夫，召民居集，免派堤租，人自爲守，乃稱長便，等因。行據司道等官議報前來，該臣等覆議，照得徐北黄河乃運道上源，關係尤重。今河出小浮橋固能刷洪以深河，而徐南一帶决塞堤成，水無旁溢，河身益深，掣水愈駛矣。但徐北新衝崔家口上下尚非故道，萬一北决，則上而閘河不免泛溢之患，下而徐邳一帶不免淺涸之虞。臣等是以有來流艱阻，乞恩查議之請也。今該科議將徐北堤壩加意修築，并議增夫防守，誠爲慎重上源至計。查得徐北行、縷二堤，先該臣會同各撫按題准大修，已督各官夫見在幇築。此外如華山、戚山一帶原衝沛縣故道，俱倍幇高厚，足恃無恐。先年碭山堤根水掃成河。近俱另築月堤以爲保障，而又于碭、單接界之所剏築順水斜壩，長一千餘丈，以截流護堤捍外衛内。見今伏水止是漫至壩根即順壩歸河，不復浸及縷堤。至于豐縣邵家大壩乃遏絶秦溝舊口，最爲喫緊。今將正壩一百四十餘丈幇厚八丈高一丈一二尺不等，又于壩東添築二百餘丈，壩西幇築九百餘丈，以防其旁衝。而上流蘇、許二壩亦俱次第加幇。秦溝之患，似可杜絶。但自碭山以至茶城，共堤一百五十五里有奇，而修守夫役共止七百二十名，委不敷用。合無量照徐南事例，每里派夫八名，共該夫一千二百四十名。除已有七百二十名外，仍該添夫五百二十名。每名工食銀七兩二錢，共該銀三千七百四十四兩。查得廬、鳳、揚三府，近年除邳隄夫已派協濟，似難再加。又蕭縣因萬曆五年黄河衝漫，災傷特甚，原編決淺等夫，暫議停編四百餘名。今閭閻生氣初回，尚難議復。合候三二年之後，民稍殷阜，另議編徵。前項增夫工食，合于後開議請積貯銀内，每歲按季支給。其畫地建舖一節，亦應比照徐南，每三里建舖一座，以便各夫棲止。仍通行各州縣示諭附近居民及復業之人，聽其結廬隄上，俾人自爲守。不許輒派隄租，以阻受廛之念。但嚴禁牲畜作踐，務期保護隄工。庶沿隄皆夫，上源可固，而北徙之患自除矣。伏乞聖裁。

一、備積貯以裕經費。先該給事中尹瑾題，該工部覆議得，河道起自豐、沛，至于淮、揚，延袤千有餘里，以葺修則工料浩費，以防守則用度鉅艱。乃徒恃歲額不滿數百之銀而支持千里之河道，坐視大壞極敝而後請發内帑，似爲失計。見今估修徐北隄工及包砌高堰石堤，所費不貲。原剩錢糧二十四萬有奇，即使盡留，尚未足用，宜多方措處。約每歲三萬兩積貯淮安，以便支費。合咨臣等從長酌議。或應再行奏請，或徑自措處，等因。行據司道等官議報前來。該臣等覆議，照得防河之法，全在固守隄岸。而隄岸止是土築，原非鎔鐵而成者，河流之汕刷，雨水之淋漓，人畜之踐踏，能保其不損乎？歲修之工必不可缺，則工料之費必不可少。故積貯實治河第一義也。今自徐屬以至揚州一千三百餘里，而取給于歲徵災逋數百之銀，是所謂無米而炊，空拳而搏，雖有智者，其何能濟！每歲一遇水患，袖手張目，坐視其敝，蓋由此也。近者大工肇興，仰荷皇上俯從改折之議，在公帑無虧額之虞，在閭閻無加派之苦，以不費之惠成最繁之工，實皆廟算主持之力也。然事莫難于守成，患恒弭于有備。故臣等于告成之後，惓惓以乞留大工餘剩銀料，以備每歲修防支費，蓋誠慮及于此也。今徐北大修行、縷二堤，已估用五萬一千有奇，加以議甃高堰石堤，必將大工餘銀盡數支銷，亦未足用。然則預爲後日修防之備者，容可緩乎？但臣等反復思惟，若欲派之濱河四郡之疲民，則積災孑遺，力有不堪。若欲派之各省四百萬之漕糧，則所在加賦，勢又不可。欲再以餘鹽贓罰爲請，則已經工部咨議，未蒙户部准留，似難再瀆。查得萬曆五年，該户部題覆淮揚撫按會題，爲仰體皇仁，亟處荒蕪要區開地利以厚民生事。内稱往年凡遇挑河等役，每引帶鹽徵銀，以濟工用。議將淮南北共九十萬引，每引許商人帶鹽六斤赴掣。每斤徵銀五釐，并隨餘鹽銀兩上納，另項貯庫。計每歲帶徵銀二萬七千兩，以濟墾田之費。原議至萬曆八年住支。查得前項帶徵銀兩，往歲原供挑河之用，不係解部濟邊之數，委應徵解河工備用。隨該臣等會同巡鹽御史姜壁面議得，行鹽地方有限，若仍照原議，墾田之費每歲徵銀二萬七千兩，或有未便。合無行令兩淮運司，自萬曆九年爲始，每引止帶鹽四斤，每斤徵銀五釐，計每歲止帶徵銀一萬八千兩，解淮安府貯庫，聽兩河歲修之用。俟積貯稍裕，又行停徵數年。若支用將匱，仍舊徵貯。夫銀以挑河爲名，今自儀真至邳、徐一帶，行鹽之河既于河臣任之，則此項銀兩亦係應撥之數，非于分外增益也。此外別無措處。更望軫念徐、淮爲運道經行之地，實爲天下襟喉。而修河大計原爲轉運糧儲，户、工二部似屬一體，特賜破格議處。除山東歲額不多，難以協濟外，合無于河南河夫銀内，每歲量裒六千兩再將揚州、淮安二鈔關并徐州倉分司所抽税銀，每處各量留二千兩，并前帶徵鹽銀，共足三萬之數俱解淮庫，以濟河工。若或再損，實難措手。伏望敕下該部覆議，行臣等遵奉施行。其該科原題要令濱河要地俱各建設科廠，每歲秋冬之交即行預積明歲修防之具，司道置立循環稽考，收放總理，憲臣歲終奏報。夫物料既備，則臨事無縮手之患，稽查既嚴，則平時無冒破之虞。容臣等通行申飭，逐一興舉，無容別議。均乞聖裁。奉聖旨：工部知道。該工部覆議，揚州、淮安、徐州三分司，每年各准支税銀一千兩，河南河夫銀六千兩之外，又加三千兩，每年共支銀九千兩。大工銀剩銀准留一半，其餘覆議相同。

奉聖旨：這河工善後事宜既已議定，著凌雲翼督率各官，著實修舉，以終前功。餘剩解部銀都著留用，卻要支費明白，毋容苟且冒破。其餘俱依擬。

## 覆議河工補益疏

臣潘季馴謹題，爲恭覩河工垂成，尚有可言，懇乞聖慈俯賜亟行，以少圖補益事。據管理中河郎中佘毅中、南河郎中張譽、清江浦管閘主事陳瑛、徐州兵備兼管河道左參政游季勳、淮揚海防兼管河道右參政龔大器、水利道副使張純、潁州兵備兼管河道僉事朱東光、營田道僉事史邦直會呈，奉臣劄付，備仰各司道會同，即將條開事宜逐一會議。要見移建衙舍作何建設，守隄官夫作何增添，工食錢糧動支何項，庶免分派小民。其宿遷遥隄踏勘地形要害，斟酌事體緩急。如應增築，即估計工費錢糧應用數目，照欵查議明妥，會呈詳報，以憑覆議，具題施行。奉此，依奉遵依，照欵會議，登答明白，呈乞題請施行，等因到臣。據此，案照先准工部咨前事，該巡按直隸監察御史陳世寶條陳具題，該工部覆奉欽依，備咨到臣。准此。除乞賡賞勞之天恩一欵，先行據督工司道官郎中佘毅中等議呈，各工夫役，每名賞銀五分，米一斗，老人吏農，每名賞銀一錢，省祭陰義等官，每名賞銀一錢，米一斗，呈詳前來，批允動支，各司道宣布天恩，唱名給賞外，所據移建衙舍等項，又經通行各司道會議詳報去後。今據前因，該臣會同漕運巡撫、侍郎江一麟，巡按直隸監察御史李時成、姜璧，通將司道會議過事宜，逐一覆加詳議，欵列具陳。伏乞敕下該部，再加查議上請，行臣等遵奉施行。緣係恭覩河工垂成，尚有可言，懇乞聖慈俯賜亟行，以少圖補益事理，謹題請旨。

計開：

一、移建管河官衙舍以重責成。先該御史陳世寶題，該工部覆議，咨行臣等，查將淮北、淮南各管河官原分地方，擇要害去處建立衙舍，錢糧即于河工銀内動支，不得分派小民。及查有廢壞寺廟拆毁取用等因，行據司道等官議報前來。覆該臣等議照淮、揚、徐三府州所屬河道俱係險要之處，而管河官安坐郡邑，雖間或巡視河上，往來不常，緩急無備。今該巡漕御史陳世寶議將各官衙舍移置河濱，畫地修守，深得專任責成之法。兹以淮北言之，查得原設管河同知二員，已經題奉欽依。一管徐、靈、睢寧河隄并豐、沛、蕭、碭黄河，一管邳、宿、桃、清河隄并茶城迤裏閘河。除管邳、宿等處者原駐邳州，無容别議，其管徐、靈等處者原係淮安府水利同知，遥制不便，合創建衙舍于徐州，乃便管理。其各屬州判、主簿等官，惟邳、清、桃三州縣原俱濱河，各官衙舍不必另建。至于睢、靈、沛、滕四縣，各離河窵遠。先年已經題准將各官衙舍創建河邊，議定睢寧縣管河主簿駐新安鎮，靈璧縣管河主簿駐雙溝鎮，沛縣管河主簿駐夏鎮，滕縣管河主簿駐戚城。徐州雖係濱河，而該州河道延袤頗遠，故上下管河二判官分駐茶城、房村二處，俱已派有信地，相應照舊分駐。其宿遷縣管河主簿，查得該縣河道止南岸一面有隄，管理似有餘裕。歸仁新隄關係甚大，責成宜專，應于本隄適中處所建葺公館一所。每歲自三月初一日起至九月半止，責令本官專駐本隄，督率新設隄夫，并裒撥洪夫晝夜修守，多方防護。其餘月分仍駐該縣。又以淮南言之，通濟閘至黄浦一帶河道及高家堰、柳浦灣二隄，已經題准專責淮安府清軍同知管理。若本官仍駐淮城，則遼遠難于照應。查得通濟閘以上新莊鎮地方空闊，與隄堰閘座附近相應，建設管河同知衙舍，既可以監率官夫修守隄堰，又便于約束軍民，催護糧船。其山陽縣管河主簿即應移駐黄浦鎮，揚州府河道惟有高、寶二湖隄岸，最宜防守。管河通判衙舍相應于邵伯鎮建置。寶應縣管河主簿則當移駐瓦店，高郵州管河判官則當移駐界首，江都縣管河主簿則當移駐腰鋪，儀真縣管河主簿則當移駐嚮水閘。其各官應建衙舍，除應駐劄本州縣及沛、滕二縣主簿原設夏鎮、戚城衙舍，見在無容創建外，其餘俱行各州縣逐一建設。合用物料，着落各掌印官即將各官原署拆赴河濱改建。仍查境内圮廢寺觀及應拆書院，酌量移湊。其搬運夫匠之費，估計呈請，量于河工銀内動支湊用，並不擾派小民。仍嚴諭各官務要遵照議定地方，常川駐劄，應管隄堰，不時巡視修守，不許營求別差，庶衙舍不爲虚設而官夫皆得實用矣。伏乞聖裁。

一、添設新隄堰夫役以便防守。先該御史陳世寶題，該工部覆議，咨行臣等備查舊隄新隄舊設夫役果否彀通融應用。如不敷用，應否添設長夫，或應否隨時募夫；工食動支何項銀兩方得免派小民。其加派漕糧恐難輕議，必于别項銀内酌處等因。行據司道等官議報前來。覆該臣等議照新築隄防，修守爲急，而編設夫役，工食爲先。查得淮北除宿遷以上各州縣創築遥隄既皆堅固足恃，且原設縷隄人夫布置頗密，堪以往來修守，不必另議添設外，其宿遷以下，北岸自古城至清河遥隄共一百零七里，原無縷隄，未經設夫，合另設遥隄夫役，照例每三里一鋪，共三十六鋪。每鋪應設夫一十二名,老人一名,共該夫四百三十二名。内除裒撥中河分司洪夫二百名外,實該新設夫二百三十二名,老人三十六名,聽桃源、清河二縣管河官各照地督率。南岸歸仁集遥隄約四十里。每三里一鋪,共一十三鋪。每鋪亦設夫十二名,老人一名,共該夫一百五十六名,老人一十三名,聽宿遷縣管河官督率。前項夫老共四百三十七名,每名各工食銀七兩二錢,共該銀二千一百四十六兩四錢。及照歸仁隄最爲險要,修守頗難,仍于洪夫内抽撥一百四十四名,每歲定限三月初旬,亦付宿遷縣管河官管領赴隄,于新設夫老相兼防守。至九月中旬時水消涸,方許撤放。其桃源縣南岸縷隄三十九里,并馬廠坡遥隄計五里,清河縣南岸縷隄一十里零八十丈,俱應一體建鋪設夫。查得桃源縣原有淺夫一百六十六名,清河縣原有淺夫五十三名,堪以分派,亦免另議。其淮南、山陽等處除原額淺夫甚少,不時調發濬淺,尚有不敷,難于裒撥。查得高家堰隄并柳浦灣隄共一百六十里,應設夫五百名,俱建鋪于高堰住歇,通融調撥修守。西橋、徐家二壩頗爲險要,各應設夫三十名,黄浦、八淺各五十名,并烏沙河起至通濟閘止,共六十里,應設夫一百名,各酌量地里建置鋪舍。通共應設鋪老四十名,聽該管河同知督率,各管河主簿、大使等官,照地分管,俱每年如式增修,積土隄上,遇有坍塌及水勢衝激,併力守護。前項夫老共八百名,每名亦各工食銀七兩二錢,共該銀五千七百六十兩。及查裒撥洪夫二百名,工食舊額每名銀六兩,歲該銀一千二百兩。今改常川修守遥隄,較之在洪應役頗勞,合照新設隄夫一例,每名歲給銀七兩二錢。除原數六兩仍舊動支徐州船税外，每名加銀一兩二錢，歲該加銀二百四十兩，通應議處。以上淮北、淮南計應添設夫老共一千二百三十七名，共該工食銀八千九百零六兩四錢。又該加添洪夫工食銀二百四十兩，通共該銀九千一百四十六兩四錢。看得漕糧既難加派，疲民又難增賦，别無堪動錢糧。查有淮安府四税銀兩，原爲修濬河工等項公費及賠貱災傷逋負支用。今水患既除，賠貱可省，酌量于内歲支銀七千三百四十兩，儀真縣船税銀内歲支一千八百六兩四錢。以上二項凑足夫食銀九千一百四十六兩四錢，遇閏月年分每夫加銀六錢，共銀八百六十二兩二錢，聽于各夫内有曠役扣除工食通融補給，庶夫役增置得宜而錢糧措處不擾矣。伏乞聖裁。

一、添設管隄官部夫以保新工。先該御史陳世寳題，該工部覆議，咨行臣等詳議高家堰、柳浦灣二隄，如果地屬要害，官難兼攝，奏行吏部銓選。其姦徒盗决高家堰等處水口者，即照故決盗決山東南旺湖、沛縣昭陽湖等處事例，一體問發。仍行法司衙門增入律例，永爲遵守，等因。除盗决事例無容再議外，其增設隄官一節，行據司道等官議報前來，覆該臣等議照設隄以禦水患，設夫以固隄防，誠爲地方永賴之計。然無專官管理，終難責成。查得高堰、柳浦俱屬山陽縣轄，即有管河主簿一員，各處河隄頗遥，勢不暇給。况二隄僻在荒野，向多盗决，必須專官防守。合無兩隄總設大使一員，專督前夫往來修守。隨該臣等查得山東東平州倉大使李時萼，向委部領傜夫分築高堰工程，勤慎克濟；本隄要害處所修築事宜，本官久已熟知，似應改除管隄大使，行令率領新設隄夫修守本官衙舍，就于高堰建設居住，專聽該府清軍同知提調。

如果三年修守無失，効有勞績，量請加陞職銜。倘有憧誤，究治不貸。其東平倉員缺另行銓補，庶事有專責而隄可無虞矣。伏乞聖裁。

一、增築宿遷縣遥隄以順民情。先該御史陳世寶題，該工部覆議咨行，臣等委官前去宿遷一帶地方，逐一踏勘。如遥隄接築果于民生、漕運兩便，不妨酌估具奏，擇暇舉行，等因。行據司道等官踏勘議報前來，覆該臣等看得，濱河郡邑俱因築有遥隄，永除昏墊之患。獨宿遷傍湖無隄，不免向隅之泣，情委可矜。但該縣北岸自直河至古城一帶從來不議築隄者，正以本處爲落馬、侍丘諸湖停蓄之所。湖外馬陵諸山蟺蜿環抱，天然遥隄，水無他泄，不能奪河。而水發之時，河湖相通，縈迴展轉，水勢稍得舒緩，即漢賈讓所謂使秋水得有所休息，游波寬緩而不迫也。且山東蒙沂諸水俱由此湖入河，若一概接築遥隄，則河水無所停蓄，而下流難受，益多潰決之虞，湖水不能外出，而渰浸愈廣，反增胥溺之患耳。今據各司道議于直河官隄頭起至王琦地頭止，約二十里，舊有民間自築小隄。每歲三四月間水發尚小。若此隄無恙，則麥亦有秋。如伏秋水漲，至有殘缺，合行該縣掌印管河官每歲冬春間督率本地民夫，或量撥徭夫協助修補。此于漕河固無損益，而于民生亦有禆補矣。伏乞聖裁。奉聖旨：工部知道。欽此，欽遵。

本部覆議相同，題奉聖旨：是。

## 高堰請勘疏

臣潘季馴謹題，爲高堰石工將興，鄉官請毁甚力，乞恩速賜勘議，早定國是事。臣于十月十五日准工部咨，覆奉欽依，行臣等遵奉題准事理，採石甃砌高家堰。臣即分行各司道查照興舉。南河分司郎中張譽見在下椿甃砌間，忽聞泗州鄉官欲毁高堰，投揭撫按衙門，且赴南都矣。隨覓視之，原任湖廣參議常三省者特具一揭，本官又與原任江西副使李紀、朔州知州柳應聘、濰縣知縣高尚志聯名一揭，危詞悍語，不可殫述。而中間最所聳動人者，云『祖陵松柏淹枯，護沙洗蕩』二句，臣讀之不勝駭汗。先該臣于九月間督同南河郎中張譽、潁州道副使唐鍊親詣祖陵勘議。初乘坐船，一入陵東沙湖口，則淺涸難進，復易小舟，約行六七里登岸陸行。至下馬牌邊半里許，又行里許至廷墀恭謁訖，當同各官并奉祀朱宗唐，周圍閲視。得山基高阜，松栢茂鬱，湖水僅及岡脚，隄根俱露乾地。當詢朱宗唐，淮水暴漲之時，水及何處。本官回稱至下馬橋邊。墀水係是驟雨宣洩不及。隨據各司道議得，爲今之計，惟有量將舊閘加增高闊，便洩雨水。前歲所築東南隅石隄較之内地反卑，無甚關繫。但已成之業，亦宜修葺。隨將應修隄閘及泗州護隄工程咨覆工部訖。及又查得，陵東嘉靖二十一年所築隄閘堅好如故，而前歲接築石隄圮裂甚多，内無托石，外無釘筍，必係委管隄工員役侵扣錢糧所致。復行該道嚴查何官管理，應參應究，另行呈奪，未報。據其『淹枯、洗蕩』等語，則臣等恭謁之時，豈皆無目者耶？然臣終不自安也。又于十月二十二日，臣復往泗州督同該州知州秘自謙、盱眙縣知縣詹朝等，躬閱祖陵，則見河湖之水較前更涸，光景頓殊。松柏鬱然，籠雲蔽日。即地濱所栽旱柳，亦皆生意勃然。而塹外護沙，高阜如故。臣殊怪士人口吻，豈宜如此誑誕！回至該州，面詢知州秘自謙。彼云：『士夫何常親到陵上閱視？止據小人相搆之語，遂形紙筆耳。』竊照臣與前任漕撫、都御史江一麟未至之時，稱淮水爲害之大，高堰當復之由者，不知其幾千萬人；而形之撫按之奏牘，臺省之條陳者，又不知其歲千萬言也。然臣亦不敢輕率舉事。到任之後，親詣泗州，會集生員、里老人等，備詢『泗州水患在高堰未決之前，抑既決之後也』。僉曰：高堰決而泗州水患爲甚也。『清口塞于高堰未決之前，抑既決之後也』。僉曰：高堰決而清口塞也。臣應之曰：『是誠然矣。』蓋高堰決則淮水東，黄河隨躡其後，故清口塞。而堰内皆住址陸地，其洩不及清口之半，故泗州之水聚。今塞高堰乃所以通清口而洩泗州之水也，遂斷然請于皇上而行之。去春高堰既成，即聞泗水消落，臣未之信也。尋于五月二十二日接到該州鄉宦御史趙卿遺臣與江一麟書云：『大工底績，數十年沮洳之鄉，一旦膏壤。諸名公必潰之役，倏爾告成。國家幸甚！生民幸甚！古謂地平天成、萬世永賴者，更何狀哉！』又遺各寮屬書曰：『治河之役，古今稱難。今日之河緣雲梯關塞而不通，高家堰通而不塞，是以桑梓爲巨浸，陵寢亦有小妨。十餘年來，當事者徒爲長嘆。兹幸神謨妙算，倏爾成功。然今論功者止云兩府貧民得免魚鱉之患，三陵樹木得免淹没之虞而已。而不知淮、黄合流爲祖陵一大合襟，所關尤重。如堰功不成，則淮奔而南矣。即此言之，其功在朝廷，豈特咽喉之樞、腹心之病云乎哉！至于吾民之沃壤，極目歡聲盈耳，又有不能盡述者。而臣猶未之信也。九月十八日，又據營田道僉事史邦直揭稱，『本月初七日，職經越城等處達淮、泗間。沿途者得高堰以東地方，數年間洪波浩蕩，非一、三月不見地皮。比及四月，復如初矣。而泗城淮河瀰漲漫行，令人蹙馬。今也皆爲平陸亢夾，無復津涘，但布種者即嘉禾穰穰。而泗州四外俱成乾灘，淮由地中去隄岸十餘丈。黄童白叟，共曰十數年來未見，不意今日復睹平地。而職亦待罪地方，既已三年，往來此地，歲不下數次，誠未睹有光景如今日也。至于避水孑遺，棄田里廬舍、攜父母妻子遠去，望故土而泫然者，數稔矣。今皆即舊基積土爲壁，鋪盧爲屋，子婦歡呼，雞犬聚棲。職一經行，咸入照覽，有不圖爲樂之至于斯也。泗土若民，各亦互相駭愕，自遜見識不到。夫以土之士民，世世其中，歲歲其患，又皆縉紳名流，而所識見僅如此，則治河者可膚淺道哉！』臣睹此揭，方快然自以爲得矣。夫據二臣書揭，則高堰未築之前與既築之後，光景頓異，了然在目矣。陛下與廟堂諸臣焦心勞思者數載，臣等胼手胝足者逾年，方成此工。今陛下且俯納科臣之言，用石甃砌，以爲億萬年無疆之計矣。三省等遽欲毁之，忍乎哉？今歲之水，委果異常。往歲止發一次，今則再發，往歲以數尺計者，今則及丈。然五月末旬暴漲，六月俱消，七月中旬暴漲，九月俱消。即三省揭中亦謂目今淮流少減，遂謂祖陵無恙，誠然矣。然既稱少減，則消而復漲，漲而復消，乃水性必然之理。即徐、邳間皆然，不獨泗州爲然也。即山、陝、河南皆然，不獨徐、邳爲然也。有今歲異常之雨，則有今歲異常之水。三省等能使天之不雨乎？南都濱臨大江，蘇浙逼近滄海，五、六月間街市可舟，一望巨浸，又聞承天顯陵水深六七尺，豈亦有高堰阻之乎？臣不敢瑣瑣辯瀆，即以揭中最舛之語爲皇上陳之。案查嘉靖十二年前，任河道都御史朱裳請于祖陵東、西、南三面量築土隄，以障泛溢。該都御史劉天和接管，勘得祖陵西、北二面土岡聯屬，永奠無虞。其南面山岡之外即俯臨沙湖，西有陡湖之水，亦匯于此。淮河自西而來，去祖陵一十三里。但遇夏秋淮水泛漲，與前項湖河諸水通連會合，間或漭及岡足及下馬橋邊。今據匠役王良等量得，自淮河見流水面至陵地共高二丈三尺一寸。百餘年來，每歲水溢，未聞衝決。事體重大，未敢輕擬，等因。又查得《泗州志》載元知州韓居仁所撰《淮水泛漲記》，内稱大德丁未夏五月，淮水泛漲，漂没鄉村廬舍，南門水深七尺，止有二尺二寸未抵圈甎頂，城中居民驚懼。因考宋辛丑之水大此二尺，丙寅小此二尺。今取高低尺寸刊之于石，以後水漲，官民視此勿驚懼云。又查得盱眙縣石刻載邑人蔣仲益記，内稱正統六年五月連雨，六月水浸泗城，官民咸避盱眙山。泗州衛前水高一丈二尺，漂没廬舍，民大驚駭。按宋淳祐、咸淳，元大德及我朝洪武乙丑、永樂己丑，皆大水焉，不可不紀，以慰後人云。各志石種種在也。漢唐無考矣，我朝正統以後無論矣，即志刻所載自宋之淳祐至我朝正統，泗州每爲水困，而揭云萬曆以前堰未築則鮮害，果何説耶？考之郡志，高堰爲漢陳登所築，而我朝平江伯陳瑄復大葺之，相傳千有餘年，乃云原無高堰，萬曆元年剏築。如其無也，則隆慶四年以前高堰未決，淮揚何以無水患乎？塹外護沙原非人爲，自開闢以來有之者。即志刻所載歷朝大水，較之今歲，不啻三倍，護沙固無恙也，乃今遂洗蕩乎？高堰居淮水之東，中間尚隔阜陵、泥墩諸湖，淮水北出清口則直而順，出高堰則逆而難。揭云高堰横攔直受，使淮流至此紆回曲折而不得直下，是未知高堰安頓何處，可論水乎？又云，萬曆以前河淮于清口會合，通流入海。惟自高堰一築之後，淮益弱，河益强，蕩激泥沙，日累月積。此又不經甚矣。夫高堰通流則淮分而弱反爲之强，高堰斷流則淮全而强反謂之弱，何其舛乎？先任漕撫衙門特因清口沙塞，製混江龍以滚刷之，畢竟無效。臣與江一麟率同司道府州縣官二十餘員，親往清口閲視，僅存一綫，人皆褰裳而渡，此高堰大潰時也。延至次年二月，高堰築而清口始闢，今反言之，舛甚矣。三省又云，淮人以此堰爲便，特田土耳，孰愈害及人民？夫高堰決後，淮揚之民流離轉徙，阽于死亡者不知其數無論已，淮水東注黄浦八淺，高寶一帶横潰四决，覆溺船隻，阻梗運道，三省輩獨不聞乎？况雲梯關外海口甚闊，全賴淮、黄二河併力衝刷。若決高堰，清口必淤，止餘濁流一股，海口必塞；海口塞則下壅上潰，黄河必决，運道必阻。此前歲之覆轍也。三省輩未之知乎？臣前至泗州時，有以清口淤塞語臣者，臣應之曰：『清口既塞，則泗州城外之水從何宣洩，而今乃消落歸漕若是也？』語者詞少澀。然臣猶不自信，隨率南河郎中張譽、淮安府同知莊桐、清河縣知縣袁世南，駕扁舟從諸湖中泛至清口，直抵清河縣南，逐一探試。得河湖相連處所匯爲巨浸，萬頃茫然，中間深淺不等，自一丈五尺以至四五尺。一入清口，淮水方有歸束。

以四丈之繩繫石投之，未得其底。蓋水散則淺，水聚則深，其理然也。今三省輩欲加疏濬，不知從河措手。試即令彼爲之，當自見也。又云，二者以徹高堰爲要。此時清口水僅三尺，近堰之外深幾二丈，是計其水所從洩，清口難而高堰易也。此又譸張甚矣。夫清口深逾四丈，堰外見有乾灘，水勢迥異，萬目昭彰，誰能掩乎？蓋不言祖陵之傷無以動人，不言清口之塞難以毁堰，而不自知其大非士人舉動矣。臣諦思之，三省輩寧無人心者？何其變亂黑白至此哉！且其揭不行于高堰初議之時，而行于高堰久成之後，不行于淮水暴漲之日，而行于淮水消落之餘，何哉？蓋緣泗州巨商私販，北自河南，南至瓜儀，勢必假道清浦運河，而各閘不免稽留，分司不免税榷，人甚苦之。數年以來，皆從高堰直達，爲利甚大。先任漕撫都御史王宗沐于萬曆元年築堰斷流，而泗人危言四起，卑薄不加，遂致中圮。侍郎吴桂芳亦知高堰當築，幾欲興工。有泗州棍徒楊明恕者，造爲飛語，多方煽惑，因循墮誤。臣初至之時，亦常以游言力阻，臣堅執不允。繼復請于高堰迤南五十餘里周家橋至古溝一帶鑿渠通湖，而淮安之民又欲比照高堰一體加築。臣行司道，查得彼處地形亢于高堰，淮水大漲則從此漫入白馬湖，浹旬不雨仍爲陸地。此天然減水壩也。如欲加築，則淮水暴漲，不免增溢，而高堰難守。然留此以洩異常之水則可，如欲開鑿成河，淮水從此長流，則非特淮揚被害，而清口亦必復淤。俱不可也，任之而已。泗人無路中通，向抱悒悒。兹當臣將去之日，復襲故智，以申前説，而不知其中更有大不可者。夫祖陵風水，全賴淮、黄二河會合于後，風氣完固，爲億萬年無疆之基。地方鄉乘載吴桂芳語云：鳳、泗皇陵全以黄淮合流入海爲水會天心，萬水朝宗，真萬世帝王風水。與趙卿前書所云淮黄合流爲祖陵一大合襟，誠知言也。今若于高堰等處從中劈畫一路分之，使抱身之水反挑而去，萬一有誤，誰執其咎？夫三省輩偶見淮水暴漲，則動輒以陵寢爲言。至若分淮黄之流以壞祖宗萬年根本之地，則又悍然不顧，以全淮之力出清口則以爲塞，中分淮水之力則清口又以爲通，公乎，私乎？臣誠不知其何心也。臣又念之，當兩河泛溢之時，民生昏墊，國計梗阻，則人以朝廷不遣大臣，愛惜財費而嘵嘵矣。今朝廷遣大臣矣，不惜財費矣，一歲之間，兩河順軌，往來利涉矣。而泗人又欲毁成業而興新工，忘大體而行私臆。地方之私臆無窮，而朝廷之財力有限，臣不知其所終也。此議不息，則大釁猶存。必須速勘明白，方可杜絶後患。而見奉明旨，採石甃砌，淆言四起，人心惶惑，何以成功？誠不可不速爲之計也。况臣管窺之見固止于此，犬馬之力亦盡于此，而寧敢遂謂其必無遺策乎？今臣奉旨離任，正地方人情得以攄發之時，勘議諸臣得以虚心之日。伏望敕下該部轉行尚書凌雲翼，毋拘成議，毋蘄成功，可改圖者即爲改圖，可增損者即爲增損，荒度諏諮，務求全美。此固國家之幸，地方之幸，而使臣他日無遺議焉，亦臣之大幸也。如三省等之言必不可行，亦望特降明綸，著爲令甲，使他日懷私好事之徒不得妄生厲階，以亂國是。則公論早定，而事體畫一矣。再照人情不免顧忌，讒口尤多推委。臣若仍縻廩禄，則他日勘議者稍拂三省等意，不曰雲翼同官相護，必曰屬寮畏臣、徇臣而不敢持公議矣。伏望將臣放歸田里，使凌雲翼等得以虚心勘議。如臣之所行者是而三省輩所言者非，即欲用臣，未晚也。况臣自治河以來，胼胝之力少而筆舌之勞多，神銷質耗，心悸魂驚，自知不久于人世矣。前者具疏乞歸，實出懇悃，謬蒙温旨眷留，臣雖殞身圖報，亦所甘心，何忍求去？但揆之人情，似已未厭。臣一日不去，人言一日未息。懇乞陛下憐而允之，臣不勝感戴幸望之至。

奉聖旨：高堰築後，河道安流，績效已著，豈可因一二無稽之言又行勘議！着遵前旨，上緊修築，以終前功。常三省倡言阻壞成議，姑革去原職爲民。其餘且不查究。以後再有這等的，拏來重處。工部知道。

## 遵奉明旨計議河工未盡事宜疏

臣潘季馴謹題，爲遵奉明旨，計議河工未盡事宜事。據中河郎中佘毅中、徐州兵備兼管河道按察使張純會呈，蒙臣并總督漕運巡撫兼管河道、兵部尚書凌雲翼憲牌前事，備仰司道即便會同，將所管河道自清河縣起至徐北止，應議未盡事宜，逐一計議。要見某處工程原議未及，應該續舉；某處工程原議已及，即該舉行；某處隄岸卑薄，應該加幇；某處閘壩稀少，應該增建；某處運渠淺澀，應該挑濬；夫料作何調辦，錢糧作何動支；毋以先有成議而憚于紛更，毋以專事節省而致貽後悔。此係奉旨虚心計議，以終前功，務求永賴。善後長策，該司道必須悉心詳議，估計明妥，具由會呈通詳，以憑覆議施行。蒙此，該職等遵依督同淮安府知府樊克宅、管河運同王琰、徐州管知州事運同孫養魁，并淮、徐所屬各州縣掌印管河等官，查議得先年淮北一帶惟恃縷隄，束水太迫，卑薄雜沙。每年伏秋泛漲，決口不下數十。決愈多則水愈散而沙愈停，沙愈停則河愈高而決愈甚，海口衝刷無力，遂致淺狹。以故徐、吕而下，兩岸田廬溢爲巨浸，桃、清運道僅同一溝，運道、民生敝壞極矣。幸賴廟堂堅持獨斷，部院協心經理，自萬曆六年興工以來，大小決口悉皆築塞。自徐抵清，除中間原有高阜可恃外，餘俱創建遥隄。然又慮異常暴漲，遥隄或亦難容，故又于桃、清北岸崔鎮、徐昇、季太、三義鎮等處建減水壩四座，使得宣洩入湖，免傷隄址。告成之後，又開復邳州北岸直河一道，而蒙沂諸水徑出大河，開復宿遷南岸小河一道，而靈睢積水漸已消減。近又查得沂河毛墩各涵洞一座，應改減水壩，見在興工。若徐州以上茶城口爲清黄接會之所，自改行新河以來，地勢中亢，泉水力弱。每歲運艘過盡之後，黄河大漲之時，或不免數日淺澀。先經題准三年兩挑，至期本司照例請挑，無容再議。是自徐抵清五百餘里之間，所以導黄入海爲運道民生計者，亦可謂算無遺筴矣。以故水力既專，奔流迅駛，淤沙日滌，河身日深。海口一帶，今歲倍加深闊，此皆河淮合流衝刷之明效也。所據淮北河工，職等再四籌維，委的别無未盡。若欲勉强搜索，恐徒糜費無補。惟有遵照部科題奉欽依事例，每歲責成掌印管河官，將遥隄應幇處所，歲加幇築，縷隄要害之處，隨宜量修。所謂久安長治之道，似不出此。合行會呈具報施行。又據南河郎中張譽、徐州兵備兼管河道按察使張純、海防兵備兼管河道參政龔大器、潁州兵備兼管河道副使唐鍊會呈，蒙臣并總督兵部尚書淩雲翼憲牌，俱爲前事。行間又蒙漕撫部院憲牌，爲講求治水事宜，以息民患事，備仰本司道即督各府州縣掌印治河等官，將淮南一帶水道逐一詳加踏勘，要見某處作何疏濬，某處作何築塞，尋其原委，察其脈絡。如射陽湖月河等項條議應否舉行，果否可爲永利，其高家堰既築之後，淮城已免墊溺，果否泛溢，猶爲下流州縣之患，及有一切未盡事宜，會議詳悉，刻限呈報，以憑施行，等因。蒙此，俱經備行淮安府知府樊克宅、揚州府知府虞德燁，率同各州縣掌印管河等官，逐一躬親踏勘，查議去後，節據條議呈報前來。隨該職等會議得，淮南水患，其源在淮、黄，其重在運道，而民生利病實相關焉。往年高堰不塞，閘禁不嚴，而淮水始南，黄水又從天妃閘灌入，以致淮揚一帶浸及城市，興鹽等處之田廬盡成昏墊，清口遂淤，海口因塞。群議紛紛，計將無出矣。幸賴廟謨主持，部院殫心經畫，築高家堰，改天妃閘，復三壩，嚴啟閉，而淮黄二水並免南奔之患；塞黄浦、八淺，修復寶應土石隄，而興鹽一帶俱有可耕之田。清口因淮水衝刷而日深，海口得淮黄合流而大闢，運計、民生，殊爲永賴矣。所據未盡事宜，止有高、寶、江都、山陽年例歲修之隄。向緣錢糧缺乏，工力不敷，每歲止是支吾目前，未能加幇高厚。以及興鹽高泰以裏，洩水舊渠，向因黄浦、八淺潰決，濁流浸灌，淤墊頗多，誠今日所當議者。以湖隄言之，除寶應大工隄岸俱各修砌完固，惟當率夫防守，無容别議外，其卑薄殘缺之隄，應加土工樁木者，寶應土隄計長四千八百一十七丈，内量舊隄止高八尺五寸至九尺者，闊一丈五尺至二丈者，今應加幇共闊二丈五尺，于隄面上加高一尺至一尺五寸，共高一丈。計土論方，共該工銀二千五百二十五兩一錢，應添樁木銀六百九十二兩五錢六分。；高郵土隄計長六千七百丈，内量得舊隄止高八尺五寸至九尺者，闊二丈不等，今應加幇共闊二丈五尺，于隄面上加高一尺至一尺五寸，共高一丈，該工銀二千八百四十四兩，應添樁木銀八百二十二兩八錢八分；江都邵伯湖隄應加添石塊樁木者，計長三千六百丈，合用石塊工料銀一千二百兩，應添密樁該木價板片釘銀八千一百八十兩二錢六分二釐八毫，應幇土隄八千二百八十丈，今量止高八尺五寸，闊二丈不等，應該加幇共闊二丈五尺，隄、面上加高一尺五寸，共高一丈，該工銀三千九百七十四兩四錢。；山陽縣清江浦外河隄約一百五十餘丈，應用樁木埽料銀四百六十兩，加築隄岸夫工銀五百四十兩。以上四項共該銀二萬一千二百三十九兩二錢二釐八毫。以減水閘言之，除高、寶、江都新舊增置閘座可以宣洩者無容别議外，高郵南門舊橋口應改建減水壩一座，寶應子嬰溝舊閘及泰山廟後甎閘、九淺石閘，應改建減水壩三座，工料等項照依黄河遥隄各減水壩之費，約計每座該銀五百兩。并江都邵伯湖加高閘石九座，該銀四百一十四兩三錢一分五釐。共該銀二千四百一十四兩三錢一分五釐。連前隄工，通共該銀二萬三千六百五十三兩五錢一分七釐八毫。以上錢糧俱應于見請歲修積貯銀兩動支，如有不敷，即于大工餘剩銀内支補者也。然減水閘僅可以洩尋常盈溢之水，至于伏秋霪潦，與天長六合諸山之水陡發，共注于湖，止憑瓜、儀二閘，宣洩不及。查得揚州灣頭原有運鹽官河一道，内由芒稻、白塔二河直達大江，勢甚通便。年久淤淺，先年刑部侍郎王恕曾議挑濬。計長三百四十里，道里遼遠，工費不貲。且議者又謂私販船隻潛度難防，遂致中寢。殊不知洩水之期，每年止是五六七八四箇月喫緊。若從壩口密佈樁柵，就令白塔巡司防守，自可禁絶。其餘月分，任從照舊築壩，實爲兩利而無害也。但慮錢糧不敷，今止議先從灣頭濬起，至泰州南門止，計長九十七里，挑深四尺，面闊四丈，底闊二丈，併打壩合用夫工銀一萬零八百兩，相應于巡鹽衙門挑河銀内動支。又查得高、寶、江都隄内田地及興、泰、山、鹽州縣地方，外受各減水閘之餘瀝，而内蓄時伏連綿之積雨，皆由射陽湖經朦朧喻口出廟灣以入海，迺其故道也。渠道見存，止宜疏濬。先蒙總督兩部院據鹽城知縣楊瑞雲估勘，挑濬淺處，計長一萬二千六百丈，合用夫役工費銀七千五百六十兩，已經覆勘明確，相應于原議大工扣存巡鹽衙門挑濬支河銀内動支者也。以上數事俱係歲修及原議未舉事宜，亟應興舉，務在明歲伏前報完，方克有濟。但道里遼隔，時日不多，必須分任責成，庶可速就。今議得高、寶、江都一帶湖隄及修建減水壩等工，相應俱屬南河分司管理疏濬；灣頭鹽河分屬海防兵備道管理疏濬；射陽湖諸淺及清江浦外河隄岸，分屬徐州兵備道管理，庶事有專責而工可速成矣。再照鹽城知縣楊瑞雲、寶應知縣李贄揭内開稱，寶應隄内重剏月河一節，委與高郵康濟河事體相同，節經部院題請勘議舉行，但計工費不貲，當此勞費之餘，災傷之日，恐有不堪，相應暫停，姑候時和年豐再圖興舉者也。職等會勘無異，理合呈報等因，各緣由到臣。據此案照先准吏部咨爲缺官事，該本部題，節奉聖旨：河漕職任繁重，宜用重臣經理。凌雲翼改兵部尚書兼都察院左副都御史、總督漕運、提督軍務、巡撫鳳陽等處地方，兼管河道。寫敕與他，着上緊赴任，與同潘季馴將河工未盡事宜，虚心計議，着實經理，以終前功。欽此。備咨到臣欽遵外。續該總督漕運巡撫、兼管河道、尚書凌雲翼赴任，與臣會行司道各官，將河工未盡事宜會勘呈報去後。今據前因，該臣會同兵部尚書凌雲翼虚心講求，逐細查覈。除中河司道管轄地方，自清及徐五百餘里，黄河經行之處，委已順流入海，運道無梗，居民頗安，惟在查照部科題准事例，防守不懈，即爲永賴之策，無容别議外。其寶應迤南諸湖，聯絡清江浦外湍溜不多，而關係内河不小，各該隄岸雖係大工之所未及，實亦運道之所必資，循例歲修，殊屬虚應，尋常僅可支持，暴漲不免衝塌。蓋人力固自有限，錢糧亦所不敷，無怪其然也。所據司道勘議，加幫隄岸，修改閘壩，濬灣頭河之淤淺以殺外湖之横流，疏射陽湖之故道以洩内地之積潦，工費不煩，于請發分任，尤便于責成，似應依擬，以終前功。伏乞敕下工部查議上請，備行總督衙門悉照前議，督行各司道查照動支前項銀兩，嚴督各該掌印管河等官，務趁今冬天氣晴和，分投修理。併乞轉行兩淮巡鹽衙門，將挑河銀兩查發濟用。定限來歲三月中通行完報，以備伏秋。如有惰誤及苟且塞責、不堪永賴者，指名參奏，庶未盡之工區畫周備，而運道、民生端有攸賴矣。

奉聖旨：工部知道。

## 中嚴鎮口閘禁疏

臣潘季馴謹題，爲清黄交接處所濁流倒灌易淤，懇乞特降綸音，以嚴閘禁事。我國家建鼎燕京，歲漕四百餘萬。自徐以北則資汶、泗諸泉，自徐以南則資黄河之水。汶、泗清而弱，黄河濁而强，而二水交會之處，則茶城是也。每遇伏秋之時，黄流盛發則必倒灌入漕，沙停而淤，勢所必致。然黄水消落，漕水隨之而出，沙隨水刷，不待濬而自通，亦勢所必致也。縱有淺阻，不過旬日。萬曆十年，中河郎中陳瑛剏建古洪、内華二閘，每遇黄水暴發，即下板以遏濁流之横，而閘内無壅阻之苦；黄水消落則啟板以縱泉水之出，而閘外有洗滌之功。數年以來，頗稱利涉。不意去年伏水盛發，啟閉不常，任其所之，淤墊頗遠。而治者不知引水攻沙，鳩工疏濬，致廢時失事，上厪宸衷。當事之臣，稍加更置，而人心庶幾知警矣。前月十六日，臣至宿遷閲視河隄。據管河同知徐伸揭稱，本月十三四日黄水陡長丈餘，漫入古洪閘内。臣即令嚴閉閘板，加高閘面。去後至二十一日，又據管閘主事楊信報稱，十九日至二十一日，黄水消落，盡啟各閘諸板，通漕放水，衝刷成河，通行無滯，等因。至閏六月十一日，又據徐州管河判官鄭簡揭稱，本月初六日，黄水復發，比前又高一尺。急下閘板，日夜固守。至初八日午時，水退。初九日啟板通行無滯，等因。夫兩旬之間，黄水陡發二次。然前不過七日，後不過三日，隨長隨落，此即清、黄二水相爲勝負，隨塞隨通之本來面目也。近又該工科都給事中常居敬題奉欽依，增建口閘一座。去河愈近則沙淤愈少。所淤既少則衝刷愈易，足爲漕河之永利矣。但設閘固欲其多，而啟閉猶欲其謹。閘禁不嚴，與無閘同，去歲之覆轍可鑒也。而管閘官牌每苦于勢豪船隻强欲啟板放行，少拂其意，輒加嗔責。蓋行者赴家，其心本急，而以王程難緩，倍道疾趨者亦或有之。但漕河關係甚大，似不可以一人之私而重妨國家之大計也。臣查得萬曆八年，該臣初立清江浦三閘，啟閉之法，題奉聖旨：這築壩盤壩事宜，俱依擬。有勢豪人等阻撓的，即便拿了問罪。完日于該地方枷號三箇月發落。干礙職官參奏處治。欽此。臣刻石金書，竪立各閘之上，庶幾人心少警。而行未數年，閘禁復弛，内河漸淤。又該工科都給事中常居敬題奉欽依。而臣于入淮之初，即會同漕撫都御史舒應龍，首爲申飭管閘工部主事黄曰謹查復舊規，呈將三閘匙鑰送赴漕撫衙門收貯，每日請發。禁例始定。然亦恃有先奉嚴旨，昭若日星，故廢之雖久而復之不難也。今古洪等閘並未奉有明旨，非惟人心不知警惕，而司閘者亦無所恃以爲遵守矣。伏望皇上俯念漕務至重，敕下該部再加查議。如果臣言可采，比照前例，特降綸音，容臣刻石金書，竪立各閘之上。其閘上匙鑰，凡遇水漲下板之時，俱送赴夏鎮分司官收掌，水落即便請發，庶一應船隻俱知畏忌，而漕渠可免淤塞之患矣。再查萬曆十五年九月，該工科都給事中常居敬等題，爲河道可虞，人心易怠，仰體宸衷，敬陳末議，以勵人心，以保河漕事。内一欵開報之，當時工部議將河道有無通塞，河工有無興舉，行令管河司屬各官按季報部，覆奉欽依在卷。臣遵奉備行各管河司道官員，將黄河陸長閘座閉塞日期逐一登記，通候季終報部，不敢瑣瀆天聽外，謹題請旨。奉聖旨：工部知道。

## 工部覆前疏

題爲清黄交接處所濁流倒灌易淤，懇乞特降綸音，以嚴閘禁事。該總理河道右都御史潘季馴題前事等因，奉聖旨：工部知道。欽此，欽遵。抄部送司。案查萬曆七年七月内，該總理河漕右都御史潘季馴題爲乞恩查復舊規以利漕渠事。内題稱淮安閘壩每歲于六月初旬，運艘、鮮貢馬船過盡，即于通濟閘外暫築土壩，以遏横流。其官民船隻出入，俱暫行盤壩。至九月初旬開壩，復用閘啟閉。仍將題准明旨刊示各閘之上。如有勢豪人員恃强阻撓，應挐問者徑自挐問，應參奏者徑自參奏。毋得阿徇假借，等因。已該本部覆奉聖旨：這築壩、盤壩事宜，俱依擬。有勢豪人等阻撓的，即便拿了問罪。完日于該地方枷號三箇月發落。干礙職官參奏處治。欽此。備行總理河漕及漕運衙門欽遵訖。又查得十六年四月内，該查勘督理河工工科都給事中常居敬題，爲酌議河道善後事宜，以裨運務，以圖永利事。内開嚴啟閉以杜淤淺，乞要查照先年平江伯陳瑄原立成規，如山陽、通濟等閘，三月初運畢即行封鎖，惟遇鮮貢船隻啟一閉二。官民船隻照舊車盤，等因。已該本部覆奉欽依，通行河道衙門，着實遵行訖。今該前因，似應題請案呈到部。看得茶城口係清、黄交接之處，而閘規之設，所以嚴啟閉之防。故有閘無法與無閘同，行法不嚴與無法同，所從來尚矣。先是淮安閘壩奉有明旨森嚴，至今幸賴無事。今茶城三閘，其緊要與淮安相同，而閘規未立，人有玩心。若不照例申嚴，將來淤阻之患，或有甚于前日者。所據總理河臣題要照例請旨，刊刻遵守，相應如議。恭候命下，本部備咨總理河道都御史轉行各該管河官員，將題准明旨刊石金書，竪立茶城各閘之上。凡遇黄河暴漲，即便閉閘。各閘匙鑰送夏鎮主事收掌。一應官民船隻，俱候啟閘放行。敢有阻撓，應拿問者徑自拿問，應參治者奏請定奪。至于鮮貢船隻，原與尋常官民不同，自難一例守候。但當黄水盛發之時，遽許啟閘以行，則沙隨水擁，急難開通。無論挑濬勞費不貲，而繼至貢船，反致躭延滋甚。訪得黄河水性，驟長不過二、三日。倘少停楫，消落可期。再乞天語，併飭鮮貢諸船，如遇黄水盛發，亦令暫候頃刻。庶法行自近而河渠永有賴矣。奉聖旨：是。各閘啟閉嚴約俱依擬。有勢豪人等阻撓的，照淮安閘壩事例，即便拿問枷號。干礙職官指名參奏。

# 河防一覽卷之十

## 奏疏

### 河工分派司道疏

臣潘季馴謹題，爲檢查節奉欽依，河工分派司道各官，以便責成，以圖早竣事。臣于本年六月初二日到任，隨行各司道查理勘督河工。工科都給事中常居敬先後具題河上事宜，除申飭禁例，查覈賢否等項，及議應停寢者已經遵行外，其應修應築工程，逐一開報前來。隨准漕撫户部右侍郎舒應龍揭帖，内一件爲欽奉敕諭，查理河漕以保運道事。内有添建鎮口閘，接築塔山支河縷隄，議修清江浦堤外草壩，刱築寶應縣西土隄，石砌邵伯湖隄，疏濬裏河淤淺等事。一件爲酌議河道善後事宜，以裨運務，以圖永利事。内有添設柳浦灣料廠一事。其在淮揚所應興舉者如此矣。續該臣准工部咨，爲查理河漕以重國計事。内有查復南旺、馬踏、蜀山、馬場四湖，建築坎河滚水壩，添建通濟、永通二閘等事。又准工部咨，爲清復湖地以濟運道事。内有查復安山湖地壹事。其在山東所應興舉者如此矣。臣隨自淮揚歷邳、徐，至山東沿河一帶地方，逐一查閱前項工程。委于運道大有裨益，相應作速興舉，勒限告成。但道里寥遠，工程浩大，而中如修復伍湖内皆有復斗門、築長隄、建滚水壩等工，尤爲煩瑣。若非分任責成，或易推諉。除建鎮口閘、塔山支河縷隄、修清江浦外隄草壩、添設柳浦灣料廠，先該漕撫、右侍郎舒應龍行委南河郎中羅用敬、中河郎中沈修、夏鎮主事楊信、徐州兵備道僉事陳文燧，督同淮安府管河同知徐伸、姜桂芳，徐州判官鄭簡等，見在興舉，已有次第，臣照舊督行各官上緊築砌外，其興築寶應縣西土隄二十里，石砌邵伯湖隄二十里，疏濬淮安至儀真一帶裏河淤淺，查係南河郎中羅用敬、海防道副使周夢暘，地方三工，俱當以中爲界，北段屬之羅用敬，南段屬之周夢暘；查復馬踏湖、添建梭隄集永通閘，則委之北河郎中吴之龍；而應築土隄、修復王巖口滚水石壩，俱以屬之該司矣；查復蜀山湖、建築坎河壩，則委之南旺分司主事蕭雍；而築隄束水，修復滚水大壩，俱以屬之該司矣；查復馬塲湖、添建火頭灣通濟閘，則屬之濟寧管河道按察使曹子朝；而封界子隄一道，安居斗門三座，俱以屬之該道矣；查復南旺湖地則委之東兖道左參政郝維喬；而修復邢通等口一十二處，張住口斗門一座，封界子隄一道，中亘長隄一十四里，俱以屬之該道矣；查復安山湖則委之曹濮道僉事劉弘道，而封界子隄，剏建八里灣、似蛇溝二閘，俱以屬之該道矣。至于管河同知、通判及州縣掌印管河等官，隨其地之所屬，聽各該司道徑自分委。如有不足，不妨選取别郡賢能者而用之也。至于關提夫匠，查取物料，司道有不免于互相資藉者，又當通融幫助，以普同心共濟之義，不待臣丁寧告誡之矣。既經分派停當，恭候奉有明旨之後，各官一面鳩工庀材，水落舉事，定限明春三月内完工，以慰聖主南顧之懷，以圖運道永賴之利。毋得失時廢事，致有墮誤。中間斗門隄壩等項瑣屑事宜，或于原議稍有參差，如先遠而今宜稍近，先近而今宜稍遠，先多而今宜稍減，先無而今宜添設，大同而小異者，不妨相度地形，臨時擬議，以憑裁酌。臣同各該撫按及巡鹽御史不時查閱。工完之日，容臣分別勤惰，疏名上請，恭候聖裁。伏望敕下該部，再加查議。如臣所言不謬，擬議覆請，行臣遵奉施行。庶事體不淆而責成自易，人心競奮而告竣可期矣。謹題請旨。奉聖旨：工部知道。

## 工部覆前疏

題爲檢查節奉欽依河工分派司道各官，以便責成，以圖早竣事。該總理河道右都御史潘季馴題前事，等因。奉聖旨：工部知道。欽此，欽遵。抄出到部，送司案查，萬曆十六年四月内，該查勘督理河工、工科都給事中常居敬，總督漕運户部右侍郎舒應龍，各題爲欽奉敕諭，查理河漕，以保運道事。内條議古洪閘以外，添建鎮口閘座，并接築塔山支河縷隄等項。本月内，又該查勘河工、都給事中常居敬題，爲酌議河道善後事宜，以裨運務，以圖永利事。内條議申飭閘規，并添設柳浦灣料廠。五月内，又該查勘河工、都給事中常居敬、巡撫山東右副都御史李戴，各題爲欽奉敕諭，查理漕河，以重國計事。内條議查復湖地積水濟運，并建築坎河滚水壩各緣由，俱經本部覆奉欽依，備行各該撫按及總理河道等衙門轉行管河司道一體欽遵訖。

今該前因，相應具題，案呈到部。看得山東至淮揚一帶河道應修應築處所，地里寥遠，工程浩大。提綱挈領，雖在總理大臣，而畫地效勞，必須庶司分任。所據河道都御史潘季馴題稱，將各處工程量其地之遠近險易，分委各該司道等官管理，區處當而勞逸適均，任使宜而責成尤易。俱應如議題請，恭候命下本部，備咨總理河道并鳳陽、山東各巡撫衙門一體遵照施行。及行管理河道、泉源、閘壩郎中、主事，管河守巡各道，查照分地，督率府州縣管工官員，竭力修治。本部仍咨都察院轉行各該巡按、巡鹽御史，各照所轄地方，不時稽察工程，期于同心共濟。倘興工前後，或有事體與原議稍異者，即便從宜處置；或有原議未盡者，不妨另行增補。悉如原題，定限十七年三月終通完。其總河大臣仍親自查閱，委果工程堅固，足保無虞，從實奏報。于內一有推諉誤事，即時參處。工完之日，將做過工程、錢糧、夫役等項，造册奏繳，青册送部備查〔一〕。其效勞大小官員分別勤惰，題請以俟賞罰。伏候聖明裁定，敕下臣等遵奉施行。奉聖旨：是。河道工程着司道等官各照分定地方，用心管理，上緊完報。不許疎玩！

## 議留河工米銀疏

臣潘季馴謹題，爲查議河工緊急工費，以免臨期匱乏事。據管理南河工部都水司郎中羅用敬、管理中河工部都水司郎中沈修、整飭淮揚海防兵備道副使胥遇、整飭徐州等處兵備道僉事陳文燧會呈，先蒙總督漕運、提督軍務、巡撫鳳陽等處地方、户部右侍郎、兼都察院右僉都御史舒應龍信牌，前事照得國家歲漕轉輸必資河運，而河防歲修築隄疏淺，工費不貲，額編錢糧十無二三，每每那移曲處，至今匱竭已甚，誠爲無米之炊。夫國家治河濟運，事干河南、山東、直隸三省地方。然山東運河甚安，河南有黄河而無運河，直隸則自徐至淮五百里以黄河爲運河，自淮至揚四百里以重湖爲運河，防守要害緩急，迴不相同。今在山東、河南則供以全省之力，在直隸則僅取足于四郡積災之民。惟于工費不敷，歲多修築未堅，無怪其歲修歲圮，而淤決之患終不免也。見蒙皇上軫念河漕大計，特遣工科親詣督勘，必欲爲河漕久遠永利之策。工費錢糧即爲首務，備仰司道會同，即查過淮漕糧三六、二六、輕齎銀内，例復二升河工米折銀一分。後以通惠河成，改解太倉濟邊。見今九邊款貢，餉邊年例頓減于舊。如以河工之銀仍充河工之用，本係正徵正支，似爲經久可恃。再查萬曆元年瓜州閘座建歲[二]，南京江北各衛軍船直達水次，省免浙江杭、嘉、湖，直隸蘇、松、常、鎮等府顧覓江船七升米銀。已經前任總理河道侍郎萬恭議題量復一升，折銀備修江南河道。其餘六升免徵于民。即今應否于内再復數升，以充修河之費。逐一會查的確，作速呈詳，以憑酌議施行。蒙此。行間又蒙本院信牌，爲查議河道錢糧事。照得淮揚濱河一帶隄岸，係干運道襟喉，歲修工程方殷，需用錢糧甚急。況兼工科都給事中常居敬題奉欽依，應築邵伯湖石隄一道，計二十里，該銀二萬二千九十七兩，剏築寶應西隄一道，計二十里，該銀四千一百三十一兩，亟宜興舉。應用錢糧，俱合查議。仰司道會行淮安府，即查原議歲修銀三萬兩，自萬曆九年起至十五年止，某年某處用過若干，尚存若干，有無拖欠，作何催補，各工有無足用，及近議邵伯、寶應土石二工錢糧作何區畫。俱要明白聲説，從長計議。如有别項堪動錢糧，就便斟酌停妥，會呈前來，通詳漕撫衙門，以憑覆覈，會題等因。蒙此。當該司道會行淮安府查勘去後，隨據該府回稱，卷查萬曆八年十一月内蒙本院題奉欽依，歲修銀三萬兩内，該鹽運司帶徵鹽引銀一萬八千兩，河南協濟銀九千兩，淮揚兩鈔關并徐州户部税銀三千兩，每年徵解淮庫，專備各工支用。後因十四年鹽滯商困，該司奉文蠲免四千五百兩，三鈔關税銀期滿仍解户部。隨該司道會議，將山東河夫銀四千五百兩，并撥瓜儀盤壩脚米銀、徐屬派剩麥銀，係原議解給徐吕二洪、靈璧等處夫銀之數，共二千六百餘兩，抵補前額。呈蒙題奉欽依在卷。近又該山東撫按題准，原議河夫銀兩仍留彼處募夫挑濬。其在河南九千兩，除節年拖欠一萬三千餘兩外，又以去歲衝決異常，該前任總督、漕撫侍郎楊一魁具題停免議，將漕糧輕齎、三六、二六、漕米二升河工銀留淮支用。該部議覆，止將十六年分數内量留九千兩，抵作河南應解之數。以後年分，該省照舊徵解淮庫，等因。欽遵外，今查自萬曆九年起至十五年止，各處解到銀兩，盈縮不一，節經奉文支盡。除將收支細數另行册報外，尚有借用未補，應給未支江都、高、寶、山陽、清河等處工銀，實該一萬七千九百六十四兩八錢二分零，徐、吕洪夫工食額，于瓜、儀二壩各衛所挑盤脚米銀内扣存一千五百七十八兩。比因去年各處災傷，減存漕船數多，止扣有脚米銀六百一十三兩三錢八厘零，其餘九百六十四兩六錢九分零，尚無扣補。徐屬欠解原派剩麥銀一千五十九兩，即今高、寶、江都、山陽、清河一帶喫緊，工程俱因前銀不敷，止領一半。各該有司仰體朝廷運道爲重，東那西借，朝給暮空，終非常策。且伏秋修守之候，臨時支用不常，又不知約用幾何。查得江南雇覓江船米免徵七升，續雖議復一升，而六升仍蠲在民也。相應于六升之内再復二升，該糧一萬一千三百七十七石九斗七升六合八勺八抄，折銀五千六百八十八兩九錢八分八厘四毫四絲。輕齎扣米二升，折銀一分，近雖解濟邊餉，而其始乃修河故物也。相應于内歸還河工一升，該糧二萬七千五百石，折銀一萬三千七百五十兩。通共該銀一萬九千四百三十八兩九錢八分八厘四毫四絲，與同舊額，見該徵解實銀，通收淮庫，作歲修支用等因，呈報前來。據此，又該司道會同覆覈無異。况去年雨水異常，今歲工程倍于往昔，其所估者過其數于原額之外，其所收者減其數于原額之中，那借者無從查補，見在者何憑支給，各工皇皇，誠猶捧漏巵、沃焦釜，莫知其所措者。今據該府所議，前項江南雇船米，一升外再復二升，并于輕齎二升米銀内歸復河道一升，俱係河工正額錢糧，向因邊防告急，河道無虞，故暫爲借處以濟邊也。今胡虜欵貢，河貢多艱〔三〕，原額錢糧委應歸復。伏乞早爲題請，以濟工程。又查得近該工科都給事中常居敬題築邵伯湖石隄二十里，該銀二萬二千九十七兩，竇應西土隄二十里，該銀四千一百三十一兩，皆係欽依緊要工程。向因所議錢糧原未註有定項，迄今尚未興舉。乞查別項堪動錢糧，一併題請支給應用，以便早竣等因，會呈到臣。據此，該臣會同總督漕運、提督軍務、巡撫鳳陽等處地方、户部右侍郎、兼都察院右僉都御史舒應龍，議照運道之設專爲歲漕，歲漕之遲速係運道之通阻，其休戚常相關也。若徒求速于歲漕而不先求通于運道，徒求通于運道而不先求務乎歲修，徒求務乎歲修而不先求裕于工費，皆非知務者矣。我國家歲漕四百餘萬，皆由瓜儀入閘以至通惠河，綿亘三千餘里。山東濟寧州以北原無衝溢之苦，疏濬歲有常規，額辦足資工料，姑置勿論矣。惟是淮南則多諸湖之險，淮北則有黄河之患，波濤之衝刷，隄岸之坍損，無歲無之，故歲修之錢糧亦無歲可缺者。先該臣于萬曆八年十一月内，會同漕撫衙門題請河道歲修銀三萬兩。今查數内鹽運司帶徵鹽引銀已蠲四千五百兩，復還户部三廠税銀三千兩，尋改山東徐、吕、靈璧河夫銀，未期而山東撫按復議留彼處挑濬，難以解銀，而徐、吕、靈璧河夫銀又多缺少，且彼處工程頗多，夫役亦似不可少者。河南歲該解銀九千兩，節年拖欠一萬三千兩。又以去歲衝决異常，十六年議停徵矣。是原題三萬之數，僅存鹽引銀一萬三千五百兩耳。及查該司道所報今歲歲修銀已費四萬一千四百八十兩有奇，是所出之數浮于所入之額已三倍矣。目前似已不支，他日必至僨事，誠不可不預爲之計者。又該都給事中常居敬題奉欽依，議築寶應縣西土隄二十里，束水刷沙，俾無膠淺之患；江都縣議砌邵伯隄石工二十里，捍湖衝激，俾無傾潰之虞，皆係喫緊工程，共該工料銀二萬六千二百二十八兩，原未議有動支何項錢糧，見今束手以待。是連前歲修銀三萬兩，并借用未補應給未支銀一萬七千九百六十四兩八錢二分，共該銀七萬四千一百九十二兩八錢二分，洗鍋待爨，不可時刻緩者。而帑如懸磬，將何以支？所據司道議將輕齎二升米銀歸復河道，江南雇船停徵米六升内再復二升一節，誠非得已。但臣等反覆思維，蘇、松、常、鎮并杭、嘉、湖等處正當大祲之後，民不聊生，豈可復行加派？隨查得輕齎扣留二升米銀原係河工支用之數。萬曆四年，該漕撫都御史吴桂芳奏留一年爲挑濬草灣之用；萬曆六年，該漕撫都御史江一麟奏留二年爲補造缺船之用。臣等今日河工較之前項支費，尤爲緊要。伏望皇上俯念運道至重，敕下該部，准將輕齎二升米銀聽留河工支用。三年之後，修築少閒，仍以一升米銀解赴户部餉邊，餘米一升准作河上歲修銀兩。庶幾歲修不廢，新工可興，而河道安流，歲漕無阻矣。臣等復又查得前項銀兩業已盡數解部，必須守候明年新運方可徵解，相去尚遠，難救燃眉。合無恭候命下，容臣等先于漕庫或淮安府庫借支別項銀兩應用，俟輕齎米銀解到之日，照數補還，則工可刻期，而告竣自早矣。謹題請旨。奉聖旨：該部知道。

## 户部覆前疏

題爲查議河工緊急工費以免臨期匱乏事。該總理河道右都御史潘季馴、漕運都御史舒應龍各題同前事，俱奉聖旨：該部知道。欽此，欽遵。通抄到部，送司案呈到部。看得河道都御史潘季馴、漕運都御史舒應龍會題，近該都給事中常居敬題奉欽依，築砌寶應土隄、邵伯石隄，共該工料銀二萬六千二百二十八兩，未議動支何項錢糧，要將輕齎二升米銀留用，三年之後，仍以一升米銀解部餉邊，一升米銀准作河上歲修應用一節。臣等查得輕齎二升米銀原備修河之費，嗣因通惠河成，改議解部濟邊。今總理督臣潘季馴等議留築砌寶應、邵伯湖隄，是以正項留充正用。況係緊要工程，相應依擬，覆請恭候命下，本部移咨河道都御史潘季馴、漕運都御史舒應龍，查將淮庫別項銀兩先借支二萬六千二百二十八兩，趂此秋冬水涸，作速興工築砌。俟新運輕齎二升米銀解到，不必拘定年限，照數補完，餘銀仍行解部濟邊。以後凡遇有應修工程，不妨照數再行奏留。如無工程，即以濟邊。隨時通融，不必各分其半，以致臨時支用不敷，又煩瀆請本部仍咨工部知會。伏乞聖裁。奉聖旨：是。

## 申明修守事宜疏

臣潘季馴謹題，爲申明修守事宜，以圖永賴事。伏念臣負譴餘生，甘心草莽，謬蒙我皇上曲垂矜貸，復賜甄收，高厚洪恩，實均罔極。受事四月，夙夜靡寧。且當修防已弛之後，復值河水暴漲之時，東支西吾，既竭心力，諏諮荒度，益信歲修之工不可緩也。敬陳覼縷，恭候聖明裁察。臣竊惟治河之法，别無奇謀秘計，全在束水歸漕。歸漕非他，即先賢孟軻所謂『水由地中行』。而宋臣朱熹釋之曰：『地中兩崖間也。』束水之法亦無奇謀秘計，惟在堅築隄防。隄防非他，即《禹貢》所謂『九澤既陂，四海會同』。而先儒蔡沈釋之曰：『陂，障也。』九州之澤已有陂障而無決潰，四海之水無不會同而各有所歸也。故隄固則水不泛濫而自然歸漕，歸漕則水不上溢而自然下刷。沙之所以滌，渠之所以深，河之所以導而入海，皆相因而至矣。然則固隄非防河之第一義乎？而歲修之工舍固隄其何以乎？臣于萬曆六年三月内，祇承明命，總理河漕，急趨淮徐視之。黄決崔鎮而北，淮決高堰而東，而淮、揚、高、寶之水，洚洞無涯，匯爲巨浸。觀御史陳堂疏中所謂『東横西決，散爲洪流』，自徐邳以下至淮之南北，不啻千里，流離漂没，莫可勝數。居無尺椽，食無半穗，上阻運道，下墊民生。而比時兩河情狀，蓋可想矣。臣即首擬合淮、黄二流以復其本來之性，築遥、縷二隄以防其潰決之虞，具疏上請。謬荷温綸，刻期興工，十月告竣。年逾八載，並無雙艦漂流，粒米狼籍。而昔日流遺之民仰戴我皇上生成之恩，咸歸故土，比屋而居矣。不意爲日既久，人情遂弛，掌印管河官視兩隄爲贅旒矣。歲剥月蝕，殘缺頗多。臣于六月初二日受事，即申飭各該司道嚴督掌印管河等官分投幇築，晝夜修防，寢食不寧者逾三月矣。然立法易而守法難，守法于一時易而守法于長久難。臣于萬曆七年告竣之後，將善後事宜種種陳請，而臺省諸臣亦相繼題奉俞命矣。而近年以來，行者無幾失。今不爲申飭，數年之後，又當何如哉？故敢以修守事宜，摘其喫緊最關河防者條列于後。伏望敕下該部，再加詳議。如果臣言有裨，俯賜允行，特降嚴旨，容臣删削簡明，榜諭分發司道并各該掌印管河官，置之座右，庶幾常加省閲，按時修舉，而可免疎玩之虞矣。謹題請旨。

計開：

一、久任部臣以精練習。臣竊謂天下之事皆可以揣摩測度而得之，而惟治河一事，非身親經歷，足遍而目擊之，則文移調度之間，終屬影響。故以大禹之智，必十有三年而後成功。蓋其諏諮荒度，非假以歲月之久不得也。何也？水性有順逆，河情有分合，地勢有夷險，隄形有高卑，某處迎溜作何捲築以當其衝，某處掃灣作何幫護以防其汕。至于分派官夫皆有定額，置辦器具各有攸宜，儲蓄物料，栽插柳株，一切瑣屑，事宜種種，皆須料理。總理衙門眇然一身，控制于數千里之間，豈能一一身親爲之哉！所恃者，分司與該道而已。而該道不免有錢穀、刑獄、兵戎之事，撫按倚辦甚殷，豈能專心河務？故總河之所恃以幹濟者，分司官爲多也。但部臣初至地方，未知原經首尾，歲月稍久，頭緒頗知，而轉擢之報又至矣。臣于萬曆八年具疏題請久任，奉有成命。而數年之間，卒未有能行之者，又何怪乎河工之作輟也〔四〕。伏望敕下該部，再加查議。如遇中、南兩河郎中員缺，即于工部主事查有曾經分司河上及歷俸未及三年者，遴選推補。查照舊規，新舊交代，以河上事體轉相傳告。代後克修職業，任内並無疎虞，容其歷俸九年，方爲破格遷擢，則練習久而河防自熟，區畫當而河患可弭矣。臣又查得見任南河郎中羅用敬、中河郎中沈修，才識敏練，勤恪自將。臣受事以來，歷試諸艱，輒有成驗。但俸資俱有六年，轉擢之期將至。伏望比照原任中河郎中陳瑛事例，俟其九年考滿，方與優處，實于河道大有裨益。伏乞聖裁。

一、責成長令以一事權。夫州之有守，縣之有令，即家之有長也。家務繁瑣，不得不分任于子弟，或司耕作，或司出納，或司交際。雖各有其人，而鳩工庀材，備物致用，未有不取裁于家長而能成者。臣嘗以責成掌印官爲請，前勘工給事中尹瑾、兼管河道御史姜璧，皆先後具題，奉有明旨矣。官更吏换，若罔聞之。臣頃于閲視之時，見河水將發，急若燃眉。問其物料，則曰某所官承買未至也；問其夫，則曰某處調用未補也；問其時日，非一月即兩月也；問之掌印官，則曰不知也。如此而寧有不墮誤者哉！臣伏願自今伊始，調度夫役，備辦物料，則責之掌印官，趨事赴工，董率巡守，則責之管河官。如有疎虞，掌印與管河官同罪。至于郡之有守，關係尤重，瑣屑之事固難責成，而提綱挈領，區裁督察，使守令有所受成者，郡守之責矣。伏乞聖裁。

一、禁調官夫以期專工。臣惟治河有定議，而防河無止工。工之不可止者，乃所以成其議之一定而不可撓也。何也？治河之道，惟有捄偏補弊之法，必無一勞永逸之事也。不然，則禹之治水，可稱萬世永賴矣。何不數百年至商之祖乙，而都圮于河，蕩析離居，遂有盤庚之遷也。蓋禹法不守而河防久弛也。故管河之官必以河爲責而他務俱所未遑，防河之夫必以河爲事而諸工有所不逮，朝于斯，暮于斯，飲食起居必于斯，功以久積，業以專成。如此而猶有傾圮頹敗之患者，臣所未解也。近該工科都給事中常居敬將管河官查照清江造船廠官事例，凡係管河官，專屬河道部司，年終考覈，分别賢否，徑呈督撫咨部施行，不許别謀差委。題奉聖旨：近年管河佐貳等官，多有營求差委，妨廢職務，不行用心防守的，總理衙門務遵敕諭，拿問重治，不許姑息。其餘依擬行。欽此。人心或知警畏，而于夫役一節未經申明。臣請自今伊始，凡遇差委管河大小官員及調用各項夫役，必須申呈總理衙門批允，方許委調。如有抗違，容臣指名參究。庶幾人無廢事，而工可責成矣。伏乞聖裁。

一、預定工料以便工作。志有之，防河如防虜。虜至而後爲治兵繕甲之計，則必爲所乘，河漲而後爲鳩工聚材之計，則必爲河所乘，此一定之理也。臣請于秋防告竣之後，至十月中旬，各該司道即便會行各掌印管河官，沿隄踏勘，分爲三等。以逼臨河濱當衝最急者爲第一等，或改築，或加幇，或添築馬頭埽，應委何官管理，用夫若干，應辦何項物料若干，用銀若干。次險者爲第二等，又次者爲第三等，官夫物料遞加減殺，造册開報。司道覆核停當，定限十一月初旬，類報總理衙門批允，查照分撥。應辦物料即行各掌印官支領歲修銀兩，如數買辦。定限正月半以前報完，隨即興工，定限四月初旬告竣。每歲著爲成規，違誤定行參治。庶事以預立，功以早成，而無臨渴掘井之患矣。伏乞聖裁。

一、立法增築以固隄防。臣竊惟天下之事不日益則益損〔五〕，而夫人之情不日檢則日弛。故自古帝王立法，歲有成，月有要，日有考，未有不如此而能成久安長治之業者也。淮徐之民，十年以來所以得免魚鱉之患而運道不致梗阻者，恃有遥隄也。先該給事中尹瑾慮恐歲久坍塌，題請每歲行令管河官率領守隄官夫，務將各遥隄定限加高五寸，加厚五寸。年終司道官躬親覈驗，開報河漕衙門造册奏聞。每三年遣官一員前去閱視，分别叙録參究，等因。

工部覆奉聖旨：隄工歲修，當視其低薄處隨宜加築，豈得定以五寸爲限？河漕當事諸臣能嚴督地方官着實經理，視國如家，何事不成？亦不必數數差官閲視，反滋多事。其餘依擬行。欽此。仰見我皇上體念河臣，欲其事權歸一，且便責成也。三年差官閲視，委爲煩瑣，不敢瀆陳矣。至于加幫一節，向因漫無稽考，未嘗有分寸幫補。雨水之霖漓，車馬之蹂躪，如歸仁、象山、磨臍溝等處，剥蝕過半矣。臣伏覩《大明會典》内開：各處河隄，每歲加高一尺，加厚一尺；年終管河官具數奏聞。是祖宗成法炳若日星，大小河臣所宜世世守之者也。但河夫屢經裁減，爲數不多，欲其加幫高厚各一尺，力有未逮。臣又查得隄身兩傍，率多蔓草盤結，足堪遮護。若欲加土，必須去草，反爲不美。臣見行司道官將各隄坍損卑薄者，以原隄丈尺爲準，先行加幫取平，至明年或可竣事。臣請自十八年爲始，每歲司道官督令管河官率領夫役，務覓真淤老土加高五寸，不許夾雜浮沙，苟且塞責。再查護隄之法，無如栽柳爲最。而栽柳六法，無如卧柳爲佳。蓋取其枝從根起，扶蘇茂密，足抵狂瀾也。每隄一丈，栽柳十二株。每夫一名，栽隄三丈。柳橶以徑二寸爲則，離隄以三尺爲準。隄内栽完方及隄外。如有枯死，隨時補種。年終管河官呈報各該司道，要見本隄原高若干，今加五寸，共高若干；栽過柳株若干，司道官躬親驗覈，開報總理衙門覆覈無異，造册奏聞。其不合數及不如式者，指名參究。庶幾事有成規而人知法守矣。伏乞聖裁。

一、添設隄官以免遥制。臣竊惟當官之事，兼攝爲難，而以最卑之官攝最遠之事爲尤難。臣于萬曆七年建復高堰之隄，以捍横流于淮郡之東，剏築柳浦灣之隄，以遏狂瀾于淮郡之北。十餘年間，利賴于二隄者良不淺矣。第因比時冗員之禁方嚴，不敢多求添設，故止請高堰大使一員，兼攝柳浦灣一帶隄務。但查高堰之隄，增築已幾百里，而柳浦灣之隄，起自清江浦以至高嶺戴百户營，延袤一百三十餘里。伏秋之時，顧此失彼，一大使豈能日奔走于二百里之間耶？縱委義民等官，不過虛應故事，豈肯在隄防守？前歲范家口之決，實由此也。臣請添設柳浦灣大使一員，住劄本隄要害去處，自清江浦起至戴百户營一帶遥隄，付之管理。應用夫役，即于高堰八百名數内裒出三百，再于南河隄淺夫内裒出二百，共夫五百與之。其高堰大使專管本隄。各令晝夜巡邏，遇汕即補。庶地有專轄而功可責成矣。臣已行司道會議通詳，未報。乞敕工部轉咨漕撫都御史，及咨都察院轉行巡按巡鹽御史，再加查議。如果相應添設，覆請施行。不勝幸甚！伏乞聖裁。

一、加幫真土以保護隄。臣查得淮水發自河南桐栢山，挾七十二溪之水，經鳳、泗東入于海。然至泗州而龜山横截河中，即《基運山圖》中所云『灣如牛角，勢樣非凡』者是也。下沙一轉，迴瀾西顧，此于風氣實爲完美。然伏秋之時，不免湧漲，亦由此也。臣讀宋臣歐陽修《先春亭記》，其略有云：景祐三年，泗守張侯問民之所素病而治其尤暴者。曰：暴莫大于淮。明年春，作城之外隄。因其舊而廣之，高三十三尺，土實石堅，捍暴備災，可久而不壞。又云：泗，天下之水會也。又云：先時歲大水，州幾溺。張侯夏守是州，築隄以禦之。今所謂因其舊者是也。夫曰尤暴者莫大于淮，則知淮之爲暴于泗，舊矣。曰隄高三十三尺，則知水之高矣。先後州守惟以築隄爲事，則知禦淮之策，舍隄之外無策矣。今查泗州護城隄高不及宋三之一，然幸當水一面，甃石可恃。但石内土隄皆係浮沙，一遇霖雨，輒至坍損。土隄一圮，石將安附？不可不慮也。臣于六月間躬往閲視，即行潁州兵備道及該州知州浦朝柱，令其覓取真土，另加堅築。第本隄丈數頗多，工費不少，錢糧難處，延久未報。臣請敕下工部，咨行撫按衙門，多方計處，覆請施行。庶護隄可恃而州民獲安矣。再查基運山去州一十餘里，地勢高峻。嘉靖十四年間，該先任總理河道都御史劉天和，令匠役王良等量得地形迥高二丈三尺一寸，則又與州不同。東麓石隄，見在查修，以故未及之也。伏乞聖裁。

一、接築舊隄以防淤淺。臣竊惟清口乃黄、淮交會之所，運道必經之處，稍有淺阻，便非利涉。但欲其通利，須令全淮之水盡由此出，則力能敵黄，不爲沙墊。往年高堰潰決，淮從東行，清口遂爲平陸。高堰既築，獨慮清河縣對岸王家口等處，淮水從此決出，則清口之力微矣。臣于萬曆八年行郎中佘毅中即於本處築隄一道，以防其溢。數年之間，清口利涉實賴于此。不意鳳、泗商販船隻又于本隄之東盗挖一渠，取便往來，歲久成河，已濶九十餘丈。淮水盡由此出，清口不免沙淤。臣查得此處係清河對面地方，該縣知縣出入之間，一覽在目，何致任其盗決，汪洋北注而若罔聞之，且不以報也。其秦越肥瘠，亦甚矣。除臣見在查理及行司道官候淮水消落，接築長隄一道，務期堅久可恃外，臣請隄成之後，專責清河縣知縣管理，每歲派定官夫，時加幇補。如遇水發，率同地方人等，晝夜巡邏，以防盗決。儻有疏虞，即將掌印官參治。蓋此隄即在縣治之前，較之他所不同。而掌印官常川在縣，較之管河官尚有他處奔走者又不同也。伏乞聖裁。奉聖旨：工部知道。

## 工部覆前疏

題爲申明修守事宜，以圖永賴事。該總理河道右都御史潘季馴題前事，等因。奉聖旨：工部知道。欽此，欽遵。抄出到部，送司案查，萬曆七年七月内，該巡按直隸監察御史姜璧題爲河工將竣，敷陳末議，懇乞聖明俯賜采擇，以保治安事。内條議嚴責成等四事，要將河工專責府州縣掌印官督同管河官管理，等因。八年四月内，該工科右給事中尹瑾題爲河工告成，敷陳善後事宜，以圖永利事。内條議重久任等七事，緣由俱經本部覆奉欽依，備行總理河漕及山東、河南各撫按衙門欽遵訖。今該前因，似應具題，案呈到部。看得黄河自古號稱難治。我國家又以黄河爲運道，其治之更有難者。萬曆六年，黄决崔鎮，淮决高堰，運道阻絶，上厪宵旰之憂。該河臣潘季馴創築遥、縷二隄，合黄、淮二流，遂使八年之間轉漕數千萬石，隻艦粒米悉達京師。功成之日，詳陳善後事宜。其要歸于修隄束水，使之歸漕。其法甚備，乃日久人玩。迄于去年，黄河再溢，幾至不支，則隄漸圮而歲修之法漸廢也。季馴荷蒙召用，再履兹任，乃舉舊法而重新之。又擇其中喫緊最關河防者列爲八欵，疏請嚴旨特加申飭。蓋思保前功于不毁，杜後患于將來。不圖旦夕苟且之安，而爲國家久遠之計。通應依擬，恭候命下本部，移咨吏部及總理河道，鳳陽、山東、河南、保定各巡撫衙門，并咨都察院轉行各該巡按、巡鹽、巡漕御史，仍劄各管河、管泉、郎中主事，督行各該司道府州縣一體遵行。仍聽總河衙門將題准事理，刊刻簡明榜諭，分發各該官員置之座右，常加省閲，按時修舉。庶法守常存而河防永賴也。

計開：

一、久任部臣以精練習。前件看得，河工最巨，治河最難。其司道各官非久于其任，精于其業，鮮克有成者。今河臣潘季馴灼知其故，申議久任之法，特以中、南兩河郎中爲請。而又舉見任郎中羅用敬、沈修賢能，令歷任九年方行優擢。蓋兩河之地甚要，則倚辦甚殷。且見任郎中既稱得人，是誠不可數易者。合無悉如所議，今後二河郎中員缺，敕下吏部，即于工部主事查有曾經分司河上及歷俸稍淺者，遴選推補。俟後查果職業克修，容令歷俸九年方爲破格遷擢。其南河郎中羅用敬、中河郎中沈修，俸資已及六年，相應比照陳瑛事例，俟其九年考滿，方與優處。如有異績，即于京堂缺内推用。蓋必有超遷，然後可以行久任。此又法之相須者也。伏候聖裁。

一、責成長令以一事權。

前件看得，萬曆八年該總河潘季馴與科道諸臣先後具題，將河防事宜責成州縣守令，已經奉有明旨。乃數年以來，亦未見舉行，則以積習久而賞罰不信也。不知趨事赴工，雖管河佐貳之責，而催辦調度，則州縣守令之事。苛責佐貳而緩于守令，宜事功之不集也。今總河潘季馴申明前議，要將守令與佐貳凡有河道疎虞，一體治罪，而終復歸重于郡守，深得提綱挈領之意，相應依擬。凡河上工程不起則坐佐貳，錢糧夫役不備則坐守令。至于郡守有總理一郡之責，倘河道疎虞，亦當權其失事之重輕，察其平日治河之勤惰，而殿最行焉，則賞罰必信，上下相維，而人知激勸矣。伏候聖裁。

一、禁調官夫以期專工。

前件看得，防河如防虜。沿邊將士不得擅離信地，沿河官夫豈容擅調別差？止緣管河各官避難趨易，營求差委，以致河工作輟。先該科臣常居敬議題，奉有嚴旨，洞燭其弊，人心已知警惕矣。惟夫役一節未經申明，往往有見其空閑，調撥別用者。不思河之塞决靡常，夫之差遣無定，萬一誤事，所損更多。今後合照河臣所議，凡河上官員夫役，非經申呈總理衙門批允，不得輕委一官，妄調一夫，以致疎虞。違者參奏處治。伏候聖裁。

一、預定工料以便工作。

前件看得，治水之法全在治隄，治隄之法全在歲修。若物料不備，是無米而炊粥也。若修防不豫，是臨渴而掘井也。大約黄河泛漲，常在伏秋。然至伏秋而始爲修防之計，即無及矣。今議欲于秋防竣後至十月中旬，即委司道督同各掌印管河官沿河踏勘，分别三等，而物料夫匠亦以次減殺。其動支錢糧，選委員役，通限十一月内計議停當，類報總河衙門批允。正月内辦完物料，隨即興工，四月初工程告竣，每年著爲定規，後期者參處，深得先事預防之意。相應依擬舉行。仍令將每年踏看計料與興工月日備咨本部查考。伏候聖裁。

一、立法增築以固隄防。

前件看得，淮徐之間，河流咫尺，而其民免于昏墊者，以遥隄一綫爲之捍隔耳。自有隄以來，年復一年，風雨剥蝕，車馬蹂躪，日就卑薄，勢所必至者。先該給事中尹瑾題請加築高厚各五寸。節奉聖旨：隄工歲修當視其低薄處隨宜加築，豈得定以五寸爲限！欽此。臣竊思之，限以尺寸者，每年修守之常，不限以尺寸者，一時補偏之法。若低薄而止加五寸，則必無成功。若歲修而亦欲隨宜，又漫無稽考。二者原當並行而不可偏廢。今該河臣潘季馴復爲題請，合無查照所議，自十八年爲始，每歲修隄高厚俱以五寸爲限，遇有低薄處所，即便隨宜加築，務令與老隄相等，不許夾雜浮沙，苟且塞責。年終各司道將修築過隄岸親行查覈尺寸，類報總河衙門覆覈，造册奏聞。有不如式者，指名參究。至于栽柳護堤之法，纖悉曲當，俱應如擬。伏候聖裁。

一、添設隄官以免遥制。

前件看得，高堰、柳浦灣二隄綿亘二百餘里，止以一大使往來兼攝，勢卑地遠，顧此失彼，恐致疎虞。今議要將原設大使專管高堰，而柳浦灣一帶自清江浦起至戴百户營止，另設大使一員，專管應用夫役。即于高堰八百名數内裒出三百名，及南河隄淺夫内裒出二百名，共出五百名與之，晝夜防守，遇汕即補。河臣之議已當，似應免行彼處撫按覆查，移咨吏部，徑自添設。庶官有專責，而隄防可固。伏候聖裁。

一、加幇真土以保護隄。

前件看得，泗州雖爲水會，而基運山嵸峙其北，地形高峻，風氣完美，且東麓石隄見在查修，似尚可無水患。惟是州城卑窪，僅有石隄一帶捍禦暴淮，而隄内多係浮沙，雨水淋漓，輒至坍損。土隄一圮，石將安附？可不爲之寒心邪。河臣潘季馴躬親閱視，題議幇築真土，以固石隄，委宜亟舉。但其一應錢糧、夫役與夫派委官員等項，俱未有成議。且前項工程尤于保障地方爲切，合無咨行淮揚撫按會同總河衙門，作速計處停當，具題前來，以憑覆請施行。伏候聖裁。

一、接築舊隄以防淤淺。

前件看得，清口乃淮、黄交會，而淮、黄原自不敵。然清口所以不至壅淤者，以全淮皆從此出，其勢足以敵黄也。若分之則必致壅淤。先年淮決高堰而清口遂成平陸，可鑒矣。今王家口隄被商販盜決，淮流之勢已分，將來清口沙淤，運道阻塞，患必由之。此隄在清河縣對岸，而該縣任其盜決，罪將誰諉？今議欲行司道官候淮水消落，接築長隄。隄成之後，專責清河知縣管理。無事派夫修築，有事責令看守。稍有疎虞，即行參治。庶幾責任既專而隄防可固，相應依擬。伏候聖裁。

奉聖旨：河道每歲修防，先年題有定規。乃各該官員不行着實遵守，曠職誤事。這所議俱依擬行。如有仍前怠玩的，總河官指名參奏重治。

## 議守輔郡長隄疏

臣潘季馴謹題，爲議守輔郡長隄，以防水患，以保民生事。臣竊惟大名府爲輔郡要地，關係匪輕。去歲黄河決入長垣、東明地方，渰没田廬，漂溺人畜，上廑宸衷，特差工科都給事中常居敬會同撫按諸臣培築先年長隄一道，兩縣之民方有更生之樂。臣受事之後，即行大名兵備兼管河道副使侯堯封備查水決緣由，及自後修防事宜去後。隨據回稱，大名府所屬開州、清豐、南樂、滑縣並無河道，元城、大名、魏縣、内黄、濬縣境内止有漳、衛二河。如遇淤淺，隨即挑濬，並未設有管河官員。去歲黄河泛漲，從荆隆口衝決大社隄，渰没長、東二縣。近蒙題加該府通判李敷榮、長垣縣縣丞張九二、東明縣縣丞徐衍，兼管河防。原無設有人夫，如遇雨水淋衝，即撥鄰近人夫修補。歲修錢糧止有每年額徵蒿草銀三百三十六兩一錢九分三釐，並無別項銀兩。及將善後事宜，開報到臣。臣以未經目擊，不敢妄議。隨于九月初七日起程前往長、東二縣踏勘。行至板廠地方，有長隄一道，即係工科都給事中常居敬與同撫按諸臣去歲所督修者也。東至山東曹縣白茅集，西至河南封丘縣新豐村，共長一百三十里。隄外即有淘北河一道，相傳即黄河故道也。去歲之水委由荆隆口決入，挾淘北河衝決本隄之大社口，致有昏墊之患。荆隆口雖決，而本隄堅固，則亦豈至兩邑之沮洳哉！是荆隆口隄實爲此隄之藩籬，而此隄實長、東二邑之民所恃以爲命者也。但荆隆口隄係河南開封府所屬二邑，豈能兼制？所可守者，惟此長隄耳。然守隄之法不外于官夫之專設，物料之預備。而今皆無之，是與無隄同矣。謹將該道所議善後事宜，逐一斟酌，列欵上請。伏望敕下該部，再加查議。如果臣言可採，覆請施行，庶隄防可固而水患可弭矣。謹題請旨。

計開：

一、議管河官駐劄以便修防。臣查得大名府原有管河通判一員，駐劄本隄之杜勝集。後因河道安流，革去管河通判，而以本隄俱屬長垣縣管理，業已視此隄爲贅旒矣。今議巡捕通判兼管河防，亦無不可。但該府去隄幾三百里，伏秋之時，呼吸變態，本官豈能遥制？臣請每歲自五月初一日起至九月盡止，本官仍宜移駐杜勝集。本集原設有管河衙門，行令長、東二縣再加修葺，以便棲止，督同兩縣掌印管河等官往來巡視，晝夜隄防。其本隄原有大岡、杜勝各巡檢司，亦聽本官分委哨瞭，庶防守有人而災沴可免矣。伏乞聖裁。

一、議夫役以便工作。臣惟守隄之有夫，即守城之有兵。兵以禦寇，夫以禦河，必不可缺者也。長隄雖築，未經設有一夫，則平時之修葺，臨事之隄防，誰與爲役？且夏秋正當農忙之時，起倩鄉夫，怨咨必起，甚非長民之道。而有夫則有舖，蓋以便棲息也。查得長垣縣該隄九十七里，每五里建舖一座，該舖一十九座，每舖設舖老一名，夫九名，共應設夫老一百九十名；東明縣該隄三十三里，該舖七座，應設夫老共七十名。平時則覓取老土加幇高厚，水至則捲築埽料，隄防汕刷，初春之時則栽插卧柳以護隄址，庶工多事集而衝决可免矣。伏乞聖裁。

一、議處錢糧以備工料。臣查得灝河郡縣俱有河道錢糧，而大名府獨無者，以久無河患，不復議處也。至如去歲河水突入，茫無所措，不免空帑藏而爲之，甚非計之得者。今查兩縣共該建舖二十六座，每座工料銀五兩二錢，共該銀一百三十餘兩。此非每歲額銀，議于長、東二縣自理紙贖銀内支建，不必别議外，其夫老二百六十名，每名該給工食銀六兩，共該銀一千五百六十兩。每年稍草繩麻等項約費銀二百兩，通共該銀一千七百六十兩。内除每歲徵收蒿草銀三百三十六兩，尚欠銀一千四百二十四兩。行據通判李敷榮，長東二縣知縣周嗣哲、朱詰議稱，並無别項錢糧，合于兩縣徵收本府夏秋存糧銀内動給；其物料銀兩，有事年分方准銷筭。如此則工費有備而修防克濟矣。伏乞聖裁。

一、查復舊規以便分任。臣惟分土分民，各有專責。長隄乃長、東二縣分管之地，後因革去管河通判，遂將本隄盡屬長垣。一當有事之時，在長垣則民非所轄，難于呼集，在東明則隄非所轄，難于調度。事之掣肘，莫有甚于此者。臣請查復舊規，照地分管，屬長垣者以修守責之長垣，屬東明者以修守責之東明。無事均享其逸，有事各任其勞。庶事無推諉而工可責成矣。伏乞聖裁。

一、分别妍媸以便委任。臣竊惟治河之官全在得人。苟非其人，立至傾圮。臣于閱視之時，將該府縣管河官備加諮訪，及面與確議河上事體。看得通判李敷榮年力既當壯猷之時，才識亦爲敏達之質，長垣縣縣丞張九二，河上事體俱能通曉，且隄上工程皆係兩官首尾。合無行令久任，俸滿之日加銜管事；六年通考，任内果無河患，破格超擢。其東明縣縣丞徐衍，性雖醇實，齒實衰頽。問其隄工，東西莫辨。但任淺無過，似應送部調用。員缺乞行撫按衙門即于所轄州縣佐貳官内擇其廉能年壯者，或陞或調，就近銓補，促令到任管事，以爲來歲修防之計，庶分理得人而河防允賴矣。伏乞聖裁。

奉聖旨：工部知道。

## 工部覆前疏

題爲議守輔郡長隄，以防水患，以保民生事。該總理河道右都御史潘季馴題前事，奉聖旨：工部知道。欽此，欽遵。抄出到部，送司案查。萬曆十五年十月内，該巡撫保定、右僉都御史張西銘題爲查築河防，并議專任責成，以永奠民居事。内題議築大社集隄，并將大名府巡捕通判及長垣等縣佐貳加添兼管、分管河防各緣由。本年十二月内，又該查勘督理河工、工科都給事中常居敬題爲查議河防，以圖永利事。内題議修築長垣等縣大社等集隄岸决口深潭緣由。俱經本部覆奉欽依，備行保定撫按轉行管河司道各官一體欽遵訖。今該前因，隨將議動大名府夏秋存留銀兩，移咨户部，依議前來，似應具題案呈到部。看得大名府爲畿輔重地，其屬縣長垣、東明境内原有長隄一道，捍禦黄河，則兩縣之民所恃以爲命，而亦張秋運道所倚以爲固者也。去年河决大社口，渰没遠近，爲居民、運道之虞。上釐宸衷，特遣工科都給事中常居敬會同撫按諸臣修築前隄，民困始蘇。然隄之既壞，修築爲先。隄之已完，防守爲要。若官夫不設，物料不備，雖有隄防，何能永固？所據總理河臣潘季馴將善後事宜列欵上請，區畫曲當，深于河防有裨。内除『分别妍媸以便委任』一欵移咨吏部議覆外，其『議管河官駐劄以便修防』等四事，係隸本部職掌，相應依擬，覆請恭候命下本部，備咨户部、總理河道、保定巡撫衙門，及咨都察院轉行直隸巡按御史，督行大名道府縣官員，一體遵奉施行。

計開：

一、議管河官駐劄以便修防。

前件看得，大名府管河通判駐劄府城，距隄幾三百里。黄河衝决，呼吸變態，豈三百里之外所能遥制？今議每歲自五月初一日起至九月終止，本官移駐杜勝集，督率東、長兩縣掌印管河官及大崗杜勝二巡檢司，晝夜巡守。其駐劄處所即將原設衙門修葺，尤爲省便。相應依議。伏候聖裁。

一、議夫役以便工作。

前件看得，禦河必以隄，守隄必以夫，此事勢相須不可缺一者。大名久無河患，雖有故隄基址，並未設有一夫。及至伏秋水發，輒起鄉夫修守，甚屬未便。今議長、東兩縣各照地里遠近，設夫以守隄，設舖以處夫。至若培土于平時，捲埽于水至，栽柳于初春，所以用夫之法，尤爲纖悉曲當。相應依議。伏候聖裁。

一、議處錢糧以備工料。

前件看得，鋪舍夫老既已議設，隄守固有備矣。然修鋪舍則費工料，設夫老則費工食，而稍草、繩麻皆應用物料，不可缺者。今議鋪舍二十六座，聽長、東二縣自理贖銀支建。其夫老工食及稍草等項物料共該銀一千七百六十兩，除每年蒿草銀三百三十六兩，尚欠一千四百二十四兩，于本府夏秋存糧銀内動支。前項物料銀兩無事徵收貯庫，有事方准支銷，庶工費既備而出納亦明矣。相應依議。伏候聖裁。

一、查復舊規以便分任。

前件看得，長隄在長垣縣界九十七里，在東明縣界三十三里。舊規原係分轄，後因裁革管河通判，遂將本隄盡屬長垣。地分不明，易得推諉。今議查復舊規，照地分管，庶修守各有專責，而臨事不致推調。相應依議。伏候聖裁。

奉聖旨：依議。着實行。

## 吏部覆前疏

題爲議守輔郡長隄，以防水患，以保民生事。准工部咨，該總理河道右都御史潘季馴題前事，奉聖旨：工部知道。欽此，欽遵。咨部送司，案呈到部。看得總理河道右都御史潘季馴條議，欲將大名府通判李敷榮、長垣縣縣丞張九二，俱令久任。及議將東明縣縣丞徐衍送部調用，員缺即于所轄州縣佐貳官内就近銓補各一節。除通判李敷榮、縣丞張九二行令文選司停其陞轉，准留在任管理河工，俟其久任果有成效，容臣等另行優叙外。爲照河工重大，必須委任大小官員皆得其人，方能濟事。所據東明縣管河縣丞徐衍雖係新任，但既稱尋常，豈足幹辦！查有真定府棗强縣縣丞鈕鎰，各院道所註考語有『强健精敏』之稱，必稱管河之任，可以更調。既經河道都御史具題前來，相應酌議，覆請恭候命下，將鈕鎰改調東明縣，徐衍改調棗强縣各縣丞。本部各給文憑，令其到任管事。仍咨總理河道及撫按衙門，各遵照施行。

奉聖旨：是。

## 恭誦綸音疏

臣潘季馴謹題，爲恭誦綸音，不勝感奮，敬陳治河鄙見，伏候宸斷事。伏念臣自嘉靖四十四年至今，謬承總河之命者四矣。向來治河之法，惟是率由舊章，非兩河之故道不敢尋，非已試之成規不敢蹈。每自恨其智識凡近，器局拘攣，無能炫奇更新，以報涓埃之萬一也。兹沐我皇上非常之恩，尤當有非常之報。故自入境以來，延袤千餘里内，周諮荒度，足遍而目及之矣，而卒無可以他圖者。然猶謂河南爲黄河上流，或可别求長計。頃于九月初七日躬率管河道副使陳九仞、開封府知府王見賓、同知吴克勤、歸德府知府陳禴、通判陳思論，及各該州縣掌印管河等官，北自考城以至武陟，南自滎澤以至虞城，又自河南至大名府所屬長、東二縣，將黄、沁二河延隄踏勘。大禹所治故道歲久湮没，已不可考。有云自荆隆口經廣、大二府地方出北海者。臣謂縱使可復，無論移河南、徐淮之患于北直隸諸府，而二洪乾涸，運艘難浮，不可也。或云復賈魯河自滎澤而達渦河者。無論二洪乾涸，運艘難浮，而鳳泗祖陵重地一淮尚且不支，況益之以黄乎？不可也。或云分沁河合章、衛二水出臨清可殺水勢者。沁河之濁不減黄河小灘，見苦淺澁，增此一河必至淤塞，不可也。檢括故牒，諮詢父老，始信治河之法惟有修防，必難穿鑿。方擬備陳覼縷，恭候聖裁。頃于十月初五等日，准吏、工二部咨，奉聖旨：「朕聞黄河衝決，爲患不常，欲一觀渾河以知水勢。昨見河流洶湧，因念黄河經行處所，經理防禦，倍宜加慎。河道官員還行文與他，都著用心任事，務一勤永逸，勿勞民傷財以爲故事。自今推選委用，務在得人。吏、工二部知道。欽此，欽遵。」焚盥跽誦，不勝感服，不勝悚惕。仰見我皇上留心國計，加意民生，因渾思黄，有觸即感，知黄河之衝決不常，即思防禦之當慎；因防禦之當慎，即思勞民傷財之當戒；因勞傷之當戒，即思委用之在得人。宸翰龍章，不數言而盡治河之道矣。臣請以河情、水性併防禦鄙見，敬爲皇上陳之。夫黄河由崑崙歷關陝，至河南而合渭、沁諸河，至徐州而合泗、沂諸水，至清河縣而合淮河並入于海。其間小谿曲澗之水又有不可勝言者，固無怪其波濤洶湧，伏秋勢若滔天。考之《書傳》自周定王五年河徙砼礫，歷漢、唐、宋、元以至我朝，河決不知幾千百次矣。誠有如聖諭，『黄河衝決爲患不常』者。而自發源以至入海處，惟見其合不見其分，曾無兩河並行。而古今治河者惟以塞決，築隄成功，稍事穿鑿，非久即廢。何也？蓋黄河與清河迥異，黄性悍而質濁。先臣張仲義云：河水一石六斗泥。以四斗之水載六斗之泥，非極湍悍汎溜不可。分則勢緩，勢緩則沙停，沙停則河飽，河飽則水溢，水溢則隄決，隄決則河爲平陸而民生之昏墊，國計之梗阻，皆由此矣。有謂隄能阻水，水高隄高，隄無窮已者。蓋不知隄能束水歸漕，水從下刷則河深可容。故河上有岸，岸上始有隄。平時水不及岸，隄若贅旒。伏秋暴漲，始有逾岸而及隄址者，水落復歸于漕，非謂隄外即水而旋高旋增也。昔禹導河入海，而必先之以陂九澤者，陂非隄乎？有謂水欲其洩，决以洩水，安用築爲？蓋不知濁流易壅，洩于決則必壅于河，必無兩全者。昔瓠子之決，漢武親臨，群臣負薪投馬沉璧，方克有濟，亦豈好爲艱難之事以自取勞苦哉！誠有見于此也。故治河之法，惟有慎守河隄，嚴防衝決。而聖諭經理，防禦倍宜加慎之外，更無他策矣。舍此而别興無益之工，即爲勞民，舍此而别爲無益之費，即爲傷財。然總之在于得人而已。臣自六月至今，日與司道諸臣丁寧告戒，惟以修防爲事。今歲霖雨連綿，河水暴漲者十餘次。仰仗我皇上聖德所格，百神效靈；聖意所鍾，百僚用命，兩河翕猶，往來無阻，臣亦庶幾藉以塞責矣。然循途守轍之事，誠不自滿于心。直至河南閲視之後，眇無他道可尋。故益信防禦之當慎矣。除申明修守事宜，已經具題該部，見在議覆。其河南應修應改隄工，應添應更官員，候管河道議呈，至日另行題請外，伏望敕下該部，再加查議。如果臣言不謬，容臣申飭各該大小官員，謹遵聖諭，毋惑淆言，一意修防，毋怠職業，如有沿襲故事，輕役大衆，虚糜錢糧，容臣指名參究。共輸忠赤，務保無虞。臣由髮及膚，自頂及踵，皆我皇上生成至恩，才識所及，殞身何辭？必不敢有一毫未盡之心，纖芥未竭之力，自干斧鉞之誅也。臣無任激切屏營之至。緣係恭誦綸音，不勝感奮，敬陳治河鄙見，伏候宸斷事理，謹題請旨。

奉聖旨：工部知道。

## 工部覆前疏

題爲恭誦綸音，不勝感奮，敬陳治河鄙見，伏候宸斷事。該總理河道、右都御史潘季馴題前事，等因，奉聖旨：工部知道。欽此，欽遵。抄出到部，送司案查。本年九月内，該總理河道、右都御史潘季馴題爲申明修守事宜，以圖永賴事。内條議久任部臣，禁調官夫等八事緣由，已經本部覆奉聖旨：河道每歲修防，先年題有定規。乃各該官員不行着實遵守，曠職誤事。這所議俱依擬行。如有仍前怠玩的，總河官指名參奏重治。欽此。備行總理河道、鳳陽、保定、河南、山東撫按衙門，轉行管河司道，及劄付管河管閘郎中、主事等官，一體欽遵訖。今該前因，似應具題，案呈到部。看得總理河道、右都御史潘季馴題稱，仰承綸音，敬陳治河專在慎守隄防一節，爲照國家財賦仰給東南，轉運必由黃河。治河必賴隄防，所從來久矣。頃自隄防少懈，以致黃河泛溢。乃言者不知治隄即所以治河，始議復故道，開支河，合沁、衛以殺水勢，諸説不一，則河防不專。河防不專，則河患不息。然則一議論、專修防，正今日之要務也。總理河道、右都御史潘季馴久歷河防，熟知水性，且感殊異之恩，冀效非常之報，徧履省直地方，備詢古今事宜，乃題稱黄河之必不可分，與隄防之必不可廢。言皆有據，行可底績。蓋惟閲歷多而聞見真，故持論定而利害審。非但一時之謀，實爲經久之計。相應如議題請，以仰答綸音于萬一。恭候命下，容臣等備咨總理河道、河南、山東、保定、鳳陽各巡撫，及咨都察院轉行各該巡按、巡漕、巡鹽御史，并劄付管河管閘郎中、主事，督率各該道府州縣官員，務要恪遵經理，防禦倍宜加慎。

聖諭及本部近日覆，奉欽依：修守事宜，如有作聰明、亂舊章，勞民傷財、徒損無益，與創爲臆説，及蹈襲陳言、阻壞成規、致誤國計者，聽部科總河衙門重行參究。然臣等又有説焉。伏讀聖諭：『自今推選委用，務在得人。』蓋人存斯政舉，而任法尤不如任人也。竊惟季馴治河，屢試輒效。有臣如此，亦既得人矣。伏願皇上重其權，久其任，假之便宜而責以成效，必能爲皇上紓南顧之憂，建久長之策。其所屬大小管河官員，如有陞遷、降調等項，俱聽本官甄别議處，移咨吏部施行。則修守無不得人，而河防益爲永固矣。奉聖旨：是。近年河道官員不行遵守修防事宜，因循廢弛，致有疎虞，却又紛紛建議，意見雜出，何裨實事！今後務遵明旨，加謹防禦。每年終，總河官將所屬河道部司等官，甄别具奏。

## 校勘記

〔一〕青，清初本同，乾隆本，水利本作『清』。
〔二〕歳，據清初本、乾隆本、水利本當作『成』。
〔三〕貢，據清初本、乾隆本、水利本當作『道』。
〔四〕轍，乾隆本、水利本、《榷》本卷八作『輟』。
〔五〕益損，據乾隆本、水利本、《榷》本卷八當作『日損』。

# 河防一覽卷之十一

## 奏　疏

### 添設管河官員疏

臣潘季馴謹題，爲查議管河官員以裨修防事。據河南管河道副使陳九仞呈稱，蒙臣閱視河隄，勘得府州縣管河官員，有地方廣遠，一官難以管攝者；有河防險要，未經額設專官者，有陞遷事故，見今懸缺待銓者，牌仰本道會同酌議，某處應該添補，某處應該更調，就便遴選賢能堪任官員，具由通詳，以憑會題。蒙此。行據開封府議呈前來，該本道會同守巡大梁道參政王來賢、僉事王九儀議得，黄河經行開封府屬，歧分兩岸，延袤千里。南岸如小院村、瓦子坡、黄煉集、閻家寨、劉獸醫口、陶家店、張家灣、時和驛、槐疙疸、王家樓、埽頭、普家營等處，繫關省會藩封重地。北岸如甄家莊、郭家潭、脾沙堽、于家店、中欒城、荆隆口、陳橋、貫臺、馬家口、陳留寨、銅瓦廂、張村集、煉城口、榮花樹、三家莊等處，逼鄰漕河，重干運道。先年屢被衝决，今雖築隄完固，但管河同知止有一員，平時修守已難周遍，若遇河漲風濤，兩岸相隔，顧此失彼，何以克濟？應照淮安、兖州兩府各有管河同知二員事例，添設一員，駐劄北岸荆隆口。及查河北舊有演武亭一處，乃滎澤等四縣聯界之區，盜賊出没，水陸爲害。先年曾設官兵防禦，今已廢格。時有警虞，似當以添設管河同知，仍兼捕務，往來督視，以靖地方，庶爲兩便。及查祥符縣河工浩繁，道里遼遠，額設主簿一員，委難卒辦，相應添設主簿一員，以分責任。滎澤縣居黄河上流，向屬縣丞兼管。今改沁水與黄合流，盡由該縣出口。二河併湧，兩岸俱險。乃縣丞督糧兑運，往返不暇，有誤河防。相應刱置主簿一員，以專責成。蘭陽縣管河主簿王佩儀、封縣管河主簿余純華，俱已陞任，員缺未補。以上四縣應添應補官員，若候銓選，未免耽延時日。且初任未諳，恐致墮誤河工。今據該府推舉，各道遴擇，查有開封府經歷姚學孔，才幹優裕，操守謹嚴，督工克効勞蹟，防禦已竭心力；宣武衛經歷劉汝行，小心勤慎，幹理條達，河工夙夜多勞，厰務纖毫無染，俱蒙院科會薦。内應選擇一員，加以帶銜州判管祥符縣添設主簿河務。原任滎澤縣典史，今陞光山縣牛山巡檢高榮魁，向委隄工，克勤厥事，雖經遷轉，而修防皆屬經手，相應陞補。該縣管河主簿，原任通許縣縣丞，今陞陝西葭州判官吕文，承委修築則竭力經營，居官操持則恪守清潔。今雖報陞，尚未離任，似宜改留，仍以帶銜州判管理蘭陽縣主簿河務。原任陳州吏目，今陞甘泉縣主簿李克己，才力俱壯，心行亦純。若畀胼胝之任，必收底績之功。相應改留，頂補儀封縣管河主簿。其中牟縣管河，該府議欲添官，但邑小民疲，既有縣丞兼理，似應照舊。再照黄河兩岸，盜賊繁興，舊委巡河指揮二員，徒擁虚名，無益河防。且擾害莊民，需騙船户。今既添設同知、主簿，駐守河濱，巡緝事宜，應歸河官約束督理，原委武職革撤回衛。庶分理得人，河防、捕務，均有攸賴，等因，呈詳到臣。據此，近該臣前往河南地方，躬率管河道副使陳九仞，并分守道參政王來賢，分巡道僉事王九儀，開、歸二府知府王見賓、陳裪，及各該州縣管河等官，沿河踏勘。每至本官該管地方，備將本處要害細加詢問，做過工程細加閱視。中間隄壩堅好，應答如流者固有，而苟且虚應，蒙昧無知者亦多。揆厥所由，有因道里遥遠而奔走不及者，有因官係兼攝而志意不專者，有因河官懸缺暫委代署者。隨行該道查議去後。今據前因，該臣會同巡撫河南右副都御史衷貞吉、巡按河南監察御史王世揚，看得河南實運道上流，關係甚重。而用人實治河首務，毗藉甚殷。經理于上者固爲鉅艱，而委任于下者尤爲喫緊。頃者節奉俞旨：今推選委用，務在得人。欽此。臣等仰見我皇上留神河務，洞燭治原矣。臣等不勝感服。今據各道議將開封府比照淮安、兗州二府事例，添設同知一員，駐劄荆隆口地方，帶管巡捕事務。蓋荆隆口逼近長、東二縣，去年黄河從此決入，長、東幾溺。若有府官駐劄，必能保守。衛河南，亦衛長、東二縣也。其應添設及銓補管河主簿，就將經歷姚學孔、劉汝行内定一員，加以判官職銜，分管祥符縣河務；巡檢高榮魁陞授主簿，管滎澤縣河務；判官吕文，仍以原職帶銜，改留管理蘭陽縣主簿河務；主簿李克己，應以原職改留，頂補儀封縣管河主簿，中牟縣邑小民疲，河患亦少，原係縣丞兼攝，委應照舊。其陞補各官遺下員缺，聽另銓補。原委巡河指揮擾民無益，合革回衛。一應巡河事宜，歸併管河官兼管，尤爲良便，似應依擬。伏望敕下該部，再加查議。如果臣等所言不謬，覆請允行，速賜改補，以便預備來歲修防。儀封、蘭陽二主簿缺，或于臣疏未到之前已經銓補，仍恐初任未諳，亦望轉改別用。其開封府添設同知，查無相應官員，乞于鄰省查有資俸相應者，就近調補，勒限到任，庶承委得人而河防允賴矣。緣係查議管河官員以裨修防事理，謹題請旨。奉聖旨：吏部知道。該部覆奉施行。

## 申明河南修守疏

臣潘季馴謹題，爲申明河南修守事宜以固河防事。臣竊惟黄河防禦甚難，而中州爲尤難。蓋河自崑崙歷關陜以至河南，則伊、洛、渭、沁謂水合焉〔一〕。水愈多，勢愈盛。而自三門、七律以下〔二〕，地皆浮沙，最易汕刷。故自漢迄今，東衝西決，未有不始自河南者也。去歲河決劉獸醫、荆隆口等處，勢如飛電，呼吸千里。上厪聖慮，特遣科臣會同撫按諸臣，分投督築，地方始有更生之樂。然先事之防固當預慎，善後之計尤宜亟圖。則今日修守之事，臣之事也，臣之責也，敢不盡心力而圖之乎？臣于受事之初，惓惓申飭各該道府管河等官，又將四防二守之法丁寧告戒。今歲幸保無虞矣，而猶慮河情地勢，目所未睹，足所未及者，固難以懸想而測度之也。復于九月初七日自濟寧州起程前往該省，督同管河道副使陳九仞，及郡縣掌印管河等官，將南北兩岸堤壩逐一閲視。河患叵測，將來可憂者一，而修防喫緊，目前應舉者六。一者何？

河南之委流是也。查得河南黄河涓滴皆由徐邳出清口，會淮入海。舊由新集，歷趙家圈、蕭縣薊門，出小浮橋，勢若建瓴，河南無阻梗之虞，徐邳有衝刷之利，水之道也。後因河南水患，另開一道出小河口，本河漸淤。至嘉靖三十六年，河遂北徙，一變而爲溜溝，再變而爲濁河，又再變而爲秦溝。今則由胡佃溝、梁樓溝、北陳、雁門、石城等處，而復出濁河矣。中間經行之處皆係民間住址陸地，較之故道河底高出三丈有餘，漫流平地，無渠可歸。深者不過數尺，淺則尺餘耳。黄河并合汴、沁諸水，萬里湍流，勢若奔馬，陡然遇淺，形如檻限，其性必怒，奔潰決裂之禍，臣恐不在徐邳而在河南、山東也。緣非運道經行之處，耳目所不及見，人遂以爲無虞。而豈知水從上源決出，運道必傷。往年黄陵岡、孫家渡、趙皮寨之故轍可鑒乎？臣于萬曆六年題爲黄河來流艱阻，後患可虞，乞恩速賜查議以圖治安事。該工部覆行鳳陽、河南、山東撫按會勘得，開復故道，勞費不貲，事體重大，時勢未宜。工部覆奉欽依停止。夫開復此河，工費須以百萬計。各省俱當災歉之餘，内帑正值空乏之際，一時委難輕議。臣未敢瑣瑣陳乞。姑候年歲豐稔，民力少蘇，另行題請外，今將修防緊關事宜，條列于後，伏望敕下該部，再加查議。如果臣言不謬，覆議上請，行臣遵奉施行。河防幸甚，臣愚幸甚！謹題請旨。

計開：

一、查得黄河北岸逼鄰漕河，關係甚重。弘治年間，先臣劉大夏築有長隄一道，起自曹縣界至武陟縣詹家店止，延袤五百餘里。南岸逼近省會藩封重地，最爲要害，亦有長隄一道，起自虞城縣至滎澤縣止。兩隄延亘千有餘里，實爲該省屏翰。但地鮮老土，隄皆浮沙，而河流遷改靡常，多有濱河難守者矣。今據該道逐一查覈，分爲緩急二工。開封府如儀封縣北岸煉城口舊隄一段，長一千五十丈，舊壩一段，長六百五十六丈，壩後水坑長二百五十丈，南岸普家營等處新舊月隄四段，共長三千一百五十五丈；蘭陽縣楊家莊至賈家樓舊隄一段，長一千六百丈，南岸自陳留縣界至儀封縣界舊隄一段，内有缺口二十一處；祥符縣南岸劉獸醫口迤南舊隄一段，長一千二百五十丈，張家灣老壩塌斷，應築遶後月壩一段，計長三百五十丈，又自陶家店至免北堽，自埽頭集至舊隄頭長隄二段，共長七千五百五十六丈，又該河南撫按會同工科都給事中常居敬題奉欽依，創築劉獸醫口遥隄一道，長三千七百丈；封丘縣北岸荆隆口、中欒城、于家店，張家莊、蕭家莊，各有水衝潭窩，共長一百七十五丈，又該科撫按諸臣題准該縣荆隆口刱築遥隄一道，長二千零九十丈；陽武縣北岸脾沙堽埽壩長三百丈，原武縣舊隄一道，分爲五段，共長二百八十九丈；滎澤縣北岸長隄一道，自朱世花大王廟至王婁店、郭家潭等處，共九段，俱有潭窩，共長一千七百七十二丈八尺；歸德府考城縣北岸芝蔴莊迤東埽壩三段，共長八十九丈，李秀廠東隄決口四丈，唐家水口壩基二十一丈，水坑二十八丈；商丘縣南岸楊先口隄三十二丈。以上工程，或刱築，或加幇，或填補，皆係險要之處，亟宜興舉者也。又如儀封縣北岸滎花樹舊隄一段，長一千六百三十三丈，乞泥河舊壩坍塌，共三百七十丈；祥符縣北岸馬家口舊隄三段，共長一千四百七十丈，省城四面大隄一道，高下通融修理，共計六萬五千九百工，陽武縣北岸舊隄，自王佑莊至脾沙堽，分爲九段，共長四千零八十丈，南岸舊隄，自訾家莊後至中牟縣圓墩寺止，分爲六段，共長三千三百六十四丈；原武縣南岸舊隄二段，共長五百四十四丈；中牟縣舊隄六段，共長一千四百七十丈；俱應加幫，形勢稍緩，應俟急工完日，次第興舉者也。兩工告竣，可恃防禦。但築隄不難而覓土爲難。若非真淤老土，隨修隨壞，徒費無益。容臣嚴行管河道刻期幫築，加意驗探。如有隳誤，或夾雜浮沙，或夯杵不實，苟且塞責者，容將管河官參拿究治。伏乞聖裁。

一、臣查得沁河發源于沁州綿山，穿太行達濟源，至武陟縣而與黄河合。其湍急之勢不下黄河。兩河交併，其勢益甚，而武陟縣之蓮花池金圪壋，最其衝射要害處也。去歲沁從此決，新鄉、獲嘉一帶俱爲魚鱉。今幸堵塞，築有埽壩矣。但係浮沙，恐難久恃。且壩内爲商民輳集之處，煙爨不下千餘，以隄爲命，關係不小。查得最險之處僅四百三十五丈，甃之以石方爲可久。况每歲修守，費亦不貲。積之數年，與石無異。何憚而不爲耶？已行該道查估，隨守隨築。遲以三年之久，必可竣事。此隄一成，百年永賴矣。伏乞聖裁。

一、臣查得河道錢糧止是徭編，河堡夫銀，工役所恃以爲生，河防所恃以爲固者，此也。而有司視爲末務，每倦追徵；吏書乾没，收頭侵欺，殆十五矣。向來舊例俱係各州縣另徵另解，庶便稽查。近有議請併入條鞭者。夫條鞭之法非爲不美，但解京錢糧與本地方急用銀兩儘先徵解，而待次可緩者輒爲贅旒，此有司之常情也。若一概併入條鞭，則畸零人户逋負糧稍，皆作河道錢糧矣。臣請仍照舊例追徵，管河道立限催比。收至百兩以上，俱解赴開封府收貯。如遇考滿陞遷，完不及三分之二者不准離任。庶人知警惕而錢糧自裕矣。臣又查得河道銀兩節經題奉欽依，不許别項那借。今以禄糧借，以驛傳借，以會銀借，以紙贖借者不知幾萬矣。夫以本項未徵借貸，則當于已徵扣還。而久假不歸，玩愒殊甚。合無容臣嚴行管河道備查明白，照數扣還。再有逋負，容臣參究，實于河工有裨。伏乞聖裁。

臣惟防河在隄，而守隄在人。有隄不守，守隄無人，與無隄同矣。近該管河道副使議令開、歸、懷三府，遵照工科給事中常居敬題准事例，各于隄壖之上，每二里修建堡房一座，僉令堡老、堡夫常川住堡，看守埽料，防護隄岸，修補坍塌，填塞窩穴，看守柳株，禁逐樵牧，三伏九秋之間，不分風雨晝夜，竭力防守，法至備矣。但終歲勞苦，雖得官給工食，餬口不敷。合無行令三府掌印官即于近隄處所，勘刷地段，堡老每人給與六畝，堡夫五畝，以便耕種，稍助食用。其應給地畝，先儘没官田地。如有缺少，動支曠工河銀置買民産，仍給帖照，免其糧差。則人心樂爲之用，而隄防可久矣。伏乞聖裁。

一、臣惟勵世磨鈍之術惟在勸懲有道。而于河防最苦之事，人心尤易懈弛。先于萬曆八年四月内，該勘工給事中尹瑾題，爲河工告成，敷陳善後事宜，以圖永利事。内開定法制，以覈歲修。該工部覆議于秋冬之交，將各經管官員分别功罪，奏請陞賞罰治，題奉欽依在卷。但此例僅行于淮徐，而河南未經題請，未敢擅行，誠爲缺典。合無容臣于秋防報竣之日，將河南掌印管河等官一體甄別，遵例具題施行。庶人心知警，而河防不至弛墮矣。伏乞聖裁。

一、河南雖非運道經行之處，而河情水性與徐淮無異，則當以治徐淮者治之矣。先該臣于八月二十二日題，爲申明修守事宜以圖永賴事，皆爲徐淮隄防而設。内有『責成長令以一事權』，蓋欲歸重于郡邑掌印官也；『預定工料以便工作』，蓋欲早覈歲修工程以便興舉也；『立法增築以固隄防』，蓋欲遵例加培舊築以固隄防也。兹三事者，皆可行之于河南者也。已經題奉明旨，臣不敢再贅。合無容臣行令河南管河官員一體遵照施行，實于河道有裨。伏乞聖裁。

奉聖旨：工部知道。工部覆奉聖旨：依擬行。

## 停寢黌家營工疏

臣潘季馴謹題，爲祖陵當護，運道可虞，淮民百萬危在旦夕，恭進開復黄河故道圖説，懇乞聖明采擇，以垂百年永利事。據管理中河郎中沈修、南河郎中羅用敬會呈，奉臣劄付，仰司會同各道，督同淮安府并山陽、清河二縣各掌印管河官、地老、知音人等，親詣黌家營地方，逐一丈量查勘。要見清河縣東見行正河水面若干丈，今議新開支河果否能分正流，日後可無淤阻，分後果否可保泗州永無水患，原議工食有無足用；黑墩湖、羅家口湖中起隄，作何設法濬築，從長計議；毋求同而爲遷就之計，毋畏難而忘久遠之圖，斟酌停妥，會呈詳奪，以憑具題施行。蒙此。隨該職等督同淮安府知府張允濟、管河同知姜桂芳、山陽縣知縣張光緒、清河縣知縣鄒守約、桃源縣知縣華存禮，喚集彼處土人楊甫等，丈勘明白，回報前來。該職等議照國家興大役、舉大事者，非持意見以爲可否，惟深晰夫利害之辨而已。據府縣申謂，訾家營支河一開，除目前之患害，收將來之全利，惡在乎其不可也？但查清河縣東見行正河水面闊二百四五十丈，其深約有三四丈不等，則支河之開，視全河必得三分之一乃可分流而導之使趨。今議面闊止四十丈，底深止二丈五六尺。試以全河形之，果有三分之一乎？必須面闊、底深比原議丈尺稍增其數，方爲完計。若啬其數于勘估之初，恐費病于不繼之請，似未可以原估五十五萬九千九百七十餘兩限之也。况黑墩湖又係窪濕積淤之所，夫以四十餘里平陸易淤之地，而欲新創導河入海之功，工力鉅艱，舉動匪細，鳩夫役必至數萬，奏成功須待經年。及今徐淮以南歲苦大祲，二麥稍熟，復罹大疫，流移饑殍，枕藉相望。此何時也？瘡痍未起，閭閻蕭條。即以大工召募，給散工食，聊濟一飽而已。率傴什甫起之民而責以趨事赴工之敏〔三〕，恐亦難矣。合無俯從該府之議，姑待年豐興舉爲便。呈乞再加查議等因。又據整飭淮揚兵備副使周夢暘、潁州兵備副使楊芳、徐州兵備僉事陳文燧會呈，蒙臣案驗，會同管河分司行據淮安府勘議前來，覆該各道，議照自昔治水，惟有二策，非厚築隄堰以遏横流，則多開支河以洩暴漲。而總之審時度勢，乃可底績安民。若時事未便，漫然嘗試，未利先害，非計之得者。該府所稱訾營之開，一舉四利，而挑濬情節曲暢旁通，不爲無見。但工費頗爲艱鉅，帑藏又多空虛。淮民連歲災傷，瘡痍未復。目今秋旱燥烈，黍豆不登。窮冬苦寒，又恐餬口無策，而以煮粥聚賑，傳染瘟疫,枕藉而死者十之二三。見存孑遺之民,尫羸幺麽,可静而不可動,可逸而不可勞,萬分煦育尤恐不能保其殘喘。而鳩數十萬之夫,挑五十里之河,計算時日,必數年之久乃可竣事。是猶以疲癃奄息而責之艱重之任,未有不仆者。況五十里長途,滿目荒萊,居民流徙,竟日不聞雞犬,見井竈。不惟數萬夫役棲身無所,即督工官員亦未有駐足之地。天時人事,俱屬不便。職等初議亦謂年歉不能舉事,請行再議者。蓋與本府今議大略相同,而非遷就畏難,不顧久遠之利也。相應准從等因到臣。通候覆議間,又據管河郎中沈修、羅用敬,徐州兵備僉事陳文燧會呈,爲河道事。本年八月二十六日,據淮安府管河同知姜桂芳揭報,本月十四日,清江浦外隄對岸清河縣地方有鮑家營住民張思禮,門首勢當黄淮西南而來,直射東北,河水大漲,忽從本營漫流闊二百餘丈。隨令大河衛經歷章淮率領本方熟知河道鄉民唐山,駕船隨流探勘水勢。歸向自本口東北十里,經官莊浪石二十里,至娘子莊又二十里,至澗橋又三十里,至古寨俱係湖蕩,又十五里至桑墩入見成連河,抵馍頭關,下新壩入海。此口離清河縣三十里,外係迎溜,内有河湖故道,即今分殺黄流清江浦石隄以下一帶,可保無虞,緣由到職。先該職等據實揭報本院訖。今蒙批行覆勘,爲照鮑家營正當王家營之上,砦家營之下,既非運道又非民居。先年不議築隄,留以分殺暴漲之勢。今清江浦外隄加築高厚,而黄河大漲,果由此分洩,自娘子莊徑由澗橋古寨以入于海。不勞工力,不費財用,而盈溢之勢可殺,清浦外隄可保,真天開之砦家營也。若慮水落之後難保不淤,而來歲水漲勢必復洩。淤則平時無奪河之患,洩則臨漲有分殺之功，誠于河防有益無損，呈乞本院詳示，將本口照舊存留以備分洩。惟于兩岸用埽包裹，以成河口。二三年後，時和年豐，再舉訾營之議，未爲晚也，等因，各呈詳到臣。據此，先該臣准工部咨前事，該本部覆議。内開訾家營支河以接草灣，較諸故道之復固事半而功倍，要其入海之路又散漫而難收。事既未見全利，議亦未敢遽決。今新任總理河臣潘季馴前後治河將幾十稔，閱歷既久，聞見必真。所據支河之議，宜令覆行勘閱。恭候命下本部，備咨總理河道右都御史潘季馴，作速到任，將科撫諸臣所議于訾家營開支河以接草灣一事，覆行勘閱，果爲利多害少，在所當行，或爲徒費無益，在所當止。倘衆議未妥，別有長策，可以護祖陵，保淮安，固運道者，但求事可功成，不拘人已同異，即令從實具奏，以憑覆請定奪，等因。奉聖旨：是。這黄河故道既勘議明白，難以開復，罷。訾家營應否添開支河，還着河道衙門從長計議具奏。欽此，欽遵。備咨到臣。該臣督同司道并府縣等官親往訾家營一帶地方，逐細閲視。行據各官會呈。前因正在詳審間，忽據徐州道僉事陳文燧揭報，清江浦外隄對岸鮑家營衝開一口，幾二百丈，水從本口入荒坡，往東北浪石舊河身，至娘子莊、澗橋、古寨，俱係湖蕩，又十五里至桑墩入見成連河分支一百餘里，下新壩入海。此口離清河縣三十里，與運河經行之處眇不相及。而清江隄修築既高，水從西激，鮑口一開，清江隄乃完，運道可免嚙潰改徙，而上之順承泗水，下之分殺淮水。其入口至浪石娘子莊，即前勘議訾家營經流之處，折至東北，經澗橋達古寨入海，則又不必鑿五十里入赤晏廟，而水有所歸，是省六十萬金之費以開訾家營。此皆本院拯溺救民，忠誠仁愛，孚格蒼穹，昭昭者默助其成，不勞而底績也。僉謂若念峕營工費難處，績效難成，而鮑家口不係運道，不渰民田，俯賜存留，以代峕營無損之益，輿情自安，等因。又據管河同知姜桂芳揭報相同。俱經臣批行司道覆勘，及親閱相同外，今據前因，爲照論天下之大事者，創其始必先究其所終；成天下之大計者，圖其利必先慮其所害。若聊且虛應于一時而漫然爲嘗試之舉，舉之未幾，廢即隨之，咎將誰歸？且工役以十萬計，時以年計，工費幾六十萬計，勞民動衆，關係不小。我皇上以科臣之言下之科撫，而復以科撫之言下之于臣，亦誠以事體艱重，未可易易耳。臣敢不虛心博訪，以仰體皇上至嚴至慎之意乎？臣于六月十七日一接邸報，即率同各官躬往閱視。峕家營委與清口相對，地勢平衍，並無崎嶔險阻。中間雖有黑墩湖、羅家口二處頗難濬築，然工力稍倍，亦似可成。開成之後，分流甚便。由此而至顏家口四十五里，由顏家口而至赤晏廟，復與大河相會不遠矣。分流之後，欲殺泗州水勢于二百里之外固不可得，而清江浦外伏秋之漲，委爲可減。但該府原議工費五十五萬九千，止言濬河而不及築隄。若欲比照舊例，建築遥隄，運土于一二里之外，其費又當倍之矣。計土論方之法固是舊規，而濬至一丈之下，地泉迸出，非十倍其工不可。則其費亦未可知也。然成大事者不惜小費，此亦未足論也。臣所慮者，河性喜深廣而避淺隘。今以闊四十丈、深二丈五尺之河而欲與闊二百四五十丈、深三四丈者同流並駛，日後難保不淤。伏秋之時，河水消漲不常，旋淤旋濬，恐滋煩苦。若欲加濬深廣，費須數倍。非惟錢糧難措，抑恐妨奪正河。蓋河不兩行，自古記之。先年河臣劉大夏、劉天和、王以旂諸臣有開孫家渡以殺水勢者，有濬趙皮寨以濟二洪者，有開李景高口引水出徐者，皆不久即淤，可爲明鑒矣。當此中外告匱之時，萬一虚費工力，罪將誰諉？司道府臣係原勘原議之官，而懇懇以荒歉請停爲辭，其意亦可想見。臣又查得漕撫侍郎舒應龍、工科都給事中常居敬原題，内開訾家營經黑墩湖、羅家口恐有散漫之虞，亦未敢爲必然之畫。倘以祖陵山麓之水未及玄宫，運道之危在清江浦者，先年已有石隄，目前加築埽隄，尚可保無決裂。淮黄交匯之地，昏墊之害，袪之于西者不免移之于東。則今議支河，重役鉅費，非有全利，若未可以輕舉而試爲之。如必欲爲淮水疏洩之謀，求人事之可盡者固不能舍此有他圖耳，等因。是二臣之見與臣亦不甚異。臣所以展轉思惟，未敢遽決者，此也。今據司道議有新開鮑家營，去訾家營密邇，既非運道經行之處，亦無民田損害之虞，入海另由別路，可免大河合後復漲之事。雖水落勢必復淤，與慮訾家營者無異，但不費一塵，可免後悔，而漫流廣闊，淤不甚高，來歲水漲之時，勢必復通。淤則平時無奪河之患，通則臨漲有分殺之功，與崔鎮等減水四壩無異也。姑俟三四年後，本口衝刷成河，留之固善。若沙淤漸高，水流不順時，或地方豐稔，民力稍甦，再議別圖，亦未爲晚。所據司道諸臣之言，似爲有見。此皆仰仗我皇上留心國計，軫念民勞，上帝鑒臨，百靈效順之所致也。合無將本口兩頭埽護留備分洩，其原議訾家營工程暫行停寢。伏望敕下該部查議。如臣所言非謬，覆請允行。臣愚幸甚，地方幸甚！緣係祖陵當護，運道可虞，淮民百萬危在旦夕，恭進開復黄河故道圖説，懇乞聖明采擇，以垂百年永利事理，謹題請旨。

奉聖旨：工部知道。

## 工部覆前疏

題爲祖陵當護，運道可虞，淮民百萬，危在旦夕，恭進開復黄河故道圖説，懇乞聖明采擇，以垂百年永利事。該總理河道右都御史潘季馴題前事等因，奉聖旨：工部知道。欽此，欽遵。抄出到部，送司案查。萬曆十六年三月内，該禮科給事中王士性題前事，内議開復黄河故道等因，奉聖旨：着工部便行與漕運衙門及勘河科官從長計議來説。欽此。已該本部備行查勘河工都給事中常居敬、總督漕撫侍郎舒應龍查議去後。本年六月内，該查勘河工都給事中常居敬、總督漕撫侍郎舒應龍題稱，黄河故道難復，訾家營另開支河，順入草灣河緣由，已經本部覆奉聖旨：是。這黄河故道既勘議明白，難以開復，罷。訾家營應否添開支河，還着河道衙門從長計議具奏。欽此。已經備行總理河臣，會同司道各官勘議去訖。今該前因，似應具題案呈到部。看得訾家營另開支河之議，蓋爲黄河故道難復，欲别求一策以殺泗州水勢，本不得已之計也。彼時科撫諸臣查勘及臣等議覆，業已謂其難行。特事關運道、民生，非經詳覈，遽難定議，故行河臣覆勘，以求畫一之説。今潘季馴督率諸臣躬親查閲，謂其水性之難强，錢糧之難措，工績之難成，種種不可開濬之狀，昭若指掌，與部科原議若相脗合。又况鮑家營突衝一口，入海甚徑，非若訾營之迂繞，不煩工力，非若訾營之勞費。淤則平時無奪河之患，洩則臨漲有分殺之功。然則訾家營支河非惟不當開，亦有不必開者。相應如議停寢。恭候命下本部，備咨總理河道衙門及劄付中河、南河郎中，備行各該道府州縣官員一體遵奉施行。

奉聖旨：訾家營既難開濬，罷。見今河道疏通，只着該管官員遵守成規，用心隄防，不許妄生意見，阻壞成功，徒滋勞費。

## 修復湖隄疏

臣潘季馴謹題，爲修復湖隄以便蓄水濟運事。據管理南旺泉閘主事王元命、濟寧道按察使曹子朝、分守東兖帶管分巡兖州道參政郝維喬呈，蒙臣劄案，俱爲檢查，節奉欽依，河工分派司道各官以便責成以圖早竣事，分行司道遵照工部議覆。工科都給事中常居敬原題各項工程，勒限興舉。除將應修閘壩、斗門等工，俱已如法甃砌將完，馬踏、安山二湖應築約水土隄，見今工有次第，通候另報外。其蜀山、馬塲、南旺三湖，各原議築東水子隄一道，以爲封界，及南旺湖中隄一道，嚴督官夫修築間。節據委官兖州府同知陳昌言等呈稱，各湖先年創有封疆老隄。水至隄根，十常八九。後因隄防廢弛，湖水難蓄。蒙工科踏勘之時，正值亢旱，舉目禾黍，故議築子隄，中亘長隄，隄内蓄水，隄外召佃，官民兩便。但自去歲夏秋恒霖，斗門洞開，坎河壩築，涓滴不遺，水勢瀰漫。即今湖中築隄，不惟水深工難，縱築成隄，内外汕刷易圮。又恐湖狹水微，似非濟漕初意。且地被水占，亦難召佃利民。查得嘉靖二十二年，兵部侍郎王以旂清復湖界，築有大隄，年久傾廢，似應修復。蜀山湖西南一帶俱臨運河，隄岸高聳，無容别議。其東北一帶，自南頭馮家滚水壩起至蘇魯橋迤南大隄頭止，俱有舊隄根址，相應修復。自大隄頭至南旺田家樓止，原係受水門户，今應密植柳株，以正封界。水至入湖爲運河之資，水退據柳爲民田之限。馬塲湖地勢南面臨河窪下，出水濟運。北面原係入水渠道。今宜照舊，仍留入水，密栽柳樹以爲湖界。東面舊隄約長八里餘，相應修復。南旺湖東面高埠，遵照原議，量留一里，築子隄一道，其餘三面應將原隄建復。其中亘長隄正在湖中，難以施工。相度地勢，應濬溝渠，通接斗門，庶爲完計。各具呈前來。覆該司道親閲相同，委屬妥當。雖與原議稍有不同，求其濟運利賴則一，呈乞酌議題請等因到臣。據此卷查。先該臣查將工科都給事中常居敬原題，查復南旺等五湖築建隄壩閘座等工，分委北河郎中吴之龍查復馬踏湖，建永通閘築子隄，修王岩口滚水石壩；南旺主事蕭雍查復蜀山湖，建坎河壩築束水隄，修滚水大壩；濟寧道按察使曹子朝查復馬塲湖，建通濟閘，築子隄，修安居斗門三座；分守東兖道參政郝維喬查復南旺湖，修邢通等斗門十三處，築封界子隄，中亘長隄；分巡兖州道僉事劉弘道查復安山湖，築封界隄，建八里灣、似蛇溝兩閘，等因具題。該工部覆議，備咨總理河道轉行司道各官，查照分地，竭力修治。倘興工前後，或有事體與原議稍異者，即便從宜處置，或有原議未盡者，不妨别議增補，通完奏報等因。覆奉欽依，咨臣通行司道，督率興工，勒限報竣去後。今據前因，覆閲相同。除將閘壩、斗門等工，及馬踏、安山兩湖應築隄岸，俱照原議，候通完覈實類奏外。該臣看得運艘全賴于漕渠，而漕渠每資于水櫃。五湖者，水之櫃也。先該勘工科臣常居敬洞燭其源，倡爲封界子隄之説。蓋因比時旱魃爲災，湖身龜裂，地方之民乘時射利，盡爲禾黍之塲。故欲築隄限之，非濬湖以就民，乃限地以蓄水也。良法美意，可謂善之善者。第自去年六月以後，天雨頻仍，湖水盈溢。不惟湖地難耕，即民地亦成沮洳矣。詢之湖濱年老之人，皆云如此景象，向來歲居十七。今欲盡洩湖水，刱築子隄，亦甚易易。但恐築成之後，隄泡水中，立見傾圮。而子隄之外，必成夾河，豈能耕種？隨查得先臣兵部侍郎王以旂原有土隄一道，意與科臣常居敬封界正同，而圍湖稍廣，蓄水更多。今歲之水正及隄址止。因年久浸廢，界址不明，乾旱之時，遂有越界私種者矣。若將此隄加幇高厚，盡復舊業，隄内爲湖，隄外爲地，納水處所不便築隄，密栽水柳爲界，庶湖水不縮，經界不淆，而亦不失科臣原題之意矣。其南旺湖中隄，水内積土成功固艱，隄成水泡汕刷必易，似宜免築。所據各司道之議，相應依擬具題。伏乞敕下該部，再加查議。如果臣言不謬，覆議上請，行臣遵照，督令上緊修築，勒限報竣。謹題請旨。

奉聖旨：工部知道。該工部覆奉施行。

## 就近銓補分司疏

臣潘季馴謹題，爲河防緊急，乞恩就近銓補賢能官員事。臣于三月十六日據徐州兵備、兼管河道、按察使陳瑛揭稱，南河郎中羅用敬于三月初八日忽患喉毒病故。見今河務方殷，缺官管理等因。臣查得本官所管高家堰、清江浦、范家口等處，俱係兩河要害，歲修之工方在興舉，實應縣西土隄、邵伯石隄適當諸湖之濱，題奉欽依修築，尚未告竣。郎中羅用敬畢力肩承，業有成績，忽爾奄逝，臣實痛心。除候工完之日，將本官另行叙報外，臣竊照欽修之工原限三月以裏，併日而作，猶懼愆期，矧夏令去今不過數日，伏秋之備正在此時。若候推補前來，遷延便須數月。廢時失事，必致疎虞矣。該臣會同總督漕撫侍郎舒應龍看得，管理清江廠兼管閘座、工部營繕司署員外郎事主事黄曰謹，禔身狷潔，任事精詳。司閘禁而怨讟不辭，淤墊之患可免；嚴廠務而工費俱省，侵尅之弊頓清。况久處兩河之濱，聞見甚確，習知通塞之故，疏治不難。若將本官轉擢南河郎中，就近到任接管，則河防得人而官不久虚矣。及又查得臣于萬曆十六年十月内題，爲申明修守事宜以圖永賴事。該工部覆稱，今後中、南兩河郎中員缺，敕下吏部即于工部主事查有曾經分司河上及歷俸稍淺者遴選推補；俟後職業克修，容令歷俸九年，方爲破格遷擢。題奉欽依在卷。今員外郎黄曰謹正係曾經分司河上之官。若令銓補久任九年方行遷擢，則非惟目前得其分猷之力，而遲之歲月必收永賴之功矣。其清江廠員缺另行推補。伏望敕下吏部，再加查議。如果臣等所言不謬，覆請施行。河道幸甚，臣愚幸甚！謹題請旨。

奉聖旨：吏部知道。該吏部議覆相同，題奉聖旨：是。

## 就近銓補河官疏

臣潘季馴謹題，爲黄河要地缺官，乞恩就近銓補，以防伏秋事。臣于三月十六日接到邸報，内開南京户部湖廣司缺員，外推淮安府同知徐伸陞補，等因。該臣查得徐伸爲管河同知，北自夏鎮珠梅閘起，歷豐、沛、蕭、碭、徐、邳、靈、睢等處，至桃源縣止一帶黄河，俱係本官管理。而中間掃灣迎溜素稱善决者無處無之，故河防惟以中河爲難。而司道官之所責成者，惟同知一人而已。矧今時將入夏，去伏不遥。捲埽護隄，正當預備，斷斷于畚鍤之内，逐逐于河漕之濱，殆未可以頃刻缺人者也。若候銓補依限前來，未免躭延時日。倘從遠方陞調，則又未可以時日計矣。臣查得駐劄楊村河間府管河通判申安，歷任甚著賢聲，修防業有成效。曾經通惠河郎中陸夢熊揭薦到臣。楊村河患頗少，未展其才。山東德州知州趙可學才識通敏，施爲練達。節該司道開薦到臣，查訪委爲可用。臣于去年十二月内將二臣具疏列薦之矣。若于内揀選一員，加以同知職銜，前來管理河事，必克有濟。而二臣見任地方去中河不及千里，恭候命下之日，容臣促令兼程趨任，浹旬即可接管。倘以本官資俸未深，明開疏中，令其久任于河道，更爲有裨。伏望敕下該部，再加查議。如果臣言不謬，覆請陞補施行。庶河防得人而要地不至久于缺官矣。謹題請旨。

奉聖旨：吏部知道。該部議覆：通判申安陞補。題奉聖旨：是。

## 查議通濟閘疏

臣潘季馴謹題，爲目擊時事，敷陳愚悃，以裨治安事。據管理閘座工部署員外郎事主事黄曰謹、徐州兵備兼管河道按察使陳瑛、海防兵備帶管南河工部分司副使周夢暘會呈，蒙臣案驗，仰各司道速查清江裏河通濟閘，今自開春啓閘之後，是否波濤内訌，不能閉閘迴瀾；水勢較比往年有無湍激，即今應否改移閘口于稍南，要是何項地名，有何便利，可避河流之衝。此外有無別所，另尋一路，堪以濟運；清江浦口應否填築，以收永利。務要躬親相度，會議妥當，呈詳覆議具題。蒙此。行據淮安府呈稱，督同管河同知等官姜桂芳等查勘得，通濟閘建立甘羅城堅實之地，兩崖頗高，捧挽甚便。水勢北趨，河流平緩，運艘往來，頗稱利便。所據閘壩不必改移，宜從舊貫等因。據此，該職等親詣前項地方，督率多官覆加查勘。謹按舟從今通濟閘出口者，以此口專向淮河獨受清水。惟伏秋大漲，黄流未免倒灌。故于入伏之時，閘外捲築輭壩，無非爲避黄計也。至九月水落，仍復開壩由閘。蓋自九月以後至五月以前，通濟之水有清無濁，三閘遞相啓閉，其法甚便。故先年改天妃閘而爲通濟閘，以天妃閘當黄而通濟閘近清也。見今糧運通行，水皆清平如舊。旋啓旋閉，頗爲不難。況昔黄流只有一道，今分流草灣一百五十餘丈，已減全河大半。若欲改閘而南，必從淮城以下出口。張口受黄，日有沙壅。是平江伯建閘以避濁，今返背清而就濁矣。全河大勢已奔草灣，而清浦西橋一帶漸淤。復從淤處建閘，是又舍通而就塞矣。且板閘鈔關與船廠、倉庾，户工各部三分司皆在清江沿河地方，以便督造抽分，二百餘年于兹矣。今若改閘而南，則清江板閘一帶必至乾斷。三分司與諸閘廠俱當改建，爲費不貲。三閘延袤六十餘里，人煙輳集，仰商賈挑盤之利者萬有餘家。若閘改而南，必奪生理，移署遷民，事在得已。況糧艘經由清浦，如履盤盂之内，甚爲平穩。遽從淮南出口，是舍清夷之渠而多受黄河六十餘里捧挽之苦，仍恐運軍亦難之耳。再詢淮中士夫，皆稱淮城風水，前有清淮，後有黄河，環流迴抱，有如襟帶，乃縉紳生靈之血脈也。今從淮南建閘，將使淮地中斷而自絶其襟帶矣。談者多稱不利，難以拂衆强圖。及勘通濟閘迤南一帶，别無可通舟楫之所。職等反覆思惟，誠不如仍舊爲便。呈乞本院定議題請等因。又據清江管閘分司呈稱，蒙臣憲牌，仰司即查通濟閘入春以來，有無黄流内入，波濤湍激，是否不能閉閘迴瀾；各閘啓放之後，因何不行下板，備將致害緣由，從實呈報。依蒙查得清口乃糧運咽喉所係，自有通濟等閘啓閉以來，順時節宣，河無漲溢，成效如覩。去冬遵守新立傳籌規矩，啓一閉二，遵行無失。入春黄水未發，糧運出口，絡繹無停。三閘俱開，晝夜催儹，時難暫閉。外水雖入，悉皆清流平緩。若糧船出盡，即遵前法啓閉。況今清江外隄修築完固，附隄淤土，一望數十餘丈，决無他患，緣由各呈報到臣。據此，案照萬曆十七年三月初九日准工部咨，該南京户科給事中徐常吉題，欵開肆曰淮揚水患，清江浦口運艘所經。而頻年以來，黄河内衝，出入爲梗，安東之流日緩而浦口之入漸多。今自開春之後，運船出口，千檣並集，舳艫相銜，未免啓閘以納水。而波濤内訌，不能閉閘以迴瀾，水勢亟矣。乞敕該部轉行總理河道衙門，多方籌畫，或移閘于稍南以避清河之衝，或通漕舟于别所以爲萬世之利。其清江浦口則令築壩堵截，不許復開。如此則庶幾民生可保。不然，開口受沃而束手待盡，臣恐湍激之黄流將直穿乎高寶，而百萬之蒼生且胥而爲魚鱉。此淮揚水患，臣之所可憂也，等因。題奉聖旨：該部知道。欽此，欽遵。備咨行臣。即查前項閘口應否可移于稍南，漕舟有無可通于别道，其清江浦口應否築堵不許復開。凡奏内事情一一從長計議妥當，具題前來，以憑覆請施行。准此。先該臣接到邸報，隨即督同南河郎中羅用敬、淮安府署印同知趙坰、山陽縣知縣張光緒等，親詣淮城以南東壩地方，及通濟閘以下清江浦等處，逐一踏看。猶恐未確，又經案行各司道查勘去後。今據前因，該臣查得國初踵習元人故事，以海爲運。永樂年間，平江伯陳瑄剏鑿清江浦一帶以通淮黄兩河，始以河爲運矣。然清浦原無來流，全借河流内灌方可浮舟。而黄流甚濁，恐至淤墊，故復設天妃等五閘，遞互啓閉，以便節宣。時將入伏，閘外即築軶壩，一應船隻俱于五壩車盤。良法美意，二百餘年利賴之矣。後因天妃閘全納濁流，故復改于二里溝。尋復改于甘羅城，即今之通濟閘是也。此處爲南河口，乃淮水獨經之地，離黄向淮，用清避濁，漕渠無淤墊之患，舟航有利涉之休，人甚便之。惟于五六月間，黄水盛發，不免逆上，與淮並入。而時將入伏，築壩斷流。九月開壩，則黄水業已退矣。今給事中徐常吉題請移閘稍南，通漕别所，極爲訏謨長慮。如果徙避有地，真爲萬世之利。但細查淮郡之外，别無支流可引。欲通漕舟，不得不資兩河。欲資兩河，必難免其内灌。然分流不及十分之一，而滔滔北去，由安東入海者，固如故也。若移閘愈南則納濁愈甚，司道諸臣所云背清就濁，舍通就塞，而運艘多涉險阻六十餘里，皆所不免矣。至如改建衙門，遷移廠閘，費雖不貲，無足論也。臣又查得初春水落，正當平緩之時。止因運艘晝夜放行，諸閘不便下板，傳者遂謂不能啓閉。今運艘如期出口，各閘啓閉如故。委與該司查勘相同，臣不敢蔽。伏望敕下該部，再加查訪，擬議上請，或行撫按及巡鹽、巡漕衙門覆加勘議，務求久安長治之策，以爲河漕永賴之計。地方幸甚，臣愚幸甚！謹題請旨。

奉聖旨：工部知道。

## 工部覆前疏

題爲目激時事，敷陳愚悃，以裨治安事。該總理河道右都御史潘季馴題前事，奉聖旨：工部知道。欽此，欽遵。抄出到部，送司案呈到部。看得我國家歲漕東南數百萬石，以海運非便，故鑿清江浦引淮黄二水以通漕舟。又建通濟等閘以避黄而就淮。此法行之二百餘年，未有能變者。給事中徐常吉慮黄水灌淤，條議移閘座，塞清浦，似或有見。今據總理河臣潘季馴督率多官，再三籌度，謂清浦若塞，更無别道可通。漕舟閘座若移，則去淮流益遠，而納濁流益甚。受濁不若受清，故更新不若仍舊。其説甚明且悉，而河臣猶不敢自是，復請下撫按及巡漕、巡鹽御史覆議。臣等以爲清江浦之于運道，譬若人身之咽喉，即使少有淤阻，不過隨宜修濬之耳，未聞塞其咽喉而别求吐納之處者。況清浦見無淤阻，而别處又無可通漕。既經踏勘明白，似惟仍舊爲便，不必再議。恭候命下本部，備咨總理河道并巡撫漕運衙門，及咨都察院轉行巡按、巡漕、巡鹽各御史，并劄付南河清江廠郎中主事，一體遵奉施行。

奉聖旨：清江浦運道見在通行，只著照舊修守，不必再議更改。

## 河工告成疏

臣潘季馴謹題，爲省直河工告竣，據實恭報，仰慰聖忠事。節據南直隸中河郎中沈修、南河郎中羅用敬、夏鎮主事余繼善、海防兵備副使周夢暘、徐州原任兵備管河僉事陳文燧、見任按察使陳瑛、穎州兵備副使楊芳會呈，節奉總理河道並總督漕撫衙門劄案，俱爲檢查，節奉欽依，河工分派司道各官，以便責成，以圖早竣事，行職等將先後題准應修土石工程，勒限興土，上緊報竣。職等遵依督率分委府州縣等官，親詣工所，如法率作，俱至萬曆十七年四月二十九等日通完訖。總計築過邵伯、寶應、界首、三里湖，高郵南北小湖口，鹽壩南隄，高家堰、天妃壩、清江浦、惠濟祠、禮字壩、范家口、柳浦灣、潘家壩、張家窪、馬家湖、黑墩、蒯家窪、金家窪、賈家窪、王家口、張福口、塔山。并護陵石隄，共長七千一百六十五丈八尺，土隄共長一萬三千五百七十五丈，樁笆隄工共長六千二百九十丈六尺；築過順水草壩十四座，石磯嘴一座，蓋過柳浦灣料厰一所，建過鎮口閘一座，增砌過古洪、内華閘二座，挑濬過裏河淤淺并濬支河、澗河，及開鎮口閘上下河道，共長一萬一千六十九丈九尺，塞過決口長一百二丈，填築過喻口河壩一道。其各隄高卑，酌量地形低昂，水勢緩急，稍有增損，俱經呈明。除長濶高厚丈尺數目已蒙各院及委官親詣各工，逐一覈實訖。職等議照上下江運艘皆由瓜、儀歷邵伯、高、寶、淮、徐，至茶城以入漕河，延袤千里。中間湖波萬頃，則有風濤之虞；流沙久積，則有淤墊之虞；兩河湍急，則有衝決之虞；淮黄交接，則有沙澀之虞。故邵伯東隄每至傾圮，寶應西口率多淺阻，清口茶城濁流難免逆上，而范家口、天妃壩隄岸坍塌，相繼衝決，淮揚幾爲魚鱉。此往事之明徵也。至如高堰一隄，尤爲二河關鍵。隆慶初年，淮水從此潰入，黄亦隨之而東，海口無水衝刷，因之堙塞。而淮揚興鹽高寶之間則一望瀰漫，桑田爲海矣。自萬曆七年修復本堰之後，兩河始歸故道。近年以來，隄防久弛，漸至汕刷，誠爲可慮。幸蒙部院科臣先後具題濬築之工，至周大備。職等遵奉節行，案劄起派官夫，分投興舉，晝夜督促，如期告竣。除用過錢糧見在覆查，另行造册送覈外。所據完過工程，擬合開坐呈報，等因。又據揚州府推官李春開、鳳陽府推官蓋國士會呈，蒙總理河道并漕撫按鹽各院俱行職等前去各工覈實。依蒙，徧歷邵伯、寶應、界首、高郵、高堰、天妃、清江浦、惠濟祠、禮字壩、范家口、澗河柳、浦灣、張家等窪、張福口、王家口、鎮口閘、塔山縷隄，古洪、内華、二閘及護隄等處，逐一錐探，土隄委係老土夯實，驗勘石工，俱各甃砌堅緻，河渠深廣，一一足數合式，經久可恃。隨具不致扶同甘結呈報前來。又據山東管理北河郎中吴之龍、管理泉閘主事王元命、濟寧兵河按察使曹子朝、分守東兖道左參政郝維喬、分巡兖州道僉事和震會呈，蒙總理河道并撫按衙門備行職等，分督修復湖隄，建築閘壩、斗門等工，鳩夫辦料，刻期完報。依蒙督委府州縣等官修築過馬場、馬踏、蜀山、南旺、安山五湖土隄，共長三萬二千五百五十一丈三尺，建過火頭灣通濟閘、梭隄迤南永通閘、八里灣似蛇溝閘共四座，坎河口、何家口、馮家口、五里舖各滚水石壩共四座，安居、五里營、十里舖、關家大閘、常明孫强劉家焦欒濟運閘，盛進張全各斗門共十一座，砌過石隄四丈，築過土隄一百九十五丈。又挑過建閘河身長八十四丈，順水溝渠長一千一百七十四丈六尺，填過水口十一處，築過河口一處，栽過護隄卧柳一萬六千一百五十株，封界高柳六千七十一株，俱于萬曆十七年四月二十五等日通完訖。職等議照運艘入鎮口閘直至臨清板閘一帶漕渠共計八百餘里，皆藉汶河之水以資利涉。而漕渠頗遠，泉源頗微，故多設閘座以便節宣，修復南旺等五湖以便瀦蓄，建立減水閘壩以便出納，皆爲治漕要務，不可不講求者也。近年以來，法久寢廢，一遇亢旱，遂同涸轍。幸蒙勘河都給事中常居敬前來，會同撫按躬親踏閱，逐一檢查，將封殖五湖建復閘壩斗門等項會疏，題奉明旨，通行總河及撫按衙門轉行職等，分派工程，定立期限，晝夜督促，幸以告成，等因。及據山東按察司按察使葉夢熊呈，蒙總理河道及撫按衙門憲牌行職，查得馬場等湖隄、永通等閘、坎河等壩、安居等斗門，各項工程委係精緻堅實，别無滲漏。今具不致扶同甘結呈報，等因。各具呈到臣。據此，案照萬曆十六年閏六月二十九日准工部咨，該查勘河工都給事中常居敬題，爲欽奉敕諭，分别效勞官員，以勵臣工，以重河漕事。本部議覆，内開案查萬曆十五年十一月内，該鳳陽巡撫都御史楊一魁題，爲議處兩河水患，以固運道以奠民生事。内議修砌范家口等處隄岸，并改拆崔鎮等壩及疏草灣河口緣由。本部覆奉聖旨：崔鎮壩應否改拆，還候差去科臣到彼，再議定奪。其餘俱依擬，着實行。欽此。隨該本部備行鳳陽巡撫，及差去科官欽遵訖。萬曆十六年四月内，該查勘河工、都給事中常居敬會同總督漕運、户部右侍郎舒應龍題，爲欽奉敕諭，查理河漕以保運道事。内題議古洪以外添建鎮口閘，并修築運河隄岸及停拆崔鎮等壩，停濬草灣等緣由。又該本部覆奉聖旨：依擬行。欽此。備行淮揚撫按轉行管河司道各官，一體欽遵訖。本年四月内，該都給事中常居敬會同山東撫按題，爲欽奉敕諭，查理漕河以重國計事，欵開南旺湖修築子隄，中亘長隄，修復邢通等斗門共十三座，馬踏湖東北築隄，修復王岩口石壩，蜀山湖周圍築隄，修復馮家大壩，馬場湖周圍築隄，修復安居斗門三座，及修坎河口滚水石壩一座，長六十丈建火頭灣通濟閘、梭隄集永通閘各緣由。又經本部覆奉聖旨：依議行。欽此。備行山東撫按轉行司道等官欽遵訖。本年六月内，該都給事中常居敬會題，爲清復湖地以濟運道事。要將安山湖低窪處封爲水櫃，及八里灣、似蛇溝建閘二座緣由。又該本部覆奉聖旨：這湖地依擬築隄。仍畫定界限，永遠遵守。如有侵占盜决等弊，照前旨着實參治。其各處泉湖蓄水濟運的，都着一體清查整理。欽此。已經備行南北直隸、河南、山東各巡撫衙門，轉行管河司道各官一體欽遵訖。今科臣常居敬比照閱邊事例，將各管理諸臣分別勤惰題請。但在淮揚則經理之議甫定，在山東則濬築之役方興，見今總理大臣新到，一切調用人夫，參酌河務，似應候各工通完之日併議優處。仍咨總理河道，鳳陽、山東各巡撫衙門，轉行管河司道各官，查照本部節題事理，將見在工程及河道應行未盡事宜，上緊督催。完日將做過工程，役過人夫，用過錢糧等項覈實造册，奏繳清册，送部備查。候工完之日，河道都御史仍將大小官員分別舉劾，另行具題，以憑覆請賞罰施行等因具題。節奉聖旨：是。直隸、山東等處工程，通候完日，河道衙門奏報併叙。欽此。備咨到臣。本年八月初五日，又准工部咨，爲檢查節奉欽依河工，分派司道各官，以便責成以圖早竣事。先該臣題議，除將修建鎮口閘、塔山支河縷隄，修清江浦外隄草壩，添設柳浦灣料廠，先該漕撫侍郎舒應龍行委南河郎中羅用敬、中河郎中沈修、夏鎮主事楊信、徐州兵備、僉事陳文燧，見在興舉，臣照舊督行各官上緊修築外，其興築寶應縣西土隄二十里，砌邵伯湖石隄二十里，疏濬淮安至儀真一帶裏河淤淺，查係南河郎中羅用敬、海防道副使周夢暘地方。三工俱當以中爲界，北段屬之羅用敬，南段屬之周夢暘。其在山東各工，分委北河郎中吳之龍查復：馬踏湖建永通閘，築子隄，修王岩口石壩；南旺主事蕭雍查復：蜀山湖建坎河壩築束水隄，修滾水大壩；濟寧道按察使曹子朝查復：馬塲湖建通濟閘，築子隄，修安居斗門三座；分守東兖道參政郝維喬查復：南旺湖修邢通等斗門十三處，築封界子隄，中亘長隄；分巡兖州道僉事劉弘道查復：安山湖築封界隄，建八里灣、似蛇溝兩閘，等因。該部覆議備行總理河道并鳳陽、山東各巡撫衙門一體遵照施行，及行管理河道泉源閘壩司道各官，查照分地督率府州縣管工官員，竭力修治。本部仍咨都察院轉行各該巡按、巡鹽御史，各照所轄地方，不時稽察工程，期于同心共濟。倘興工前後或有事體與原議稍異者，即便從宜處置，或有原議未盡者，不妨另行增補。悉如原題，定限十七年三月終通完。其總河大臣仍親自查閱，委果工程堅固，足保無虞，從實奏報。其效勞大小官員，分別勤惰題請，以俟賞罰，等因。覆奉聖旨：是。河道工程着司道等官，各照分定地方，用心管理，上緊完報。不許疎玩。欽此。備咨前來。本年十月十四日，又准工部咨，爲申明修守事宜，以圖永賴事。該臣條議，一：接築舊隄以防淤淺。本部覆議，清口乃淮黄交會，而淮黄原自不敵。然清口所以不致壅淤者，以全淮皆從此出，其勢足以敵黄也。若分之則必致壅淤。先年淮決高堰，而清口遂成平陸，可鑒矣。今王家口隄被商販盗決，淮流之勢已分。將來清口沙淤，運道阻塞，患必由之。此隄在清河縣對岸，而該縣任其盗決，罪將誰諉？今議欲行司道官接築長隄，專責清河知縣管理修守，疎虞參治。庶幾責任既專而隄防可固，等因。覆奉欽依咨臣，俱經通行司道，勒限興工間。節據司道呈報，南河分司工內，天妃壩原議内外包石。後蒙工科親閱，本壩地勢廣濶，諭令内填實土，不必砌石。清江浦外隄原議險要去處捲埽釘樁，并作順水壩十四座。今酌量水勢緩急，添築草埽排樁，長四百八丈止，築草壩四座。惠濟祠外河石隄加石二層，并添順水草壩一座。裏河石隄原議五十七丈，今減去平緩處所一十三丈，實砌過四十四丈。范家口石隄原議長四百丈，今覆勘，隄堅水緩去處減砌七十丈，實砌過三百三十丈。海防道工内，邵伯湖原題應築石隄二十里。除舊石頗堅，量加修補，不敢筭工外，實砌過石隄一千八百九十八丈八尺。夏鎮分司工内，塔山縷隄原議六百六十丈，今加築三百三十六丈，共長九百四十二丈。古洪閘原議改造，今因添建鎮口閘，啓閉頗易，不必更改，以滋虚縻。止議本閘并内華閘各加石四層，鴈翅加石五層。北河分司工内原議王岩口建壩，今酌量地勢，即于本口之上，地名何家口，建滚水石壩一座，并增修房家口石隄四丈，築塞河口一處。南旺分司工内，續議填築水口十一處，坎河壩兩頭接築土隄共長二百九十五丈，迎水處所俱用灰石壘護。分守東兖道工内，原議修復斗門十三座，今議照舊修復八座，其餘五座改于五里舖添建滚水大石壩一座，長五丈，開挑順水溝渠長一千一百七十四丈六尺，各緣由前來。萬曆十七年三月二十三日，又准工部咨，爲修復湖隄以便蓄水濟運事。該臣具題，本部覆議，南旺、蜀山、馬場三湖，目今水勢瀰漫，直及舊隄根址。去年所議築子隄、長隄處所，見今俱在湖心，難以施工。欲行免築，要將舊隄培築高厚。納水處所不便築隄，仍密栽柳樹以爲封界。雖與科臣原題稍殊，而其爲蓄水濟運則一。且圍湖更廣，蓄水更多。相應如議。備咨總理河道轉行司道府州縣官，一體遵照施行，等因。覆奉聖旨：是。欽此。咨臣通行遵依緣由，俱各在卷。及查原委司道南旺主事蕭雍、夏鎮主事楊信、徐州兵備僉事陳文燧、分巡兖州僉事劉弘道，工俱有緒，各以限滿陞官離任。隨行接管主事王元命、余繼善，按察使陳瑛，僉事和震督理，臣等向在嚴催。節據各工報完。隨即躬親閱視，惟恐頭緒多端，中間倘有隱瞞丈尺，工少報多。又經覆委南直隸揚州府推官李春開、鳳陽府推官蓋國士、山東按察司按察使葉夢熊，各查覈去後。今據前因，該臣議照我國家定鼎幽燕，歲漕四百餘萬以實京師。自瓜、儀至淮安則資湖，自淮安至徐州鎮口閘則資河，自鎮口閘至臨清板閘地方則資汶。湖河洚洞之水，其患在澇；汶泗涓涓之流，其患在涸。固其隄使之可捍，深其渠使之可容，此治澇之法也。湖以蓄之，使其不匱，閘以節之，使其可續，此治涸之法也。所據部科諸臣先後具題築濬諸工種種，皆切河務。蓋邵伯隄固而湖水無泛濫之虞，寶應隄成而閘口免回沙之積，高堰無傾圮之患則淮揚免昏墊之災，淮河絶支岐之流則清口有專攻之力，茶城鎮口之增建深得重門禦暴之策，永通、通濟之添閘自無長渠濟運之艱，五湖隄界既明則汶泗停涵而不時之需可待，斗門閘壩既設則蓄洩有所而湖河之利相須。汶水西趨而泉河易竭，故坎河大壩之關係匪輕；汶水北注而南旺之東流必少，故何家一壩之利賴不小。至如捲築檣埽，加幇卑薄，雖非一勞永逸之計，然亦每歲修防之必不可已者。臣謹遵成議，畫地分工，各司道併力一心，刻期告竣。然事連省直，興作之頭緒頗多，而群力難于畢舉。工歷三時，官夫之勞苦難任，而人情易于怠弛。仰賴我皇上誠孝上格乎玄穹，祇靈助順，威德殫乎于蒼赤，黎獻傾心，奉職者咸效靖躬之義，趨事者俱竭子來之誠，俾臣等得竭犬馬之勞，以效涓埃之報。厥功告成，絲粟皆我皇上神聖之所致也。臣愚不勝慶幸！除用過錢糧候委官查明，另行造册奏繳，及將效勞官員遵旨另疏叙録外，今將各工通完數目日期，擬合從實奏報。爲此具本開坐，謹具題知。

計開：

南直隸工程。

總管官，海防兵備道副使周夢暘與同原任南河郎中羅用敬，督同揚州府通判劉汝大等，砌完邵伯湖石隄長一千八百九十八丈八尺，内創新砌石長一千二百八十五丈五尺，拆砌舊石六百一十三丈三尺，各高九尺至一丈一二尺，計石十層十一、十二層不等。其餘修補舊隄，不敢筭工。築完寶應西土隄長三千六百三十五丈，内樁笆工長二千八百三十七丈，土工長七百九十八丈，俱底闊一丈三四五尺，頂濶八九尺一丈，高五六七尺不等。寶應縣知縣耿隨龍管砌完界首、三里湖石隄，長八百四十丈。高郵州知州楊汝灤管砌完該州南北小湖口石隄，共長三百九十丈，磚石相兼，各高九尺至一丈一二尺不等。淮安府同知姜桂芳、揚州府同知張文運、通判劉汝大、江都縣知縣劉道隆、儀真縣知縣趙廷杞、清河縣縣丞闞大倫等，築過裏河東西束水樁笆土隄，共長三百二十丈，底闊六七尺，頂闊四五尺不等，俱高五尺；幇築過鹽壩迤南隄岸長六十一丈，闊二三丈，高五六尺不等，挑濬河身淤淺，自清河口起至瓜儀江口止，共長四千四百一十三丈九尺，面闊三四丈至十五六丈，深三四尺不等。

總管官，南河郎中羅用敬、徐州兵河僉事、今陞漕儲道參議陳文燧，督同淮安府同知姜桂芳，修補完高堰石隄，長三千一百一十丈，幇完土隄長七千七百九十二丈，樁笆工長一千五百四十四丈，挑濬完堰内洩水支河長二千一百五十五丈；築完天妃壩裏口長一十八丈，外口長三十二丈；清江浦外隄草埽排樁長四百八丈，草壩四座；砌完惠濟祠外河石隄長五十四丈五尺，高十六層，草壩一座，裏河石隄長四十四丈，高十三層，祠西包石長四十二丈；禮字壩土隄長三百四十九丈，石隄取直土一百六十四丈，高一十五層；范家口土隄長四百五十丈，幇完副壩一道，長二百七十丈，排樁二道，共長六百九十六丈，自水底築高三丈四五尺，底闊十丈四尺，面闊五丈五六尺，砌完石隄長三百三十丈，高十九二十層不等；築完順水草壩九座，石磯嘴一座；濬完澗河長四千九十丈，引水溝長一百九十五丈；幇完柳浦灣潘家壩樁笆隄長二百二十八丈一尺，張家窪土隄長二百九十一丈，喻口河壩一道，馬家湖樁笆工長一百八十丈，黑墩工長十丈，蒯家窪土隄長一百丈，金家窪土隄長二百丈，賈家窪土隄長一百九十丈，俱底濶一丈三尺，頂濶五尺，高八尺；建完柳浦灣料廠一所。

總管官，中河郎中沈修、徐州兵河按察使陳瑛，督同淮安府同知姜桂芳、清河縣署印本府通判田有年等，塞完清河縣南岸張福決口，長一百二丈；加築隄長一百二丈，底濶六丈，頂濶二丈五尺，高八尺五寸；兩頭并中段俱護埽排樁，長闊不等；接築張福口以東新隄，長四百四十一丈，根闊六丈頂闊二丈，高一丈；北面戧築斜坡，闊六尺，南面護捲土牛磯觜，長闊不等；加築戚書口坡隄，長一十九丈，濶三丈五尺，高四尺五寸；修築完張福口以南樁笆土隄，長七十七丈五尺；築完張福口以西新隄，長三百三十丈，根闊三丈五尺，頂濶一丈五尺，高六尺；幫築完王家口舊隄，長一千一百八十丈，根闊二丈一尺至七八尺不等，頂闊一丈五尺至三五尺不等，高六尺至九尺一丈不等。内用蘆笆草埽廂護共長一千三百五十四丈。

總管官，中河郎中沈修、夏鎮任滿主事楊信、接管主事余繼善、徐州兵備陞任僉事陳文燧、接管按察使陳瑛，督同淮安府同知徐伸、徐州知州唐民敏等，砌完鎮口閘一座，計石三十層，高三丈一尺，四鴈翅各砌石三十層，閘窩四角廂護樁埽各長七丈，挑完本閘新開河道，北首長八十丈，南首長一百三十六丈，築完塔山縷隄，長九百四十二丈，底闊四丈，頂闊一丈二尺，高一丈。增砌完古洪、内華二閘，各加石四層，并加鴈翅石各五層。

總管官潁州道兵備副使楊芳，督同盱眙縣知縣吴萬全、泗州守備丁汝謙等，砌完護陵子隄。除先築攔河月壩長二百八十二丈不筭外，實砌石工長二百九十二丈五尺，高四尺，根闊三尺。

山東工程。

總管官，北河郎中吴之龍，督同兖州府同知陳昌言、東昌府通判田野臣、汶上縣知縣劉漢書、聊城縣知縣韓子廉等，築完馬踏湖土隄，自弘仁橋起至禹王廟後止，長三千三百一十三丈，根闊二丈五尺，頂闊八尺，高六尺；何家口建滚水石壩一座，砌完壩身連鴈翅轉角壩頭，共長三十一丈四尺，壩身高四尺，兩頭各高九尺；建完梭隄迤南永通閘一座，高一丈九尺五寸，閘底長七丈，闊四丈，四鴈翅每長二丈，闊一丈五尺。續議修補完房家口石隄，長四丈，高一丈，闊二尺；築完弘仁橋河口一處。

總管官，南旺任滿主事蕭雍、接管主事王元命，督同兖州府同知陳昌言、東平州知州徐銘、汶上縣知縣劉漢書、濟寧衛指揮文棟、濟寧州同知程子洛，築完蜀山湖舊隄，自馮家壩東起至蘇魯橋止，長三千五百一十丈，根闊二丈五尺，頂闊七尺五寸，高七尺五寸外，又填完蘇家等十一處水口，各長一丈四五尺，闊二丈三丈二三尺，深七八尺一丈不等；建完坎河口滚水石壩一座，連鴈翅長六十二丈八尺，壩面濶一丈五尺，底濶一丈八尺，高三尺，鴈翅各闊三丈，高一丈；北頭接築土隄七十丈，南頭二百二十五丈，俱根闊四丈二尺，頂闊三丈，迎水處所灰石壘砌；建完馮家滚水石壩一座，長十丈，面闊一丈五尺，底闊二丈，高四尺；自蘇家橋起至田家樓止，長一千四百七十一丈八尺；納水處所每丈栽柳三株，共栽完封界柳四千四百一十五株。

總管官，濟寧兵河按察使曹子朝，督同兖州府同知羅大奎、鉅野縣知縣殷汝孝、濟寧衛指揮文棟，修完馬塲湖東面舊隄，并築新隄，共長一千六百二十丈，根闊一丈四尺，頂闊六尺，高六尺；建完火頭灣通濟閘一座，閘底砌石長闊各八丈，計石一十三層，高一丈七尺七寸，上兩鴈翅各長三丈五尺，下兩鴈翅各長四丈五尺，閘下接砌鴈翅兩邊各長三丈，閘上接砌鴈翅兩邊各長二丈五尺；又開挑河身南北共長八十四丈，闊十六丈，深一丈五尺；修完安居斗門一座，四鴈翅各接砌新石長一丈，高一丈；十里鋪斗門一座，四鴈翅各接砌新石長五尺，高一丈；五里營斗門一座，南二鴈翅各接砌新石長一丈，北二鴈翅各接砌新石長五尺，俱高一丈；栽完護隄卧柳一萬六千一百五十株。北面原留入水渠道栽完封界高柳一千六百五十六株。

總管官，分守東兖道左參政郝維喬，督同兖州府同知陳昌言、汶上縣知縣劉漢書，築完南旺湖東面子隄，長七千一百八十八丈三尺，根闊一丈，頂闊五尺，高六尺；西南北三面幇築完舊隄長一萬二千六百丈，根闊二丈五六七八尺，高六七尺不等；挑完順水溝渠長一千一百七十四丈六尺，口闊一丈二尺七八尺，底闊一丈三五尺不等；修補完關家大閘兩金門并兩鴈翅，各長十一丈，闊各八丈，高一丈五尺；常明孫强劉家焦欒濟運閘共斗門五座，每座兩金門并兩鴈翅，各長三丈五尺，闊各二丈五尺，各高八九尺不等。又剏砌完盛進張全斗門二座，每座兩金門連兩鴈翅各長六丈，濶各二丈五尺，各高八九尺不等；五里舖剏築完滚水石壩一座，長五丈，兩壩頭各闊一丈五尺，迎水兩鴈翅各長一丈二尺，兩轉角各長一丈，跌水兩鴈翅各長九尺五寸，兩轉角各長五尺。

總管官，分巡兖州道陞任僉事劉弘道、接管僉事和震，督同兖州府通判王心、東平州知州徐銘，築完安山湖土隄，長四千三百二十丈，根闊一丈一尺，頂闊六尺，高七尺；建完八里灣閘一座，閘身連鴈翅共長十丈，金門闊一丈三寸，高一丈一尺，建完似蛇溝閘一座，閘身連鴈翅共長十丈，金門闊一丈三寸，高一丈。

奉聖旨：工部知道。

## 贈卹司官疏

臣潘季馴謹題，爲乞恩贈卹病故勤事司官，以慰幽魂以勵人心事。據中河郎中沈修、清江浦管閘員外郎黄曰謹、徐州兵河按察使陳瑛、海防兵備副使周夢暘、漕儲道左參議陳文燧會呈，據高郵州申報，南河工部郎中羅用敬因積勞感患喉疾，于三月初八日身故。乞念本司河工勞績最多，艱辛備至，照例請卹，等因。據此，職等查得南河分司工部郎中羅用敬，江西南昌縣人。由進士初任烏程縣知縣，行取赴部陞刑部主事，漕運理刑。萬曆十三年八月内，督修寶應越河工完，陞本部員外郎。十四年七月陞工部都水司郎中，管理南河各工。修補過高堰石隄三千一百一十丈，幇築土隄七千七百九十二丈，樁笆工一千五百四十四丈，挑濬堰内支河二千一百五十五丈，塞築天妃壩裏外共長五十丈，清江浦草埽排樁四百八丈，草壩四座，惠濟祠外河石隄五十四丈五尺，草壩一座，裏河石隄四十四丈，祠西包石四十二丈，禮字壩土隄三百四十九丈，石隄一百六十四丈，范家口土隄四百五十丈，副壩長二百七十丈，排樁長六百九十六丈，石隄三百三十丈，草壩九座，石磯觜一座，挑濬澗河四千九十丈，引水溝一百九十五丈，柳浦灣、張家窪等處土隄樁笆共長一千一百九十八丈二尺，并建物料廠一所，築過鹽壩迤南隄岸長六十一丈，挑濬淮揚運河，北自清河口南至瓜儀共長四千四百一十三丈九尺，築過裏河東西東水樁笆土隄，共長三百二十丈，修砌界首、三里湖石隄，長八百四十丈，高郵州南北小湖口石隄，共長三百九十丈，實應西土隄二十里，俱經報完。邵伯石隄二十里，修砌將完，正在報竣。其各處歲修工程隨地幫築者不可勝紀。積勞之後，致感喉疾身故。爲照本官經濟練才，膚敏素抱，始以實應功成薦擢水部，因而南河受事，值際河艱，荒度三年，歷寒暑而曾無厭怠；拮据萬狀，雖纖細而必自身親。淮揚修守，若范霸、若高堰，頭緒奚啻千端；土石隄防，若欽工、若歲工，延袤殆將百里。工已報竣，人即云亡。蓋平生精力殫于胼胝，而一念艱貞比之金石。宦囊淡薄，衾斂無以爲資，旅櫬凄涼，道路爲之動惻。所謂鞠躬盡瘁，死而後已者，于本官真無媿矣。即今旦夕報功，已在首叙之列，豈可勤勞死事，寂無優卹之酬？及查萬曆九年，中河郎中佘毅中在任病故，該部院題奉明旨，加贈太常寺卿。今郎中羅用敬，工程勞績委與佘毅中事例相同。合無請乞本院俯賜會題，特加贈典，庶幽魂永慰于地下，而人心激勵于將來，等因到臣。該臣會同總督漕撫、户部右侍郎兼都察院右僉都御史舒應龍，照得原任工部都水司南河郎中羅用敬，秉心忠赤，敷治精明，出宰菰城，遺思尚在。明刑淮甸，平反有聲。改任南河之官，正當弛防之日，范家口之隄未固，天妃壩之決復仍，東支西吾，此顧彼失。敭歷三年之久，曾無片刻之休。延袤千里之間，寧有不遍之足。舊工未艾，新役復興，濬淺培卑，種種皆其料理；鳩工集事，紛紛多所取裁。朝于斯暮于斯，飲食起居于斯，已絶生人之樂；寒不息暑不息，烈風暴雨不息，常懷殉國之心。以故河湖夾攻之地，並無一隙之虞；築濬兼舉之秋，能獲萬全之策。形神俱敝，智力兩窮，寸心如焚，諸火並發，積成喉病，其及宜矣。又聞本官未死之二日，猶扶疾遍歷諸工，口不能言，惟以手指。醫人立勸歸署，就榻即仆。古人所謂鞠躬盡瘁，死而後已者，非其人哉！身死之後，囊無餘資，臣等與地方諸寮曲爲捐助，始就棺殮，又可知其生平矣。興言及此，不覺淚下。身在固當優叙，殁後尤宜厚酬。所據司道查有原任工部郎中佘毅中事例，曲爲申懇，似宜允從。伏望敕下該部，再加查議。如果臣等所言不謬，具疏覆請，從厚優卹。河臣幸甚！臣等再照天下之事，勞心以治人者，其力或可少憩，勞力以治于人者，其心尚有餘閒。維兹河工，必須心力兩盡，方克有濟。故雖以大禹之智，猶不免于手足胼胝也。十年之内，但經河工大舉，必有殉身之臣。兩淮運同贈行太僕寺少卿黄清、中河郎中佘毅中、山東參政馮敏功、徐州道副使莫與齊、河南僉事佘希周、南河郎中羅用敬相繼客死工所，臣等皆所目擊。而其他卑官散秩，泯没無聞者，未可悉數。故近來大小諸臣視河官如桎梏，偶得脱免，若釋重負。如蒙皇上俯賜矜憐，曲爲優處，卹既死者于身後，鼓見任者于生前，亦礪世磨鈍之一機也。臣等不勝惶悚，懇祈之至。謹題請旨。

奉聖旨：該部知道。該吏部議覆。奉聖旨：羅用敬准贈太僕寺少卿。

**校勘記**

〔一〕謂，清初本同，他本作『諸』，爲是。

〔二〕七律，據乾隆本、水利本當作『七津』。

〔三〕什，據對校本當作『僕』。

# 河防一覽卷之十二

## 奏疏

### 甄別司道疏

臣潘季馴謹題，爲欽遵明旨，甄別司道官員，以重河漕事。案照萬曆十六年十一月内准工部咨，該臣題爲恭誦綸音，不勝感奮，敬陳治河鄙見，伏候宸斷事。覆奉聖旨：是。近年河道官員不行遵守修防事宜，因循廢弛，致有疎虞，却又紛紛建議，意見雜出，何裨實事？今後務遵明旨，加謹防禦。每年終，總河官將所屬河道部司等官，甄別具奏。欽此。除欽遵外，臣竊惟南北運道不啻三千餘里，總河之臣以一身彈壓于其間，豈能家喻而户曉，日省而月視哉？所賴于承宣者，司道諸臣也。司道不得其人，則河情難于上達，法禁苦于下壅，鮮不誤矣。我皇上留心國計，軫念民生，特降明綸，諭以得人爲要。仍頒嚴旨，假以甄別之權，此實地方之福，河臣之幸也。敢不仰承德意，悉心諮訪，以圖報稱哉？臣查得自北直隸以至浙江，專管河道者，部臣五，道臣二，兼管河道者，部臣三，道臣十一。今當萬曆十七年已終，相應奉旨甄別。

内除莅任方新，伏秋修防未經委任，及浙江水利道係臣原籍，恐違近例，不敢槩舉外，以部臣言之，如中河分司郎中沈修，虛中雅能，受善廣益，出自和衷，不假聲色而推赤心以鼓群工，罔炫新奇而順水道以收群策。北河分司郎中吴之龍，直諒固是本真，敷施尤多諳練，勿喜更張而因革自有條理，無爲苛刻而章程具見整嚴。南河分司郎中黄曰謹，勤恪足應糾紛，老成不事粉飾，始任即值横流而疏濬獨苦，施工必勤荒度而防禦有方。臨清板閘分司員外何應奇，性不徇人，政能剔蠹，司甎司閘，而遇事皆有規條，任怨任勞，而一心惟知法紀。南旺分司主事王元命，卓有古雅之風，絶無脂韋之態，言若不出而泉閘庶務聿興，體若不勝而官夫奉行惟謹。夏鎮分司主事余繼善，通敏可當一面，才諝克濟時艱，濁流四溢而兩月悉就安全，諸作並興而一身不遺餘力。以道臣言之，如徐州道山東按察使陳瑛，胼胝已及十年，忠勞真如一日，胥抱全河而區裁有同指掌，志專報主而注厝不異承蜩。分守東兗道管泉參政郝維喬，涵養定而吐茹不形，器識高而張弛自裕，導泉防河之曲當，澤民利國以咸宜。分守濟南道管泉參政楊芳，秉長駕遠馭之才，有憂勤惕厲之意，厘析河泉之源委而擘畫甚當，稽查額課之逋負而工費允資。河南管河道副使陳九仞，精勤率屬而事在先勞，縝密分猷而言可底績，禦狂瀾一身如棄，躬畚鍤萬苦不辭。濟寧管河道副使曹時聘，心事如青天白日，才華若流水行雲，昔守鳳郡而防淮之譽已彰，兹擢東藩而治河之功尤茂。蘇松兵備道副使李涞，才可斷犀，智能先物，當庶務旁午之日而疏鑿必親，值天時旱魃之秋而閭閻允附。大名兵備道副使于文熙，卓犖不事詭隨，誠確雅能肩仔，疏瀹衛水而王舟無阻滯之患，議建隄防而魏民有保障之功。霸州兵備道副使蔣科，才猷不尚揮霍，趣向自是高明，流沙之通澀不常，運渠之疏築知謹。以上諸臣職任雖有不同，要之公廉勤恪，皆爲一時之選，所當薦揚者也。内如郎中黄曰謹，莅事雖僅九月，修防已畢一年。按察使陳瑛、副使陳九仞，近報陞任，尚未交代。參政楊芳、副使曹時聘，見任雖未及期，前官俱兼河務，皆臣所轄之地，似應并薦者也。如蒙敕下該部，再加查議。如果臣言不謬，將諸臣次第轉擢，而中間相應久任者，查照原題施行，庶幾防禦得人而地方永頼矣。謹題請旨。

奉聖旨：該部知道。

## 工部覆前疏

題爲欽遵明旨，甄别司道官員以重河漕事。該總理河道右都御史潘季馴題前事，奉聖旨：該部知道。欽此。該部看得總理河道右都御史潘季馴題稱，自北直隸以至浙江，專管及兼管河道部司諸臣，除浙江係河臣原籍，恐違近例，不敢概舉，乞將中河郎中等官沈修等，徐州道按察使等官陳瑛等，次第轉擢，中間相應久任者，查照原題施行一節。爲照漕河事規，分理防守固在郡縣，承宣督率尤頼部司。乃往歲薦獎獨及郡縣而部司不與，甚非所以重綜覈，昭勸懲也。近該河臣題奉明旨，通行甄别。兹當十七年歲終，照例具題前來，相應如議題請。恭候命下，咨行吏部，將部臣沈修、吴之龍、黄曰謹、何應奇、王元命、余繼善，道臣陳瑛、郝維喬、楊芳、陳九仞、曹時聘、李滦、于文熙、蔣科，通行紀録，次第轉擢。內郎中沈修，查照原題久任，候九年考滿，另議優擢。及照蘇松兵備係暫管河務，彼江南水利既設有專官，今後年終仍查水利官舉劾。其浙江水利，據河臣稱係原籍，遵例不敢槩叙。但查近例，原籍迴避特爲南道御史點差而設。若都御史統轄地方廣遠，原不在此例。如各邊及漕運總督有所舉刺，雖原籍亦所不遺。總理河道與總督體統相同，則事權不宜獨異。况全河形勢，南自兩浙，歷江河淮濟以達京師，凡數千里，若一身之脈絡。然倘偏而不舉，則脈絡不得貫通，事權不得歸一。合無今後每年終查覈各司道府州縣，如南北兩直隸、浙江、河南、山東凡與河道相干涉者，無論原籍與否，一體舉劾，併乞聖裁，移咨總理河道及南北直隸、浙江、河南、山東各巡撫都御史，及咨都察院轉行各巡按御史遵照施行。

奉聖旨：是。各該司道等官但與河道相干的，著總理官一體甄别。

## 申飭鮮船疏

臣潘季馴謹題，爲乞恩查復舊規，以利漕渠事。據管理南河郎中黄曰謹呈前事，卷查舊例，淮安通濟閘外，每年伏水未發之前，築攔河土壩以遏黄流內灌。所有進貢鰣魚鮮船限在五月初發行，伏前過淮。其楊梅等船聽將馬快空船預撥壩外停泊盤剥，節經遵行已久。及照上年前船俱不預先出口，以致築壩過期，黄水暴漲倒灌，裏河淤墊，挑濬甚爲不便。近來黄河漲發多在未入伏二十日之前，勢猛難禦，則口壩之築須爲早圖。合無移文南京兵部并守備衙門，速將鮮貢船隻催儹發行，并撥馬快船隻，依期于五月中旬俱令出口，本司預備物料，定于六月初一日築壩合口。庶壩工早竣，河道無虞，等因到臣。案照萬曆八年，先該臣總理河漕，會同漕撫前任都御史江一麟題，該工部覆議。查得正德、嘉靖年間，五月已有鰣魚到京，且既稱鮮品，尤宜早進，既係薦廟，尤該及時。但近年以來，進鮮每于採鮮既完之後方行措辦裝具，附載貨物，勾當稽留，動踰旬日，沿途淹頓，又致愆期，比至京師，則色味俱變。不惟有礙築壩，且于薦鮮之義亦甚無當也。即據守臣回稱，鰣魚例在五月初旬採完。蓋四月二十日前後已行採矣。若隨船器用，如冰鹽之類預備停當，一經採完，即便發行，不過半月即可過淮，正是伏前，自于築壩無礙。至于楊梅等物又與鰣魚不同，即至壩成，不妨盤剥。以後年分，鰣魚鮮船定限五月初頭發行，伏前過淮；楊梅等船從便，聽將南京馬快空船于未築壩之先預撥，過淮停泊壩外，以俟盤剥，則上供既無後時之虞，國計亦得先事之備。所關于築壩治漕者，寔非小補，等因。題奉聖旨：是。欽此。備咨通行欽遵外。今據該司所呈，近來黄河水發太早，即如去歲五月二十日，水汛陡漲，其流愈濁，馬船到遲，致誤築壩，裹河受淤，挑濬工鉅。乞要預催鮮船，早放出口一節，委屬喫緊。臣又查得徐北鎮口閘外清黄交接，黄河暴漲，内灌成淤。已經題奉欽依，黄漲之時下板閉閘，以防内淤。若貢艘少遲，南誤出口，北誤入閘，兩相妨礙。况鰣魚出在四月，自應及時採取。若船隻冰鹽預先備辦採完即發，則半月之内准可過淮出口。非惟壩工不誤，而恭進品物較常必更鮮美。今據該司擬于六月初一日築壩，似爲長便。伏望皇上軫念河漕、薦新，均屬重務，敕下該部。如果臣言不謬，咨行南京兵部及内守備衙門，預將鰣魚鮮船合用器具冰鹽，先時料理完備，一經採完，隨即督發。嚴諭在途，不許遷延，期在五月十五左右，兩運盡數過淮，趂赶伏水未發，早進鎮口閘河。其餘貢船預撥馬快空船，照限出口停泊外河，以俟盤剥。仍聽臣預行該司辦完壩料，將通濟閘外輭壩，準在六月初一日合口。庶幾貢期不爽，河防有裨矣。謹題請旨。奉聖旨：該部知道。

## 工部覆前疏

題爲乞恩查復舊規以利漕渠事。該總理河漕兼提督軍務都察院右都御史潘季馴題前事，奉聖旨：該部知道。欽此，欽遵。抄出到部，送司案呈到部。看得淮安通濟閘、徐州鎮口閘當黄河南北之衝，故每年五月間黄水未發，將鮮貢船隻催儹過盡，南則築輭壩以遏横流，北則閉閘口以禦淤墊。屢經題奉明旨，禁例森嚴，遵行已久。乃近年鮮船未行之前，則器具冰鹽失于先治，既發之後，則附載貨物，沿途遷延。如上年黄水陡發太早，鮮船出口太遲，遂致築壩不前，幾成大患。是以河臣潘季馴先事預防，申明舊制，要在四月採鮮，五月過淮，六月初一日築壩。較之往年稍加督速，而貢品愈致鮮美，閘壩俱得蚤圖，深爲長便。相應如議覆請。但進鮮船與官民船不同，法禁難行，事多阻撓。自非天語丁寧，未免遷延若故。伏望皇上俯念軍國大計，將鮮貢限期特降嚴旨，容臣等咨行兵部，轉咨南京兵部及守備衙門，務要依期採辦，作速啟行，限在五月十五日前後兩運盡數過淮入口。但有稽遲至六月内者，許河臣參奏重處。仍咨總河都御史，轉行管理南河郎中夏鎮主事預辦物料，候鮮船過淮即便築壩，過徐即便下閘。其輕壩定限每年六月初一日合口。如有遲悞，一體查參施行。奉聖旨：是。進鮮船隻，着該衙門依期採辦發行，限五月中過淮，六月初築壩，不許延緩過期，致碍河防。如有故違，聽總河官及該科參治。

## 申明職掌疏

臣潘季馴謹題，爲明職掌，一事權，以便責成，以裨河漕事。臣于二月十二日准工部咨，該臣題爲欽遵明旨，甄别司道官員以重河漕事。本部覆議，内開蘇松兵備係暫管河務，彼江南水利既設有專官，今後年終仍查水利官舉劾。其浙江水利，河臣稱係原籍，不敢槩叙。但查各邊及漕運總督有所舉刺，雖原籍亦所不遺。總理河道與總督體統相同，則事權不宜獨異。年終查覈司道府州縣，如南北兩直隸、浙江、河南、山東凡與河道相干涉者，無論原籍與否，一體舉劾，等因，題奉聖旨：是。各該司道等官但與河道相干的，着總理官一體甄别。欽此。除欽遵外，臣謹以今歲甄别之疏不及蘇松水利道之故，與兵水二道事體應否歸一之由，敬爲皇上陳之。臣于萬曆十六年六月初二日入境，適值添設蘇松水利一道副使許應逵隨亦赴任。臣以事體度之，漕渠必屬之水利道矣。隨于本年閏六月初八日爲查取官員賢否事，牌行該道查造文武官員考語册。又爲專責成、嚴修守等事，案行該道申飭河防。初九日爲欽奉勅諭查勘河道等事，牌行該道查議濬淺築隄錢糧人夫作何區處。七月初一日准工部咨，爲民饑已極，西成尚遠等事，案行該道將南京户部發銀十萬兩，如遇修舉水利呈允支銷，年終將支過實存數目報院覆查咨部。初二日爲關防詐僞事票行該道，將發去告示轉行所屬曉諭。十八日爲查濬江南河道以便早運事，案行該道查勘運河某處淺阻，作何疏濬，并額徵河工脚米銀完欠數目。二十九日爲查理歲報河道工程事，牌行該道查取萬曆十六年修過工程，用過錢糧，年終册送院類造。該道俱無一字回報，而水利道事務亦無一字關白臣者。隨該臣咨行應天巡撫周繼，查詢管河該道緣由，准有回咨。内開先據蘇松兵備道呈稱，河道事宜，先年并水利俱係兵備道兼理，今既設有水利專道，則河道一事應否歸于水利道專管，或仍聽本道兼攝，呈蒙本院詳批。河道、水利原係二事，仰照舊行，去後。今准前因，相應咨覆等因。臣遂以河道事務一意責成蘇松兵備道，而水利道之事絶無干涉矣。此非許應逵之有心抗臣，亦以河道原屬兵備道而謂臣職專河道，水利非所司耳。故臣于年終甄别司道之疏，止及李淶而不及許應逵也。即今奉有明旨，無容别議。但于職掌尚未申明，事權亦未歸一。且水利道原無管河之責，而臣乃舉刺非所管轄之官，若于事體未妥者。臣查得江南水利、河道委屬兩端。而副使許應逵才猷敏練，智識通明。先任南河郎中，河事固所素習。河道事宜應否併屬本官兼理，其水利事務自有撫按專司，應否亦屬河道衙門兼攝，臣不敢擅擬。再照浙江司道府縣掌印水利等官，工部覆奉明旨，令臣照各邊及漕運總督事例，無論原籍與否，一體舉劾。行間續准吏部咨，該本部覆臣年終舉劾有司官員，内開，浙江司道有司玩愒不職，失誤河防者，許令臣據實開報，彼處撫按參奏，等因。兩咨事體未一，有望遵行。伏望敕下該部通行查議，其蘇松水利惟復轉行彼處撫按衙門再加詳酌，覆請明旨，着爲成例，以便永永遵行。庶職掌明而舉刺自當，事體定而責成亦易矣。臣愚幸甚，河道幸甚！謹題請旨。

奉聖旨：工部知道。

## 工部覆前疏

題爲明職掌，一事權，以便責成以裨河漕事。該總理河道右都御史潘季馴題前事，奉聖旨：工部知道。欽此，欽遵。抄出到部，送司案查本年二月内，該總理河道右都御史潘季馴題，爲欽遵明旨，甄别司道官員以重河漕事。内題議北直以至浙江專管及兼管河道部司諸臣，除浙江係河臣原籍，恐違近例，不敢概舉。乞將中河郎中等官沈修等，徐州道按察使等官陳瑛，次第轉擢等因，具題前來。已該本部查得蘇松兵備道副使李淶暫管河務，彼江南水利既設有專官，今後年終仍查水利官舉劾。其各司道府州縣官，如南北兩直隸、河南、山東凡與河道相干涉者，無論原籍與否，一體舉劾緣由。覆奉聖旨：是。各該司道等官但與河道相干的，着總理官一體甄別。欽此。已經咨行吏部及備行順天、保定、鳳陽、應天、浙江、河南、山東各撫按衙門一體欽遵訖。今該前因，似應覆請，案呈到部。看得河道都御史潘季馴所題，大約謂漕河應屬水利，屢經移文蘇松水利道查議漕河事宜不報。續准應天巡撫咨稱，河道、水利原係兩事。河道係兵備李淶兼攝，水利係許應逵管理。故年終叙録止及兵道而不及水道。即今漕河、水利應否歸一，要行彼處撫按詳酌，覆請著爲定例。其浙江水利等官，該工部覆奉明旨，許總理河臣一體舉劾。又准吏部咨開，浙江司道有司失誤河防者，河臣開報，彼處撫按衙門參奏。兩咨事體有礙，乞要通行查議各一節。爲照蘇松添設水利副使，一應江南水利皆其職掌。而况漕河上裨國儲，下切農事，尤水利之重且要者乎？十六年，水道初設，尚未履任，該撫臣以江南旱荒亟欲借水利以濟饑民，諸凡修濬事宜，暫令兵備副使李淶兼攝，一面舉行，一面候新官至日交代，誠得救荒權宜之策。及水道既至，業有專責，則漕河事務自應接管。若復歸之兵道，恐非朝廷設官分職之意。况水利近兼督糧，每年押運水次，則漕尤其緊關疏濬，豈宜別委？此後河道年終仍當查水利道舉刺。至于各省直水利官，凡與河道相干涉者，既奉明旨，許總河一體甄別，則浙江雖係河臣原籍，其司道有司苟誤河防，自當論刺，似不必開報彼處撫按參奏。此兩事者，一關職掌，一關事權。職掌不明，何以盡官守？事權不一，何以昭勸懲？河臣詳具本末，特爲申明。委應如議，覆請恭候命下，備咨總理河道應天巡撫都御史，及咨都察院轉行蘇松巡按御史，督行蘇松水利道，將漕河即便管理。以後興修水利，做過工程，用過錢糧，凡關係農務者，照舊開呈彼處撫按衙門奏報，關係漕河者，呈報總河衙門，以憑甄别，仍呈彼處撫按知會。至于浙江司道府縣掌印水利等官，既奉有明旨，許河臣一體甄别，仍應欽遵施行，無容别議。

奉聖旨：是。水利道有關漕河的，著遵照近旨通行甄别。

## 縣官輕忽河務疏

臣潘季馴謹題，爲縣官輕忽河務，重累小民，乞恩俯賜究治，仍乞申飭成例，以安地方，以裨河防事。據管理中河郎中沈修、徐州兵備副使陳文燧會呈，蒙臣憲牌内開，各屬領銀買辦蘆柳椿檾等料，除邳州遵行差官收買將完，與民無干外。該司道即查睢寧縣因何不差職官買運，派令鄉民，致生騷擾，究明呈詳。其徐、靈、宿三州縣見今作何收買，曾否累民，併查議報。依蒙，行據淮安府管河同知唐民敏呈稱，本職親詣睢寧縣，查得該縣先領銀一千五百兩，分派各社殷實薛檠等前去産料地方收買已完，見今運廠交收。續領銀一千兩，又分派各社殷實劉仲弼等轉派花户。職已出示曉諭，原買人役各將原領銀兩，查照原派，各料已買完者，仍令交廠。其未領銀兩，俱委佐貳職官買解，不許累民。及查徐州領過銀兩已發所屬四縣，差委沛縣典史朱大積等，宿遷縣已委典史陳一揚等，各前去安東等處買運。惟靈璧縣盡派概縣小民。該職親詣查理。行至雙溝地方，據各買料人役執稱，買到料物俱被收料。委官凌錫刁難使費，守候日久。隨拘本犯審實，搜得索受人户蔣連等贓銀共六兩一錢九分。票發縣丞楊田收貯本犯，行縣監候外。參看得睢寧縣原估埽料派及殷實義民買解，而殷實轉派花户，動衆滋怨。至于靈璧縣違背原行盡派花户，民已不勝其苦。及買到交納，又被委官百計刁難，索騙不貲。誤工病民，莫有甚于此者，法難輕貸。合無請乞裁奪，緣由到職。該職等勘得河工辦料責成掌印官，原係節年題准事例。今歲工料已經估計，呈請本院并漕撫部院詳允，備行州縣着落掌印官領銀，選委廉幹職官，查照上緊買辦交廠。除邳、徐、宿遷遵照外，惟睢寧縣派之里甲殷實，而殷實轉派之花户。靈璧縣則徑派里甲，騷擾小民，且縱容義官索騙，不惟墮工，抑且累民。似應呈請定奪，等因，到臣。卷查先該臣題爲申明修守事宜以圖永賴事。款開預定工料，以便工作。每歲十一月中旬，司道踏勘沿河險夷，分爲三等類報總理衙門批允，分撥應辦物料，即行各掌印官領銀，如數買辦。定限正月半以前報完，隨即興工。四月初旬告竣，著爲成規，違誤參究。已經工部覆奉欽依，通行欽遵在卷。續于去年十一月二十一日，據司道呈，爲會計預備十八年歲修工料事，議得徐、邳、靈、睢、宿五州縣遥、縷二隄迎溜埽灣捲埽幫護合用樁草蘆柳繩檾等料，該銀一萬三千六百四十七兩二錢一分，動支淮庫歲修銀，轉發各州縣掌印官選委廉幹職官，查照原估，趂時置買，交廠驗足，聽于正月初旬興工支用。已經批允通行訖。臣又恐缺料誤工，派民生事，又于正月初二日牌行各州縣，將支過銀兩，責差的當員役四散收買，解廠交納。向未回報。臣隨于正月十九日親詣徐、邳一帶查理。止據邳州揭報，收買將完。其餘州縣屢經催促，並無解到。該臣往來河濱，詢知小民，始知睢寧縣故違原行，並無差官買運。及至興工，方纔派及殷實，攀連里遞。其徐州、靈璧、宿遷等三處恐亦類此，即牌行司道查究去後。今據前因，臣竊惟治河之法莫要于歲修，而歲修之工必資于草料。草料不預則工作必遲，而伏秋之間難保無虞矣。臣是以題請十一月中旬勘估買料，正月半以前報完興工，四月初旬告竣。三令五申，極爲詳勉。而又恐其派累小民，躭延時日，復與司道叮嚀告戒，不曰責差的當員役四散收買，則曰選委廉幹職官上緊買辦，可謂至諄懇矣。而靈、睢二縣不恤民隱，惟便己私。揆厥所由，蓋因積胥黠吏意在侵扣，差官收買便難染指，以至義官淩錫大肆誅求。即搜出者如此，而其花費者可知矣。即義民官如此，而吏書可知矣。等而上之，又安知掌印官之無所私乎？今時及三月，諸料未備，歲修之工必難早竣。不惟小民負累，而于河防之事墮誤多矣。既經司道勘覈前來，相應參治。參照睢寧縣知縣馮紹京、靈璧縣署印縣丞董本，才既昏庸，志多怠肆。視貧民如秦越，全無己溺己饑之懷；視河務若贅疣，寧有急公趨事之義？聽群小之撥置而上官禁令若罔聞知，任積棍之憑陵而小民咨怨了無動念。徇私之弊，難保不無，而違玩之愆，已屬難逭。我皇上洞悉民艱，特垂蠲賑；留神國計，宵旰勤惓。而紹京等乃敢玩愒如此，非惟有乖人臣之義，而亦大失民牧之職矣。伏望敕下該部，再加查議。將馮紹京、董本併一干吏書及贓犯淩錫等，行臣提問，依律議擬。官吏如有贓私，從重究治。庶人心知警而河工自肅矣。再照歲修之工，每歲必不可已者。若不再加申飭，著爲定例，日久官吏，未免弛惰。

併望特降嚴旨，每歲十一月中旬各掌印官赴司道官處關支銀兩，將應辦物料責差的當員役，于出産地方分投收買。定限正月以裹報完。並不許派及小民，致滋騷擾。如有仍前抗違，許總理衙門指名參究。則地方既得安堵，而修防亦可預辦矣。謹題請旨。

奉聖旨：馮紹京等着河道衙門提了問。工部知道。

## 旱久泉微禱雨疏

臣潘季馴謹題，爲旱久泉微，河道艱澀，乞恩俯允虔禱，以回天變，以濟糧運事。據管理北河郎中李民質、管泉兼理南旺濟寧閘座主事王元命、濟寧管河兵備副使曹時聘會呈，據兖州府管河運司同知陳昌言報稱，自去冬至今，天道亢暘，汶泗泉流微細，以致南旺等處河道日澁。即今重運盛行，恐有阻滯。預呈到職。該職等看得南旺濟寧一帶，漕河地勢高亢，不通江河。所賴以濟運者，惟藉諸泉之水。而諸泉之水必得天雨及時，源流充溢，斯可盈漕利涉。詎自去冬至今，雨澤未霑，天道亢旱。時已入夏，地脈益乾，泉流愈涸。以涓滴有限之水充南北二河之用，勢必不能。今濬河則河身不淺，導泉則泉穴俱闢。多方疏引，水涸如故。人力至此，無可奈何。所仰望者，惟有雨耳。乃雲作風隨，須臾如掃。日復一日，膏澤竟屯。雖今歲糧艘不多，積有諸湖之水儘可接濟。但目下過濟者止有江北運船，江南重運及進貢船隻尚多未到。兹值狂風捲蕩，烈日薰蒸，湖水雖盈，亦漸消耗。倘自今猶然不雨，接濟不前，殊爲可慮。查得萬曆十六年久旱河淺，該查勘河工都給事中常居敬、山東巡撫李戴會題請禱，奉有明旨。隨即霖雨滂沱，運艘利涉。即今旱魃爲虐，不異往歲。河水漸涸，後事可虞。除行管河泉閘等官加謹啟閉，極力疏濬，職等日夜驚皇，痛自修省外，合無比照前例，俯賜題請恭行祈禱于泰山諸神。庶幾天意可回，甘霖早澍。國儲幸甚，河道幸甚，等因到臣。臣竊惟漕河之深淺係于泉源之盛衰，而泉源之盛衰係于雨澤之多寡。蓋天時地利本自相資，而人力天工不可偏廢者也。矧漕渠自鎮口閘以至臨清七百餘里，皆賴蕪萊諸泉南北分濟。道里既遠，水力自微，其所藉于霖雨者尤不小也。臣于去年夏秋之間，目擊山東地方苦旱良久，已經撫按衙門題請蠲賑。入冬雨尚愆期，雪不盈寸。臣逆慮漕河淺澁，即嚴行司道及管河諸臣疏導泉穴，挑濬漕渠，及將汶河諸水挽入湖坡貯蓄，以待不時之需。凡可爲漕計者似無遺力。該司道所云濬河則河身不淺，導泉則泉穴俱闢，誠有然者。第因山東久苦乾旱，入春雨澤全無，亢暘愈甚。陰雲稍合，旋被風散。此皆臣等奉職無狀之所致也。泉流日微，漕水日涸。閉閘積水，兩日方可盈漕。所幸今歲漕糧不多，徐北業已過濟，頭幫已出臨清板閘矣。獨上江運艘共計一百八十七隻尚未過濟，而鮮貢之船亦多陸續前進。臣嚴行管河各官將南旺、蜀山、馬場、馬踏等湖封閉蓄水，取有甘結在卷。候運船至日，放水送舟，量亦無誤。但慮狂風簸蕩，烈日薰蒸，湖水不免漸消。臣與司道諸臣晝夜徬徨，寢食爲廢。日望天降時雨以濟燃眉之急，而竟未可得也。考之《春秋》，三月不雨，即以示警。今不雨者自冬歷春，由春入夏矣，寧能保其不涸乎？臣查得萬曆十六年四月間，山東巡撫都御史李戴亦以久旱不雨，漕渠淺澁，會同勘工都給事中常居敬題請躬詣泰山祈禱。奉聖旨：便着該巡撫官虔誠祈禱。禮部知道。欽此。諸臣遵行，未幾而大雨如注。蓋聖德隆盛，素格天心，意念所及，百靈效順，宜其響應如此。伏望我皇上容臣比照前例，率同司道等官齋食素衣，躬詣泰峙建壇祈懇，仰冀旱魃潛消，甘霖速降。則非惟運道可免淺澁，而民生亦可望其有年矣。

奉聖旨：着河道官竭誠祈禱。該部知道。

## 添募夫役以裕河工疏

臣潘季馴謹題，爲添募夫役以裕河工，以安民生事。據中河分司工部郎中沈修、徐州道管河副使陳文燧呈稱，照得國家定鼎燕都，歲運東南粳粟四百萬石，涉江淮，經邳徐入閘，必資黄淮二河濟之。嘉隆以來，河决崔鎮，淮决高堰，高、寳、興、鹽、山、清、桃、宿等處，田廬蕩溺，正河淺涸，轉運艱辛。東修西潰，數十年無寧宇。至萬曆六年，蒙本院剏築遥隄，重門禦暴，盡塞諸决，束水歸漕。田地始獲耕種，民居亦將安堵。迄今已逾十年。而隄長夫少，修守乏人，以致車馬踐踏，風雨剥蝕，日見卑薄。近蒙本院調撥山東徭夫三千九百餘名，倩派徐、邳、靈、睢、宿鄉夫一萬二千餘名，大加修築，工已告竣。而各夫犒賞動經數千，歲修銀兩僅供物料，不免稱貸于漕庫。民固稱勞，官亦告匱，甚非久安長治之策也。爲今之計，必須添夫一千二百餘名，分撥險要去處，專令廉幹官一員管理修守，庶幾不至墮誤。但添夫不難，而增餉難。每夫工食八兩，該銀九千六百兩。當此民窮財盡之時，豈宜派及里甲？查得萬曆十六年，本院會同漕撫衙門奏留二升米銀内，相應動支召募，等因到臣。該臣看得治河之法，平時有修築之工，伏秋有防守之苦。一有不周，禍患立至。夫役減少固難責以全功，起派鄉夫又不免于騷擾。隨查中河所管地方，北自鎮口閘，南至清河縣，兩岸共一千餘里，而豐、沛、蕭、碭四縣隄岸又約二百餘里。原設夫役頗多，祗因工食缺乏，日漸減削，僅存五千五百餘名。計里分派，每里不及五名，中間又多逃曠。以至歲修之時，不免派及鄉夫。而犒賞之費動經數千，貧夫所得不多，官司設處甚苦。且與其勞費于既壞之後，孰若預辦于未壞之先乎？所據司道之請，誠有不可已者。伏望敕下該部，再加查議。如果臣言不謬，容臣劄行司道轉行淮安府，每歲于臣等奏留輕齎二升米銀内動支九千六百兩，分發沿河各州縣，募有身家之人共一千二百名，責令廉幹官員專管，分布要害處所。平時加上幫築，伏秋晝夜防禦。庶幾河防有人，閭閻無擾，未必非永賴之策也。再照前項米銀以全漕計之，約有二萬七千餘兩。但每歲俱有扣兑，即如萬曆十七年止有一萬九千七百二十五兩，十八年止有六百二十六兩六錢，以致原借漕庫欽修銀兩尚未補足。以後此等年分難保不無仍乞特賜允行，漕撫衙門如遇二升米銀不足，容臣暫于漕庫借支别項銀兩，給散各夫，候下年解到之日，如數補還。則餉不病于告匱，而隄可恃以長固，民可藉以少安矣。謹題請旨。

奉聖旨：工部知道。該工部覆奉施行。

## 官旗挾帶私貨疏

臣潘季馴謹題，爲官旗挾帶私貨十倍明例，壅阻漕渠，乞恩申飭成規，以厘夙弊，以裕轉輸事。據管理漕務參政吴同春呈，蒙臣憲牌，查得江西南、饒二衛所糧船私帶木筏甚多，塞滿河路。仰道會同濟寧道速令江西運糧把總公同管河同知，將木筏放在岸。要見某衛所某船見帶板木若干，共秤重若干斤，具數呈報，催船星夜前行。木植留人看守，等因。又蒙漕撫部院牌仰本道即查前船。如果因帶板木變賣，故行遲延。每船除例帶土宜六十石，如係板木每一百斤准算一石。此外但有夾帶過多者，查明入官，將船催赶前進，等因。依蒙，會同濟寧道行委兖州府管河運司同知陳昌言、江西把總責踁秤盤過木數到道。爲照今歲糧船爲數甚少，運納宜速。詎意南、饒二衛所多帶木筏，擠塞河路，殊屬違玩。既經管河同知查勘前來，即應照議没官。但板木就水，秤盤低昂，恐未盡確。合無備行陳同知將前堆寄濟寧板木一百三十六萬五千一百九斤内，量除二十八萬五千一百二十九斤，入官變價，作正支銷。仍將一百七萬九千九百八十斤，照依原盤各船數目，撥給軍人收領，任其發賣。及又揭稱，漕運議單内開，運軍土宜每船許帶六十石，沿途遇淺盤剥，責令旗軍自備脚價例外，多帶者照數入官。乃今法久人玩，違禁攙帶，十有八九。各船每到馬頭，輒延緩數日。雖曰挨幇，實爲脱貨。而把總運官亦或因公濟私，帶貨覓利，總分于衛，衛分于所，所又分帶于旗軍，遂致旗軍乘機夾帶，有至數萬斤者。淹滯運艘，稽悮程途，莫甚于此。蓋因盤驗姑息，參罰之例未定，人情狃于因循。相應議處，以後開兑司道嚴諭，各船止帶別項土宜，限定六千斤。其竹木板片沈重貨物不許稍帶。違者搜获，勿論多寡，即發水次衙門入官。每年南船抵瓜儀則委瓜洲江防同知，抵淮安驗單推官，抵徐入閘則委管河同知，逐一嚴搜。果無夾帶，回報漕司案候稽考。如前途驗過，後官查有夾帶，即係前官容縱，一體參治。永爲遵守，庶例嚴而實效可臻，源清而流獘自絕，等因呈詳到臣案查。先據兖州府管河運司同知陳昌言揭稱，饒州所糧船止三十七隻，稍帶木筏八十三弔，濟寧天井閘河擠塞盈滿。每船載木既多，不得不卸爲筏。況以重船而尾復曳以重筏，連綿之勢，撑駕又難。閘板既啟，待久水洩，又以河淺爲名，延挨貨賣。及查南昌衛，較之該所更甚，緣由前來。臣即牌行兩道委官盤卸。隨據濟寧管河副使曹時聘呈，將秤盤過多帶板木數目，令人看守。各船催赶前進，呈詳到臣。已經詳批。各官旗故違明例，稍帶私貨，不啻十倍矣。今既停留在岸，姑候各運船抵灣遲速，再奪間。今據前因，臣看得歲漕四百餘萬，自瓜儀至淮安則資諸湖與二河之水，自鎮口閘至臨清板閘則資汶、泗之水。每年四五月間，雨少泉微，正當漕渠淺澀之際，適值糧運盛行之時。臣督管河官員開湖閉閘，多方蓄水，以求速濟，良亦苦矣。廼今各船私帶重貨，公行無忌。而南、饒兩處運船見卸板木重一百三十六萬五千一百餘斤。而未盤之先，沿途開廠，發賣已多。該道所報僅及其半，船内磁鐵等器又不知其幾何矣。何怪乎舟行遲滯，抵灣之愆期也。究其來由，運軍一貧如洗，烏得有此鉅貲？盡係運官通同把總販賣營利，勢壓旗軍，分派裝載。今歲運艘不多，南饒僅八十五隻，稍帶木筏，所至充塞。若遇全運之年，萬艘鱗集，寸步難前矣。其貽漕河之害甚非眇小。所據把總責踆及領運指揮朱維祺、千户張士維等，通同派買之弊，難保不無。而容情阿縱之愆，已屬難逭。但沿襲日久，向未申明禁例，姑免參治。隨批該道將給軍并入官之數，通呈漕司稽考去後。其該道所議，以後開兑各道嚴諭，官旗止帶别項土宜，不許仍攜竹木板片，及要委官盤驗一節，似應依擬。除聽漕撫及巡漕衙門設法稽查外，竊惟漕米之盈虧係于漕司，而運艘之遲速係于河道。合無許令總河衙門分行各管河分司，各照地方，分段盤驗。如運船入瓜儀至淮安通濟閘，責之南河郎中；由黄河至鎮口閘，責之中河郎中；自鎮口至珠梅閘，責之夏鎮主事；自南陽至安山閘，責之南旺主事；自張秋至臨清板閘，責之北河郎中。但遇糧船入境，把總官投遞官旗及部運船隻名數到司，就便抽盤。遵照議單，除應帶土宜六十石外，如有多餘或違禁仍帶竹木板片及沿途躭延收買貨物者，將貨物盡數入官，領運把總及指揮千百户指名參呈，總河衙門具奏提問。蓋各分司俱有河道之責，貨重難行，愆期悮事，各司自難諉咎，痛癢切身，又何敢徇情避怨哉？至于開兑起行之時，則在該省糧儲道加意檢查，嚴行戒諭，指顧之間，不勞餘力，而自可省沿途之擾擾矣。如蒙敕下該部，再加查議，覆奉明旨，行臣欽遵施行。仍着爲定例，永永遵守。庶積弊可釐而轉輸自速矣。謹題請旨。

奉聖旨：户部知道。

## 户部覆前疏

題爲官旗挾帶私貨十倍明例，壅阻漕渠，乞恩申飭成規，以釐夙弊，以裕轉輸事。該總理河道右都御史潘季馴題前事，奉聖旨：户部知道。欽此，欽遵。抄出到部送司。查得議單内一款，凡運軍土宜，每船許帶六十石。沿途遇淺盤剥，責令旗軍自備脚價。例外多帶者，照數入官。監兑糧儲等官，水次先行搜檢，督押司道及府佐官員沿途稽查。經過儀真，聽儹運御史盤詰，淮安、天津聽理刑主事、兵備道盤詰。六十石之外，俱行入官。經盤官員徇情賣法，一併參治。遵行在卷。今該前因，案呈到部。看得河道都御史潘季馴題稱，江西把總賁璡、總下指揮朱維祺、千户張士維等，各官旗挾帶竹木私貨，沿途發賣，致遲轉運。欲要將應帶土宜六十石外，其餘堆寄板木私貨盡行入官。所據把總領運等官，法應參治。緣相沿日久，向未申明，今次姑免行究。以後開兑之時，各要管河分司照依地方，如法盤驗。有違禁多帶者，盡數入官。將領運把總及指揮千百户指名參呈，仍着爲定例一節。爲照漕運每船附帶土宜六十石，載在議單，實國家恩恤旗軍之典。而不才運官通同挾帶數多，以致排擠滿河，大阻運艘，則非許令附帶初意。若不亟行申飭，將來稽遲糧運，其弊實由于此。既經河道都御史題議前來，相應依擬，覆請恭候命下本部〔一〕，移咨河道衙門轉行各管河分司，此後凡遇糧船到時，即照依各管地方，分段盤驗。如運船土宜除六十石外，若有多餘，或違禁仍載竹木沈重等物，及沿途收買貨物者，將貨物盡數入官。仍將違犯運官指名參治。如經管地方盤驗官員徇情賣法，亦遵照議單事例，聽河道衙門一併參處。至于開兑之時，則尤責成該省粮儲道加意檢查，違者亦同參治。併著爲定例，永遠遵守。併咨漕運衙門知會，及應天、浙江、江西、湖廣、山東、河南各巡撫，一體遵照施行。奉聖旨：是。

## 恭報三省直隄防告成疏

臣潘季馴謹題，爲恭報三省直隄防告成，乞恩申飭修守之法以圖永賴事。伏念臣犬馬餘生，甘心草莽，謬蒙我皇上天高地厚之恩，拔之廢棄之中，授以總河之任，靦顔受事，忽復三秋。兩河工程，業已曲爲之制而周爲之防矣。才識固有未融，而心力不敢不竭。隄防雖已稍備，而修守不可不嚴。謹將做過工程，開列陳請。除南河邵伯、高竇、范口、禮壩，中河張福、王家二隄，夏鎮、塔山、鎮口，北河閘壩湖隄各欽修土石等工，該臣于萬曆十七年五月二十四日將完過緣由，具疏奏報，不敢贅瀆外。節據中河郎中沈修、徐州兵河按察使陳瑛、見任副使陳文燧呈稱，節奉本院劄案，爲申明修守事宜以圖永賴等事，行職等將先後題准應修隄工勒限興築，上緊報竣。職等遵依督率分委府州縣等官親詣工所，如法率作。至萬曆十八年五六等月各日期不等，通完訖。一應料物犒賞等銀俱于歲修銀内動支，並無請有别項錢糧。爲照徐淮一帶河道自昔萬曆八年本院刱築遥隄，高厚堅實，水循故道。經今十年，運艘利涉，居民安堵，凡司河道者俱享平成之利。近年以來，風雨損壞，夫役停減，修補失時，加以連歲異常洪水，縷隄逼臨河身，掃灣衝刷，易于塌陷。若非遥隄保障，難免無虞。今蒙督促，大加幇修，悉如舊式。及議築格隄以防决水潢流，自夏徂秋，暴漲數次，河南水高一丈五尺而隄壩無恙。以後歲加修守，即爲久安長治之策。并將加幇刱築徐州、靈璧、睢寧、邳州、宿遷、桃源、清河、沛縣、豐縣、碭山，共十州縣遥隄、縷隄、格隄、月隄、太行隄、土壩等項，共長一十萬四千三十九丈一尺，各高厚如式數目開呈前來。又據夏鎮主事余繼善會同徐州道呈同前因，及備開加幇刱築完沛縣徐州支廟及縷隄、長隄、縴路土壩等項，共長二萬一千九百六十六丈八尺，各高闊數目。又據河南管河原任副使陳九仞、見任副使李三才，各先後呈報幇築刱築接補完滎澤、原武、中牟、鄭州、陽武、封丘、祥符、陳留、蘭陽、儀封、睢州、考城、商丘、虞城、河内、武陟，共一十六州縣遥、月、縷、横等隄，新舊大壩，共長一十四萬四百九十四丈七尺九寸，俱覔真淤杵實，並非昔日雜沙虚鬆可比，委堪捍禦緣由，并各工程細數開列前來。及據濟寧兵河陞任按察使曹子朝、見任副使曹時聘，節次呈報修築完曹縣、單縣新舊堤壩并加幇完太行隄，共長二萬六千四百四十七丈七尺七寸，挑改過梁靖口河渠長一百八十丈。見今武王二壩逼水南徙，黄河安流，等因，各開報到臣。據此，案照萬曆十六年十月十四日准工部咨，該臣題爲申明修守事宜以圖永賴事，款開：一、立法增築遥隄以固隄防。徐淮之民十年以來所以得免魚鱉之患，而運道不致梗阻者，恃有遥隄也。向無稽考，未補分寸，剥蝕過半。合行司道官將各隄坍損卑薄者，以原隄丈尺爲準，先行加幇取平。後自十八年爲始，每歲加幇五寸，等因。工部覆奉聖旨：河道每歲修防，先年題有定規。乃各該官員不行着實遵守，曠職誤事。這所議俱依擬行。如有仍前怠玩的，總河官指名參奏重治。欽此。備咨前來。又于本年十二月十九日准工部咨，該臣題爲申明河南修守事宜以固河防事，款開：一、查得黄河北岸逼鄰漕河，關係甚重。弘治年間，先臣劉大夏築有長隄一道，起自曹縣，至武陟縣詹家店止。南岸逼近省會藩封重地，最爲要害。亦有長隄一道，起自虞城縣，至滎澤縣止。兩隄延亘千有餘里，實爲該省屏翰。但地鮮老土，隄皆浮沙。而河流遷改靡常，多有濱河難守者矣。今據該道逐一查覈，分爲緩急二工，容臣嚴行刻期幇築，加意驗探。如有墮誤，或夾雜浮沙，或夯杵不實，苟且塞責者，容將管河官參拿究治，等因。工部覆奉聖旨：依議行。欽此。備咨前來。又于萬曆十七年十月二十四日准工部咨，該臣題爲三省直修防告竣，河流近已歸漕，據實恭報仰慰聖衷事。本部覆議，趙皮寨至李景高口議築遥隄，支將軍廟至塔山議築長隄，羊山至土山議築横隄，皆區畫周悉，于河道有裨，相應依擬，等因。題奉聖旨：是。河道事宜着總理等官照舊用心經理。欽此。備咨前來，俱經通行司道勒限興工。去後查得加幇遥隄適值去歲黄水暴漲，修防不暇，止將象山一帶二十餘里加幇高厚，其餘尚未施工。已經嚴督中河司道大加幇築間，續據中河司道議得單家口一帶河身獨窄，隄臨河濱。原題棄縷守遥，惟恐黄水横肆，順隄東洩。合照原題邳州横隄之制，再于房村、單口、雙溝、成鋪、辛安等處各增築格隄一道。又據河南管河道副使李三才勘得判官村、荆隆口、陶家店、馬坊營、三家莊、陳隆莊、大寨等處，最爲險要，將幫舊搠新隄壩等工續議呈詳。俱經臣覆勘允當，批行興舉，刻期完報去後。今據前因，覆覈相同。臣竊惟防河如防虜，自古記之矣。防虜則曰虜防，防河則曰隄防。邊防者，防虜之内入也。隄防者，防水之外出也。欲水之無出而不戒于隄，是猶欲虜之無入而忘備于邊者矣。且自古稱治水者莫過于禹。而考之《禹貢》曰：『九澤既陂，四海會同』。先臣蔡沈釋之曰：『九州之澤已有陂障而無決潰，四海之水無不會同而各有所歸。』陂、障，即隄也。神聖如禹而猶不免致力于隄，則舍隄之外，别無所以防河者矣。臣于萬曆六年奉命治河，即請築遥隄以防其潰，築縷隄以束其流。八九年間，河流順軌，故道晏然，業有成效矣。而歲久官更，弊滋法弛。以河防爲末務，視隄工爲贅疣，一簣莫加，萬夫閒曠，而車馬之蹂躪，風雨之剥蝕，河流之汕刷，高者日卑，厚者日薄，又何怪其東潰西決哉？荷蒙我皇上授臣以總理之權，責臣以修復之事。臣襪綫微才，固不能别爲新奇之策，而管窺小見，尤不敢爲僥倖之圖，惓惓以隄防陳乞。謬承俞命，畢力仰成，督率南直隸、河南、山東司道等官，將濱河一帶地方躬親荒度，周爰諮諏。舊有而今圮者則議加幫，舊無而宜有者則議搠築。遥隄約攔水勢，取其易守也。而遥隄之内復築格隄，蓋慮決水順遥而下亦可成河，故欲其遇格即止也。縷隄拘束河流，取其衝刷也。而縷隄之内復築月隄，蓋恐縷逼河流難免衝決，故欲其遇月即止也。防禦之法頗稱周備，較之己卯告成之功更爲詳密。而夏鎮、河南、山東往歲原未經理者皆一體增建矣。倘能歲守不失，則河流自無衝决之患。河不衝決，則故道晏然，翕由順軌，而運艘自無阻滯之虞矣。但畚土成隄，原非鐵石，稍不修葺，便至傾頹。歲歲修之，歲歲此河也。世世守之，世世此河也。故歲修錢糧之設，徭編雇募額夫，凡以爲河也，而可置之虚糜閒曠之地哉？臣是以諄諄爲申明修守之請也。伏望天語叮嚀，嚴諭地方司道等官，查照臣愚節次題奉欽依事理，每歲務將各隄頂加高五寸，兩傍汕刷及卑薄處所一體幇厚五寸。年終管河官呈報各該司道。要見本隄原高濶若干，今加幇共高濶若干。司道官躬親驗覈，開報總河衙門覆覈，年終造册奏繳。不如式者，指名參究。庶河防永固，而國計民生俱有賴矣。臣又查得連年司道等官肩仔河工，頗竭心力。除府佐州縣掌印管河官候秋防報竣，另行題請奬戒，原任河南管河道副使陳九仞已經論劾，難以另議外，如中河分司郎中沈修、夏鎮分司主事余繼善、徐州兵河道陞任按察使陳瑛、見任副使陳文燧、河南管河道副使李三才、山東濟寧兵河道陞任按察使曹子朝、見任副使曹時聘，謀謨已竭，其心思黽勉，不辭于夙夜，祁寒溽暑，逐逐于畚鍤之内而寢食靡寧；鳩工聚材，斷斷于會計之時而錙銖不爽。大興千里之築，如垣如墉，皆其心膂所致；共圖久遠之計，必誠必慎，不爲苟且之謀。况工料取辦于歲修，絶無虚糜之弊；而胼胝侵尋于歲月，未聞倦勤之時。固皆分義當然，不敢别有希冀。相應咨部紀録，庶幾稍勸群工。再照三省直之道途頗遠，臣一身委有難周。河南兩岸隄工皆都御史周世選一身肩承，群策畢舉。當饑饉之日而鼓舞有方，貧民樂爲之用；當暴漲之時而提撕不懈，地方賴以無虞。實多保障之功，全無矜伐之意。本官已蒙簡拔，似難瀆請。然臣不敢掠其功以爲己功，蔽其賢而不以告之君父者也。伏望敕下該部，再加查議，覆奉明旨，容臣遵奉施行。臣愚幸甚，河防幸甚！謹將完過工程數目具本開坐。謹題請旨。

計開：

南直隸工程

總管官，中河郎中沈修、徐州兵河陞任按察使陳瑛、見任副使陳文燧，督同淮安府陞任同知徐伸、丁憂同知申安、見任同知唐民敏、分委都事胡傅、指揮文棟等。

徐州迤南幫築完南北兩岸遥隄共長六千三百七十四丈二尺，剏築完谷山隄頭長六十丈，加築完谷山子隄長八十丈，剏築完房村格隄長四百九十六丈，單家口格隄長三百一十八丈，本口幫築完南北兩岸縷隄共長五千八百三十八丈，加幫完該州迤北黄河上源縷隄長三千六百二十三丈。

靈璧縣南岸幫築完遥隄長三千七百二十七丈，剏築完雙溝格隄長四百一十五丈，填完河身底長四丈，口長六丈，深七尺，幫築完南岸縷隄共長二千二十七丈五尺，加築完子隄長一千六百二十丈，築塞單家口私開涵洞缺口長八十丈。

睢寧縣南北兩岸幫築完遥隄長八千九十五丈，剏築完成字舖格隄長四百三十二丈七尺，河口三道，俱有廂邊埽土牛，幫護辛安格隄長三百五十六丈，加幫完兩岸縷隄共長一萬五千七百八十一丈，補築完成字舖隄長一百四十九丈。

邳州南北兩岸幇築完遥隄共長一萬二千八百三十二丈四尺，剏築完羊山横隄長四百七十三丈，築過横隄迤西水口長四十丈，加幇完縷隄共長一萬三千八百二十五丈。

宿遷縣南岸加幇完遥隄長七百四十三丈四尺，修築完歸仁集隄長五千七百五十六丈，幇築完南岸縷隄共長六千七十六丈。

桃源縣南岸加幇完馬廠坡隄長一千五百丈，修砌完馬廠閘鴈翅長八丈六尺，高七尺，幇築完北岸遥隄長一千三百三十七丈，修補完崔鎮、徐昇、季太、三義四滚水壩兩鴈翅迎水接連土隄共長四十八丈。

清河縣南岸加幇完張福口王家隄共長四百一十丈，幇修完縣前圍隄長一百零六丈。

沛縣加幇完張村店一帶縷隄共長三千零四十丈，填補完縷隄雨淋缺口共一千八十二處，共計九百二十丈，太行隄雨淋缺口共三千二百七十處，共計一千一十丈。

碭山縣加幇完大壩六段，共長一千四百八十六丈五尺，幇築完劉金樓白川店縷隄，共長一千零八十丈。

豐縣加幇完清水河大小月隄并邵家大壩邀城寺月隄共長五千八百八十七丈，補築完田劉口隄四十六丈四尺，塞完涵洞一處，長二丈七尺，填完縷隄缺口水溝共一千四百五十七處，補完太行隄缺口水溝，共一千五百九十七處。

總管官，夏鎮主事余繼善、徐州兵河陞任按察使陳瑛、見任副使陳文燧，督同陞任同知徐伸、丁憂同知申安、見任同知唐民敏等，沛縣境山起至留城一帶，又自大隄頭起至地浜溝止，運河縴路，兩次幫築完隄，共長一萬五千八百丈，加幫完塔山縷隄長七百五十丈，剏築完支將軍廟縷隄長七百五十丈，内有水口一百二十丈，俱下埽三層，其尤要害處水口四十丈，加埽一層，俱用排樁深釘，幫築完留城至黄家閘東隄長二千六百三十九丈，修砌完石壩一座，長濶共一百四十五丈，修補完鎮口閘東西鴈翅共長四十六丈三尺，幫築完鎮口閘西隄起至大隄頭止長一千五百四十五丈。

徐州上河築完牛頭灣梁山等處壩共十五道，計長三百丈零三尺，剏築完伊家林隄長三十七丈五尺。

河南工程

總管官，管河道原任副使陳九仞、見任副使李三才，督同開封府加從四品服色同知吴克勤、同知張士奇、懷慶府同知劉應聘、歸德府通判蕭汝慎等管理。

滎澤縣幫築完北岸甄家莊舊隄共長四千三百八十六丈三尺四寸，郭家潭等處長隄共長一千七百七十二丈八尺，填平潭窩底闊四五丈至三十二丈，口闊四丈至六丈五尺，深七八尺至二丈二尺，南岸幫築完小院村舊隄長二千二十丈，朱家莊等處隄長五百四十八丈，剏築完曹家屯遥隄長三百五十六丈，遶築完梨園村月隄長二百三十丈，幫築完蘇家莊舊隄長二百丈。

原武縣北岸幇築完姚村隄長七百五十八丈，婁家莊隄長三百四十九丈，胡村舖隄長七十二丈，婁彩店隄長三百五十六丈，王村正南舊隄五段共長二百八十九丈，剏築完張家莊月隄長一千二百五十五丈，幇完本莊舊隄長二百二十三丈，舊壩長一百八十丈，幇築完小陳橋等處隄長四千二十七丈七尺，師家莊舊隄共長五百四十四丈，判官村舊隄長九百三十五丈，舊壩長一千零六丈。

中牟縣南岸幇築完黃煉集隄共長二千四百丈，剏築完新莊集隄長七百八十七丈七尺，幇築完舊隄六百一十七丈四尺。

鄭州南岸幇築完小陳橋舊隄長二百三十丈三尺。

陽武縣北岸幇築完脾沙岡隄長一千八百三十四丈六尺三寸，剏築完壩長三百丈，幇完舊壩長二百丈，幇完宋家莊舊隄長二百四十六丈，王佑莊舊隄共長四千四百丈，南岸呰家莊後至圓墩寺止原題應幇舊隄共長三千三百六十四丈，内除一段照舊外，實幇完隄長一千八百九十四丈，接補完本寺迤北舊隄長一百七十三丈，剏築完買家寨月隄長九百丈，中家寨遥隄長四百五十五丈，幇築完舊隄共長二千六百三十丈，又接築完本寨迤東舊隄長四百八十二丈。

封丘縣北岸幇築完千家店中欒城舊隄共長八千八百四十七丈二尺，舊壩長七百丈，幇築完蕭家莊、張家莊壩并潭窩共長一百七十五丈，剏築完原題荆隆口遥隄長二千五十六丈，填完根下河身三處共長二十八丈九尺，潭窩二處共長一百七十五丈，幇築完本口壩三段共長一百四十七丈，接築完隄三段共長四十二丈，幇完東姜寨老隄七段共長八百二十丈。

祥符縣南岸幇築完瓦子坡舊隄長一千八百七十一丈一尺二寸，柳青口横隄長四十六丈，劉獸醫口舊隄共長五千零五十七丈三尺，刱築完原題劉獸醫口遥隄比原估稍直，省減九百六十八丈，實築長二千七百三十二丈，幇築完陶家店、兔伯堤、埽頭集舊隄三道，共長七千七百六十六丈，填完水坑六箇，共長四十四丈，陶家店幇完舊壩長一百丈，張家灣築完新隄長六十丈，刱築完月壩一段長三百五十丈，幇完壩岸共長一千三百二十六丈，刱築完遥隄長一千零五丈，補完缺口五十七處共長二百一十二丈，填完坑窪一處長四十丈，刱築完李仲英寨遥隄長一千五百五十丈，填平本隄東西兩頭坑共長二十丈，幇築完槐疙疸隄共長一千三百一十五丈，填完水坑一處，長一十五丈，北岸幇築完馬家口舊隄共長一千七百七十丈，填完王盧寨起至魚里止行車路口三十六處，坑窪五處，共長一百四丈九尺五寸，幇完貫臺陳橋集隄長五千七百一十丈，接築完省城周圍大隄共長一萬三千八十丈，修補完缺口拖脚八十一處共長一千五百七十二丈，刱築完劉家寨遥隄長二千九百三十丈。

陳留縣南岸幇築完解家堂舊隄長三千二百四十丈，北岸幇築完陳留寨隄岸二段共長一千一百四十丈。

蘭陽縣北岸加築完楊家莊舊隄長一千六百丈，銅瓦廂舊隄共長三千三百二十二丈，張村集舊隄共長一千八百五十五丈，馬坊營舊隄共長二千六十三丈，刱築完本營月隄長六百五十丈，又遥隄長五百五十二丈，填完溝渠坑窪一百一十八處，共長二百九十丈一尺，南岸刱築完趙皮寨遥隄長一千七百五十四丈七尺，幫築完草廟舊隄長二千六百七十丈，補築完草橋等處舊隄，内有車踐缺口二十一處，共折長二十一丈。

儀封縣北岸刱築完煉城口隄長一百七十五丈六尺，又築完遥隄長一千七百五十丈，幫築完舊隄長一千五十丈，内填完行車大埠口二處，共長十丈，舊壩長六百五十六丈，壩後有坑長二百五十丈，填與地平，幫築完榮花樹舊隄長一千六百三十三丈，填完行車大埠口二處，共長十丈，加築完乞泥河舊隄長六十九丈，補築完舊壩長三百七十丈，加築完三□莊舊隄長三百一十六丈，舊壩長□百九十一丈，填築完拖脚缺口一十九處，共長一百七十丈，刱築完護壩一道長三百七十五丈，南岸幫築完普家營葛田口堤共長四千六百七十四丈，岔股隄長二千六百三十丈，刱築完李景高口遥隄長六百丈，大寨月隄長六百二十丈，補築完缺口拖脚二十八處，共長二百八十丈，接築完護城隄三段，共長九百四十丈。

睢州南岸加幫完大城集舊隄二段，共長三百五十丈。

考城縣北岸加幫完芝麻莊月隄長七百三十丈，舊壩共長三百五十七丈八尺，填完坑窪三處，共長五十三丈，接築完新壩三段，共長一百五十四丈五尺，刱築完本莊背後月隄一道，長一千三十六丈，補築完陳隆莊護壩長八十八丈，幫築完月隄長六十五丈，内有坑長六丈，深一丈二尺，填平上築高一丈二尺，刱築完壩岸長一百六十丈，補築完李秀厰、唐家水口回龍廟、流通集、董家莊五處隄壩共長五百二十四丈五尺，填完水坑長二十八丈，南岸幇築完遥隄五段，共長五百五十丈。

商丘縣南岸補築完楊先口缺口一處，長一十八丈，幇築完本口隄長三十二丈。又本口迤東幇完舊隄長四百三十八丈，口西幇完隄長十六丈五尺，加幇完楚家灣東隄長十一丈。

虞城縣南岸幇築完羅家口隄長二千四百丈。

河内縣沁河南岸補築完古陽東西壩共九段，長三百四十四丈五尺，幇築完縷水隄自閘口起至安家樓止長二百丈。

武涉縣沁河北岸補築完大原村壩二段，共長四十四丈五尺，沁河東岸補築完隄長六丈五尺，壩長二百六十丈，填完水口長一十五丈，廟後覆土長一十一丈，廟前覆土長八丈。又幇完隄長二百六十丈，蓮花口刱築完壩長一百八十三丈一尺，壩後刱築完戧隄長一百六十四丈，本口添幇隄長十一丈，接築完縷隄長四十丈，幇築完大樊村隄長四十五丈，刱築完郭村隄長四百八十五丈五尺，沁河南岸修築完護城隄長四百四十二丈，黄河北岸詹家店王化營刱築完隄長一百丈，幇築完隄長一千三百五十九丈，内有缺口一十三處，長一百六十四丈，俱幇填完。

山東工程

總管官，濟寧兵河道陞任按察使曹子朝、見任副使曹時聘，督同兖州府管河運司同知羅大奎等管理。

曹縣武家壩幇築完舊老隄自二十九舖起至三十五舖止，共長二千四百丈五尺，加幫完土壩馮家厰、王家壩等處共二十九道，共長七百九十九丈，接築完王家壩後護壩一道，長二百二十丈，加築完董家口、史家樓壩四段，共長四百八十丈，幇築完大王廟起至劉滿莊止隄長二百二十五丈，修築完曹家集、牛市屯、劉滿莊月隄共長二千五百二十三丈五尺，幇築完舊老隄三舖至七舖。又自三十舖起至重隄北頭止共長二千二百二十九丈九尺五寸，幇築完王家壩埽臺三段，共長二百二十七丈，填平坑窪長六十三丈二尺二寸，加築完埽臺起至窰南隄長三百七十八丈，幇築完裹河隄自八舖起至十六舖止，長四千八百七十六丈，壩南重隄長一百零三丈，加修完太行隄自十七舖起至二十五舖止長四千八百六十丈，挑濬過梁靖口洩水支河長一百八十丈。

單縣幇築完十八舖隄長五百四十丈，縷水隄自十舖至十七舖止，長三千二百四十丈，縷水月隄長五百四十一丈五尺二寸，刱築完頭舖鴈翅上壩長四十丈，加修完太行隄自十五舖起至二十舖止，長二千七百六十四丈八尺。

以上通計幇築過各項隄壩共長二十六萬四千五百六十一丈九尺六寸，刱築過各項隄壩共長二萬八千三百八十六丈五尺，開挑過河渠長一百八十丈。

## 河上易惑浮言疏

臣潘季馴謹題，爲垂亡之人憂思轉切，謹摘河上一二易惑浮言，乞恩俯賜勘議，以定久計，以免勞費事。伏念臣潦倒無知，久甘畎畝，誤蒙我皇上拔之既棄之餘，授以總理之任。二三年間，殫竭心力，一應事體，請自聖裁，種種俱有成畫，試有小效矣。尚有一二事宜，理本如此而人言必不如此，工本難爲而人情必欲强爲。若不早爲勘議，浮言不免蝟興，全河之工未必不由此而決裂也。敢敬陳之。夫鎮口閘内爲汶、泗清流，鎮口閘外爲黄、沁濁流。平時清濁相當，内水外出頗順。惟黄水一發，則黄强清弱，倒灌入漕，而河渠淤澱。此理勢之必然者。上源山陝以西，雨少則黄水易消，而内水之出速。上源雨多則黄水難消，而内水之出遲。此又理勢之必然者。自用河爲運以來，灌塞之患無歲無之。其年遠無卷及旋淤旋通者無論矣。臣姑以嘉靖末年尚有卷簿可查者言之。查得嘉靖四十二年，黄水由大小溜溝會漕于夾溝驛南，黄漲漕淤，糧艘阻滯。該總河都御史王士翹行徐州領夫挑通。嘉靖四十四年，大小溜溝淤斷。該總河都御史陳堯行徐州一面挑濬，一面起剥前進。隆慶元年，黄河南徙秦溝，會漕于梁山之北，淤塞無異溜溝。該總河尚書朱衡行徐州洪分司督夫挑濬。隆慶二年，黄河衝塞，濁河改至茶城與漕交會。茶城之稱自此始。隆慶三年，茶城淤閣重運。該總河都御史翁大立具題，要從馬家橋經地浜溝至徐州子房山下另開新河，以避茶城之淤。續因黄落漕通，前議隨寢。隆慶四年，茶城填塞八里，内水漫由張孤山東衝出。翁大立具題，就于張孤山開河。本年冬，本河復塞，仍將茶城挑通。原議隨寢。隆慶五年，茶城淤淺。該臣先任總河行委經歷韓栢部夫常川撈濬，運艘賴以無阻。隆慶六年，茶城淤阻。該總河侍郎萬恭行司道疏濬通行。萬曆元年八月，茶城淤塞。該工部題行總河衙門設法挑濬。萬曆二年，黄水倒灌，淤漕三十餘里。該總河都御史傅希摯集夫挑濬。前給事中吴文佳題將翁都御史原議馬家橋出子房山開河一道，行傅都御史，勘得子房山前蝦蟆山西俱有伏石，馬家橋一帶俱係水占，難以議開。前議遂止。萬曆三年十一月内，黄水大發，茶城淤塞十里，調夫挑通。萬曆四年，茶城淤淺，糧運艱阻。復開張孤山東，以冀此塞彼通。至萬曆五年，二河俱淤。復開茶城正河通運。萬曆六年，茶城淤淺。徐州道參政游季勳築過順水丁頭壩一十六道，束水衝刷。萬曆七八九十等年淤塞尤甚。至十一年間，該中河郎中陳瑛議呈漕撫尚書凌雲翼，改漕河于古洪出口，即今之鎮口閘河也。剏建内華、古洪二閘，遞互啟閉，淤難深入。而去黄河口僅一里，挑濬甚易，人頗便之。萬曆十五年秋，黄水大發，河與隄平。而棍徒段守金私受民船重賄，將牛角灣掘開，黄水迸入，淤塞甚遠。議者欲復歸德府丁家道口故道，使黄水盡出小浮橋以免濁河内灌。該勘工都給事中常居敬看得，閘河出口無往而不會黄，則無往而不受淤，豈從濁河則淤而出小浮橋則否邪？具疏題寢。請于古洪閘外添設鎮口一閘，去河僅八十丈。縱有沙淤，挑濬猶易。蓋深知清黄交接之處難免淤灌，故不得已而爲易濬之計，良有以也。今之議者不察水勢，不鑒往昔，偶見淤墊，議論風生。如臣昏庸無足論矣。向來總河諸臣，豈無一人高才朗識者乎？而卒無如之何也。大小溜溝淤矣，改而爲梁山北，淤亦如之。梁山北淤矣，改而爲茶城，淤亦如之。茶城淤矣，改而爲張孤山東，淤亦如之。張孤山東淤矣，復改而爲茶城，淤亦如之。茶城復淤矣，改而爲古洪，淤亦如之。勞民傷財，畢竟無益。所幸郎中陳瑛、都給事中常居敬先後剏築三閘，遞互啟閉，而挑濬始易。計無出于此矣。臣又查得萬曆十六年閏六月内，該臣題爲清黄交接處所濁流倒灌易淤，懇乞特降綸音，以嚴閘禁事，要將古洪等閘每遇黄水暴發，即下板以遏濁流之横，黄水消落則啟板以縱泉水之出。比照清江浦三閘啟閉之法，刻石金書，竪立各閘，俾知畏忌，等因。題奉聖旨：是。各閘啟閉嚴約，俱依擬。有勢豪人等阻撓的，照淮安閘壩事例，即便拏問枷號；干礙職官，指名參奏。欽此。倘如所題，何至淤澱？而王程難稽，客心難挽，閘上官牌力難阻遏，每照常居敬原題三閘遞互啟閉之法通放船隻，縱有淤淺，不過八十丈，旋濬旋放，亦無難者。至于運艘入口，大約俱在孟夏以前，水未大發，淤亦不久。或少加撈濬之工，必無阻滯。舍此之外，別無他策。如謂鎮口逼近濁河，故易灌塞，要得別尋一道，則邳州之直河離濁河二百里矣，而何其淤也？宿遷縣之小河口去濁河三百餘里矣，而何其淤也？清河縣之清口去濁河五百餘里矣，而全淮之力十倍于漕，何以黄發即澀，而每歲初伏通濟閘外捲築軟壩以防其倒灌也？要之黄强清弱，隨處相接，則隨處倒灌，隨處淤塞。總之不出科臣常居敬所云『無往而不會黄，則無往而不受淤』，兩言盡之矣。似不必過爲紛更也。但人情不見其形，未信其影，必須勘議以杜後言。此其一矣。臣又查得濱河州縣河高于地者，在南直隸則有徐、邳、泗三州，宿遷、桃源、清河三縣，在山東則有曹、單、金鄉、城武四縣，在河南則有虞城、夏邑、永城三縣，而河南省城則河高于地丈餘矣。惟宿遷一縣已于萬曆七年改遷山麓，其餘州縣則全恃護城一隄以爲保障。各處久已相安，並無他説，惟徐州則議論稍多，其故有二。一以山陝久旱之後，連歲雨水頗多，伏秋不免加漲。觀者不考其源而惟歸罪于河，固無怪其然矣。一以前歲十一月間，知州張世美初任未諳，爲義民官盧泰所愚，開隄放水，遂忘築塞。消凌水發，黄水灌入内濠，侵及街衢。地方官民不歸罪于知州張世美與義官盧泰，而惟歸罪于河，至有謂護隄與城平者，有謂泉從地湧者。夫護城石隄自昔有之，非一二年間所築者，則河之原高于地可知矣。且隄高不過丈餘，遂謂與城相平，城何若是其卑耶？徐州爲邳、睢上游，徐州而水平隄，隄平城也，則迤南一帶州縣皆陸沈矣，有是理哉？且黄河入伏始漲，秋杪漸消，冬春則涸，隄外露有沙灘，非經年渰浸者。近該徐州于去年十一月間揭稱，河水已消，再過數日，内水可放。臣近又令人視水，將及址矣。今稱入冬黄水尚與隄平，則伏秋又將何如耶？至于隄内之水，蓋因盧泰灌放頗多，兼之去歲雨雪甚頻，徐民不善車戽，一時難于消涸。若謂泉從地湧，則城中之水宜向與外河相平，即護隄無所用之矣，何待盧泰放灌之後方有水耶？非臣所能解也。然臣有治河之責。凡可圖維，即宜曲處，不必問其人言之有無也。臣已行徐州道將城中窪地用土墊高，仍一面撥夫車戽，復查最低之處開洩。自去年九月以來，向在料理，不敢弛墮。

但爲今之計，惟有戽城濠之水，使内水可洩，固護城之隄，使外水不入；正盧泰之罪以警將來，或加高徐城數尺以防不虞。此則事理之所當爲，而人力之所可爲者也。舍此惟有比照宿遷縣事例，遷城而已。蓋所患者惟徐城之積水，于運道原無阻礙。若必欲卑黄河伏秋之水以就徐城之地，則天地氣候之自然，恐非人力所能强遏者。勞民傷財之事，或從此起矣。人情厭舊喜新，臣言終不盡信。臣在自當力諍，必不依違。第今衰病已劇，死有日矣。獨念臣從事此河已歷三朝，犬馬戀主之情，豈肯以將去而遂置此河于度外耶？伏望敕下該部，轉行該地方巡撫及各差御史，會同總河衙門，督行徐州道副使陳文燧，或添委海、潁二道，中河、夏鎮二分司，逐一勘議。如有别策使漕黄交接之處可免淤灌之患，徐州城外之水可免暴漲之虞，不妨從長計議。如必不可，當仍舊貫。毋徇人情，毋拘成説，務求經久可行之道，不爲勞費無益之工，則事體畫一而浮言可息矣。再照徐城被水灌浸以貽百姓之憂者，盧泰實始禍之人，死有餘辜者也。臣據該州申文，行道提究，未報。此而貸之，何以警後？仍容總河衙門嚴究以正法紀，庶幾將來知護隄之爲重而無輕犯者矣。謹題請旨。奉聖旨。

## 司道畫地巡守疏

臣潘季馴謹題，爲入伏行河將届，病痼步履不前，乞敕司道畫地巡守，容臣力疾稽查，以保萬全事。臣竊惟河防喫緊，伏秋爲嚴。而伏秋隄防巡視爲急，此臣與司道官之責也。但該道政務頗繁，勢固不能專理，司官事權不重，勢亦有所難行。故臣受事以來，春初即出，秋深方歸，凡所以代該道之所不暇而助司官之所不及者，一切以身任之。東奔西馳，周諮荒度，曾無息肩駐足之時也。今臣年七十有一，去冬暴病阽危，氣血兩枯，形神盡槁，腰疾成痼，舉足輒仆。三疏乞休，未奉俞旨。即使旦晚褫黜，候代尚未可期。文移催督之事，猶自勉强支吾，而奔走跋涉之勞，實非傴僂蹇澁者所能任也。今歲五月入伏，初夏即當發水。晝夜惶懼，計無所施。反覆思維，惟有司道官畫地巡行，臣時加督察，庶可責成。除河南、山東各有專道副使一員，心無他技，事有成矩，每歲查照舊規，用工修守，無容分任外，查得中河地方原有郎中一員，與徐州道共理，南河地方原有郎中一員，與徐州海防二道共理，夏鎮地方原有主事一員，與徐州道共理，道里頗遠，閲視難周。一人則有所不逮，兩官則易于推諉。合將邳州并睢寧、桃源、清河三縣坐派郎中沈修專管，修滿去任，代者接管；徐州并豐、沛、碭山、靈璧、宿遷五縣坐派副使陳文燧專管；山陽縣南地界起至清河口止，又有清江浦起至戴百户營止，文華寺起至高家堰越城南止一帶河防，坐派郎中黄曰謹專管；高郵、寶應、江都、瓜儀一帶河防坐派按察使張允濟專管；自珠梅閘起至鎮口止，并支將軍廟塔山一帶，徐州道所轄地方頗多，相應專派主事余繼善管理。如有疎虞，照地指名參究。肩仔在身，智慮自畢；分委已定，規避自無。合拳獨擊，勝于十羊九牧者多矣。矧今諸隄俱完，兩河循軌，惟欲于掃灣迎溜之處督促埽護，以免汕刷，洪水暴漲之日躬親閲視，以防懈弛。此司道之力所裕如者。該道一切往來，姑暫停止。其部臣所轄州縣有不奉該司約束者，容臣提問具奏。臣職任在河，蒙恩以河。一日未死，何敢忘河？病劇計窮，萬不得已，而溷干天聽如此。倘蒙我皇上以河防重務，衰病非宜，將臣即賜罷黜，使臣得以全河付之代者，則死亦瞑目矣。伏望敕下該部，再加查議。如果臣言可採，覆奉明旨，咨臣轉行各該司道查照應管地方，欽遵施行。庶幾地有專司，人有專轄，利害切心，經理必慎，而河防允有賴矣。奉聖旨：這河道畫地巡守事宜，俱依擬着實行。潘季馴着不妨在任調理，用心經理督察。該部知道。

## 申明修守泗隄工完疏

臣潘季馴謹題，爲申明修守事宜以圖永賴事。據潁州兵備副使王之猷呈稱，節奉總理河道并撫按衙門劄案行職，將原題准泗州應修護城土石隄工勒限興舉，上緊報竣。遵依轉行鳳陽府督率該州知州汪一右，分委同知等官馬尚絧等親詣工所，如法率作，將原估石隄内應換老土，自北門迤西月隄，由西門、香花門、南門，至東門迤北新橋廟止，共長一千四百五十六丈，貼近石隄内挖深七尺，闊三尺，仍于隄裏幇闊五尺，高七尺，中心挖去五尺，闊一丈一尺，計土論方，共築過老土三萬一千三百六十九方；自新橋口起，北至西門牌坊止，應加修石隄長九百三十二丈，加高二尺，用石二層，共砌大石一千八百六十四丈，石隄内加老土九千五百三十九方；自虮蜡廟起，由西門至香花門外止，添建子隄，長一千六百八十丈，用碎石砌高二尺五寸，闊二尺五寸，自西門牌坊起，迤南至東門，迤北新橋口止，隄長一千一百六十五丈，裂縫裏外俱用石灰兜抿。又于原議護隄之外應添修新橋迤南大隄，用石長六十一丈，窰西石隄三處，共用石長二十五丈，攔水壩長二十五丈，攔馬牆一處。以上工程自萬曆十七年七月二十五日興舉，至十八年九月二十九日通完訖。已蒙本院委官親詣各工，覆加閱視，丈量明白，俱各修理堅固。及查採取土石，遵照禁例，老土在盱眙縣西五十里馬過觜、縣東二十五里龜山挖取，大石在舊縣迤南澗溪青平山離城一百二十里，碎石在清河縣地名老子等山離城四十五里，俱由水路裝運，悉係禁山之外，並無違碍。其原發工料銀四千九百三十兩零五分七厘二毫九微九纖五沙，內支土石灰料樁木并匠作夫船工食，共用過銀三千八百九十九兩三錢六分五厘，實省剩銀一千零三十兩六錢九分二厘二毫九微九纖五沙貯庫。除用過錢糧細數已委鳳陽府推官蓋國士查盤明的，造冊送覈外，所據完過工程丈尺、日期，并經管官員職名，分別勤惰，奬戒等第，理合呈報，等因。又據鳳陽府推官蓋國士呈蒙總理河道并漕撫衙門憲牌，仰職前去泗州，將護城隄工逐一覈實。依蒙親歷該州，沿隄逐工細加查閱。完過工隄俱係真正老土，夯杵堅實，取驗土色相同，並無夾雜浮沙。石隄亦皆如法修砌堅固，可垂久遠，等因，各呈報到臣。據此，案照萬曆十六年八月內，該臣具題前事，欵開：一、加幫真土以保護隄。查得泗州護隄當水一面甃石可恃，但石內土隄霖雨坍損，石將安附，等因。該工部覆議築土固石，委宜亟舉。題奉欽依，備咨前來。已經備行該道估勘得前隄換土加石工料等項，通共該銀四千九百二十九兩三錢六分五厘，通詳各院。隨該前任漕撫侍郎舒應龍看得修築泗隄禦淮保城，宜在冬春水落之候先行儹築。如候催齊工費完足，方行興工，不無稽延時日。批行該道節次查發鳳陽府并潁州庫貯無礙銀共一千七百三十二兩四錢七分零，運司醃切銀八百一十五兩零，鳳陽府紙贖等銀六百三十四兩二錢二分三毫，廬州府屬并滁州全椒、來安二縣積剩銀共三百四十八兩一錢七分一厘五毫，本道自理紙贖銀三百兩，潁州庫貯支剩民壯工食銀六百五十三兩五分六厘零。以上共銀四千四百八十二兩九錢一分二厘八毫，委官支領，分投興工。尚少銀四百四十六兩四錢四分七厘二毫，呈要查處給發，緣由通詳到臣。會同撫按衙門查有淮安府庫貯停濬草灣銀六千一百四十四兩六錢，相應于内動支銀四百四十六兩四錢四分七厘二毫，解發泗州補足原估之數，作速儹工勒限本年告完。聽臣等委官覈驗工程的確，錢糧明白，造册奏繳。其餘存停濬草灣銀兩仍令收貯淮庫，聽候原議防守清浦河工支用，等因具題。本部覆奉欽依，備咨前來。已行該道督理動發銀兩支用間，臣等又于隄工未舉之先，嚴行該道申飭禁例，泗州諸山密邇祖陵，山前山後不許取土取石。敢有夤緣縱夫在于就近山場挖取者，即便拏究。取有該州掌印管工官重甘結狀在卷。續據該道呈報工完，惟恐丈尺短少，築砌不堅，又經復委鳳陽府推官蓋國士查覈去後。今據前因，該臣會同總督漕撫右侍郎周寀、巡按直隸監察御史龔雲致，看得淮水發自河南之桐栢山，挾七十二溪之水東會于黄，以入于海。其性最暴，而泗州居淮河之下流，卑于祖陵之地二丈三尺一寸，而龜山横截河中，約攔水勢，伏秋之時，不免加漲。此于祖陵形勢最爲佳勝，而泗州之民不免有沮洳之患矣。臣等查得宋臣歐陽修《先春亭記》有云：景祐三年，泗州張守問民之所素病而治其尤暴者。曰：『暴莫大于淮。』越明年春，作城之外隄，高三十三尺。則泗城之藉于護隄者久矣。隄高三十三尺，則水之高可知矣。而歲久浸廢，前功盡毀。萬曆四五年間，巡按御史、見任刑部侍郎邵陛築隄爲護，甃石爲堅，泗民恃以爲安者十五年矣。至今名其隄爲邵公隄。而風雨淋漓，車馬蹂躪，内土不免傾圮。臣于受事之初，躬往視之，誠慮其土去而石無所附也，遂以爲請。隨該工部覆奉欽依，漕撫侍郎舒應龍多方搜括，鳩工庀材，始克有濟。然該地方大小諸臣拮据鞅掌畚鍤間者歲有二月而後告成，其勤勞亦有不可泯者。然係人臣分内之事，何敢過爲干請？除佐幕義民等官勞勩未多，臣等量行奬賞，舊縣巡檢張謨酣飲廢事，徑行戒飭，不敢瀆陳外，如潁州兵備道副使王之猷，風猷峻潔，功令嚴明，勘覈務極其精詳，而工作無虚飾之弊，稽查不遺于絲粟，而錢糧無冒破之奸，已經臣于年終例薦，仍應咨部紀録者也。如鳳陽府知府李驥千、推官蓋國士、泗州知州汪一右，以上三員志存捍患，念切急公，綜理密而縮費大裒原額，調派均而撫循尤所留心，允宜優奬，仍咨吏部紀録者也。泗州同知馬尚絅，泗州衛指揮王畿，泗州吏目李元嗣，泗州衛鎮撫王有功，千户陶承祖、路由正，盱眙縣典史曹自高，以上七員殫力驅馳，勞瘁不辭于寒暑；悉心催督，勤劬無間于始終，所當量奬，併行紀録者也。餘剩銀一千三十兩六錢九分二厘零。内將草灣銀四百四十六兩四錢四分七厘二毫仍歸淮庫，聽候修河支用。其餘無礙銀五百八十四兩二錢四分零，聽候漕撫衙門作正支銷。除將支用過工料項款銀數造册奏繳外，伏望敕下該部，再加查議。如果臣等所言非謬，覆請明旨，行臣等遵奉施行，應獎官員容行該道動支該府州無礙銀兩分别等第給散。謹題請旨。

奉聖旨：工部知道。該工部覆奉聖旨：是。這各官紀録獎戒等項，俱依擬。

## 議創石隄疏

臣潘季馴謹題，爲議創石隄以垂永賴事。據夏鎮分司工部都水司主事余繼善呈稱，本職奉本院劄付内開，准工部咨，該本院題奉欽依，自珠梅閘起至鎮口閘止，併支廟塔山一帶一應修守工程。当責本職管理。隨查得先蒙本院爲酌議漕隄以圖經久事，仰職照牌事理。即便查議近修漕河一帶縴道橋梁，運艘過日委果可恃，就便一意修整堅固，以垂永久。如悉用土隄爲便，要見前被衝損，今作何法能禦衝汕之患，取土作何裝運，物料錢糧作何出辦，逐一虚心酌議，務求確當，呈詳施行。如該司别有良策，不妨從長計議，以憑酌議具題。毋得含糊兩可，以致後艱。蒙此，本職俯思職掌既已分土，從此一有失誤，皆職之責也。豈容他諉？即將所轄上下河道與今酌議事宜，細加檢点。看得本管河渠鎮口當清黄交接之處，常有倒灌淤塞之虞。本職請加鎮口古洪閘石，以峻隄防。仍建河口木閘一座，以便挑濬。東築戴家山横隄，使外水不得漫入，西築支廟隄，令濁河不得越過牛角灣。門户關鎖甚密，兩翼相抱如環，明效亦可睹已。惟運舟入漕之後，必由隄岸縴挽，少有殘缺，便成阻隔。查得溜溝至姜家橋一帶皆係一線之隄，外濱微山、吕孟諸湖，内通西湖，風掀浪湧，内外加攻，質非金石，欲保常固難矣。每歲東修西補，僅可支吾一時。今春風雨更甚，損壞尤多。該職將全缺處所採取木料，搭置橋梁，既可縴挽，而水勢通融，又可内洩，以增漕水之盛。其餘殘缺隄岸亦皆修葺完固，但木橋易損，客土難堅，終非一勞永逸之計。查得微、赤諸山多産石塊，道里甚近。如多置船隻載取山石，砌成兩面石隄，每三里留一水口丈餘，上面鋪橋通行，下縱水勢入運。既成金隄之固，又有濟漕之益。蓋隄而橋者也，永賴之計，無出于此。隨又查估得應用物料。自溜溝起至姜家橋止，計七千二百丈，兩面俱用石砌，高一丈一二尺不等。每丈用石一十二三層不等，内用底石襯護，大小闊狹不等，難計丈數，俱令本管夫匠于微、赤等山採運。合用石匠二百名，在于本管夫内選用，抹縫石灰撥夫採柴，燒用隄心用土填築。議令回空糧船并空載民船，上于戚城，下于境山高阜處所稍帶，差委職官，監發運送本隄交卸，俱未議錢糧外，惟有擎石杉樁每丈用短樁六十根，共四十三萬二千根。每五根折長樁一根，共折八萬六千四百根。每根價銀一錢，共該銀八千六百四十兩。運石下樁須用船隻，今議買民船八十隻。每隻價銀十兩，共該銀八百兩。二項共該銀九千四百四十兩。其餘零星小費，本職另行議處。今值錢糧匱乏之時，不敢别請。乞于原留餘剩二升米銀併歲修銀内支用。雖所費僅將萬金，而以數年幇修之費權之，亦略相當。如蒙允行，職當矢竭犬馬，力督管河同知趙坰，并各州縣掌印管河官措辦興舉。此工告成，則本職所轄河道一百四十餘里，登之覆盂之固，無復有不舉之工，遺後日之慮者矣，等因到臣。卷查先該臣牌行該司會查近修内漕一帶橋梁縴道是否可久，又該臣題奉欽依，分任司道，畫地巡守，劄行本官去後。今據前因，爲照主事余繼善所轄地方實係漕黄濱鄰交會之所，而二三年間，本官既竭心力，築隄設閘防護頗周，似無虞矣。所據溜溝姜家橋一帶縴路，較之河防雖有不同，而揆之利涉，亦當周備。今以一線之隄，居諸湖之中，風浪衝刷，勢所不免。故隨修隨圮，旋壞旋築。蓋自設隄以來，即有然者。本官議將本隄兩邊用石鑲砌，每三里留一橋門，使内外之水通融縈會，並流出閘。則既免阻遏之虞，又無衝潰之患。且工費不過萬金，錢糧取之歲額，計無善于此矣。伏望敕下該部，再加查議。如果臣言可採，覆奉明旨，容臣督行主事余繼善率同各掌印管河官，將各項料物器具分投措辦，設法甃砌。其應動銀兩，派撥官夫及買船帶土一切事宜，悉照本官所議施行。未盡事宜，臨期再行斟酌。但道里頗遠，工作亦煩，矧非洗鍋待爨之工，無妨次第興舉。惟在堅久可恃，不必刻立限程。工完之日，聽總理衙門覆覈明實。如果工程堅好，足垂永久，優叙奏請，以勵群工。若虚應故事，定行參究。用過錢糧，造册奏繳。漕渠幸甚，臣愚幸甚！謹題請旨。

奉聖旨：工部知道。該工部覆奉聖旨：是。

## 會勘徐城鎮口疏

臣潘季馴謹題，爲垂亡之人憂思轉切，謹摘河上一二易惑浮言，乞恩俯賜勘議，以定久計，以免勞費事。據管理中河郎中沈修、夏鎮主事余繼善、淮揚海防兵備按察使張允濟、潁州兵備副使王之猷、徐州兵備副使陳文燧會呈，蒙臣并漕運巡撫右侍郎周寀劄付，俱准工部咨爲前事，并工科都給事中楊其休等題，爲臨河要地水漲可虞，乞敕勘議以慰人心事。及蒙巡漕御史賈名儒案驗，奉都察院劄付同前事，備行職等會同詳勘。要見各疏内所稱加隄加城以後，黄水暴發，有無可以捍禦，遷城避患，士民意見有無翕然相同；開隄分水，是否可免衝決；通湖洩水，是否可免停漲。此外有何長便之策，足爲河防久遠之利，務要虚心計處。毋得漫爲兩可之言，致誤大計。其鎮口閘座若果别有善地可以改建，亦不妨從實勘報。如以清黄交會之處無往不淤，見在閘座去口尚近，易于疏濬，仍應照舊，亦要明白聲説，以杜後議。各司道務須體勘詳確，會議妥當，具由通詳，以憑覆勘會題施行等因。奉此，該職等關會勘議，并行淮安府管河同知趙坰督同徐州掌印管河官逐一勘議去後。近據呈稱，查得徐城坐臨河濱，歲受黄河之害，其來遠矣。隆慶年間，黄水暴漲，幾潰西門。先任同知馮鐶解衣囊土，爲士民倡，力堵其門。萬曆初年，議築護城隄以爲捍禦。舊歲黄漲異常，兼以陰雨過多，以致徐城積水無路洩出，城内軍民房舍拆卸過半，州堳學宫盡皆沮洳。近蒙本道徧歷各處，相度形勢，勘得自護城隄涵洞起，斜向東南，歷魁山至蘇伯湖西勘，至史家村、陳家林、晁夏二湖、楊二莊、闞疃，直抵宿州符離集東小河止，計長一百六十二里，堪以開渠洩水，分布官夫挑成支河一道。隨開涵洞放水，勢若建瓴。而徐城積水，數日之間，日見消落。今驗城濠水已洩四尺九寸三分，城水已洩三尺七寸九分。見今滔滔南流，居址街衢盡成亢爽。徐城已危再安，士民既徙復還。但此河新開，善後事宜所當計處者有三：一、築隄防以固保障；一、議閘座以嚴啟閉；一、加常夫以固防守。又勘得鎮口閘内係清水，外係黄流。平時清水外出，閘口自無淤阻。若黄水漲則清弱黄高，濁流内灌，不免停淤。顧今閘口去河止八十丈，疏濬易于爲力。今若别從改遷，求以免淤，則先年溜溝淤而改梁山，復改茶城，改張孤山，改古洪，又何以屢遷屢塞也？相應仍從鎮口爲便。但閘座既已照舊，而善後應議之事亦有三：一、復常夫以便挑濬；一、嚴啟閉以防出入；一、設專官以便彈壓。再照魁山支河既通，徐城積水已洩，不惟目前可救沮洳，即千萬禩永恃此河以爲奠安之計，較比改河子房山下省費數萬金，遷城丘墟之上省費又數倍前者。遷城改河之説，似可免議，等因，呈詳司道。該職等會議得，救民者變則必通，而治水者行所無事。蓋天下之事無全利，亦無全害。而怠之則爲豫蠱，擾之則爲拂經。權利害之大小，而不怠不擾則安民利國，自無難事。而衆見之公，獨見之明，均有不必泥者。國家定鼎燕冀，歲漕東南粳粟四百萬石，由徐入鎮口，達清濟，實京師，徐州固稱扼控衝襟，而轉運漕艘必資黄河之水。黄水奔騰剽悍，排山襄陵，自昔患之。徐城初建，隔遠黄河。宋熙寧十年，河决澶淵，經遶城下，遂苦水患。

元時，移城廣運倉基。未幾水復衝齧，城不能保。我明復還舊地。萬曆初年，創築護隄，設減水閘以洩伏水，始得安堵。邇因關陝久旱之餘，仍之積潦，内水難洩。兼之十七年閘吏放水灌入，十八年雨雪異常，積水增漲，四隅軍民房舍幾于沈竈産蛙。士民紛紛異議，或謂河水冬春未消，地泉湧出，請從碭山縣戎家口建石壩分黄河上流爲保城計，又欲改黄河子房山下出徐洪後遠避城根。是謂河病則徐亦病，治河即所以治徐也。而城内積水自昔已然，即改漕河未必能救，遷城時久費巨，無救眉急。該徐州道陳副使遵奉河撫二院明文勘議，魁山以南歷瑶家村、蕭縣楊二莊、宿州闞疃地方以達小河，綿亘一百六十二里，可挑支河以洩城水。鳩集夫匠一萬餘名，疏鑿土石工程。至閏三月初三日，各工告竣。初四日開放，勢若建瓴。浹旬之間，消洩殆盡。濠水洩出城根，城水洩出舊址，官舍民居盡获安堵，轉徙之民復還故處，還定安集。今昔殊觀，不惟遷城改河之説無容别議，而有此支河則有此州治，將爲永賴之利矣。但此河初開尚覺草創，則善後長策誠有如本官所議者。至于鎮口閘爲漕艘入閘咽喉，初從溜溝，溜溝淤，改之爲梁山；梁山淤，改之爲茶城；茶城淤，改之爲張孤山；張孤山淤，改之爲古洪。萬曆十五年，古洪復淤，回空阻誤。蒙皇上特遣工科常都給事中勘議，增設鎮口一閘，亦知黄强清弱，理勢之常。清黄相會，無處不淤，無論溜溝、梁山、茶城、張孤山、古洪爲濁河初會，勢不免于淤墊，而邳州之直河、宿遷之小河，乃黄河下流，亦且灌阻。則舍古洪而他徙，由之古洪也。且鎮口去河八十丈，近而易濬。轉運數年，諸艘通利。惟十八年伏水發于五月十三，比昔太早，經冬雨雪，遂成冰凍，旅使船隻稍覺濡滯，而喙喙争鳴，浮議復起。今欲議長策，擇善地，職等謂資黄濟漕，而欲黄不爲害，即神禹復生，未有完筴。祇緣官夫不能疏導，啟閉不遵法禁，則十五年八九月間阻船數千，幾致意外，此則可爲隱憂。而漕渠有必致之水勢，治河無盡省之人功。酌時宜，申舊法，如本官與該州所議諸事毅然行之，即行所無事，而漕渠永利，固非敢持獨見而自用也。謹用開款列陳，伏乞再加裁酌，題覆遵行。即兩地蒙安，勞費且省，國計民生，胥有恃賴矣，等因，呈詳到臣。案照先准工部咨，該臣題前事，謂鎮口清黄交接，無往不淤。另尋别道，隨地皆然。徐城積水，止因義民盧泰放水灌入。又兼去歲雨雪甚多，以致難消。乞行勘議，以息浮言，以省勞費。又該工科都給事中楊其休等題，爲臨河要地水漲可虞，乞敕勘議以慰人心事。謂徐城河水不落，則地下之浸灌必深，河勢日高，則城中之宣洩爲難。欲開月河以分水勢，使徐無衝决之患；通蘇伯湖以導積水，使徐無停漲之虞。要行會勘，從長計議等因。俱經該部覆奉聖旨：是。着河漕等衙門勘議停當具奏。欽此。移咨臣等。隨經備行各司道逐一虚心會勘去後。今據前因，該臣會同漕撫侍郎周寀、巡漕御史賈名儒等，將徐城新開支河併鎮口閘等處逐一躬親閲視，委與該司道所呈無異。爲照徐城外河原係山東汶泗諸泉，即今鎮口閘所出之水也。涓涓之流，卑于徐城之地多矣。自宋熙寧十年黄河南徙會淮，其勢始高，徐城遂有水患。據宋臣蘇軾入市卷閭井之言，則彼時河水委入徐城，業再遷矣。延至萬曆初年，原任徐州道副使、見任南京兵部尚書舒應龍剏築護城石隄，而黄河始與徐城隔絶，了無干涉矣。止因萬曆十七年義民盧泰啟閘放水内灌，而十八年雨雪連綿，無處開洩，遂至盈溢，議論紛然，或主遷城，或主改河。臣是以有請勘之疏。而工科都給事中楊其休等亦具疏催勘。今新開支河即科疏所稱蘇伯湖地方。而此渠一開，城水盡洩，内渠曾無潛滋暗長，外河亦無停蓄不流，則城水之無預于外河可想見矣。且故河係祖宗運渠，固難輕改。而河不兩行，徒滋勞費。若遷城本以避水，今徐城安堵如故，又似可免議遷矣。至于鎮口閘外係清黄交接之處，平時清水外出，其流甚順，一遇黄水暴漲，不免倒灌成淤。先年溜溝改梁山，又改而爲茶城，爲張孤山，爲古洪，竟不能免。如必欲爲快意可喜之事，須得清黄不會之處可也。而運艘全資黄水，豈能以不會哉？勘工都給事中常居敬所云『無往而不會黄，則無往而不淤墊』，誠爲不易之論也。然鎮口去河止八十丈，淤墊不多，挑濬亦易，隨濬隨進，人力可施，糧運無阻。部疏所稱清黄交會之處，無往不淤，見在閘座去口尚近，易于疏濬，仍應照舊。科疏所稱鎮口乃清濁交流之會，黄水一發，倒灌入漕，而河遂淤。黄强清弱，隨通隨塞，無適非是，已爲確見。臣等又何敢爲無益之紛更哉？伏望敕下該部，再加詳議，覆奉明旨，容臣等遵奉施行。其該司道款列事宜，臣等覆加參酌，開坐于後，恭候聖明裁奪。臣等無任激切，屏營之至。爲此謹題請旨。

計開：

一、甃石隄以固保障。照得新開支河去城五里即爲魁山石渠，逼臨河濱約有一百餘丈，已經搠築土隄防護。但恐客土未堅，暴漲易塌，濁流内灌，上下盈溢，不惟徐城有倒注之虞，而新渠亦難免淤墊之患矣。合將前隄用石包砌，以爲一勞永逸之計。工費銀兩應于城隄銀内動支。伏候聖裁。

一、建閘座以便啟閉。照得州城東南護隄原設涵洞一座。見今隄開洞啟，城水已洩，基址街道並成亢爽。則城内之水固藉此口南注，而濱河居民要從此河轉輸倉糧，搬運貨物，避黄河之風濤，省舟車之顧賃，不願填塞，其情亦當俯從。但閘座不設，啟閉無時，有如黄水暴漲，潰隄内灌，城中之民未可安枕而卧也。合將東門減水舊閘量添工費，移建本處，請添閘官一員，并乞欽定名目，以垂永久，再撥新募人夫十名，以司啟閉。如遇黄漲，鍵關固守，消落即行開放。費用不多而利賴無窮矣。伏候聖裁。

一、設長夫以備修守。照得魁山支河自徐州至小河延長一百六十二里，原係沙土新開，日夜經流，未免坍淤。且陳家林迤北土隄未堅，蘇伯湖一帶伏秋黄水可慮。合照邳睢事例，添設隄夫二百五十名。除見在遊夫一百名外，應增一百五十名。即于都事胡傅所領二升米銀募夫内撥發，專管修守本隄并護城隄。仍每五里建舖一座，以便各夫棲止。應用料價于城隄銀内動支。仍責成鎮口總管官兼攝其事。庶緩急有濟，而近年失守灌城之事當不再蹈覆轍矣。伏候聖裁。

一、改隄夫以專疏濬。照得鎮口閘外即爲黄河。黄濁倒灌則必淤墊，全藉挑濬通行。而糧船體製重厚，往來多挾私貨，非併力捧輓，豈能利涉？先該工部題覆勘河都給事中常居敬條議，將徐、吕二洪人夫摘撥六百三十三名，專司鎮口諸閘。嗣因年歉税少，工食不敷，裁減二百三十三名，止存四百名，分派前閘拽溜。其工銀改之夏鎮湖租，非不稱善。而糧運之時，苦不足用。查得徐州上河判官分管該州一帶西隄額夫三百二十九名，原屬中河管轄。而西隄專爲防護内漕，應屬夏鎮分司，事體方便。合將前縷隄并夫改屬夏鎮分司管理。再于都事胡傅所領募夫内調撥二百名，夏鎮分司再于各閘壩裒撥七十一名，共一千名，并三閘夫六十名，俱責上河官管領，悉聽夏鎮總管官調度，專心住守本口。但有灌淤，并力疏濬；運艘入口，分投扯拽，運完之日即行幇築西隄。庶糧運無阻而河官亦免推諉矣。伏候聖裁。

一、信法令以防淤阻。先該總河衙門題將鎮口比照淮安閘規，嚴禁啟閉。該部覆議，凡遇黄河暴漲，即便閉閘。一應官民船隻俱遵閘規放行。敢有阻撓，拏問參奏。至于鮮貢諸船，如遇黄水盛發，亦令暫候。刻石金書，昭如星日。而每歲伏秋閉閘避黄，往來船隻公然違背禁例，閘吏理阻，備受荼毒，甚至有斬關而出者矣。頻起頻淤，日無寧晷。而回空糧船經月守候，有誤新運，誤事不小。合再申飭，今後除進貢龍袍鮮品船隻嚴催五月以前入閘外，其餘椶藤架木與使客等船，但遇黄漲閉閘守候外，水消落啟板通行。若王程迫促，不能緩待者，聽該州拘留閘口内外泊船互相倒换。敢有勢要抗違法禁，及家人船頭攬装違禁私貨，夾帶民船，搶關射利者，聽管河官呈報總河衙門，照例參拏重治。庶法例森嚴而閘口不致常淤矣。伏候聖裁。

一、添設職官以便彈壓。照得鎮口首閘，清黄交會，灌淤之患必不能免，而督夫挑濬派撥捧輓阻遏勢要必得職事稍重官員方可專責成而便駕馭也。先該都給事中常居敬題請淮安府管河同知移住境山，誠于閘務有裨，但靈、睢、邳、宿河防最爲險要，一官豈能遥制？故不得已仍歸邳州舊署。而判官職微權輕，無可托重。勢要經臨則吞聲啟閘，黄水内灌則束手無措。合無添設府運專官一員，駐劄境山地方，將珠梅閘起至鎮口閘外一帶河道，併徐州護隄及新開支河防濬事宜，悉付本官管理。其自徐州迤南并豐、碭、沛河道仍歸原設管河同知，則地分而幹辦克濟，任專而責成自易矣。再照設官不難，而得人爲難。要害之區，似非練習有素者，鮮不僨事。查得見今添設徐邳管河帶銜山東都事胡傅、徐州管糧判官蔣繼祖，才力俱堪是任。蔣繼祖履任未朞，遽難轉擢。胡傅歷官河上，先後已逾九年，累經保薦。先該河漕衙門會請加銜管理邳州河務，因註選已定，未經推補。合無即將本官加陞職銜，管理前項地方隄閘事務，上河判官聽其調度，則付托得人而河防有賴矣。伏候聖裁。

奉聖旨：工部知道。

## 工部覆前疏

題爲垂亡之人憂思轉切，謹摘河上一二易惑浮言，乞恩俯賜勘議，以定久計，以免勞費事。該本部題都水清吏司案呈，奉本部送工科抄出總理河道兼理軍務右都御史潘季馴、總督漕運提督軍務右侍郎周寀、巡漕御史賈名儒題同前事，各等因。俱奉聖旨：工部知道。欽此，欽遵。抄出到部，送司案查。本年三月内，該總理河道右都御史潘季馴題前事，又該工科都給事中楊其休等題，爲臨河要地水漲可虞，乞敕勘議以慰人心事。各題議勘改鎮口閘還徐州城避水患緣由等因。該本部覆奉聖旨：是。着河漕等衙門勘議停當具奏。欽此。備行河漕等衙門欽遵，勘議去後。今該前因，案呈到部。看得治河一如治虜，防口甚于防川。自昨夏黄河非時驟漲，客冬徐城積水未消，或議當改河以全城，或議當遷城以避河，或議當改建鎮口一閘以免黄水倒灌。衆論紛紜，靡所決策。臣等亦知事體重大，遽難輕議。特以運道民命所關，苟有裨于禦災捍患，即興大役，動大衆，自不當以勞費爲解。故因右都御史潘季馴、都給事中楊其休等先後條陳，覆請會勘，無非欲廣集衆思，確求至當，以息訛言，以定久計。今該總河，總漕二臣及巡漕御史會題前因，大率謂魁山支河既開，城水盡洩，改河遷城，無容復議。鎮口閘去黄河甚近，即有倒灌，易于挑濬，仍應照舊。并將河閘善後事宜，開款上請勘議明的，衆論僉同，既可以省目前之勞費，又可以破一時之群疑。相應依擬。内除添設管河府佐一款徑咨吏部議覆外，謹將甃石隄等五事酌議覆請，恭候命下，容臣等移咨河漕部院及咨都察院轉行巡漕御史，督率司道等官，將一應善後事宜，查照覆議，着實遵行。仍咨總河大臣。此外如有未盡事體，不妨及時條議上聞，次第修舉。務使河防州治可永恃以無虞，道路傳言不更興于異日。庶幾國計民生咸有攸賴等因。奉聖旨：依議行。

計開

一、甃石隄以固保障。

前件看得，徐州新開支河惟魁山一帶最爲緊要，其隄岸雖經用土剏築，但本隄逼臨黄河，誠恐客土未堅，暴漲易塌，濁流内灌，不惟徐城有倒注之虞，而新渠亦難免淤墊之患。合依所議，行令用石包砌。一應工費俱于城隄銀内動支。工完將用過數目造册報部查考。伏候聖裁。

一、建閘座以便啟閉。

前件看得徐城東南護隄原設涵洞一座。目今隄開洞啟，城水已洩。而濱河居民欲從此口轉輸搬運，不願填塞，議要就此開閘一座，時其啟閉，以防黄水内灌。其石料即將東門减水舊閘量添工費，移建本口。仍撥新募人夫十名，常川看守，以司啟閉。既係民情所願，相應依擬。其閘官應否添設并欽定閘名，俱候工完再加詳議，移咨前來。另行題請，伏候聖裁。

一、設長夫以備修守。

前件看得魁山支河延袤一百六十餘里，原係沙土新開易淤。且陳家林迤北土隄未堅，蘇伯湖一帶伏秋黄水可慮，其本隄及護城隄委應撥夫修守，合依所議，照邳睢事例，添設隄夫二百五十名。除見在遊夫一百名外，應增一百五十名，于都事胡傅輕齎二升米銀内雇募撥發應用。仍每五里建舖一座，以便各夫棲止。一應工料價銀俱于城隄銀内支用，備行夏鎮主事總管。事完將用過銀兩數目報部查考。伏候聖裁。

一、改隄夫以專疏濬。

前件看得鎮口閘外即係黄河，每遇黄水倒灌，勢必墊淤，全資挑濬。兼以糧艘體重貨多，必藉捧挽。先該本部題覆勘河都給事中常居敬疏，將徐、吕二洪人夫責撥六百三十三名以供本閘各項役使。後因工食不敷，裁減二百三十三名，止存四百名，分派前閘拽溜。遇有修築疏濬之事，動致缺人，前項夫役委應增設。合依所議，將徐州上河判官分管該州一帶西隄，原屬中河郎中統轄者，改屬夏鎮分司管轄。即將西隄原設額夫三百二十九名，再于都事胡傅所領夫内撥二百名，各閘壩裒撥七十一名，共足一千名，并三閘夫六十名，俱責上河判官管理，悉聽夏鎮分司調度，專令住守本口，遇有灌淤併力疏濬，運艘入口分投扯拽，糧運完後即行幫築西隄，庶事體不致互相推諉，夫役不必另增工食。一更置之間，費省事集，而運道有賴矣。伏候聖裁。

一、信法令以防淤阻。

前件看得鎮口閘係清黄交接之處，啟閉尤當以時。閘禁不嚴，則將有黄水灌入、運道淤塞之患。先于萬曆十六年閏六月内，該總理河道右都御史潘季馴題稱，茶城三閘要比照淮安閘禁事例，將題准明旨刻石金書，竪立茶城之上。該本部覆奉欽依，備行欽遵去後。緣時久弊生，人情玩愒，法禁廢弛，委當再行申飭。如龍袍貢鮮船隻照例于五月以前入閘外，其餘棕藤架木官民船隻，倘遇黄水盛發，通候消落啟板放行。其王程迫促，不容緩待者，許令地方官撥船搬剥。如有官豪勢要及家人船頭攬裝私貨，夾帶民船，違禁射利者，許管河官指名揭報總河衙門，查照原題，從重參提究治。伏候聖裁。

## 校勘記

〔一〕覆下脱『請』字，據乾隆本、水利本補。

# 河防一覽卷之十三

## 奏疏

### 請遣大臣治河疏

南京湖廣道御史陳堂

題爲星象示異，河患可虞，懇乞聖明特遣大臣董理疏治，以拯民生，以通國計事。臣聞明天之道者必驗于人，應天之變者當以其實。是故古之明王遇災而懼，隨事格天，而卒保治安于無虞者，良有以也。臣頃見彗星見于西南，彌月不滅。考之往牒，災應謂主大兵，謂主大水；或應之一年之遠，或應之數月之近。臣愚以爲兵無大于邊防，水無大于河患。邇年蕃王效順，邊境稍寧，雖有可虞，然猶諉之曰未形。臣愚亦已列名同官御史林應訓等疏末，以勸皇上戒備之矣。若黄河之水，東横西決，散爲洪流，自徐邳以下以至淮之南北，不啻千里，流離漂没，莫可勝數。居無尺椽，食無半穗，上阻運道，下墊民生，斯不謂之已形者哉？然而當事者一切付之無可奈何，無有恃一長策可據以爲疏理者。臣愚以爲今日治河之難者有五：曰事權不專也，群策不一也，利害不審也，錢糧沮格也，功罪不核也。何以知其然也？

國家以理漕屬之漕司，以治河屬之河道，俱以都御史重職奉璽書行事，豈非使之各盡其職業，無有推諉，無有阻撓，以共成國計哉？乃邇年來，輒因河之不治，遂以漕司而責之天妃閘以南，于河道而責之天妃閘以北。畫地既分，遂成彼己。一設官也而或去或留，一决口也而或築或否，以致有司下吏，彼此觀望，迄無成功。無論今日，即自臣有知識以來，漕艘遲緩不曰漕艘而曰河道梗阻，河道梗阻不曰河道而曰漕艘稽遲，彼此相推，而卒莫有引咎自反者，大都然也。頃者朝廷鋭情國計，舉漕糧四百萬石，通限正月以裹過淮，懸重法以繩之，然後僅免黄河伏發之候，而可保無事。今又以淮之南北分信地矣。近雖部議欲以河道都御史仍照敕書行事，而撫屬地方水患又聽漕運都御史從宜料理，言非相悖，而行不免于牽制者。即有不治，如今日之患不止，則當責之誰哉？且黄河之與淮河，其流雖二，其爲運道相維繫貫通者則一。未有黄不治而可以治淮，亦未有淮治而黄可以無事者也。今之議者爲黄河計，曰築崔鎮口矣。今聞崔鎮而上至于邳州一帶，决者不下一二百處。大者百餘丈，小者亦三四十丈，何可勝築也？即築之，又何保其不復决也？曰復老黄河矣。然引黄河東流，將必引淮逆爲北向，而後可以與黄會而全運道。竊恐非水之性，勢難成功，益退而壅决于宿邳之間，不可爲也。曰挑正河矣。然河之决也，由下無所歸，故上有所壅。今河無入海之路，雖使河身日濬，奚益哉？爲淮河計者，曰築高家堰，則工費不貲，束手無策。曰築高寳黄浦等隄，則隨築隨决，漫不可支。欲引淮泗而入之江，則江上流也，而海爲下。海近而江遠，高寳之間所經興鹽等縣皆爲入海之路，豈能盡隄防之而使必逆而南哉？兼之草灣海口淤澱如故，遂使河身日高，黄水日漲。不圖爲疏導之計而惟築隄以防之，將見隄之高也有窮，而水之高也無限。其勢必内灌，而并泗水以趨于淮。黄之一日不治，則淮之人一日不安枕，此定勢也。以是數者，積時累日，坐觀其大敗決裂而不可救，此何以哉？臣愚以爲天下之事有利必有害，未有有其利而無其害者。擇其利多而害少者爲之則可矣。漕渠古無有也。自漢唐以來，宜莫如劉晏。然史稱晏盡得運之利與害各有四。當時即盡以漕事委晏，使晏得盡其才，固未嘗以利而諱害，亦未嘗以害病利也。今之司河漕者能如晏自按行浮淮泗，達于汴，入于河，循底柱硤石，觀三門遺跡而至河陰鞏洛，視前人宇文愷等之所爲者乎？每藉口必曰神河，而皆付之曰不可治，又曰神禹而不能治，不知今之人有能三年于外者乎？三過其門而不入乎？胼手胝足而不勝勞瘁者乎？大抵治河者委于治河之官，故事行勘一聽之于郡縣佐貳。彼以河爲職，遂見黄之害而不見淮之害，見黄之利而不見淮之利。不知淮利而黄亦未嘗不利，淮害而黄亦未嘗不受其害者。其治淮者輒委之郡縣之守令。彼以守土爲職，其所見又復然。如之何而不互相持衡莫決也？然猶可諉者，曰下之人異議耳。自古師行糧從，雖有巧婦，未有無米而可以議炊者。今淮揚之間，自隆慶三年以至今日之巨浸，真堯之所謂九年之水矣。土地所産既無一毛之入，而河漕工費動稱鉅萬，當事者復廑内帑而不之請，豈所謂通國體者哉？夫有非常之事者，必有非常之工。非常之工非非常之財不可濟也。國家二百年餘，河神亦可謂效職矣。以至今日始有此變，非如曩時之猶可以安常襲故者。近者淮揚撫按諸臣疏請賑濟，僅借留一二萬金爲災民計，而猶格于部議，安望其能請内帑百萬以濟大工哉？臣知其不能也。夫人臣爲國家守財，非徒能守其財之難，而善用其財之難。今之户部錢糧，曰濟邊急矣，不知邊猶人之肩背，而淮揚之地則腹心也，運道則咽喉也。今之工部錢糧，曰上用急矣，不知『百姓足，君孰與不足？百姓不足，君孰與足』，有若之言，固似孔子者。二部大臣豈以百姓爲可緩，而視身之咽喉、腹心不若肩背哉？彼河漕二臣目擊河工之急也，欲裁其費則用小而不可爲，欲大其施則力限而不能爲。即如崔鎮口與高寶隄之築塞，皆傅希摯與吴桂芳之所自以爲必不可已者，而亦苦于措處之無及，東搜西括，莫可支持。他可知已。臣愚以爲今日司國計者，皆過也。錢糧既已不敷，而國家之待河漕二臣，輒復以次叙遷，無所責成。其殫心竭力、鞠躬盡瘁者，秩不加陞；坐視如故者，罪不加罰，率皆三年之内僥倖無事，相繼棄去，何怪乎河患之日甚一日哉？即如傅希摯，彼自以爲實心任事者，三年考滿，不聞查核功罪。其在于今經理漸熟，河患方殷，而又以陝西巡撫行矣。使繼此而馭李世達者又復然，臣慮河之患無已時也。夫是數者展轉相尋，因循苟安，以致今日輒于星象上廑聖衷。臣待罪言官，何敢一日安哉？臣聞惜小費者不足與成大功，守拘攣者不足與觀昭擴。漢武帝稱雄才大略矣，瓠子河决，至投璧親祀，公卿負薪。宋仁宗稱令主矣，汴河數河災，民棲御廊，聚國社，憂形于色，至輟儒臣司馬光講筵，三往勘之。即如先朝徐有貞之築張秋，朱衡之築夏鎮，皆以大臣而成功者。假令二三君者與國朝列聖皆苟安故常，是使河之患在漢宋者不知何如，而張秋、徐沛今尚無底止也。臣愚反覆思惟，以爲國家今日河漕計，莫如特遣大臣，集廷臣推議有才望者，或見任户工二部侍郎，或常有事于河道，熟知水勢地利，不鹵莽者，會同新任河道都御史李世達、見任漕運都御史吴桂芳，恊力共理。重之璽書，定之期限：河平之日，照舊分職管理。則庶幾乎目前可以一事權，可以定群策，可以審利害，可以酌錢糧，可以據功罪，而俟命于朝廷以行賞罰。夫自古成大功幹大業者，豈因循掣肘者之所能辦哉？今河漕二臣敕書曰『便宜』，部議亦曰『便宜』，而卒不能破格一努力而爲之者，終爲文法所拘而不敢自越也。語曰：『役不大興，害不能已。』又曰：『不一勞者不久逸。』臣愚以爲誠遣大臣，則視河與漕無分彼此，視黄與淮無分胡越。勢可便漕而不便于河，不爲也；勢可便黄而不便于淮，不爲也。河道之臣齟齬，則以漕運之所宜遷就者通之，而使不涉于忌嫌。漕運之臣牴牾，則以河道之所宜委曲者導之，而使相忘乎彼己。腹心臂指，脉理貫通，無相滯礙，無相阻扼。其有徇私害公病人利己者，輒得以其理直之而請命于陛下，然後可以惟其事之所欲爲而能有濟。臣故曰可以一事權。誠遣大臣，則崔鎮口之應否築塞，老黄河之應否開復，宿、邳一帶正河之應否挑濬，高家堰之有無關繫，淮泗扃鑰高寶等隄之能否阻遏横流，淮泗入江果否順水之性而無所礙，草灣海口何以成功而無補于目前，或疏濬或築塞能否，可以並舉而後取效。折衷議論，舉衆説而量其長短。如不出是數者，而可以黄淮兼濟，則力主其説而在于必行。如是數者而皆無益于黄淮久遠之計，則博採輿論而務爲究竟，必得夫事機之肯綮，可以措手然後已。臣故曰可以一群策。誠遣大臣，則必循行河道，考察地形，往復江淮、河南、山東、直隸之間，備詳要害。何者爲支流，何者爲正道，何以遏其狂瀾，何以適其本性。是非利害，皆屬之于一人，淮南淮北，皆視之如一體，郡邑長吏與夫佐貳治河之屬皆如四肢手足之率相爲用而不相背。利在于河者多而漕者少，則從其計多者而不以爲私圖。害在于淮者少而黄者多，則從其害少者而不以爲嫁禍。利一害百，毋以害掩利；害一利百，毋以利冒害。不拂于人情，不撓于衆口。臣故曰可以審利害。誠遣大臣，則奉命而往，以陛下之心爲心，如陛下之親行耳。聞目擊確有可據，一手一足一木一石之力所不能辦者，皆得以請命于朝而無所窒礙。内而視户工之臣相爲一體，外而視河漕之臣相爲一家。陛下既擇人而用之，亦能以大臣之心爲心，聽其便宜行事，大破故常，利必期于大興而不惜小費，害必期于盡去而無惑人言。其有事在兩可，勢不兩全，利害相關，勞費難度者，亦可以詣闕借箸，稟授方略而期于共濟永賴。臣故曰可以酌錢糧。誠遣大臣，則請命而行，事竣而返。功有底績之期，事有責成之日。河漕二都御史而下以至于百司庶府、卑官小吏，苟有一毫之竪立效勞國事者，皆得以其功而叙録，奏議陞賞。其或因循搪塞，苟安目前及浪費不貲闒茸罔效者，亦得以其罪而奏聞處治。一如沿邊重鎮，或年終奏報，或三年數報，使人心鼓舞于奬勸激勵之中，而唯吾所聽命。然後群力可協，而百工可成。臣故曰可以據功罪而俟命于朝廷以行賞罰。夫由前觀之，而今日河之爲患如此。由後觀之，而異日河之庶幾如此。陛下何靳于一官之命，而使運道民生日復一日，無平成之期哉？

且陛下御極以來，軫念國計，每虞運道艱阻。嘗議開泇河矣，議開膠河矣，議復海運矣，計亦不下百萬，而猶限于勢力之不可能，民命之不可保，今皆報罷而使河渠復漲塞如故。陛下何不以泇河、膠河之費而借貲于河淮故道，猶不失其常策哉？說者以擇人爲難，臣又以爲不然。夫堯之知人，猶必失鯀而後禹。若慮諸臣之有負任使而寘之不問，是因噎廢食之説也。借使所遣大臣名位與河漕二臣不相上下，才識與河漕二臣不相優劣，而朝廷顓使，一鼓舞自新之下，則河漕諸臣之耳目心志皆爲之丕振而思以自奮，寧復尋常之苟安已哉？昔唐之淮西久不能下，李愬諸將非不可以計日成功者。乃裴度在廷獨曰臣出而諸將争功，則元濟就擒矣。自古成功建業，其所鼓舞之機數如此。臣誠願皇上之治淮南北如唐之克復淮西，而特遣大臣如裴度之效職也。如蒙敕下户工二部擬議上請，則庶幾河患可息，運道無虞，民生國計皆非小補。雖有星象之異，亦不能爲之災矣。謹題請旨。

奉聖旨：户工二部知道。該户工二部議覆。奉聖旨：近來河淮爲患，民不安居，朕何嘗一日不以爲念？先年以運道梗塞，不惜重費，欲别求一道以利轉漕。乃議者謂治河即所以通漕，遂降旨專責當事諸臣，着一意治河。其管河司道等官都着久任，不許陞轉。乃今河患連年如故，各官悉已轉遷。言者不歸咎曠職怠玩之臣，反説朝廷不行拯恤。人臣之義謂何？且都不追究。這所奏姑依擬。着吏部便會推有才望實心任事大臣一員，前去經理。一應事宜，着次第奏請施行。

## 科道會勘河工疏

給事中尹瑾

題爲恭報兩河工成仰慰聖衷事。臣于萬曆七年十月初十日欽奉敕：工科給事中尹瑾，近該督理河漕右都御史潘季馴、侍郎江一麟奏稱，南北河工俱完，河淮安流，復其故道。朕心甚慰。前有旨，候工完差官勘實行賞。今特命爾前去，會同巡按御史查照節次題奉欽依事理，親到各該地方，將疏内所開工程逐一查勘。要見築完隄堰若干，塞過決口若干，果否堅固足捍禦，建完壩閘若干，挑濬淤淺若干，果否通利有裨轉運；于原題事理有無疎漏，及用過錢糧有無虚冒，備細踏勘明白，造册奏報。爾爲朝廷耳目之臣，受兹委任，務秉公持慎，作速勘明，以副朕賞不踰時之意。毋得苟且具文，含糊塞責，致負任使。欽哉。故敕。欽此，欽遵。又准工部手本，亦爲前事。該本部題都水清吏司案呈，奉本部送工科抄出，工科都給事中王道成等題稱，該總理河漕右都御史潘季馴等題前事，奉聖旨：工部知道。欽此。隨該工部尚書李幼滋等覆題，奉聖旨：着工科給事中一員前去，會同巡按御史即便勘來。欽此。臣等惟黄河爲患，自昔治之，鮮有臻成效者。頃又甚而奪淮，以致淮揚之間，民遭胥溺。其仰厪宸衷，亦孔殷矣。河臣潘季馴等乃能殫智畢力，卒使兩河順軌，上有濟于運道，下有裨于民生，誠曠世一殊勛也。工已報竣，委應差官查勘明白，具本回奏等因。奉聖旨：是。着尹瑾上緊去。關防有舊的便查與他。工部知道。欽此。續該本部覆題前因，會同彼處巡按御史查照原題事理，將後開工程逐一查勘，果否做完及有無堅實，錢糧有無虛冒，勘明徑自具奏等因。奉聖旨：是。欽此。欽遵。備行到臣。臣即晝夜兼程，于本月二十一日至徐州地方。行據各司道府郎中等官佘毅中等，各將築過遥隄，塞過決口，建過閘不等，馬廠坡遥隄一道，丈量長七百四十六丈，根闊七丈至五丈不等，頂闊二丈，高一丈至八尺不等，各隄栽過低柳數計一十六萬一千六百株，共用過銀四萬八千七百五十九兩九錢七分七釐三毫，米一萬四千一百七十六石九斗七升二合。又勘得海防兵備兼管河道參政龔大器督率府州縣通判等官宋守中等原分工程，自呂梁山麓谷山頭起至直河止遥隄一道，丈量長九千四百六十四丈一尺，俱根闊六丈至五丈不等，頂闊二丈至一丈五六尺不等，高九尺至七八尺不等。谷山并匙頭灣涵洞各一座，三山遥隄一道，丈量長一千三百九十一丈八尺，俱根闊四丈，頂闊一丈四五尺不等，高八尺；各隄栽過低柳數計五萬二千株；共用過銀五萬一千一百七十七兩五錢五分六釐六毫八絲，米四千三十三石三升。又勘得徐州兵備兼管河道參政游季勳督率府衛州縣同知等官蔡玠等原分工程，自竇老穀堆起至象山止遥隄一道，丈量長一萬一千七百五十七丈二尺，俱根闊六丈，頂闊二丈，高九尺；徐昇鎮減水石壩一座，壩身連鴈翅共長三十丈；三山遥隄一道，丈量長二千六百四十七丈一尺六寸，俱根闊四丈，頂闊一丈六尺，高九尺，并順水壩一道。各隄栽過低柳數計一十五萬一千六百株。共用過銀五萬九千三百四十五兩八錢一分四毫一絲，米二萬一千九百六石一斗二升八合。又勘得水利道副使張純督率府州縣同知等官樊克宅等原分工程，自桃源縣關王廟起至清河縣護城隄止遥隄一道，丈量長九千七百二十一丈，俱根闊六丈，頂闊二丈，高一丈至八九尺不等。塞完張泗冲等決口一十八處，丈量共長二百一十一丈，季太三義二鎮減水石壩二座，各壩身連鴈翅俱長三十丈，三山遥隄一道，丈量長二千五百四十九丈，俱根闊四丈，頂闊一丈五尺，高八尺。各隄栽過低柳數計五萬三千株。共用過銀五萬三千三百一十三兩九錢四分九釐八毫，米一萬四千三百一十八石一斗五升。又勘得潁州兵備兼管河道僉事朱東光督率府衛州縣通判等官李光前等原分工程，自象山起至果字鋪止遥隄一道，丈量長六千九百三十六丈七尺，俱根闊九丈至六丈六尺不等，頂闊二丈一尺，高一丈至八尺不等；果字鋪起至李字鋪止遥隄一道，丈量長八百四十八丈六尺，俱根闊六丈六尺，頂闊二丈一尺，高八九尺不等；歸仁集遥隄一道，丈量長七千六百八十二丈八尺，根闊六丈至四丈五尺不等，頂闊三丈至一丈不等，高一丈二尺至八九尺不等，内填塞決口四十七處，丈量長三百四十九丈。各隄栽過低柳數計二十萬株。共用過銀七萬四百一十三兩一錢五分六釐七毫，米二萬五千四百一十八石九斗二升。復至淮南地方，又勘得管理南河工部郎中張譽督率府衛州縣同知等官鄭國彦等原分工程，高家堰築隄一道，丈量長一萬八百七十八丈，俱根闊一十五丈至八丈六丈不等，頂闊六丈至二丈，高一丈二三尺不等，内三千四百丈俱係樁板廂護；築塞大澗渌洋湯恩等決口三十三處，丈量長一千一百一十八丈；築塞朱家決口一處及築月壩一道，丈量長八十丈；本口直隄一道，丈量長一十四丈；閉塞天妃閘一座，幫築趙家口迤西兩岸隄二道，丈量長六百七十四丈，俱根闊二丈至一丈，頂闊二丈至一丈，高一丈至八尺不等；修建禮字壩、智字壩各一座，天妃壩一座；開過出閘河口自甘羅城起至淮河止，丈量長二百一十三丈，底闊四丈，面闊六丈，深一丈；兩岸築隄二道，丈量長四百二十六丈，根闊十丈，頂闊二丈，高一丈；築塞黄浦大決口一處，南北攔河壩二道，丈量長四十五丈，根闊一十三丈，頂闊十丈，高二丈；填築正口連土隄一道，丈量長九十四丈，自水底至頂高三丈八尺，根闊一十三丈，頂闊四丈三尺；改建通濟閘一座并攔河壩一道。各隄共栽過低柳數計六萬株，共用過銀八萬八千九百七十七兩一錢五分一釐四毫七絲一忽，米六千五百一十石一升五合。内高家堰澗北武家墩、澗南越城集二處土隄，根底丈量共長五千七百七十四丈三尺，查係去任水利道僉事楊化先行填築，計用過銀一萬四千九百一兩一錢一分六釐六毫五絲。又勘得清江廠工部主事陳瑛督率都司等官俞尚志等原分工程，自清江浦起，修築南北兩岸河隄，丈量長三千三百九丈八尺，俱根闊一丈二尺，頂闊八尺五寸，高三尺五寸，築塞鄭家決口一處，丈量長六十七丈，并加隄一道，自水底至頂高一丈三四尺不等，底闊二丈五尺，頂闊九尺，共用過銀三千二百四十九兩六錢二分九釐，米五十石。又勘得水利道副使張純督率府州縣同知等官劉順之等原分工程，自淮安新城北修築舊隄起及清江浦至柳浦灣止，丈量長九千八百五十一丈，幇闊二丈一丈五尺至一丈不等，高四尺至二三尺不等；又自柳浦灣起至高嶺止新隄一道，丈量長六千六百四十丈，俱根闊四丈五尺，頂闊一丈五尺，高六尺；西橋壩一座，丈量長一十二丈，自水底至頂高二丈；築塞八淺決口一處，丈量長八十五丈六尺，上加土隄根闊七八丈不等，頂闊二丈，自水底至頂高二丈至一丈四五尺不等，用石包砌高一丈五六尺不等，石隄兩頭接築土隄二道，丈量長一百五十丈，俱根闊三丈，頂闊二丈，高一丈三四尺不等，南北攔河壩二道，丈量長五十九丈，西隄一道，丈量長二百四十一丈，俱根闊五六丈不等，頂闊一丈三四尺不等，自水底至頂高一丈六七尺不等；各隄栽過低柳數計五萬四千株，共用過銀三萬九千八百五十八兩七錢五分二釐九毫，米一萬六千二百五十石三斗一升二合。又勘得柳浦灣舊隄頭起接連新隄一道，丈量長九百七丈，底闊四丈五尺至三丈四尺，頂闊一丈二尺至一丈不等，俱高六尺。查係原任副使今致仕章時鸞所築。用過銀四千二百三十七兩六錢三分五釐，米二千八百九十三石五斗七升。又勘得營田道僉事史邦直督率府衛州縣通判等官王開等原分工程，修築寶應湖土隄一道，丈量長四千四百九十二丈，俱根闊五丈，頂闊三丈，高一丈六七尺不等，內用石塊包砌三千三百七十四丈九尺。除修補石塊舊隄一千八百八十三丈一尺外，新砌石隄實計一千四百九十一丈八尺，俱根闊五尺，頂闊三尺，高一丈四五尺不等，上加土西面三尺，東面四五尺不等，用樁笆廂護一千一百一十七丈一尺，修建減水閘四座，共用過銀三萬七千四百九兩七錢三分二釐六毫三絲，米一萬九千五百七十三石三斗一升六合。又勘得揚州府知府虞德烨督率府州縣通判等官郭紹等原分工程，自揚州高廟起至儀真縣東關止，挑濬過淤淺河道丈量長一萬一千五百六十三丈五尺，挑濬五尺至二三尺不等，闊一十四丈至八丈不等，共用過銀一萬三千九百二兩二錢五分二釐五毫五忽。又勘得淮安府知府宋伯華督率府衛縣同知等官劉順之等原分工程，改建福興閘一座，修建清江閘一座，各砌石塊丈量共計二千二百九十二丈三尺，傍開月河一道，丈量長九十三丈，南北攔河壩二道，丈量長三十五丈，閘下兩岸并月河隄丈量長一百二十四丈，俱有樁笆廂護，共用過銀一萬一千七百二十八兩九錢八分九釐六毫六絲三忽，米一千五百九十三石一斗四升九合。總計兩河之工，築過土隄共長一十萬二千二百六十八丈三尺一寸，石隄長一千五百七十七丈四尺，塞過大小決口共一百三十九處，建過減水石壩四座，共長一百二十丈，修建過新舊閘三座，車壩三座，築過攔河順水等壩十道，建過涵洞二座，減水閘四座，濬過運河淤淺長一萬一千五百六十三丈五尺，開過河渠二道，栽過低柳八十三萬二千二百株，及原任副使章時鸞先築過土隄九百七丈。各工共用銀四十九萬七千二百七十五兩七錢一分七釐九忽，米一十二萬六千七百二十三石五斗六升二合。每石原議折銀五錢，折該銀六萬三千三百六十一兩七錢八分一釐，通共銀五十六萬六百三十七兩四錢九分一釐七毫九忽。該臣等逐一親歷，躬自查勘，隄堰決口皆係真土築塞，加以夯杵舂實，石隄閘壩俱係平廣厚石，縫以鐵錠廂鈐。隄堰之設，亘若長城，壩閘之堅，屹如盤石，委爲堅固，足堪扞禦。河渠淤淺，挑挖深闊，船隻通行，實裨轉運。及查先後題議工程并無疎漏，通將所用錢糧行委廬州府同知孫化龍、淮安府推官王國祚對卷稽覈。查得先該原任總理河漕工部尚書吴桂芳揭議，該工部覆請，准發南京户兵二部糧剩馬價銀二十萬兩，截留漕米八萬石，加耗米二萬四千七百四十九石一斗七升三合二勺。每石折銀五錢，共折該銀五萬二千三百七十四兩五錢八分六釐六毫。後該總理河漕都察院右都御史潘季馴會同總督漕運户部右侍郎江一麟議題，該户工二部覆議題請，准發改折糧料銀五十九萬八千三百二十三兩二錢二分六釐。除廬、鳳、蘇、松等府被災題准停徵并減派銀一萬八千二十八兩八錢二分九釐三毫七絲，實該銀五十八萬二百九十四兩三錢九分六釐六毫三絲。南京事例銀五萬兩，因例已停止解銀二萬九千一百九十兩，續該户部題准掣回銀三千六百三十兩解還太倉訖，實該銀三萬五千五百六十兩。巡鹽衙門議開支河銀三萬五千八百七十六兩，内除支河停開未支銀二萬五千八百七十六兩，實該銀一萬兩。巡漕御史陳世寶奏借漕米，該户部覆題，准留五萬五千石，加耗米一萬八千七十四石六斗。每石折銀五錢，共折該銀三萬六千五百三十七兩三錢，議將河工銀兩補還淮安府積出法馬羨餘銀二千三百一十三兩四分五釐。以上七項銀米通共該銀九十萬七千七十九兩三錢二分八釐二毫三絲，内除解還太倉漕米價銀三萬六千五百三十七兩三錢，并萬曆六年、七年各工岁修用過銀六萬二千五百三十七兩八錢三分一釐一毫四絲，米六千九十八石二斗六升，折該銀三千四十九兩一錢三分，及儀真開挑便河先用過銀二千一百九兩七錢四分九釐三毫二絲，俱聽河漕衙門年終奏報外，實該銀米共銀八十萬二千八百四十五兩三錢一分七釐七毫七絲。除大工用過前項銀米外，實該剩銀二十一萬九千七百六兩八錢五分四毫六絲一忽，米四萬五千一石九斗五升一合二勺，折該銀二萬二千五百兩九錢七分五釐六毫，通共剩銀二十四萬二千二百七兩八錢二分六釐六絲一忽，見在淮安府并各州縣倉庫收貯。臣等仍吊取卷簿，親自覈實，俱無虛冒。及查管工官員，如管理中河工部郎中佘毅中、管理南河工部郎中張譽、清江厰工部主事陳瑛、海防兵備兼管河道參政龔大器、徐州兵備兼管河道參政游季勳、水利道副使張純、潁州兵備兼管河道僉事朱東光、管田道僉事史邦直、揚州府知府虞德燁、淮安府知府宋伯華，或集群策以效謀猷，或率群力以躬胼胝，則皆殫心綜理，卓有成績者也。淮安府管河同知王琰，兖州府管河同知樊克宅、唐文華，揚州府同知韓相，淮安府同知鄭國彦、蔡玠、帶銜同知劉順之，兩淮運副曹銧，廬州府通判今陞無爲州知州查志文，鳳陽府通判李光前，東昌府通判王一鳳，歸德府通判祝可立，揚州府通判王開、郭維，廬州府通判宋守中，淮安府通判況于梧，徐州知州孫養魁，邳州知州張延熙，清河縣知縣石子璞，桃源縣知縣郭顯忠，江都縣知縣秦應驄，山陽縣知縣魯錦，先任知縣胡希舜，寶應縣知縣李贄，靈璧縣知縣張允浮，安東縣知縣史選，徐州參將黄孝敢。中軍以都指揮體統行事指揮僉事俞尚志，泗州守備張大德，陞任衛鎬濟寧衛指揮文棟，或以諳習河務，或以匡助河工，則皆分理勤渠，効有勞勩者也。廬州府同知孫化龍、淮安府推官王國祚、揚州府推官范世美、廬州府推官胡載道，或以經理度支于先，或以清查錢糧于後，則皆稽覈出納，明允足稱者也。六安州同知浦朝柱，泰州同知王法祖，泗州同知易宗，宿州同知李茂元，邳州同知王誠，亳州同知潘良旦，濱州同知辛自實，海州同知李逢，邳州判官胡傅，徐州判官胡三德，通州判官李應魁，沛縣縣丞呂學申，儀真縣縣丞吴子昶，魚臺縣縣丞黄穆，興化縣縣丞張相，合肥縣縣丞高幼元，山陽縣縣丞陳國光，陽穀縣主簿張祖范蕭縣主簿趙永福，聊城縣主簿陳嘉兆，武城縣主簿喬遇，山陽縣主簿吴一道，汶上縣主簿李廷佐，江都縣主簿鄒東周，靈璧縣主簿喻鵬，沛縣主簿陳存之，留守司經歷屠鑰，揚州府經歷葉逢暘，廬州府經歷李簡，淮安府照磨雷雨，檢校周藻，宿州衛經歷崔文學，廬州衛經歷黄自性，濟寧衛經歷林大原，邳州衛經歷周學孔，徐州左衛經歷林英，揚州衛經歷任重，海州吏目甘梆，亳州吏目吕堯焕，通州吏目周敏政，滁州吏目吴夢麒，壽州吏目沈淮，泗州吏目劉一龍，單縣典史岑登，巢縣典史王公祚，宿遷縣典史陳良璧，來安縣典史林公松，定遠縣典史何養浩，潁上縣典史朱良臣，海門縣典史李廷瑞，靈璧縣典史李時先，嶧縣典史辛元禄，揚州府税課司大使吴炤，淮營名色把總諸葛堯賓，立功名色把總宋大斌，徐州左衛鎮撫蔣助，徐州衛鎮撫薛守田，大河衛千户許圜，定遠縣省祭伊儒，壽州省祭曹仁，泗州省祭于子貴，天長縣省祭董梅，來安縣省祭于顯，東阿縣省祭戰伯前，山陽縣省祭張濟，儀真縣省祭郭忠，徐州義民張奎，邳州義民胡巡、楊去甚、陳潛，曹縣義民回守節，濟寧州義民田輅，山陽縣義民胡應華，江都縣義民許國忠，或以董率工匠，或以催趲人夫，則皆衝風冒雨，亦與有勞者也。至于調度官兵，協助謀議，則又漕運總兵、靈璧侯湯世隆宣力分猷者也。然諸臣各盡其職，而督撫實總其成。如總理河漕都察院右都御史潘季馴，碩畫弘猷而算無遺策，神謀獨斷而胷有全河，荒度備歷艱辛，程督不辭勞瘁，兩河之功皆其悉心經略者也。總督漕運户部右侍郎江一麟，同寅協恭而商確周悉，集思廣益而諮詢精詳，推誠鼓舞，群寮鋭志，擔當重寄，兩河之功皆其同心共濟者也。臣等竊念往昔黄河北決淮流東潰，民生胥溺，運道艱難。今都御史潘季馴等乃能審謀定議，束水濬河，黄淮安流，克底成績，昔日阸塞之區悉皆通濟之利，昔日魚鱉之地盡成耕稼之場；兩瀆循故道以朝宗，復千百載清寧之舊，群黎得平土以復業，除數十年昏墊之憂，真地平天成之景象也已。此豈人力所能爲哉？實由我皇上純德格天，任賢圖治，念河工之艱鉅，納宰輔之嘉謨，命大臣而事權不分，懲怠玩而群工警惕，天心助順，河伯効靈之所致也。元輔精忠體國，偉略匡時，秉國是而決群疑，攄廟謨而定大計，首弘以水治水之策，丕闡知人用人之公。故内外重臣同事輔臣和衷輔治，精白一心，贊襄鴻猷而籌畫有成算，扶持讜議而簧鼓不能摇。故内外重臣得以展布夫謀猷，大小群工皆能殫竭夫心力，兩河順軌，二瀆安流，皆由然矣。自此管河諸臣仰體聖衷，修守有常，勤慎不怠，即萬世所永賴也。伏乞敕下工部，再加查覈。如果河工堅固，漕運通利，錢糧無虚冒之弊，工程無疎漏之虞，合無將各効勞官員破格恩賚。仍責成加意修守，務俾久遠，則國計民生，利賴不窮矣。謹題請旨。奉聖旨：工部知道。

## 勘工科道進圖説

給事中尹瑾

查得黄、淮二河古稱二瀆，黄河變遷無常，宋元以前不敢瑣叙，即自我國家以來形勢言之。黄河發源于星宿海，經崑崙山，歷陝西、山西、河南，出南直隸之徐州，合山東汶泗諸水以資運道。自徐經邳州、宿遷、桃源，至清河縣東與淮水會。淮河發源于河南之桐栢山，經鳳陽、泗州，至清河縣東與黄河會。二瀆合流，俱經安東縣由雲梯關入海。雲梯關以下，海口深廣，原足容泄。但因隆慶年間黄河從崔鎮等口北決，淮水從高家堰東決，而海口遂湮。蓋水不行則河自塞也。今諸決既築，兩河復合，水行沙刷，海口仍舊深廣。海口既闢，河流自駛，河身日深，水落岸高，並無淤淺。且堅築隄堰以防伏秋之漲，連建減水四壩以泄盈溢之水，築歸仁集而泗州陵寢無衝射之虞，固黄浦八淺、寶應諸隄而興鹽諸邑無昏墊之苦。自兹閭閻有可耕之業，而運道無奪河之患矣。至于塞天妃閘以拒黄流，修復通濟、清江、福興等閘以嚴啟閉，復禮、智二壩，剏建天妃壩以便車盤，此皆查復先臣陳瑄之故業遺意。若能歲加修守，即久安長治之策也。臣躬親徧閱，睹記詳確，謹繪圖貼説于後。

## 科臣進圖疏

奏爲恭進河圖，懇乞聖明俯賜睿覽，以重國計，以裨聖治事。竊惟黄、淮二河古稱二瀆，黄河發源于星宿海，經崑崙山，歷陝西、山西、河南，出南直隸之徐州，合山東汶泗諸水以資運道。自徐經邳，至清河縣東與淮水會。淮河發源于河南之桐栢山，經鳳陽、泗州，亦至清河縣東與黄河會。二瀆合流，俱經安東縣由雲梯關入海。其淮河以南則由淮安歷揚州以通江南，黄河以北則由會通河歷天津以達京師。兩河合抱于鳳泗，光嶽鍾祥于祖陵，爲我國家億萬年根本之地，實在于此。且歲輸江南四百萬之糧以給官軍數十萬之用，上有關于國計，下有繫于民生。自隆慶年間黄河從崔鎮等口北決，淮水從高家堰等處東決，二瀆之水散漫而無歸，故入海之路停滯而不達。此非河之淺也，水不行而沙自塞耳。今惟諸決盡塞，兩河復合，水行沙刷，海口復通。且堅築隄堰以防伏秋之漲，連建減水壩以洩盈溢之水，築歸仁集而泗州陵寢無衝射之虞，固黄浦八淺、寶應諸隄而興鹽諸邑無昏墊之苦，塞天妃閘以拒黄流，修復通濟、清江、福興諸閘以嚴啓閉，復禮、智二壩，刱建天妃壩以便車盤，則二瀆不至于横流，兩河悉循夫故道，閭閻有可耕之業，漕運無轉輓之難，真平成之偉觀，曠世之希覯也。該臣奉命會同巡按御史李時成查勘河工，徧歷各地方，睹記詳確。竊念兩河之形勢實爲國家之命脈，謹繪圖貼説以進。夫知其爲祖陵之密邇則思培護之當嚴，知其爲京師之通津則思疏濬之當豫，知漕運關乎國用則思河務之當修，知壤地切乎民生則思保障之當急，知隄堰之綿亘則思上流之當防，知壩閘之布列則思下流之當洩，觀今日之順軌當思昔日之横流，觀工成之鉅艱當思保守之不易。擇人以重其寄，久任以責其成，歲修以葺其工，綜覈以稽其實，又今日之不容緩者。此則臣愚涓埃之微忠，進圖之誠悃也。伏乞皇上留神覽閲，俯察兩河形勢，則不出九重之上而坐照數千里之外，國計民生胥賴之矣。

奉聖旨：河圖留覽。工部知道。

## 條陳善後事宜疏

給事中尹瑾

題爲河工告成，敷陳善後事宜以圖永利事。該臣奉命查勘兩河工程，北由徐沛，南抵淮揚，遡觀蕭碭上流，歷涉雲梯海口，詳審地勢，熟察河流，迺知黄河之性宜合而不宜分，宜急而不宜緩。合則流急，急則蕩滌而河深；分則流緩，緩則停滯而沙淤。今隄堰已固，黄淮合流，淮得黄而力益專，黄得淮而流益迅，兩河協力同趨中流，水不横決于兩傍，則必直刷于河底。故河身深濬，海口通達，真平成之景運，無容他議。但成功固難，而保其成功爲尤難。臣嘗躬親偏閱，廣詢輿情，參以衆見之同，斷以己見之獨，謹條列七款以爲善後之圖，敬陳一得之愚，少效涓埃之報。伏乞敕下工部覆議。如果臣言不謬，令河臣參酌舉行，亦庶幾河漕之一助也。謹題請旨。

計開：

一、重久任以便責成。照得事理必閲歷而後熟，施爲必諳練而後精，凡一職一事之寄皆然也。况河道之職關係最重，議論最多，中間地形之險夷，水勢之緩急，工程之難易，經費之盈縮，或黎民懼而晏然，或薪積安而厝火，或在載籍爲美談而實乖于至理，或在往代爲良畫而不宜于今時，使非久于其任者當之，則作聰明者涉穿鑿，闇大較者昧設施。蓋涉歷有未諳，故臨事多眩瞀耳。先年屢經題准久任，然非定立章程，甄別淑慝，則賢且勞者反淹滯，而不才者得苟安，非所以勸勤勞而懲惰逸也。合無今後自司道以至府州縣管河諸臣俱令久任，俾得熟知河務，諳練機宜，修守有方，隄防無失。如累歲賢勞著有成效者，遇三六年考滿，准與加陞職銜，令其照舊管事。待其資俸最久，績效最著，然後破格超遷。其有遷轉離任者，則必就近遴補。如管河郎中有缺即以管理泉閘等主事中選補，管河守巡有缺即于附近守巡各道中選補。一則濡染久而端委相諳，一則交承速而職事無曠。又必令其新舊交代，新者未至，舊者不行。不惟人存政舉，緩急有資，且使舊政告新，傳受有法，其爲河道裨益非淺鮮也。至于才志庸劣，不堪負荷者，則聽總理憲臣不時奏請更易，不必拘年終考覈，因循姑息，致誤地方。庶幾人思任事而規避不生，事有責成而鉅工可保矣。伏乞聖裁。

一、定法制以覈歲修。照得築隄以禦水，猶築城以禦虜也。虜之性，避實而擊虛，故治兵者必歲嚴城守；水之性，避堅而就脆，故治河者必歲嚴隄防。其理一也。往歲黄河惟恃縷隄束水，隄迫而不能容，隄鬆而不能固，致水決囓。今兩岸遥隄既成，俱係真土堅築，則範圍寬廣而水不迫隄根，水薄而勢不衝。縱伏秋泛漲，水上崖以鋪淤而崖益高，水落河以刷沙而河益深，誠以水治水之策也。然兩隄雖固，而修守當嚴。每歲雨水之淋漓，人畜之蹂踐，能無坍且損哉？使不歲加修守，則高者將日卑，而厚者將日薄，是可不預爲之防也。查得《大明會典》内一款，令各處河隄每歲加高一尺，加厚一尺，年終管河官具數奏聞。法至深遠也。今宜申明此法，稽覈舉行。但黄河隄夫每里止十名，則每名該幇隄一十八丈。除下護埽、築順壩、量幇埽灣縷隄或風雨妨工等項，大約一年之中止有半年幇築，以方土計，方僅能加高厚各五寸。使歲加此數，則將來高厚亦莫知底止矣。合無行令管河司道等官，每歲嚴督各該管河官率領守隄官夫，務將各遥隄覓取真淤老土，定限加高五寸，加厚五寸；柳葦歲加栽植，勿令稀疎；閘壩歲加修葺，勿令圮壞。年終管河郎中會同該道躬親覈驗，將某處遥隄原高若干，今加若干，原厚若干，今加若干，補栽過柳葦若干，伏秋之時遥隄有無衝潰，閘壩有無圮壞，從實開報，呈河漕衙門造册奏聞。如各管河官加幇數少，及伏秋失事者，明白參劾。輕則罰治，重則黜降。仍照閲邊事例，每三年遣官一員前去閲視。三年之内，遥隄加幇果否足數，伏秋水發有無失事，運道果否通利，淮黄果否安流；通將各經管司道等官有功者分别叙録，失事者悉聽參究。則法度森嚴，人心警惕，而隄防可永保矣。伏乞聖裁。

一、甃石堰以固要衝。照得高家堰居阜陵、洪澤諸湖之濱，淮水伏漲，湖河相連，西當淮泗衝流，東護淮揚沃土。自漢陳登建築之後，累世因焉。我朝平江伯陳瑄復加修築，使淮水不得東注，則淮揚之田廬一望膏沃，高寶之運道萬艘安流。二百年間，淮揚藉以耕刈，厥功懋矣。向因菹兹土者足跡不履其地，終歲不葺其工，鹽徒利其直達，盗決侵寻，決口漸以成淵，狂瀾莫挽，淮水不出清河而黄河倒灌，全淮盡注高寶而洪水横流，又何怪淮揚之民又爲魚鱉也。今已築塞成隄，體制高厚。既有樁板以護其外，復設官夫以嚴其防。堰成之後，淮水悉從清口故道會黄入海，河深水退，隄外皆乾。水及堰址者惟大澗口一處，僅百餘丈。詢之土著，皆云必可永恃。第恐歲久月深，官吏更易，不見其潰而不思其防。每遇伏秋泛漲，西風激浪，又烏知不日漸侵削如昔年之決潰者乎？終不若包砌石隄可一勞而永逸也。今熟察地形，南北各二十里稍亢，而中二十里爲窪。稍亢者可保無虞，低窪者尚宜砌石。蓋石砌堅固則伏秋不必護埽，省費不貲，一利也。鹽徒不能盜決，金城永固，二利也。編氓樂居，人自爲守，三利也。但聚鳩採伐，用力鉅艱，未可以歲月計。大工纔竣，民力方蘇，未可以旦夕舉。工程浩大，夫匠最多，未可以一郡辦。合無先行採石，以萬曆九年爲始，派行徐潁海防三道，均分道理，各派所屬爲之。每道該砌六里六分有奇。俱從大澗口最窪處砌起。假之以歲月，責之以必成。其經費錢糧見有大工用剩銀兩，聽其估計應用。工完之日，河漕衙門奏行該部覈實，毋至虛冒。仍分别勤惰以昭勸懲，則力分而事易舉，法立而功可成，即萬世可永賴矣。伏乞聖裁。

一、濬閘河以利運艘。照得黄河濁水隨挑而隨淤，惟當束水以濬河閘，河清水愈挑而愈深，必當疏濬以通運。今黄河一帶自決塞隄成之後，河身深廣，本無所庸其濬，而亦不必言濬矣。惟是淮河一帶原係先臣平江伯陳瑄開鑿成河，蓄水漕運，猶恐淺阻，創立裏河規制，每歲挑濬一次。邇年以來，清江閘河黄流久注，淤沙久填，水溢沙上，舟因水浮，不無淺澁。查得南旺運河三年二挑，合行該管河郎中亦照南旺事例，將興工完工月日及用過錢糧特疏奏聞查考。至于揚儀河道，雖近經濬深，舟行順利，然日久不挑，泥沙漸積，日積月累，必復淤墊。且揆之地形，揚儀稍亢而高寶最窪。每遇伏秋水漲，湖隄最稱危險。使下流常深則上流無壅。是濬渠之中兼得平水之利，亦應時常嚴督官夫撈淺，或酌定數岁一挑，勿致淺滯。庶濬築相成而工無偏廢，河隄胥利而漕有常通矣。伏乞聖裁。

一、專責成以防衝決。照得黄河之性，合則力專而流急，故沙隨水刷而河日深；分則力散而流緩，故水滯沙停而河日淺。淮河雖係清水，而分合緩急之機要與黄河無異。近日大工興舉，諸決盡塞，河水頓深，則塞決之功誠不可緩。蓋河決久則傍流深，傍流深則正河奪。故塞之速則費省而工易，塞之遲則費浩而工難。方其始決，以數十人塞之而有餘。及其既久，以千百人塞之而不足。涓涓不塞，遂成江湖。蓋自古記之矣。其間經理區畫，固司道職掌，而夫役物料則有司存焉。有司職掌守土，比閭之民皆其撫馭，一號召即夫役也；帑藏之財皆其典守，一措置即物料也。呼吸之間，事可立辦。惟地方有司視河隄之坍齧漫不經心，及水勢之漲決略不動念。間有循職任事者，又執拘攣之見，持不敢自用之心，即有水勢危迫，必待白之司道，白之河漕而後行之。彼司道所轄廣袤，在在皆應經理，豈能百十其身而一一坐督之哉？文移往返，動經旬月。江河一決，淜湃難支。始而蟻穴，繼而濫觴，終必至于滔天而莫可收拾。崔鎮、黄浦之覆轍可鑒也。崔鎮、黄浦當初決之時，特數十人捧土之力耳。乃崔鎮士民赴愬，而縣令付之罔聞；黄浦舖老呈報，而縣佐加之笞責。且倡爲不可塞不必塞之説，以亂觀聽。迄今地方官民言之，無不痛恨。近該巡鹽御史姜壁條議，凡河道失事，掌印及管河官一體參治。該工部題覆，奉欽依遵行，誠宜永爲令申。第恐積習難挽，立法貴嚴。若或假之以姑息，則人無畏志。然下無專制，事輒關白。若非假之以便益，則彼有他辭。合無今後除平時區畫修守之法俱責成于司道管河官，萬一水漲暴發，事機危迫，非司道駐劄地方，該掌印官徑自派募人夫，動支物料，多方防守。如夫料不足，聽其借支貯庫別項銀兩措辦，務保無虞。抑或水勢異常，委難支持，致被衝決，一面通詳司道，一面便宜處辦夫料築塞，不必拘泥關白而後行事。大決限十日或半月，小決限五日或十日。完報之後，借用過銀兩，司道覈實，將歲修錢糧照數抵還。其失事之罪即歲終奏繳，亦姑免開列。如過限不完，司道官即時據實呈河漕衙門參奏。輕則罰治，重則降黜。如司道容隱，罪在司道，河漕姑息，罪在河漕。庶法嚴而人知守，防密而隄自固，河渠可永利矣。伏乞聖裁。

一、防徐北以固上流。照得運河自徐州而下，防黄河之潰而出也，故築兩岸遥隄以捍之，毋令傍溢以奪河流。徐州而上，防黄河之潰而入也，故築太行、縷水二隄以障之，毋令北徙以傷運道。其爲保運計則一耳。河决徐州之下則運道猶有可通之路，河决徐州之上則運道不免有中斷之虞。先年張秋之役可爲寒心。故論目前轉輸之計，則徐、邳、桃、清爲急，論全河變徙之患，則豐、沛、碭、單爲尤急。徐南黄河工程堅固，防守謹嚴，可保無事。惟徐北黄河舊由蕭縣出小浮橋入運，小浮橋河深近洪，能刷洪以深河，運道之利也。且河勢趨南而北徙，非所患也。嘉靖四十五年河决邵家口，出秦溝入運。秦溝河淺近閘，每積淤以塞河，運道之害也。且河勢趨北而北徙有可虞也，今幸復趨小浮橋矣。而小浮橋上流原非故道，尚當預防。詳觀地勢，南岸蕭縣一帶淤墊已高，無慮南徙；北岸豐沛一帶地勢頗低，恐防北遷。所恃者行、縷二隄爲之捍禦也。已經河漕衙門會同各省撫按題准大舉修築。見今估計興工，畫地修守。但查沛河淤塞原係華山、戚山諸處衝决，而縷水隄根近有水埽成河，俱當加意修築。其邵家壩爲秦溝舊口，趂今興工之時，亦宜倍加修理堅固，以絶秦溝上流。夫邵家壩築矣，行、縷二隄修矣，而守之存乎人也。有隄不守與無隄同，守隄不密與無守同。河南、山東自太行遥隄已成之後無復衝决者，亦以夫力多而防守密也。今徐北至單縣界止，見修隄壩長一百五十餘里，而夫役止七百餘名。是每里僅四五名耳，其何能濟？仍應量照徐南事例，每里補足十名方能修守。但徐淮州縣災疲歲久，難復加派。合行河漕衙門通融酌處，或將山東、河南停役夫銀每歲量解召募，蓋保豐沛所以保全河，非止爲直隸河道也。或量攤派于廬、鳳、揚三府。蓋當以江北全力治河，不當止以瀕河州縣治河也。或于洪夫徭役銀兩仍舊徵給，而以徐州税銀召募夫役。蓋止于復舊額而非以額外派民也。務俾夫役有餘，每歲亦如徐南加幇之法，一體稽覈，伏秋水漲，併力堵築。北徙既無可患而秦溝又無可虞，則河既不傍决于兩岸，必能深刷于中流，小浮橋之利可永保也。再照新築各隄俱應比照縷隄，畫地建舖，安插各夫，庶棲息有定所，而修守有專功。至于近隄居民有願結廬隄上者，悉聽久長居住，不必起派基税。使人皆樂居，庶蜿蜒長隄宛如市井，晝則牖户相聯，夜間燭火相照。久之將視爲己業，各自修守，是萬年不拔之基也。伏乞聖裁。

一、備積貯以裕經費。照得未雨而輒桑土〔二〕，既濟而謹衣袽，古人思患預防，非過計也。今大工底績，二瀆安流，非既濟之後而未雨之時乎？然必積貯錢糧，歲加修守，則桑土衣袽之備也。河道錢糧，山東、河南額派原多，頗足應用。若南直河道起自豐沛，至于淮揚，地方延袤千有餘里。淮以北則黄河洶湧，淮以南則湖水瀰漫，非止切乎民生，悉皆關乎運道。以葺修而工料浩費，以防守而用度鉅艱。及查歲額樁草銀兩僅二千有奇，加以連年災沴，每歲徵收在庫者不滿數百。以數百之金而支持千里之河，安能有濟？故一遇修築，束手無措。或隄防已圮而不能修，或衝决已深而不能塞。隱忍坐視，浸淫滋蔓，遂至于大壞極敝而後請發内帑以圖經理。設使纔决纔塞，愈修愈固，又何有至于大壞，亦何至于大費哉？夫與其大費于河防既潰之後，孰若省費于河患未然之先。此其利害得失，固較然明著也。今查大工錢糧見剩二千四萬兩有奇，已取回一十二萬。即今估修徐北隄工又不下數萬，使高堰石隄興舉，亦非小費可成，則所剩之銀已不足用。藉令無此二役，亦僅足供數年修守之費耳。數年之後又將何以處之？故積貯之策，誠今日急務也。似宜從長計議。或河南、山東河道銀兩，或運司挑河鹽銀，或徐淮各處鈔税，或撫按贓罰，或多方措處。大約每歲共湊銀三萬兩，歲爲定額，解貯淮安府庫，專備兩河修守之費。仍行濱河州縣，各于要害處所建設物料廠一座，每遇冬春之交，支銀買辦樁草及修河器具，積貯廠内以備緊急。寧備而不用，毋寧用而不備也。司道官仍置立循環，時常查覈。總理憲臣歲終將用過錢糧若干，剩餘錢糧若干，照例奏報。臣非不知鹽銀鈔税關係邊儲，但河漕關係京儲，較之邊儲似尤緊要。况河道通而後鹽船通，有河漕而後有鈔税也。日後河道無虞，錢糧積至數十萬，則以所積之銀解供内帑，亦朝三暮四之法。若一通融議處，俾積貯素預，庶錢糧隨取而隨足，河工有備而無患矣。伏乞聖裁。

奉聖旨：工部知道。該工部覆議，内重久任款開移咨吏部。凡管河部屬司道及府州縣佐貳等官果有熟諳機宜懋著績效者，考滿即與陞級，照舊管事；資深即與超遷，用勸異勞。有缺就近遴補，取其濡染習熟。臨行新舊交代，令其傳告精詳。至于待異等者一如待邊臣，由道而撫，而撫而督，由督而本兵，不恡焉。及咨行河漕衙門年終薦舉預儲可代之才，遇缺揭咨，必求因才而代，徑咨吏部，仍咨本部，以憑會同遵行等因。其餘款覆相同。題奉聖旨：隄工歲修當視其低薄處隨宜加築，豈得定以五寸爲限？河漕當事諸臣能嚴督地方官着實經理，視國如家，何事不成？亦不必數數差官閱視，反滋多事。其餘依議行。

## 條陳河工補益疏

御史陳世寶

題爲恭覩河工垂成，尚有可言，懇乞聖慈俯賜亟行以少圖補益事。恭惟皇上自臨御以來，純心任賢，勵精圖治，國家重務，靡不振起。去歲又憫淮揚之水患，運渠之敝壞，特命大臣以往治之。維時中外臣工憂切杞人，皆恐艱鉅難成，徒勞財力。惟我皇上獨奮乾則，鋭意舉行。然猶寬之以歲月，而未遽責之以速成也。今自去年九月十五日興工以計之，除中間凍阻，其修理實期纔三四月耳。乃該臣瓜儀催儹，以歷乎高、寶、淮安、清河、桃源、宿遷、下邳之間，已見所修諸工十完七八，黄河順軌，深闊倍常。及登岸四顧，凡前日之洪濤巨浸沮洳湁没之處，遂多爲野，而稱可耕可穫之田。此皆我皇上拯溺亨屯之仁以上孚于天，故其平治水土之速有以下應于地，太平有象，兹非其一哉。但垂成之會，而曰隄曰堰，尤宜爲事制曲防之策，曰官曰民，尚當用招徠激勸之恩。臣緣是不自揣量，列爲六款，敬爲我皇上陳之。雖蒭蕘愚陋，殊無遠識，而目擊參酌，亦不敢爲無稽之言也。伏乞敕下該部逐款詳議。如果可用，即見之施行，則于河工未必無小補也。緣係恭覩河工垂成，尚有可言，懇乞聖慈俯賜亟行以少圖補益事理，謹題請旨。

計開：

一、移建管河官衙舍以重責成。照得河之爲害無異于虜，而防河之計亦準于防虜可也。臣嘗聞沿邊要害必設立將營，使之咫尺隴荒有警即知，或戰或守，爲計甚便。此固傍通事理，何獨于治河而疑之？今查徐州至清河縣一帶，兩岸各築遥隄一道，以障泛溢之水，中間設減水壩三座，以殺衝突之勢。自是以往，亦可保其無奪河之患矣。但是工也，成之固難，而守之尤難。夫固當增，而官尤爲要，况伏秋之時，河流瀑漲，埽灣迎溜，素稱要害之處，呼吸變態，又有頃刻不可缺官而當率夫以防守之者。雖府有管河同知二員，州有管河判官，縣有管河主簿各一員，官可謂備矣。然其郡邑之去河縱遠近不一，皆不與要害而相值。即先該總理河道兵部侍郎萬恭曾以專駐地方題奉欽依而建成衙舍，止有一二，然亦非要害之區信如此。倘其地河決隄破而始往報于官，則一線之裂將有瞬息洶湧而緩不及事者矣。且高郵石隄向已築成，寶應石隄今亦就緒，黄浦八淺近因高家堰之斷流而亦計日可塞，似宜無所事守也。尤恐高、寶之二湖一遇西風，波浪滔天，石亦難恃。而八淺黄浦俱係未堅之土，又焉敢謂必無他虞？是移管河官之衙舍，以責成其晝夜防守，誠今日之不可少者也。如蒙乞敕該部，再加覆議，轉行總理河漕并漕撫衙門，巡按、巡鹽御史督同該道查勘，淮南淮北各管河官原分地方要害處所建立衙舍，使之常川駐劄，自河防之外，上司不許别項差委，躬率各夫行二守四防之法。比遇糧船盛行，仍責之以催儹防護。如雖移建衙舍而晏安偷惰以致少有疎失，即住俸以責其成功。或盡力修守而三年無虞，則破格優處以酬其刻苦之心。夫如此則附近要害而修築決不後時，督責嚴切而職守自不怠玩矣。再照地方災傷而又興作，是增一厲階矣。合無將建立錢糧俱在河工銀内動支。其衙舍規制亦不許過求弘廠。臣又往來河道，見兩岸寺廟多被水淤。而吕梁洪有書院三座，據兩座已傾。如拆毁而充此衙舍之資，當又不假于河工之銀也。伏乞聖裁。

一、添設新隄堰夫役以便防守。照得古今舉事功，甫告成而旋致廢墜者，何哉？亦以狃于目前而不復爲長慮却顧之謀耳。夫今全河之工幸覩垂成，固當思患預防而爲守之之計矣。但遥、縷二隄已逾千里，高家堰之隄凡六十里，柳浦灣補舊增新將百餘里，而八淺、黄浦地雖咫尺，反稱要害。若非多集夫役，則以盗而決者，巡邏有所不逮，以水而決者，修築有所不能。夫既集矣，而不分截廬棲于其上，恐彼此推諉，無以收責成之效。住居寫遠，亦不勝招呼之煩。是查增夫額而畫地築居所當亟亟以爲之處者也。然既用其身，當飽其食。訪得以前河夫工食年年拖欠。今若以新增者而派之于本地州縣，亦必以相沿之故徵解不完，而逃竄之弊在所不免矣。切思大舉河工雖爲地方，而漕運尤重。合無以新增夫餉分派于漕糧之内，每亩加增不過毫釐，衆輕易舉，莫此爲便者。如蒙乞敕該部再加覆議，轉行總理河漕并漕撫衙門督同司道，將遥縷二隄、高家堰柳浦灣、黄浦八淺逐一查勘，或舊有夫若干，今該加添若干，或一向無夫，今該創設若干；某處至某處共幾里，應分布若干，即令于其地築室爰居。其在遥縷二隄、黄浦八淺者，悉聽州縣管河官調度，在高家堰柳浦灣者，悉聽新設大使官部領，而總攝于管河之同知，晝夜巡緝以防盗决之奸，日操鍤畚用加高厚之工。以至應給工食，每夫一年約用若干，共夫若干，該用銀若干，灑派漕糧每石應加若干，逐一算明註之派單，分發各處。及糧運北來，令與輕賫銀一併解淮，按月關支。夫如此則隄不缺夫，夫不缺食，而今日不貲之費，幸成之功，亦可以永恃矣。伏乞聖裁。

一、添設管隄官部夫以保新工。照得置吏張官，固有定額之常數，而因事添設，實乃濟時之權宜。竊念臣往來淮上，已三年于兹矣。見得高家堰實淮安之前門，柳浦灣乃淮安之後闥。故數十年來，使淮安城外樓臺烟火之地半爲川源，桑麻禾稻之區盡成沮蕩，皆此二隄傾圮之所貽也。今該河臣于高家堰則多集官夫，加厚加高，密布栅樁，中護以板，遂使瀰漫泗水盡由清口而出以至柳浦灣，則亦因其舊基而修補充拓，綿亘百里，旦夕告竣。夫如此則淮郡亦可保其無衝齧之患矣。但此二隄俱在荒僻，人不及見，而鹽徒私販奸商漏税，又利高堰之直達揚州，每行盗决。夫以不堅之隄而加之以盗决之衆，亦何惑于已往之不治也。以臣愚見，合無除多集夫役以分布棲住于二隄矣，尤當各設精厲大使官一員，使之同居隄上，專部而防禦焉。如蒙乞敕該部再加詳議，移咨吏部，即將高家堰、柳浦灣各銓選年力精鋭大使官一員，使之築居隄上，督率各夫，遇有盜決則擒拿以重治，而修築之功尤責其日增而月盛。至官職之修否，亦照管河官之例以爲賞罰。夫如此則官有所專，夫有所統，而新隄誠可以永保矣。再照臣伏覩見行事例内一款，凡故決盜決山東南旺湖、沛縣昭陽湖、蜀山湖、安山積水湖各隄岸，并阻絶山東泰山等處泉源，有干漕河禁例，爲首之人發附近衛所係軍，調發邊衛，各充軍。其閘官人等用草捲閣閘板，盜泄水利，串同取財，犯該徒罪以上，亦照前問發。臣敢以爲此例不但可施之湖水泉源管閘官役而已矣。合無仰厘聖斷，併下部議，如有盜決高家堰尺寸之口，及大使官知而不舉，受賄縱容，比照前例，一體問發。著爲定例，榜示淮安。庶人心警惕，自不敢犯矣。伏乞聖裁。

一、增築宿遷縣遥隄以順民情。照得淮黄泛溢，梗運殘民，臣蓋耳濡目染而怵惕于心者三年矣。邇幸朝廷之上，明良合德，軫念時艱，不憚費勞，惟求平治。此其精神感召，誠有格天心而協民志者。故修築之工，曾未旬月而各處隄防俱完强半。該臣自淮而北，見近河之民懽若更生，皆謂數十年昏墊之苦，魚鱉之憂，一旦而盡釋之。非我皇上體天勤民，何以有此？凡所以效華封之祝，竭嵩呼之誠者，蓋萬口而一詞矣。顧行抵宿遷縣，據鄉民王卓等百有餘人持狀告訴，大約謂瀕河州縣有遥縷二隄者自此修完，皆可以避水災而興農業。獨念宿遷縣縷河雖有隄岸，而侍丘諸湖尚未修築遥隄。使伏秋河漲，各處必無他虞，此地應遭水患。乞要一視同仁，接築遥隄等情，具告到臣。該臣再三尋思，中必有説。及詢諸各道，則云當時踏勘而于此處未議遥隄者，以侍丘諸湖背馬陵山而爲壑，即黄河溢流以注于其中，則必爲此山阻回而仍歸于河。蓋湖不外洩，斯河不爲奪，是以未爲遥隄之議耳。況當踏勘之時，河水與湖山相連，若不能爲隄者，所以官不爲議而民亦弗之告也。今河深岸出，湖水日縮，中段隔絶，遂成平陸。此災民動耕種之念而生築隄之請也。近總河衙門亦以民告者衆，欲行補建。獨以原議之時無此錢糧，斯從而已之矣。切照原議固無此端，而以支剩河銀爲之亦可也。今春縱不能舉，而以秋後爲之亦可也。且全河之工所費不貲，此隄之工所費無幾，是又可果必大而特靳于小乎？各處之民靡不遂願，此地之民獨不蒙惠，是不猶之滿堂燕笑而有向隅之泣乎？田有一丘一畝，尚欲設計開墾，矧云此隄一築而可復數萬畝之利乎？是增築此隄亦非迂緩而空糜者也。如蒙乞敕該部再加覆議，轉行總理河漕并漕撫衙門委官踏勘，無拘原議。如地可爲隄而隄可益田，即以支剩河銀覓夫修築；如無支剩，另行派處。其修築之舉俟各工完後，刻日亟圖。如今春不暇，期在秋間。務使千里長河，在在享平成之利；一方永賴，人人無不獲之憂。則我皇上治河之鴻勛，允可以恭天地而軼古今矣。伏乞聖裁。

一、暫寬歸移之錢糧以安地方。照得錢糧出于田土，耕種本乎民力。故欲錢糧之不負，惟安集百姓而已。慨自黄河決于崔鎮，而桃源、清河之民强半流移，淮河決于高堰，而泗州、山陽之民强半流移，又决于黄浦，而寳應、興化、鹽城之民强半流移，散之四方，轉于溝壑，蓋已數年于兹矣。今幸崔鎮、高堰决口已塞，淮黄合流並入于海。而高堰乃黄浦之上流，相須以爲開閉者。兹高堰既塞，黄浦必可計日以斷流矣。是以流移之民見水去田出，日漸歸復。但驚疑傍徨而未敢爲必住之計，誠恐居處未遑而舊逋即追，開墾未熟而新租復徵耳。故凡臣所過之地，因其催徵見年與以前之折餉也，擁衆遮訴，哭聲震天。俱稱尋復故業，求免新舊之税。其投遞詞狀，不能盡述。切思臣受催徵之寄，豈不欲公税之盡完也？顧拖欠之數多係流移之民，使因其歸復而拘繫以追併之，恐殘喘可斃而錢糧决無所處。此風一聞，逃移益遠。况捐百萬之膏血以治此水患，本爲民也。今水患漸平而獨以些須逋負阻絶歸復之民，不識水退之田將付之誰以耕種乎？新舊之税又將責之誰以輸納乎？及查臣去年奉都察院劄付，准户部咨行，令帶徵淮揚等處萬曆四年五月拖欠改折之數。隨經遵依，親歷催比。據各處册報，亦稍稍補納，而見年者亦較之往年分數爲多。此皆煢煢遺孑因漕餉半徵，歲事可望而勉力以供之者。誠再于歸復之衆而推浩蕩之恩，不但改折，凡一應起存錢糧，新者舊者暫行停徵；仍比照墾田事例，給之以牛種，則流移之民歸來日衆，新舊之税將取諸開種而漸完矣。如蒙乞敕該部再加覆議，轉行總理河漕并撫按等衙門，將淮揚二府委官踏勘，素有水患，今漸平治流移歸復之州縣，不拘起存新舊，一應錢糧暫行停徵。待田地成熟，陸續追補。仍比照墾田事例，給以牛種。則已歸者安心耕耨，未歸者聞風而來。我皇上治河之舉，益有實惠，逋負公租，非無民而終不可完者也。再照此時正開耕佈種之會，民心去留之際，嗷嗷待命，不啻解懸，更乞亟賜舉行。不然雖蒙俞允，而民亦不能速霑其恩也。伏乞聖裁。

一、乞廣賞勞之天恩以鼓人心。照得治河臣民服役效勞，乃其常分，固不可以言賞，亦不可以求知也。顧維其時衆役之困敝已極，尚有待于鼓舞，諸臣之辛劬過苦，尤當加以慰勞，是又可緘默自惜而不披瀝以陳？恭惟我皇上愛民之心素洽于閭閻之内，而子來之願遂形于佚使之間。故該臣沿河催儹，隨地查閲。見得各夫日夜力作，勞苦萬端。如遇浮沙則必穵沙取土，深既數尺而水且上湧。值淤陷則必塗手霑足，行方跬步而身半泥中。或取土于五六里及七八里間至十餘里，日不數回而足勢如火，紅腫未消而晨起且赴工矣。或築隄于水際，及半在水中以至全在水中，地無多餘而身危苦墜，墊塞未幾而潰折者相尋矣。單袷被身已不勝冬雪之苦，蓬穴爲室更不任風雨之侵，穢濕熏漬，瘧痢半生，凄楚無窮，羸羸日甚。其顛連可憫，誠有工食不足以盡之者。況此時服勞既久，精力將疲，而未完工程猶有賴于修築，于此不曲爲鼓舞，恐解體之念或不能已，而一簣之功反覺其難矣。以臣愚見，合無推浩蕩之恩憫元元之苦，動支河工羡銀，量行犒賞。第見民心易動而感激思奮，將有忘已往之勞，踴躍以終其事者矣。及查羡銀，乃河臣題奉欽依而用之以爲閲工之費者。今皇上如用之以爲賞，是真不費之惠，亦何靳而不爲乎？且此銀已在正數之外，賞功之列，即皇上不用，河臣亦以閲工而用之矣。顧用于河臣則各夫猶視以爲常而感之爲有限，用自皇上則各夫必仰戴如天而懽悦以無疆。是賞費雖同而所感迥别，又何惜此一令之頒乎？此固臣目擊其苦而知鼓舞克終之術必有待于一賞也。至于諸臣之在工者，臣亦以干預河道而每詣其駐劄之所，竊事訪問。見得總理河漕都察院右都御史潘季馴委身高堰，緝草爲居，自編于版築之間，罔辭乎風日之苦。總督漕撫户部右侍郎江一麟同心調度，協力經營，會計督視，昕夕不倦。蓋二臣主持全河，綱紀衆官，憂勤惕厲之念自爲之百倍倡率，綜覈之令不敢少有所懈耳。故自司道以及于總委小委等官，靡不拱聽約束，殫竭心力，隨其所委，期于速成。蓋雖官階有崇卑而其拮据奔走，備極艱苦則固一而已矣。夫諸臣之效忠若是，臣非不欲懇乞皇上而推恤民之恩以爲之併賞也，顧朝廷之于民，每隨時以用愛，賞官之定例，必事竣而後頒。今查河隄雖已垂成，而加厚加高猶有未完，是可録可賞者，諸臣之勞，而不敢遽請者，則固拘于例耳。合無再祈天心憫諸臣之勞，而又嘉其績之能速底也，特賜綸音，用施宣慰，待其報完，重加賞賚，則一字之褒將重于金玉，而督夫以完未完之工者，殆有孜孜而不敢以或後者矣。如蒙乞敕該部再加覆議，每夫應量賞銀若干，着爲定數，轉行河漕并漕撫衙門動支河工羨銀，查照夫額，逐一犒賞。如羨銀不足，准以河工正銀補之。仍于總理河漕都察院右都御史潘季馴、總督漕撫户部右侍郎江一麟，以及于司道等官，頒之以宣慰之綸音，許之以功成之重賞，則臣民霑恩而大工可完于不日矣。或仰厪天仁，念此河工乃非常之舉，而于潘季馴、江一麟亦用羨銀預加一賞，此又在我皇上破常格以優體大臣，昭寵異以隆重河務，竦動群工之意，臣又何勝惓惓顒望之至。伏乞聖裁。

奉聖旨：該部看議來説。工部覆議，除暫寛歸移之錢糧以安地方一事移咨户部議覆無異，其餘五款，本部覆俱相同。題奉聖旨：這河工垂成，各官殫忠經理，勞績可嘉，着候工完之日，你部裏奏請差官勘實，朝廷自不惜爵賞，以勸有功。潘季馴、江一麟各先賞銀三十兩，紵絲二表裏；潘季馴還加賜大紅獬豸紵絲衣一襲，以示優勞。其餘俱依議行。其管河官衙舍著用附近毁壞寺廟及遵近旨拆毁書院改建，不許增派擾民。

## 條陳治安疏

御史姜璧

題爲河工將竣，敷陳末議，懇乞聖明俯賜採擇以保治安事。臣竊聞之古志曰：防河如防虜。防虜者，當以不治治之，來則禦，去則止而已矣。防河者，當以無事行之，逆則治，順則止而已矣。而今之防河者有二弊焉。好事者謂故轍之必不可循，輒爲穿鑿之圖以亂其性，是挑釁也。怠事者謂河流之必不可治，每爲因循之説以滋其患，是玩寇也。十餘年間，二弊相尋，河患極矣。上厪宸衷，宵旰爲慮，俯從言官之請，遂爲破格之謀，獨斷聖心，群疑屏息，使當事大臣得以殫竭心力。故半載之間，兩河順軌。該臣巡歷于淮安等處，親詣各工。見得各官之催督，其嚴謹也即如家事；萬夫之趨事，其歡呼也猶若子來。水孽潛消，河工就績，閭里有可耕之地，運艘無壅阻之虞。據工程雖云繁鉅，計錢糧尚有贏餘。是皆仰賴我皇上純德格天而淮海效靈，至誠動物而群工用命之所致也。以此時觀之，可謂一治矣。然虔其始者不可不慮其終，圖其大者不可不矜其細。兼理河道亦臣之責也，尚有一二可言者。臣既得于聞見之真，敬爲我皇上陳之。如蒙不以爲謬，敕下該部覆議施行。臣愚幸甚，地方幸甚！緣係河工將竣，敷陳末議，懇乞聖明俯賜采擇以保治安事理，謹題請旨。

計開：

一曰一事權。天下之事多緒則亂，多岐則諉。查得治河之官自永樂以至弘治百五十餘年，原無河道都御史之設。故有以漕運兼理河渠，如景泰之王竑者，有以總兵兼河道，如天順之徐恭者。成化七年，因漕河淺甚，糧運稽阻，特令刑部侍郎王恕出總其事。八年事竣，改陞。自後不復建設。凡遇河患，事連各省重大者，輒命大臣督同各省巡撫官治之，事竣還京。此祖宗成法也。至正德十一年始專設總理河道，駐劄濟寧，而南北直隸、河南、山東皆爲統轄之地。地非不廣，勢非不尊，然延袤五六千里之間，足不及徧，目不及覩，形勝要害，東西南北，俱若夢寐，豈能遥制？至于伏秋瀑漲之時，呼吸變態，猝遇衝激，勢若燃眉。州縣管河官白之于府，府白之道，道白之總理；總理下之道，道下之府，府下之州縣，往返已一月矣。謂必待稟白而後行之，事已無及。如其不待白也，總理焉用爲也？且既有總理，巡撫必難獨斷。凡遇申呈，輒批仰照總河批詳施行。此在避難者固然，而在任事者亦不得不然。何也？畏侵權也。及至借支錢糧，調派官夫，便相齟齬。此在私而刻者固然，而在無我者亦不得不然。何也？總河之事不免勞民傷財，而巡撫之責則在安百姓，節財用也。至于意見不同，秦越相視者又不待言也。臣昔任山東，當兩河泛濫之時，總河都御史傅希摯力言草灣不可開，崔鎮之當塞，高堰之當築，章疏案牘，班班可考，而漕撫衙門拒之甚力。後至草灣復淤，横流莫遏，業已悔之無及矣。故今之議者謂傅希摯之説得行，或吴桂芳早兼河道之任，則平成之績不在今日矣。此事權分委之弊，彰彰也。查得先該吴桂芳節奉聖旨：近來當事諸臣意見不同，動多掣肘，以致日久無功。今以此專屬吴桂芳經理，河道都御史暫行裁革。河道事務着各該巡撫官照地方分管，俱屬吴桂芳提督。事寧回京，請旨再設。欽此。即今潘季馴接管，亦照旨行事。夫巡撫照地理河者，即王鋐、徐恭兼理之制也。吴桂芳提督者，即特遣侍郎王恕出總其事，事竣改陞之制也。故事權歸一，事功易就。今日河功之成，實原于此。蓋天啓我皇上以法祖致治之盛，故其明效大驗如此。且事權之隆重，體統之尊嚴，屬寮之承聽，人民之信服，孰有踰于巡撫者哉？天下之事欲其速辦，孰有易于巡撫者哉？而乃欲益一贅員以滋推諉也。但原奉旨内有『暫革』『再設』之語，而各該巡撫又未見特加敕諭。竊以爲復設河道則推諉之弊復生，未蒙特敕則責成之意未篤，終非可久之道。合無將前明旨着爲令甲，而于撫臣特加敕諭一道，其各銜内添增『兼管河道』四字。萬一日後河道有事，亦照祖制，臨時特遣大臣一員，督同各該巡撫管理。如此則可永杜推諉掣肘之弊，而河渠利賴世世無窮矣。伏乞聖裁。

二曰嚴責成。夫郡縣之有守令，即家之有長也。一家之事必取辦于長，其子姓之分猷倅理者不過受成算、效奔走而已。而于河道則獨不然。府有管河道、同知或通判矣，則郡守若罔聞之，州縣有管河判官或主簿矣，則州守縣令若罔聞之。甚至有牴牾其事，變亂其是非，顛倒其賢否者。此何以故？蓋因管河爲最苦之官，而治河爲最難之事。避難厭苦爲人情之常，而況奔走河濱，悉聽司道官差委，不得以時親就，以事售知于寮長，其勢固宜然也。至于上官稍稍責成，守令亦不過增一牒文，移付管河官而已。甚至有束之高閣者。竊以爲朝廷張官置吏，莫要于守令。蓋以總括庶務，綜核群寮也。而何獨于河道遺之哉？今後河工之事，似應專責掌印官督同管河官管理。各照該地方隄岸，冬春踏勘，隨地修補，伏秋水漲，督率防護。如有疎虞，掌印官與管河官一體參治。庶責任有歸而事功易就矣。伏乞聖裁。

三曰議支河。查得先因高堰黄浦之决未塞，全淮之水傾注高、寶、興、鹽之間，田廬墳墓一望淼渺。當事者不探其原，惟尋其委，請開興化縣之丁溪白駒二塲海口鹽城縣之周禄港至新河廟三十餘里。又動支鹽運司銀二萬五千餘兩，分貯于興、鹽二縣，大加疏濬，爲洩水計。該臣巡歷于淮泰各鹽塲，躬親踏勘。看得地勢外高内窪，無從宣洩，而潮水灌入，填塞甚易。及至鹽城，據知縣楊瑞雲併士民謝與成等禀稱，本縣自黄浦等口决後，民田沉于水底者數年。今幸築塞，民有耕穫之望。若又開挑支河，引入潮水，一爲淹没，永不堪種。又據兩淮運司判官孫仲科并竈户管席等禀稱，自鹽城支河一開，將各塲運鹽河水盡隨潮洩去，運河斷流，商不來支，鹽日消折，竈益困敝等因。爲照高堰居黄浦之上游，而黄浦爲興、鹽水患之門户。今高堰隄成，黄浦决塞，是上流已斷，則地上乾涸，已無可洩之水。若復開濬海口，則地形外高，徒引倒灌之潮。且海口既多，防禦實難，是開私販之門。鹹水灌入，民田爲害不小，宜乎官竈士民之告稟者紛紛也。臣至淮安，即與總河都御史潘季馴會議，亦云曾委官踏勘，誠不可開。臣思鹽場民地皆國課攸關，河道鹽務，臣職掌所繫。今隄堰既成，此工可已。如蒙乞敕該部再加覆議，或將疏濬海口諸工徑行停止，或轉行總河都御史逐一再委官勘明，將前工程題覆停寢，不惟可省重費，抑亦可免大患也。伏乞聖裁。

四曰修古隄。查得宋臣范仲淹修築長隄一道，肇自吕四，終于徐瀆，接連數百里，環遶三十塲。隄以外俱係鹽塲草蕩，竈丁居住，煎辦鹽課，離海遠者百里，近者數十里不等。隄以内則有運鹽官河一道，南抵泰州，北抵廟灣，西通高、寶、興、鹽等處，各湖港商民船隻往來，及田户車戽甚爲通便。是此隄外以捍海潮，内以護鹽河併各民田，其計至深而利至溥也。至今稱之曰范公隄。中間原留洩水大海之路〔二〕，如今之白駒閘口及牛灣河、瓦龍諸港，皆隨地形潮勢宣洩，亦不爲害。况當時范隄之初築也，即有蓄澇之慮，及其既築也，復有雨雪之變，事幾中罷。幸而范公之持議甚堅，張、胡二臣之贊襄更力，卒不能惑群言，功成保障，貽海濱數百年之安，供我國家百萬金之課。故三賢有祠，民到于今祀之不忘。奈從前當事者見高堰黄浦口決，興、鹽、高、寶受害，倡爲鑿范隄，開海口以洩水，徒爲一時權宜之術，更不思昔人剏置之意。隄外係竈户煎鹽之地，淡水一出則鹽課消薄矣。隄内係民竈耕種之田，潮水一入則田租減損矣。該臣巡歷各鹽塲皆由范隄往來，見得歷年既久，隄漸坍塌，有舊址見在半爲民竈所居者，有海潮淤沙漸成高阜與隄相平者，有被水衝漫單薄不堪者。要皆隄址尚存，若肯時加修復，永可爲捍禦之計。是修復古隄，誠鹽場之切務也。如蒙乞敕該部覆議，果屬不謬，行令臣轉行運司併通、泰、淮三分司官，照各該管地方，將范公隄岸逐一踏勘，估計明白，量派竈夫督率修理。其舊隄高厚可恃者不必再修。惟于坍塌者築之，卑薄者補之，要害者先之。各夫工食就將前項興、鹽二縣收貯運司疏濬海口銀兩動支給領。每年于春正二月，此非旺煎之時，量修三分，計三年工可全完矣。其原洩水口港仍舊存留，間修兩岸，使不爲患。如此先臣之澤永垂于不休，而國課竈額利賴于無疆矣。伏乞聖裁。

五曰蠲隄租。查得自徐至淮，新築遥隄五百餘里。若以夾岸計之，將千里矣。南北兩隄蟺蜿若城，高堅足恃，誠爲治河之一策矣。但其所築之隄皆係民間已業，而中間挖沙尋土，傷損地段尤多。夫以不可耕之地而欲小民償計畝之税，除概邑昏墊之苦而使一户陪無産之糧，徵之者似爲無名，而輸之者實爲無辜也。合無行令巡撫衙門擇委廉能官員逐一踏勘，丈量明白。要見某户某人隄址若干，挖傷地土若干，乞敕户部議蠲租額若干。如以國課必不可損，或以該隄應納之税均攤一邑，或以水退無主地土給照開墾，加倍抵補。如此則地方無不均之歎，而小民無向隅之泣矣。伏乞聖裁。

奉聖旨：該部知道。工部覆議相同。題奉聖旨：依議行。

## 中州河防爲要疏

御史王世揚

題爲中州河防爲要，巡撫去銜未宜，懇乞聖明俯賜查復，以便責成事。臣惟天下之事不能無利害，亦不能無因革。然有所革也，必其有所害也。若無所于害，即無貴于革矣。況不惟無害而且大有利于地方，如河南巡撫管河之銜者，恐即因之不暇，尚可云革乎？臣請爲皇上悉陳之。蓋黄河自潼關而東，迤邐二千餘里始入于海。中所經行地方則河南、山東兩省，南北兩直隸也。故事各該撫臣雖皆領有管河職銜，然疆域既分，統轄各異，非情有壅閼而不達，則事多掣肘而難行。故向來陽候爲患，固云天數使然，而要之人謀不臧，亦未必盡無也。頃者幸蒙皇上慨允科道諸臣之奏，除去撫臣兼管字樣，仍設總督大臣經理。以數省之地總之一人，凡屬河防，惟其擘畫，若身之使臂，臂之使指，蓋無復有所爲壅閼不達、掣肘難行者，此誠至計也。顧總督大臣可設也，撫臣兼銜不可去也；保定、山東撫臣兼銜可去也，河南撫臣兼銜不可去也。何者？蓋事權不可不專而利害尤不可不審。語云：千人舉瓢，不如一人負而趨也。是專責之説也。然不曰一手不能舉鴻鼎，一臂不能挽大車乎？以是知事固貴專，而有時乎不專者則求以共濟，而非好爲多事也。故使督臣在上流而撫臣在下流，抑或督臣切近而撫臣寫遠，則萬一河流不靖，督臣先已身任其事矣，撫臣即有石畫妙算〔三〕，何濟燃眉？徒多牽制之虞，無益成販之數〔四〕。如是而去其兼銜，何不可者？顧河流雖經數省，乃所經于中州者實則居半。且撫臣駐劄開封府，督臣駐劄濟寧州，是撫臣在上流，督臣反在下流，撫臣去河近，而督臣去河反遠矣。有如每年水漲之時，或有潰決之患，則必數日始可報知督臣，督臣亦必數日始可走檄築塞。况波濤洶湧，濟渡爲難，即馳報亦有未便達者。夫以患起于須臾而計圖于持久，即有神禹之智，將安所施？其不舉瀕河之民而胥溺之者，幾希矣。争如撫臣駐劄河干，未决先防，隨決即塞，且與管河各官群聚一城，面相可否，無煩文檄，不費日時之爲得哉。説者曰，督臣之設正以權之不專，奈何又令撫臣兼之？噫！是未嘗引邊事觀之也。今國家九邊軍務固嘗以總理責之督臣，然亦何嘗不以贊理責之巡撫？彼固以爲相濟，而此可以爲相厲哉？即今年瀕河州縣，凡無管河之官者爲增官，凡無管河之銜者爲增銜，豈非以河務爲急而官職當備乎？夫誠以河務爲急而官職當備也，臣意撫臣即素無此銜亦宜增入，乃素有之而反去之，豈以撫臣之要係顧出佐領下哉？名除撫臣之銜以重督臣之任，而實弛撫臣之擔以貽督臣之憂。揆之事理人情，臣誠未見其可也。説者又曰，今年撫臣去銜未見僨事，後之視今一也。即過計何爲？臣又以爲不然。蓋今河患初平，人心正惕，撫臣既自勞于經度，安得不自愛其成功？故夫夙夜拮据不敢怠遑者，固忠所事也，亦愛厥功也。倘後安瀾日久，玩愒漸生。由前觀之，事非已作則痛癢不關；由後觀之，事有專官則功罪不與。或安燕雀之愚，致罹魚鱉之患。于時舉而罪之督臣，督臣則諉之遠不及知，舉而罪之撫臣，撫臣則又諉之曰事難越俎。雖云干係地方，終難逭責。然皇上業去其權矣，可復重其罰哉？是必有督臣以總數省之綱維，亦必有撫臣以專一方之督責，然後策有萬全而事無後患也。矧原議稱令同心共濟，則既與以管河之事矣，何必又吝一管河之銜，而使他日曠職者藉口乎？此臣所以謂撫臣兼銜不可去而河南撫臣兼銜尤不可去者。蓋取其去者比之而知其利害有如此也。如蒙乞敕該部再加查議。如果臣言不謬，除保定、山東撫臣去河原遠，無容別議外，將河南巡撫兼管河道職銜照依各邊巡撫贊理軍務事例，于新任撫臣敕內仍舊增入。凡平日一切隄防之術，務令與督臣議定而行。惟有事則一面相機築濬，一面馳報督臣會議。毋得推諉，致誤事機。庶人有切身之慮，事無卒至之虞。督臣得撫臣而猷念有資，撫臣得督臣而隔越無患，則河防庶幾永固，而祖陵運道及中土民生，亦自可無勞聖主之宵旰矣。臣待罪兹土，聞見頗真。即督臣前題遠地修守疏中亦甚以遥制爲不便。竊妄以爲將來事勢必有出于此者。用是輒敢忘其固陋，少效款款之愚。伏惟聖明留意，幸甚等因。奉聖旨：該部知道。

## 工部覆前疏

題爲中州河防爲要，巡撫去銜未宜，懇乞聖明俯賜查復以便責成事。該巡按河南監察御史王世揚題前事，奉聖旨：該部知道。欽此，欽遵。抄出到部，送司案呈到部。看得河南巡按御史王世揚題稱，河南巡撫仍復兼管河道職銜以便治河一節。爲照黄河之在河南，上自潼關，下至歸德，中經開封，奔流二千餘里，俱係河南巡撫境内。而河南巡撫敕書内原無兼管字樣，則以總理河臣專治之也。近緣總河罷設，遂將兼管分屬各巡撫，以致事權不專，隄防陵夷，馴至上年劉獸醫等口之變，上厪宵旰之憂。故俯採言官之議，復設總理河道衙門，除去各巡撫『兼管』字樣。懲前慮後，爲計甚詳。夫總理衙門既設而復分其務，將無以專事權，兼管敕書甫易而遽增入，將無以示法守，是殆未可以輕議者。但總理固有河道之寄，而巡撫實有地方之責。今河南巡撫委居黄河上流而最近，總理衙門委居黄河下流而最遠。若釋其近而切者漫無干涉，責之遠而難者旦夕取辦，竊恐黄河湍悍無常，呼吸便有利害。比至踈虞而後圖，則在總理已噬臍無及，而在巡撫亦得有辭矣。所據御史王世揚題議，凡黄河之在河南境内者，總理總持其綱，巡撫兼管其事，未決先防，隨決即塞，不以彼此越俎爲嫌，惟以同心共濟爲務，誠爲忠謀遠算。相應酌議題請，合無自萬曆十七年爲始，除河道照常，隄防修築俱聽總河衙門裁處外，其遇伏秋水發，將有横決如上年劉獸醫等口之變，當責河南管河副使一面申報總河，一面申報巡撫。其總河未能卒至料理，巡撫即便動支河道錢糧，起夫督率修築。務期未決先防，隨決即塞。盡如御史所言，斯爲同心共濟。但于事寧之日，備將用過錢糧，修過工程，移咨總河知會，以便年終奏繳，每年着爲定規，不許推諉稽遲。其有應行未盡事宜，容令會議具奏。伏乞聖明裁定。本部備咨總理河道、河南巡撫，及咨都察院轉行河南巡按御史，備行道府州縣掌印管河官員一體遵奉施行，等因。奉聖旨：境内河道關係水利民生，撫臣豈得推諉坐視？你部裏既議明白，着河南巡撫官凡黄河經行去處，就近兼理，會同總河官行事，還添入敕内，不必加銜。欽此。

## 校勘記

〔一〕輒，清初本同，據乾隆本、水利本、《権》本卷十當作『徹』。
〔二〕大，清初本、《権》本卷十一同，乾隆本、水利本作『入』。
〔三〕石，據乾隆本，水利本當作『碩』。
〔四〕販，據乾隆本、水利本、《権》本卷十一當作『敗』。

# 河防一覽卷之十四

## 奏疏

### 查理沁衛二河疏

都給事中常居敬

題爲查理沁、衛二河，以濟運道，以安民生事。據河南按察司管河道僉事余希周呈，蒙臣并撫按兩院憲牌前事，牌行該道會同分守河北道即便轉行各該掌印管河官，要見衛河上源有無淤阻，果否引以灌田，作何禁止；沁河經行有無衝決，當從何處導引，作何隄防，引沁通衛，是否可減黄河，有裨運道，即今蓮花池口應否免塞，逐一勘報，務求經久長策，以憑會議施行。蒙此。依蒙，會同守巡河北道及牌行懷、衛二府掌印官，會同勘議去後。隨據衛輝府呈稱，依蒙，行委輝縣主簿周時禮帶領熟知地里人役郭周等，查得衛河上源並無淤阻，無事挑濬。其旁河居民引水灌田在四五月之後，兑運漕糧在二三月之間，前後相隔日期頗遠。自國朝二百年來，臨清漕舟直達天津，並無阻礙[一]。再查前此雨暘時若，衛河之水，運道通行。今因連歲天旱，源泉枯竭。不獨下流淺澀，上流源頭幾至不流，以此阻塞，其理顯然。及查沁河經行懷慶府河内縣，出武陟下合黄河，與衛河相離甚遠，亦無支流相通等情。又據懷慶府呈蒙，依蒙會同衛輝府知府周思宸，看得沁河經行武陟，如蓮花口等處屢决而屢議興修舊隄，寧不惜工力艱難，必不肯姑順水勢使入衛河者，誠以衛輝一府屬縣在河下流，而横流一發，被災最遠。且臨清運道不能賴其清流之利，而每遭其淤阻之害，節經歷年詳議，卷案可查。今談者以謂足以殺黄河之勢而有賴于運道，此不過據舊説及臆度之耳。况潞府新封衛城，利害所關，不敢輕議切詳。果從會衛濟漕之説，則懷慶一府既免頻年修築之煩，而武陟一帶地土永無水患，即本府首當主其議者，但以國家大計通論，斷斷乎有難于行。合候詳示，轉行各委官照舊將蓮花口隄工催督修築，使沁水仍歸黄河故道，各緣由具呈到道。據此，該本道看得此番行查係奉欽依，事體重大。又經駁行二府掌印官行令劉、薛二同知親詣細勘另報。今據懷、衛二府會呈關行劉、薛二同知，及會委臨河汲、新、河、武等七縣各掌印官勘議。隨該汲縣知縣李賦秀會同新鄉縣知縣張赤心、輝縣知縣龔世仰、獲嘉縣知縣張諭、淇縣知縣崔璵、河内縣知縣黄中色、武陟縣知縣李日茂，俱親詣衛、沁二河踏勘間。當據汲、新、輝、獲等縣社里老劉應逵、高進表、宋廷珏、師以正、楊濤德等各連名告稱，衛河發源在于輝縣蘇門山下。其水陡峻，通流灌田，不過些須，並無淤阻。其沁水河身寛一里有餘，衛水河身寛不過三四丈。先年曾遭沁水衝開木欒店蓮花池隄口，附近地方俱受渰没，且流入獲、新二縣，城門用土屯塞，漂流民舍，渰没民田一百二十餘里，衛輝府關廂巷口行舟，衝倒民房八千餘間，壓死男婦陳可立等百十餘口等情，各具告到官。會看得引沁入衛固殺黄河之流，且濟運道之便，但恐沁水本大，若一入衛河，二水合流，勢必滔害，不惟各縣民居民田深有可虞，况潞府新建，方將高其隄，預其防，惟恐不固，而敢引沁以貽不測之患，等因，會申到府。又准本府同知劉應聘會同衛輝府同知薛應麟關稱，各親詣衛河源頭，踏勘得衛水流清土堅，原無淤阻。惟有軍民水田，蓋爲水由地行，故乘勢以資其灌溉，非敢阻塞以專其利也。前此雨暘時若，源泉不枯，河水盈溢，漕舟無滯。年來亢旱，泉源不流，而漳河以下諸水亦俱淺澁，因此衛流愈覺微細，此議者不得不歸咎于居民灌田。至于引沁入衛，謂于漕河有濟也，但查沁水原無支流可以通衛，今欲因衝決之道而遂挽之以入衛，則目前似足以助衛濟漕，而將來水緩沙停，其終必致淤塞。則既見其利而又思其害，是不可不爲深長慮也，等因，會關到府。尤恐不的，隨該本府知府趙以康會同衛輝府知府周思宸親詣前項河口，逐一踏勘。會看得衛水枯澁，併沁于衛，則衛水大而漕舟可行，豈不曰運道有所裨益哉？但衛小沁大，則其勢難容，衛清沁濁，則末流必淤〔二〕。如先年沁河一決，而臨清、東昌等處遂至淤塞。徵之往事，竊恐不減黄河之害而又增運道之梗。斯時歸咎，誰其任之？且沁、衛地勢高下殊懸，必須創開河身，沿河築隄。此其費地費工固爲不貲，而伏秋水漲，横流滔天，則生靈城池不可不爲之計也。此皆前人已有誠説，利害較然。如曰姑舍是而輕試以建非常之功，非職等之所敢擅議也。至若引水灌田，誠當禁止。但末流之微細，實起于源頭之枯竭。即今三年亢旱，泉源幾至不流。有如昨歲運道阻澁，漕院差官守視衛源，盡導上流，而管河道亦駐劄輝縣，親至泉所禁之，非不嚴也。斯時田禾日槁而衛水不增，則其故誠不係于淤阻也。惟是漕運重務，關係匪細。合無以後水源有餘則從民之便，而不妨與民同利亦可也。如水源不足，則禁其引灌，而專以濟漕，等情具呈到道。卷查先年陞任曹副使奉總理河道萬都御史查勘沁丹等水，案行開封府管河同知張崇謙，會同各州縣掌印官親詣沁河上源，會看得沁河北岸大樊口，先年原有決開隄壩故道一處。詢問居民，執稱先年秋水漲大，溢過隄岸，致將脩武、獲嘉、新鄉等處一帶城郭田舍盡被渰衝，官民受害。彼時即令官夫併力築堵。見今遺有河形，及脩武縣西北有清水河一道，經流獲嘉縣北六里，直至新鄉縣西北侯家橋入衛河。隨據本地居民齊口稱苦，皆曰此處原有山河數處，每年秋水泛漲，渰没民田，以致小民逃竄。若再開沁河，則滔天水勢入于衛河，本縣城郭鄉村盡皆漂流。及相度地形，西南大高，東北卑下。以脩武縣較之，大樊口地下約十五餘丈。《衛輝府誌》開稱，地形衛城浮圖最高，纔與沁水平，勢不可開。在新鄉則河流城下，兩岸居民千餘家在衛輝府西北，一面離城僅有半里，兩岸係商賈之藪，居民稠密，公署俱建于此。若欲開濬兩岸各數十丈，則新鄉、衛輝城郭居民公署俱當改移數里，方可動工。況沁水猛漲，勢比黄河。稍有一線之決，溢入衛河，則臨河居民城池受害不支。查得嘉靖三十五等年，管河工部汪郎中題稱，河南沁河衝開木欒店相隣大樊口三百餘丈，決水横流，突入衛河，水半泥沙，瀰漫異常。至臨清逆流上擁運河板閘至甎閘七十餘里，泥沙沉積，二閘淤塞二千餘丈，阻防運道。應行河南管河道作速修築，以保糧運。議允遵行。今若復引沁入衛，則昔年壅塞運道勢所不免，其患不專在衛輝，而貽患于漕矣，等因到道。又該曹副使復議三難：一、河身之難闢；二、隄岸之難築；三、下流之難濬，逐一條議，具呈總理河道詳允停止訖。今奉文覆勘。該本道會同分守河北帶管分巡道徐參議會看得，沁河自武陟縣速入于黄，其來已久。木欒店至衛河相去百餘里，自西而東，地勢極下，其流甚易。但先年引沁入衛，屢議屢止。蓋言利害相關，莫敢承議。繼今又奉欽依勘議，會委多官悉心相度。及查先年勘議牘中條析詳明，利害較然。且所爲引沁入衛者，蓋一以爲稍殺黄流，一以爲有資衛河運道，故紛紛建議，欲舉行此策。今無論前項工力之難與衛輝一帶渰没之害，即于黄流雖能稍殺，而衛河運道仍有留塞〔三〕，則北河之阨猶之在南河也。况今潞府建設，利變所關，尤非往年之比。相應呈請，合無將蓮花口隄工並淤塞河身照舊疏築，大加工力，疏河身必令寬大通流，築隄壩務要堅固，一勞永逸，不得苟且塞責。若衛河泉源之水，所稱五六月間正係漕船過閘入衛之時，難謂與民間灌田，不過妨害，相應嚴行衛輝府，查其如遇天旱漕河乾涸，則嚴禁居民，不許分引灌溉，庶不致阻塞河渠矣，等因，會呈到臣。據此，先該工部題稱去後。春夏間天久不雨，衛河之流幾竭，以致漕舟淺閣。儹漕御史吴龍徵奏報本部，亦行北河郎中吴之龍查勘。據稱漳、衛兩河上源多有引以灌田，以致末流日細，行臣查勘，應否許令引灌，等因。覆奉聖旨：是。欽此。又准總督漕運都御史楊一魁手本内稱，引沁水以濟運河，款開要將武陟木欒店決口免其築塞，因而通衛助運一節，已經臣等會行該道查議去後。今據前因，該臣會同巡撫右副都御史衷貞吉、巡按御史王世揚會議得，古今論治水者，孰不曰順水之性，行所無事哉？然而地當中土，勢有重輕，利害所關，又非可以嘗試而漫爲者。沁河發源西晉，經帶河内，沛然東下，勢若建瓴。惟至武陟城東復折而南，與黄河會流，以故昨秋暴漲，束隘難行，遂致潰溢，直衝木欒店，決蓮花口，滔滔東注。則引沁通衛，其勢良便也。但細查衛輝府治地既卑，下河復狹隘，狂流灌注，容受爲難。即今獲嘉已成巨浸，新鄉亦若浮盂，該府城垣去河不遠，衝決之患，殊爲可虞。況今藩封新建，關係尤重。昔人所謂不與水争利者，誠有不得而概論者矣。且沁水沙多善淤，一入漕渠，淤墊閘座，昔有左驗，恐利未得而害且隨之也。既經道府勘議明悉，又該臣等親閲相同，仍應堅築隄壩，寬闢河身，務使南行無滯，庶爲長策。至于漳、衛上源，據稱天旱泉微，誠有之矣。但民間灌溉壅遏泉流，致妨運道，合行該道將一應私壩悉行拆毁。如遇雨少泉微，盡令導入漕渠以濟糧艘。河北分巡道仍不時周行巡察禁治。如有阻撓，許巡漕御史拿究。如是則沁不得以病衛，衛又得以濟漕，其于國計民生均有裨益矣。伏望敕下該部，再加查議。如果臣等所言不謬，俯賜允行，庶便刻日興工。除工程錢糧另行類報外，謹題請旨。

奉聖旨：工部知道。該工部覆議相同。題奉聖旨：是。

## 河工大舉疏

都給事中常居敬

題爲河工大舉，酌議善後事宜以圖永利事。據河南按察司管河道兼管水利僉事余希周呈，奉臣并撫按憲牌，前事照得兩河工程已有次第，一應善後事宜，行道悉心詳議，以憑會題等因。先該工科常都給事中批，據帶管河道辛僉事條議事件，蒙批管河道查照款開事宜，會同該道再議明悉詳奪。并蒙巡撫衷都御史批，仰管河道查照先今河工事宜，備細類成條款，作速申報，以憑酌議施行。又蒙巡按王御史批，新管河道會同該道确商詳報。蒙此，依奉照款會議，登荅明白，呈乞題請遵行，等因到臣。該臣會同巡撫河南兼管河道右副都御史貞吉、巡按河南監察御史王世揚，議照中州惟河患爲最鉅，故其治河也爲獨詳。邇年人心玩于積習，法制廢于因循，致厪聖懷，特旨修築。即今兩河工程，臣等不敢不竭心力矣。然必料理精詳，庶可垂示永久。若非奉有明旨，無以警惕人心。既經該道會議前來，又該臣等覆議相同，合照款列具陳，伏乞敕下該部，再加酌議上請，行臣等遵奉施行。謹題請旨。

計開：

一、預積埽料以防未然。臣等查得河南水平岸高而土疏，其湍急掃灣之處，患常在下。雖有高厚之隄，卒然坍塌，無所措手。故防河之患無愈于捲埽。而捲埽之料全資于稍草檾麻與土也。往年所用檾木檾麻俱分派于出産州縣買運，而柳稍穀草俱于臨河地方召商收買，已有定議。近因沿河各縣連年苦旱，復遭大水，百穀無收。欲暫將穀草派之别府州縣買納解送，亦通融之策。但道途隔遠，不惟脚價浩費，抑恐反滋騷擾。及查往年穀草定價，每束連耗草二十二斤，給銀二分。今年穀草缺乏價貴，合無每束增銀一分，共給價銀三分。仍舊召商收買。此後豐年酌量估裁，庶草價既增而商販自至矣。至于捲埽胚胎純用好土始得堅完，必須預積平日，庶可取辦倉卒。近因久無水患，管河員役不復議積。每遇急迫，取土窵遠，緩不濟事，竟日般運，不成一埽。遂致决口漸闊，爲害滋大矣。合無令各守隄守壩堡夫于閒曠之時，查照成法，令各管河官督令預運埽土，堆垛于埽壩及緊要隄岸之上。每年會計之時，查算某處該積土若干，責令各夫如數運積，着實查驗，無容虛報。其河流衝射之處，仍當預置旱埽。如伏秋水發，微有衝刷，即時添補。管河官一面督行，一面申報。則有備無患而埽不虛費，隄防愈有賴矣。伏乞聖裁。

一、議處工食以恤窮民。臣等查得估計修築隄壩工程，每築方廣一丈，高五寸爲一工。每夫一名日完一工，方給工食銀三分三厘三毫。夫以一人而日築一工已爲難完，况取土有遠近之不一，填築有險夷之不同，概以一例計工，既不能依期報完，復又計工給銀，安能盡滿所望？且今歲米價騰貴數倍，往昔一工給銀三分三釐三毫，亦不足其食用。若一日不完一工，則所得工食益不足以糊口。無惑乎每遇募夫，召之不至也。合無將今歲做工夫役每一工給工食銀四分。如取土在百步之内及在平地修築者，俱仍以方一丈高五寸爲一工。若在坑坎水内填築及在百步之外取土者，酌量減其寸數，俱每工給銀四分。如此則工食既加而養贍足，工程有等而勞逸均，人心亦知樂從矣。其已後成熟年分仍照舊查給。伏乞聖裁。

一、議設堡房以慎守禦。臣等查得黄河兩岸長月等隄并埽壩之處先年每二里建堡房一間，僉堡老地方各一名，統領火夫十名巡守，以防河患。原無工食。數年以來，天時亢旱，河患稍息，人心懈弛，堡房傾倒，而孑遺災民星散求食，各隄防守遂無人矣。惟各埽壩處堡房尚存數名，然爲數亦少，不足應用。昨歲河建雖出異常之災，未必不由踈虞所致也。合無于黄河兩岸各新舊長月等隄，每二里仍建堡房一間，每堡僉鄰近堡夫二名，每五堡僉勤能堡老一名，統率各堡夫晝夜往來巡守，栽培柳樹，但有盗决隄防及砍伐隄柳者即便擒拿送官究治。遇有河水泛濫，衝刷損傷，即行填補。每堡老一名月給工食銀五錢，各役每名月給工食銀三錢，俱于河道官銀内支給。至于臨河埽壩尤係要害，修守之工倍當加謹。仍每二里建大堡房一重三間，盛放埽料，以備急用。每堡設堡夫五名，每二堡設堡老一名。管河官不時查点，遇有緊急衝刷，不拘晝夜，本堡鳴鑼，各堡老督率各夫前來接濟，併力堵塞。其堡老必于鄰近鄉民中選精勤守法者充役。如此庶防守俱各得人，而河患可保無虞矣。伏乞聖裁。

一、議處廠夫以杜偏累。臣等查得臨河、祥符等縣設有官廠八處，收貯稍草檣麻以備捲埽。每廠原有廠夫二名或三名，令其看守物料。先年俱于各州縣堡夫内選殷實大户充之。凡管廠官合用心紅紙劄，并雇覓書手造寫循環倒换盤纏及雇人晒晾物料，并修理廠房墻垣，冗費百出，每名每年費銀五六十兩。如遇不才官員需索常例，費至百金者有之。後因稱累，以堡夫二名朋應廠夫一名，每年工食銀四十八兩。至萬曆十三年，該前任巡撫臧惟一允河道議，每名裁定工食銀三十六兩，以其數非不多也。不知工食有限而額外之費無窮。夫廠夫原以看廠爲名，惟晒晾物料是其職守，乃至責以不貲之費，磨累無休，身家蕩敗，無惑乎合口稱苦，不敢承役也。相應痛革。以後每廠夫一名以二人當之，給條鞭工食銀二十四兩，扣除銀十二兩存貯官庫，不許復僉正頭，惟召募鄰近土民充當。一切雜費，如管河官心紅紙劄等項量于編派，其登報文册、修理墻垣即于前扣銀内申請動支，不許濫派廠夫出辦。惟稍草等料有浥爛數多，各役失于苫蓋晒晾者，姑免問罪，令其量賠。如此庶需索之弊既革而廠夫之害可免矣。伏乞聖裁。

一、及時給散以杜侵剋。臣等查得河工全賴人夫，夫役全資工食，河道錢糧俱貯府庫，管河官不得自由，必至河岸衝決，方議調人夫，請支錢糧，已無及矣。合無每遇春時，該道行管河同知、通判等官赴府領銀，分發沿河州縣，專聽不時之需。遇有河患，一面募夫，一面申請，事完稽查，庶不躭誤。至于給散工食，往時獨責之各縣管河佐貳官，各官多不親理，又委之部夫陰醫等官秤鑿給散，其中不免扣剋，以致各夫鮮受實惠。合無以後給散河夫工食俱聽該府管河官督同各縣掌印官眼同包封，唱名給散，再不許令各縣部夫官總領，致滋奸弊。如府管河官偶在别縣督工，一時不暇者，聽各縣掌印管河官徑自給散。如此庶扣減之弊既除，而夫役之逃可免矣。伏乞聖裁。

一、責成正官以便查覈。臣等竊惟設官定制，在府州縣雖有清軍、管糧、捕盗、理刑、管河等官分任佐理，而兼總條貫則掌印官事，非謂各官之外掌印官全無相干也。故一州縣之中，河渠要害，孰非正官之所當料理防守者？况中州生靈命脉係于黄河，可以正官而漫不關心乎？廼向來河務，該道止行文府管河官，府管河官止行文州縣管河官，而該府州縣全不經由。故問河水衝決，非不曰某州某縣之某口决也，問應用人夫應動錢糧所以治其决者，則曰有管河官在，非本州本縣事也。不知河患係民瘼最切，不此之究而徒諉之于一二佐貳，彼其威令不行，召集人夫既多阻撓，操持不定，動用錢糧又難清楚，况修理工程必動錢糧，管河官身任其事，則錢糧自有粘帶。每年會計既令其查議矣，乃年終覈實亦令其自爲而自覈之，無論工程虚薄，錢糧冒破，無由而覺，即工程堅固，錢糧明白，誰則信之？是尤不可解也。合無自後申飭各府州縣掌印官，凡遇河務，雖有管河官專管，至于催儹人夫，給發錢糧，各掌印官務破積習，協心共濟。其會計工程，亦與管河官會同估議。每年河防畢日，該道將各掌印管河官分别勤惰，開呈兩院，量行奬戒。如此則精神流貫而法亦昭明，責任各專而功可永賴矣。伏乞聖裁。

一、議豁隄糧以蘇民困。臣等看得黄河兩岸皆係民間納糧田地，而新舊所築長月縷水減水等隄壩，南北兩岸上下綿亘六七百里，其根闊有七八丈者，有十餘丈者，所壓占民地不下千百餘頃，自來地内夏秋税糧并各項差銀尚係地主賠納。臣等竊謂築隄乃爲一縣小民捍患，非一人一家私事。其占用各户之地既不償，以原價復令包納虚糧，誠于人情有所不堪。合無候部議行，臣等轉行臨河各縣，逐查各該地方。除年遠舊隄外，其有五年以内新創及幇築隄壩若干道，某道根闊若干，長若干，共計壓占民地若干，每年共計税糧差銀若干，即與除豁，均派概縣地内徵收抵數。及查見今種麥挑空者量給倉穀，以補子種之費。庶包賠之糧不致偏累，而沿河之民可免向隅矣。伏乞聖裁。

奉聖旨：工部知道。該工部覆議相同。題奉聖旨：依議，着實行。

## 欽奉勅諭查理河漕疏

都給事中常居敬

題爲欽奉勅諭查理河漕以保運道事。據淮揚海防兵備兼管河道副使胥遇、徐州兵備兼管河道僉事陳文燧會呈，蒙臣并先任總督漕運侍郎楊一魁、廵按御史劉懷恕會牌，前事行職等躬歷各該河道地方，逐一查閱。要見古洪淤塞，作何疏通；濁河内灌，作何防禦；徐邳一帶隄岸有無圮壞，作何修治；清江浦一帶河防有無衝決，作何保守；崔鎮等壩應否改拆，塔山支河應否開通，小浮橋故道果否可復，草灣河口果否當濬，并調度夫役，議處錢糧，逐一查勘，虛心詳議，務求長策，永裨運道。十日内具由詳報，以憑會議，等因。該各道會同南河郎中羅用敬、夏鎮主事楊信，悉心踏勘。議照得，國家定鼎燕京，歲輸漕糧四百萬石，運艘涉江淮，經徐邳，入運河抵京師。濟寧以北必資汶、洸、沂、泗諸水，而徐、邳以南必資淮、黄二水濟之，俱會淮安外河，掠草灣，歷雲梯關入海，北高南下，勢若建瓴，淮弱黄强，時有衝阻。弘正以前姑不必論，嘉靖末年河道日益多故，歸德而下丁家等口忽然衝塞，黄水不從小浮橋故道達徐，初徙于溜溝，再徙于秦溝，三徙于濁河口，于茶城相近，全河逆行。至嘉靖四十四年，徐邳一望瀰漫，不辨州里。該先任尚書朱衡改建南陽新河，運道復通。自老黄河故道既失，雲梯海口未疏。隆慶年間，河决于崔鎮，淮决于高堰，寶應、興鹽等州縣遂成巨浸。水泛沙停，轉運甚艱。至萬曆六年，先任右都御史潘季馴創築遥隄，盡塞諸决，束水歸海，使由故道，民獲安堵，漕得順利，已逾八年。其功昭昭，在人耳目。惟是支河既塞，海沙、尚高一帶河身日漸淤墊，决塞之患比歲稍多。在淮安上流不分全河，直衝范家天妃等口，通濟、福興諸閘歲苦衝淤，王公隄屏蔽，清浦歲遭二瀆嚙射，隨修隨圮，勞費不貲。在徐州下流不分黄水倒灌，古洪、内華諸閘淤塞日久。今幸極力挑通。萬一黄河暴漲，不免復淤，阻滯運道，關係不小。高寶一帶由淮引黄，河渠日高，雖有湖隄越河足避風濤，然邵伯、寶應二隄尚未包砌，土隄单薄，巨浪乘風，傾潰可慮，善後之計不可不圖。謹將淮揚應議應舉工程款列開呈，等因到臣。先該工部題爲欽奉聖諭事，照得黄河東經梁靖口、田劉口至茶城，河逆而上，而茶城淤；又東則淮黄河流[四]，其勢蓋盛[五]；于是天妃壩决，而淮安河流幾没隄岸，行臣。要見徐邳之隄岸，淮安之堰壩，作何修防；草灣河見今議濬，可否分流以殺水勢；崔鎮壩見今議拆，可否洩水以沃民田；合用錢糧若干，作何措處；合用人夫若干，作何起派。司道等官聽其便宜委用，未盡事理聽其陸續會題。仍嚴督地方官上緊興工，事完之日覈實造册，奏繳回京。有功官員查照閲邊事例，分别舉薦。如有阻撓誤事，推諉抗拒應提問者，徑自提問。應奏請者，奏請定奪，等因。奉聖旨：是。欽此。又該總督漕運侍郎楊一魁題，爲議處兩河水患，以固運道，以奠民生事，内稱覆勘草灣口等七事。該部覆奉聖旨：崔鎮壩應否改拆，還候差去科臣到彼再議定奪。其餘俱依議，著實行。欽此。又該侍郎楊一魁題，爲恭報運河疏通，空船過盡，并陳善後事，宜以圖永濟事，條議改閘座等十事。該部覆稱，開支河，移官夫，復故道等事，行臣會同查議，等因。奉聖旨：依議行。欽此。該臣先同巡按御史劉懷恕并南河郎中羅用敬、徐州道兵備僉事陳文燧，自上而下，由豐、沛經徐、邳以至桃、清。復同總督漕運侍郎舒應龍等自上而下，由清浦以至古洪、梁境一帶，或艤舟閱視，或登陸荒度。看得豐縣田劉口河勢掃灣，原有縷隄坍入河中，新築月隄一道堪以防禦；郭家灣、匙頭灣、栲栳灣等處雖係迎溜，見今修築埽壩，亦無大害；徐邳自桃源五百餘里，河身就下，河岸甚高，遥、縷二隄俱無，衝决歸仁集、高家堰、范家口，續修石工俱各堅厚；寶應越河運艘甚便，惟古洪河口去秋濁河倒灌，今雖挑通，尚屬可虞；清江浦一帶運河與黃河僅隔丈餘，王公隄二百九十丈，二瀆南徙，衝刷日甚，隄懸一線，勢甚危急；至于高寶西隄、邵伯石隄，俱屬要害，委不容已。一一查閱明白，又經催行司道會議去後。今據前因，該臣會同總督漕運侍郎舒應龍、巡按御史劉懷恕、巡鹽御史陳禹謨、巡漕御史喬璧星，議照我國家輓漕東南，全賴河渠。古洪以北必資汶、泗諸水，徐、邳以南悉藉淮、黃二瀆。河雖不同，利害相因。故理漕必先于理河，治黃即所以治漕，誠不可一日不講也。然徐州以上之河恐其潰而入有衝决之患，徐州以下之河恐其潰而出有漫散之虞。審水性之順逆，酌時勢之緩急，要非可以執一而論者。往無論矣，嘉靖初年河漸北徙，濟寧魯橋以下河道淤填。至嘉靖十三年，該副都御史劉天和挑濬河身，復修閘座。四十四年，河決沛縣，舊河淤塞。該工部尚書朱衡開通南陽至留城新河，徐邳以上河道賴之。隆慶以來，黄河決崔鎮等口，淮河決高堰等處，二瀆漫流，水緩沙淤，運道艱阻。該右都御史潘季馴創築遥隄，盡塞諸決，兩河復合，沙刷水深，運道民生均有裨益，徐邳以下河道賴之。雖先後河臣經略良畫尚不止此，此其功之最著者也。惟自萬曆十四年以來，清河以下一決范家口而全河幾奪，一決天妃壩而福興漸淤；徐州以上濁河灌注古洪，阻塞要害之地，委屬可虞。然則有思患預防之心者，安得不爲補偏救弊之謀哉？但據稱上源小浮橋之路久塞，故道當復也，支河當開也。下流之老黄河難復，三壩當拆也，草灣當濬也。此其計慮甚周而用心良勤矣。臣等隨處查勘，虚心商度，故不敢曲徇以苟同，亦豈敢有心以求異？然而勢當酌其所急，功必期其可成。苟或心思雖竭而經理實乖，議論雖多而治效則鮮，于河道終無補也。今據司道會詳，臣等復加酌議。除陞閘座等項已蒙俞允，見今責令興工外，謹將應舉應停工程事宜款列，分别上請。其當行者，雖無新奇之見而實切于事機，其當止者，雖嫌意見之殊而實採之輿論。河漕重務，彼此何心，要皆求以便國計耳。伏乞敕下該部，再加查議，俯賜俞允，行總督侍郎舒應龍查照遵行，庶于運道民生裨益非淺鮮矣。謹題請旨。

計開：

一、添造閘座以便防守。查得古洪、内華爲入運首閘，先因規制未堅，啟閉不時，一遇暴漲，遂多淤塞。今古洪等閘已奉旨改造，加石數層，似已得策。但自古洪以至河口尚有一百八十餘丈，每遇閉閘，外成灘淺，兩岸土隄又易奔潰，奔岸之土與黄水之沙并填其中，無惑乎阻塞之易也。且鮮貢船隻勢難久待，古洪失守，直至梁境數里淤填，誠難爲力。合仍于古洪以外酌中之所，相擇堅地，添建鎮口閘一座，長砌鴈翅，寬鑿閘窩，以便停泊，南北兩岸俱用樁埽廂護，共銀二千三百兩。如船入鎮口則急閉上閘，候外閘既閉，漸次而啟，庶彼此聯貫，既可以蓄内漕之水，關防嚴密，又可以禦外河之漲，重門禦暴，防守自便。此外縱有淤淺，所餘無幾，俟黄水少落而以盈漕之水衝之，勢自易易矣。伏乞聖裁。

一、接築縷隄以防中潰。查得黄河自西而東，漕河自北而南，至河南開、歸以下相去伊邇，南高北下，其勢易趨。先年潰滎陽，灌臨清，决荆隆，衝張秋，竭天下財力而始塞。該都御史劉大夏等自胙城，經曹、單，至豐沛創築大隄，即所謂太黄隄也。嘉隆以來，治河諸臣又自豐沛市里寨接築，直至茶城，漕渠之内，遂免濁流之患。然彼時河會茶城而出以故隄亦止。此近該郎中陳瑛另開内華、古洪二閘，遠避戚港，運艘利之。則茶城東下又十餘里矣，兩河相望，隄防未築，每至伏秋，幾成横潰。萬一失守，是短垣可踰，而扃鑰雖嚴，竟亦何益？合無自茶城以下塔山支河西岸起，接至河口止，督率隄淺洪閘等夫接築縷隄一道，計長五百丈，底闊四丈，頂收一丈二尺，高一丈。又補築舊河缺口一道，長六丈，幫修舊隄一百丈。共計土一萬三千八百七十六方，上用犒夫銀四百一十六兩二錢。俱用堅實老土，勿雜浮沙，則東水歸河，下流益速，黄河不致漫潰而諸閘亦可恃以無虞矣。伏乞聖裁。

一、議修埽壩以防危急。淮安自西門皇華亭抵清江浦約三十餘里。内外二河僅間一隄，至于王公隄一段最爲喫緊。先年兩河之濱相去里許，居民比密。後因黄淮逼流，偏向南徙，衝刷日甚，民居蕩析，僅隔丈餘。雖有石隄，止在浮面濁流，埽根利如矛戟。以如綫之隄而當排山之勢，必無幸也。萬一蟻穴潰防，泥丸難塞，則清江一帶蕩爲巨浸，不但無淮城，且無運道矣。查得每年樁埽費亦不貲，但因新于舊，續卑爲高，基址不實，工力未堅，隨填隨陷，實由于此。合于本隄海神祠起，至孫贍門首止，計長二百九十丈，出水三丈，捲丁頭埽五層，計埽二千五百箇。鴈翅之内實以土石。捲埽之外，密釘樁木。每隄二十丈作順水壩一座，共計一十四座，逼水北流，以刷對岸之沙。以數年之費爲一勞之計，庶危隄可保而運道有賴矣。伏乞聖裁。

一、開創月河以避衝決。王公隄一帶地當要害，單薄可虞。今番所議埽壩，可保數年無恙矣。但欲爲萬全之計，不可無永賴之圖。議者欲于河北王家營開河一道，引河北徙，意非不善。但工力浩大，開創甚艱，而地勢高亢，淤塞亦易。河成矣而水不趨，水趨矣而後不繼，是委財于壑也。然與其挽黄以避漕，孰若引漕以避黄？相應于運河南岸另開月河一道，共計九百丈。内上自劉相屋基起至紅廟止五百丈，地形稍高，應挑深二丈，自紅廟起至清江閘上首止，地形稍窪，挑深一丈八尺，俱面闊十二丈，底闊七丈，共計土一十六萬三千四百方，共該銀九千八百零四兩。仍將舊河築攔河壩二道，或即以挑河之土填實于中，務令堅厚。如是則兩河相隔幾二三里許，河雖善決，亦必不能奪漕而入矣。伏乞聖裁。

一、築寶應西隄以束漕流。照得固隄即所以導河，導河即所以利運。從來治河，試有明驗彰彰矣。何也？水之爲性，專則急，分則緩。而河之爲勢，急則通，緩則淤，理固然也。其在寶應湖口、三官殿、米市、竹巷口一帶，歲每淤每撈，邑恒患之。究其故，該縣未築西隄則水多肆溢，河流不束，赴下力微，以故湖口、三官殿等處淤淺殊甚。前者一歲一挑，今則一歲二挑，猶以淺澀爲慮，重運所經，不無遲滯。合無比照山陽縣培築西隄一道，自黄浦南壩口起，至弘濟河北閘向南二三丈止，計二十里許，加築土隄高五六尺，底闊一丈二尺，頂闊五六尺，共該銀四千一百三十一兩。則因河勢以築隄，固隄防以束水，而該縣淤淺之患漸可去矣。伏乞聖裁。

一、砌邵伯湖隄以免歲修。照得司河務者無日不以繕隄爲事，亦無日不以決隄爲患。不知功非永圖，則隄雖繕猶弗繕也，潰決之患，其何能免？高寶、邵伯諸湖，西受盱泗天長石梁汊澗甘泉五塘諸山之水，聯貫汪洋，一望無際。其在高寶湖隄，凡係險要，各經甃石。中有未石若寶應之三里湖口、高郵之南小湖口，俱稱險地。萬曆十五年曾經動支歲修銀兩，分委砌石，一包八百餘丈，一包三百餘丈。工俱將竣，惟邵伯湖隄正當湖面寬廣之所，一遇西風，則兼天震撼，勢若排空。中有包石者原無地釘襯石，年久塌卸甚多。其未包石者則止排樁廂板，不時汕削尤易，節經歲修，隨即圮壞，徒耗工費，真爲無策。今合于一淺二淺隄向湖心險要一帶，除已包石外，俱應接續包砌，該銀二萬二千九十七兩，庶一勞永逸而歲修可省矣。伏乞聖裁。

一、濬裏河河身以利運艘。從來議治河者，不過曰築曰濬而已。然而治黄河與閘河異。蓋黄河濁流，隨挑隨合，人力難施；閘河則愈挑愈深，功效立見。先臣平江伯陳瑄創立裏河規制，每歲挑淤，法至善也。因循至今，惟知築隄，不知濬河，即歲時調度，夫役無多，竟成故事。自萬曆十四年以來，天妃壩等處衝漫，黄流灌淤，河腹日飽，兩隄夾水，形若圜堵，一遇衝擊，下無實土，將潰裂肆出而不可支矣。合無由淮安至儀真内河一帶，俟其重運過畢，至六月間，清口大壩築完，乘此水涸，即當查復淺船，密布淺夫，多備器具，濬淺已深，河則水由地中，而隄根皆係實土，斯可以杜決而防潰矣。伏乞聖裁。

一、酌議分地以便責成。自通會河至瓜儀俱設有工部司屬等官分理河道，其責爲甚專也。然河有遠近，則畫地不可不均；勢有緩急，則立法不容不變。先年新河初成，設立夏鎮主事一員，專管閘務。上自硃梅閘以至黄家閘，僅百餘里耳。至于梁境、茶城一帶，則原屬徐州洪主事。謂其駐劄相近，防守自便也。後將徐州主事裁革，盡屬中河郎中。不知中河所轄自梁境至天妃六百餘里，道里遼遠，則耳目有所難周，閘河兼司，則事體有所未便。當伏秋河漲，徐邳沿河隄壩俱當時時料理，乃復欲遡流而上，濬漕渠而防淤阻，其將能乎？似應將梁境至首閘盡屬夏鎮主事管理，中河郎中專管黄河，則湖水之蓄洩有度，各閘之啟閉以時，誠便計也。第管閘主事原未奉有欽依關防，以致人有玩心，事多掣肘。今既加分古洪等閘，正運道咽喉，事權安可不重？况動支錢糧，調度夫役，持空牘而理要地，非所以重委任也。合無比照三河事例，請給敕諭關防，以便行事，庶責成專而事權重，閘河亦永有頼矣。伏乞聖裁。

一、移調官夫以資策應。查得吕梁洪設有洪夫一千二百一十名，徐州洪夫三百七十八名，又協濟夫四十五名，原爲灘高水險，以資捧挽。今河勢漸平，挽舟甚易，各夫閒曠，私役爲多。古洪以上三閘爲運道咽喉，而隄淺等夫僅僅五百，委屬不足。該督臣楊一魁議調吕梁夫七百名，未爲無見。該部覆稱移徙未便，誠體恤貧民之意。但夫役流寓，原無身家衣食，于奔走隨地皆可居也。况相去未甚遠乎？合酌議二洪共撥六百三十三名，以六百名均散古洪等四閘各一百五十名，以三十三名即充新閘閘夫，專司啟閉。吕梁洪仍存七百名，徐州洪仍存三百名，以供拽運，亦足應用。管河同知移住境山常川防守。庶夫役適均而策應自便，調度有人而防守無虞矣。伏乞聖裁。

一、設山陽長夫以便河工。照得先年總河、部院題設民船，出閘税銀以濟河工，殊亦稱便。嗣因先任淮安府知府邵元哲呈請民船仍舊車盤，俾小民藉有生計。乃于牙行埠頭每年顧夫一千八百名，此山陽行夫之所由設也。每名雇覓一日給工食銀三分，每年做工六箇月，計銀五兩四錢，相因舊矣。但售雇者非老弱不堪即遊食無賴，朝点暮逃，全無實用。及至勾攝，輙以往返數日，廢時誤工，莫此爲甚。合議將行夫二名共合一名，做工一年，每名日給工食銀二分，一年計該銀七兩二錢，責令牙行納銀在縣。比照高堰隄夫規則，務選年力精壯者，籍名在官，即註曰某處隄夫。該實在人夫計九百名。如王公隄險要處所即註夫五百名。西橋、禮壩各一百名，范家口二百名，常川修守，俱屬分委官管理。如本工無虞，則臨時酌量，通融調撥別工應用。仍刊刻木榜註爲定規，責令各夫專聽河上應役，其各衙門別項工作不得私役一名。違者聽總督部院參究。庶夫役有定額而牙行無賠累之擾，分派有常所而河工獲實濟之益矣。伏乞聖裁。

一、寢開支河以防善淤。照得先年黄河從秦溝入徐濟運，正與茶城對衝，而戚家港一帶水勢湍溜，挽舟而上，爲力頗艱，覆溺漕舟，不知其幾。該見任侍郎舒應龍爲副使時，另開塔山支河一道，行舟數年，頗稱利便。後因淤阻，後開内華等閘，即支河遺意也。今督臣欲將支河挑濬，建設閘壩，與内華、古洪兩處行舟，亦有備無患之意。但泉源無多，難容兩行，誠有如該部之議矣。臣等以爲不患内水之難分，而患外水之易入。黄河暴漲，一隙可乘，勢如奔馬，豈獨灌閘漕而不灌支河乎？方欲嚴扃鐍以禦寇，而復開徑竇以導賊，非長策也。查得昨歲古洪之淤，從閘口入者尚無幾，從支河引透，直至梁境，爲害頗大。今方塞之惟恐不固也，尚可自多其門户乎？人有惡噎者，而穿咽于脅，恐非攝生之道也。况支河之外，沙渚横截，挑濬亦難，寢之爲便。伏乞聖裁。

一、查議故道以省繁費。徐州以北之黄河，即運道上流也。自小浮橋之路塞，而河出濁河口，易于灌淤，議者欲自歸德丁家道口開濬故道，或從碭山縣韓家口，或從石城逼水南行，俱從小浮橋經流，庶爲順利。此其議甚正而慮甚遠矣。臣已行河南守巡管河三道會勘明悉。大都自丁家道口至石將軍廟二百五十餘里，地勢高亢，已成平陸。内有稍窪者，挑成樣河，一尺以下盡爲沙泥。無論工費之難，即挑成亦易淤塞。臣又勘得韓家口一帶亦未見河形，水勢滔滔東下，欲挽之使南，勢必不能。惟石城濁河之南小有河形，一遇伏秋水泛，亦分十一。冬春之間遂多淤填，欲築壩分流，則地盡浮沙，無可豎基，誠難爲力矣。此故道之大較也。然人皆知故道不能復，臣以爲不必復可也。何也？閘河出口無往而不會黄，則無往而不受淤，豈從濁河則淤而出小浮橋則否耶？先年河臣潘季馴欲復新集故道，蓋恐來流散漫，非爲出口受淤也。即今虞城碭豐之間，水皆通流，原無決裂，儘可濟漕。萬一盡從小浮橋出，則古洪至此尚三十餘里，弱汶之流曾不足以潤河身之沙，不知漕舟何所藉以上行耶？故道之復亦難輕議。伏乞聖裁。

一、停拆三壩以保成功。查得萬曆七年該總督潘季馴經略兩河，塞決固隄，慮縷隄束水太急，恐有奔潰也，遠創遥隄以廣容納。又慮遥隄涓滴不洩，恐有嚙刷也，剏建滚水壩以便宣洩。崔鎮、徐昇、季太等壩皆因地勢卑下，使水易趨，原以防異常之漲，非以減平漕之水也。數年以來，束水歸漕，河身漸深，水不盈壩，隄不被衝，此正河道之利矣。議者欲將三壩拆落，用心良苦。臣量得崔鎮壩石頂去地僅二尺八寸，視遥隄低七尺，徐昇壩石頂去地僅二尺五寸，視遥隄低七尺三寸，季太壩石頂去地僅二尺，視遥隄低八尺，三壩臨水河岸離水面各八九尺一丈不等，較之三壩各高三四尺不等。是河岸甚高，石壩原低，每遇伏秋，水高于岸，即從各壩滚出。

其不得出壩者，乃不得出岸者也。欲分水勢，壩可拆矣。一帶河岸，可盡削耶？據鄉民畢九皋、馮吉、趙倫等訴稱，壩外水鄉漸成膏腴，逃徙之民近方歸業。若欲將壩改拆二層，是爲無壩。先年河從此決，又可虞矣。酌之事勢，仍舊爲便。伏乞聖裁。

一、停濬草灣以節財用。查得黃、淮二瀆自清河口會流入海，其勢最盛。由清浦操西橋遶淮城，從赤晏廟而下，此正河也。每遇伏秋，淮城告急，西橋而上，北岸原有草灣河一道。河口雖係新衝，河身即先年侍郎吴桂芳所開也。北流之勢分則淮城之勢減。議者欲開濬草灣，未爲無見。臣曾慮其復淤，亦未得之目擊也。今閱草灣一支，黄河分流幾十之四，自顔家河一從赤晏廟，一從安東頭鋪，復會流入海，原無阻滯。且東西兩岸闊幾二百丈，頗足容納。若復以爲不足而濬之，不知屈曲灣環，本河之性，沙淤如飴，人力莫施。縱使挑開，一遇暴漲，衝塞靡定，竟無益也。查得先年曾費十數萬金塞之不得，忽然自塞。費四十萬金開之，未能倏爾自通，已有明驗矣。今乃欲以數千金挑之，又何濟于萬一耶？即去歲督臣具題時尚有沙觜，今已衝刷殆盡，難以再濬。故雖奉有俞旨，而至今尚未興工，亦不敢爲無益之舉也。合無免其開濬，將原議銀六千一百四十四兩爲王公隄月河之用，庶錢糧不致虚費而漕渠得有實濟矣。伏乞聖裁。奉聖旨：工部知道。欽此，欽遵。該工部覆議條列一十四款除相同外，其稍有異議者四款開列于後。

計開：

一、開創月河以避衝決。

前件臣等看得漕黄相隔僅一王公隄，諸臣既欲修本隄，設順水壩，又欲于運河之南開月河，引漕水南流，則兩河相隔幾二三里。若時加培築，即數年可保無虞，可謂計深而慮遠矣。但工程浩大，錢糧措處或難。合候王公隄築完，次第舉行，未爲晚也。伏候聖裁。

一、濬裏河河身以利運艘。

前件臣等看得淮安至儀真内河一帶，舊係三年一濬。自萬曆六年以後，更定歲修之法。而今則隄形已高，淤者未必濬矣。諸臣欲俟重運過畢，清壩築完之際，乘時挑濬，甚爲有見。但所稱查復淺船一節，不知船料船工作何計處？及今修復猶能不誤挑濬否，也合候總理河道至日會同漕撫衙門再議舉行〔六〕。伏候聖裁。

一、酌議分地以便責成。

前件臣等看得，治河之臣，信地分則責任有歸，事權重則法紀不紊。此事理之易見者。所據諸臣欲將梁境至首閘屬之夏鎮主事，茶城至清口黄河屬之中河郎中，則道里既均，循行亦便，誠爲計之得者。至稱地方一分，關係頗重，欲比河道郎中事例，將夏鎮管閘主事給以關防敕書，尤爲確論。但查南旺管泉主事亦有錢糧夫役，與夏鎮事體相同。科臣相度徐沛，尚未至于汶濟，以故未議及此。相應一併題請，容臣等移咨禮部，鑄給關防二顆，頒給南旺、夏鎮二主事欽遵行事。惟是二主事奉差，以往已有精微批文，所議敕書似應免給。伏候聖裁。

一、停濬草灣以節財用。

前件臣等看得草灣一河乃先任督臣開之以保淮城者。第此河見闊二百餘丈，則淮黄之水未嘗不藉以分流。且開塞靡常，歷有明驗，是又所謂不必開者。既經諸臣勘議詳明，相應停濬。其原擬應用銀兩，合聽别項支用。但河流無常，海口易淤。倘夏秋淮黄盛發，草灣舊口難洩，則淮安城池生靈不無意外之虞。合候臨時酌量緩急，不妨另議題請，是又未可執論也。伏候聖裁。

奉聖旨：依議行。

## 酌議河道善後事宜疏

都給事中常居敬

題爲酌議河道善後事宜，以裨運務，以圖永利事。竊惟國家定鼎燕冀，轉漕東南，九重之供億，六軍之儲需，咸取急焉。所賴以灌輸者，河道也，豈不稱重鉅哉？故治河者既欲袪其害，復欲資其利，誠難之難者矣。考之國家之功令，諸臣之經略，犂然具備，若可持循。然而時勢少殊則法制不可不講，人心易怠則申飭不可不嚴。桑土之謀當于未雨，况河道多艱，補偏救弊之方，其容以或已乎？臣疎庸無似，誤蒙皇上任使，日夕兢兢，罔知報稱。日來奔走河漕，酌之事機，詢之輿論，稍得其概。除各項工程會同撫按諸臣另疏具題外，敬抒一得，列爲八事，用備採擇，少效涓埃。伏乞敕下該部，再加酌議，上請施行。其于河漕未必無裨益萬一矣。謹題請旨。

計開：

一、復河臣以一事權。竊惟今所稱漕河者，南盡瓜儀，北通燕冀，天下所由飛芻輓粟而通塞之機，所關于國計甚重也。第河道源流既遠，名稱亦殊，分合異形，決塞靡定。即使精神專而料理密，尚恐不足以濟事也。先年設尚書、侍郎或都御史一員總理河道，以故事體畫一，興作甚便，議定而行，無敢格者。諸臣經略之蹟，至今班班可考。乃邇年罷不設，歸諸總督漕運，而各省則令巡撫兼之。不思河道變遷常在指顧呼吸之間，非專一則牽制而難行，非身親則怠緩而誤事，稍顧忌則齟齬而敗績，或猶豫則後時而罔功，此其所係何如者。至于各巡撫專制一方，辯官邪，審刑名，稽錢穀，理鹽盗，日不暇給，乃欲出其什一辦河務，其將能乎？非獨此也，河南之令不能行于山東，山東之令不能行于淮揚。即一舉而可以垂永利，此最忠國便計，而各省牽連，甲可乙否，卒亦憒惋而止。至于氣脉不貫，事體牴牾，此其害未可一二言也。嗟夫！禹平水土，稷教稼穡，未聞兼理，奈何令并漕運、河道而兼之也。即今督臣初任，經理方新，才品卓然，足以勝此，但以河道事理論之，仍當專設總督重臣，庶權不分而事易集矣。伏乞聖裁。

一、嚴啟閉以杜淤淺。查得先臣平江伯陳瑄疏濬清江浦裏河，慮黄河灌入，泥沙易淤，設建三閘，以慎啟閉，鎖鑰掌于督臣，啟閉屬之分司，運畢即行封鎖，一應官民并回空船隻悉令車壩，法至善也。時久人玩，禁令遂弛。萬曆七年，都御史潘季馴題爲乞恩查復舊規以利漕渠事。該部覆奉聖旨：這築壩盤壩事宜俱依擬。有勢豪人等阻撓的，即便拿了問罪。完日于該地方枷號三箇月發落。干礙職官參奏處治。欽此。一時人心肅然，啟閉以時，漕渠便之。及數年以來，閘規復廢，黄流内灌，河道墊淤，大有可虞矣。合無查照舊規，嚴行申飭。如山陽、通濟等閘，三月初運畢即行封鎖。惟遇鮮貢船隻啟一閉二，官民船隻照舊車盤。其在瓜洲二閘，俟蘇浙運畢即行封鎖。庶不失先年建閘肅規之意，而于運道大有裨矣。伏乞聖裁。

一、催糧運以謹河防。查得通濟等閘止許漕艘鮮貢經行，啟一閉二，至六月初旬始行築壩。此舊例也。夫築壩者，正恐黄水内灌，運道淤阻耳。然節氣之早晚不齊，黄河之驟發靡定，或發于四月，或發于五月。至六月則濁浪排空，勢如奔馬，千夫辟易矣。今時各省漕糧俱二月終盡數過淮，及鮮貢等物各以時至，猶可言也。獨白糧船聽其自便，遲速不齊，遂使沿途規什一之利，至有六月中旬尚逶迤不前者。管河官謂此内府錢糧，自當由閘，必使盡出而後築壩。是時滾滾獨流〔七〕，業已内灌。每歲挑淺，所費不貲。十一年之覆轍可鑒也。夫漕糧、白糧徵兑之時亦不甚遠，自當接踵而至，無論河道，即運艘亦甚便也。合無請敕漕運總督衙門比照漕糧事例，填註限单，臨時查照遲速，嚴加賞罰。其掌印及運糧官亦以先後爲奬戒。務使四月中旬盡數出閘，聽管河官先期辦料，探量水勢，隨發隨築，毋拘六月初旬舊例，庶免衝淤之患而省挑濬之費矣。伏乞聖裁。

一、定賢否以便責成。照得東南之所急者，無大于河漕。而所以重河防而責成效者，無過于賢否。今時河道督臣總理于上，部司分理于下，乃各府佐官則專率州縣管河判官主簿聽候部司分委，辦料興工。且吏部給與文憑，填註專管河道，不許營求别委，法甚善也。乃賢否則各衙門主之，而部司不與焉。夫河道艱虞，脱有緩急，若救火追亡，猶恐弗及。乃部司曾不得操賞功酬勞之權，是求前于却，欲責其功力難矣。以故别衙門執賢否以便差委，而各官亦或冀差委以圖親信，反視河道若駢拇枝指。然及潰决而圖之，已無及也。合無查照清江造船廠官事例，凡係管河官專屬河道，部司年終考覈，分别賢否，徑呈督撫，咨部施行，不許别謀差委。及查濱河處所俱有各官公署，仍量行修理，常川駐劄，毋使混居府城，以妨職業。庶賢否定而人心趨，責成專而分理便矣。伏乞聖裁。

一、議近轉以勵人心。語云：耕當問奴，織當問婢。語專一也。夫耕織細事猶不可泛任。况河道重務，苟非得其人，專其任，徒使素不經事者嘗試而漫爲之，猶未能操刀而使割也。驟而語地利，孰知險夷？驟而語板築，孰辨工苦？及舉事不當，始議更置，錢糧實已耗費，亦無及矣。故任河務者非得忠勤任事之人，久任而責成之不可也。第州縣佐貳官卑禄薄，欲使之數年不調，其志易隳。故欲勵人心，莫若近轉。如巡司之守隄堰也，州縣佐貳之司歲修也，通候部道年終覈實，分别類呈督撫，咨部紀録。倘主簿缺則推大使，判官缺則推主簿，縣令缺則推判官；否則加銜以俟，遇缺推補。其同知、通判等官亦照此行。但宜慎重考覈，果有顯蹟，方得推舉。則雖陞遷，不出淮揚四府，異日舉大役，興大工，令此素習者爲之，輕車熟路，蔑不濟矣。矧其人尚留地方，即不稱，吾得而議處之。夫既叨顯庸而又知苟且之無所逃罪也。有不視河事如家事者乎？伏乞聖裁。

一、議錢糧以濟河工。竊以勇士不能爲徒手之搏，巧婦不能爲無米之炊。治河全賴工料，必需錢糧。淮揚河渠固運道咽喉，非止爲二府之河也。查得歲額銀不過三萬兩，而歲修銀至有六七萬者。如淮城之石工，高寶之支河，以錢糧不繼，工遂難完。至于各該州縣庫有額設河道樁草、磚灰、湖塘地租、船稅、香銀等項，專備河道支用者也。近因人心玩怠，輒行借支別用，因而積猾人等通同侵分。及至查覈，遂以災傷告蠲矣。合無行督臣逐一清查，每年額銀若干，歲用實該若干，有無足用，作何設處，即今未完工程，速行措辦。其各州縣掌印官，凡額設河道錢糧，某年某項原係若干，徵完若干，收頭某人，拖欠若干，曾否蠲免，明立文簿，每季終着落經手吏書赴管河分司查比，勒限徵完貯庫，專聽河道支用，不許別項借支。庶錢糧有歸着而河工有實濟矣。伏乞聖裁。

一、稽工料以資實用。淮揚徐邳運河延袤千有餘里，歲用樁草、繩檾、灰石等料，所費不貲。乃積猾商販通同官老、書識人等，賤開貴價，虛出實收，弊孔百端。及工完查盤，則料已入水，無從究詰。若夫夫役逃曠，工食虛冒，糜費甚多。蓋緣任不得人，委肉于虎，良足惜也。合無于柳浦灣鎮另建設料廠一所，每年春初動支歲修銀兩買辦樁草等物，務選委廉幹職官管理經收。凡遇歲修敕修工程，仍委府佐官親赴工所查驗明白，方許支給。如有工料不實，未久潰壞者，查追料價，職官一體參處。至于夫役工食，每小委官一員，給票三十張，每日填一張，如某小委官管夫若干，本日在某處用工，某夫病，某夫逃。病者半月一算，逃者三日一扣。管河丞幕按月類送府佐，府佐按季類送司道。然後司道以所覈夫曠扣銀入官彙報總院，則稽覈嚴而物料足，支銷明而虛冒革矣。伏乞聖裁。

一、重修守以謹河防。天下之事，作之者固不易，而守之者尤難。况于河道關漕運重計乎？何也？水勢之緩急，夫役之調度，錢糧之盈縮，工料之磨算，是無一事可忽也。正月辦料，二月興工，三月終工，未就而桃花水發，五六月而伏水發，七八月而秋水發，是無一時可忽也。若遥、縷各隄，若歸仁集，若高家堰，若王公隄，若西橋、范口等處，是無一地可忽也。此其責甚重而其勞爲獨至，然實不外于歲修之中。但在人見其無奇功，在己見其守舊轍，于是苟安者多玩愒，好事者喜紛更。其于河漕，何所裨益？不知治河如治邊，防水如防虜。今各邊之臣謹斥堠，修城堡，練士卒，飭器械，豈必犁虜庭，計首功而後可以言勞哉？然而秋防有叙，互市有薦，閲邊有録，以故人心有所激勵而興起。今河臣出入風濤，奔走拮据，勞瘁之狀不減邊臣，乃歲修之功莫由自見，非情也。臣以爲有怠事之罰，亦當有勤事之賞。合無除興舉大工外，每年歲終，總河大臣將部司以下各官，查其修守勤惰，分别註考，移咨吏工二部紀録。案候三年，該部類題，請旨賞罰，以昭勸懲。果有成勞，雖破格超遷，或加服俸，亦不爲過。如或持禄養交，偷安廢事，致妨河務者，即行議處。如是則人知職業修而事功自見，防守嚴而河道永賴矣。伏乞聖裁。奉聖旨：該部知道。欽此。該工部摘將嚴啟閉等五款覆議相同，題奉聖旨：依議行。欽此。又該吏部摘將定賢否、議近轉二款覆議相同，題奉聖旨：近年管河佐貳等官多有營求差委，妨廢職務，不行用心防守的，總理衙門務遵敕諭拿問重治，不許姑息。其餘依擬行。欽此。又該吏工二部會議復河臣一款，題奉聖旨：這總理河道官准復設。著推練達老成有才望的去。漕運河道衙門各職掌，還查擬停當來說。

## 祖陵當護疏

都給事中常居敬

題爲祖陵當護，運道可虞，淮民百萬危在旦夕，恭進開復黄河故道圖説，懇乞聖明采擇，以垂百年永利事。據潁州兵備副使楊芳、徐州兵備僉事陳文燧會呈，蒙臣案驗，行道移會分司率領各該府州縣掌印管河等官，唤集知音父老人等，并平水匠役，親詣老黄河故道一帶，自桃源三義鎮起，至瓦子灘止九十里，逐段探量地勢高下，要見某處見其河形計長若干，某處淤爲平陸計長若干，總計若干里。如果堪洩泗州水患，于祖陵、運道、民生有裨，應該挑復，就將合用人夫錢糧若干，估計的確，應于何項措處，務要從長計議，畫圖貼説，具由通詳，以憑覆覈議題。中間若有窒礙難行，此外有何良策可以疏洩淮水，永護祖陵，保固運道，救民昏墊，亦要明白聲説，毋得含糊兩可，致貽後艱未便。蒙此。又該各道并奉總督漕運户部右侍郎舒應龍劄付同前事等因。奉此，隨該司道會同督行淮安府并山陽等縣掌印管河各官，親詣老黄河故道查勘去後。續蒙本科批據淮安府經歷司呈，勘議老黄河難開，止于三義鎮下開溝建壩，引入線河達海，以洩黄流。祖陵宜護，當于高堰減壩放入草子湖以洩堰水緣由。蒙批，據議亦悉。第老黄河應否可開，當有一定之説。昨會閲止有毛家溝至漁溝二十餘里間有河形，從此以下六十餘里盡平陸也。至謂河不可開，于三義鎮下建壩引水以達鐵線溝，至安東入海，似與原題馳背。且壩内所減幾何？孰若見今草灣通流也。事關題覆，該道即會分司酌議另詳，俱候總漕部院會題行繳。蒙此。又經會同行據淮安府呈，據山陽縣知縣張光緒、清河縣知縣鄒守約、桃源縣知縣華存禮呈稱，查勘得老黄河故道在桃源縣三義鎮入口，經毛家溝清河縣界，由漁溝至大河口見行黄河止，計長一萬二千四百六十七丈，其中間有河形寬窄深淺丈尺不等。議者欲自老黄河口經漁溝，改由葉家衝至周伏三莊瓦子灘入顔家河，出赤晏廟入大黄河下海，上護祖陵，下衛民生，誠爲得策。但查見行黄河，此時水尚未發，水面量闊二百四五十丈，深二三丈。若開故道，深闊必宜準此一半，計長八十餘里，工程浩大，費用不貲。萬一全河俱入故道，自三義鎮至淮河口三十五里未免淤塞，阻誤運道。欲自淮城南角樓轉出東壩外河，下行四十五里入赤宴廟，遡流而上，出老河口，又百餘里，較之見行河路止三十五里者，程途太遠，恐違過淮過洪之限。且彼處曠野，去府縣遼遠，漕糧并進貢船隻俱未稱便。職等復行拘集父老，詳細計議講求疏洩淮水以免泗州渰没之策。有謂三義鎮壩下舊有線河一道，近因河岸淤平，水不能入。如開挑引水河一道，築壩分水，由線河至毛景方莊，按老黄河地界至漁溝、鐵線溝，達澗橋東北，順流而下入璉湖而注之海者。有謂高家堰南周家橋原有洩水支河一道，下接草子湖尚有二十五里，未曾挑完，可接挑由白馬湖達寶應漕河，經高郵、邵伯分流瓜儀，出通江閘而注之江者。俱爲用力簡易，勞費無多。但恐分洩勢微，僅可少疏淮口一分之水，未能大有所濟。且恐伏秋暴漲，或全河決入線河，致阻運道，或高堰横被衝決，爲患高寶，亦未可知。又覆勘得清河東北數里名爲訾家營，西北正迎淮口。如于此處開一支河，由盧思方莊從夏虎門首經羅家河周喬禮等莊入草灣河，出赤宴廟，復歸大河，下雲梯關入海。量長八千六十三丈五尺，比之開老黄河以入顔家河者道里僅止一半，工費亦可半省。係在淮黄已合，運艘出口之下，可免全奪正河，阻塞運道之虞，或可以爲分洩水患一路，等因到府。該本府知府張允濟會行管河同知姜桂芳，查得古有大清口、小清口。大清口在清河縣後，即今之老黄河也。小清口在清河縣前，即今淮水所出之清口也。淮出清口東數里，大河口與黄會，黄河入三義鎮以下，老河口亦出大河口與淮會，同流至雲梯關九十里入海。此弘治、正德以前，運道漕船到淮俱由伍壩車盤以達外河，泝流至大河口，由清河縣後經漁溝等處出三義老河口，而北達桃、宿、邳、徐。以上淮不入裏河，黄不至清口。自塞三義口而黄流横絶清口矣，自開天妃壩而外河引入内灌矣。黄淮轉折，直射清浦，淮南之患始殷。淮口之沙日積，泗北之水日聚。故議者每每欲開復老黄河，意蓋有見于此耳。近年以來，泗水之瀦愈厚而王公隄之勢愈危，通濟閘外常淤而天妃壩亦決。故首慮祖陵，次慮運道，次慮民生，而復開老黄河之説，若不容已者。今本府與同知姜桂芳、知縣張光緒、鄒守約、華存禮公同勘得，欲開老黄河應自三義鎮臨河迎流入口，下至顔家河張仁家北首，地勢直順。出口自沈相莊、謝家莊、毛家莊至葉家衝，共長七千八百四十丈，略有河形，自葉家衝至瓦子灘、劉家河，共長三千七百五十丈，自劉家河至出口處共長三千六百三十丈。中有七千三百七十丈盡係蘆葦，爲力頗難。總計挑河共長一萬五千二百一十丈，計八十四里五分。内以地形稍卑，間露河形，沙土可挖者爲易工，計七千八百四十丈，該四十三里五分五釐，共計土五百八十四萬三千四百方，每方給銀八分。餘有地形漸高，雜生蘆葦，或有水窪者爲難工，計七千三百七十丈，該四十里九分四釐，共計土四百三十八萬九千方，每方給銀一錢。通共該銀九十萬六千三百七十二兩。應用錢糧夫役尚未敢擬。誠開此河接入赤宴廟大河下海，使淮不受敵，順勢東注，無復退縮洄洑之狀，泗北積水自消，祖陵可無他虞。黄流既與通濟閘隔遠，清江浦運道自下受衝而王公隄岸可保，是老黄河有可開之利矣。但河流既分，萬一全奪正河，自三義鎮至清河三十餘里，水少而淺，漕艘膠阻，國家大計可慮也。河性靡常，遷徙不一，儻開後淤墊，或别有改移，致虚勞費可慮也。連歲災傷，民窮財盡，一旦動大衆，營大費，時詘舉贏可慮也。是開老黄河亦非全利而無害者矣。及思别求疏洩淮水之策，行據三縣會查，有欲引黄水入線河，順行至五港灌口入海者。計其築壩開溝，洩之小不足以消暴水之盛漲，洩之大亦不免有全奪正河之虞。有欲開高家堰、周家橋以赴高寶諸湖洩淮水入江者。計其分注南流，開之狹不足以疏泗水之瀰漫，開之濶亦不免爲高寶月河之害。此外有緑楊溝、武家墩開渠建閘分洩之説。總之俱宜穿高堰而南。一則逼臨大澗舊口，一則直迎淮口回溜。往年曾有衝决泛溢之患，築塞堵救，工力甚難。此其利與周家橋相同，而其害則倍之矣。于是反覆勘度，惟有清河縣東訾家營支河順入草灣一路，似爲可分黄流之漲，以縱淮水之出。既無運道之慮，亦紓祖陵之憂。但查估工費，量長八千六十三丈，該四十四里七分。計土論方，共土六百二十二萬一千九百四十方。每方通融算銀九分，共該銀五十五萬九千九百七十四兩六錢。工若可必永利，費亦頗爲不貲。適今年荒時詘，應否併候豐收舉事，等因。據此，該職等會同勘得，救民者先除其害，治水者必因其性。性之所趨不能遏而使止，性之所背不能挽而使通。自昔治水必稱神禹，而行所無事，乃其大智。賈讓謂黄河尺寸之地不可與争，而歐陽修謂故道已棄，難以復回，皆確論也。然禹之治水，主于除害。害苟可除，江可注也，海可注也。惟其所便，尚勤三過，歷八年而成功。今以國家定鼎燕都，歲漕東南粳粟四百萬石實京師，必資黄淮二水濟之。淮不敵黄，埶必内壅。藉黄濟漕，則漕以黄病。乃築遥隄以防河决，築高堰以防淮决，爲善後深計。而海口難濬，河身日高，伏秋暴漲，非上灌古洪則下衝淮城，亦勢所必至者。欲資二水以濟運而又欲免二水之衝埶，恐神禹復生，未必有完策也。今談老黄河故道者，其利四。故道一復，黄縮淮伸，分流入海，不憂漲漫，三城鞏固，淮民奠安，利之一也。黄不遏淮，清口順達，洪澤諸湖滔滔東注，高堰之水朝滿夕除，祖陵山麓涓瀝不得相干，利之二也。清口而下，單注淮水，王公隄不受衝齧，清江浦不必遷移，利之三也。通濟閘口黄不浸灌，高寶湖隄足恃，而三官廟運道歲省撈濬淺澀，利之四也。昔人謂苟利社稷，無愛髮膚。而利至于此，安得不爲修復之議？然而談老黄河之害者亦有四。故道淤塞七十餘年，且八十里遠，河性湍速，不能必回。欲攙全河，挑挖深闊須與正河等，費當百萬金，動衆曠時，恐生他故，害之一也。黄河口二十里至毛家溝，平陸高亢，二十里至漁溝，僅有河形，一望民田，二麥已秀。清河被淹，淮水種植最少熟地可耕，僅僅有此，復盡棄之，害之二也。漁溝浪石地勢低窪，蘆根膠結，難以剷削。隄岸不高，水且散溢，水泛沙停，未免淤墊，而清桃田地卒爲污萊，沼支邑以救郡城，害之三也。清河十室之邑，面豬淮水，背邊黄河，巨浪乘風，捲而去之，勢若拉朽，害之四也。夫以四利較四害，則利害相當，尤可以權輕重爲之。而通淮藉黄，專爲運道。先年崔鎮一決，運艘艱阻。見今欲議于壩下開溝分洩，尤多縮手而不敢任。而必復老黄河，藉令正河被奪，自三義鎮至清河口延亘三十餘里，水利淺涸，浮沙難挑，歲漕駕八千艘急于星火，而水道不通，誰則任之？如由淮安阜城河邊出東壩，順流四十五里入赤晏，又百餘里逆上出桃源，即順風必數日始達，儻羈逆飀，過淮過洪，必踰期限，回空遭遇伏秋，又不免古洪淤滯矣。永濟新河去淮安五里，清浦十里，皆爲地方遼寂，糧艘貢艦恐有他虞。今離淮浦六十里，歷草莽閒曠之濱，安能保其萬全？且東隄如遇伏秋，回空必用車盤。單隄難守，易致潰灌。淮城剥膚之勢，其視今日又當何如哉？司道竊謂言官觸目激衷，發憤言事，爲國計民生深長之慮，必欲貽萬禩不朽之利，而職等竊禄淮徐，職守所關，儻故道可復，時勢可爲，即請百萬金，歷數十年，殫力濬治，亦可効犬馬報主一念。而郡邑多官勘議若此，恐費用無處，事功難成，成且慮有運道之阻，則安敢靡國家之財而寘之無益之地也？然以淮城較運道，則運道重，以運道較祖陵，則祖陵尤重。彼老黄河失已七十年，遥隄、高堰築且八九載，淮安三城猶然無恙。而包王公之隄岸，護清浦之運河，惠濟祠、范家口、西橋、禮壩，修築且竣。隨其要害再加護持，未必遽然沉竈産蛙，凜凜乎不可一朝居者。隨經行據泗州查報祖陵山麓所被水患。淮河自泗州城下北岸起至下馬牌止，共計長一千五百四十七丈，下馬牌起過外橋至寶城門共長一百一十五丈，寶城門起至寢殿午門長四十一丈五尺，寢殿北牆至御塚長二十六丈。今淮水被阻，河沙逆流倒灌，浸及寶城以東隄岸，而寢殿午門之前舊有金水小河，東越寶城與沙湖相連。如水發灌入，或有淹及御路儀衛底座三四寸深者。若御冢周圍地形頗高，向無水至。蓋祖陵背枕山岡，龍騰鳳躍，淮黄二水並會天心，真天造形勝，爲聖子神孫億萬年鍾祥孕秀之地。雖淮流之壅阻停蓄，未有遽及御塚之勢。然以寶城寢殿嚴重邃密之區，即水發游波，尺寸浸蕩，亦于臣子保護之誼，所宜亟圖而不敢玩視之者。今歲河南諸決盡塞，全黄直衝清口，未易消涸，未然之防，不可不講。細詢疏洩泗水護陵長策，諸如三義壩下開渠，由線河達澗橋璉湖灌口而注之海，自高堰、周家橋、緑楊溝、武家墩南北分入草子湖、永濟河，由高寶出瓜儀閘河而注之江。又有謂從龜山下鑿澗河，經天長、六合二百四十里可直瀉入江者。乃各官見謂壩下渠狹，分洩無多。如大爲開闢，又全奪可憂，堰水一減，勢不能支，淮力不厚，清口反滯。而龜山之水南洩于江，入懷返跳，堪輿所忌，安敢輕議于祖陵之前？支東失西，終無全利。惟議自清口對岸大河口以西，清河縣以東，另開支河一道，長四十四里七分零，計八千六十三丈五尺，口闊四十丈至八十丈，底深二三丈不等，經黑墩湖掠羅家口，仍歸顔家河入海。其道里半于老黄河，所省工費數亦如之，約計五十餘萬金可以底績。即開通之後稍有淤墊，亦可隨時濬瀹，非若干係運道重大迫切，難以措手。此河既通，即清口順利，堰水不停，子隄可以無築，而陵麓益見亢爽，鬱葱佳氣，萬年無窮。且上流既殺，王公隄、清江浦與淮安三城並免衝齧，而運道民生胥足恃賴。尺短寸長，雖非完策，較之老黄河則事半功倍，亦所謂彼善于此者也。既經各官勘報前來，相應呈請，合無請乞再加酌議。如果足護祖陵，有裨運道，早爲會請施行，等因，具呈到臣。并准中河郎中沈修、南河郎中羅用敬手本俱同前事。據此，案照先准工部都水清吏司手本，該禮科給事中王士性題前事，大率謂淮泗水患日甚，黄强淮縮，退溢泗州，祖陵運道可虞，民生危急，乞要勘復老黄河故道等因。奉聖旨：着工部便行與漕運衙門及勘河科官從長計議來説。欽此，欽遵。備行到臣。隨經會行各該司道及府縣掌印管河等官，公同前詣黄河故道，經行一帶地方，先行查勘丈量，繪圖貼説回報。臣復同督撫諸臣躬自桃源三義鎮老黄河口循行至漁溝、浪石、瓦子灘、顔家河，復自赤晏廟從草灣新河而上，越大河口至清河縣，逐一周覽相度，探勘丈估，俱與各官所報相同。又經催行司道廣集輿論，畢舉群策，從長計處去後。今據前因，該臣會同總督漕運、提督軍務、巡撫鳳陽等處地方、户部右侍郎兼都察院右僉都御史舒應龍議照，謀國而圖就利避害者當先其所重，決策而思捍災禦患者當慮其所終。我國家肇基淮甸，鍾祥二陵。淮水發源桐栢，自西北以指東南，至鳳泗復遶東北與黄河會而入海。二陵三面臨流，淮水環遶如帶，所以綿國祚億萬年無疆之慶者，端在于兹。顧不爲至重至重者與？其次則定鼎燕冀，轉漕東南，歲輸四百萬石于京庾。自淮至徐五百餘里，必資黄河以爲利涉之途。運道所經，國脉係焉，稱並重矣。其次則畿輔根本之地，南北咽喉之區，淮泗赤子，較之四方安危要害，迥不相侔，誠重地也。自嘉靖中年黄河以全流經徐、吕二洪，由邳、宿、桃、清横絶淮口而下，暴水時至，則積沙内壅，淮弱黄强，不得以縱其東注之性，勢必泛濫于盱眙、泗州之墟。洪澤諸湖汪洋數百餘里，室廬田畝盡屬汙地。民生困瘁，已非朝夕。鳳陽皇陵相去淮口尚二百餘里，勢不相及。惟祖陵寶城係在泗州城北十里，雖御塚地據岡巒，游波似無可及之勢，而寶城舊有金水小河以消積水者，東與湖連，時被灌入，溢于廷階。以故諸臣展謁之時，偶值水發，不能不爲悚然動念者。往嘉隆之際，運道之在徐、沛、邳、宿間，稱多故矣。自有遥、縷二隄以束河歸漕，復築高堰石隄以遏淮南注，至今七八年間，淮徐以上河流漸深，未聞旁決，淮安以南高寶二湖不至衝溢，此亦運道小康之日也。獨自天妃壩以至清江浦係當黄淮會合全流，惟上游之隄防既固，則下注之勢力倍增，決齧衝隕，勢有不免。况清浦運渠相去外河遠者不及數里，近者僅餘十丈。伏秋危險之狀，幾若累卵。此祖陵之受侵、運道之可慮、民生之昏墊，三患昭然在人耳目。凡生于其鄉，吏于其土，所宜日夕焦思而亟爲之謀者。故欲疏淮水之盛漲，莫不欲分黄流以東注，欲分黄流以東注，莫不以復老黄河爲良策。所謂善爲川者，決之使導是矣。檢之往牘，萬曆三年曾具題于巡按御史舒鰲，萬曆五年曾再題于巡漕御史陳世寶。然皆旋議旋罷，竟未能有建必然之畫者。豈果任事之難，其人第爲國家惜鉅費，爲徒衆惜煩苦而遽前却耶？夫事無全利，亦無全害。如使三患可祛，一成無毁，即利少害多，尤宜以祖陵運道爲急，毅然爲之。今據開復之利有四，如泗水可洩，陵麓無虞，清浦不遷，通濟無阻。開復之害有四，河性靡常，疏鑿之役綿亘百里，功不可必，勞費爲虚；災地民田近甫耕穫，少救疲癃，旋即捐棄漁溝卑窪；河流既東，沙土難隄，渰没無際；清河腹背受水，稍一泛溢，撮爾縣治，不盡爲沼不已也。似此害與利均，已非萬全之算矣。至于運道之計，本欲爲清浦一路安全之謀，而黄流一分，自三義鎮至清口三十餘里，即有梗澁之患。如欲遶出東壩，轉由赤晏以出三義，較之見行河路更增一百餘里險阻之途。夫運道之藉力黄流，數逢其害。少用尋丈，可冀尋丈之安。顧欲迂廻百里，隔遠城邑以出濁河草莽之區，異時不測之害有非今日之可悉指數者。臣等自奉勘河之役，夙聞老黄河故道之議，業已博訪，多方籌畫講求。緣以有妨運道，退而中輟。乃今肅將明命，周覽荒度。利之所在，固不敢不較其所重，而謾爲同聲之和；害之所在，亦不敢不慮其所終，而恐貽日後之艱。惟是三患所關國計民生，至重且鉅。仰承明旨，從長計議，何敢藐然玩視，付之末可誰何？第逐一體查，淮水之于陵麓有倒壞而無衝射，寢殿廷階之水係金水小河内灌所致，御塚之去水痕尚在百步之外。蓋以乾坤靈淑之氣攸萃于兹，而山陵背負層岡，蜿蜒巃起，百神呵護，萬水朝宗。雖形若浮盂，而其巍然鎮奠之勢，當自有歷千古、同悠久于天地者矣。顧惟國家萬年拱護之誼，臣子一念嚴恪之忱。即寶城、午門尺寸之水，苟可以爲祛除之策，竭力盡瘁，其何敢辭？況以清浦運道之阽危，泗民昏墊之可憫，悉軫宸衷宵旰之慮。臣等隨經督行司道郡邑多官重覆博訪。于是議疏黄水者，有三義壩下開渠以達澗橋、璉湖入海之説，議疏淮水者，有穿高堰通草子湖、永濟河以下高寶，與鑿龜山，通天長、六合直達長江之説。夫淮之不敵于黄也，正以强弱爲勝負。如欲穿高堰以洩淮，無論高寶運河之害將不可支，淮退一尺則黄進一尺，恐清口之淤日益甚耳。此前門驅盗、後門納賊之喻也。若龜山開鑿，由天長、六合達之長江，患實同此。況爲堪輿所忌，而綿亘二三百里，欲盡以人力疏鑿通之，又難之難者也。緣淮之受病在河，而治病者當探其本，則疏河爲拔本之論，無俟言矣。璉河、灌口諸處皆雲梯關海口之外，别爲入海之途。以故談疏河者莫不曰河流可疏，得由他道入海，不與淮合，自無交漲之虞。今欲于三義壩下開渠，經綫河以達璉湖，皆是説也。不知河以泥沙善淤，自昔兩行，必不能久。璉河灌口之去河崖迂曲周廻二百餘里，勢難直達海口。測其深闊，不及雲梯十分之一，朝洩而夕淤。可逆覩者惟分之于淮水既合之後，合之于下流近海之口，則以淮水之清滌河沙之濁。初分而可必不至驟淤，既合而自能保其可久。所據各該司道續有開訾家營支河以接草灣，經赤晏合流下海之説，蓋庶幾近之者矣。淮之與黄，雖勢不相敵，然彼此泛溢，亦先後不齊。今訾家營正與淮口相迎。當黄之漲而半分東注，則侵淮之分數自減，當淮之漲而河適消落，則淮口之沙可衝。或謂淮口以清濁交會，既歲有停沙，則支河之黄淮並流，亦宜有淤墊。不知河水之遇淮流，兩相迎則沙自停聚，兩合流則沙可通行，固自然之勢，至較著者。且天下之事，凡有開創于前者，貴能繼續于後。如兩河隄岸之築閘渠，汶泗之流，莫不有歲幇歲挑之制。臣等周視草灣新渠，深闊將半于舊河，通順直達于海口。當萬曆四年初開之時，何嘗不以淺澁爲患哉？惟其下出赤晏與大河相會入海，勢足容受，不如灌口諸港淺狹迂遠之甚，以故上有所納者，下有所洩，自衝月刷〔八〕，自臻深廣。所據新議淮口支河下有草灣一段，通利如此。即上段四十餘里新開之工，如能比照汶河歲挑之例，稍有積沙，間歲一挑，自能衝刷。緣在淮流已合之下，非若獨分黄流之沉濁易淤者可同日論也。萬一河勢東注，全流盡奪，而運艘之出通濟閘口，亂淮入河，尚在支河未分之上，本無運道中斷之虞，似于三患可望救補。即開河所經山陽、清河、安東三縣之地，或有旁溢之害，苦與漁溝相同。第三縣河北舊無隄岸，即無開河，每歲水發，亦所不免。又所急在泗州陵園，則三縣舊災之地自不能與之較輕重矣。俟河成之後，即以挑河之土修築北隄，亦可以資屏障，未必如泗郡數百餘里之盡爲湖泊也。但內經黑墩湖、羅家河，恐有散漫之虞，亦未敢爲必然之畫。儻以祖陵山麓之水未及玄宫，運道之危在清浦王公隄者，先年已有石隄，目前加築埽隄尚可保無決裂，淮黄交匯之地，昏墊之害，祛之于西者不免移之于東。則今議支河重役鉅費，非有全利，若未可以輕舉而試爲之。如必爲淮水疏洩之謀，求人事之可盡者，固不能舍此有他圖耳。臣等竊又聞之，舉大事者必順天時，動大衆者必資人和。支河雖若可開，雖延長四十四里，論土計方六百餘萬，計必鳩夫數萬始可匝歲報完。適今連歲阻饑，米價騰踊。足民先于足食。雖工費五十餘萬，國家念切祖陵，捐之内帑，不吝出納，而珠米桂薪，工食所給，不滿一飽，何以責其盡力胼胝之餘？各官議欲稍俟豐稔之歲，誠亦悦以使民之道。兹者恭睹皇上軫念河漕大計，允采輿議，復設總理河臣，而用人求舊，從善轉圜，特起都御史潘季馴之歷試有功，精熟河防者而專任之，寰海人士，莫不翕然頌服聖明之豁達大度，知人善任，平成之效可立覩已。前項疏洩泗水、議開支河之謀，臣等遵奉德意，博采群議，折衷鄙見，井蛙之識，僅僅如此。合無請乞并行新任總理河道都御史潘季馴覆勘詳確，以爲行止。當必能晰利害之大致，貽久遠之宏謨，非臣等疎淺庸昧之所能及也。伏乞皇上敕下該部，再加議擬，覆請施行，謹題請旨。奉聖旨：工部知道。欽此，欽遵。抄出到部。該工部看得，國家決大議，興大役，必權利害之輕重而要其成，度時勢之難易而定其畫，斯工不虚舉，事克有濟。方今淮水波浸于祖陵，黄河流迫于淮安，故禮科給事中王士性議復黄河故道者，其爲祖陵淮民慮也甚遠。然民疲不可勝役，時詘不可舉盈，故查勘河防科臣常居敬、總督漕運撫臣舒應龍，議故道難復者，其爲運道財力計也甚詳。臣等連日反覆科撫諸臣之疏，熟籌祖陵、淮民、運道之利，則黄河故道之議勘者固已憂其不可復，而當此財匱力乏之際，是誠不能以遽復者，似宜已之以省覆勘，存之以俟續議。至議開訾家營支河以接草灣，較諸故道之復固事半而功倍，要其入海之路又散漫而難收。事既未見全利，議亦未敢遽決。今新任總理河臣潘季馴前後治河將幾十稔，閱歷既久，聞見必真。所據支河之議，宜令覆行勘閱。既經科撫諸臣會勘前來，相應如議題請，恭候命下本部，備咨總理河道右都御史潘季馴作速到任，將科撫諸臣所議于訾家營開支河以接草灣一事覆行勘閱。果爲利多害少，在所當行，或爲徒費無益，在所當止。儻衆議未妥，別有長策可以護祖陵，保淮安，固運道者，但求事可功成，不拘人己同異，即令從實具奏，以便覆請定奪。目今河水漸次將發，本部一面仍咨總督漕運衙門遵奉先後欽依事理，查照累年修守成規，多方措處，務保無虞，庶足紓九重南顧之慮，固萬年轉輸之防矣。謹題請旨。

奉聖旨：是。這黄河故道既勘議明白，難以開復，罷。訾家營應否添開支河，還着河道衙門從長計議具奏。

## 欽奉敕諭查理漕河疏

都給事中常居敬

題爲欽奉勑諭查理漕河以重國計事。據濟寧兵備兼管河工山東按察使曹子朝、曹濮兵備帶管東兖道僉事劉弘道、武德兵備帶管臨清道僉事李三才會呈，蒙臣并廵撫山東兼管河道右副都御史李戴、巡按山東監察御史吴龍徵會牌前事，備行臣等躬歷山東漕河一帶，逐一查勘。要見泉源有無湮塞，作何疏濬；河道有無淤淺，作何挑通；坎河口先年石灘有無滲漏，作何捍禦；南旺等湖多被侵占，不堪瀦蓄，作何查復；某處隄壩應修，某處閘座應建，一應長策勘議明悉，具由呈報，以憑會閱施行，等因。蒙此，該各道移會北河郎中吴之龍、南旺管泉主事蕭雍，督同管河同知陳昌言等，查勘得山東河道全賴泉源，汶河自南旺南北分流，以濟運道。惟上源衝帶浮沙，淤淺殊甚，業已挑濬。其餘閘座之圮壞，隄岸之傾頹者，已經呈詳本科兩院，次第興舉外，惟坎河口滲水不便防禦，火頭灣無閘不便節宣，與夫修復水櫃工程浩繁，并定期遏流，請給關防，增官添夫等項，事體重大，合無俯賜題請，以便遵行，等因，具由到臣。卷查先該工部題爲欽奉聖諭事〔九〕，國家運道悉藉會通河，而轉輸咽喉則黄河其尤要也。故旱則會通患涸，或至膠舟，漲則黄河患淤，或多旁決。題奉欽依，行臣會同撫按諸臣講求利害之原，博采治平之術，未盡事理聽臣陸續會題等因。奉聖旨：是。欽此。又准工部都水司手本，據北河郎中吴之龍等呈，該本部看得，南旺分流全濟汶水，而坎河口則汶水入海之路，宜有經久之圖，濬泉官宜有責成之道。並未盡事宜，該巡撫官俟查勘科臣至日，會集管河司道從長計議，作速另行題請等因。奉聖旨：這河道事宜依擬便行與各該巡撫等官從長計議，着實修舉。欽此。該臣會同巡撫右副都御史李戴、巡按御史吴龍徵，看得新運已臨，天時亢旱，泉脉細微，躬詣各縣督率官夫逐一料理外，復據前因，議照得國計莫重于漕河，漕河必資乎水利。我成祖文皇帝定鼎燕薊，輓漕東南，自徐邳以北，臨清以南，千有餘里，全賴汶、泗、沂、洸諸泉之水以濟運道。雖祖元人會通遺意，然壩戴村、遏汶流，分濟南北，則尚書宋禮用老人白英之議也。其間設官立法，建閘築壩，至精至備。二百年來，運道其永賴矣。第泉源雜于沙礫則湮塞甚易，湖地侵于豪右則清復爲難。至于事權間多牽制，法制廢于因循，兼之天時久旱，地脈漸微，運艘經行，不無遲滯，乘時經理，委不容緩。玆者上廑聖懷，特申聖旨，臣等周行河上，逐一查勘，博采群策，列爲八事。雖率循不外于舊章，而經畫似關乎要務。伏乞勅下該部，再加酌議，速賜施行，庶于漕河少有裨益矣。謹題請旨。

計開：

一、濬泉源以資灌注。查得會通河南北千里，盡賴十八州縣百八十餘泉之流，分爲五派。至于新泰、萊蕪、平陰、汶上、蒙陰、寧陽等九州縣入南旺者爲分水派，泗水、曲阜等四縣入濟寧者爲天井派。其功最大，其所需尤甚切也。夫藉泉以資運則涓滴當惜，必使源流充溢，庶于漕渠有濟。若養身者氣血周流無滯，始無壅閼之患也。乃平昔之疏濬既踈，天時之亢旱又久，是以泉政多弛，通流無幾。近據管濟寧道按察使曹子朝、分守濟南道參政吕坤，新濬出泰安州謝過城等六泉、新泰縣劉官莊等五泉、萊蕪縣韓家莊等五泉、東平州源頭泉一處、曲阜縣新跑泉一處，發源頗盛，導入汶河堪以接濟。則自此之外，安知無湮没于沙礫而散漫于草莽者乎？但濬泉雖易，治汶實難。蓋河廣沙深，屈曲之流不足以潤久渴之吻。臣等親見龍灣等泉源源而來，至汶則一吸而盡，猶無泉也。又必督令撈淺等夫擇其積沙淤漫者濬爲河泓，俾深五尺，闊一丈，則水得所歸，而趨壑亦易矣。然各泉坐落各府州縣，近者四五十里，遠者三四百里，管泉分司豈能遍歷？近奉聖旨，各分守道兼管，已爲得策矣。臣以爲仍當責成各州縣掌印官督率夫老，不時疏濬。每年終分守道會同管泉分司將各官新泉搜出若干，舊泉廢棄若干，类報總河衙門分别奬戒，庶人心有所警惕而泉流足濟運道矣。伏乞聖裁。

一、復湖地以預瀦蓄。查得山東泉源有時微細，故設諸湖積水以濟飛輓。盜決有禁，占種有禁，誠重之也。乃今則不然。南旺、安山、蜀山、馬埸等湖始因歲旱水涸，地屬閒曠，當事者召人佃種徵租取息，以補魚、滕兩縣之賦。于是諸河之地平爲禾黍之場，甚至奸民壅水自利，私塞斗門，復倡爲湖低河高之説。申禁非不嚴，而占恡若故矣。除安山湖批查未報外，今勘得南旺湖周圍九十三里計，地二千七百頃，原有斗門一十四座，止存關家大閘、常明口二處，其餘邢通口、孫强口等十二處俱已湮塞，合行修復。本湖東邊高阜地量留護岸，一里共計一百六十二頃，南北留護岸地半里，共計一百一十六頃一十畝。令原主佃種納課，其餘專備蓄水。仍築子隄一道，以爲封界。湖内北高南低，應于中亘築長隄一道，自吴家巷天字號起至黄家寺止，長一十四里，根闊一丈五尺，頂闊八尺，高八尺，界爲二區寺前鋪。張住口建斗門一座，以便上下接濟。馬踏湖周圍三十四里零二百八十步，計地四百一十餘頃，俱應退出還官。其東北空缺處長十里零三百四十步，應築土隄一道，約束湖水，不使洩漏。西岸原有王岩口滚水石壩，年久湮没，合行修復。蜀山湖周圍六十五里零一百二十步，計地一千八百九十餘頃。除宋尚書香火地六頃并高亢地八頃五十三畝照舊令民佃種納租外，其餘地一千八百七十五頃四十六畝二分，俱築隄蓄水。東岸季泰口閘以下十五里原有馮家滚水大壩，相應修復。馬埸湖周圍四十里零三分，内高阜地九十三頃二畝，先年召種納課，抵補魚、滕縣糧。今查前項補足，責令退業還官。并低窪地六百四十頃四十二畝九分，俱築隄蓄水。內有安居斗門三座，合行修復。其各湖占種麥田，法應追奪。但念年荒民貧，且成業已久，收成將近，候麥熟之日，令其芟刈，照地退還。以上各湖應修復斗門、閘壩、隄岸、工料人夫等項細數册報外，通共該銀四千七百一十七兩七錢，于兖州府庫河道銀内動支修完，于湖口竪立大石，明註界址斗門，以杜侵占。如是庶法紀明而漕河永有賴矣。伏乞聖裁。

一、築坎河以防滲漏。查得汶合諸泉之水，西流抵南旺，分注南北，以成漕而濟運。故汶蓄則漕盈，汶洩則漕涸。夏秋之間，水固有餘，冬春之後，不可使有涓滴他適，明矣。乃戴村以上有坎河口，西趨鹽河爲入海故道，沛然就下，勢若建瓴。先年總河侍郎萬恭堆集石灘，蓋謂溢則縱之，平則留之，意甚善也。但時久灘廢，非不歲有修築而沙隄一線亂石數堆，其走洩甚易矣。萬一泉河盡趨，則運道之涸可立而待，豈得爲完計哉？臣等督同管河同知陳昌言、東平州判官張汝榮等，會估得本口應修滚水石壩一座。計長六十丈，面闊一丈，底闊一丈五尺，深入土四尺，出土三尺，并鴈翅細石及椿木、鐵灰、工食等項，除細數册報外，通共計銀八千一百六十七兩四錢。一面辦料興工，水溢則由頂以上任其宣洩，水落則由壩以内盡資實用，且以免鹽徒盜决之弊也。汶其有全利乎？或者以地多沙磧，恐築之不堅。不知石灘之外原有老土，石壩不高，入土已深，其勢自固。且汶河隨漲隨消，終非黄河比也，又何衝决之患耶？如是則一勞永逸而歲歲補石之費亦可免矣。伏乞聖裁。

一、建閘座以便節宣。夫漕河之水名曰無源，蓋謂其出有限而其流無窮，所以撙節積蓄，俾盈科而進，全有賴于諸閘也。故地有高下則閘有疎密。要之勢相聯絡，庶幾便于啟閉。惟濟寧寺前鋪閘至天井閘則延長七十里，東昌通濟橋閘至梁家鄉閘則延長五十里，閘啟水洩，積蓄爲難。司河者每當糧運盛行之時，排木堵水，名爲活閘，苟且一時，終非久計。甚至各幫運軍船一經過，捧土築壩，流入河中，愈成灘淺。運艘正行，不便挑濬，無惑乎舟行之艱也。合于二處適中之所，南則鉅野縣火頭灣地方建閘一座，名曰通濟，北則博平縣梭隄集地方建閘一座，名曰永通。俱照各閘事規，啟閉濟運。除各匠役工食候工完扣算外，每閘估計粗細石料并木樁鐵麻船隻等項，各該銀三千九十五兩八錢九分五釐，于東兖二府河道銀内動支。每閘閘夫三十名，溜夫五十名，即于各縣停役夫内撥用。如是則關束有具，節宣得宜，水利有所停蓄而運艘不致淺閣矣。伏乞聖裁。

一、設閘官以肅漕規。國家之設官也，有似大而實冗者，裁之爲宜，有似小而實切者，增之爲便。查得運河一帶閘座，每閘設官一員，統領夫役。蓋啟閉有人，責成良便。頃緣新河告成，棗林上下水平閘面，不行啓闭，遂將棗林閘官裁而不設，間付之南陽閘官兼理之。爾來天時久旱，河流細微，本閘水淺，啟閉爲急，尚可以南陽之官攝之乎？夫一啟南陽，一閉棗林，互相闔闢，勢如呼吸，一不得人，直瀉而盡矣。近且無官，付之一二閘夫之手。在官船則莫敢誰何，在民船則大爲簸弄。既以病商，復以弊運。以故漕舟至此，殊費牽輓，而往來者亦稱不便也。不知閘官雖卑，職掌猶在。且廪俸無多，國家亦何惜此五斗而令河道要害之地爲無人之境哉？合于棗林并新添二閘各該官一員，俾司閘務，庶職守得人而漕規不廢矣。伏乞聖裁。

一、給關防以重事權。國家之事莫重于河漕，故于泉閘特設部臣經理之，所以重委任而專責成也。各管河郎中俱奉有敕印，是以文移稱便。惟南旺管泉主事，其設已久，關防未給，因循至今。夫管泉管閘，先年曾以二人理之，今并責之一官，其任亦重矣。督理乎十六州縣之泉而相隔數百里之遠，止以空白文移臨之，即旁午載道，鮮不以弁髦視河臣。欲其昭法守而一衆志也，難矣。且糧船過閘，例應十日一報。漕撫衙門相隔十里，無關防則驛遞不行，事多掣肘，殊非一端。夫以一閘官之微，尚有條記關防，何獨于部臣而反靳之也？至于漕河、黄河二同知，職守既尊，責任亦重。凡工程之勤惰，錢糧之出入，咸賴稽察。事緒孔棘，弊竇易生。使少失于防閑，未免稽違河務。近見邸報，楊村管河通判已奉明旨，給與關防。則兖州府管河同知事體相同，合無將管河主事并兩河同知均賜鑄給，庶文移便而事權重矣。伏乞聖裁。

一、嚴築壩以便挑濬。照得汶水入湖，接濟運道。每歲寒沍之時，遂將河口築壩遏流分洩，蜀山、馬踏等湖候來春冰泮之日開壩受水。是冬則以河之水匯于湖，春則以湖之水濟于河。故南旺、臨清一帶，因得乘時挑濬，不致淤淺，法至善也。除隔歲大挑已奉有欽定期限外，其餘每年當天氣漸寒，正宜築壩絶流也，而往來船隻力以緩築爲請，多方阻撓，甚至十一月中尚不得築者。不知天寒冰合，乃驅荷鍤之夫，裸體跣足，鑿冰施工，其將能乎？及寒冰初解，正宜固封蓄水也，則又以速啟爲請，百計催促，至有正月初旬放水行舟者。不知隔歲之水，所蓄無幾，三春無雨，則運艘方至，又將何以濟之乎？法制未明，事體掣肘，管河官徒茹苦而不敢言也。合無請賜明旨，除大挑年分外，每年定以十月十五日築壩絶流，至次年二月初一日開壩行舟，勢豪船隻不得横擾，該管官員不許阿徇。違者聽督撫衙門參究。大書刊石于南旺板閘二處，以便觀覽。如是則明旨森嚴，人心惕息，不但便于挑河，亦且足以蓄水，一舉而兩得之矣。伏乞聖裁。

一、復夫役以備修防。山東河道淺深不一，而汶河衝發淤塞爲多，各項夫役俱不可缺。查得兖州府屬如汶上、鉅野、嘉祥、濟寧、魚臺、南陽、利建等處原額設撈淺、淺鋪隄夫各數不等，共計二千四百五十二名。後因河流稍順，遂裁減一千一百三十三名，扣銀入官，以備支用，止存見役夫一千三百一十九名。不知扣存有節省之名，而雇募起無窮之弊。一時河道淤淺調度徵發爲難，工之弛廢久矣。今議于汶上縣量復撈淺夫七十四名，淺鋪夫三十名，鉅野、嘉祥二縣量復撈淺夫三十八名，淺鋪夫五名，濟寧衛量復撈淺夫一十一名，濟寧州量復撈淺夫三十二名，淺鋪夫十二名，魚臺縣量復撈淺夫十名，淺鋪夫二十名，南陽、利建量復隄夫八名，東平州量復泉夫二十名，東昌府通濟橋閘量添閘夫十名，庶挑河濬泉，不致乏人矣。然猾民之包攬，肆意安閒，管工之代替，任情隱射，甚至逃故不報，占恡私意，種種情弊，雖增猶弗增也。合行管河同知陳昌言、通判王心，逐一汰選，嚴加稽覈。庶工役得有實濟，而河防不致稽違矣。伏乞聖裁。奉聖旨：工部知道。欽此。該工部看得，查勘督理河工工科都給事中常居敬會同巡撫山東都御史李戴、巡按山東監察御史吴龍徵，條列八款具題，俱思深慮遠，大于河防有裨。相應開立前件，議擬上請，恭候命下本部，備咨漕運衙門并山東巡撫，督率管河司道及咨都察院轉行山東巡按御史，行令府州縣各官，一體欽遵施行。

奉聖旨：依擬行。

## 清復湖地疏

都給事中常居敬

題爲清復湖地以濟運道事。據濟寧兵備兼管河工山東按察使曹子朝、分守東兖道參政郝維喬會呈，蒙臣并撫按憲牌前事。照得南旺以北僅有安山一湖，所係甚重。先因行查未報，未經具題。今會閱得滿湖成田，禾黍彌望，曾無涓滴之水，殊失設湖之意。當此亢旱，何裨接濟？牌行該道督同管河官親詣該湖，逐一勘議。要見某處卑窪，堪以蓄水，某處高亢，僅可通溝；承佃若干，作速清理，侵盜若干，作何禁治，查議明悉，作速通詳，以憑酌議，等因。蒙此。隨該司道行據兖州府管河通判王心，查得安山一湖周圍共一百里。其間東北自通湖閘起，至西北焦天禄莊止，計長十三里。自焦天禄莊起，至西南王禹莊止，計長七里零。自王禹莊起，至東南青孤堆止，計長九里零。自青孤堆起，至通湖閘止，計長七里零。周圍共計三十八里。

此係水櫃，堪以積水者也。但湖形如盆碟，高下不甚相懸。水積于中，原無隄岸。東南風急則流入西北燥地，西北風急則流入東南燥地。未及濟運，消耗過半。且自許民佃種以來，百里湖地，盡成麥田。先年總理河道傅都御史履畝分析，除徵租銀二千六百五十三兩，歲抵魚、滕二縣秋糧外，其低窪處所封爲水櫃。法非不善，但統隴無界，禁例不嚴，民情無厭，漸至今日，殆無曠土矣。爲今之計，應將水櫃三十八里築一高隄，隄以外照舊佃種徵銀，隄以内挑深蓄水，管河通判等官不時廵歷。庶隄界既明，人無盗種之弊矣。至于安山閘邊原無通濟、積水二閘，不便出水。訪得萬曆九年，有金把總曾于八里灣掘溝放水，人甚稱便。至今形迹猶存，應于此處建閘一座。又西北地名似蛇溝，其地更低，水勢散漫，應于此處亦建閘一座。庶于舊閘入者于新閘出，蓄洩得宜，漕河有賴矣，等因，到道。先該北河郎中吴之龍議得，漕河之利有二泉與湖而已。每春末夏初正糧運盛行之際，泉源往往微耗，惟藉資湖水可濟不虞。故自濟寧至東平築設南旺、安山等湖，澇則引水入湖，以預瀦蓄，旱則决湖入運，以通漕艘，慮至深也。物盛致蠱，日漸廢湮。嘉靖二十年，都御史王以旂奉命清復疆界，頓還舊制。數十年來，大爲運道利。自隆慶四年都御史翁大立開召耕種，姦民始得藉口而濫觴極矣。萬曆三年，都御史傅希摯清丈諸湖。安山湖高而田者，計地七百七十一頃九十八畝，卑而宜櫃者四百一十六頃二十六畝三分。具疏題請。斯亦通變之微，權公私兩利之道矣。奈何管河各官利于混淆而不利于清别，竟未及立尺寸之疆界。是以豪强者大肆兼并之謀，姦頑者曲爲欺隱之計。狼吞蚕食，不至于盡湖而有之，其心未饜也。今雖湖底窪處已不遺寸土，再數年不將占官地爲世業乎？爲今之計，相應查照前項頃畝，于高下交承之處築一東湖小隄，底闊九尺，頂濶四尺，高八尺。隄以内永爲水櫃，隄以外作爲湖田。如是則界限分明，内外各別。登隄一望，具在目前。小民既難于侵越，官司亦易于稽查矣。具呈巡撫山東李副都御史。蒙批，湖以濟運，關係匪輕。緣無界限，故水得漫流而人易侵占。東湖小隄委當急築。如議速會管河道踏勘，基址定出。夫事宜報奪，等因，在卷。今奉會牌前因，該司道會行兖州府管河通判王心，會同本府同知陳昌言，督同東平州知州徐銘、管河判官張汝榮，復勘得安山湖水櫃周圍長三十八里，内除東北一帶自通湖閘至焦天禄庄止長十四里，係運河隄岸，不必修築外，其餘共長二十四里，折四千三百二十丈。共計用夫一千名，每名計工五十日。每名日給工食銀三分三厘，共銀一千六百五十兩。又八里灣似蛇溝創建出水小閘二座，每座合用石塊、椿木、地平板、龍骨木、油灰、糯米、石灰、鐵麻等項，該銀三百六兩九錢二分。二座共銀六百一十三兩八錢四分。通共銀二千二百六十三兩八錢二分，合于兖州府庫貯河道銀内動支。雖無救于目前，實漕河將來之永利也，等因，到道。該管河道按察使曹子朝、分守東兖道參政郝維喬、北河郎中吴之龍，會議得，南旺至臨清綿亘四百餘里，惟安山一湖，上下賴以接濟，誠宜急爲修復。但滄桑更變，原隰異壤，自非築隄要束。禁治雖嚴，罔利蓄瀦。其修築工料屢經估勘，似爲妥當。相應申請，以便興工，等因，到臣。先該臣等題爲欽奉敕諭查理漕河以重國計事，内『復湖地以預瀦蓄』一節，該部覆稱，安山一湖，科臣見在行查，俟勘明日一併修復，等因。奉聖旨：依議行。欽此。卷查巡按山東監察御史毛在題爲巡歷事竣，敬陳補偏救敝之略以備採擇事。該工部覆奉聖旨：各地方湖泉接濟運河去處，着各該巡撫司道等官及差去部屬官用心整理。如有占種阻塞的，即便拿問，枷號重治。應參奏的指名參奏。欽此。該臣等催行查議去後。今據前因，臣會同巡撫山東右副都御史李戴、巡按山東御史吴龍徵，議得設湖蓄水，本漕政之良規。清湖濟漕，實治河之要務。自南旺而下四百餘里始達衛河，其間全賴安山一湖積水濟運，所係之重，何如也！惟自召佃之弊政一行，而豪民之侵占無已。變沮洳爲膏腴，視官湖爲己業。日侵月削，久假不歸，寸土無遺，殊可痛恨！即今久旱河淺，百計疏濬。如抱漏巵，沃焦釜，徬徨無策，皆緣水櫃未復之故也。及今則清湖蓄水，真若蓄艾，豈非第一義哉？侵盗姦民本應盡法重究，概奪還官，亦不爲過。但私相授受，其來已久，展轉耕佃，已非一人。且四外高亢之地不便瀦蓄，終成曠廢。據勘將少窪之地三十八里，周遭築隄封爲水櫃，既可以免滲漏易竭之患，又可以杜强梁無厭之謀，似亦計之得也。外八里灣、似蛇溝二處便于放水，委應建主閘座。其築隄建閘之費，初據各官議將盗種湖麥刈半入官，以爲工料之需。但恐饑民乘機起釁，且非大公之體。仍聽本主收割。前項經費相應動支河道銀兩應用。清理之後，大竪石碑，明立文册。又必嚴盗决之禁，行定巡視之法。如是則一勞永逸，而國朝水櫃之良規庶幾可復矣。伏乞敕下該部，再加酌議，行總河大臣督令各官作速興工，事完奏報。則所以濟運通漕者，豈曰小補之哉？謹題請旨。奉聖旨：工部知道。欽此。該工部看得，南旺至濟寧一帶，河漕綿亘四百餘里，全賴安山一湖蓄水濟運，其關係誠重矣。近緣侵種成田，復以累年亢旱，遂致湖水蓄洩無所，漕河安能有濟？今查勘河防科臣常居敬會同山東撫按李戴、吴龍徵，看議安山湖周圍一百里，除四外高阜之地不便瀦蓄，照舊佃種外，其低窪處三十八里，合行築隄封爲水櫃，深于漕運有裨。其動支河銀建立閘座等項，區畫周詳，悉應如議題請，恭候命下本部，備咨總理河道并山東巡撫衙門，及咨都察院轉行山東巡按御史，行令司道府州縣管河各官，仍劄行本部管河郎中，查照原議，動支河道銀兩，作速興工，務期完固。仍大竪石碑，分別界限，差官不時巡察。敢有勢豪姦頑人等侵占盗决者，輕則徑自拿問，重則參奏處治。工完之日，將役過人夫，用過錢糧，造册奏繳，清册送部查考。謹題請旨。

奉聖旨：這湖地依擬築隄。仍畫定界限，永遠遵守。如有侵占盗决等弊，照前旨着實參治。其各處泉湖蓄水濟運的，都着一體清查整理。

**校勘記**

〔一〕阻礙，據乾隆本、水利本補，清初本作『阻滯』。

〔二〕未，據乾隆本、水利本當作『末』。

〔三〕留，清初本同，乾隆本、水利本作『阻』。

〔四〕河，疑當作『合』。

〔五〕蓋，乾隆本、水利本作『益』。

〔六〕也，據乾隆本、水利本補。

〔七〕獨，乾隆本作『濁』，爲是。

〔八〕自，當作『日』字。

〔九〕乾隆本『事下』多『看得』二字。

# 附録

## 序跋

### 重刻河防一覽序

乾隆歲次戊辰，南河僚寀有《河防一覽》之刻。秋九月竣事，屬序于余。余喟然嘆曰：夫導河之方，肇自《禹貢》。商周以來，散見于《詩》《書》之文。降而漢代，史公有《河渠書》，班掾有《溝洫志》，載籍非不詳也。而古河行北條，注渤海，與今勢殊。其法不可施用。自宋熙寧十年，河決一支入淮，故宋有北流、東流之分。金明昌間全河入于淮，元明迄今資以運漕，爲國計民生所係。治河家言不一，其著于今者，則有歐陽玄《至正河防記》、明劉天和《問水集》、萬恭《治水筌蹄》諸書，而惟潘印川先生《河防一覽》一書爲最要。嘗考前明河議煩興，政乃日壞。嘉靖間決飛雲，隆慶間決睢、邳，萬曆間決崔鎮、高堰。印川先生四起治河，經歷二十七年。其周鑿親詢，殫思竭慮，而爲之者既專且久。夫然後得心應手，如輪扁之于輪，庖丁之于牛，宜僚之于丸，有不自知其所以然者。所謂用志不紛，乃凝于神者也。其爲後世之法則焉宜也。吾因是有感矣。在昔之治河，水衡上其策于冬官，廷議韙之，朝命行之耳。未有如本朝歷聖相承，神謀長算，皆出自宸衷。若我聖祖仁皇帝屢幸河工，經營相度，平成永奠。世宗憲皇帝發帑百萬，堅築高堰，保衛民生。今皇帝仁天智神，紹聞纘述，指示機要，慎重修防。以臣下智識所未諳，陳請聖訓，無不抉要指微，先幾洞鑒。以予之駑駘，亦得趨走河干者八年于兹，敬謹遵循，幸免失墜。兹又蒙上恩，再理河務，與二三子共効奔走之勞，獲見修古之盛。仰惟雍正七年九月，頒發聖祖《治河方略》，上諭河臣，敬謹閲看。是本朝典制，星漢爲昭，綱紀所存，固無俟借鏡于往代。而其中節目詳悉之處，入官者必資往訓以無愆。則印川先生所着，乃得之艱難積久之餘，網羅並包，無所不具。有司得以按籍而知古，由此參酌異同，因時設施，則惟是書之爲要也。予嘗論治河者有一成不變之理，有隨時遞變之法。如先生之築堤障水，逼淮注黄，以清刷濁，沙隨水去，此理之不易者也。若其因盈縮爲蓄洩，視强弱爲分合，則減黄補淮，束湖濟運，機宜萬變，總在神明于規矩之中，化裁于成法之内。既不膠柱而調瑟，復非冥心而用罔，斯爲善讀書者矣。抑更有進焉。學者非言之艱而行之艱也。《記》有云：『君子多聞，質而守之；多見，質而親之；精智，略而行之。』蓋言以我之智略，行古人之事，而毋徒託之空言也。誠如是，則際聖主求賢之時，而濟川作楫之材輩出。于以奠清寧，永利賴也，不難矣。予喜是役之成也，故不惜詳論之如此。

後學高斌敬題。

## 河防一覽序

前明宫保印川潘公，功在全河，暨今將二百年，家尸而户祝。盖其績久而彌彰。此《河防一覽》一十四卷，乃公手所裁定。其經畫區處之方，足以信于當時，而傳于後世者。而公之深識遠猷，亦略備矣。考公自嘉靖之末奉命行河，迄萬曆庚寅，上下二十七年，前後四持節，生平精力之所萃，咸在于是。故昔人有云：非亶公習河，河亦習公。洵乎更事愈多，則謀益老，識益鉅，而慮亦益密，非夫淺嘗輕試者徒見于故紙空譚，而迂踈寡效可同日而語也。歷觀史册，宣防之任，自古其難，至于明之中葉尤非易易。廟堂以喜怒爲可不，臺諫以時局論是非。迨堰瀦既規，日役萬人，費幾鉅萬，非其親暱，孰能無疑？矧夫天時人事，容有違失。局外者操左券以責之，首非灼然不惑，自斷于中，不以禍福利鈍嬰其慮者，未有不狼顧失次，靡然莫知所適從者矣。公最後于高堰之築，言者譁然。雖勉底于成，而目論者猶齗齗不置。逮奕世之後，利賴昭然。其在于今，孰不知公之爲勞臣，爲能吏，爲無負任使，庸詎悉當日幾無以塞衆多之口，則謂是一編者皆出自公憂患之餘可也。於戲！以任事之難而知其成功之不易，是非孟子所云：『以意逆志，是爲得之者乎？』乾隆十有三年，歲在戊辰，相國渤海公再膺朝命，董正全河。載不才，以習學機務，從公之後。公誨之曰：『夫治河之役，上關國計，下切民生。故有一成不變之理，有隨時遞遷之法。若印川公之築堤障水，以清刷黄，此固一成不變之理也。至于迎機順導，加務善之，則又因乎其時，神明化裁，非可一概論者。子其識之。』載唯唯。會此書舊刻漶剥，工之僚屬鳩而新焉。既成謁序及載。載惟書之大旨，渤海公序之既詳，爰撮公生平在事之久與任之之難者，約略論之。後之君子得觀覽焉。

乾隆十三年冬十月，後學張師載敬題。

## 重刻河防一覽後序

黄河自宋熙甯時南徙入淮，明永樂間陳平江開管家湖通漕北上。于是黄、淮、運三水合流，河防之關係愈重，治之愈難。嘉隆之際，浮議盈廷，河政日壞。潘公印川，起而治之。前後凡二十有七年，始奏平成之績。蓋若是之難且久也。公才識精明，疊膺河漕重寄。其敷治全河方略，備載公所著《河防一覽》中。跡其築高堰，堤淮河，雖公自謂一準平江舊轍，然以堤束水，以水攻沙，俾二瀆安流利濟，其苦心碩畫，直可垂諸萬世。我朝歷聖相承，以生知天縱之姿，廑國計民生之慮，經營河務，指示修防，憲章具在，固無俟于他求矣。抑聞之蘇穎濱云：『事之在官，必見于書。網羅一時興廢之計，傳之于後，有司得以居今而知古，參酌同異，因時而施其宜。』然則公所著《河防一覽》書，洵司事者所當鄭重講求者也。熠自束髮受書，隨侍祖父宦遊時，即習聞庭訓。凡言經濟之學，必首舉治河爲難。壯而遊學四方，轍跡所至，知黄運兩河，實有關于國計民生者甚大。迨雍正癸丑，効力南工，曾佐相國嵇文敏公幕最久。繼隨公從事浙江海塘，旋簡調南河，備員修守。竊嘗尋繹潘公緒論，以爲指歸。觀察姚公因諸僚友之請，以《河防一覽》板在任城，歲久剥漶，議重刊以廣流傳。業已校勘鳩工矣，觀察旋丁外艱，未竣事。而熠謬膺推簡，繼公之後，爰董率斯役，以告厥成。敬請今相國東軒公製序以冠其端。編中綱目既已粲如指掌，何庸復爲支贅。伏思國朝清水潭之役，我聖祖仁皇帝委任靳文襄公，而河又大治。今所傳靳公八疏，率本公之方略，而增損化裁于其間，以奏安瀾之烈。嗣後節使多元公碩輔，繼武代興，而孰不稟矩矱于平江、印川者乎？《詩》有云：『自古在昔，先民有作。温恭朝夕，執事有恪。』蓋言法古即所以敬官也。其或聰明自用，率意冥行，棄是編于篋衍，抑或漫爲涉獵，而不求其肯綮之所存，則今昔之險要殊勢，事變殊宜，謂可刻舟而求劍耶？若夫神明于筌蹄之外，行所無事，以善承聖天子治河衛民之盛心，是在公忠經國之君子。

乾隆十三年歲在戊辰秋八月既望，江南河庫道僉事、楚南何熠謹識。

## 重印河防一覽跋

《河防一覽》十四卷，明潘季馴撰。季馴字時良，烏程人。嘉靖、萬曆間，四奉治河之命，著有成績。事蹟具詳《明史》本傳。《四庫提要》云：『明代仰東南漕運以實京師，又泗州祖陵逼近淮泗，故治水者必合漕運與陵寢而兼籌之。中葉以後，潰決時聞，議者紛如聚訟。季馴獨力主復故道之説，塞崔鎮，隄歸仁，而黄不北；築高堰、黄浦、八淺，而淮不東；創爲減水順水壩、遥隄縷隄之制，而蓄洩有所賴。其大旨謂通漕于河，則治河即以治漕；會河于淮，則治淮即以治河；合河淮而入于海，則治河淮即以治海。故生平規劃，總以束水攻沙爲第一議。』季馴而後，二百餘年間，治河之道，莫之或易。其治功可稱極盛矣。

此書最初刊本，當在明萬曆末年，極爲罕見。原書板口高二十二公分半，寬十五公分，半頁九行，行二十字，前有萬曆辛卯年于慎行序及庚寅年季馴自序。清代治河，沿明成法，尤以潘氏緒論爲指歸。故當時河署屢有傳刻，頒發河工人員，以供參攷。《天一閣書目》著録：《治河全書》十二卷，明潘季馴撰，順治葉獻章序。據此，潘氏書清印本當以此爲最早矣。乾隆五年，白鍾山又以明本補刻，行款仍依原本，前有白氏補刻跋。此外尚有乾隆十三年江南河庫道僉事何煟校刊本。字體較小于明本，行款大致相同，前冠河督高斌、張師載等序，末有何氏跋。白氏雖依明本補刊，仍有訛誤。何氏本不但校刊正確，字體亦甚明晰。清代翻刻諸本，當以此本爲善本。今汪君幹夫又以明本補校重印，則較白、何所校刻者當更精善矣。

季馴治河著述甚多。除此書外，尚有《宸斷大工録》等凡五種。

甲曰《宸斷大工録》，蓋即《河防一覽》之初本。季馴自序有云：『其事止于江北，而諸直省無所發明，事體未備，檢閲未詳，故復加增校，類輯是編。今按《明史·藝文志》著録：《大工録》凡十卷，而《皇明經世文編》中有此書，共四卷。一二兩卷爲『兩河經略』諸疏，三卷爲『治河節解』（即《一覽》中之『河議辨惑』），四卷爲『修守事宜』及『河防要害』，惟所論只及淮南耳。此數卷《一覽》中均有之。惟所謂諸名公贈言者，文編則未收入，殆或指三卷之『治河節解』而言耳。

乙曰《河防榷》十二卷，乃其子大復命子振藻據《一覽》原本，删去部復，汰其雷同，存其精要。初刻于萬曆戊午年，曾孫廣福等重印于康熙三十年。今見明刻本末有其孫振藻跋，清印本有曾孫廣福等跋。廣福跋云：《河防一覽》向年刻版甯濟報公祠，先大父重刻于留餘堂，先父孝廉又加校訂而三刻于屺堂者。又據明刻本其孫振藻跋云：振生晚，輒從過庭時側聞先大父在事所彙《宸斷大工録》，乃兩河初定先刻于濟上者也。逮四任河渠，平成奏績之後，始輯就完書，題曰《河防一覽》。據此，則知廣福所云初刻于濟上者，殆指《宸斷大工録》而言；再刻于留餘堂者，指《一覽》而言；三刻于屺者，指本書而言。

丙曰《兩河經略》，凡四卷。《四庫提要》詔令奏議類著録，前冠兩河經略圖，次經略兩河諸疏，末附之《隄决白》。書中諸疏，《一覽》亦皆俱備。惟兩河經略圖及末附之《隄决白》，則均未列入。經略圖或係當時上疏時所附者。邵懿辰《四庫簡明目録》標注云：有刊本，迄未一見。不知邵氏據何著録也。

丁曰《兩河管見》，凡三卷。《四庫提要》地理類存目。《提要》云：乃其巡撫廣東時，值兩河大水决，再以副都御史總理河道之所建白也。首卷爲圖説，冠以敕諭，二卷爲『治河節解』，三卷爲『修守事宜』。大旨與《河防一覽》相同。今原書雖未得見，而據《提要》所云，亦可知其書内容之概。按以上二書，《明史·藝文志》均不著録，四庫則據天一閣進呈本著録。《兩河經略》則尚見于天一閣書目，下注『明欽差潘季馴等纂修』，不著板刻。《兩河管見》則無著録，今亦未見刊本傳世。二書内容大致皆備于《一覽》書中，而較《一覽》特爲簡略。疑均爲當時自季馴書中摘抄而成者，殆非完書也。

戊曰《河漕奏疏》，凡十四卷。爲其後裔旌元所輯。《一覽》所録僅八十餘疏，此則凡季馴四任總河諸疏，俱行收入，頗可補《一覽》之不足。前有萬曆戊戌年余寅序。歷來藏書目均未著録，其傳世之罕可知矣。

綜上所述，潘氏治河著述雖多，要以《一覽》最爲完備。蓋此書乃其四任總河後所輯者，考賅既精，搜輯亦備。其他各書，雖于治河不無裨益，然皆一鱗片甲，不及《一覽》之洋洋大觀也。今聞汪君又擬將《河漕奏疏》《一覽》之未録諸疏，另刊專集以補之。則潘氏著述，當可大備于斯矣。

汪君既因潘氏著述傳世者名目頗繁，于重印此書之便，囑余考其源流，俾閲者知其異同。余遂詳校今傳潘氏諸書，略舉梗概，以爲蒭蕘之獻焉。民國二十五年五月卅日，杭縣茅乃文謹識于國立北平圖書館。

## 傳記

### 總理河道提督軍務太子少保工部尚書兼都察院右副都御史印川潘公墓誌銘

余以病解政還里，旋奉先慈之諱，悉謝四方謁文者。而吴興潘君大復等以其考印川公墓誌銘來請。余惟公三朝行河老司空也。微君請，其忍無言？我國家有二大事：曰邊，曰河。乃邊則天子自爲居守，常歲歲屈天下之財力以事九鎮。而河備久弛，猝有非常，當事者勢不能咄嗟而應，難一。九鎮各輔以大帥，而河數千里惟一臣，難二。虜有秋可防，而河之徙決無時；虜入，即戰守機宜一切聽于閫外，而河有蛟龍與鬼神，不可以智争，謀夫孔多，又不可以百口争，難三。嘉靖來河漕之得安瀾而無恙者，繇印川公獨任其難。蓋白首馳驅，僕僕三十年以老，而今且歿矣。歿之後，凡朝廷所爲恩卹勞臣與夫百世易名之典，猶尚有待焉。嗚呼！此余所以不忍辭公銘也。公由庚戌進士授九江府推官，召拜監察御史。三殿灾，奉勑稽查大木，巡按廣東，提督北畿學校，遷大理寺丞。歷少卿，始擢督理河道右僉都御史。未幾，丁閔夫人憂，即家拜右副都御史。尋召以原官總理河道。辛未，罷歸。又以交薦起撫江右，遷刑部右侍郎。旋進右僉都御史、兼工部左侍郎，總理河漕。録河功，賜金幣，進太子少保、工部尚書、兼左副都御史；一子入監讀書。辛巳，改南京兵部尚書，參替機務。後改刑部，侍經筵。上駕天壽山，賜公麒麟。服居守河道都禦史。某年，復罷歸。再以薦起，爲今官。當乙丑黃決沛縣之飛雲橋，穀亭、沙河、留城、境山一帶河渠盡塞。議者請開夏鎮高原，自南陽出茶城口。

肅皇帝特遣大司空朱公衡，而以公副。公遡流而西，問故道于老篙師，喟然歎曰：『漢瓠子之役，沉璧投馬，不過曰復江南舊蹟而已。其後賈魯亦一切以復故爲主。宜仍三代故道便。』而夏鎮業有成議。躬行督相，不三旬而告成。比原計月日省什之三，帑金省什之一。庚午，河稍南徙，決睢寧瀦。其六百五十里皆赭爲平野。公復以故節來涖事，而廢趾盡復。其所浚築深厚再倍于故河，而費半之。出官民之舟于積淤者以萬數。請大夫方立石爲公記，而公持議適與勘河給事左。坐浮議，罷去。公去而黃決崔鎮以北，淮決高堰以東，清桃塞，海口湮，而淮、揚、高、寶、興、鹽諸郡邑幾滙爲巨浸矣。于是天子思公功，凡再廢再起，治河具有成績。其大者：塞崔鎮從歸仁，而黃水悉歸故河，築高堰黃浦入淮，而淮水復出清口會黃，東入于海，而海口遂闢。復築遥堤十萬餘丈以爲外護，而後又加築土堤、月堤、格堤、横堤、守四堤、寄子堤凡三十四萬七千八百二十五丈有奇，磯閘料廠凡二十有四座，石壩、土壩、月壩、護壩凡五十一道，濬淤淺、塞决口、鑿老土凡三十萬一千一百丈有奇，栽護堤柳並封屆柳八十三萬有奇。首尾十餘年，軺車所經更數千里。公與役夫雜處，畚鍤葦蕭間，沐風雨，裏霜露，髪白面黧。而後兩河合軌，數萬艘轉漕亡害。緣河之民至是始復見室廬丘隴，煙火彌望焉。公之言曰：『通漕于河，則治河即以治漕；會河于淮，則治淮即以治河；合河淮而同入于海，則治河淮即以治海。』故竟公在事，止以築堤束水，借水攻沙，行萬全第一義。而其節目細瑣，公所著《河防一覽》中，士大夫探圖而覆讀之，且不能竟，即竟之而或茫然不得其要領。嗟乎！是宜公歿後而議者猶嘵嘵也。公初荒度修堰，夢壽亭侯手書四字，曰結歡人主。且命老兵持帚以示之。公覺而思曰：『帚，埽也。其命我束埽投石乎？』試之，而其流遂斷。黄浦下陰雨輒聞鷄聲，居民云此蛟龍宅，毋動。堰成，忽中夜雷電交作，挾以厲風，望見黑熖排空而去。比曉，土窟白骨，爛然在焉。就視之，鉅顱獨角，其顱骨似牛而長廣倍之，其角似龍之火帶而稍參差，舐之輒粘舌。時以爲孽龍避公，尸解云。公壯于河，老于河，病于河。乞骸之日，猶奉旨輿疾行部，且請夏鎮裏河，又手疏八事以歸。歸以疾革，猶喃喃『河防』不去口。嗟乎！人臣勞苦，有功至此，自非神聖，誰能保二十年後鍼芒甕口之不漏。後之人固不妨從宜補塞，爲公益友。若盡毁成事，以功爲罪，則余不知之矣。公七歲治《春秋》，能文章，補博士弟子。十九廪于官，二十九以《麟經》魁于鄉。其明年，舉進士。試政九江，出寃民劉雲四之死，建議令端昌郵費皆仰于縣官，不以煩百姓。民大便之。爲御史，稽查大木于南都。公請無毁民居，覆内官監，遺籍可得也。果得萬木于荷池中。其在廣東、江西，破海寇及平寧州盜，皆先計擒其黨魁，功最著。而公耻自言，賞不盡行。參贊南京，南京悍卒人習公名，無敢譁者。會京口僧告變，公不爲動，人情恃公而安。迦河議興，江陵寔陰主之，屬人謂公：『新河成，旦暮大司空矣。』公謝曰：『司空任他人爲之，老臣知有不可而已。』江陵怒，嗾言者論公去。已，試之，果無効，乃始大服。甲申，江陵獄起，公反上書爲江陵訟宽，觸時諱，至鐫秩罷免。而人以此愈多公長者。公内行醇謹，其愛敬尤不弛于師友。性倜儻，喜振人之急。凡衣食、婚嫁、喪葬、醫藥于公者甚衆。又建義倉、祠堂、宗學，以教其族人。又推先志，建二石梁，以便其鄉人。其爲政所至，民多立祠畫像。當廣東受代時，有三老人入見，年皆百許歲。聽睹語言，差可辨，曰：『我儕隱深山，絶城市，多者百年，少者五六十年。今傳聞使君治狀，且旬月北去，願求一識鬚眉。』公起立堂前，三老繞身熟睹之，良久，乃出。公行，咸犇集挽留，百里閧爲之塞衢罷市。公之惠愛能得人心如此。公姬姓，裔出周文王子畢公後，有食采于潘者，因以爲氏。至滎陽侯而氏始彰。凡三十八傳伯民公肇遷烏程，七傳綜以純孝著稱。石晉時，北郭里名，迄今未泯。又三十八傳而得公。公諱季馴，字時良，别號印川居士。公之没爲萬曆乙未四月十二日，距生正德辛巳四月二十三日，年七十有五。配即施夫人，子姓云云。以某年某月某日奉公柩安厝塞字圖之原。嗚呼！公自童子時以逮老而爲司空，其瀕危者數矣。未冠即慷慨爲父白宽，賴當事者試其文，寬之。然往來蹴蹦，無能具一菜羹，一菅屨，可以孱弱死。仲氏貳守繫獄，公匍伏請减等，致忤部使者上彈章，可以急難死。五十服母喪如孺子，慕涕淚覆面，可以哀死。二十年老河臣，日夜寄命一葉風雨中，或暴泄，或咯血，或裹疽視事，可以病死。嘗露坐河壖督工，水忽大，至距其坐前僅尺餘。衆皆驚走，公幸無恙。又颶風吸舟入决口，左右戰泣，無復喘聲，忽有樹杪擁舟底得脱。明日探之，無有也。父老立石于河湄曰：潘公再生處。是又可以怖死。廷臣每設數難以詰，公不能屈，既以轉羞而成怒，而公復爲國體論救故相，新進欲中以危法，又可以讒死。夫此數者，皆出于前所謂三難之外，即公《一覽》中亦未敢盡寫其艱危匍匐之苦，以暴之君父之前，而但向故人子弟私自慰曰：『老人實有天幸。曩朝論之紛紛也，嫉者衆而攻之急，度無以見容于時。其數罷而數還者，賴今上深察其忠。若瀕死而獲脱于難，則天也。』天下聞其言而益悲之。雖然，公今應得誥册及例進宮保，則皆十二年前故物耳。漢汲仁、郭昌、鄭當時皆得以河事被徹侯之賞，且令群臣從官以下爲歌詠寶鼎以侈其功。國家即不屑與漢絜令，然以公皓首河事，百艱備嘗，追勞念往，夫豈獨在邊臣後哉？吾故知公九原之論，必有所歸矣。銘曰：有姬畢公，錫玉剖符。食采滎陽，爲潘厥初。伯民肇遷，曰卜西吴。北郭擇里，而裘是菟。三十八傳，公起大夫。旅握鎮節，歷遊名都。我疆我理，我秔我稌。民奠攸居，龍蜕其顱。六宮食新，萬艘載塗。小心孔翼，奏功則膚。爾冠峩峩，爾髮皤皤。既長於河，亦老於河。幕府籌庸，視公孰多？稽首聖明，億萬永圖。玄圭赤紱，九原可呼。幽谷熾然，冥漠昭蘇。鑱石著銘，矢告弗磨。以嗣以續，寶鼎之歌。

## 宮保大司空潘公傳

國家有忠貞弘濟之臣，曰太子少保、工部尚書、潘公諱季馴，字時良，湖之烏程人也。其先自周畢公食采于潘，子孫因以爲氏。至滎陽侯再顯，凡三十八傳，而伯民始遷烏程。石晉時，綜以純孝稱，遂名其里。又二十八傳爲公。公之大父孝號蔡巷公，娶錢，繼朱。父夔號僦菴公，娶閔。兩世皆以公貴，贈如公官，配皆夫人。公生而穎異，年十三爲高才生，廩于學。嘉靖己酉，以其經魁省試。明年庚戌，成進士，授九江府推官。民有中仇禍，罹大辟者，公察知其寃，立出之。郡稱神明。潯陽驛當孔道，率以閻右給役。公方攝縣事，悉罷遣之。令輸直于官，費省而人不病。以能名徵拜監察御史。奉詔核大木于南都。或云巨材多湮地中，撤民居數十可盡得。公按籍鈎獲之污池中。民皆安堵。尋按廣東，首逮潮陽令之貪墨者，吏聞多解綬去，風裁肅然。然虚心盡下，雖襏襫寒賤，人人得盡所欲言。民隱吏弊，無隔閡者。倭夷内訌，大豪秦金者爲耳目。公把其陰重罪，厲使擊賊，因督兵助之，遂大破賊，俘馘甚衆，而竟不以捷聞。曰：『吾不欲越俎而自爲功。』所興汰釐剔，具爲規條以奏，名曰《永平録》。嶺南奉爲絜令。比及瓜，父老遮道挽留不可，則肖像以祠。祠蓋有靈異云。還督學順天，所獎拔士多斌顯者。某大璫有干託，公不許。璫大愧恨，或諷公往謝，亦不應。璫亦不能有加于公。久之，擢大理寺丞，歷少卿。尋晉都察院右僉都御史、總理河道。乙丑，河決沛，破三沽閘，漕道爲梗。議者言宜徙閘夏鎮，從南陽至留城出茶城口。就高印避漫流便。天子以爲然。命大司空衡督理，以公副。公分工受事，躬行畚鍤間，十旬竣事。省原估三之一。尋丁内艱。河工成，詔褒録。公晉右副都御史。隆慶庚午，河決下邳，注睢寧，出小河口，淤運道百餘里。乃以原官起公治河。時大農急漕，漕臣檄運艘取道决口，益回遠不時達。而二洪日淺阻，幾不可舟。公深念，以爲河性湍悍而善潰多徙者，流漫而沙壅也。法莫如以隄束水，以水攻沙。無散緩，無填閼，河乃可治。此令神禹復生，不易吾言矣。乃自臨塞决，而緣河築隄百五十里。近者爲縷隄，洩驟漲。遠者爲遥隄，防横溢。凡役夫四萬八千，費帑金九萬二千。十閲月工畢，而二洪流駛如故，漕復通。始公塞决時，淫雨連旬，水驟至，幾没公趾，不爲避。萬衆野處，公往來拊慰，不憚劬勞。至嘔血負疽，猶力疾視事，矢以身狥河，報明主。嘗乘小艇行河，風雨大作，震撼波濤中幾覆，絓樹杪乃脱。父老神之，爲『潘公再生』識其處。當是時，公之濱于死者數矣，然有天幸不死，謂公忠誠感格，非耶？居無何，廷臣或言河數不治，工費無已時，不若廢舊渠，開泇河以漕便。公言泇與黄河相首尾，藉令河南决，淮揚北决，豐沛漕渠不相屬，泇處中將焉用之？乃以三難二悔之説進。忤用事者，嗾勘河給事論罷公。公歸而泇河之工亦報罷。用事者乃大悔，且嘆服公卓識。萬曆丙子，公以原官起撫江西，平寧州吉安盗有功，清郵傳，省傜役，皆以諭旨通行爲海内式。明年，遷刑部右侍郎。會河决崔鎮，淮决高家堰，洪流四溢，連歲不治。詔晉公爲右都御史、兼工部左侍郎以往。仍勑公總理河漕，以一事權。漕撫侍郎一麟副，他撫臣境内關河道者皆受約束。公矢心任事，日行兩河間，延見吏民三老，周爰咨度，具得其要領。而是時廷臣策河事者以百數，言人人殊。其言海口當疏者近是。公謂海口不能以人力疏濬，而可以水勢衝刷，計莫如築高堰，塞崔鎮，束河淮正流，使竝趨入海。乃與漕撫會奏，且言今日之事不難治河，而難衆口。天子下其議，大司空幼孜對如公筴。仍假公便宜，不中制。公乃得行，一意集群力，三年而畢工。凡築土隄丈以億計，石隄以數千計，塞決口以百計，濬運河以萬計，閘壩涵洞之屬創以數十計。而高堰之工最鉅，公勞最劇。蓋風雨翹蕭中，與役夫雜處葦舍，四浹旬而堰成。黄浦一夕自涸，得龍骨以獻，其大專車，時以比龍首渠云。己卯，録河功，賜白金、文綺及大紅豸衣一襲。庚辰，晉太子少保、工部尚書兼左副都御史；廕一子入胄學。辛巳，改南京兵部尚書，參贊機務。癸未，召爲刑部尚書。公謂法例參錯，吏得以意輕重。乃折衷畫一，瑣科條以請，遂著令頒行之。時言官有所排擊，欲引繩批根，以銓部格其議，曹起而鬨。諸大臣乃皆抗論是非。公疏尤切直，中其忌諱，則相與仄目。公竟以蜚語激上怒，鐫公秩，歸田里。自公去河久，歲修法不復遵用，河防寖弛。戊子，河決偃師，浸淫諸郡縣。上憂之，遣科臣勘視，督責諸撫臣畫地經理，然莫能統一。臺省交章言潘某故習河，數任事有功，以讒去，非其罪，可策而使也。上意解，乃以右都御史起公于家。公至，則按異時所畫章程，次第修舉。視瀕河諸隄圮弗治者，增培補緝之。當水衝者，剏格隄以限之。尋建鎮口、古洪、内華三石閘，加築泗州祖陵石隄，塞單家口決。經營拮据，不遺餘慮。辛卯，二品。九年，滿考，詔復原官，爲太子少保、工部尚書兼右副都御史，階資德大夫，勳正治上卿。予三代誥，仍賜白金、文綺。或謂公賞不酬勞。公謝曰：『吾以放逐起田間，荷上恩復故物，此殊遇也。然吾老且病，不復能宣力。國家得賜老臣骸骨歸，于願足矣。』乃具疏乞休。凡四上。上難其代，固留之。踰年，稱病篤，始得請。公慨然歎曰：『嗟！吾幸弛負擔去耳。去而令代者無懷忮，無見奇，師吾意，不易吾法，即漕渠可無大患。抑聞之，人心不同，如其面焉。其庸可幾乎？』時河隄禁嚴，而徐州守開隄引水，水浸不得洩，言者遂謂河故道不可用，宜更鑿渠碭山，出子房山下。仍徙鎮口閘，毋令逼河易淤。又謂淮水暴漲，浸泗州，齧祖陵，以高堰故，宜破堰以洩水。或又言二洪淺阻，宜濬之使深。河身日益高，宜抑之使卑。異議蠭起，公乃條八事爲上，分别其端。大意在嚴隄禁，保高堰，亟圖善後而破紛紛者之説，冀以開悟上意。老成爲國忠慮，去不忘君如此。公歸踰年，病風痺，方困臥，聞有妄意譚河者，輒顰顣曰：『國家何負若曹，而欲破壞之耶？』易簀時，猶囁嚅河事，意若有戀戀于國家者。遂以萬曆乙未四月十有二日卒。卒時年七十有五。公平生孝友天至，童年爲父訴寃，詞氣悲壯，當事者感動，遂免傚菴公于獄。其以中丞在喪也，兄太守某中危法。公匍伏左右，百方居間，並坐劾。詔特原之，太守事亦解。族屬繁衍，率仰給于公。公爲割上腴以贍之，仍建祠堂，置義倉，立宗學，族之人無失所者。鄉黨故舊貧病死喪，各以親疎受賑，率人人得所欲。家故饒，更以久宦減産。所得俸賜輒盡于施予，無留橐焉。至建津梁，拓街衢，傾貲捐産，無郄色。以非公大業，不盡載，然其德義可仰已。公别號印川居士，娶施氏，封夫人。有丈夫子四：長大復，萬曆丙戌進士，爲溧水、東明二令；次某某，皆以文學世其家。論曰：古今言治河利害，常參半也，而昭代稱尤難。以漕故閭殫爲河則憂在民，聽河所欲居則憂在國。即疇咨俾乂，時不乏人。總之濬淤、塞决、剏新渠，策三而已。未有建必然之畫，收萬全之利，能令河受約束，歲歲無患者也。自隄防之説用，苴罅補敝，以無事爲理，使濁流安瀾，漕輸繦屬，國家饗其利踰二十年，誰之力歟？公四受簡命，與河終始，劬躬幹國，以克有濟，迹其功，爛焉與平江等争烈矣。余嘗從上觀渾河，語及河事。上曰：『河臣須得人。』余以公任職對。上首肯，竟以全河委公。蓋上知人善任使如是。公歸且没，抵掌譚河者滋益哆，功未酬而讒及之。語云：『善作者不必善成。』夫任事之難也，自古而歎之矣。（録自《賜閒堂集》卷十八）

## 潘季馴傳

潘季馴，字時良，烏程人。嘉靖二十九年進士。授九江推官。擢御史，巡按廣東。行均平里甲法，廣人大便。臨代去，疏請飭後至者守其法，帝從之。進大理丞。四十四年由左少卿進右僉都御史，總理河道。與朱衡共開新河，加右副都御史。尋以憂去。

隆慶四年，河决邳州、睢寧。起故官，再理河道，塞决口。明年，工竣，坐驅運船入新溜漂没多，爲勘河給事中雒遵劾罷。

萬曆四年夏，再起官，巡撫江西。明年冬，召爲刑部右侍郎。是時，河决崔鎮，黄水北流，清河口淤澱，全淮南徙，高堰湖堤大壞，淮、揚、高郵、寶應間皆爲巨浸。大學士張居正深以爲憂。河漕尚書吴桂芳議復老黄河故道，而總河都御史傅希摯欲塞决口，束水歸漕，兩人議不合。會桂芳卒，六年夏，命季馴以右都御史兼工部左侍郎代之。季馴以故道久湮，雖濬復，其深廣必不能如今河，議築崔鎮以塞决口，築遥堤以防潰决。又：『淮清河濁，淮弱河强，河水一斗，沙居其六，伏秋則居其八，非極湍急，必至停滯。當藉淮之清以刷河之濁，築高堰束淮入清口，以敵河之强，使二水並流，則海口自濬。即桂芳所開草灣亦可不復修治。』遂條上六事，詔如議。

明年冬，兩河工成。又明年春，加太子太保，進工部尚書兼左副都御史。季馴初至河上，歷虞城、夏邑、商丘，相度地勢。舊黄河上流，自新集經趙家圈、蕭縣，出徐州小浮橋，極深廣。自嘉靖中北徙，河身既淺，遷徙不常，曹、單、豐、沛常苦昏墊。上疏請復故河。給事中王道成以方築崔鎮高堰，役難並舉。河南撫按亦陳三難，乃止。遷南京兵部尚書。十一年正月召改刑部。

季馴之再起也，以張居正援。居正殁，家屬盡幽繫，子敬修自縊死。季馴言：『居正母逾八旬，旦暮莫必其命，乞降特恩宥釋。』又以治居正獄太急，宣言居正家屬斃獄者已數十人。先是，御史李植、江東之輩與大臣申時行、楊巍相訐。季馴力右時行、巍，痛詆言者，言者交怒。植遂劾季馴黨庇居正，落職爲民。

十三年，御史李棟上疏訟曰：『隆慶間，河决崔鎮，爲運道梗。數年以來，民居既奠，河水安流，咸曰：「此潘尚書功也。」昔先臣宋禮治會通河，至于今是賴，陛下允督臣萬恭之請，予之謚䕃。今季馴功不在禮下，乃當身存之日，使與編户齒，寧不隳諸臣任事之心，失朝廷報功之典哉。』御史董子行亦言季馴罪輕責重。詔俱奪其俸。其後論薦者不已。

十六年，給事中梅國樓復薦，遂起季馴右都御史，總督河道。自吴桂芳後，河漕皆總理，至是復設專官。明年，黄水暴漲，衝入夏鎮，壞田廬，居民多溺死。季馴復築塞之。十九年冬，加太子太保、工部尚書兼右都御史。

季馴凡四奉治河命，前後二十七年，習知地形險易。增築設防，置官建閘，下及木石樁埽，綜理纖悉，積勞成病。三疏乞休，不允。二十年，泗州大水，城中水三尺，患及祖陵。議者或欲開傅寧湖至六合入江，或欲濬周家橋入高、寶諸湖，或欲開壽州瓦埠河以分淮水上流，或欲弛張福堤以洩淮口。季馴謂祖陵王氣不宜輕洩，而巡撫周寀、陳于陛，巡按高舉謂周家橋在祖陵後百里，可疏濬，議不合。都給事中楊其休請允季馴去。歸三年卒，年七十五。

## 信史紀事本末抄

嘉靖四十四年秋七月，河盡北徙，决沛之飛雲橋，横截逆流，東行踰漕入昭陽湖，泛濫而東，平地水丈餘，散漫徐促沙河，至二洪浩渺無際，而河變極矣。初漕渠左視昭陽湖，其地沮洳，去河不數十里，識者危之。嘉靖初，盛應期督漕，議鑿渠湖左，以避河患。朝廷從之。鳩工未半，爲異議所阻。至是漕堙，以吏部侍郎朱衡出督濬鑿。衡與僉都御史潘季馴尋應期所開故道，以爲運道之利無逾于此，疏請鑿之。開新河自南陽達留城百四十一里，濬舊河自留城達境山五十三里。役丁夫九萬餘，八閱月而成。而水始南趨秦溝。隆慶五年，河決雙溝。先是河漲徐州上下茶城，至吕梁兩崖東山不得下，又不得決。至是乃自雙溝而下，北決油房、曹家、青羊諸口，南決關家、曲頭集、馬家淺、閻家、張擺渡、王家、房家、白糧淺諸口，凡十一。枝流既散，幹流遂微，乃淤。自匙頭灣八十里，而河變又極矣。趙孔昭、翁大立前後治之，無功。議者欲棄幹河而行舟于曲頭集大枝間。冬初水落，則幹已平沙，而枝復阻淺。又議棄黄河運而從膠河、泇河海運，紛沓莫可歸一。于是即家起都御史潘季馴治之。季馴之治水，惟求復故道而已。乃上言：老河故道自新集歷趙家圈，出小浮橋安流無患。後因河南水患，别開一道出小河口，本河漸被沙淺。嘉靖間，河北徙，故道遂成陸地。臣奉命由夏鎮歷豐沛至崔家口，由崔家口歷河。有議當疏海口者，季馴言海口不能以人力疏治，而可以水勢衝決，計莫如築高家堰，塞崔鎮東，河淮正流，使並趨入海。上可其奏，季馴爲之。三年而高家堰成，一夕黄河涸，得龍首以獻，其大專車，時以比龍首渠云。

十六年夏六月，總理河道潘季馴上言：河水濁而强，汶泗清而弱，交處則茶城也。每至秋，黄水發，入淮沙停而淤，勢也。黄水減，漕水從之，沙隨水流，河道自通。縱有淺阻，不過旬日。往者立石洪、内華二閘，遇水發即閉之以遏其横，黄水落則啓之以出泉水。但建閘易，守閘難。貢使之馳行，勢要之開放，急不能待，而運道阻矣。乞禁啓閉之法，報可。

十九年秋九月，泗州大水，淮水泛溢，高于城，溺人無筭，浸及祖陵。總督河道潘季馴上言：水性不可拂，河防不可弛，地形不可强，治理不可鑿。人欲棄舊以爲新，而臣謂故道必不可失；人欲支分以殺勢，而臣謂南歸德、虞城、夏邑、商丘諸縣至新集，則見黄河大勢已直趨潘家口矣。父老言亾此十餘里自丁家道口以下二百二十里，舊河形跡見在，可開。臣即自潘家口歷丁家道口、馬牧集、韓家道口、司家道口、牛黄堌、趙家圈，至蕭縣一帶，皆有河形，中間淤平者四分之一，河底皆滂沙，見水即可衝刷。臣以爲莫若修而復之。河之復，其利有五。從潘家口出小浮橋，則新集迤東河道俱爲平陸，曹、單、豐、沛永無昏墊，一利也。河身深廣，每歲免泛溢之患，虞、夏、豐、沛得以安居，二利也。河從南行，去會通河甚遠，閘渠無虞，三利也。來流既深，建瓴之勢導滌自易，則徐州以下河身亦因而深刷，四利也。小浮橋來流既深，則秦溝可免復衝，而茶城永無淤塞之患，五利也。疏上，報可。乃役丁夫五萬，開匙頭灣，塞十一口，大疏八十里，故道漸復。

萬曆五年秋八月，河決崔鎮，淮決高家堰，横流四溢，連年不治。詔復以潘季馴爲右都御史，總理河漕。時濁流必不可分，霖霪水漲，久當自消。時季馴凡四治河，河皆治。季馴之議，以爲河性湍悍善徙者，水漫而沙壅也。法莫若以隄束水，以水攻沙，循河故道，束而湍之，使水疾沙刷無留行。而又近爲縷隄，縷隄之外復爲遥隄。故水益淺，遠不至旁決。

## 從信録鈔

萬曆己卯二月，河工成。先是淮安故有水患，然所及僅一二縣。至嘉靖中，河決崔鎮呂泗，沖龍窩、周營等處，往往奪淮流入海。淮勢不敵，則或決高家堰，或決黄浦，或決八淺。淮揚諸郡悉爲巨浸。河高出民屋上，敗壞城郭田廬冢墓以萬數。瀕河十郡，治堤歲費且萬萬。及其大決，所殘無筭。又其從小河口、白洋河挾永堌諸水越歸仁集，直逼泗州，則其患不獨在民，且憂在陵寢矣。上一日以問輔臣等，適南北臺省諸臣交章言故河道都御史潘季馴可使。上特降璽書，即其家拜御史大夫，使持節行治河，一切假以便宜，久任責成。又令諸臣得條上所見，參諸方命，不及事事者，下詔獄鞫治之。于是當事者人人惴恐，建官舍河上，胼胝沾塗，日夜焦勞。蓋踰年而造成事，爲主堤若干，石堤若干，塞決口若干，建減水閘若干，計費若不過伍拾萬金，省羨金貳拾肆萬以歸水衡。今徐淮之間延袤八百餘里，兩堤相望，亘金城。且黄河有歸仁堤，勢不得南決。其害既不能及陵寢，又高家堰既塞，淮不能奔黄浦，皆盡趍清口會黄河，由安東雲梯關入海。田廬皆已盡耕，而河上萬艘捷于轉輸，入大司農矣。

## 實録鈔

萬曆七年，漕河工成。先是淮揚諸郡苦于水，城郭陵寢，害無寧歲。上惻念之，發帑金八十萬，命都御史潘季馴董其事。延袤八百餘里，兩堤相望，如常山夾峙，而河流其中，非特陵寢不犯，且數十年棄地轉而耕桑矣。

## 祭宫保潘公文

申時行

嗚呼！國有勞臣，盡瘁驅馳。輸忠社稷，勒功鼎彝。安危式倚，緩急攸資。孰如我公，而不慭遺？俯仰今昔，疇能不悲？公起制科，博學宏詞。出理郡國，入侍軒墀。風節矯矯，豸冠嶷嶷。攬轡澄清，衿弁得師。佐棘平反，憑能殿綏。所至赫然，去而見思。載道有碑，肖貌有祠。此表表者，皆公緒餘。公之勞績，乃在河渠。荷重肩鉅，履險乘危。横流狂瀾，公身障之。遡惟先朝，河决三沽。儴襄沸鬱，民殫爲魚。沉璧負薪，天子曰吁。有能俾乂，僉謂公宜。公副司空，竭蹶以趨。一葦萬頃，蓬居樹棲；蛟蜃與鄰，畚鍤與俱。風濤振撼，僅免淪胥。漕艘大通，歲有全輸。伊誰之功，公也胼胝。一避流言，再荷簡知。矢心奉公，以答殊私。陸輴泥橇，踐行刊隨。束水衝沙，巨堰長堤。道謀棼如，公斷不疑。天鑒其忠，神降之釐。咤叱河伯，奔走馮夷。驅彼毒龍，蜕骨專車。斡維轉軸，厥功尤奇。晉陟秋卿，邦禁是司。正色讜言，屹立不移。止棘青蠅，刺天群蜚。公折其角，乃觸駭機。遂返初服，衡門栖遲。歲在戊子，河汎徐邳。帝懷舊德，輿論咸推。優詔起公，公任不辭。予所經畫，予所拮据。可襲可因，有條有規。劬躬殉職，力疾忘疲。精殫慮竭，神耗形羸。連章乞骸，獲徼聖慈。八議敷陳，膽瀝肝披。

守而勿失，或免宵衣。憂國愛君，終始孜孜。計公行河，二紀于兹。河亦受職，惟公指麾。公之來矣，既宅既陂。公去亡何，如崩如摧。天實生公，康濟明時。胡奪之年，而不期頤？余昔輔攻，藉公攜持。公去春明，悵然睽離。恨不還公，左挈右提。與公歸田，吴苑苕溪。願言相從，笑言怡怡。公則棄余，音容莫追。時事孔棘，下民其咨。卒有非常，若爲匡維？緬想老成，如蔡如蓍。勞而不伐，爲而不尸。居有崇議，出有洪施。屈指如公，幾何人斯？而今已矣，能無歔欷？有牢在俎，有酒在卮，詞以酹公，公其鑒諸。（《賜閒堂集》卷二十）

## 書信

### 答河道潘印川卷二十三

張居正

頃報運舟漂覆近百，正糧虧失四萬有餘。數年損耗，未有如此之甚者。國計所關，日夕縣切。今海道既已報罷，河患又無寧時，不得已復尋泇口之議。頃已奉旨，煩公與張道長勘議。幸熟計其便，且將從事焉。

### 答河道潘印川卷二十八

惟公雅望宏猷，久切傾嚮。昔者河上之事，鄙心獨知其枉。每與太宰公評隲海内佚遺之賢，嘗不以公爲舉首也。時屬休明之會，正宜亟時建立，用展素蓄。乃猶盤桓引卻，殊乖所望。大疏已下銓部議覆，雅志恐不得遂。幸遄發征麾，以慰輿望。厚儀概不敢當，謹以璧諸使者。

## 答河道巡撫潘印川計淮黄開塞策卷三十

前在途中，得治河大議。比至都，司空言此大事宜速請旨，以便舉事。此時初至，酬應匆匆，未及廣詢。且意公議已審，不宜更作異同，以撓大計，遂一一覆允。乃近日得一相知書，論河上事，如高家堰之當築，河淮之當合，皆略與大疏同。惟言崔鎮口不宜塞，遥隄未易成，則不肖亦不能無疑焉。夫避下而趨虚者，水之性也。聞河身已高，勢若建瓴。今欲以數丈之堤束之，萬一有蟻穴之漏，數寸之瑕，一處潰決，則數百里之堤皆屬無用。所謂攻瑕則堅者瑕矣。此其可慮者一也。異時河强淮弱，故淮避而溢于高、寶，决于黄浦。自崔鎮决後，河勢少殺，淮乃得以安流，高家堰乃可修築。今老河之議既寢，崔鎮又欲議塞，將恐河勢復强，直衝淮口，天妃閘以南復有横决之患，而高堰亦終不可保。此其可慮者二也。前傅后川在河上，與吴自湖議大相矛盾。今在事諸君多主傅議，而非吴言。然天下之事，唯其當而已矣，必此之是而彼之非乎？不肖有此二端，不得于心。謹此奉聞，幸虚心詳議見教。果皆無足慮，言者云云，皆無足採，則堅執前議可也。若將來之患未可逆覩，捐此八十萬之費，而無益于利害之數，則及今亦宜慎圖之。如嫌于自變其説，但密以見教，俟臺諫建言可也。遄望留神，以便措畫。

## 答潘印川卷三十　第十一頁

前奉書以河事請問，辱翰示條析事理，明白洞悉，鄙心及無所惑。然籌畫固貴預定，興作當□次第。今竢潦落之時，且急築高堰以拯淮揚之溺。觀淮流入海之勢，乃議塞崔鎮。至于蕭縣以北上流之工，又當河淮安流乃可舉事。蓋此大役，不獨措理經費之難，且興動大衆，頻年不解，其中亦有隱憂。元季之事，可爲大鑒。今之進言者，喜生事而無遠圖，又每持以歸咎廟堂，坐視民患，不爲拯救，不知當軸者之苦心深慮也。百凡幸惟慎重審處，以副鄙願。

## 答河道潘印川卷三十一　第五頁

去歲積雪凝寒，發春未改，竊以爲憂，高堰、黄浦，工恐難就。兹奉教知，大患已除，兩工底績，遥堤湖堤，次第將竣，真爲之喜而不寐。公平成之績，寧獨一時賴之乎？仰甚！流移初復，理宜優恤。大疏即屬所司議覆，舊逋悉行蠲免。但七年以後，須再加查勘，乃可定議。據所開被患州縣，未必皆同，施恩自當有等。即一縣之中，恐亦難以例論也。被患甚者，雖蠲三年不爲多；否則即一二年不爲少。若地處高阜，水患未及者，又當照舊徵輸，難以概從蠲免。高明酌之。今且宜大播告言，宣示德意，俾復業之人，知朝廷保民真如赤子，堅其旋定安集之心也。

答河道潘印川論河道就功卷三十一

比聞黄浦已塞，堤工漸竣。自南來者，皆極稱工堅費省。數年沮洳，一旦膏壤，公之功不在禹下矣。仰睇南雲，曷勝欣躍。追憶庀事之初，言者蠭起，妬功倖敗者，旁摇陰煽，葢不啻築室道謀而已。仰賴聖明英斷，俯納瞽言，一舉而裁河道，使事權不分；再舉而逮王揚，使冥頑褫魄；三舉而詘林道之妄言，什異議之赤幟，使無稽之徒，無所關其説。然後公得以展其宏猷，底于成績，皆主上明斷屬任忠賢之所致也。公乃舉而歸之不穀之功，惶愧！河道舉劾疏例不可少。已下部覆行。

答河道潘印川卷三十一

賤恙遠辱垂問，深荷雅情。蒲柳之質，望秋先萎。入夏以來，眼患口瘡，牙痛纏綿。本既脆弱，加以百責攸萃，晝作夜思，救過不給，故未老先衰也。年來所患莫大于河，今仗公鴻猷，平成奏績，不穀因得藉手，以少效于萬一，一年内庶幾可納筦鑰謝去矣。諗伏秋已過，諸工無恙。秋杪冬初，可告成事。第前行各撫臺勘議上流堤工，事竟未聞奏報，何耶？

## 答河道潘印川卷三十二　第十頁

兩奉翰教，領悉河工效勞諸君，奉旨加恩，銓部以冗，遂忘題覆。茲面促之，始全據具題，請加級陞補，一切從優。如五州同，三爲貢行，二爲吏員，部擬三司首領，僕皆特與府判。他具類此。蓋不如是不足以勸有功，而厲任事之臣也。書言人之有爲有守，汝則念之。僕嘗以此入告主上，言國家爵禄，以待有功。有功之人，不但宜加以爵禄，還須時時在念，不可忘也。恃愛具道所以，游君即加銜代陳大參督催，爲大畀地。運同缺先已推補，曹鉷俟兩淮有缺即用之。

## 答河道潘印川卷三十二　第十四頁

辱示進鮓船隻，誠于築壩有礙，惟早行則兩不相妨。已屬司空議覆，但事干内官，動以遲誤進鮓爲詞。必不得已，先選舟數隻停泊壩外，以待盤撥可也。武職陞級事已屬本兵議處矣。

## 答河道潘印川卷三十二　第十九頁

兩承翰教，領悉。比者平成奏績，公之膚功，固不待言。然亦藉督漕同心之助，况河漕歸併，已有成命。則今之代江者，亦即以代公，不可不慎也。反覆思之，莫如洋山公爲宜。此公虛豁洞達，昔在廣中，僕妄有指授，渠一一取其意而行之。動有成功，則今日必能因襲舊畫，以終公之功，一善也。官尊權重，足以鎮壓，二善也。留京參贊，重任也，朝廷加意河漕，特遣重臣以行。則在事諸臣，誰不奮厲，三善也。南中道近，聞命即行，不煩候代。則漕事不致妨廢，且得數月與公週旋，同心計慮，何事不辨，四善也。公即旦夕回京，亦不過添注管事，駢枝閏位，何所用之？不如即代洋山，是身不離南中，可以鎮異議，屬人心。此中八座虛席，一轉移間，又無妨于他日之柄用，于公亦有利，五善也。有此五善，慮之已審，故遠部議，而請上行之。恐公不達鄙意，敢布腹心。（以上録自《張太岳文集》）

## 答潘印川總河書

申時行

一

淮浦内河通行，承教甚慰。近時議論紛雜，非出于忌口，則生于怨心。朝廷之上，擾擾不定，良亦爲此。若河道事體，苟隄防無缺，舟船無阻，人情自服，異議自消。即一二訛言，不足爲慮也。萬惟安意任事，以副宸簡，以塞輿望。

二

昔人有言，江河之决，皆天事，未易以人力强塞。乃今議論繁興，欲以河決責成于人力，豈不謬哉？此時人情難調，訛言易起。而治河尤極重極難之事，翁之苦心，固不待言。然以酬主上之隆恩，副士大夫之公論，則翁未可遽爲歸計也。河圖便覽，謹領謝。

三

大疏叙功，專歸司道，而自遜不居，具仰勞謙之度。不肖屢被攻擊，欲去則上意不允，强留則人言不息，進退維谷，將若之何？若據湯生所云，則自不必深辨。第至難極苦之狀，冀上之一哀憐而曲聽之。而又不得，則亦付之無可奈何而已。伏承至教，敢不服膺？錢直指誤聽輕言。兹徐城之水已洩，萬目共睹，則言者已無驗矣。若部一爲覆明，大疏似亦可省。蓋近時議論，全不足憑，置之不較，更爲高着也。